岩石破碎理论与技术

王少锋　编著

中南大学出版社
www.csupress.com.cn
·长沙·

图书在版编目(CIP)数据

岩石破碎理论与技术／王少锋编著. --长沙：中南大学出版社，2024. 10.

ISBN 978-7-5487-5878-5

Ⅰ. TU45

中国国家版本馆 CIP 数据核字第 2024DQ5292 号

岩石破碎理论与技术

YANSHI POSUI LILUN YU JISHU

王少锋　编著

□出 版 人	林绵优	
□责任编辑	伍华进	
□责任印制	李月腾	
□出版发行	中南大学出版社	
	社址：长沙市麓山南路	邮编：410083
	发行科电话：0731-88876770	传真：0731-88710482
□印　　装	湖南省汇昌印务有限公司	

□开　　本　787 mm×1092 mm　1/16　□印张 27　□字数 686 千字

□互联网+图书 二维码内容　图片 38 张

□版　　次　2024 年 10 月第 1 版　　□印次 2024 年 10 月第 1 次印刷

□书　　号　ISBN 978-7-5487-5878-5

□定　　价　72. 00 元

图书出现印装问题，请与经销商调换

内容简介

岩石破碎是人类掌握的工具与岩石相互作用的过程，其在固体、气体和液体矿床的勘探、开采和加工过程中扮演着重要角色，同时在土木建筑、水利水电、铁路、公路、军事等众多岩石工程领域也具备重要意义。近百年来，国内外在岩石破碎领域取得了许多重要的研究成果，有力推动了岩石破碎理论和技术的发展。本书旨在从以下三个方面总结这些理论和技术的相关内容。

第一方面，岩石的可破碎特性及其影响因素。岩石的可破碎特性是指岩石在外力作用下发生破碎的性质，主要包括岩石的强度特性、脆性、硬度、耐磨性、可钻性、可切割性、可爆性等，其对岩石破碎设计和施工至关重要。

第二方面，岩石破碎表现的评价指标。本书详细介绍了岩石破碎程度和破岩比功等评价岩石破碎表现的重要指标，并探讨它们在岩石破碎理论研究和工程应用中的作用。

第三方面，岩石破碎方法及破岩机制和装备应用。本书将常见的岩石破碎方法进行整合，包括钻进破岩、切削破岩、滚压破岩、机械冲击破岩、膨胀致裂破岩、水力破岩、热力破岩以及岩石的二次破碎方法等，并探讨了它们的破岩机制和技术装备应用。

本书适用于采矿工程、岩土工程、油气工程、水利工程、交通运输工程等领域的科研和技术人员阅读，也可选作相关专业大学生和研究生的课程教材。

前　言

岩石工程必然会涉及两大问题(破碎和稳定)和三大要素(环境条件、岩体特性、外荷载作用参数)。岩石工程施工建设需要从岩体中破碎出岩块来,同时又需要对因破碎而在岩体中所形成的空间进行维护,以保持该空间的稳定性,防止周围岩石的破碎失稳,为人员、材料、设备的运移和作业提供安全稳定的空间。破碎岩石和维护岩体稳定在空间上的布局和在时间上的顺序,构成了岩体开挖或钻进工艺。由此可见,破碎和稳定是岩石工程中对立统一的矛盾体,控制不好的破碎会影响岩石稳定,围岩的失稳会影响破碎作业的顺利实施,两者的统一是将工程中需要剥离的岩石安全、高效、精准地破碎同时保持工程围岩的稳定。

岩石破碎,是人类从地球获取资源和空间的重要工序,是人类掌握的工具与岩石作用的过程,是人们认识地球、开发地球、保护地球所必须依赖的重要手段。随着国民经济发展和国防建设对岩石工程需求的不断加大,岩石破碎理论与技术得到了长足发展。以采矿为例,经过几十年的努力,煤炭开采中出现了综合机械化采掘技术,保证了千万吨大型煤矿的机械化、连续化、规模化开采,促进了煤炭资源的安全、高效、绿色、智能化开采。然而,目前地下非煤硬岩矿体开采仍以传统钻爆法为主,其作业危险性高、生产效率低、衍生破坏大、智能化进程缓慢等问题日益突出,难以满足现代工业所倡导的安全、高效、绿色、智能化需求。同时,爆破也是诱发岩爆、突水等灾害的重要因素。因此,国内外众多学者、科研机构、工矿企业相继开展非爆破破岩理论和方法研究。20世纪以来,采矿业发达的国家先后进行了许多旨在取消炸药的非爆破破岩方法研究工作,试图找到一种可取代传统爆破的高效破岩方法,先后涌现出许多新型破岩方法,如机械刀具破岩、高压水射流破岩、膨胀剂破岩、液态CO_2相变破岩、火焰射流破岩、液氮射流破岩、微波破岩、等离子体破岩、激光破岩、超高速子弹冲击破岩等。这些破岩技术的出现和发展,大力推动了采矿、地下空间、油气资源开发等岩石工程的飞速发展。然而,由于硬岩普遍具有高强度、高硬度、高磨蚀性、完整性好、应力条件复杂等特点,破碎难度大,面临众多新的问题和挑战。

在采矿、隧道、地下洞室、水电隧洞等岩石开挖工程中,钻爆法仍然是主要的破岩手段。在爆破技术方面,针对大规模岩石破碎工程需求,中深孔爆破崩矿技术、深孔爆破成井技术、微差控制爆破技术(出现了数码电子和激光光纤起爆系统,起爆控制精度更高)、双向聚能拉张定向预裂爆破技术、定向断裂控制爆破技术等得到了长足的发展。另外,在爆破材料方面，出现了替代炸药化学爆炸的静态膨胀剂致裂技术、液态气体相变致裂技术、等离子爆破技术等。

近年来，在"机械化换人、自动化减人、智能化无人"的倡导下，以机械刀具破岩为基础的非爆破机械化连续破岩方法取得了较为突出的成果，各种冲击旋转截齿切削式、滚刀压裂式破岩机械相继产生。滚筒采煤机、连续采煤机、悬臂式掘进机、TBM隧道掘进机等基于刀具旋转切割的机械化连续破岩设备已经广泛应用于矿山井巷、水电隧洞、交通隧道等采掘作业，是实现智能化开采和建造的有力保障。

水力破岩技术可分为水力压裂技术和水射流技术两类。其中，水力压裂技术是利用高压泵站以超过地层吸液能力的排量注入液体，在地层产生裂缝或使天然裂缝重启，从而改造地层结构，形成裂缝网络系统的技术。该技术已逐步在常规油气开采、页岩油气开发、煤层气开发、地应力测量、地热资源开发、核废料处理、CO_2封存及煤矿井下岩层控制等领域推广应用，展示出广泛的工业应用价值。水射流技术是将液态水通过升压装置加到高压状态再从直径较小的喷嘴中射流出来，形成高速射流束，以相对集中的能量进行冲击、切割破岩的技术，该技术已在石油、煤炭、化工、机械、水利及轻工业等众多领域取得广泛应用。近年来，随着破岩深度的增加，深部目标岩层的高应力和低渗状态愈发显著。水力破岩技术取得了长足发展，一些创新型的技术，例如脉动水力压裂技术、高压电脉冲压裂技术、爆破水力压裂技术、坚硬顶板水力压裂技术、水射流与水力压裂联合作业技术等不断涌现，并日趋成熟。

此外，硬岩破碎的新方法相继出现，几乎凡是有可能破碎岩石的原理，都有用于岩石破碎工程可能性的研究，如喷气技术、激光、高能电子束、等离子焰、电弧、微波、炮弹射击，以至热核爆破等。这些方法目前单独用作岩石钻进或开挖中的破碎工艺还有一定困难，常作为机械破岩的辅助措施。

随着采矿、水利、交通、地下空间工程的发展，越来越多的岩石工程逐渐进入地下深部。深部特殊的破岩条件主要表现在岩体应力条件复杂、坚硬岩石居多、破岩扰动与高储能岩体并存等方面。目前深部硬岩破碎依然存在如下挑战性问题：①现有岩石破碎理论未充分考虑深部复杂应力条件对岩石破碎特性的影响；②现有岩石破碎技术的破岩荷载作用方式主要有机械刀具切削、冲击、冲击加切削、水射流、热能冲击等，但单一的破岩荷载作用方式难以实现硬岩的高效破碎；③外界输入的破岩荷载和岩体高应力间的耦合机制不清，致使岩体高应力和高初始储能在破岩过程中无序释放而引发岩爆等岩体动力灾害，并且破岩强扰动引发深部高储能岩体动力灾害的诱发机制依然不明；④目前的破岩装备未能充分满足深部硬岩破碎工程的安全、高效、经济性、精细化、智能化需求。为了满足深地工程建设和深地资源开发的需求，深部硬岩破碎需要向着更高效、更安全、更经济、更精细方向发展。在理论方面，需要突破已有岩石破碎理论的局限，建立深部高应力与破岩荷载耦合、多源破岩荷载耦合、破岩过程多场多相多尺度耦合作用力学与能量模型；在技术及装备方面，需要实现技术变革和装备升级，开发深部高地应力与高储能诱导利用协同破岩方法与技术以及机械、水力、热力等多源联合破岩技术及装备，并努力实现破岩设备的机械化和自动化、破岩作业过程的连续化和精细化、破岩过程管控的数字化和信息化以及破岩全过程的智能化和无人化；在破岩设计方面，需要重视岩石破碎全周期优化设计，开发与深部岩体特性、地应力条件、破岩需求协同匹配的精细化智能破岩方法与技术体系，实现原本高风险的岩石破碎作业向低风险、高安全度方向发展，并实现深部高地应力等灾害条件向促进破岩的有利因素转变。

除了深部岩石工程，还有高寒、高海拔、深海甚至太空等极端复杂环境下的岩石钻进和开挖作业也迫切需要新的岩石破碎理论与技术来指导。岩石破碎理论与技术的研究与应用任重道远。

本书编写过程中，研究生尹江江、石鑫垒、郭思达、吴毓萌、魏长远、樊凯鑫、聂唯、肖胤、郭鑫伟、石建龙做了大量细致的资料整理工作，并且参阅和借鉴了国内外相关文献资料，在此向文献资料作者表示诚挚的感谢。

限于编者的学识和水平，书中难免有欠妥之处，敬请广大同行学者和读者批评指正，不胜感谢。

目 录

第1章 绪论

1.1 岩石破碎的重要性

随着工业和社会经济的迅速发展，岩石破碎相关工程的需求日益迫切。岩石破碎在矿产资源勘探、开采和加工过程中发挥着不可或缺的作用，同时也在土木建筑、水利水电、铁路、公路、军事等众多工程领域具有重要价值。因此，岩石破碎的理论研究和技术应用得到了迅速的发展，逐渐形成了一门独立的学科。在许多行业中，岩石破碎都有重要的作用，具体如下。

1. 地质行业

地质行业是指以地球科学为基础，以找矿勘探、地质灾害预测与防治、环境地质等为主要内容的综合性行业。该行业在国民经济中具有重要的地位和作用，涉及资源开发、环境保护、国土安全等多个方面。

岩石破碎在地质工程领域中的具体应用主要包括以勘探钻、掘进为主的钻探工程和坑探工程(图1-1)。钻探工程是以多种特有的设备、技术工艺和方法在地质体中钻凿各类钻孔、井孔、桩孔的工程技术，是获取深部地质体实物样品的重要方法。坑探工程是以独特的技术与小型装备，在地质找矿中为圈定并查明矿床或地质构造而掘进的探槽、浅井、小断面平巷、斜井及竖井等工程。坑探工程通过小型、轻便、快捷的掘进技术施工各类井、洞、隧、涵，在水利水

(a) 钻探工程　　　　(b) 坑探工程

图1-1　地质勘探示意图

电环境保护及地质灾害防治等工程中也得到广泛应用。

钻探应用范围广泛，钻进方式是多种多样的：①根据破碎岩石的方式来分类，可以分为

机械法钻探、热力法钻探、液动力法钻探和复合法钻探等多种钻探方法。②根据碎岩工具或磨料的性质来分类，可以分为金刚石钻探、硬质合金钻探、钢粒钻探和牙轮钻探等。对于坑探工程的掘进方法，主要采用钻爆法。钻爆法的凿岩方法除了机械凿岩以外，还有热力火钻法、化学法、高压水射流法、爆炸法和超声波法等多种方法。爆破方法可以分为钻眼爆破法、深孔爆破法、预裂光面爆破法、硐室爆破法、拆除爆破法、水下及水压爆破法、特种爆破法及其他爆破法等多种方法。在坑探工程中，主要应用钻眼爆破法和预裂光面爆破法[1]。

2. 采矿行业

采矿是自地壳内和地表开采矿产资源的技术和科学。矿产资源根据其在地壳中富集的物质形态不同可分为气态（如天然气）、液态（如石油）和固态（如煤、铁等）三大类。采矿业是国家战略性产业的重要组成部分和国家的支柱产业之一，为国民经济发展提供了重要的原材料保障，创造了大量的就业机会和财富。采矿业的发展对于促进工业化和经济增长具有重要意义。

固态采矿是一种通过从地壳中开采可利用矿物并将其运输到矿物加工地点或使用地点来实现资源利用的过程。采矿作业场所包括开采形成的开挖体、运输通道以及各种辅助设施等。露天矿是指开挖体暴露在地表的矿山，地下矿则是指开挖体在地层深处的矿山[2]。图1-2展示了不同矿山的开采场景。

(a) 露天矿开采   (b) 地下矿开采

图1-2 矿山开采示意图

露天矿和地下矿岩石破碎的主要方法有：①机械破岩——由机械直接施载于工具使岩石局部破碎，例如用锹镐挖掘、钎子打眼、滚刀碾压、刀具切削等。这种方法的特点是，将工具侵入岩石，使其周围岩石产生崩落或劈开。②岩石爆破——通过炸药爆炸产生的高温高压和大量的气体来破碎岩石，其中包括用热核爆炸和化学反应来破碎岩石的方法，后者也被称为静态膨胀。岩石爆破是破碎硬岩最常用的方法。③物理破岩——利用热能、电子、电磁波、激光和高压水射流等来破碎岩石。19世纪60年代，火焰喷烧（火钻）曾在生产中得到应用，大流量的水射流（水枪）在采煤中得到应用，其他方法都处在试验研究阶段，有时也作为机械破岩的辅助手段。

在石油和天然气开采的各个环节中，钻井起着至关重要的作用（图1-3）。从寻找、确认含油气构造，到获取工业油流，勘探已确认的含油气构造的含油气面积和储量、获取油气田地质资料和开发数据，再到将原油从地下取出到地面，所有这些都需要通过钻井来完成。因此，钻井是勘探和开采石油及天然气资源的重要环节和重要手段。

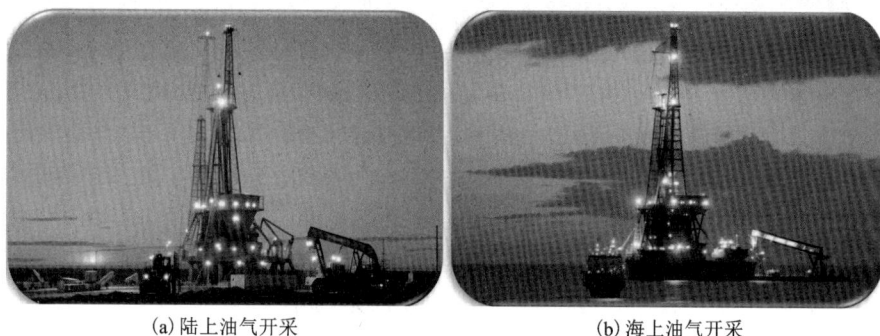

(a) 陆上油气开采　　　　　　　　　(b) 海上油气开采

图1-3　石油、天然气开采示意图

钻井可分为三个阶段，即钻前准备、钻进和固井与完井。钻进是将一定压力作用在钻头上，带动钻头旋转使之破碎井底岩石，井底岩石破碎后所产生的岩屑通过循环钻井液被携带到地面的过程[3]。钻井技术的发展一般可分为四个阶段：①人工掘井；②人力冲击钻井；③机械顿钻(冲击钻)井；④旋转钻井。到目前为止，旋转钻井方法是石油钻井的主要方法。随着现代科学技术的发展，旋转钻井工艺技术也得到了迅速发展，其特点如下：①从经验钻井发展到科学化钻井；②从浅井、中深井发展到深井、超深井；③从直井(垂直井)定向井发展到大斜度定向井、丛式井、水平井；④从陆地钻井发展到近海和深海钻井。旋转钻井方法包括转盘旋转钻井、井下动力旋转钻井及顶部驱动旋转钻井。

3.土木行业

土木学科是建造各类土地工程设施的科学技术的统称。它既指所应用的材料、设备和所进行的勘测、设计、施工、保养、维修等技术活动，也指工程建设的对象，即建造在地上或地下、陆上，直接或间接为人类生活、生产、军事、科研服务的各种工程设施，例如道路、铁路、管道、隧道、桥梁、运河、堤坝、港口、电站、飞机场、海洋平台、给水排水以及防护工程等。土木工程是指除房屋建筑以外，为新建、改建或扩建各类工程的建筑物、构筑物和相关配套设施等所进行的勘察、规划、设计、施工、安装和维护等各项技术工作及其完成的工程实体[4]。

在土木工程领域，岩石破碎工程主要涉及土方工程、道路工程、隧道及地下工程等(图1-4)。土方工程施工包括挖掘、填筑和运输各类土(石)，以及排水、降水和土壁支承等过程。道路工程的路基是路面的基础，通常是用当地的土石填筑或在原地面开挖而成的道路主体结构。隧道及地下工程是在地下或者水下或者在山体中，铺设铁路或修筑公路供机动车辆通行的建筑物[5]。

在土方工程施工中，根据土的开挖难易程度可分为八类，其中前四类为一般土，后四类为岩石。当土的类别为五类以上(包括五类)时，需采用炸药爆破或机械破岩的方法进行施工。另外，桩基工程的灌注桩成孔方法有钻孔、钻扩、挖孔、冲孔、套管成孔和爆扩等[6]。路基施工的基本方法按其技术特点可分为人工加简易机械化、综合机械化、水力机械化和爆破

(a) 基坑施工　　　　　　　　　　　(b) 隧道施工

图 1-4　土木工程施工示意图

等方法。隧道及地下工程施工主要包括以爆破破岩和机械破岩为主的矿山法、TBM 法、盾构法、沉井法、沉管法、顶管法等。

综上所述，岩石破碎理论与技术在各行各业中具有重要的地位和作用。它不仅为各类工程提供了坚实的理论基础，还是安全、高效、绿色施工的关键技术因素。随着工业技术的演进，岩石破碎领域不断扩展，研究也随之深化。国内外学者致力于揭示破岩机制和研发新技术，以提高岩石破碎的效率、降低环境污染、减少资源浪费为目标，积极推动现代工程建设和社会经济发展。

1.2　岩石破碎理论与技术

岩石破碎理论研究是研发高效破岩技术的基础，通过研究岩石的破碎机制，可以了解岩石在外力作用下的变形与破碎规律，揭示采用不同种类的刀具、各种荷载条件下岩石的可破碎特性，明确破岩过程中影响岩石破碎效果的因素，建立岩石破碎效果的评价指标，进而研发高效的破岩技术与装备。

根据不同的刀具及荷载条件，岩石破碎存在多种破碎机制，主要包括物理破碎、化学破碎、热胀冷缩引起的破碎、冰冻破碎及生物破碎。其中，物理破碎是最常见的岩石破碎机制，其是岩石在受到拉伸、剪切、压缩和冲击等外力作用下发生物理变形和断裂，导致岩石内部形成裂隙直至发生破碎。岩石也可以通过化学作用而发生破碎，例如水和空气中的化学物质会渗入岩石中并与岩石中的矿物质发生反应，使得岩石内部结构被破坏和溶解，从而导致岩石发生破碎。当岩石由于温度变化而发生热胀冷缩时，岩石内部产生的应力会导致岩石发生破裂，并且随着温度反复变化，岩石会反复收缩和膨胀，从而加速岩石的破碎。冰冻破碎指的是当水渗入岩石中并在裂隙中冻结时，水凝固成冰会体积膨胀，因而产生巨大的扩张压力，导致岩石中裂隙的扩大，并进一步引起岩石破碎。一些生物活动也可以对岩石进行破碎，例如植物的根系可以伸入岩石中的微小裂隙并逐渐扩大这些裂隙，导致岩石破碎。

因此，在岩石破碎场景下，我们需要根据现场实际情况选择合适的破碎方法，以实现高效的岩石破碎。在这个过程中，岩石破碎技术和装备不断地更新迭代。反过来，岩石破碎技术的进步同样可以推动岩石破碎理论的发展，通过观察实际破岩结果，不断验证破岩理论的准确性和可行性。随着科学技术的发展和破碎设备的革新，岩石破碎技术取得了显著的进展。然而，由于岩石条件的复杂性和多样性，仍然存在许多未解决的问题和挑战。因此，只有不断加强基础理论研究、改进和应用新型技术，才能更好地应对实际生产中的岩石破碎挑战，获得最佳的破碎效果和经济效益，实现绿色、安全、高效破岩，促进各行各业的发展。

近几十年来，国内外在岩石破碎领域取得了许多重要的研究成果，这为岩石破碎技术的发展提供了宝贵的理论和实践经验。本书总结了这些理论和技术的相关内容，并将其分为以下四个方面，以帮助读者更好地了解岩石破碎理论与技术。

1. 岩石的可破碎特性

岩石的可破碎特性是指岩石在外力作用下发生破碎的性质和行为，了解岩石的可破碎特性对于岩石破碎设计和施工至关重要。研究内容主要如下。

(1) 岩石的强度特性。岩石的强度特性是指岩石抵抗外力作用而不发生破坏的能力。常见的强度特性包括抗压强度、抗拉强度、点荷载强度、抗剪强度等。不同类型的岩石具有不同的强度特性，因此在实际工程中需要根据岩石的具体类型和性质进行强度测试和评估。了解岩石的强度特性对于岩石破碎设计和施工起着重要的指导作用，能够很大程度保证工程的安全性和稳定性。具体的强度特性介绍见本书 2.1 节。

(2) 岩石的脆性[7]。岩石的脆性指的是岩石在受力破坏时，其自身固有的性质表现为在宏观破裂前产生细小的应变，破裂时则以弹性能的形式释放出储能的能力。脆性指数则表征了岩石在破裂前的瞬态变化的难易程度，反映出岩石在压裂后形成裂缝的复杂程度。通常来说，脆性指数高的地层表现出硬脆的性质，对压裂作业反应敏感，能够迅速形成复杂的网状裂缝；脆性指数低的地层则更容易形成简单的双翼型裂缝。因此，岩石的脆性指数是表征岩石可破碎性的重要参数。对于岩石脆性的定义，专家学者的意见并不统一。随着人们对岩石脆性的认识不断深化，形成了多种岩石脆性表征方法。具体的脆性指数计算方法和影响因素将在本书 2.2 节中详细介绍。

(3) 岩石的硬度[8]。岩石对动态或静态集中力的局部变形或局部破碎的抵抗能力称为硬度，或者可以简单称为岩石表面抵抗压入或侵入的能力。所以，对硬度可理解为局部强度或接触强度，可以用力或能量指标来表示。所谓"局部"，可以是显微的、点的，其硬度分别称为矿物显微硬度和岩石的集体硬度 (简称硬度)。根据作用力的种类、条件、应力状态、作用速度、作用时间的不同，硬度可分为静硬度、动硬度、有约束硬度及长期 (流变) 硬度。根据岩石变形与破坏特征的不同，硬度还可分为弹性硬度和破坏硬度。通常硬度越大的岩石越难以被破碎，需要更大的力量和能量才能使其破碎；硬度较小的岩石则更容易被破碎。岩石硬度的测试方法可归纳为刻划法、动力法和静压入法。具体指标介绍见本书 2.3 节。

(4) 岩石的耐磨性。岩石的耐磨性是指岩石表面在摩擦或磨损下的抵抗能力。它通常用于评估岩石在自然环境或工业应用中的耐久性和耐用性。影响岩石耐磨性的因素有很多，岩石所含矿物成分种类与各类矿物的含量是影响岩石耐磨性的直接因素，也是主要的因素之一。通常情况下，岩石中硬度较高的矿物 (例如石英、长石、角闪石等) 含量越高，岩石的耐磨性就越大；相反，岩石中硬度较低的矿物 (例如黑云母、白云母、方解石、绿泥石等) 含量越高，相应岩石的耐磨性越小。岩石内矿物硬度及其含量对该岩石耐磨性的大小起着关键作用[9]。因此在实际应用中，需要综合考虑这些因素来评估岩石的耐磨性。具体的岩石耐磨性分级指标及影响因素参见本书 2.4 节。

(5)岩石的可钻性。岩石的可钻性反映岩石钻进的难易程度。它和采用的钻进设备和技术手段密切相关，而设备和工具的性能等条件也是可变的。所以，岩石的可钻性是地质和工艺技术因素的综合反映，它的指标是以钻进时碎岩的速度和切削具的磨耗为依据的。岩石可钻性受岩石本身固有属性的影响：如岩石的成因及种类，造岩矿物的种类及含量；矿物颗粒的大小及形状，岩石的结构和构造；胶结物的性质和胶结形式；岩石的埋藏深度，层理、倾角、孔隙度。这些因素被认为是自然因素，是客观存在且多变的[8]。此外，还有主要的工艺技术因素，包括钻进设备类型、钻进方法、碎岩工具类型及其操作规程、冲洗液的性质等。岩石的可钻性可以按照岩石物理力学性质、实际生产条件及模拟钻进试验台等进行分级，具体可见本书 2.5 节。

(6)岩石的可切割性[10]。岩石的可切割性表示为切割岩石的难易程度。岩石切割效率直接受岩石可切割性的影响。岩石的可切割性属于岩石与切割设备相互作用产生的评价标准，需要通过测得的切割参数进行综合评价。许多学者对可切割性进行了科学研究，其各自研究手段、理论模型、实验方法等不同，导致目前没有统一的可切割性定义及评价标准。目前岩石的可切割性的表征方法可概括为以下四类：切割比能耗表征；岩石坚固性系数表征；岩石抗切强度表征；岩石物理力学性质表征。具体的可切割性试验及表征方法见本书 2.6 节。

(7)岩石的可爆性。岩石的可爆性表示岩石抵抗炸药爆破破碎的难易程度。它是岩石物理力学性质、岩体地质结构以及爆破参数和工艺等因素在爆破过程中的综合表现，并影响着爆破效果。按照岩石的可爆性进行岩石分级，可预估炸药消耗量，制定定额，并为爆破优化提供依据。早年我国一般参照苏联普氏岩石坚固性系数和苏氏分级的炸药单耗(爆破 1 m^3 矿岩所消耗的炸药量)作为岩石可爆性指标。近几十年来，国内外学者做了大量工作，根据岩石可爆性的主要影响因素，提出了各种各样的判据、指标进行岩石分级。其主要判据有岩石强度、单位炸药消耗量、工程地质参数、岩石弹性波速度、岩石波阻抗、爆破岩石质点位移、临界速度、爆破功指数、岩石弹性变形能系数等，它们从不同的侧面反映了岩石的可爆性[11]。其中具体的影响因素以及较为实用的可爆性分级方法见本书 2.7 节。

2. 岩石破碎的影响因素

岩石的破碎性质是由多种因素综合作用决定的，包括岩石属性、岩体结构、外部环境、应力条件及赋存条件等，这些影响因素共同决定着岩石破碎的模式、程度和机制。

(1)岩石特性及岩体结构的影响是岩石破碎的重要考虑因素。岩石特性包括岩石物理性质(密度、相对密度、孔隙比、含水率、吸水率、比热容等)、强度特性(单轴抗压强度、抗拉强度、抗剪强度、三轴抗压强度等)、变形特性(弹性、塑性、黏性、流变)等。岩体结构面特性包括空间分布特征(产状、密度、连续性)，以及结构面形态、张开度和充填与胶结[12]。跨尺度特性是指在采掘深部岩体时，岩体结构面和各类地质问题具有不同的尺度和层级，涉及矿物从微观尺度到区域-全球宏观尺度的跨越[13]。不同尺度之间的相互作用可能导致采掘条件发生变化。例如地质体中存在小到节理和裂隙、大到断层等不同尺度的地质构造，在不同规模和类型力源的构造作用下，地应力场的分布呈现出显著的尺度特征[14]。总之，以上岩体条件(从微观的矿物成分到宏观的结构面特征)共同影响岩体的稳定性，并决定了岩体的破坏特征和难易程度。因此，在资源开采过程中需要进行岩石特性和岩体结构的详细调查和分析，以制定合理的破碎方案和工程措施。

（2）地应力是深部岩石破碎不可忽略的影响因素。地应力是指地球内部岩体所受到的应力作用。地应力的大小和方向随地质条件的不同而变化，而这些变化会对岩石的破碎产生重要影响。当采掘深度超过一千米时，地应力可以达到 $40\sim60$ MPa。高地应力改变了岩石的力学特性，岩石破坏由脆性转化为延性，岩石破坏的永久变形量增大且时间效应强。高地应力引发的如岩爆等突发性岩体动力灾害也成为影响深地安全高效开采的重要因素。深部岩石工程不能忽略地应力对机械刀具破岩的影响，研究发现，高地应力下刀具切割能力降低，需要更大的破岩荷载才能破碎岩石[15-17]。另外，高地应力下岩石可钻性差，井壁应力集中，对钻井工艺和配套设备提出了新的挑战。因此，在资源开采过程中，不能忽视地应力对岩石破碎的影响，需要针对地质条件进行合理的工程设计和施工。

（3）水和温度也是岩石破碎中需要考虑的因素。岩石中的水通常以两种方式赋存：一种称为结合水（或称为束缚水），另一种称为重力水（或称为自由水）。它们对岩石力学性质的影响，主要体现在五个方面，即联结作用、润滑作用、水楔作用、孔隙压力作用、溶蚀及潜蚀作用等[18]。岩石湿度对岩石强度及其变形特性的影响很大，通常表现为湿度增加，塑性增加，弹性模量（变形）降低。若所含水是自由水，则岩石强度会进一步降低，因为液体通过表面裂隙渗入孔隙中，会加速裂隙的发育[8]。温度对岩石可破碎性能的影响，一是表现在随着温度的升高岩石的变形特征和强度发生变化，二是表现在高温高压下岩石的变形破坏机制与常温下不同。格里格斯（Griggs，1960）等人研究了玄武岩、花岗岩、白云岩的力学特征，结果表明，围压不变的情况下，随着温度的上升，岩石的强度降低，延性增长，在室温下，岩石呈脆性破坏，在高温下，岩石呈延性破坏[19]。

综上所述，岩石破碎受到岩石特性及岩体结构、地应力、水和温度的影响，详细的介绍可参见本书第3章。

3. 岩石破碎表现的评价指标

岩石破碎程度和破岩比功是评价岩石破碎表现的重要指标。本书将在第4章详细介绍岩石破碎程度和破岩比功，并探讨它们在岩石破碎研究和工程实践中的应用。

1）岩石破碎程度

在岩石力学强度的分析中，并不涉及破碎的程度，即破碎产物的粒度问题。在采矿工程中的破碎问题，则经常要考虑破碎的程度，包括粒度的测量，以及破碎后颗粒分布规律的问题。颗粒的粗细和破碎能耗间的联系则是一个基本理论问题。

粒度在广义上讲是指岩石被破碎之后，那些大大小小的颗粒的组成状况，但也可特指某一颗粒的尺寸。球形颗粒的尺寸可用它的直径来表达。非球形颗粒的尺寸则因其研究目的的不同，有多种表达方法。常见的粒度测量方法包括筛分法、沉降分析法、投影面积法、激光粒度仪法、显微镜测量法和颗粒计数法等。通过这些方法，可以对破碎后的颗粒进行逐级筛分，从而获得不同粒度组分的分布规律。破碎后颗粒粒度的分布规律是指颗粒在各个粒径范围内的数量分布情况。随着破碎程度的增加，破碎后的颗粒会逐渐减小，产生更多的细颗粒。在一定条件下，破碎岩块的粒度一般存在着一定的分布规律，如指数分布、对数正态分布、韦伯分布等。这些分布规律对于破碎工艺和产品的优化具有重要的指导意义。

2）破岩比功

破岩比功是指在一定受力条件下，岩石破碎所需的能量和破碎岩石的体积之比，反映了岩石破碎的节能性能。将物体从块度 D 破碎到块度 d，以 α 表示其破碎比，即

$$\alpha = \frac{D}{d} \tag{1-1}$$

显然，破碎比越大，破碎单位体积岩石所需之功（破碎比功）也将越多。研究破碎比功和破碎比的关系，大体有三种学说，即 P. R. Rittinger 的新表面说（1867 年）、G. Kick 的相似说、F. C. Bond 的裂纹说（1952 年）[20]。这三种学说都有一定的道理，并且在一定条件下符合实际结果，具体介绍见本书 4.2 节。

除了传统的破岩比功学说，还有基于不同破岩方式的其他破岩比功理论。例如，Teale 从能量的角度出发，考虑钻头钻压破岩和钻头旋转扭矩剪切破岩，建立了原始机械比功模型。机械比功理论从建立至今日趋成熟，有考虑机械效率的 Cherif 模型和 Dupriest 模型，考虑扭矩计算的 Pessier 模型和樊洪海模型，以及考虑水力破岩的水力机械比功模型[21]。机械比功模型是评价钻头破岩效率的一种方法，它不仅可以用于简单的破岩效率评价，还广泛应用于钻井工业的各个方面。除了评价钻头的破岩效率外，机械比功还可以用来优化钻进参数，预测钻头井底工作状态，选择合适的钻头，以及评估钻头的磨损情况。

评估 TBM 的性能通常采用基于实验室测试结果和切削力的理论或试验模型方法，以及基于 TBM 现场性能和部分岩层特性的经验公式法。比功法属于理论或试验模型类别中的一种方法。通过比功法，可以更加准确地评估 TBM 的性能和开挖效率。这种方法综合考虑了多种因素，能够帮助工程师优化盾构机的工作参数，提前预测岩层的特性以及评估刀具的性能。比功法在盾构机工程中的应用有助于提高施工效率和质量[22]。具体的破岩比功模型见本书 4.2 节。

在岩石破碎研究和工程实践中，评价岩石破碎程度和破岩比功对于岩石工程的设计和施工具有重要意义。准确评估岩石的破碎程度和破岩比功，可以有针对性地选择合适的破碎技术和工艺，提高岩石开采和爆破效率，减少资源浪费和降低环境损害。所以需要不断完善岩石破碎评价指标，为工程师、设计师和实施者提供更好的决策支持和技术指导。

4. 岩石破碎方式及其破岩机制和装备应用

岩石破碎是在工程实践中常见的任务，涉及岩石的解体和破碎，以便于开采、施工或其他应用。本书将分别在第 5、6、7、8、9、10、11、12 章介绍常见的岩石破碎方式，包括钻进破岩、切削破岩、滚压破岩、机械冲击破岩、膨胀致裂破岩、水力破岩、热力破岩以及岩石的二次破碎方法，并探讨它们的破岩机制和装备应用。

1）钻进破岩

钻进破岩是一种常见的岩石破碎方法，主要用于地质勘探、采矿、隧道掘进和建筑拆除等工程。钻进破岩的关键原理是利用钻头的高速旋转和冲击力使岩石产生破碎断裂。当钻头与岩石接触时，钻头产生的旋转力会对岩石施加压力，同时冲击力会使岩石表面产生微小的裂纹和压力波。随着钻头的旋转和冲击力的不断作用，岩石的裂纹会逐渐扩展，最终导致岩石破碎成更小的颗粒或块状物。

随着工业技术的进步，直接破碎岩石的磨料、钻具形式及与之相适应的钻进设备都在不

断改进。从以碳化钨为基体的硬质合金到钢粒钻进，再到推广应用人造金刚石钻进，钻进设备不断更新换代。目前各类新型钻机按用途分类，可分为岩芯钻机、石油钻机、水文地质调查与水井钻机、工程地质勘查钻机、坑道钻机及工程施工钻机等。按钻进方法可把钻机分成四类：①冲击式钻机：钢丝绳冲击式、钻杆冲击式钻机。②回转式钻机：立轴式——手把给进式、螺旋差动给进式、液压给进式钻机；转盘式——钢绳加减压式、液压缸加减压式钻机；移动回转器式——全液压动力头式、机械动力头式钻机。③振动钻机。④复合式钻机：振动、冲击、回转、静压等功能以不同组合方式复合在一起的钻机[23]。

2）切削破岩

切削破岩是一种常用的岩石破碎技术，广泛应用于采煤、隧道开挖和矿石加工等领域。根据刀具的运动特征可以把切削破岩方式分为截割、刨削、挖掘、钻削，常用的切削工具包括镐形截齿和刀形截齿。在刀具与岩石接触的区域，会形成复杂的应力场。当接触区域周围的拉应力达到岩石的抗拉强度时，会产生 Hertz 裂纹。受到挤压的岩石会发生塑性变形，并形成细小的岩屑。在高压力下，岩屑会聚集并形成紧密的核心。岩屑通过受挤压而储存能量，并将截齿传递的荷载传递到周围的岩石区域。随着截齿力的增大，紧密的核心对岩石施加的压力也不断增大，从而产生源裂纹。裂纹会随着截齿力的增加而扩展，直到贯穿岩石表面，使岩石碎块从原岩断裂脱落。

以切削破岩为主的机械有悬臂式掘进机、滚筒式采煤机、铣挖机和刮煤机等。这些设备能够经济高效地破碎普式系数小于 8 的岩体。特别是悬臂式掘进机具有高机动性和灵活性的优点，在地下开采和巷道开挖中扮演着重要的角色。滚筒式采煤机是采煤工作面上使用极为广泛的设备之一。在长壁采煤工作面上，滚筒按照规定的牵引速度前进，通过旋转的截齿将矿岩割断并掉落，然后被装载机构装入工作面输送机，实现高效率的机械化连续开采。

3）滚压破岩

滚压破岩广泛应用于岩土工程、隧道开挖等领域。常用的滚压刀具包括盘形滚刀和镶齿滚刀。破岩时，滚刀在法向力作用下与掌子面紧密接触并压入岩石，滚刀在刀盘的带动下在掌子面上旋转并滚压岩石，岩石产生挤压、剪切、张拉的综合破坏。在滚刀破岩过程中，滚刀接触区域内的岩石受到滚压形成粉碎体，并被压实形成密实核。密实核将滚刀上的荷载传递到相邻区域，从而在密实核周围产生大量微裂隙，并形成损伤区。随着盘形滚刀破岩的持续进行，在损伤区周围形成裂纹并逐渐向外部扩展，当相邻两个滚刀下方形成的裂纹贯穿时，岩石碎块从原岩剥落。

滚压破岩的常用设备主要包括 TBM、天井钻机等。我国每年在煤矿开采过程中需要新掘超过 10000 km 的巷道，其中约有 30% 是硬岩巷道。然而，由于地质条件、井下作业空间及掘进技术等多种因素的限制，岩巷的掘进速度通常每月不足百米。传统的巷道掘进机在破碎硬岩方面存在一些困难，截齿负载较大，且容易损坏和脱落，因此需要频繁进行维修和更换。经过井下应用验证，传统的截齿切削破岩方式难以实现硬岩巷道的高效掘进。相比之下，滚刀挤压破岩具有一些特点，例如装备体积较大、动力足够强劲等。这种技术可以实现对硬岩进行高效破碎，并且已经成功应用于煤矿硬岩巷道的快速掘进。通过滚刀的挤压作用，硬岩可以被迅速破碎成碎片，然后通过相应的装载机构进行清理和运输。这种新型技术在提高硬岩巷道掘进效率方面具有巨大的潜力，可以帮助煤矿行业实现更加高效的生产。随着技术的不断发展和改进，滚刀挤压破岩将在煤矿硬岩巷道掘进中发挥越来越重要的作用。

4）机械冲击破岩

机械冲击破岩是一种常用的破岩方法，它利用高速冲击力将能量传递给岩石，以破坏岩石结构并实现破碎的效果。该方法一般适用于抗压强度较高且脆性比较好的岩石。冲击破岩的原理是依靠冲击机构提供的冲击荷载，经过钎杆等冲击刀具施加在岩石上，使冲击刀具侵入岩石并形成破碎坑，破碎坑之间相互贯穿完成破岩作业。冲击刀具破岩可以划分为四个阶段：当刀具与岩石表面接触时，接触区域岩石受到极高应力，岩石被接触压碎；刀具下方区域岩石被压密，形成压实体；压实体下方产生张开裂纹，且随着刀具荷载的增大，裂纹扩展并向下延伸；在刀具对岩石不断加载的过程中，压实体周围区域应力也逐渐增大，当达到某一阈值时，压实体周围会产生剪切裂纹并朝着自由面扩展；当裂纹扩展至自由面时，岩石碎块从原岩崩裂，并形成破碎坑。

冲击破岩方式主要包括高频破碎锤、高速子弹冲击等。目前，地下工程已经逐渐向深层和复杂地层发展，且由于地应力的增大，岩石的单轴抗压强度往往达到 100 MPa 以上，对深部、复杂地层安全高效破岩技术和装备提出了更高的要求和新的挑战。在应对硬岩方面，冲击破岩可以快速、高效地破碎岩石，提高掘进效率。冲击破岩的过程相对安全，可以减少人工破岩的风险。装备结构简单，易于操作和维护，具有较长的使用寿命。

5）膨胀致裂破岩

膨胀致裂破岩具有技术成熟、应用范围广等优点，在采矿、水利、交通等大型岩石工程中应用广泛。膨胀致裂破岩是一种利用炸药或者膨胀剂在岩石内产生体积膨胀力来破坏岩石结构的破岩方法。

炸药破岩的原理是炸药在岩体中爆炸瞬时释放出大量的爆炸能，并以动荷载的形式作用于周围介质，使岩体产生破碎。一般认为，岩体破碎是压应力、反射拉应力和高压爆生气体三者共同作用的结果。整个破碎过程通常分为三个阶段：第一阶段，爆炸应力波以 3000～6000 m/s 的速度在岩体中传播，此时的应力波前为压缩波，它的传播导致岩体发生压缩破坏而形成压缩圈；第二阶段，当压缩压力波通过之后，在岩体压碎圈之外形成拉伸应力，以及后续的横波使得岩体发生拉断和剪断破坏，破裂发展的速度一般为应力波速的 0.15～0.4 倍；第三阶段，高压爆生气体在岩体中膨胀，使岩体发生移动并逐渐隆起形成"鼓包"，最终破碎岩块。试验研究表明，在岩体发生破坏的各个阶段，其破坏的力学模型各异，破坏条件也不相同。膨胀剂破岩的原理是将膨胀剂注入预先钻孔的岩石内部，通过膨胀剂在固化过程中释放的膨胀力破坏岩石结构。膨胀剂通常由一种或多种化学成分组成，如水泥、铝粉等。在注入膨胀剂后，膨胀剂的化学反应会产生气泡和体积膨胀，进而产生足够的压力来破坏岩石。膨胀致裂破岩具有较高的适应性，适用于各种不同类型的岩石。膨胀致裂破岩装备简单，操作方便且成本较低。

6）水力破岩

水力破岩是通过高压水射流或液压力使得岩石破裂和破碎的方法。水射流技术是将液态水或者夹杂球形钢材、陶瓷等材料的粒子流体通过加压装置后从小直径喷嘴中射流出来，形成高速射流束，以高度集中的能量冲击、切割岩石的技术。水射流技术，涉及流体、固体、气体和流固耦合，其破岩机制存在以下理论：冲击应力波破碎理论、空化效应破碎理论、准静态弹性破碎理论、裂纹扩展破碎理论和渗流-损伤耦合破碎理论等。水力压裂技术是利用地面的高压泵站以超过地层吸液能力的排量向封闭的钻孔中注入压裂液，使钻孔受到超过岩石抗拉强度与断裂韧性的高压,出现裂缝,从而改变地层结构,形成裂缝网络系统的技术。

水力压裂技术经过几十年的发展,从理论研究到现场实践取得了较大的发展,并逐步应用在页岩油气开发、煤矿开采、地应力测量、地热资源开发、核废料处理、井下岩层控制等岩石工程领域。水射流技术始于 19 世纪中叶,当时主要用于淘金及金矿开采,直至 20 世纪中期,苏联将水射流技术应用于煤矿开采。目前,水射流技术已被广泛应用到水力清洗、切割、采矿等领域。随着开采深度的增加,普通的水力破岩已经无法应用到复杂的开采环境中。为了满足深部资源的开采需求并提高资源的开采效率,脉动水力压裂技术、高压电脉冲压裂技术、爆破水力压裂技术、坚硬顶板水力压裂技术、水射流与水力压裂联合作业技术涌现出来并成功应用于煤层增透以及煤层气、石油气增产等方面。

7)热力破岩

热力破岩是利用高温或低温作用使岩石发生热胀冷缩而引起裂缝扩展和破碎的方法。常用的热力破岩方式包括微波、激光、液氮射流、高温火焰射流及等离子体等。

微波是一种波长为 $0.001 \sim 1$ m、频率为 $0.3 \sim 300$ GHz 的超高频电磁波。在微波照射作用下,岩石矿物自身的介电特性会消耗微波能量,并将该能量转化为热能,使介电特性较强的矿物在短时间内迅速升温,在岩石内部形成"热点"。微波破岩是将微波作用于岩石上,将电磁场的能量传递给岩石,岩石介质分子由于反复的极化现象,在物体内部发生"内摩擦",将电磁能转换为热能,使岩石温度升高,从而导致岩石在水分蒸发、内部分解、膨胀的共同作用下发生破坏。激光破岩是通过高能激光束对岩石表面快速加热,导致局部岩石温度瞬间升高,产生局部热应力,由于矿物颗粒之间热膨胀系数、熔点不同,岩石内出现晶间断裂和晶内断裂,甚至可能诱导矿物颗粒由固态瞬间相变成液态和气态,并形成高温等离子体,然后借助辅助气流或其他方式破碎岩石,是一种非接触式的物理破岩方法。液氮射流破岩是以液氮作为钻井流体,通过增压设备调制液氮形成高压流体,在岩石内形成多个射孔眼,岩石在液氮冷冲击后,表面温度急剧下降,产生显著的变温热应力,使得岩体表面产生新的微裂隙并促使原有裂隙扩展,然后注入高压液氮进行压裂,形成复杂的裂隙网格,实现岩石破裂。热射流破岩则是利用岩石表面与内部的温度差,使岩石的物理力学性质发生改变,造成岩石内部矿物之间变形不匹配,导致矿物边界产生局部热应力,一旦热应力超过了矿物之间的固结程度,岩石内将会产生晶间断裂,进而形成裂隙网格,出现热破裂现象,从而破碎岩体。

随着工业技术的发展,热力破岩传输、存储的问题将会得到有效解决。目前已在室内试验中验证了微波、激光、液氮射流在储层压裂、岩石破碎等方面具有明显的优势。微波、激光、液氮射流等已被用于机械刀具的辅助破岩中。热力破岩作为一种清洁高效的技术,有望在各个领域发挥重要作用,具有广阔的工程应用前景。

8)岩石的二次破碎

岩石的二次破碎(二次破岩),又称为二次爆破或继续破岩,是一种在矿山、隧道、建筑拆除等工程中用于破坏坚硬岩石的方法,适用于各种岩石。二次破岩利用不同的方式对大块坚硬岩石进行二次破坏,并通过适当的装备和控制手段实现工程目标。

常用的装备包括颚式破碎机、反击破碎机和圆锥破碎机等。此外,还可以在预先钻孔的硬岩内部注入炸药,通过膨胀破岩进行二次破碎,以实现拆除或挖掘的目的。颚式破碎机适用于中等硬度和高硬度的物料破碎,如石灰石、石英砂岩、铁矿石等。反击破碎机是一种利用高速旋转的转子和碰撞板之间的碰撞来破碎物料的设备。反击破碎机主要适用于较软的物料破碎,例如石灰石、石膏等。它具有破碎比大、产量高、粒度均匀等优点。圆锥破碎机常用于中等硬度和高硬度物料的细碎。圆锥破碎机的破碎腔呈锥形,物料在破碎腔内受到往复式挤压和旋转破碎的作用。通过多次往复挤压、碾磨和冲击,物料逐渐破碎成所需的细碎颗粒。

综上所述,本书介绍的岩石破碎方式包括钻进破岩、切削破岩、滚压破岩、机械冲击破岩、膨胀致裂破岩、水力破岩、热力破岩以及岩石的二次破碎方法等。每种破碎方式都有其破岩机制和适用范围。在实际工程中,根据不同的需求和条件选择合适的破碎方式和相关装备,能够实现高效、安全和经济的岩石破碎任务。因此,研究各种岩石破碎方式的基本作用机制并探讨其装备应用对岩石工程的设计和施工具有重要意义。

参考文献

[1] 赵国隆.勘探工程技术[M].上海:上海科学技术出版社,2003.

[2] 王青,任凤玉,顾晓薇,等.采矿学[M].2版.北京:冶金工业出版社,2011.

[3] 管志川,陈庭根.钻井工程理论与技术[M].东营:石油大学出版社,2000.

[4] 傅温.建筑工程常用术语详解[M].北京:中国电力出版社,2014.

[5] 江见鲸,叶志明.土木工程概论[M].北京:高等教育出版社,2001.

[6] 杨和礼.土木工程概论施工[M].武汉:武汉大学出版社,2004.

[7] 夏英杰.岩石脆性评价方法改进及其数值试验研究[D].大连:大连理工大学,2017.

[8] 屠厚泽,高森.岩石破碎学[M].北京:地质出版社,1990.

[9] 刘克振,周慧广,邢介奇,等.基于TBM施工的岩石耐磨性研究[J].科技创新与应用,2016(6):249.

[10] 李同欢.基于单截齿截割实验的煤岩可截割性研究[D].徐州:中国矿业大学,2018.

[11] 龚剑.岩体基本质量与可爆性分级[D].武汉:武汉理工大学,2011.

[12] 吴顺川.岩石力学[M].北京:高等教育出版社,2021.

[13] 柴波,史绪山,杜娟,等.如何实现区域岩体结构精细化分析?综述与设想[J].地球科学,2022,47(12):4629-4646.

[14] 周家兴.基于深度学习的深部复杂地应力场反演算法研究[D].北京:北京科技大学,2022.

[15] GEHRING K H. Design criteria for TBM's with respect to real rock pressure[C]//SCHULTER A, WAGNER H. Tunnel boring machines: trends in design & construction of mechanized tunnelling. London: CRC Press, 1996: 43-53.

[16] INNAURATO N, OGGERI C, ORESTE P P, et al. Experimental and numerical studies on rock breaking with TBM tools under high stress confinement[J]. Rock Mechanics and Rock Engineering, 2007, 40(5): 429-451.

[17] INNAURATO N, OGGERI C, ORESTE P P, et al. Laboratory tests to study the influence of rock stress confinement on the performances of TBM discs in tunnels[J]. International Journal of Minerals, Metallurgy, and Materials, 2011, 18(3): 253-259.

[18] 蔡美峰.岩石力学与工程[M].北京:科学出版社,2002.

[19] 王文星.岩石力学[M].长沙:中南大学出版社,2004.

[20] 徐小荷,余静.岩石破碎学[M].北京:煤炭工业出版社,1984.

[21] 向海川.钻头破岩效率实时评价及钻头优选研究[D].成都:西南石油大学,2019.

[22] 高攀,邹翀.比能法在渤海海峡隧道TBM施工中的应用分析[J].中国工程科学,2013,15(12):73-79.

[23] 鄢泰宁.岩土钻掘工程学[M].武汉:中国地质大学出版社,2001.

第 2 章 岩石的可破碎特性

岩石是自然赋存物,本身有很大的各向异性和离散性。岩石的可破碎特性是一个复杂的综合指标。合理确定岩石的可破碎特性是岩石破碎理论的重要内容,也是选择岩石破碎技术的重要依据。

2.1 岩石的强度特性[1-3]

岩石的强度是指岩石抵抗破坏的能力。破坏是指岩石材料的应力超过了它的极限或者变形超过了它的使用限制,但这里主要指应力超过了它的极限。岩石材料破坏的形式主要有两类:一类是断裂破坏;另一类是流动破坏(出现显著的塑性变形或流动现象)。断裂破坏发生于应力达到强度极限,流动破坏发生于应力达到屈服极限。在简单应力状态下,可以通过试验来确定材料的强度。例如,通过单轴压缩试验可以确定材料的单轴压缩强度;通过单轴拉伸试验可以确定岩石材料的单轴抗拉强度;等等。同时可建立相应的强度准则。但是,在复杂应力状态下,如果按照单轴压缩(拉伸)试验建立强度准则,则必须对在各种各样的应力状态下的材料一一进行试验,以确定相应的极限应力,建立强度准则。这显然是难以实现的。所以要采用判断推理的方法,提出一些假说,推测岩石材料在复杂应力状态下破坏的原因,从而建立强度准则。这样的一些假说称为强度理论。

2.1.1 岩石强度特性

岩石强度(峰值强度)是指岩石在外荷载作用下,达到破坏时所承受的最大应力,它反映岩石抵抗外力作用的能力,包括单轴抗压强度、点荷载强度、三轴抗压强度、抗拉强度、抗剪强度等。

1.岩石单轴抗压强度

岩石单轴抗压强度是指岩石试样在无侧限条件下,受轴向压力作用至破坏时,单位面积上所承受的最大荷载,即

$$R = \frac{P}{A} \qquad (2-1)$$

式中:R 为岩石单轴抗压强度,MPa;P 为岩石破坏时的荷载,N;A 为试样截面面积,mm^2。

岩石试样在单轴压缩荷载作用下破坏时，常见的破坏形式有以下三种：

(1)X 状共轭斜面剪切破坏：破坏面与荷载轴线(试样轴线)的夹角 $\beta = \dfrac{\pi}{4} - \dfrac{\varphi}{2}$，如图 2-1(a)所示，$\varphi$ 为岩石材料的内摩擦角。

(2)单斜面剪切破坏：如图 2-1(b)所示。β 角定义与图 2-1(a)相同。这两种破坏都是由破坏面上的剪应力超过极限引起的，因而被视为剪切破坏。但破坏前破坏面所需承受的最大剪应力也与破坏面上的正应力有关，因而也可称该类破坏为压-剪破坏。

(3)拉伸破坏：如图 2-1(c)所示。在轴向压应力作用下，在横向将产生拉应力。这是泊松效应的结果。该类型的破坏就是横向拉应力超过岩石抗拉强度所引起的。

单轴压缩试验设备示意图如图 2-2 所示。

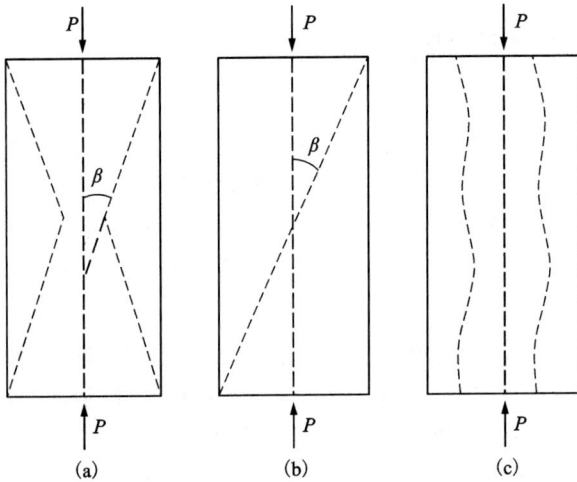

图 2-1　单轴压缩荷载作用下岩石破坏形式示意图

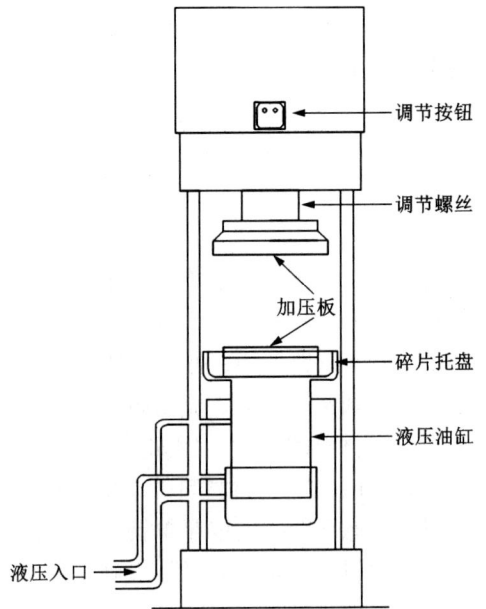

图 2-2　单轴压缩试验设备示意图

根据岩石的含水状态不同，岩石单轴抗压强度可分为天然单轴抗压强度、饱水单轴抗压强度和干燥单轴抗压强度。

2. 岩石点荷载强度

E. Broch 和 J. A. Frankin(1972)提出的岩石点荷载试验方法，是一种最简单的岩石强度试验，是通过岩石劈裂间接确定岩石强度的试验方法，适用于除砂砾岩等非均质性较大的岩石和单轴抗压强度不大于 5 MPa 的极软岩外的各种岩石。点荷载试验的设备比较简单，小型点荷载试验装置由一个手动液压泵、一个液压千斤顶和一对圆锥形加压头组成，加载方式如图 2-3 所示。压力 P 由液压千斤顶提供。

这种小型点荷载试验装置是便捷式的，可带到岩土工程现场去做试验。这是点荷载试验能够广泛采用的重要原因。大型点荷载试验装置的原理和小型点荷载试验装置的原理是相同的，只是能提供更大的压力，适合于大尺寸的试样。

该方法可以测定岩石点荷载强度指数和岩石点荷载强度各向异性指数。岩石点荷载强度指数按下式计算：

$$I_s = \frac{P}{D_e^2} \qquad (2-2)$$

式中：I_s 为未修正的岩石点荷载强度指数，MPa；P 为岩石破坏时的荷载，N；D_e 为等价岩芯直径，mm。

岩石点荷载强度各向异性指数是指岩石点荷载试验中，垂直

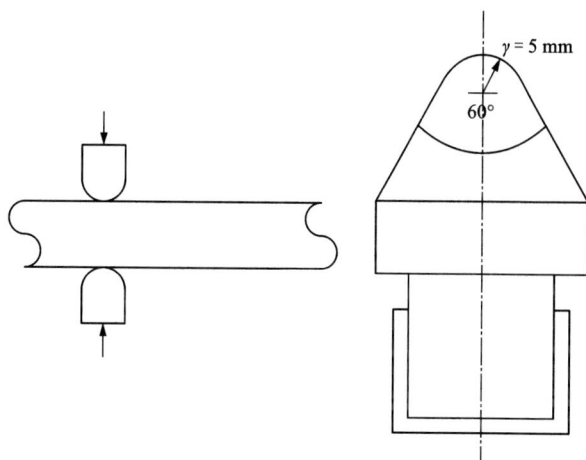

图 2-3　点荷载试验示意图

于软弱面的岩石点荷载强度指数与平行于软弱面的岩石点荷载强度指数之比，即

$$I_a = \frac{I_s'}{I_s''} \qquad (2-3)$$

式中：I_a 为岩石点荷载强度各向异性指数；I_s' 为垂直于软弱面的岩石点荷载强度指数，MPa；I_s'' 为平行于软弱面的岩石点荷载强度指数，MPa。

岩石点荷载强度试验主要用于岩体、岩体风化带划分，评价岩石强度的各向异性程度，估算岩石饱和单轴抗压强度。该方法具有简单、成本低、便于现场试验、可对未加工成型的岩样进行测试等优点。中铁二院工程集团有限责任公司对 743 组高、中、低三类不同强度岩石的试验结果进行回归分析，建立了岩石点荷载强度指标与岩石饱和单轴抗压强度换算关系，被国家标准《工程岩体分级标准》（GB/T 50218—2014）采用：

$$R_c = 22.82 I_{s(50)}^{0.75} \qquad (2-4)$$

3. 岩石三轴抗压强度

与单轴压缩试验相比，岩石三轴压缩时试样除受轴向荷载外还受侧向荷载。侧向荷载限制试样的横向变形，因而三轴压缩试验是限制性抗压强度（confined compressive strength）试验。岩石的三轴抗压强度（triaxial compressive strength）是指岩石在三向压缩荷载作用下，达到破坏时所能承受的最大轴向压应力。常用下式表示最大主应力与中间主应力、最小主应力的关系，即

$$\sigma_1 = f(\sigma_2, \sigma_3) \qquad (2-5)$$

式中：σ_1、σ_2、σ_3 分别为最大主应力、中间主应力、最小主应力，MPa。

三轴压缩试验根据不同的三向应力状态分为常规三轴压缩试验和真三轴压缩试验，试样所受应力状态如图 2-4 所示。

真三轴压缩试验是指在互相独立且互不相等的三向荷载作用下（$\sigma_1 > \sigma_2 > \sigma_3$）测定岩石力学性质的试验，试样制备成长方体或者正方体，如图 2-4（b）所示。作用在试样表面的三个方向的主应力按下式计算：

$$\sigma_i = \frac{P_i}{A_i} \qquad (2-6)$$

式中：σ_i 为试样的第 i 主应力，MPa；P_i 为第 i 主应力方向的荷载，N；A_i 为荷载 P_i 对试样的作用面积，mm^2；i 为 1，2，3。

真三轴压缩试验过程详见《岩石真三轴试验规程》(T/CSRME 007—2021)。

常规三轴压缩试验是指等侧压条件下（$\sigma_1 > \sigma_2 = \sigma_3$）测定岩石力学性质的试验，试验装置示意图如图 2-5 所示，试样最大主应力按下式进行计算：

$$\sigma_1 = \frac{P}{A} \qquad (2-7)$$

式中：P 为试样破坏时的最大轴向力，N；A 为试样的初始横截面面积，mm^2。

4. 岩石抗拉强度

岩石抗拉强度是指岩石在单轴拉伸荷载作用下达到破坏时所能承受的最大拉应力，或简称为抗拉强度（tensile strength）。抗拉强度试验分为直接拉伸试验和间接拉伸试验，间接拉伸试验主要包括巴西圆盘劈裂试验、弯曲梁试验等。

1）直接拉伸试验

将制备的岩石试样置于专用夹具中，通过试验机对试样施加轴向拉力直到破坏。岩石抗拉强度计算方法如下式：

$$R_t = \frac{P_t}{A} \qquad (2-8)$$

式中：R_t 为岩石抗拉强度，也常用 σ_t 表示，MPa；P_t 为岩石受拉破坏时的最大拉力，N；A 为与施加拉力相垂直且试样发生断裂处的横截面面积，mm^2。

试验时施加的拉力作用方向必须与岩石试样轴向重合，夹具应保存安全、可靠，且具有防止偏心荷载造成试验失败的能力。图 2-6 所示为直接拉伸试验的两种不同类型试样。如图 2-6(a) 所示，通常直接拉伸试验所用的岩石试样的两端胶结在水泥或环氧树脂中，拉伸荷载是施加在强度较高的水泥、环氧树脂或金属连接端上。这样就保证在试样拉伸断裂前，它的其他部位不会先行破坏而导致试验失败。

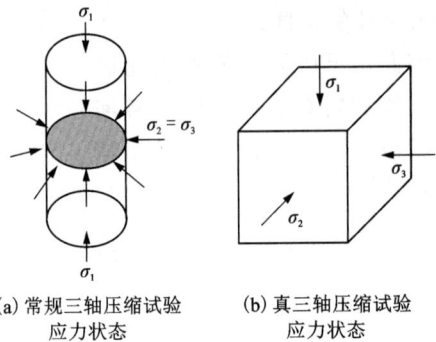

(a) 常规三轴压缩试验应力状态   (b) 真三轴压缩试验应力状态

图 2-4　岩石三轴压缩试验应力状态示意图

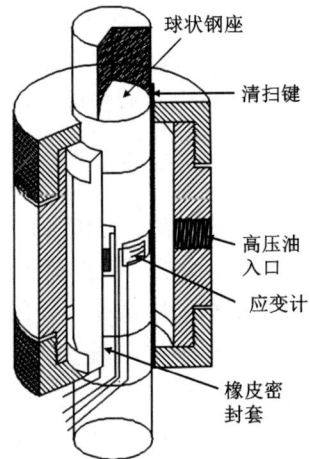

球状钢座
清扫键
高压油入口
应变计
橡皮密封套

图 2-5　常规三轴压缩试验装置示意图

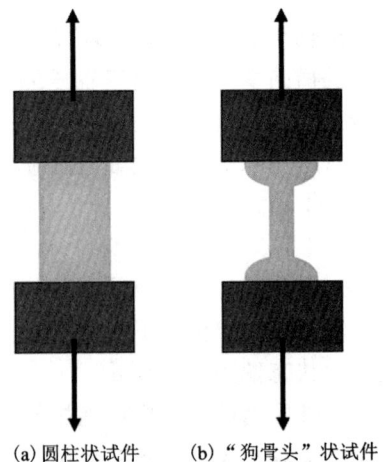

(a) 圆柱状试件   (b) "狗骨头" 状试件

图 2-6　直接拉伸试验试样

另一种直接拉伸试验的装置如图 2-6(b)所示。该试验使用"狗骨头"形状的岩石试样。

直接拉伸试验由于试样制备精度要求较高、黏接接触控制严格、易产生扭曲破坏和应力集中等而很少被采用。

2)巴西圆盘劈裂试验

1943 年，巴西学者 F. L. L. B. Carneiro 和日本学者 T. Akazawa 独立提供了用于测试混凝土抗拉强度的试验方法——巴西圆盘劈裂试验。典型的劈裂试验根据加载装置的不同，主要有四种方式，如图 2-7 所示。

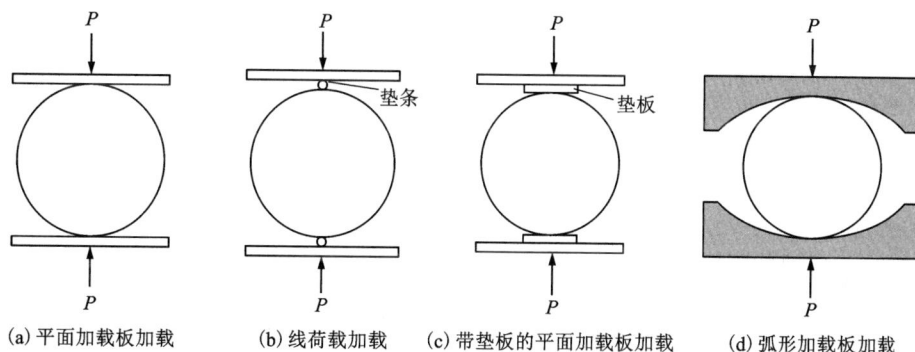

(a)平面加载板加载　　(b)线荷载加载　　(c)带垫板的平面加载板加载　　(d)弧形加载板加载

图 2-7　典型的巴西圆盘劈裂试验加载方式

《工程岩体试验方法标准》(GB/T 50266—2013)中建议巴西圆盘劈裂试验采用线荷载加载方式。如图 2-7(b)所示，通过垫条对圆柱体试样施加径向线荷载直至破坏(垫条可采用直径为 4 mm 左右的钢丝或胶木棍，其长度大于试样厚度，硬度与岩石试样硬度相匹配)，从而间接求取岩石抗拉强度，计算方法如下式：

$$R_t = \frac{2P}{\pi Dt} \tag{2-9}$$

式中：R_t 为试样抗拉强度，MPa；P 为试样破坏时的最大荷载，N；D 为试样的直径，mm；t 为试样的厚度，mm。

图 2-8(a)为在压缩线荷载 P 作用下沿着和垂直于圆盘直径加载方向的应力分布图。在圆盘上下加载边缘处，沿加载方向的 σ_y 和垂直于加载方向的 σ_x 均为压应力。离开边缘后，沿加载方向的 σ_y 仍为压应力，但应力值比边缘处显著减小，并趋于均匀化；垂直于加载方向的 σ_x 变成拉应力，并趋于均一分布。当拉应力 σ_x 达到岩石抗拉强度，试样沿加载方向劈裂破坏，理论上破坏是从试样中心开始，如图 2-8(b)所示，然后沿加载直径方向扩展至试样两端。

3)弯曲梁试验

弯曲梁试验采用的试样可以是圆柱梁，也可以是长方形截面的棱柱梁，常采用三点加载弯曲梁试验，如图 2-9 所示。在压力 P 作用下，梁的下部(中性轴以下)出现拉伸应力，当拉伸应力达到极限后，梁的中部下边缘处开始出现拉伸断裂。岩石试样受弯至折断时所能承受的最大应力称为岩石的抗折强度，其一般为直接拉伸试验所测得的抗拉强度的 2~3 倍，计算公式如下：

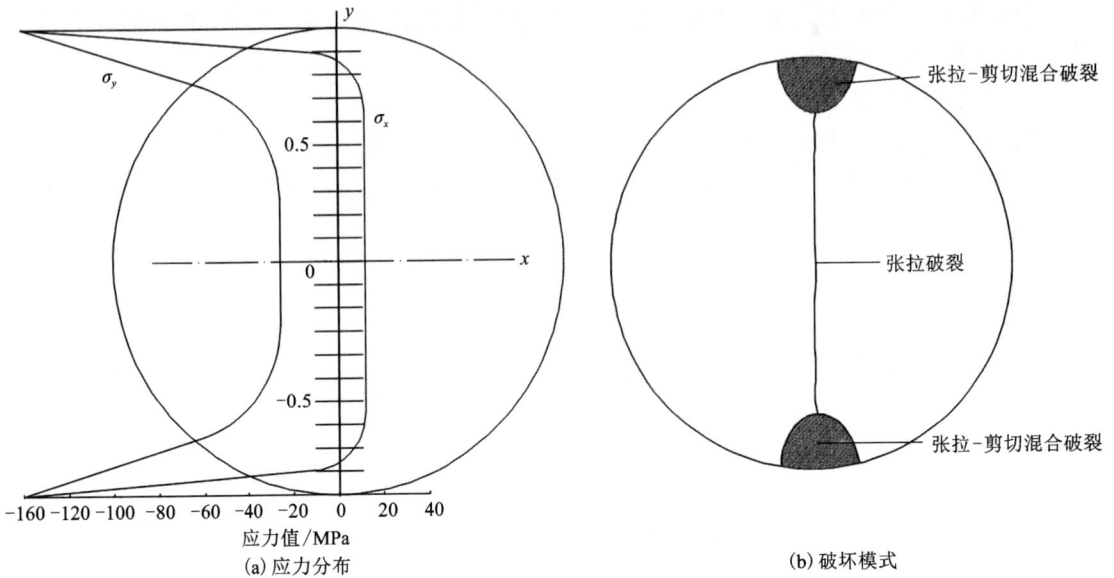

图2-8 巴西圆盘劈裂试验试样应力分布及破坏形式示意图

(1)圆柱梁

$$R_0 = \frac{8PL}{\pi D^3} \qquad (2-10)$$

(2)长方形截面的棱柱梁

$$R_0 = \frac{3PL}{2ba^2} \qquad (2-11)$$

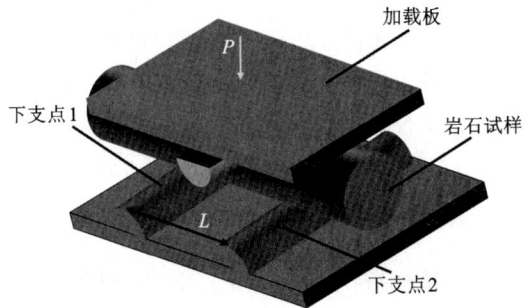

图2-9 三点加载弯曲梁试验示意图

式中：R_0 为岩石的抗折强度，MPa；D 为梁的横截面直径，mm；a、b 分别为梁的横截面高和宽，mm；L 为梁下方两支点间的跨距，mm。

岩石抗拉强度主要受岩石性质和试验条件的影响，其中起决定性作用的是岩石性质，如矿物成分、晶粒间黏结作用、孔洞与裂隙情况等。一般为单轴抗压强度的 1/25~1/4，在无抗拉强度实测值时，工程应用中可取抗压强度的 1/10。

5. 岩石抗剪强度

岩石抗剪强度是指岩石在剪切荷载作用下破坏时能承受的最大剪应力，常用 τ 表示。它与岩石的抗压、抗拉强度不同，需通过多组岩石抗剪试验数据并利用库仑-奈维表达式确定：

$$\tau = f(\sigma) \qquad (2-12)$$

岩石的抗剪强度可分为抗剪断强度、摩擦强度及抗切强度。抗剪断强度是指试样在一定的法向应力作用下，沿预定切面剪断时的最大剪应力，它反映了岩石的黏聚力和内摩擦力，采用直剪试验、角模剪断试验和三轴试验等测定。摩擦强度是指试样在一定的法向应力作用下，沿已有破坏面(层面、节理等)剪切破坏时的最大剪应力，其目的是通过试验求取岩体中各种结构面、人工破坏面、岩石与其他物体(混凝土等)接触面的摩擦阻力。抗切强度是指当试样上的法向应力为零时，沿预定剪切面剪断时的最大剪应力，抗切强度仅取决于黏聚力，采用单(双)面剪切及冲切试验等测定。

剪切强度试验分为非限制性剪切强度试验和限制性剪切强度试验，前者在剪切面上只有剪应力，没有正应力，如图 2-10 所示，后者在剪切面上同时有剪应力和正应力，如图 2-11 所示。

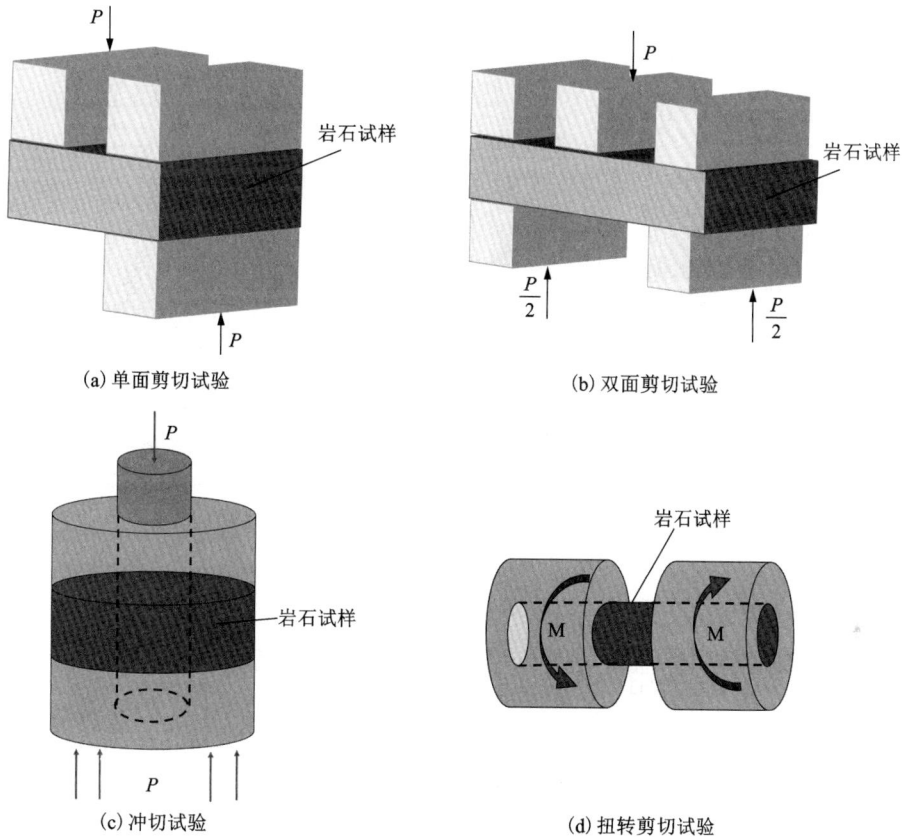

(a) 单面剪切试验　　　　　(b) 双面剪切试验

(c) 冲切试验　　　　　(d) 扭转剪切试验

图 2-10　非限制性剪切强度试验

常用的岩石抗剪强度试验方法包括直接剪切试验、角模剪断试验和三轴压缩试验。

1) 直接剪切试验(直剪试验)

岩石直剪试验常采用平推法，试样的直径(或边长)不得小于 50 mm，高度应与直径(或边长)相等。首先将制备的试样放入剪切盒内，如图 2-12 所示，其次对试样施加法向荷载 P，最后在水平方向上逐级施加水平剪切力 T，直至试样破坏。获取不同法向应力 σ 下的抗剪强度 τ_f，将其绘制在 τ-σ 坐标系中(图 2-13)，采用最小二乘法拟合，求取岩石抗剪强度参数 c、φ 值。岩石抗剪强度可以通过下式表示：

$$\tau = \sigma\tan\varphi + c \tag{2-13}$$

式中：σ 为作用在剪切面上的正应力，MPa；φ 为岩石的内摩擦角，(°)；c 为岩石黏聚力，MPa。

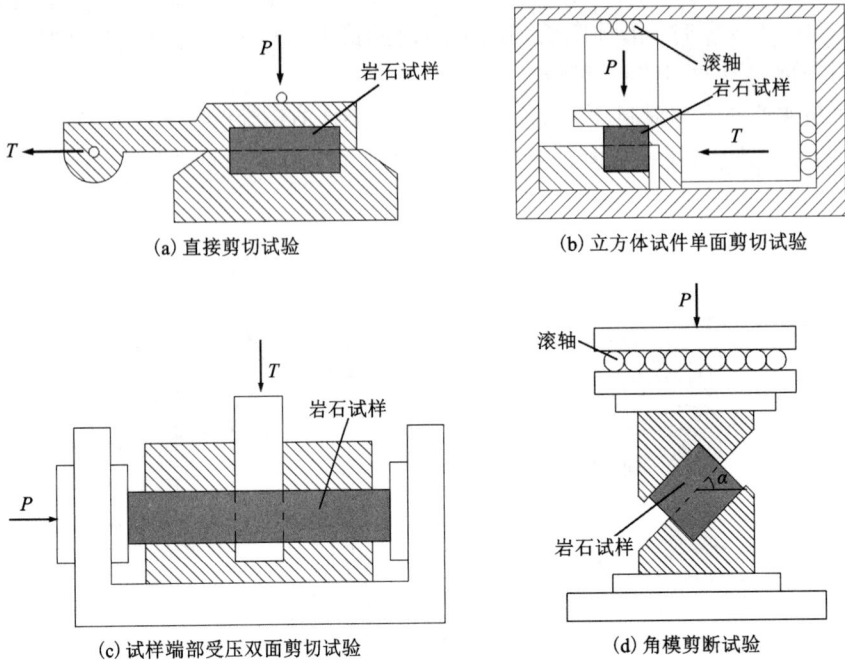

(a) 直接剪切试验

(b) 立方体试件单面剪切试验

(c) 试样端部受压双面剪切试验

(d) 角模剪断试验

图 2-11　限制性剪切强度试验

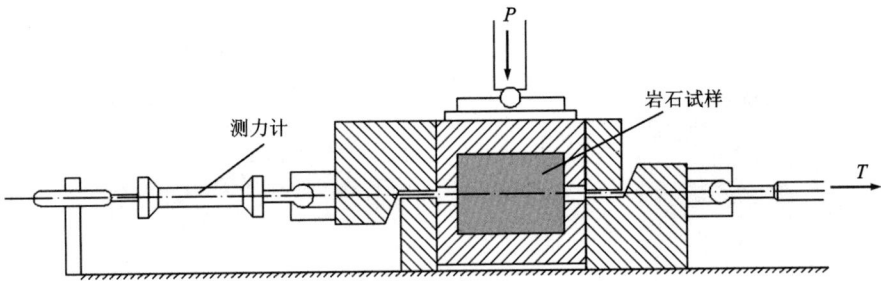

图 2-12　直剪试验装置

2）角模剪断试验

角模剪断试验适用于除坚硬岩（$\varphi > 60°$）外的可制成规则试样的各类岩石。一般采用不同角度（α）夹具的角模剪断试验仪进行试验，如图 2-14 所示，α 一般为 $45°\sim65°$，常选用 $45°$、$50°$、$55°$、$60°$、$65°$ 五种角度中的三种角度，且每种角度的试样至少 3 个。在单轴试验机上加压至试样发生破坏，作用在剪切面上的正应力 σ 和剪应力 τ 可按下式求得：

$$\tau = \frac{P}{A}(\sin\alpha - f\cos\alpha) \tag{2-14}$$

$$\sigma = \frac{P}{A}(\cos\alpha + f\sin\alpha) \tag{2-15}$$

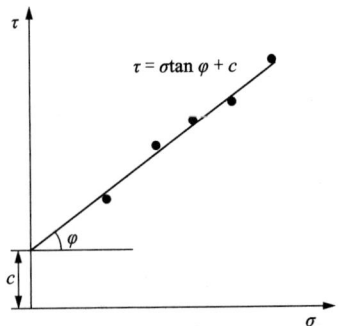

图 2-13　岩石抗剪强度参数 c、φ 值的确定示意图

$$f = \frac{1}{n \cdot d} \qquad (2\text{-}16)$$

式中：A 为试样剪切面面积，mm^2；α 为试样放置角度，即试样剪切面与水平面的夹角，（°）；f 为滚轴摩擦系数；n 为滚轴根数；d 为滚轴直径，mm。

3）三轴压缩试验

由于三轴压缩试验中试样表现为剪切破坏，因此它也是一种常用的抗剪强度试验方法。利用三轴压缩试验获得试样破坏时的最大主应力 σ_1 及相应的侧向应力 σ_3，在 τ-σ 坐标系中以 $(\sigma_1+\sigma_3)/2$ 为圆心、$(\sigma_1-\sigma_3)/2$ 为半径绘制不同侧向压力条件下的莫尔应力圆，根据莫尔-库仑强度准则确定岩石的抗剪强度参数［莫尔应力圆、莫尔-库仑（Mohr-Coulomb）强度理论］，如图 2-15 所示。

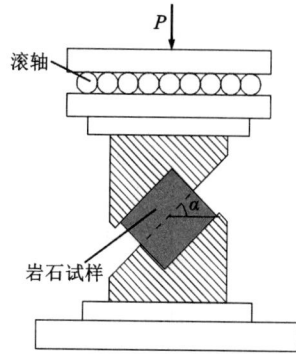

图 2-14　角模剪断试验

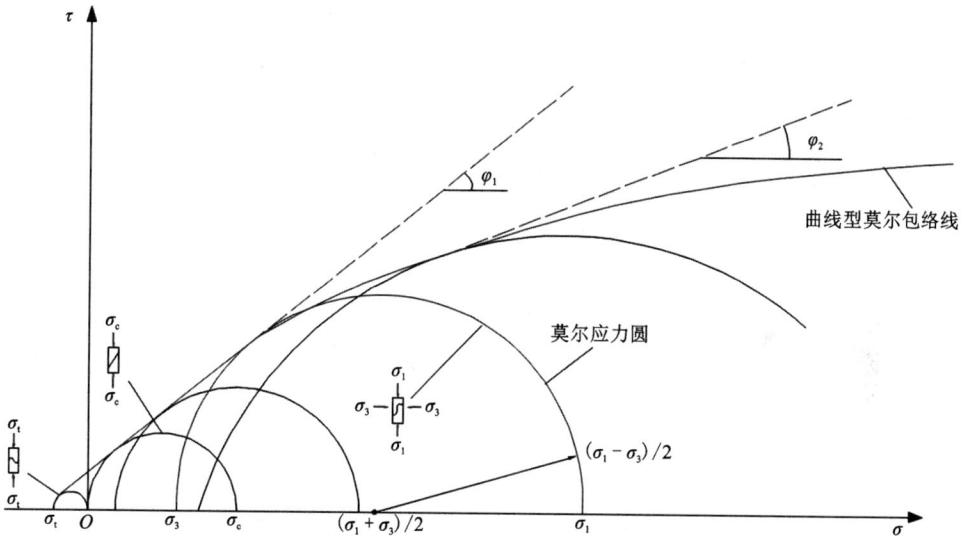

图 2-15　根据莫尔应力圆确定抗剪强度参数

2.1.2　岩石强度理论

岩石强度理论是研究岩石材料在复杂应力状态下发生屈服或破坏规律的科学，通常采用岩石强度准则对岩石的屈服、破坏进行判断，因此岩石强度准则也称破坏判据，用于表征岩石在极限状态（破坏条件）下应力状态和岩石强度参数之间的关系。

1. 岩石强度理论的发展历程

1）经典岩石强度理论

公元 15 世纪，列奥纳多·达·芬奇（Leonardo da Vinci）和伽利略·伽利雷（Galileo Galilei）分别进行了铁丝和石料的拉伸试验，达·芬奇认为铁丝的强度与其长度有很大关系；

伽利略认为荷载达到一定值时材料发生破坏，并提出了最大应力理论，开启了材料强度和结构强度研究的基本思路。1856年，马克斯威尔（Maxwell）讨论了形状改变比能与单元体破坏的关系，于1885年提出了形状改变比能理论。1864年，屈瑞斯卡（H. Tresca）针对金属材料挤压试验的结果，最早提出材料发生破坏的原因是最大剪应力达到某一极限值。19世纪末，早期研究人员基于强度的直观理解，分别建立了最大拉应力理论（第一强度理论）、最大伸长线应变理论（第二强度理论）、最大剪应力理论（第三强度理论）及形状改变比能理论（第四强度理论）等四个古典强度理论。一般认为第一、第二强度理论常应用于脆性断裂，第三、第四强度理论适用于塑性屈服。以上强度理论主要基于唯象的试验结果，分别适用于特定的材料和受力状态。值得一提的是，对岩石材料而言，在拉伸条件下，最大拉应力理论更符合试验结果。

1913年，米赛斯（R. Von Mises）通过研究金属材料的拉伸试验，提出了米赛斯准则，该准则的屈服面在偏平面上的投影曲线处处光滑。德鲁克（D. C. Drucker）和普拉格（W. Prager）通过增加静水压力项对米赛斯准则进行修正，证明了屈服面的外凸性，于1952年提出了德鲁克-普拉格（Drucker-Prager）准则。该准则考虑了平均主应力对强度的影响，符合岩石材料的试验结果，保留了米赛斯准则屈服曲面光滑性的优点，已成为数值分析中应用较为广泛的强度准则之一。

针对岩土工程材料，1900年基于库仑准则和莫尔理论形成的莫尔-库仑强度理论（也称莫尔-库仑理论）最具代表性。1977年，松岗元（H. Matsuoka）和中井照夫（T. Nakai）确定了三维主应力空间中岩土颗粒材料的最可能滑动平面，并据此建立了松岗元-中井照夫（Matsuoka-Nakai）强度准则（简称M-N准则，又称SMP准则，spatial mobilized plane），可视为莫尔-库仑强度理论的三维扩展。1985年，俞茂宏教授建立了适用于岩石类材料的双剪强度理论，后期进一步梳理分别形成了单剪强度理论（single-shear strength theory，简称SSS理论）、双剪强度理论（twin-shear strength theory，简称TSS理论）和八面体剪应力强度理论（octahedral-shear strength theory，简称OSS理论），并于1991年形成了统一强度理论。统一强度理论具有统一的力学模型、数学建模方程和数学表达式，可适用于各种不同的材料，是我国学者完成的创新性基础理论。

上述强度理论在连续介质力学框架内结合弹塑性理论建立，称为经典强度理论。该理论建立过程中，采用理论推导与试验分析相结合的方法，综合运用了物理学、数学等相关成果，克服了古典强度理论唯象性的不足。但经典强度理论忽略了岩石内部存在大量微缺陷的本质特征，计算结果与岩石的实际破坏形式不完全相符，且不能揭示岩石发生破坏的物理原因。

2) 经验岩石强度理论

经典强度理论发展的同时，以大量的室内试验与现场试验数据为基础建立的经验强度理论也得到了积极的发展。1980年，霍克（E. Hoek）和布朗（E. T. Brown）等人对几百组岩石三轴试验结果和大量现场岩体试验成果进行统计分析，并基于广义格里菲斯（A. A. Grifith）理论，建立了岩体及完整岩石破坏时极限主应力之间的数学表达式，提出了霍克-布朗（Hoek-Brown）经验强度准则。该准则反映了岩石和岩体固有的非线性破坏特点，以及结构面、应力状态对强度的影响，解释了低应力区、拉应力区和最小主应力对强度的影响，但该准则未考虑中间主应力的影响。几十年来，霍克等人对该准则进行了持续研究与多次改进，并广泛应用于岩石强度预测及岩体工程稳定性分析。

2. 莫尔-库仑强度理论

1773 年，库仑(C. A. Coulomb)认为岩石材料的破坏是沿着特定平面滑移引起的，其抗剪强度取决于黏聚力和摩擦分量，其中，摩擦分量与法向应力有关。由此，提出最大剪应力强度理论。19 世纪末，莫尔(C. O. Mohr)对该理论进行了一系列推广，形成了莫尔-库仑(Mohr-Coulomb)强度理论体系。

库仑的最大剪应力强度理论认为，当岩石沿特定平面发生剪切破坏时，该平面上能承受的最大剪应力可表示为

$$|\tau| = c + \mu_n \sigma \tag{2-17}$$

式中：τ 为抗剪强度，MPa，剪应力只影响破坏后的滑动方向，为了方便，在数学上常常忽略绝对值符号；c 为黏聚力，MPa；σ 为剪切面上的正应力，MPa；μ_n 为摩擦系数。

剪切破坏与莫尔应力圆(也常称为莫尔圆)示意图如图 2-16 所示。在图 2-16(a)中，当岩石沿特定剪切面破坏时，剪切面法线方向的作用力为正应力 σ，切线方向的作用力为剪应力 τ，剪切面法线方向与最大主应力方向的夹角为剪切面倾角 β。

如图 2-16(b)所示，以剪切面为受力分析对象，建立剪切面上应力与主应力之间的关系。设三角形 OAB 区域为单位厚度，当单元体 OAB 受力平衡时，由 AB 面的法线方向受力平衡可得

$$\sigma L_{AB} = \sigma_1 L_{OA} \cos \beta + \sigma_3 L_{OB} \sin \beta \tag{2-18}$$

同理，由 AB 面的切线方向受力平衡可得

$$\tau L_{AB} = \sigma_1 L_{OA} \sin \beta - \sigma_3 L_{OB} \cos \beta \tag{2-19}$$

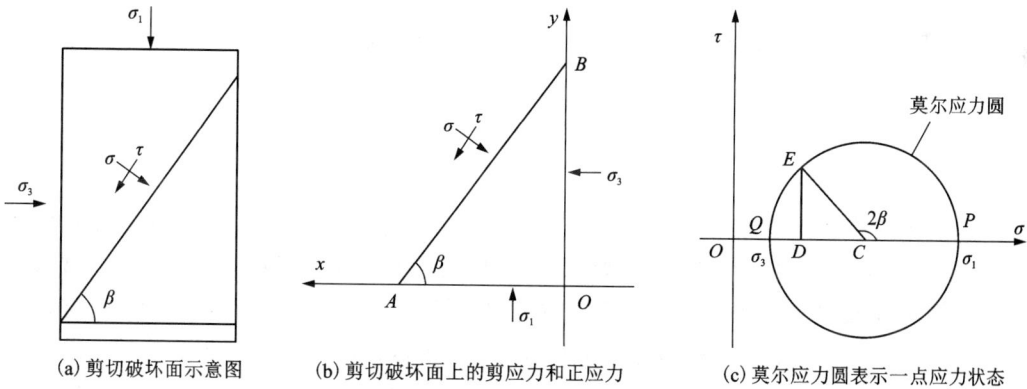

(a) 剪切破坏面示意图　　(b) 剪切破坏面上的剪应力和正应力　　(c) 莫尔应力圆表示一点应力状态

图 2-16　剪切破坏与莫尔应力圆示意图

根据式(2-18)和式(2-19)可得

$$\begin{cases} \sigma = \sigma_1 \cos^2 \beta + \sigma_3 \sin^2 \beta \\ \tau = (\sigma_1 - \sigma_3) \sin \beta \cos \beta \end{cases} \tag{2-20}$$

由此，任意剪切面上的正应力与剪应力可由主应力表达。对于二维空间中的应力描述，采用莫尔应力圆可方便地表述主应力 σ_1、σ_3 与剪切面上正应力 σ、剪应力 τ 之间的关系。如图 2-16(c)所示，在 $O\sigma$ 轴上取 $OP = \sigma_1$，$OQ = \sigma_3$，以 C 点为圆心，线段 PQ 为直径作圆，即莫

尔应力圆，∠PCE 为 2β 时，圆周上 E 点的坐标可表示为

$$\begin{cases} \sigma = OD = OC - CD = \dfrac{1}{2}(\sigma_1 + \sigma_3) + \dfrac{1}{2}(\sigma_1 - \sigma_3)\cos 2\beta \\ \tau = DE = \dfrac{1}{2}(\sigma_1 - \sigma_3)\sin 2\beta \end{cases} \tag{2-21}$$

基于三角函数变换，式(2-21)可转换为式(2-20)，因此，已知岩石的主应力状态，任意倾角的剪切破坏面上的正应力和剪应力均可由莫尔应力圆圆周上的点表示。

如图 2-17 所示，式(2-17)给出的岩石能够承受的最大剪应力在 $\sigma-\tau$ 平面上为直线 AD，称为库仑破坏线，描述库仑破坏线的方程即库仑准则，也称为库仑屈服(破坏)准则。库仑破坏线与 τ 轴相交于 B 点，其斜率为 μ_n，该直线与 σ 轴的夹角为 $\tan^{-1}\mu_n$，μ 为内摩擦角。不同应力状态(σ_1, σ_3)对应一系列的莫尔应力圆，当莫尔应力圆与库仑破坏线相切时，切点 P 表示最有可能发生破坏

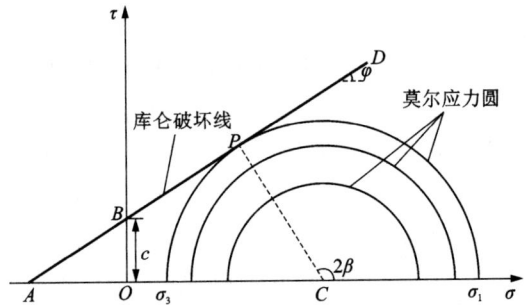

图 2-17 库仑强度理论示意图

的应力状态。根据三角形外角性质，剪切面法线方向与最大主应力方向的夹角 β 及内摩擦角 φ 之间的关系可表示为

$$2\beta = 90° + \varphi \tag{2-22}$$

由几何关系可得，$|CP| = (|AO| + |OC|)\sin\varphi$ 根据莫尔应力圆可表达为

$$\frac{1}{2}(\sigma_1 - \sigma_3) = \left[c\cot\varphi + \frac{1}{2}(\sigma_1 + \sigma_3) \right]\sin\varphi = c\cos\varphi + \frac{1}{2}(\sigma_1 + \sigma_3)\sin\varphi \tag{2-23}$$

整理得

$$\sigma_1 = 2c\frac{\cos\varphi}{1-\sin\varphi} + \sigma_3\frac{1+\sin\varphi}{1-\sin\varphi} \tag{2-24}$$

库仑准则所描述的线性关系在高围压条件下并不适用，莫尔建议，当剪切破坏发生在特定平面时，该平面上的法向应力 σ 和剪应力 τ 由材料性质的应力函数关系式确定，材料内某一点的破坏主要取决于最大主应力和最小主应力，即 σ_1 和 σ_3；材料破坏与否，与材料内的剪应力有关，而正应力则直接影响抗剪强度的大小。根据该准则，可在 $\sigma-\tau$ 平面上绘制出一系列的莫尔应力圆，每个莫尔应力圆均反映一种极限平衡的应力状态，此时的莫尔应力圆称为极限应力圆；各种应力状态(单轴拉伸、单轴压缩及三轴压缩)下一系列极限应力圆的外公切线统称为莫尔包络线(也称莫尔强度包络线)，如图 2-18(a)中直线 AB 及图 2-18(b)中曲线 AB。莫尔包络线上的点对应材料处于极限平衡状态时的剪应力 τ 与正应力 σ，代表材料的破坏条件，即莫尔破坏条件的表达式为

$$\tau = f(\sigma) \tag{2-25}$$

如图 2-18(a)所示，若以 C 点为圆心、$(\sigma_1 - \sigma_3)$为直径的莫尔应力圆恰好与莫尔包络线 AB 相切，则材料处于极限平衡状态。若位于包络线之上，则材料发生破坏；若位于包络线之下，材料不会发生破坏。图 2-18(b)中莫尔包络线 AB 不是由一个具体的公式定义的，而是

通过一系列试验得到对应极限平衡状态下的莫尔应力圆，进一步绘制出莫尔包络线。材料破裂方向由莫尔包络线的法线决定。

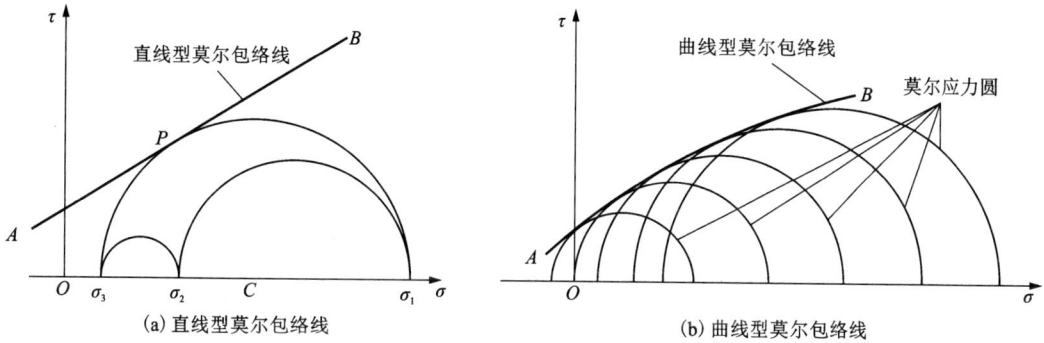

(a) 直线型莫尔包络线　　　　　　　　(b) 曲线型莫尔包络线

图 2-18　两类莫尔包络线示意图

因此，线性库仑准则是一种特殊的莫尔包络线，即库仑准则仅为莫尔破坏准则的一个特例。

莫尔-库仑强度理论可根据材料所处的最大和最小主应力状态判断材料是否发生破坏，在低应力条件下基本合理，该准则在岩土工程中应用较为广泛。但该理论忽略了中间主应力的影响，无法有效描述高应力条件下岩石的强度特性，且过高估计岩石材料的抗拉强度。

此外，试验所得的岩石单轴抗压强度与莫尔-库仑强度理论预测结果常存在显著差异。岩石在单轴压缩条件下常为张剪混合的破坏形式，而莫尔-库仑强度理论是基于剪切破坏理论建立的，此为采用该理论解释岩石破坏机制时单轴抗压强度预测结果不准确的根本原因。

3. 格里菲斯理论

当材料破坏发生在原子尺度时，外界对材料做功需克服原子间的结合力。理论上，固体材料的抗拉强度可达到杨氏模量的 10%，对于岩石类材料，其理论抗拉强度在 GPa 数量级。然而，大量试验表明，岩石材料的抗拉强度一般在 20 MPa 以内，低于理论值的 1%。为此，格里菲斯从微观力学角度对上述现象进行了理论分析，提出了著名的格里菲斯理论。

格里菲斯理论认为，玻璃、铸铁等脆性固体材料内部通常含有大量微裂纹（格里菲斯裂纹）。在均质体、弹性、较小的外部拉应力等条件下，格里菲斯基于能量分析认为，裂纹尖端产生显著的应力集中，积聚的能量大于扩展表面能时，裂纹扩展，导致材料破坏。理论上，材料的抗拉强度可表示为

$$\sigma_t = \sqrt{\frac{2eE}{\pi l_n}} \tag{2-26}$$

式中：σ_t 为裂纹尖端附近的最大拉应力，MPa；e 为裂纹单位表面能，MN/m；E 为弹性模量，MPa；l_n 为裂纹半长，m。

在压应力状态下，格里菲斯裂纹周围也可能出现较高的拉应力，同样可导致裂纹的不稳定扩展。假定材料内部的细微裂纹形状类似于扁平状椭圆，且假定相邻裂纹之间互不影响，忽略材料特性的局部变化，可将椭圆裂隙作为半无限弹性介质中的单孔情况处理，如

图 2-19 所示。

其中，Ψ 为裂纹最容易起裂的方向，可表示为

$$\Psi = \frac{1}{2}\arccos\frac{\sigma_1 - \sigma_3}{2(\sigma_1 + \sigma_3)} \qquad (2\text{-}27)$$

基于上述假设，格里菲斯准则可表示为

$$\begin{cases} (\sigma_1 - \sigma_3)^2 = 8\sigma_t(\sigma_1 + \sigma_3), & \sigma_1 + 3\sigma_3 > 0 \\ \sigma_3 = -\sigma_t, & \sigma_1 + 3\sigma_3 \leqslant 0 \end{cases} \qquad (2\text{-}28)$$

在单轴压缩($\sigma_3 = 0$)条件下，$\sigma_c = 8\sigma_t$，即单轴抗压强度为抗拉强度的 8 倍。

格里菲斯准则为定性理解岩石材料的破坏机制提供了有用的框架，与莫尔-库仑强度理论相比，该准则合理描述了岩石材料的抗拉强度远低于抗压强度的事实。但是，该准则采用单一孤立裂纹延伸描述岩石破坏的方法，过度简化了岩石变形破坏的复杂过程，且仅描述了张拉裂纹扩展的情况，缺少对裂纹闭合、抗剪强度的解释和宏观破裂的预测等。

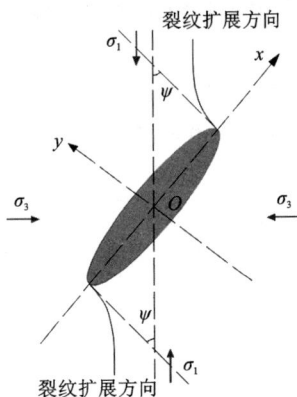

图 2-19 压应力条件下裂纹扩展方向

2.2 岩石的脆性

岩石的脆性是指岩石在受力过程中易发生破裂和断裂的特性，是岩石受力破坏时所表现出的一种固有性质。岩石脆性主要表现为岩石在宏观破裂前发生很小的应变。岩石的脆性虽然没有明确的定义，但对于以下性质已达成共识：①破坏发生于低应变时；②脆性破坏形态由内部微裂纹主导控制；③高抗压、抗拉强度比(压拉比)；④高回弹能；⑤内摩擦角大。

2.2.1 脆性特征

岩石的脆性具有以下主要特征：

破坏形式：脆性岩石在受到外部应力后，通常以断裂和碎裂的方式破坏，而不是产生塑性变形。这导致岩石很难吸收应力并具有较低的延展性。

断裂特征：脆性断裂通常伴随着清晰的裂缝和断裂面，裂缝传播较快，并可能发生无法预测的破裂。

应力集中：脆性岩石在受到应力时，应力往往会集中在裂缝周围，从而加速了岩石的断裂。

低韧性：与可塑性岩石相比，脆性岩石的韧性较低，即在受到外部应力后，岩石的能量吸收能力有限。

岩石脆性主要表现在以下几个独特方面：

(1)岩石的脆性不同于弹性模量、泊松比这样的单一力学参数，它受多个因素共同制约，想要表征脆性，需建立特定的脆性指标。

(2)脆性受内外因素共同作用。脆性是以内在非均质性为前提，在特定加载条件下表现出的特性。

(3)脆性破坏是在非均匀应力作用下，产生局部断裂，并形成多维破裂面的过程。在外力作用下，岩石发生脆性破坏，内部微裂纹的萌生、裂纹稳定扩展至非稳定交联的过程都与岩石的脆性密切相关。

脆性指标评价对于了解岩石的破裂行为及工程稳定性具有重要意义。本书将介绍常用的岩石脆性指标评价方法，并探讨其在实际应用中的意义。

(1)碎裂韧性评价：碎裂韧性是岩石脆性评价中重要的参数之一。通过在岩石样本上施加外部应力，然后测量样本断裂前后的弯曲变形或断裂面积，可以计算出岩石的碎裂韧性。常用的试验包括静态三点弯曲试验和拉伸试验。

静态三点弯曲试验：这是一种常用的静态试验方法，通过在岩石样本上施加集中力，在试样中间产生弯曲应力，从而测量样本的弯曲变形。通过实验数据计算应力强度因子，从而得到岩石的断裂韧性。

拉伸试验：在拉伸试验中，岩石样本在两端施加拉伸力，从而产生拉伸应力。在样本断裂时，测量断裂面积和加载过程中的变形，以计算断裂韧性。

(2)冲击韧性评价：冲击韧性反映了岩石在受到高速冲击时的能量吸收能力。常用的评价方法是查尔派试验，通过在岩石样本上施加高速冲击荷载，并测量样本断裂前后的冲击能量差，从而评估岩石的冲击韧性。

(3)脆性断裂韧性评价：脆性断裂韧性评价旨在了解岩石在脆性断裂时所承受的应力。常用的方法是使用岩石试样在不同应力条件下进行拉伸试验，并观察其断裂行为，从而了解其脆性特性。

(4)岩石力学模型评价：通过在计算机中模拟岩石的受力行为，可以评估岩石的破裂特性和承载能力。

岩石脆性指数评价方法的选择取决于具体的应用场景和所需的数据。通过以上评价方法，可以深入了解岩石的脆性特性，从而为地质灾害评估、工程建设和资源开发等领域提供科学依据。

2.2.2 岩石脆性指数计算方法

迄今为止，根据脆性的定义和破坏的现象，国内外岩石脆性评价方法有30多种。常用脆性指数计算方法汇总表见表2-1。

表2-1 脆性指数计算方法

脆性指数计算方法	公式含义及说明
基于强度的计算方法	$B_1 = \sigma_c / \sigma_t$，$B_2 = (\sigma_c - \sigma_t)/(\sigma_t + \sigma_c)$，$B_3 = \sigma_c \sigma_t / 2$，$B_4 = \sqrt{B_3}$，其中 σ_c、σ_t 分别为岩石单轴抗压强度和劈裂抗拉强度
基于岩石破裂角的计算方法	$B_5 = \sin \beta$，其中 β 为岩石脆性破坏的破裂角
基于归一化弹性模量和泊松比的计算方法	$B_6 = 0.5E_{brv} + 0.5\mu_{brv}$，其中 $E_{brv} = (E - 10)/(80 - 10) \times 100$，$\mu_{brv} = (0.4 - \mu)/(0.4 - 0.15)$，$E_{brv}$、$\mu_{brv}$ 分别为归一化的弹性模量和泊松比

续表2-1

脆性指数计算方法	公式含义及说明
基于应力-应变关系的计算方法	$B_7 = (\sigma_p - \sigma_r)/\sigma_p$，其中 σ_p、σ_r 分别为峰值强度和残余强度 $B_8 = (\varepsilon_r - \varepsilon_p)/\varepsilon_p$，其中 ε_p、ε_r 分别为峰值应变和残余应变 $B_9 = \varepsilon_r/\varepsilon_p$，其中 ε_r、ε_p 分别为峰前可恢复应变和峰值应变 $B_{10} = B_{10}' + B_{10}''$，$B_{10}' = (\varepsilon_{BRIT} - \varepsilon_n)/(\varepsilon_m - \varepsilon_n)$，$B_{10}'' = \alpha CS + \beta CS + \eta$，$CS = \varepsilon_p(\sigma_p + \sigma_r)/\sigma_p/(\varepsilon_r - \varepsilon_p)$，其中 ε_{BRIT}、ε_m、ε_n 分别为岩石试样的峰值应变、峰值应变最大值和最小值，α、β、η 为标准化系数，σ_p、σ_r 为峰值应力和残余应力，ε_p、ε_r 分别为峰值应变和残余应变 $B_{11} = B_{11}' B_{11}''$，$B_{11}' = (\sigma_p - \sigma_r)/\sigma_p$，$B_{11}'' = \lg|k_{ac}|/10$，其中 σ_p、σ_r 为峰值强度和残余强度，k_{ac} 为岩石峰后应力降的速率
基于矿物组分的计算方法	$B_{12} = (W_{Q\alpha} + W_{\alpha rb})/W_{total}$，$(W_{Q\alpha} + W_{\alpha rb})$ 为岩石脆性矿物的含量，其中 W_{total} 为岩石矿物总含量
基于断裂韧性与强度的计算方法	$B_{13} = \sum k_i H_i / K_{I\alpha}$，$k_i$ 为岩石中某种脆性矿物的成分，其中 H_i、$K_{I\alpha}$ 分别为脆性矿物的硬度和断裂韧性 $B_{14} = \sum (k_i H_i E_i)/K_j^2 c_i$，其中 k_i 为岩石中某种脆性矿物的成分，其中 H_i、E_i、$K_j c_i$ 分别为脆性矿物的硬度、弹性模量和断裂韧性 $B_{15} = \sum (H_{\mu j} - H_j)/K_j$，其中 $H_{\mu j}$、H_j、K_j 分别为岩石脆性矿物的微观硬度、宏观硬度和比例常数
其他计算方法	基于碎屑含量的脆性计算方法 B_{16}、基于贯入度试验的脆性计算方法 B_{17}、基于岩石破坏前后能量比的脆性计算方法 B_{18} 等

由于岩石抗压、抗拉强度可以通过单轴压缩和劈裂试验获得，因此基于岩石强度特性的脆性评价方法 $B_1 - B_4$ 被广泛应用。例如在岩爆是否发生的判据中，王元汉、陈陆望、张镜剑等认为岩爆的烈度和倾向与 B_1 密切相关，即 B_1 值越大，岩爆烈度和倾向越大[4]。

在应力-应变试验中，通过观测岩芯破裂角度的大小及破裂面特征的粗糙程度，可以实现对岩石脆性评价的直观判断。这种方法只适用于同种岩石在不同应力状态下的脆性判断，但对于不同岩石来说，显然会出现岩芯破裂角度相同的情况，因此脆性指数 B_5 并不能够衡量此种情况下岩石脆性的差异程度。

脆性指数 B_6，此方法是基于统计学原理，因此需要大量的样本试验；另外此方法只考虑弹性模量和泊松比对于岩石脆性的影响，并未考虑残余强度系数（残余强度/峰值强度）等其他参数对于岩石脆性特征变化的影响。另外，该方法对于存在围压条件下的岩石脆性衡量也不适用。

岩石的应力-应变曲线，反映了岩石在外界荷载作用下从开始变形、破坏到最后失去承载力的全过程。通过对岩石应力-应变状态的分析，许多学者认识到峰后状态变化对于岩石脆性的衡量具有重要影响。脆性指数 B_7 认为，岩石脆性与峰后的应力降大小有关，应力降越大，岩石的脆性越强。然而该方法并没有考虑到峰后跌落应变对于脆性的影响，即在相同的应力降条件下，岩石的跌落应变越小，岩石脆性越强；同时该方法也没有考虑到岩石峰前应力–应变状态对脆性特征的影响。同理，脆性指数 B_8 仅考虑了岩石峰后应变状态对于脆性指数的影响，没有考虑应力状态变化对岩石脆性破坏特征带来的变化。而 B_9 则只是通过峰前可恢复应变与峰值应变的比值来计算岩石脆性指数，因此相对于整个应力–应变过程而言并不全面。

李庆辉等[5]通过对现有岩石脆性评价指标的总结，提出了同时考虑峰前、峰后岩石力学特性的脆性指标 B_{10}，但指标的合理性还有待商榷。首先，若峰值应变越大，根据 B'_{10} 所计算得到的峰前脆性指数越大，岩石脆性越大，这与岩石在破坏时的峰值应变越小脆性越大相矛盾；其次对于峰后应变指数 B''_{10}，没有给出标准化系数 α、β、η 的具体取值方法及相应的取值依据，所以工程应用上难度较大。周辉等[6]在分析总结前人的基础上，提出了同时考虑岩石峰后应力降的相对大小和绝对速率的脆性判断指标 B_{11}，并通过不同围压作用下水泥砂浆、大理岩及不同类型岩石的脆性试验，验证其可行性。但是该方法只考虑了峰后应力–应变状态对于岩石脆性的影响，没有考虑峰前力学行为变化特性对岩石脆性的表征。

基于矿物组分的脆性指数 B_{12}，是用岩石中脆性矿物的含量与岩石总矿物含量的比值乘 100% 表征的岩石脆性衡量方法。虽然 B_{12} 对于相同地区同种地质岩石的脆性评价是有效的，但其仅能够分析简单应力条件下岩石的脆性破坏特性，并不能反映复杂应力状态变化对于岩石脆性破坏的影响。另外 B_{12} 只考虑了岩石脆性矿物组分对于脆性指数的影响，并没有考虑到成岩作用不同以及其他因素所造成的岩石脆性程度的差异，因此工程应用的局限性也较大。

基于断裂韧性与硬度的脆性指数在物理意义上为单位断裂面积表面能与单位体积变形能的比值，数值越大表明脆性越大。而在实际应用过程中，由于单位断裂面积表面能与单位体积变形能的测量过程过于复杂，而组成岩石材料矿物的断裂韧性与硬度已经给定标准值，虽然这种脆性表征方法给出了岩石脆性指数与断裂韧性和硬度之间的关系，但对于复杂应力状态下的岩石脆性破坏模式，脆性指数 B_{13}-B_{15} 并不能够进行定量分析。

岩石脆性程度越大，其破坏后的破碎程度越大，因此脆性指数 B_{16} 提出用某种粒径以下碎屑含量与岩石总量的比值来描述岩石脆性。然而，一方面，岩石的脆性破坏程度与外在应力状态密切相关，而 B_{16} 并没有考虑到该点；另一方面，收集岩石破坏后碎屑含量的工作本身误差也较大，因此会造成脆性指数 B_{16} 的精度较低。脆性指数 B_{17} 用最大贯入力与贯入深度之比作为衡量岩石脆性的方法，认为岩石越脆，其贯入深度与贯入力之间的关系曲线波动越大。但在岩石试验中，贯入度试验比较费时费力，且设备较为昂贵。脆性指数 B_{18} 用岩石破坏前后的能量比值来描述岩石脆性，而对于不同岩石来说，可能会出现破坏前后能量比值相同的情况，因此脆性指数 B_{18} 的应用不具有普遍性。

工程现场有两种比较常用的评价岩石脆性的方法，一种是弹性力学参数法，另一种是矿物组分的方法，其分别是从岩石力学和岩石物理学角度评价岩石脆性有效的方法。

1. 基于弹性力学参数的脆性评价模型

弹性力学参数法是一种常用的评价岩石脆性的方法，它基于岩石的弹性特性，通过测量岩石样本在外部应力作用下的弹性模量和泊松比等参数来推断岩石的脆性程度。这种方法适用于不易进行传统断裂韧性试验或冲击试验的情况，例如在野外实地调查或大规模岩石勘探项目中。

2. 基于矿物组分的脆性评价模型

岩样矿物组分含量不同，其力学性质具有极大差异性，因此国内外学者通过利用岩石中某一种或多种矿物百分含量表征岩石脆性大小。一般而言，砂岩和页岩中常见的矿物有三种：石英、方解石和黏土，其中石英脆性最强，方解石中等，黏土最差，因此可用三种矿物含量来进行表征。这种方法简单易操作，但岩石矿物组分多种多样，仅靠这三种矿物组分含量来表征显得精确性不够，且该方法忽略了成岩作用的影响。岩石是在漫长的地质历史中由不同矿物成分胶结而成的，成岩过程中经历了不同的地质作用，存在压密程度、空隙等方面的差异，因此即使矿物组分完全相同，脆性程度也不同。这种方法适用于分析同一地区经历过相同地质作用的岩石。

岩石脆性的矿物组分评价法是一种通过分析岩石中主要矿物组分的含量和性质来评估其脆性程度的方法。通过分析矿物的硬度和脆性，并结合矿物组分含量，可以推断岩石的脆性。虽然这种方法具有一定的局限性，但在无法进行传统断裂韧性试验或冲击试验的情况下，矿物组分法仍可为地质研究和工程应用提供有用的信息。需要注意的是，岩石脆性的评估仍需要结合多种方法和实验数据，以确保评估的准确性。此外，矿物组分法虽然能够提供一定程度上的脆性评估，但并不适用于所有岩石类型，因为一些特殊岩石可能含有复杂的矿物组分，难以简单地通过硬度和脆性来进行评估。为了进一步提高岩石脆性的评估准确性，可以将矿物组分法与其他评估方法相结合。例如，可以结合弹性力学参数法和岩石力学模型，同时考虑岩石的弹性模量、泊松比及矿物组分，来更全面地评估岩石的脆性。

3. 基于弹性力学参数与矿物组分组合法的脆性评价模型

随着石英含量增加，杨氏模量增加，泊松比减小，表明脆性越来越强；随着黏土含量增加，杨氏模量减小，泊松比增加，表明脆性越来越弱。岩石破裂时体积变化量随杨氏模量的增加而减小，即岩石脆性随杨氏模量的增加而增加，而泊松比与岩石脆性的关系恰好相反。为了更加突出脆性强的岩石，综合上述两种计算方法，提出计算岩石脆性的新方法：弹性力学参数与矿物组分组合法。该方法结合了弹性力学参数法和矿物组分法的优势，通过测量岩石的弹性模量、泊松比等弹性力学参数，并分析岩石中主要矿物组分的含量和性质，以综合评估岩石的脆性程度。

4. 基于纳米压痕微观力学测试的脆性评价模型

赵丹云等[7]基于微观纳米压痕测试获得页岩各种矿物组成的弹性模量，发现硅质和有机质的微观弹性模量与弹性力学脆性评价模型中的上下限取值相吻合，进而提出一种结合宏观矿物组分与微观弹性模量的页岩脆性评价方法。

$$B_{新} = \frac{1}{\rho} \sum_{i=1}^{N} W_i E_i \qquad (2-29)$$

式中：W_i 为页岩中 i 矿物质量分数，现场可以通过井底返出岩屑 X 射线衍射试验获取；E_i 为页岩中 i 矿物组分弹性模量，GPa，现场可以通过井底返出岩屑纳米压痕测试获取；ρ 为页岩基质的密度，g/cm³，现场通过密度测试仪获取，用来表征页岩整体孔隙结构及沉积等特征。该页岩脆性评价方法能够进行随钻页岩储层脆性评价，并且成本较低。

2.3 岩石的硬度

岩石硬度是岩石抵抗其他物体刻划或压入其表面的能力，或者岩石对动态或静态集中力的局部变形或局部破碎的抵抗能力。硬度可理解为局部强度或接触强度，可以用力或能量指标来表示。所谓"局部"，可以是显微的、点的。因此，其硬度分别称为矿物显微硬度和岩石的集体硬度(简称硬度)。硬度根据作用力的种类、条件、应力状态、作用速度、作用时间的不同，分为静强度、动强度、有约束硬度、长期(流变)硬度。根据岩石变形与破坏特征不同，硬度还可分为弹性硬度和破坏硬度。

2.3.1 岩石的刻划硬度

最早出现的刻划硬度法是矿物的莫氏硬度。莫氏硬度是表示矿物硬度的一种标准，又称摩氏硬度，1822年由德国矿物学家腓特烈·摩斯(Frederich Mohs)首先提出，是在矿物学或宝石学中使用的标准。莫氏硬度是用刻痕法将棱锥形金刚钻针刻划所测试矿物的表面，并测量划痕的深度。该划痕的深度就是莫氏硬度，以符号HM表示。

将岩石中所含组成矿物的莫氏硬度按组成矿物的百分率进行加权平均，可以粗估岩石的莫氏硬度值(表2-2)。

刻划法的缺点：①破碎范围很小，仅适用于矿物；②试验过程比较复杂，刻槽断面难测量；③用于矿物测试，不如显微硬度效果好。

表2-2 莫氏硬度标准

硬度	代表物	常见用途
1	滑石(talc)、石墨(graphite)	滑石为已知最软的矿物，常见应用有滑石粉
1.5	皮肤(skin)，天然砒霜	
2	石膏(gypsum)	用途广泛的工业材料
2~3	冰块(ice)	
2.5	指甲(nail)、琥珀(amber)、象牙(ivory)	
2.5~3	黄金(pure gold)、银(silver)、铝(aluminium)	黄金、银常见用于饰品，铝则常见于工业应用
3	方解石(calcite)、铜(copper)、珍珠(pearl)	方解石可作雕刻材料，也是许多工业的重要原料。铜最早用于装饰，常见用于合金制作、电子工业的传输媒材等
3.5	贝壳(shell)	
4	萤石(fluorite)	又称氟石，可作雕刻材料，常见应用于冶金、化工、建材工业

续表2-2

硬度	代表物	常见用途
4~4.5	铂金(platinum)	稀有金属,亦是贵金属中最硬的。铂金常用于军事工业或饰品加工
4~5	铁(iron)	常见用于炼钢、其他工业
5	磷灰石(apatite)	磷是生物细胞质的重要组成元素,常见用于饲料、肥料工业,亦是重要的化工原料
5.5	不锈钢(stainless steel)	
6	正长石(orthoclase)、丹泉石、坦桑石(tanzanite)、纯钛	正长石可作为陶瓷、玻璃、珐琅及钾肥的原料
6~7	牙齿(齿冠外层)	主要成分为羟基磷灰石
6~6.5	软玉-新疆和田玉	
6.5	黄铁矿(iron pyrite)	硫酸原料来源、提炼黄金、药用等
6.5~7	硬玉-缅甸翡翠或翠玉	
7	石英(quartz)、紫水晶(amethyst)	为常见的耐火材料与玻璃(二氧化硅)的主要原料
7.5	电气石(tourmaline)、锆石(zircon)	常见于饰品应用
7~8	石榴子石(garnet)	广泛用于建筑行业
8	黄玉(topaz)	为托帕石的矿物名称,常见于饰品应用
8.5	金绿石(chrysoberyl)	常见于饰品应用
9	刚玉(corundum)、铬、钨钢	饰品、磨料等。常见的宝石如红宝石、蓝宝石等天然宝石均属刚玉;人造宝石(蓝宝石水晶)其硬度亦同刚玉等级
9.25	莫桑宝石(moissanite)	人造宝石,明亮程度为钻石的2.5倍,但价格约为钻石的1/10
10	钻石(diamond)	地球最硬天然宝石,常见于饰品应用
>10	聚合钻石纳米棒(aggregated diamond nanorod, ADNR)	德国科学家于2005年研制出的比钻石更硬的材料,具有广泛的工业应用前景
	四氮化三碳	1989年从理论上预言其结构,1993年在实验室合成成功。在可见光条件下,该物质表现出很好的光催化性能,能够降解甲基蓝等有机化合物

2.3.2 岩石的动力硬度

该方法是向精磨岩石面上,自一定高度下落冲头(或钢球)冲击后,一部分冲击能使岩石产生微裂纹,另一部分弹性恢复,以回弹高度作为岩石的硬度指标。

国外最常用肖氏(Shore)硬度计和施密特(Shmidt)锤来测定动力硬度。1978年,国际岩石力学协会推荐用C-2型肖氏硬度计和L型施密特锤作为测定岩石硬度的标准方法。

C-2 型肖氏硬度计是利用直径 5.9 mm、长 20.7~21.3 mm、重 (2.3 ± 0.5) g 的钢杆,下端嵌有球形金刚石,金刚石下端是一直径 0.1~0.4 mm 的平面,使钢杆在玻璃管中自 $251.2^{+0.13}_{-0.38}$ mm 高处自由下落,碰到试样表面又回弹,回弹高度分为 140 格。

用莫氏硬度指标的矿物,其肖氏硬度分别如下:滑石为 6,石膏为 8,方解石为 33,萤石为 37,磷灰石为 40,正长石为 79,石英为 86,黄玉为 89,刚玉为 88。高碳淬火钢的肖氏硬度为 100。

在岩石同一点上重复测定数次至数十次后,肖氏硬度有增加的现象。M. M. 考夫曼(M. M. Cauffmann)称此硬度增加率为强化系数。该系数对硬岩而言一般为 5%~10%。随着岩石塑性增加,可为 50%~100%,塑性强、孔隙大的岩芯,可为 200%~400%。

施密特(Schmidt)锤也是利用冲击回弹方法测定岩石硬度,常用于建筑行业中测定混凝土强度。其按冲击功划分如下:L 型的,0.736 J(0.54 ft·lb),N 型的,2.207 J(1.627 ft·lb)。天津建筑仪器厂生产的 HT 型回弹仪,其冲击功为 0.981 J、2.207 J 和 29.421 J。

中国地质科学院勘探技术研究所(今中国地质调查局勘探技术研究所)于 1958 年提出了摆球硬度仪(图 2-20)。该方法采用 8210 滚珠轴承的钢球[直径为 111 mm,重 (5.7 ± 0.02) g],系在长 23.5 cm 的摆线上,周期地冲击固定的磨光岩面。第一次由 H 位置冲击后,回弹高度为 h,相应回跳角度为 θ。钢球经多次冲击岩石表面而耗尽全部能量,记下弹跳次数。

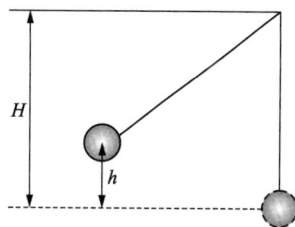

图 2-20 摆球硬度仪工作原理

H 为一定值,h 则随岩石性质而改变。以恢复系数或回跳系数 $\varepsilon = \sqrt{h/H}$ 表征岩石的弹性:

$$\varepsilon = \sqrt{\frac{H(1-\cos\theta)}{H}} = \sqrt{1-\cos\theta} \tag{2-30}$$

每次冲击后,冲击能量消耗于:

(1)岩石接面处的塑性变形功。

(2)球与岩石的弹性变形(压缩)功。

(3)空气阻力和固定点处阻力,岩样与底座的机械振动功。

损失冲击能为

$$W = mg(H-h) = mgH(1-\varepsilon^2) = T(1-\varepsilon^2) \tag{2-31}$$

当 $\varepsilon=1$ 时,$W=0$,即岩石为完全弹性时,无能量损失;

当 $\varepsilon=0$ 时,$W=T$,即岩石为非弹性时,能量全部损失。

中国地质科学院勘探技术研究所(今中国地质调查局勘探技术研究所)通过大量试验证实:岩石抗压强度与弹跳次数(N)、回跳系数平方(ε^2)及岩石容重(γ)之平方根成正比关系。

2.3.3 矿物的显微硬度

当采用金属材料的硬度测定方法来测定矿物硬度时,可利用带有微小接触面的压头,对岩样磨光面静态加载。若用金刚石圆锥作为压头,所得结果为洛氏硬度;若用与被测材料相同的球形作为压头,为赫兹硬度;若用钢球压头,为布氏硬度或洛氏硬度;若用正角锥作为压头,为维氏(Vicker)硬度;若用菱角锥者为压头,为努氏(Koop)硬度。

硬度表示为单位面积上的荷载,面积为压痕面(接触面积)或其投影面积。由于荷载和接触面很小,故称为显微硬度。矿物的维氏硬度和努氏硬度见表2-3。

表 2-3 矿物硬度分级

矿物名称	维氏硬度/MPa	努氏硬度/MPa
滑石	25	—
石膏	353	402
方解石	1069	1147
萤石	1853	1510
磷灰石	5256	4178
长石	7796	5492
石英	10983	7522
黄玉	13994	11229
刚玉	20202	19123
金刚石	98655	80905

1. 维氏硬度(HV)

维氏硬度试验是用136°正菱形金刚石压头,以规定试验力(F)压入被测试物体的表面,经规定的保持试验力时间后,卸除试验力,用测微目镜测量试样表面的压痕对角线(d),计算压痕的锥形表面积所承受的平均压力(N/mm^2),即维氏硬度值,如图2-21所示。

矿物的显微硬度对岩石的研磨性有很大影响。维氏硬度公式为

$$HV = 0.1891 \frac{F}{d^2} \qquad (2-32)$$

式中:HV 为维氏硬度,MPa;F 为试验力,N;d 为压痕两条对角线(d_1、d_2)长度的平均值,mm。

HV 压痕深度 h 和对角线 d 的关系为 $h = d/7$。

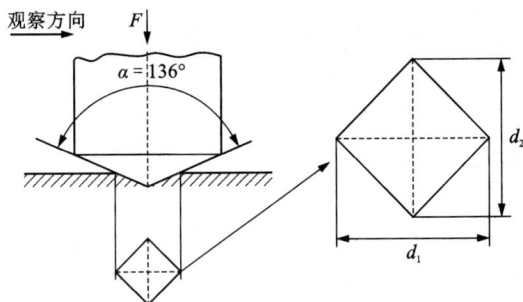

图 2-21 维氏硬度试验原理

2. 努氏硬度(HK)

努氏硬度试验原理和维氏硬度试验原理基本相同,只是其压头和维氏的有所区别。维氏硬度试验使用正四棱锥体金刚石压头,而努氏硬度试验使用菱形锥体金刚石压头;显微维氏硬度值是试验力除以压痕表面积所得的商,而努氏硬度值是试验力除以压痕投影面积所得的商。

努氏硬度试验方法标准中对试验原理描述如下:

将顶部两相对面具有规定角度的菱形锥体金刚石压头用试验力压入试样表面，经规定保护时间后卸除试验力，测量试样表面压痕长对角线的长度(图 2-22)。

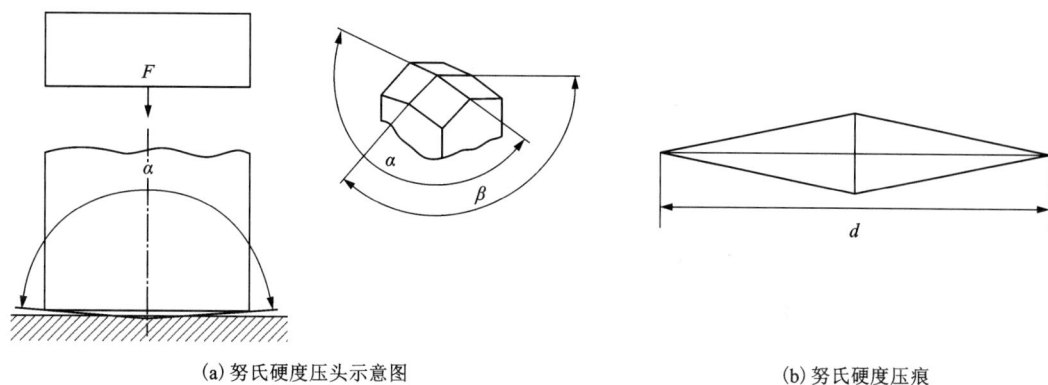

(a) 努氏硬度压头示意图　　　　　　　　　　(b) 努氏硬度压痕

图 2-22　努氏试验原理

由于努氏硬度试验中需测量压痕长对角线长度，因而它比显微维氏硬度压痕测量误差要小，而且在相同试验力下，努氏硬度压痕比显微维氏压痕要浅，更适于厚度很薄的材料硬度的测定。此外，由于努氏硬度压头为菱形锥体，压入试样后，经规定保持时间将试验力去除后弹性回复主要产生于短对角线方向，长对角线方向的弹性回复很微弱，可以忽略不计，因而可测得无弹性回复影响的显微硬度，故努氏硬度值是依据未经弹性回复的压痕投影面积计算的，这就具有与显微维氏硬度不同的物理意义。

努氏硬度公式为

$$HK = 1.451 \frac{F}{d^2} \tag{2-33}$$

式中：HK 为努氏硬度，MPa；F 为施加力，N；d 为压痕对角线长度，mm。HK 压痕深度 h 和对角线 d 的关系：$h = d/30$。

2.3.4　岩石的静压入硬度

前苏联史立涅尔等人研究的压入硬度测定方法，被列入前苏联国家标准(ГОСТ 12288-66)。该方法采用的仪器为 уМГП-3 型，其加载能力为 1 t，可记录力和变形曲线。此法是在磨光岩样的平行面上，用平底圆柱形压模加压，压模用钢(淬火硬度 HRC 60~62)或硬合金($p_k > 250$ MPa 时)。压模接触面积不小于 2~3 mm²(细粒岩石可用 1~2 mm²；软岩及孔隙率大的岩石可用 5 mm²)。我国采用 WYY-1 型，压头锥角为 60°，端面圆直径为 1 mm。故压入硬度 p_k 为

$$p_k = \frac{P}{S} \tag{2-34}$$

式中：P 为形成破碎穴时的荷载，N；S 为压模底面积，mm²。

当压模压入强孔隙性或高塑性岩石时，不产生破碎穴，此时则用屈服极限为指标。

采用的岩样可以是立方体、岩芯及有两平行面的板状样。样高 30~50 mm，断面积 12~

30 cm². 岩样表面切后需经精磨。试验前在 100 ℃ 以内烘 2~2.5 h。

岩石按压入硬度分为 5 类共 12 级，见表 2-4。它与岩芯钻探中可钻性十二级分类大体上呈对应的关系。

表 2-4　压入硬度分级

类别	Ⅰ（软）		Ⅱ（较软）		Ⅲ（中硬）		Ⅳ（硬）		Ⅴ（坚硬）			
级别	1	2	3	4	5	6	7	8	9	10	11	12
压入硬度/MPa	≤100	100~250	250~500	500~1000	1000~1500	1500~2000	2000~3000	3000~4000	4000~5000	5000~6000	6000~7000	>7000

一般说，泥质岩石的硬度为 1~6 级；石灰岩为 1~6 级；石英砂岩为 2~9 级；硅质岩石为 9~12 级。可见孔隙率愈大，硬度降低。

岩石的静压入硬度法的优点：

(1) 能直接测定若干个岩性值。

(2) 压入试验与碎岩工具模拟性强，单次破碎结果可供钻探利用。

(3) 接触面是常数。

这种方法在采矿、石油钻井方面得到了较广泛的应用。

此外，也有用直径 5 mm 钢球作为压模来测定岩石硬度的，名为"ROHA-tester"，所得结果为布氏硬度数（BHN），其计算公式为

$$BHN = \frac{P}{\pi D h} \tag{2-35}$$

式中：P 为破碎压力，N；D 为钢球直径，mm；h 为侵入深度，mm。

2.4　岩石的耐磨性

材料的耐磨蚀性（简称耐磨性）是指材料抵抗机械磨损的能力。材料的耐磨性能，通常用磨耗量或耐磨指数表示。试样在一定荷重的磨速条件下，单位面积在单位时间的磨耗即其磨耗量，它等于试样磨前质量与磨后质量之差除以受磨面积，以材料在规定摩擦条件下的磨损率或磨损度的倒数来表示。

岩石的耐磨性是指岩石表面抵抗磨损的能力，是岩石对所使用的工具材料表面产生磨蚀作用的性质。

当使用各种机械方式破碎岩石时，如凿岩、截割、挖掘等，所使用的工具必然要受到岩石的反作用而磨蚀。机械刀具的磨蚀增加了其消耗量，进而降低其破碎岩石的效率，致使破碎机械的生产效率大大降低，因此刀具磨损后需经常更换。

据资料统计，机械刀具破岩时，截齿等刀具的成本消耗约占采掘直接成本的 11%。南芬露天铁矿使用潜孔钻机钻孔时，钻头消耗占钻孔成本的 69%。用牙轮钻头钻孔时，钻头消耗占钻孔成本的 75%。

2.4.1 岩石磨蚀作用机制

岩石的磨蚀作用包含两种不同的机制：一种是类似于锉刀锉金属的作用，称为擦蚀，其特征是被磨蚀物体的硬度小于磨蚀物体，而后者表面又必须是粗糙的；另一种是类似于砚台受墨的研磨，久而久之也要被磨蚀，称为磨损，即工具和岩石之间发生机械作用时工具表层产生的破坏过程。对于钢制工具而言，岩石的磨蚀作用主要以磨损的形式进行，对于硬质合金制的工具而言，更是以磨损为主。不过实际上擦蚀和磨损两种机制是难以截然区别的，所以中文上用术语"磨蚀性"统称之。

磨蚀过程是一个综合的作用，至少包括下列五种作用：

(1)由于接触面并非绝对平整，真实的接触面只有外观面积的百分之一到万分之一。局部的真实接触压力很大，当它超过了弹性限度时便被压堆而磨损。

(2)由于两物体紧密接触，若其相互的分子间引力超过自身分子间引力，那么两物体相对移动时，便把表面的分子层"黏"了下来。尤其当物体在结构上存在缺陷时，这种作用更易发生。

(3)由于物体表面参差不齐，产生机械的啮合作用，相对移动时便产生磨损。表面虽然平整，但软硬不均，也将会产生啮合而磨损的作用。

(4)啮合作用不大，相对位移时虽然不足以使其磨损，但在反复微小的撞击作用下，表面因疲劳而损坏。

(5)由于局部凸起接触，摩擦时产生大量热能，使温度升高到塑性变形乃至熔化。

一般来说，上述作用(3)是工具磨蚀时主要的作用，作用(1)(2)(4)在磨损作用下有着更大的作用，作用(5)对于硬质合金工具的磨蚀有重要作用。

机械工具和岩石的磨损主要取决于这两者相互接触运动之间的摩擦。1934年，鲍登(Bowdon)和泰伯(Tabor)提出了摩擦两重性的观点。他们认为两种固体相互运动所产生的外摩擦，不仅要克服两种固体表面间分子相互的作用力，还需克服因表层畸变而引起的机械阻力。这是将摩擦主要是分子间的引力的分子观点和摩擦主要是克服微凸体发生变形的机械阻力观点相结合的理论。

根据鲍登、泰伯的理论，两个固体表面间摩擦阻力，应当是克服两个固体在任何接触部位发生黏着的剪切阻力 S，即

$$S = A\tau \tag{2-36}$$

式中：A 为实际接触面积，mm^2；τ 为发生塑性流动的较软固体的剪切强度，MPa。

由于水平力的作用，两个固体必然要发生相对运动，当其中较硬的工具以一定的深度侵入较软的固体时，就势必要排移掉挡在其前面的材料，这就是刻槽力，此时

$$P = A'\sigma \tag{2-37}$$

式中：A' 为所刻出槽道的截面积，mm^2；σ 为被刻槽物体的抗破碎强度，MPa。

总摩擦力为

$$F = S + P \tag{2-38}$$

工具与岩石的接触面积是研究摩擦磨损中不可或缺的重要部分。在破碎岩石时，新裸露出来的岩石面是非常粗糙的，同时，作为切削工具的硬质合金和金刚石同样具有明显的粗糙面。当这样的两个粗糙面接触时，只能是个别的、凸峰处的点接触，也就是岩石表面上先由

局部地方承受工具的荷载。随着岩石破碎过程的不断发生、表面状态不断改变，这些接触点也在不断变化。这些实际的接触点所构成的实际接触面积，只有当荷载对个别微凸体产生挤压变形或压入破碎时才会形成，且变形或压入越大，实际接触面积越大。

1）接触面积

当岩石与工具相互接触时，由于两个表面都有凸出点，因而接触不可能在整个视表面积上产生，只在工具和岩石容易相互接近的微凸体上产生。这些接触的点面积的总和为总接触面积，即

$$A = \sum_0^n a_i \tag{2-39}$$

式中：a_i 为某个微凸体的接触面积，mm^2；n 为微凸体的数量。

实际接触面积比视接触面积要小得多。岩石由于粗糙度变化大，实际接触面积与视接触面积的比值的离散性更大。这就意味着工具上的轴载是被少数的孤立点所支承的，而这些支承点上产生压入破碎或塑性变形。为了使工具能沿着岩石表面滑动，这些接触点必须被剪切或断裂。

粗糙面接触的最典型特性可归纳如下：粗糙面的接触具有明显的离散性，而且实际接触点不仅由弹性变形产生，而且还由塑性变形产生。实际接触面积与轴载之间的关系式为

$$\Lambda = p^n \tag{2-40}$$

式中：p 为轴载，N；n 为指数值，如是塑性接触，n 等于 1，如是弹性接触，n 非常接近 1（在 0.8~0.9 之间）。

2）工具和岩石间摩擦的能量消耗

工具和岩石之间摩擦产生能量消耗，使一部分破碎功消耗在热损耗方面。同时，当工具面上的温度达到一定值时，会使其强度降低并增加磨损率。

研究在某一瞬间某一位置上两个微凸体的接触，并令界面上温升 ΔT 为如下的独立变量函数：

$$\Delta T = \Phi(f, W, v, k, A) \tag{2-41}$$

式中：f 为摩擦系数；W 为轴载，N；v 为相对滑动速度，m/s；k 为两个相对滑动物体的平均导热率；A 为实际接触面积，mm。

根据白金汉（Buckingham）定理和傅里叶（Fourier）定律，并经过变换，最终可得出工具与岩石摩擦时的温升 ΔT 值为

$$\Delta T = c\left[\frac{fWv}{(k + k_1 p_1)l}\right] \tag{2-42}$$

$$p_1 = \frac{vl}{\alpha} \tag{2-43}$$

式中：c 为常数；k 为工具的导热率；l 为广义的长度量，mm；p_1 为工具的佩克莱数；α 为工具表面的散热系数。

由上式可知，当导热率低时，ΔT 将增大，这是由于摩擦热较难以从界面传出。

3）相对运动速度对摩擦系数的影响

温度对于做相对运动的两个物体的摩擦系数 f 也有影响，温度升高超过 200 ℃，f 则增大。这是由于温度上升，固体分子运动速度更加活跃，使做相对运动的两物体间黏滞作用增

大。然而对硬质合金而言，该影响只在温度超过 600 ℃时才比较明显。通常可以观察到：当运动速度增加时，f 会减小，只是这种现象只有在运动速度相当高时才会出现。

关于运动速度对摩擦系数的影响，较多的研究者认为利用下式计算是比较适当的：

$$f = (a + bv)e^{-(cv)} + d \tag{2-44}$$

式中：a、b、c、d 分别为不同的相对运动的材料在不同的正压力作用下所得出的摩擦常数。

从上式可以看出，在初始阶段括号项占优势，会使摩擦系数有增加的趋势。随着幂数项占优势时，总的摩擦系数减小，但在整个有效的摩擦范围内，幂数项通常是占优势的。当运动速度很大(达到声速的 1/10)时，摩擦系数随着速度增大而降低 2%~3%。且不论荷载有多大，都会有这种现象存在。

4)轴压对摩擦系数的影响

在较高的压力下，摩擦系数总是较小的，而在某一特定的条件下，最大摩擦系数随着压力增大而减小。

随着压力增大(对破碎岩石而言，当其未达到岩石局部抗压强度之前)，摩擦系数是正压力的增函数，即 $f = \Phi(P)$ 中的 f 值随 P 值增大而增加。当 P 值超过岩石局部抗压强度以后，f 值保持常数，或有些降低。

产生上述现象的原因：当正压力未达到岩石局部抗压强度之前，岩石不断产生表面破碎，工具与岩石接触表面以微凸点接触为主；随着正压力的增大，由于工具与岩石弹性变形，这些点接触的面积增大，接触更加全面，增大了工具与岩石微凸点处相互间的黏滞力，因而摩擦系数增大；当正压力超过岩石的局部抗压强度时，岩石产生体积破碎，岩石的表面在工具的破碎作用下，不断地更新及改变与工具表面接触的状态，改变了工具与岩石表面微凸点接触的状态，破坏了稳定的黏滞力，此时为一种动态的交变的微凸点接触。这时，摩擦系数稳定在一个浮动值的范围内不再增加。实验证明，动摩擦系数的大小还受到两个摩擦表面间存在的介质的影响。如果岩石表面干燥，则摩擦系数增大。

工具在破碎岩石时其工作表面被磨损的原理有以下几种形式。

1)连续磨损

这种磨损形式主要是在岩石的坚硬矿物颗粒的研磨下，工具表面的金属材料以微粒形式脱落下来。这些被研磨下来的微粒可以被冲洗介质携走，而不参与工具和岩石表面间的摩擦工作。此时，工具表面可以呈抛光的形式，没有明显的擦痕。连续磨损过程发生的原因，主要是工具受岩石之微凸体间相互接触时机械联接的磨损、润滑剂的磨蚀、介质作用下的侵蚀等，导致表面氧化颗粒脱离。

2)咬合式磨损

当工具的轴载和线速度相当大，且冲洗介质不能有效浸润接触表面时，在接触点上产生局部的高温区，导致工具与岩石表面局部高温焊合而产生破坏。这种磨损形式是非连续性的，也是缓慢型的，它使工具表面具有块状和条带的损伤和擦痕。这种磨损形式严重地影响工具的表面状态和性能。

3)磨粒磨损

磨粒磨损形式是一种侵蚀过程。它可能是由某些具有一定速度的硬质颗粒冲击工具表面引起的。另一种形式是当两物体相对运动时，硬物体会在软物体表面上刻划出许多沟槽，如在孕镶金刚石胎体上，当胎体硬度不大时，钻进强研磨性岩石时会出现同心圆式的刻槽，便是岩石中硬的矿物颗粒所造成的磨粒磨损。

4)点损磨损

这是滚动式切削工具的典型磨损形式。工具表面上形成的小的蚀斑，是处于最大剪应力区的材料在产生疲劳时产生的。引起金属材料点蚀破坏的荷载周期数，可在四球机上用滚动球互磨方式完成点蚀试验中获得。

2.4.2 岩石耐磨性指数分级指标

虽然一般来说，岩石内硬质矿物构成比例越高，即岩石越硬，其耐磨性越高。但是单纯采用如等效石英含量这样的岩石硬度指标作为岩石耐磨性指标是不适宜的，因为除了岩石的矿物成分及硬度之外，岩石本身的结构构造会对岩石磨损产生影响，且磨蚀过程与"岩石-工具"相互作用过程密切相关。国外设计了一些专门测试岩石耐磨性的试验以获取定量指标，代表性试验有三种，包括 CERCHAR 试验、LCPC 试验及 NTNU/SINTEF 系列试验。其中，CERCHAR 试验由于样本易得及试验简易性高而应用最多，该试验于 20 世纪 70 年代由法国 CERCHAR 研究所设计，科罗拉多矿业学院（CSM）于 20 世纪 80 年代率先在美国采用了该试验，其他国家也相继采纳并开展该试验，积累了数量可观的试验结果，并形成了数据库。其试验结果 CAI 值可认为是国际通用的一项评价岩石耐磨性的定量指标。

目前 CERCHAR 试验装置主要有两种：一是法国 CERCHAR 研究所原始设计的装置，二是英国学者 WEST 改进的装置，后由一家英国设备制造商量产销售而被广泛应用。CERCHAR 试验装置如图 2-23 所示。

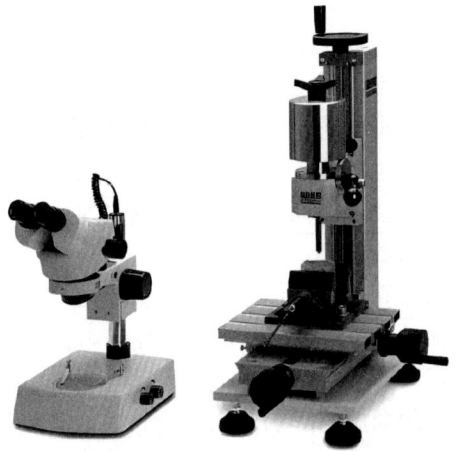

图 2-23 CERCHAR 试验装置

目前国际上普遍应用以下五种 CAI 分级标准，分别是 CERCHAR 实验室分级、挪威科技大学（NTNU）分级、美国科罗拉多矿业学院分级、美国材料与试验协会（ASTM）分级及国际岩石力学协会（ISEM）分级。具体 CAI 分级区间及描述见表 2-5～表 2-9。

表 2-5 CERCHAR 实验室 CAI 分级

CAI 区间	耐磨性描述
<0.3	无磨蚀性 non-abrasive
0.3~0.5	极低磨蚀性 not very abrasive
0.5~1.0	低磨蚀性 slightly abrasive
1.0~2.0	中等磨蚀性 medium abrasive
2.0~4.0	高磨蚀性 very abrasive
4.0~6.0	极高磨蚀性 extremely abrasive

表 2-6　挪威科技大学 CAI 分级

CAI 区间	耐磨性描述
0.3~0.5	极低或无磨蚀性 not very abrasive or non-abrasive
0.5~1.0	低磨蚀性 slightly abrasive
1.0~2.0	中等至一般磨蚀性 medium abrasiveness to abrasive
2.0~4.0	高磨蚀性 very abrasive
4.0~6.0	极高磨蚀性 extremely abrasive
6.0~7.0	石英 quartz

表 2-7　美国科罗拉多矿业学院 CAI 分级

CAI 区间	耐磨性描述
<1.0	极低或无磨蚀性 not very abrasive or non-abrasive
1.0~2.0	低磨蚀性 slightly abrasive
2.0~4.0	中等至一般磨蚀性 medium abrasiveness to abrasive
4.0~5.0	高磨蚀性 very abrasive
5.0~6.0	石英 quartz

表 2-8　美国材料与试验协会 CAI 分级

CAI 区间(钢针硬度 55)	CAI 区间(钢针硬度 40)	耐磨性描述
0.3~0.5	0.32~0.66	极低磨蚀性 very low abrasiveness
0.5~1.0	0.66~1.51	低磨蚀性 low abrasiveness
1.0~2.0	1.51~3.22	中等磨蚀性 nedium abrasiveness
2.0~4.0	3.22~6.62	高磨蚀性 high abrasiveness
4.0~6.0	6.62~10.03	极高磨蚀性 extreme abrasiveness
6.0~7.0	N/A	石英 quartz

表 2-9　国际岩石力学协会 CAI 分级

CAI 区间	耐磨性描述
0.1~0.4	极低 extremely low
0.5~0.9	很低 very low
1.0~1.9	低 low
2.0~2.9	中等 medium
3.0~3.9	高 high
4.0~4.9	很高 very high
≥5.0	极高 extremely high

通过比较可以看出，上述五种分级的区别有两点：一是确定最终 CAI 值所使用的钢针硬度不同；二是 CAI 值的划分区间，主要在于 CAI<1.0 及 CAI>3.0 即磨蚀性较低和较高的两区间有所不同。此外，上述所列的分级标准仅针对每一 CAI 值区间给出岩石磨蚀性的定性描述，尚未与实际破岩工具磨损量建立联系。

诸如 CERCHAR 试验、LCPC 试验等试验的目的是快速、经济地评估岩石的磨蚀性，对于破岩工具大致平稳连续的正常磨损，可以通过这些模型试验合理地预测。上述五种分级标准均没有给出各区间对应的破岩工具磨损量评价，便无法从实际破岩工具磨损量的大小来计算 CAI 区间值。

由于完整的破岩工具损耗数据及相应充足的 CERCHAR 试验数据十分稀少，国际上对于 CAI 值与实际破岩工具磨损之间的关系研究不多。龚秋明等[8]收集了各类破岩工具实际磨损量与 CAI 值关系的相关文献，分述如下。

1）孔钎头磨损与 CAI 值

传统钻爆法中的炮眼钻孔及 TBM 施工中的锚杆钻孔均需消耗大量的钎头，Thuro 采用钎头寿命指数（dill bit lifetime，BL）作为指标，BL＝总钻孔长度/消耗钎头数（m/bit），对钎头寿命进行分级（表 2-10）。Plinninger 等[9]给出了 15 组岩样的 CAI 值及 BL 寿命指数的关系，如图 2-24 所示，其结果相关性不高。Capik 等收集了土耳其三条隧道的岩芯，将其 CERCHAR 试验结果 CAI 值与 BL 寿命指数进行单因素回归分析，其结果如图 2-25 所示。CAI 与 BL 呈指数关系，但相关性一般，其中泥灰岩的 BL 值较高而安山岩及玄武岩的 BL 值较低。

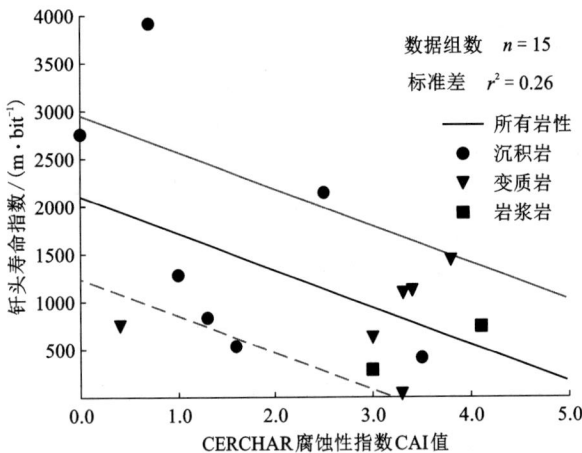

图 2-24 Plinninger 给出的钎头磨损寿命与 CAI 值

表 2-10 钎头寿命 BL 指数分级

磨损描述	BL 值 /(m·bit⁻¹)	钎头寿命描述
很低	>2000	很高
低	1500~2000	高
一般	1000~1500	一般
高	500~1000	低
很高	200~500	很低
极高	<200	极低

2）截齿磨损与 CAI 值

巷道掘进机（roadheader）中常使用截齿破岩，Plinninger 和 Restner[10]采用特征截齿消耗量（specific pick consumption，SPC）作为指标对截齿寿命进行等级划分（表 2-11），Plinninger 与 Restner 在文献中展示了瑞典 Sandvik 公司针对直径 22 mm 的截齿磨损预测模型，该模型根据试验数据建立，采用 CAI 值与岩石单轴抗压强度 UCS 作为输入参数，输出结果为特征截齿消耗量，如图 2-26 所示。

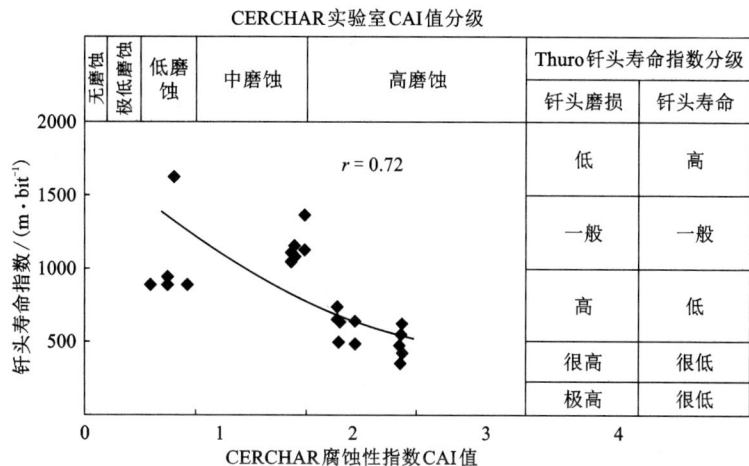

图 2-25　Capik 与 Yilmaz 的钎头磨损寿命与 CAI 值

表 2-11　特征截齿消耗量指数分级

磨损描述	特征截齿消耗量/（picks·m⁻³）
很低	<0.01
低	0.01~0.05
一般	0.05~0.15
高	0.15~0.30
很高	0.30~0.50
极高	>0.50

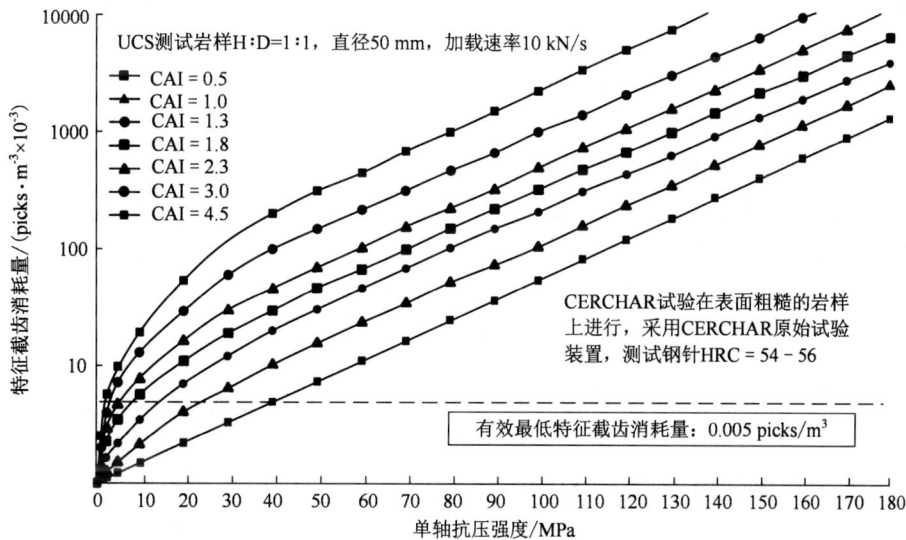

图 2-26　特征截齿消耗量与 CAI 值的关系（Sandvik 公司）

3）TBM 滚刀磨损与 CAI 值

国际上有很多学者采用 CAI 值建立了滚刀磨损预测模型，如 Gehring 模型、CSM 模型、RME 模型等。各预测模型的对比情况如图 2-27 所示，通过参数换算，图中将各模型计算结果统一为特征滚刀磨损量（specific disc cutter wear），即滚刀每滚动 1 m 的重量损失毫克数。

除磨损预测模型之外，Frenzel[11] 通过收集多条隧道的滚刀磨损数据，将滚刀磨损因数定义为滚刀每在掌子面上滚动 1 km 其直径损失的毫米数。随后分析了滚刀磨损模式，并将磨损数据与 Gehring 模型、CSM 模型进行对比（图 2-28），可见作者收集的数据和预测模型并不能理想拟合。

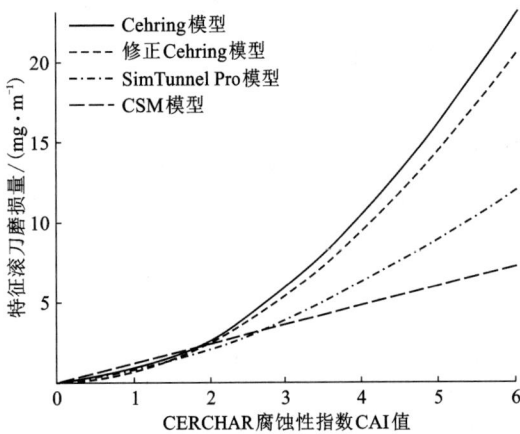

图 2-27　各预测模型特征滚刀磨损量与 CAI 值

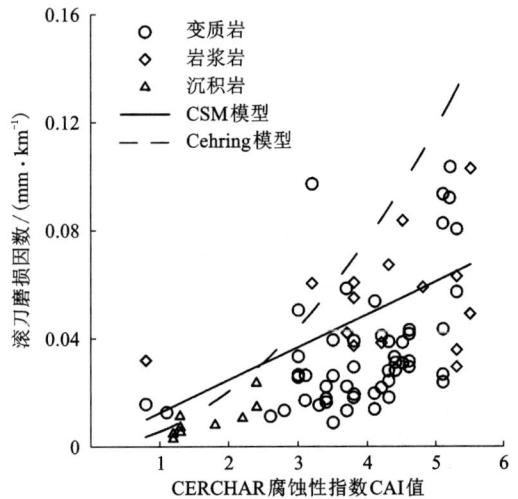

图 2-28　滚刀磨损因数与 CAI 值

龚秋明等对 ISRM 与 CERCHAR 研究所的分级标准进行比较分析，发现 ISRM 的 CAI 值分级标准更为合理，但由于该规范在对针尖磨损直径 D 取平均数时精确到 0.01 mm，因此其 CAI 值的结果精确到 0.1，这造成了分级区间看似不连续的表象。为了避免误解，加之以现有的数码显微镜读数手段直径 D 可以精确至 0.001 mm，对此分级的区间重新定义，并附上综合考虑各种破岩工具磨损量的定性评价，见表 2-12。

表 2-12　推荐的 CAI 分级

CAI 区间	岩石耐磨性描述	破岩工具磨损量
<0.5	极低	很低
0.5~1.0	很低	低
1.0~2.0	低	一般
2.0~3.0	中等	高
3.0~4.0	高	很高
4.0~5.0	很高	极高
大于 5.0	极高	

2.4.3　岩石耐磨性影响因素

岩石的耐磨性与岩石矿物含量、力学性能、岩石结构、颗粒尺寸、形状及颗粒间的黏结情况密切相关。

1. 岩石矿物组分和结构对耐磨性的影响

如果岩石矿物组分中具有高硬度的颗粒(如石英),或者组成岩石的胶结物性质不同,则会显著影响岩石的耐磨性。这是因为这些坚硬的矿物颗粒组成的微凸体或者从母岩中分离下来的硬矿物颗粒对工具造成的磨粒磨损是十分显著的。

随着碎屑状石英含量的升高,石英矿物的均布性加大,岩石的耐磨性增大。同时,石英颗粒的形状与尺寸也对岩石耐磨性有影响。如岩石中虽然石英含量相同,但颗粒形状不同、粒径不同、配比的均匀度不同,其耐磨性也有很大的差异。

岩石胶结物的强度是影响岩石表面状态更新周期的主要因素。以砂岩为例,砂岩随着其胶结物强度的下降,其耐磨性增大。胶结物强度降低,则岩石表面状态容易被工具更新,新的锐利的矿物颗粒不断裸露出来,因而对工具的磨损能力显著。相反,如果砂岩的胶结物强度很大,新的表面不易产生,已裸露出来的表面由于磨损的结果,矿物颗粒的锐利锐角将被磨平,则研磨能力降低。

朱事业[12]研究了不同岩性岩石耐磨特性,其文中提道:沉积岩中粉砂岩、泥岩的磨蚀性等级为极低(CAI<0.4)和很低(0.4≤CAI<0.9);由 Ca 质胶结的细砂岩类的磨蚀性等级为低级别(1.0≤CAI<1.9);而由 Ca 质或 Si 质胶结的复成分砾岩的磨蚀性等级处于中等-高等级,CAI 值区间为 2.0~4.0。结晶岩类(花岗岩和变质石英岩类)岩块的磨蚀性等级分布较为集中,以高等级耐磨性岩石为主,即 CAI 值区间为 3.0~3.9;个别岩样的 CAI 值区间为 2.0~2.9,为中等等级。由此得出:沉积岩体的黏土岩类 CAI 值最小,耐磨性最弱;随着碎屑颗粒含量(石英砂粒、岩石碎屑等)的增加,由 Ca 质或 Si 质胶结物胶结,则 CAI 值相应增大,耐磨性较强。花岗岩及石英岩类主要以长石、石英等结晶矿物紧密结合而成,CAI 值大,耐磨性强。

2. 岩石的力学性能对耐磨性的影响

王华和吴光[13]通过试验,将岩石耐磨值与各力学强度指标值的数值进行拟合,证实岩石力学性能与耐磨性有着正相关关系:岩石的耐磨值与岩石干抗压强度、湿抗压强度、干抗拉强度、湿抗拉强度、黏聚力、点荷载强度成指数函数关系,与内摩擦角成对数函数关系,表现出很好的相关性。岩石力学强度值越高,耐磨值也越大,两者之间成正相关关系。

2.5　岩石的可钻性

岩石可钻性的概念是在生产实践中提出的,用以说明破碎岩石的钻具与岩石之间相互作用的难易程度。岩石可钻性概念有以下几种提法:①所谓岩石的可钻性,是指在一定技术条件下钻进岩石的难易程度;②可钻性可解释为钻进过程中岩石抗破碎强度(阻力)的程度,它表征岩石破碎的难易程度;③岩石坚固性在钻孔方面的表现,称可钻性。

上面几种提法都包含了三层意思:①钻碎的对象;②使用的工具;③钻碎的难易性。钻碎的对象是岩石。石油钻井中所遇到的对象绝大部分是沉积岩,一般称为地层,所以石油钻井界常用"地层可钻性"一词。使用的工具主要指旋转钻井(或冲击钻井)的钻头,属于机械法钻碎的范围。若辅以其他方法钻碎岩石，则应指出其特点，如水力可钻性等。因此，使用的工具实质上包含了方法、工具、技术条件等内容。至于钻碎的难易性，则表明钻头钻碎岩石的综合结果，它常常是可钻性概念的核心，也是可钻性概念的定性表示方法。定性表示法常用的术语有易钻(好钻)、难钻或者软、硬，包含的范围较大。在生产实际中，常采用数量指标表示可钻性概念，如钻时(min/m)、钻速(m/h)等；并用数量的大小划分好钻、难钻或软、硬的可钻性范围，如钻速小于1 m/h 为硬地层。在科学实验中，常常根据所用方法的观测结果表达岩石可钻性这一概念，如用硬度的倒数表示可钻性的大小。

可钻性的研究方法需与所用岩石破碎方法及应用领域相适应，目前研究岩石可钻性分级的方法大致有以下四种：①力学性质指标法；②实际钻进速度法；③破碎比功法；④微钻法。

2.5.1　力学性质指标法

按岩石物理力学性质分级的方法是一种传统的岩石可钻性评价方法。这种方法的实质是在众多的岩石物理力学性质中找出1~2种与钻进难易程度关系最密切的因素，以便通过测定这种主要的岩石性质来定量地反映出岩石的可钻性指标。

最初，哈拜(1926)[14]根据在井下用伸缩式凿岩机钻垂直上向钻孔的试验，提出了一种岩石硬度分级法。硬度值用从钻孔中切割出来的单位体积岩石和所输入的相应能量来表示。需要输入较大能量的岩石，分级为Λ+、A 和 A-；输入较低能量的岩石，分级为 D+、D 和D-。这种分级法可将各种岩石分成12个等级。

盖斯和戴维斯(1927)[14]讨论了通过按比例的各种岩石成分组合的莫氏硬度值来确定岩石硬度。B. F. 蒂尔森[14]在评论盖斯和戴维斯这篇文章时，首先提出了"可钻性"这个术语。E. D. 加登纳[14]在进一步评论时指出：可以应用"可钻性"这个术语。此后，"可钻性"便成为钻井界专用的一个术语，以区别于其他性质。

硬度尤其是压入硬度被许多学者用来作为衡量可钻性的指标，如史立涅尔压入硬度法、肖氏硬度法和我国提出的摆球硬度法。其中，苏联史立涅尔教授[15]提出了以平底压模在岩芯平面上压出第一次破碎坑时的单位荷载 p 表示硬度，单位为 N/mm²，并认为硬度 p 的倒数$1/p$ 可表示岩石可钻性。压入硬度分类法仍在石油钻井工业中和地质勘探钻进中被广泛采用。国内地质矿产部颁布的金刚石岩芯钻探可钻性分级表，根据压入硬度值可把岩石分成6类12级(表2-13)，根据摆球的弹数把岩石分成12级(表2-14)。如果用上述两种方法确定的可钻性级别不一致，可按包括压入硬度值 H_y 和摆球硬度值 H_n 的回归方程式(2-45)来确定可钻性 K 值。

$$K = 3.198 + 8.854 \times 10^{-4} H_a + 2.578 \times 10^{-2} H_b \qquad (2-45)$$

式中：K 为岩石可钻性等级；H_y 为该岩石的压入硬度，kg/mm²；H_n 为标准岩样的摆球回弹次数。

表 2-13　按压入硬度值对岩石的可钻性分级表

岩石类别	软		中软		中硬		硬		坚硬		极硬	
岩石级别	1	2	3	4	5	6	7	8	9	10	11	12
硬度/MPa	≤100	100~250	250~500	500~1000	1000~1500	1500~2000	2000~3000	3000~4000	4000~5000	5000~6000	6000~7000	>7000

表2-14 按摆球硬度仪的回弹次数对岩石的可钻性分级表

岩石级别	2	3	4	5	6	7	8	9	10	11	12
回弹次数/次	≤14	15~29	30~44	45~54	55~64	65~74	75~84	85~94	95~104	105~125	≥126

力学性质指标法的优点是测压入硬度的过程和钻进时切削刀具在轴载下切入岩石的过程相近似。此外，这种方法的设备简便、测试方便，物理量相对稳定。从大量实践和实验数据来看，岩石可钻性与压入硬度存在着相关关系。当规范一定时，从总的趋势来看，初始的机械钻速和压入硬度成反比。但对于一些岩石，测得的压入硬度相同，但钻进速度不同，有的相差较大，也有的岩石出现相反的结果，即压入硬度大的反而更容易钻进。所以，压入硬度只能大致反映可钻性的一个趋势或某一侧面的性质，不能作为划分岩石可钻性的可靠指标。此外，实际钻进时碎石工具是在垂直压力与水平剪切力的同时作用下碎岩的，这是一种具有动载性质的斜切入式的碎岩过程，而不是静压入式的破岩过程。因此，在大多数情况下，用静压入硬度不能确切地反映岩石钻进的难易程度。E.D.加登纳[14]也曾指出：岩石的硬度和韧性与实际的钻进速度没有一定的内在联系，以及"测定钻进速度唯一可靠的方法是通过实际的钻进试验"。此外，弗尔拜(1964)[14]同样认为：任何可钻性试验如不在现场进行，则无代表性。因为从地下采出后，岩样中的地应力已被解除了，所以在实验室中的钻进条件不同于现场。

2.5.2 实际钻进速度法

实际钻进速度法是利用实际生产条件的设备、钻具、工艺参数来进行现场钻进，依所得的钻进数据资料进行岩石可钻性定级。它是岩石物理力学性质在一定技术条件下的综合反映，而且直观可靠。20世纪中叶，苏联和我国制定的岩芯钻探可钻性分级表即采用这种方法。我国原地质部于1955—1957年先后两次在全国动用176台钻机，在39个地质队实测了3950个回次的钻进资料，又补充统计了120台钻机近万个回次的钻进资料，在此基础上颁布了适合于金刚石钻进的《岩石钻探可钻性分级表(12级)》(表2-15)。然而，由于技术的发展，设备能力的提高，这些原定的指标已不能完全适应当今钻进工程的需求。

表2-15 适用于金刚石钻进的岩石可钻性分级表

岩石级别	钻进时效/(m·h⁻¹)		代表性岩石举例
	金刚石	硬合金	
1~4		>3.90	粉砂质泥岩，碳质页岩，粉砂岩，中粒砂岩，透闪岩，煌斑岩
5	2.90~3.60		硅化粉砂岩，滑石透闪岩，橄榄大理岩，白色大理岩，石英闪长玢岩，黑色片岩
6	2.30~3.10	2.50	黑色角闪斜长片麻岩，白云斜长片麻岩，黑云母大理岩，白云岩，角闪岩，角岩
7	1.90~2.60	2.00	白云斜长片麻岩，石英白云石大理岩，透辉石化闪长玢岩，混合岩化浅粒岩，黑云角闪斜长岩，透辉石岩，白云母大理岩，蚀变石英闪长玢岩，黑云角石英片岩

续表2-15

岩石级别	钻进时效/(m·h⁻¹)		代表性岩石举例
	金刚石	硬合金	
8	1.50~2.10	1.40	花岗岩,矽卡岩化闪长玢岩,石榴子石矽卡岩,石英闪长玢岩,石英角闪岩,黑云母斜长角闪岩,混合伟晶岩,黑云母花岗岩,斜长闪长岩,混合片麻岩
9	1.10~1.70	0.80	混合岩化浅粒岩,花岗岩,斜长角闪岩,混合闪长岩,钾长伟晶岩,橄榄岩,斜长混合岩,闪长玢岩,石英闪长玢岩,似斑状花岗岩,斑状花岗闪长岩
10	0.80~1.20		硅化大理岩,矽卡岩,钠长斑岩,斜长岩,花岗岩,石英岩,硅质凝灰砂砾岩
11	0.50~0.90		凝灰岩,溶凝灰岩,石英角岩,英安岩
12	<0.60		石英角岩,玉髓,溶凝灰岩,纯石英岩

2.5.3 破碎比功法

比功法的分级基础是破碎单位体积岩石所消耗的功。每一种岩石用一种给定的工具在标准条件下对其进行破碎。从理论上讲,单位比功是一常量。若将岩石破碎条件固定,则单位能量消耗可以反映出岩石的综合性能,即反映了强度、硬度、塑性等。这种方法可用于捣碎法、冲击法(凿碎法)、回转法。

利用捣碎法测定岩石的坚固性,是在 1940 年由 K. M. 西可夫[16] 首先采用的。他利用 1 kg 重的落锤,对不同类型的煤进行击碎试验,再用黎金格尔公式计算出产出单位新表面积所花费的功,用以表示煤的坚固性。1952 年,M. M. 普洛托吉雅可诺夫[16] 简化为用 2.4 kg 重锤,落高 0.54 m,将试样捣几次后,取粒径 0.5 mm 以下的粉末量来表示岩石的坚固性。这种方法于 1972 年被苏联破碎岩石标准研究会推荐为测定煤的坚固性的暂行统一方法。其步骤如下。

(1)将试样粉碎成不小于 10 mm 的碎块,取出 5 组,每组重 25~75 g。

(2)将每组试样放在碎样筒中,用落锤按规定高度捣 5 次后,把碎样倒出。

(3)将捣碎后的 5 份试样混合在一起,用筛孔为直径 0.5 mm 的筛子过筛,漏下的粉末倒入量筒中,用测棒测出粉末在量筒中的高度,并用下式计算:

$$f_n = 20\frac{n}{L} \tag{2-46}$$

式中:n 为捣碎次数,$n=5$;L 为测得的粉末高度,mm。

这种方法如果用于测量岩石的坚固性,则需用下式计算:

$$f_n = 20\frac{n}{L} + \alpha \tag{2-47}$$

式中:α 值目前尚无统一规定,对于韧性岩石,$\alpha=-1$;脆性岩石,$\alpha=2$;脆塑性岩石,$\alpha=0$。

破碎单位体积岩石所消耗的功,称为破碎比功,其单位是 J/cm³。1979 年,东北工业大学提出的现场落锤式破碎比功法，其装置基本结构是带中心孔的落锤沿杆滑动，锤重 4 kg，从 1 m 高度下坠，冲击承冲台，将冲击荷载传递给一字形钎头。每冲击一次，转动手把一次（50°），并清除破碎穴内的岩粉；冲击 480 次后测量最终破碎穴的深度 H（mm）。所采用的钎头直径为（40±0.1）mm，孔眼直径为 41 mm，则破碎比功可按下式求得：

$$Se = \frac{480 \times 4 \times g}{\frac{\pi}{4} \times (4.1)^2 \times \frac{H}{10}} \approx \frac{14269}{H} \text{ J/cm}^3 \qquad (2-48)$$

式中：g 为重力加速度，m/s^2。

另外，用圆柱形压头作压入试验时，可通过压力与侵深曲线图求出破碎比功，然后计算出单位接触面积破碎比功 Se。

根据破碎比功法对岩石进行可钻性分级，见表 2-16。

表 2-16　按单位面积破岩比功对岩石可钻性分级表

岩石级别	1	2	3	4	5	6	7	8	9	10
破碎比功 Se /(N·m·cm^{-2})	≤2.5	2.5~5.0	5.0~10	10~15	15~20	20~30	30~50	50~80	80~120	≥120

2.5.4　微钻法

利用模拟实验台进行微钻法测定岩石可钻性等级的方法，目前在国内外采用得比较广泛。其特点如下：破岩过程和实际钻进非常接近。由于实验台的高度机械化、自动化，各种人为操作因素的影响可以避免，另外，利用微机可自动地采集数据，可以保证取得的数据的即时性、可靠性。

尽管微钻法有较多的优点，但应当指出：在室内实验台上测得的钻进指标，一般比野外实测的要高。这是因为室内微钻时孔内条件比较简单，不如实际钻孔内那么复杂。此外，室内微钻时，岩石基本上既无围岩压力又无液柱压力，因而破岩效果要好一些。但有时也有反例，如在野外钻进片理发育的岩石（片麻岩和石英岩）时，在孔内钻杆柱的动载作用下极易破碎，而在室内实验室试验时，往往因为在采取岩样时将一些片理发育部分舍弃掉，加之钻具很短、运动平稳、没有明显的振动荷载，因此在钻速上比实际的要低。但是，从总的趋势来看，室内微钻与野外实钻钻进的趋势是基本一致的。

Sievers（1950）[17]用旋转式试验机得出了可钻性指数。他将可钻性指数 SJ 值定义如下：10 mm 的凿子形钻头，在推力为 20 kg、转数为 160 r/min 的条件下，1 min 内的钻孔深度。SJ 值在 0~400 mm/10 min 范围内。此外，他还根据钻具的磨损量测定了磨蚀性指数 C 值，C 值范围是 0~200 mm/2 min。Sievers 的工作，主要是为了根据 SJ 值和 C 值，找出现用各种钻进方式在经济上合理的使用范围。

Selmer-Olsen 和 Blindheim（1970）[17]基于 Matern 和 Hjelmer 的脆性值（S20）测试和西弗斯 j 值（SJ）微型钻头测试提出了钻速指数（DRI）。DRI 可以被描述为岩石的脆性，也被定义为岩石被反复撞击压碎的能力。钻头磨损指数（BWI），用于估计钻头的磨损率，是在 DRI 和磨损值(AV)的基础上进行评估的(Selmer-Olsen 和 Lien, 1960)[17]。AV 是一种测量岩石粉末对碳化钨磨损时间的方法。

Wells(1950)[17]用标准的贾克轻型凿岩机和带有专门钻头及空气压力的标准架式凿岩机,开展了大量现场凿岩试验,提出了一种岩石可钻性分类方法。

Head(1951)[17]提出了"地层可钻性分类 DCN"(drillability classification number),其数值是用微钻头以钻压 1855 N(417 lb)、转速 110 r/min 在岩芯上钻一深为 16 mm(1/16 in)的孔所需时间(s)表示。可钻性分级值(DCN 值)从软石灰岩的 2 s 到石英岩的 5557 s。

Rollow(1962)[18]用直径 3175 mm(125 in)的微钻头在岩芯上钻孔,钻井机进给力 889.7 N(200 lb),转速 55 r/min,取钻深 2.38 mm(3/32 in)的钻孔时间,并换成微钻速,即米/时(ft/h),来表示可钻性,微钻速的范围为 0.0006~12 m/h(0.002~4 fl/h)。

Simon(1956)[14]通过对岩石在落锤冲击下形成裂口过程的研究,确定了在冲击式钻进中岩石破坏的基本标准。提出用下式估算冲击钻进速度。

$$V = \frac{2.4(P - P_t)}{D^2 S} \tag{2-49}$$

式中:V 为钻进速度,m/h(in/min);P 为机械功,J(in · lb/min);P_t 为初始破碎功,J(in · lb/min);D 为井眼直径,m(in);S 为抗钻强度,Pa(lb/in²)。

式中常数 2.4 是英制单位,换成公制单位约为 3.658。Simon 进一步提出,把 $1/S$ 叫作可钻性。S 为钻进强度,可以认为是一个具有 90°夹角的凿刃钻头在冲击作用下形成破碎坑时,其凿刃单位长度上的能量与破碎坑的横截面积之比。"钻进强度"一词,在以后的研究工作中曾多次被石油钻井界采用。

Somerton(1959)[17]用双牙轮微钻头在室内几种岩样上进行试验,得出以下钻进速度方程。

$$v = \alpha \cdot D \cdot N \left(\frac{F}{D^2 S}\right)^2 \tag{2-50}$$

式中:v 为钻进速度,m/h(in/min);D 为钻头直径,m(in);N 为钻头转速,r/min;F 为钻井机进给力,N(lb);α 为常数;S 为抗钻强度,Pa(lb/in²)。

Maurer(1962)[17]在推导井底完全干净条件下的钻速公式时也引入了抗钻强度,其钻进速度公式为:

$$v = \frac{\beta N F^2}{D^2 S^2} \tag{2-51}$$

式中:v 为钻进速度,m/h(in/min);β 为常数。

Cunningham(1978)[17]对全尺寸台架钻孔试验结果中的岩样抗压强度加以改造,引入抗钻强度 S 后得到如下钻进速度公式

$$v = \frac{N F^a}{0.0147 S^{0.579}} \tag{2-52}$$

$$a = 0.178254 \ln S + 1.442102 \tag{2-53}$$

式中:F 为钻进机进给力,kN/m(klb/in);a 为常数;S 为抗钻强度,MPa(klb/in²)。

以上引入关于抗钻强度的例子是为了将岩石可钻性纳入钻速方程中,以备实际应用。

除了抗钻强度,Fullerton(1965)[17]提出了常能量钻井方程

$$v = KFN \tag{2-54}$$

式中：v、F、N 的意义和单位与前式同；K 为常数，Fullerton 称之为相对地层可钻性系数或视地层可钻性。

K 值通常在 $(0.53 \sim 5.3) \times 10^5$（换算成英制单位为 $3 \times 10^5 \sim 30 \times 10^5$）的范围内。

Alen(1977)[17] 对常能量方程加以改进以应用于硬地层中，即

$$v = KF^{1.2}N^{0.5} \tag{2-55}$$

应用时，视地层可钻性 K 还要进行压差校正，即

$$\lg K_2 = 0.01434(P_1 - P_2) + \lg K_1 \tag{2-56}$$

式中：K_2 为静液柱压力为 P_2 时的视地层可钻性；K_1 为静液柱力为 P_1 时的视地层可钻性；P_1、P_2 为液柱压力，kPa。

我国原地质矿产部的规范是采用模拟的微型孕镶金刚石钻头，按一定的规程，对岩芯进行钻进试验。以微钻的平均钻进速度为岩石可钻性指标，其分级情况见表 2-17。原石油部于 1987 年颁布的岩石可钻性分级办法是用微钻在岩样上钻三个孔深 2.4 mm 的孔，取三个孔钻进时间的平均值为钻时 t，作为该岩样的可钻性级别 K_d，据此值可把各油田地层的可钻性分成 10 个等级，等级越高的岩石越难钻。

$$K_d = \log_2 t \tag{2-57}$$

表 2-17　按微钻的平均钻速对岩石可钻性分级表

岩石级别	3	4	5	6	7	8	9	10	11	12
微钻钻速 /(mm · min⁻¹)	$216 \sim 259$	$135 \sim 215$	$85 \sim 134$	$53 \sim 84$	$34 \sim 52$	$21 \sim 33$	$14 \sim 20$	$9 \sim 13$	$6 \sim 8$	$\leqslant 5$

为了实际应用需要，地层可钻性还有许多表示方法，如抗压强度、纵波速度、地震波速、d 指数、地质时代、压痕指数、实际钻速指标、杨氏钻速方程的地层可钻性系数等几十种，这说明了地层的复杂性和地层可钻性的综合性。

从表示方法可以归纳出地层可钻性研究和应用的发展趋势。首先使用现成的硬度表示地层性质，逐渐孕育着"可钻性"的概念。自从提出"可钻性"这一概念后，这个问题一直是采矿工程、探矿工程及其他石材加工工程关注的研究课题。这是因为岩石可钻性的分级不仅是制定探矿工程、采矿工程生产定额，加强经济管理的依据，而且是作为设计钻头结构、选用钻进方法、拟定合理的钻进规程的基础。目前，系统工程、电子计算机及自控遥感技术在钻探工程中的应用越来越普及，这也要求能对岩石的力学性质、可钻性分级有一个数量上的准确分级和度量。

岩石可钻性受岩石本身固有属性的影响：如岩石的成因及种类，造岩矿物的种类及含量，矿物颗粒的大小及形状，岩石的结构和构造，胶结物的性质和胶结形式，岩石的埋深度，层理、倾角、孔隙度等。这些因素被认为是自然因素，是客观存在的，但却是多变的。此外，可钻性还与钻进的工艺技术措施有关，所以它是岩石在钻进过程中显示出来的综合性指标。由于可钻性与许多因素有关，要找出它与诸影响因素之间的定量关系十分困难，目前国内外仍采用试验的方法来确定岩石的可钻性。但迄今为止，由于岩石的多变性及技术条件的可变

性(包括测定技术及操作水平),公认的分级方法还有待进一步验证。

2.6 岩石的可切割性

对于岩石地层而言,可切割性是反映刀具破碎岩石难易程度的重要指标,会直接影响掘进速率。同时,岩石可切割性还是判断刀具磨损、预测刀具掘进距离、确定换刀时机的重要依据。掘进过程中不断对岩石切割性进行识别,可以细化初始的工程地质勘察报告,从而对机械的掘进状况进行实时调控。因此,岩石的可切割性识别是机械化掘进过程中的重要任务,对于科学指导施工具有重要的意义。

2.6.1 岩石采掘机械性能概述

影响岩石采掘机械性能的参数一般可分为三类:机械参数(与机器有关的参数)、地质岩土参数和操作参数,见表2-18。由于在确定地下开挖路线后不可能改变地质条件,因此应根据所遇到的地质条件选择合适的机器。机械参数和地质岩土参数通常决定了瞬时(净)挖掘率(每小时的掘进量),而操作参数则决定了系统的整体性能(机器运行时间和日进尺率)。

表 2-18 影响岩石采掘机械性能的参数概述

机械参数	机械类型
	机器质量和尺寸
	推力和扭矩容量
	刀头类型
	刀头功率和转速、带齿设计
	刀具类型和尺寸、刀具的材质特性
地质岩土参数	岩体特性
	岩石质量指标(RQD)
	层理、褶皱、断层带
	结构面(方向、间距、黏结等)
	水文地质(地下水位/渗流)
	不良地质(挤压、膨胀、块状地面)
	完整岩石物理和力学特性
	可切削性(切削力、比功、最佳切削线性切削试验)
	强度(单轴抗压强度、抗拉强度、弹性模量、内聚力等)
	磨蚀性(硬矿物/石英含量和粒度、微裂缝、颗粒交错等)
	其他(脆性、含水量、膨胀系数等)

续表2-18

操作参数	技术参数
	初始形状和尺寸
	倾角、横切角
	开采参数
	支护(螺栓连接、喷射混凝土、钢棚架等)
	泥浆运输(输送机、机车、LHD 等)
	公用设施线路(供电、供水、供气)和测量
	地面处理(排水、灌浆、冻结)
	劳动力供应和人才质量

岩石采掘机械性能预测通常包括对瞬时切削率(ICR)、切削刀具消耗率(TCR)、机器运行时间(MUT)以及不同地质单元的掘进或隧道进尺率的预测。

瞬时切削率(ICR)是指单位采掘时间的生产率(m^3 或 t/切割小时)。

切削刀具消耗率(TCR)指的是单位挖掘量更换刀具的数量(刀/m^3 或 t)。

机器运行时间(MUT)是净挖掘时间占总工作(或班次)时间的百分比,不包括所有停工(延误)时间。

进尺率是指隧道或掘进机的线性进尺率(m/班、m/天、m/周、m/月),是 ICR、MUT、日工作时间和掘进工作面横截面的函数。

预测岩石采掘机械性能的方法有很多,例如确定性(半理论)模拟、线性切削试验(全尺寸或小尺寸)、经验(统计)、概率、现场测试及实验室测试。表 2-19 概述了岩石采掘机械性能预测方法的一般分类和比较。图 2-29 展示了预测岩石采掘机械性能的典型过程。

表 2-19　性能预测方法的一般分类和比较

预测模型		费用	准确性	机械设计
经验	基于小型数据库	低	中等	相对有限
	基于庞大的数据库	高	高	有限
	概率	低	中	相对有限
	破岩试验(比功耗法)	中等	高	有限
确定性模型(半理论)	基于理论刀具力	中等	低	有限
	根据经验估算的刀具力	中等	中等	有限
	压痕测试获得的力与岩石力学性能之间的统计关系	中等	高	可能
	以岩石切割试验(全尺寸、小尺寸、便携式等)获得的工具力为基础	中等	高	可能

续表2-19

预测模型		费用	准确性	机械设计
确定性模型（半理论）	根据切削实验(全尺寸、小尺寸、便携式等)获得的刀具力进行确定性计算机模拟(半理论模拟)	高	高	可能
	在实验室测试样机	极高	非常高	可能
	在现场测试	极高	非常高	可能

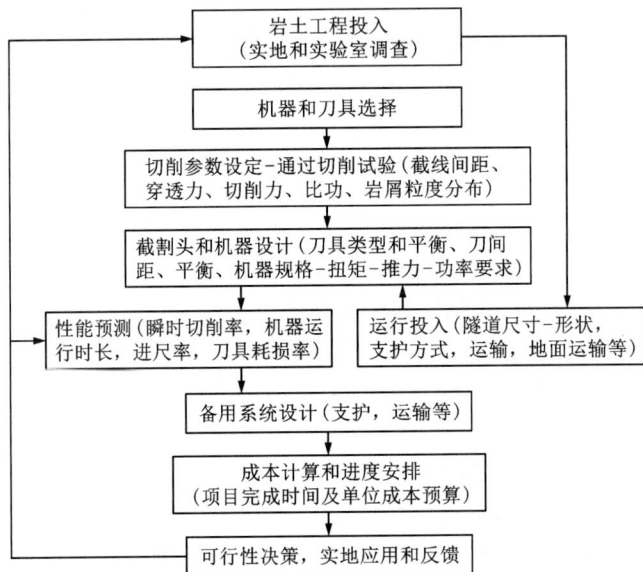

图 2-29　预测岩石采掘机械性能的典型过程

2.6.2　缩尺线性切岩试验

英国国家煤炭局矿业研究机构开发了早期的实验室缩尺线性切割仪器。随后，英国纽卡斯尔大学也安装了类似的设备，用于非限制性模式(非交互式)的切割测试。该设备使用的是硬质合金标准凿刀，前角为(-5°)，间隙角为(5°)，切割深度为 5 mm，得出切割比功耗值，用于预测掘进机的性能。Balci 和 Bilgin[19] 将缩尺线性切削试验获得的比功耗值与实尺线性切削试验获得的比功耗值进行了相关性分析。Copur 等[20] 使用安装凿形刀具的缩尺线性切割装置，对链锯机的切割动作进行了全面模拟。

土耳其伊斯坦布尔技术大学(ITU)采矿工程系使用的缩尺线性岩石切割装置如图 2-30 所示。

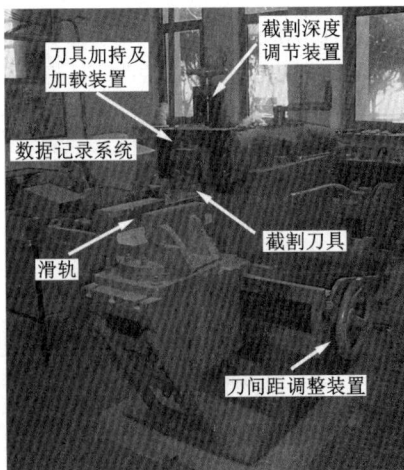

图 2-30　缩尺线性岩石切割装置

　　试验中使用标准凿切刀具或专门设计的链锯刀具切割岩芯样品或小块状样品。设备的最大切割行程约为 70 cm。最大尺寸为 15 cm×20 cm×25 cm 的石材样品或直径至少为 50 mm 的岩芯被夹在机器工作台的台钳上，台钳可相对于切割工具升降和横向移动。切割间距可通过横向移动进行调整。岩样平行或垂直于基底面，以模拟岩样的实际切割条件。切削刀具通过刀架直接固定在装有应变片的荷载传感器(测力计)上，用于记录作用在刀具上的力。刀具–夹具–测力计组件可以升高或降低以调整切割深度。图 2–31 展示了缩尺线性切割测试装置使用的刀具，包括标准凿形刀具。

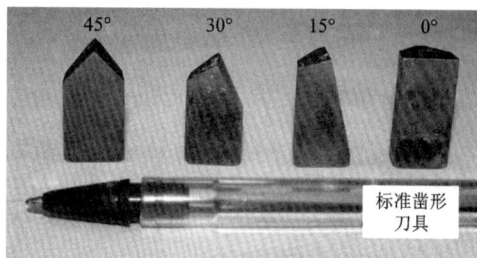

图 2–31　缩尺直线切割装置使用的切割刀具

　　电动马达触发位于滑道前方的刀具–夹具–测力计，以预设的切割深度、线间距和大约 40 cm/s 的恒速切割固定/夹紧的岩石样本。在切割过程中，测力计测量/记录作用在工具上的法向力、切削力和侧向力(三个正交力)。在使用小块样品时，每次切割后，夹紧的岩石样品可按预设线间距向侧面移动，以模拟采矿机上多个工具的作用。在使用岩芯样本时，切割完岩石样本后，将样本旋转 90°，开始新的切割，可以实现四次未限制(非交互式)切割。对于形状不平整的试样表面，可以使用标准凿形刀具进行修整，以获得平整的表面，也可以通过多次切割对表面进行调节。

　　切割后的岩屑被称重并用于估算比功耗值。还可对切割后的岩屑进行筛分，以测量粒度级配，从而了解切割过程的效率。

图 2–32　直线行走滚刀破岩缩尺试验设备

　　此外，还有学者设计了其他类型的缩尺线性切岩试验装置。例如，Entacher 等[21]设计了如图 2–32 所示的滚刀破岩缩尺试验装置，通过圆柱形空腔固定缩尺岩样，通过侧向平板框架和调节机构固定和调节滚刀的切割深度，然后通过轴向液压缸推进滚刀进行直线行走滚动切割岩样，试验记录了滚刀破岩过程中滚动力随滚刀行走距离的变化曲线，发现滚刀破岩所需的滚动力随切割深度的增加而增大。

　　伊斯坦布尔技术大学采矿工程系开发了一种简易式岩石切削设备(图 2–33)，使用直径为 13 cm、锥尖角度为 70° 的小型圆盘以 5 mm 的切割深度在岩样表面切割出凹槽。试验过程中，使用三轴力传感器(测力计)记录作用于切削刀具上的力。

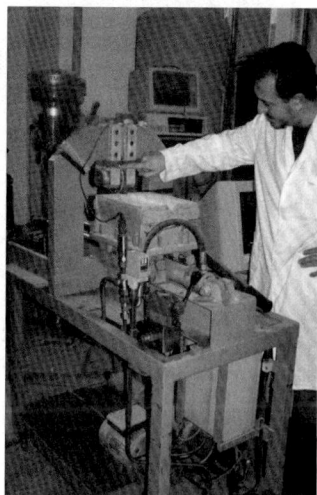

图 2–33　ITU 实验室的简易式岩石线性切割试样装置

2.6.3　实尺线性切割试验

实尺线性切割试验可以模拟刀具破岩的真实过程，并测量作用在刀具上的全尺寸力。一般而言，实尺线性切割试验设备设有一个大型刚性反力架，刀具和荷载传感器组件安装在该反力架上。岩石试样或者相似材料制备的试样放置在样品箱中。伺服控制液压缸以预设的切割深度(穿透力)、截线距宽度(刀具切割轨迹的线间距)和恒定速度推动样品箱移动，从而实现刀具对试样的线性直线切割。切割速度、切割深度和刀具的截线距可根据需要通过液压缸进行调整。位于切削刀具和机架之间的三轴荷载传感器可监控、测量、记录作用在切削刀具上的正交力(法向力、拖曳-切削-滚动力和侧向力)。每次切割后，试样箱在侧向液压缸的驱动下按所需间距向侧面移动，以模拟刀盘上多个刀具的间隔切削过程。切割后的岩屑被收集、称重和筛分，测量岩屑样本的粒度及分布，从而计算破岩比功。图 2-34 和图 2-35 分别展示了伊斯坦布尔技术大学采矿工程系实验室中的镐形截齿和滚刀实尺线性切割试验装置。

图 2-36 所示为作用在镐形刀具上的正交力(法向力、截割力和侧向力)示意图。截割力(切削力、拖拽或滚动力)平行于被切削表面和刀具移动(切削)方向，与采掘机械的扭矩要求直接相关，用于估算破岩比功。法向力(推力)垂直于被切割表面和刀具行进方向，用于估算采掘机械所需的有效质量和推力，以保持刀具处于所需的切割(穿透)深度。侧向力垂直于刀具移动方向以及法向力和截割力方向，可与法向力和截割力一起作用于平衡刀具，以减少机器振动。图 2-37 举例说明了切削时作用在刀具上的力的变化。

图 2-34　镐形截齿实尺线性切割试验装置[22]

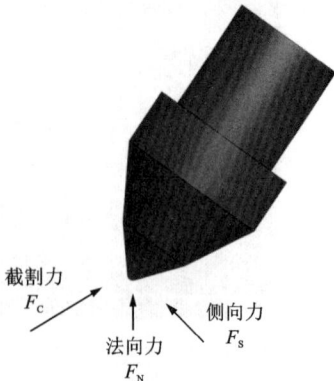

(a)
轴向推力加载缸
切割深度调节
三轴荷载传感器
刀座和滚刀
岩样及岩样盒
侧向移动控制缸——控制切割间距
水平移动控制缸——施加滚动载荷
滑槽

(b)

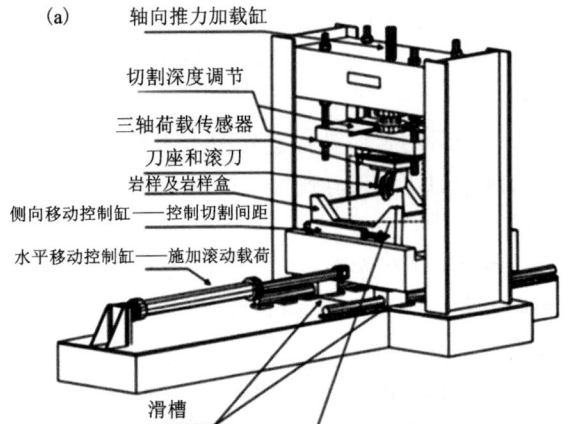

岩样
滚动力
轴向推力
切割间距 75 mm

图 2-35　滚刀实尺线性切割试验装置

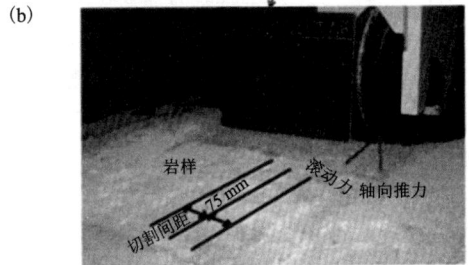

截割力
F_c
法向力
F_N
侧向力
F_s

图 2-36　作用在镐形刀具上的正交力示意图

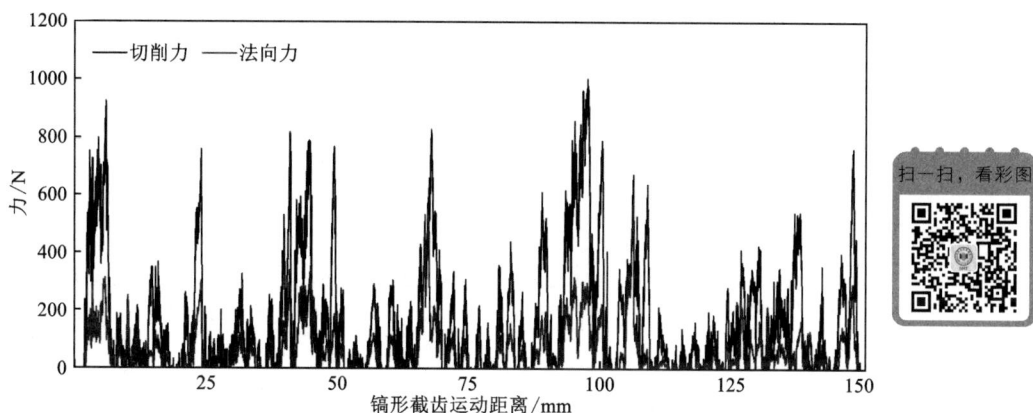

图 2-37　使用镐形刀具切割岩石样本后的典型力变化

仅凭刀具力还不足以评估切割系统的效率。比功常被用于估算和比较采掘机械的切割效率(生产率)，也是确定特定岩样最佳切割几何形状(切割深度与线间距的最佳比率)的重要因素之一。比功估计公式如下：

$$SE = \frac{F_C}{Q} \tag{2-58}$$

式中：SE 为比功，MJ/m³；F_C 为作用在刀具上的截割力，kN；Q 为单位切割长度内的产量或岩石切割量，m³/km。

采掘机械的切割功率可通过比功估算。通过已知切割功率的采掘机械的比功，还可以进一步估算采掘机械可实现的生产率。较低的比功意味着具有该切割功率的采掘机械可实现较高的采掘效率，或可使用具有较小切割功率的采掘机械进行挖掘。

图 2-38 解释了切割线间距和切割深度对比功和切割效率的影响。如果线间距太近(情况 a)，因为岩石会被过度挤压，比功会变得非常高，切削效率也不高。在该区域，由于岩石过度破碎，刀具与岩石之间的摩擦加剧，刀具的磨损也会很高。

如果线间距过宽(情况 c)，比功又会变得很高，切削效率也会降低，因为切口无法产生松弛切口(相邻切口的拉伸断裂无法相互贯通以形成切屑)，从而产生背脊或沟槽加深情况，这可能会导致刀具与岩石接触时产生冲击荷载，从而造成切削刀具严重失效，或在某些情况下导致机器停转。如情况 b 所示，最佳线间距与切削深度比可获得最小比功，此时切削过程最有效，破碎岩屑最大，同时刀具磨损最小。

采掘机械的初步(粗略)净切割率(NCR)可通过下式估算：

$$NCR = k \times \frac{P_{inst}}{SE_{opt}} \tag{2-59}$$

式中：NCR 为净切割率，m³/h；SE_{opt} 为从实尺线性切割试验中获得的最佳比功，kWh/m³；P_{inst} 为采掘机械的安装切割功率，kW；k 为切割功率传递到岩石的相关系数，取决于机械设备的类型。

很多学者基于实尺线性岩切割试验开展了机械刀具破岩特性研究。Bilgin 等[23, 24]在直线行走截齿破岩全尺寸实验平台上，开展了针对 22 种不同类型岩样的镐形截齿破岩试验，研究

松弛切削模式（切槽相互作用）

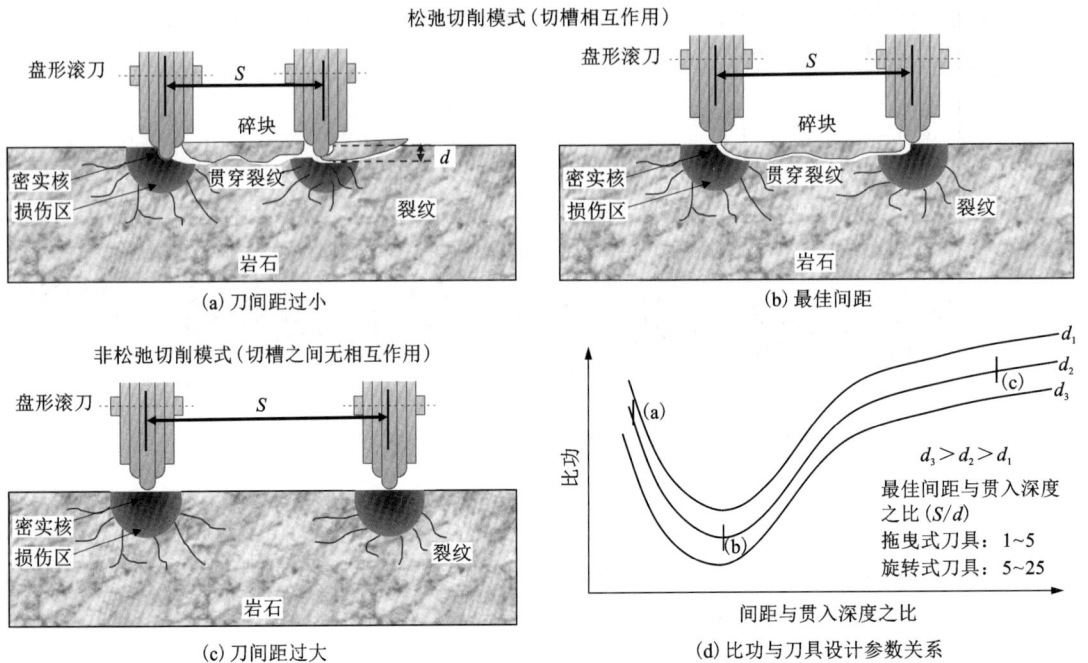

(a) 刀间距过小

(b) 最佳间距

非松弛切削模式（切槽之间无相互作用）

(c) 刀间距过大

(d) 比功与刀具设计参数关系

图 2-38　切割线间距和切割深度对比功和切割效率的影响

了不同截割深度和截割间距下镐形截齿破岩的切割力、轴向力、截割比功等参数的变化，发现岩石特性对截齿破岩的截割力和截割比功有明显的影响，该学者还将截割力和截割比功的理论计算模型和试验数据进行了对比分析，发现岩样的单轴抗压强度与截齿破岩的截割力（切割力和轴向力）有显著的相关性，同时岩样的抗拉强度、施密特锤反弹值、静态和动态弹性模量等也会显著影响镐形截齿的破岩效果，此外还发现关于截割比功的理论模型计算结果与试验结果吻合度很高，并且当截割深度为 5 mm 时考虑了岩样与截齿间摩擦系数影响的理论模型计算的切割力与试验获得的切割力具有较好的一致性，试验结果可为镐形截齿破岩的现场应用提供指导。Balci 和 Bilgin[19] 在上述试验基础上研究了直线行走截齿破岩的缩尺试验和全尺寸试验结果的相关性，发现全尺寸试验获得的最优截割比功可由缩尺实验结果进行推断。Gertsch 等[25] 开展了单滚刀直线行走实尺破岩试验，研究了不同凿入深度和切割间距下滚刀破岩过程中的轴向推力、滚动力和侧向力的变化情况，发现随着凿入深度和切割间距的增大，滚刀破岩所需的轴向推力和滚动力都需要增加，通过计算破岩比能耗发现切割间距设置为 76 mm 时能够获得最优的破岩效果。Balci 和 Tumac[26, 27] 开展了不同岩石的直线行走滚刀实尺破岩试验，研究了不同岩石结构特性和岩石类型对 V 形滚刀的直线行走破岩特性的影响，结果表明，除岩石强度参数外，岩石质地、粒度、矿物学成分对岩石切割参数都有影响，此外他们还研究了 CCS（constant cross section）型横截面滚刀的破岩特性，并在破岩荷载的理论和经验计算模型上与 V 形滚刀破岩进行了对比分析。

2.6.4　旋转切割试验

伊斯坦布尔技术大学采矿工程系实验室开发了旋转切割试验装置（图 2-39），该装置能够在实验室使用真实的三棱和/或 PDC 钻头以及悬臂式掘进机、隧道掘进机和滚筒采矿机的缩尺刀盘在 1.5 m×1.0 m×1.0 m 的岩块上进行旋转切削破岩。该装置的功率为 135 kW,扭矩为 35 kNm,推力最大可达 500 kN,转速最高可达 90 r/min,旋转钻孔速度最高可达 60 m/h。破岩过程中的推力、侧向力、转速、扭矩和钻孔速度等变量的控制、测量、记录都借助数据采集系统进行。

此外,还有学者开展了圆周行走滚刀破岩试验。Geng 等[28] 在如图 2-40 所示的圆周行走滚刀破岩全尺寸实验平台上研究了不同的切割深度(2 mm、4 mm、6 mm、8 mm) 对滚刀破岩特性的影响,试验中通过监测或计算切割力、岩石碎片尺寸、破岩比功和切割表面轮廓来评价滚刀破岩特性。Peng 等[29] 在上述实验平台上开展了全尺寸滚刀破岩试验,研究了固定切割深度和固定轴向切割荷载两种破岩模式下滚刀破岩的轴向推力、滚动力、切削系数(滚动力与轴向推力之比)、破岩比功和岩石可截割性指标等破岩特性。

图 2-39　伊斯坦布尔技术大学水平钻机

1、5—加载框架;2—可移动框架;3—支柱;4—岩样盒;
6—液压缸;7—手轮;8—刀座;9—刀托;10—滚刀;
11—岩样;12—链驱动系统;13—监控系统;14—控制面板。

图 2-40　圆周行走滚刀破岩试验设备

2.7　岩石的可爆性

岩石的可爆性是指岩石在受到外部应力或荷载作用时,因内部存在应力集中或能量积累,在一定条件下发生爆炸性破裂的性质。这种性质在探究地质灾害、矿山工程、岩石工程及地下爆炸等方面都具有重要的意义。本节将从岩石的物理、力学特性入手,探讨岩石的可爆性及相应分级指标和应用。

岩石可爆性定义有两种基本观点:一种观点认为岩石可爆性是指岩石在爆破条件下被破碎的难易程度,其与岩石物理力学性质、岩石结构特征与爆破参数和工艺密切相关。岩石可爆性分级不仅要考虑岩石的内在属性,也需要考虑爆破参数和工艺等的外在因素;另一种观点认为岩石可爆性是岩石受到爆破荷载作用时它本身固有的动态物理力学、结构特性以不同程度和不同方式阻碍爆破破碎的综合效应。这种观点认为岩石可爆性分级只需要考虑岩石的内在属性。

矿岩爆破效果的好坏与后续的铲装、运输工序密切相关。严格控制爆破矿岩块度，从而为后续铲运设备提供粒度尺寸合适的矿石，可大大提高铲装、运输效率，减少二次破碎工作量。合理的爆破参数设计是控制爆破矿岩大块率的关键，这依赖于对矿岩可爆性的充分认识和评价。

炸药破碎矿岩岩体是一个非常复杂的动力学过程。首先，岩体是地质体，是被各种构造如断层、层理、节理、破碎带等切割成各种类别和尺寸岩块的组合体。岩体的结构面数量和性质千差万别，每个岩块又具有不同的几何参数和力学性质，使岩体具有明显的非均质性、非连续性和非线性特点，表现出独特和复杂的力学特征。其次，炸药爆炸过程一般发生在微秒到毫秒量级，是高速瞬变过程，既有高温高压作用又有复杂的化学反应发生；工业炸药的爆轰压力、气体膨胀规律等关键问题，至今仍缺少严密的理论计算公式或准确测定方法。此外，在爆炸冲击作用下，炸药能量传递、岩体中冲击应力波的传播规律、岩石的强度及破碎准则，以及岩块的变形运动规律等未得到充分认识。

根据爆破理论和工程实践经验，通过测量岩体的一些重要指标和小型标准化试验，把岩体的工程地质条件和岩体力学性质参数与爆破工程特点联系起来，对岩体进行可爆性分级是解决爆破工程问题的重要方法。

2.7.1 岩石可爆性影响因素

岩石可爆性的影响因素可分成四类，即岩石性质和地质因素、炸药性能因素、炸药与岩石相关因素、爆破工艺因素。

1. 岩石强度对可爆性的影响

一般来说，结构致密的岩石，密度大，强度高，可爆性差，其可爆性分级就高。反之，则易于爆破。

岩石强度对可爆性的影响可归纳如下：

(1) 岩石强度影响爆炸近区半径的大小、能量的分布，从而影响爆破效果。

(2) 岩石强度过大影响炸药单耗，使相同数量的炸药所负载的爆破体积减小，从而影响爆破效果。

2. 岩石完整性对可爆性的影响

在漫长的地质应力作用下，岩体的性质和状态极其复杂，呈现出明显的不均质性和各向异性。尤其是岩体中的节理、层理、裂隙和断层，破坏了岩体的完整性和连续性，削弱了岩石的强度，显著影响岩石的爆破效果。试验研究证明，节理和裂隙的方位、长度、宽度与频度以及结构面充填介质的特性和强度，影响岩体的爆破质量及其可爆性等级。岩体裂隙的构造分布特征还影响应力波的传播途径及其状态，使岩体中的应力场呈现不均匀性，并对爆破块度分布起控制作用。

岩石完整性对可爆性的影响大致可归为如下几个方面：

(1) 节理、裂隙决定了爆后岩石的大块率。一方面，节理、裂隙间距主要影响破碎岩石的平均块度与组成。另一方面，岩石节理、裂隙和层理的方位、开度和频数也影响岩石爆破的难易程度。岩石裂隙频数愈高，岩石愈破碎，愈易于爆破。

（2）裂隙的方位和开度，则影响爆破能量场的分布与裂隙的扩展开裂，有时使爆生气体发生方向性偏转，甚至引起爆破公害。

（3）岩石结构面中充填介质的性质和强度也影响岩石的可爆性级别。因为夹层内碎屑粗颗粒含量越多时，结构面抗剪强度越低，尤其黏土质含量多时，其强度降低更为明显。如果结构面充填介质是不夹泥的薄层角砾，结构面的抗剪强度甚至可能比无充填的结构面强度更高。

（4）断层对爆破的影响主要是影响爆破作用方向及爆破漏斗的形状，从而减少或增加爆破方量，进而影响炸药单耗，同时也有可能引起爆破安全事故。

3. 岩石密度对可爆性的影响

岩石密度越大、空隙度越小时，应力波传播速度越快，反之则相反。国内外学者一般将岩石密度与岩石纵波速度的乘积称为波阻抗。岩石波阻抗是挑选炸药的重要依据。岩石波阻抗与炸药波阻抗相匹配的作用体现在两方面：一方面是炮孔中的炸药爆炸后，爆破能量能够充分地通过孔壁传递到岩石中去；另一方面是炸药爆炸后，在岩石中激起的冲击波和应力波能够以必要的作用时间，使作用在岩石上的应力刚好达到或略大于岩石破裂的强度极限。波阻抗的实质是应力波传递能量的效率及其阻尼作用。因此，为了改善爆破效果，根据岩石的物理力学性质和结构构造特征，应使炸药波阻抗与岩石波阻抗的比值合理。对于坚硬致密、强度大、爆破性差的岩石，应选择波阻抗值接近或等于岩石波阻抗值的炸药，以提高爆炸能量的传递效率，增强岩石的爆破破坏作用。对于中硬以下或较松软的岩石，可选择波阻抗值低的低密度、低爆速的炸药，以避免爆炸能量对岩石的过度破碎，并相应地延长应力场的作用时间，从而控制岩石的爆破破坏效果。炸药与岩石波阻抗有下列关系：

$$\overline{D} = \sqrt{\cfrac{1}{\left[1 - \cfrac{1}{\overline{\rho}(1+k)}\right]^5} - \left(\cfrac{1+k}{5.5\overline{\rho}}\right)} \qquad (2-60)$$

式中：$\overline{D}$ 为相对波速，即炸药波速 D 与岩石声波速度之比；$\overline{\rho}$ 为相对密度，即炸药密度 ρ_ε 与岩石密度 ρ 之比；k 为爆轰产物的等熵指数。

理论上，炸药波阻抗与岩石波阻抗相等时，炸药能量传递效率最高。反之，由于能量反射等损耗，其传递效率降低。然而，事实上最佳匹配的炸药波阻抗并不一定等于岩石波阻抗。例如岩石波阻抗小的情况可能反映在节理、裂隙比较发育的破裂性岩石之中，其纵波速度可能降到每秒数百米，虽然岩石密度较大，但波阻抗值却较小，此时炸药爆炸能量多损失于岩石的裂隙效应，因此需要较大的炸药能量和释放速度，才能获得理想的爆破效果，需要的炸药波阻抗可能大于岩石的波阻抗。类似地，对于波阻抗小、塑性变形大的土质岩体爆破，爆炸能量绝大部分被挤压作用及形成的爆炸空腔所损耗（占爆破能量的80%~90%），也只有较大的能量、较大的炸药波阻抗，才能使这类岩石得到充分的破碎。反之，当岩石波阻抗大时，例如完整性好的脆性岩石，由于岩石密度较高，声波速度又大，其波阻抗值亦大，然而由于岩石脆性大，破碎单位体积岩石所需的能量较小，只需要较小的炸药波阻抗便可得到较好的破碎效果。此时，炸药波阻抗就小于岩石波阻抗。当岩石波阻抗适中，岩石比较完整、脆性较小时，这类岩石的波阻抗与纵波速度一般随着弹性模量与岩石强度的增加而增大，同时，为形成单位面积新鲜开裂面和移动岩石所消耗的能量也增加。所以当岩石波阻抗适中时，与之相匹配的炸药波阻抗相等或稍大一些，可达到较好的岩石爆破效果。

2.7.2 岩石可爆性分级指标

岩石可爆性受岩石物理力学特性和岩石本身地质构造的影响，相关指标较多。在选取可爆性分级指标时并不能把所有指标都考虑进去，应该选用部分具有代表性、易于测量计算的指标作为可爆性分级的指标。

1. 以岩石强度作为分级指标

岩石作为一种材料，在爆破荷载下发生破坏，归根结底可以归结为强度问题。因此，可以将岩石强度参数作为岩石可爆性分级指标。用强度参数作为分级指标一般先建立抗压、抗剪、抗拉等极限强度与炸药单耗之间的关系，然后按样板岩石的炸药单耗值来确定岩石可爆性级别。

2. 以岩体工程地质参数作为分级指标

工程地质是影响岩石爆破性的重要因素。爆破试验得出在具有连续弱面的岩体中，弱面的数量越多，则爆破后的岩块体积越大。因此，有学者将岩石可爆性分级建立在地质分类的基础上，如以岩体结构类型(整体岩石、块状岩石、裂隙岩石、破碎岩石)为依据，综合考虑岩石裂纹的生成与特征，裂纹的长、宽、间距乃至主要方向等因素，建立岩体裂隙性分级来评价岩石可爆性。

3. 以炸药消耗量作为分级指标

按某种标准条件下的炸药单耗值(kg/m^3)可将岩石划分为若干级别。这种划分方法简单、直观，但影响炸药单耗的因素除了岩体自身条件外，还有自由面、炸药性质、最小抵抗线、炸药的填塞与起爆等，如果仅用有限次数的炸药单耗来进行岩体分级显然是不准确的。此外，如果对每个不同岩性、不同结构的岩体进行标准爆破漏斗试验又是不现实的。所以，仅以炸药消耗量作为岩石可爆性分级指标较为困难。

4. 以爆破效果作为分级指标

岩石爆破破碎块度的组成状况是衡量岩石爆破效果的主要指标。因此，可将岩石破碎块度大小及分布参数用来评定岩石的可爆性。岩石破碎块度与岩石种类、布孔参数、炸药单耗有下列关系：

$$K_{50} = K \frac{I^{0.59}(Wa)^{0.46}}{q^j} j \tag{2-61}$$

式中：K_{50} 为破碎块度，表示爆破块度质量中 50% 能通过的筛孔尺寸，mm；K 为常数；I 为岩石波阻抗，MPa/s×10；W 为最小抵抗线，mm；a 为炮孔间距，mm；q 为炸药单耗，kg/m^3；j 为取决于岩石种类的系数，$j = 1.65 \sim 2.89$。

5. 以能量作为分级指标

不同的岩石在破坏时消耗的能量不同，因此可以用岩石破碎时消耗的能量来衡量岩石的可爆性。1959 年美国人邦德选择以破碎比功指数作为岩石可爆性分级的准则。但由于爆破过程的瞬时性，能量的传递过程极其复杂，难以准确定量表征，采用破碎比功指数作为岩石可爆性分级指标，往往会跟实际情况有较大差异。以能量为可爆性分级指标与以炸药单耗为分级指标实质上是相似的，以炸药单耗为指标的方法实际上将爆破过程当作一个黑箱子，从而采用试验法来判断岩石的爆破难易程度，而以能量为指标是试图模拟黑箱子而去判断岩石的爆破难易程度。

6. 以综合参数作为分级指标

影响岩体爆破质量的因素有很多，故国内外很多学者以多个指标的综合参数作为岩体可爆性分级指标，例如哈氏以天然裂隙间距、岩石单轴抗压强度、容重及声阻抗作为可爆性分级指标；北京矿冶研究总院葛树高[30]在哈氏方法的基础上加以改进，采用天然裂隙平均间距、矿岩单轴抗压强度、容重及声阻抗指标来评价矿岩可爆性；长沙矿山研究院(今长沙矿山研究院有限责任公司)[31]以波阻抗、岩石抗压强度将岩体进行可爆性分级；库图佐夫[32]以炸药单耗、岩石坚固性、节理裂隙对岩体进行可爆性分级。考虑较多的可爆性分级指标，其归纳起来有岩石强度、岩体完整程度、炸药单耗、爆破效果、能量、岩体动力学参数、岩石密度等。

参考文献

[1] 吴顺川. 岩石力学[M]. 北京：高等教育出版社，2021.

[2] 赵文. 岩石力学[M]. 长沙：中南大学出版社，2010.

[3] 王文星. 岩体力学[M]. 长沙：中南大学出版社，2004.

[4] 夏英杰. 岩石脆性评价方法改进及其数值试验研究[D]. 大连：大连理工大学，2017.

[5] 李庆辉，陈勉，金衍，等. 页岩脆性的室内评价方法及改进[J]. 岩石力学与工程学报，2012，31(8)：1680-1685.

[6] 周辉，孟凡震，张传庆，等. 基于应力-应变曲线的岩石脆性特征定量评价方法[J]. 岩石力学与工程学报，2014，33(6)：1114-1122.

[7] 赵丹云，刘修刚，秦可，等. 基于微观弹性模量与矿物组分页岩脆性评价方法研究[J]. 西部探矿工程，2019，31(5)：28-31.

[8] 龚秋明，许弘毅，李立民. 岩石磨蚀性指数分级讨论[J]. 地下空间与工程学报，2021，17(3)：748-758.

[9] PLINNINGER R J, SPAUN G, THURO K. Prediction and classification of tool wear in drill and blast tunnelling [J]. Engineering Geology, 2002(1)：2226-2236.

[10] PLINNINGER R J, RESTNER U. Abrasiveness testing, quo vadis? –A commented overview of abrasiveness testing methods[J]. Geomechanics and Tunnelling, 2008, 1(1)：61-70.

[11] FRENZEL C. Disc cutter wear phenomenology and their implications on disc cutter consumption for TBM[C]// The 45th U. S. Rock Mechanics/Geomechanics Symposium. OnePetro, 2011.

[12] 朱事业. 岩石磨蚀性指标(CAI)分析研究[J]. 广东水利水电，2018(5)：48-52.

[13] 王华，吴光. TBM 施工隧道岩石耐磨性与力学强度相关性研究[J]. 水文地质工程地质，2010，37(5)：57-60，107.

[14] WHITE C G. A rock drillability index[J]. Rocks & Minerals, 1969, 44(7)：490.

[15] 史立涅尔. 岩石力学的物理基础[M]. 朱德懿，等译. 北京：石油工业出版社，1957.

［16］屠厚泽，高森.岩石破碎学［M］.北京：地质出版社，1990.

［17］维特.岩石可钻性指数［M］.边蔚迟，译.丁亦敏，校.北京：煤炭工业出版社，1980.

［18］FAIRHURST C. Rock mechanics［M］. Oxford：Pergamon Press，1968.

［19］BALCI C，BILGIN N. Correlative study of linear small and full-scale rock cutting tests to select mechanized excavation machines［J］. International Journal of Rock Mechanics and Mining Sciences，2007，44（3）：468-476.

［20］COPUR H，BALCI C，TUMAC D，et al. Field and laboratory studies on natural stones leading to empirical performance prediction of chain saw machines［J］. International Journal of Rock Mechanics and Mining Sciences，2011，48（2）：269-282.

［21］ENTACHER M，LORENZ S，GALLER R. Tunnel boring machine performance prediction with scaled rock cutting tests［J］. International Journal of Rock Mechanics and Mining Sciences，2014，70：450-459.

［22］COPUR H，BILGIN N，BALCI C，et al. Effects of different cutting patterns and experimental conditions on the performance of a conical drag tool［J］. Rock Mechanics and Rock Engineering，2017，50（6）：1585-1609.

［23］BILGIN N，COPUR H，BALCI C. Mechanical Excavation in Mining and Civil Industries［M］. New York：CRC Press，2024.

［24］BILGIN N，DEMIRCIN M A，COPUR H，et al. Dominant rock properties affecting the performance of conical picks and the comparison of some experimental and theoretical results［J］. International Journal of Rock Mechanics and Mining Sciences，2006，43（1）：139-156.

［25］GERTSCH R，GERTSCH L，ROSTAMI J. Disc cutting tests in Colorado Red Granite：implications for TBM performance prediction［J］. International Journal of Rock Mechanics and Mining Sciences，2007，44（2）：238-246.

［26］BALCI C，TUMAC D. Investigation into the effects of different rocks on rock cuttability by a V-type disc cutter［J］. Tunnelling and Underground Space Technology，2012，30（1）：183-193.

［27］TUMAC D，BALCI C. Investigations into the cutting characteristics of CCS type disc cutters and the comparison between experimental，theoretical and empirical force estimations［J］. Tunnelling and Underground Space Technology，2015，45（1）：84-98.

［28］GENG Q，WEI Z Y，MENG H. An experimental research on the rock cutting process of the gage cutters for rock tunnel boring machine（TBM）［J］. Tunnelling and Underground Space Technology，2016，52（1）：182-191.

［29］PENG X X，LIU Q S，PAN Y C，et al. Study on the influence of different control modes on TBM disc cutter performance by rotary cutting tests［J］. Rock Mechanics and Rock Engineering，2018，51（3）：961-967.

［30］葛树高.矿岩可爆性评价与合理炸药单耗的确定［J］.有色金属，1995（2）：11-15，10.

［31］黄苹苹.论岩体的可爆性［J］.长沙矿山研究院季刊，1989（4）：58-62.

［32］龚剑.岩体基本质量与可爆性分级［D］.武汉：武汉理工大学，2011.

第 3 章　岩石破碎的影响因素

　　岩石是多种天然固态矿物按照一定的方式结合而成的集合体，我们通常将一定尺度以上的岩石称作岩体。由于构造运动等因素的影响，岩体内部会形成许多不同产状的结构面，从而导致其力学特性呈现出非连续性、非均质性和各向异性的特征。

　　岩石工程指的是以岩体为工程建筑物地基或环境，并对岩体进行开挖或加固的工程，包括地下工程和地面工程。在岩石工程中，不论是为了建造地下空间构筑或开采矿产资源而将岩体破碎成岩块，还是为了防止地下空间构筑的破坏而维护和加强岩体，归根到底都是对岩石破碎规律和效果的研究，都需要探明各类因素对岩石破碎的影响过程。

　　岩石破碎是将部分岩体脱离母体并破碎成岩块的过程。现有研究认为，控制和影响岩石破碎的因素主要来自岩体条件、环境因素和破碎方式三个方面。岩体条件主要由岩石特性、岩体结构特征和结构尺度三部分组成，岩石特性和岩体结构特征主要是通过影响岩体的物理和力学特性来影响岩石破碎的过程，而且在不同的尺度跨度下，岩体结构对于岩石破碎的影响也不断变化。环境因素主要包括地应力、地下水等，它们分别对岩石破碎的过程有着关键的控制作用，而多种环境因素间的相互耦合作用也使得岩石破碎过程变得更加复杂。岩石破碎的工艺和理论有许多，不同的破碎方式的选取所能达到的破碎效率和效果有着很大差别，即便是使用相同的破碎方式也会因为设备参数的不同产生不一样的破碎效果。

　　同时，这三个方面也是相互影响的，岩体条件会影响地下水等环境因素的赋存状况，环境因素也会影响岩体的稳定性和力学性能，而岩体条件和环境因素更是直接影响着破碎方式的选择。综上所述，关于岩石破碎的影响因素，我们将从岩体条件、环境因素和破碎方式三个方面分别展开叙述。

3.1　岩体条件对岩石破碎的影响

　　岩石破碎的过程是一个非常复杂的岩石物料尺寸变化过程，从岩体条件方面来看，岩石破碎的过程主要受到岩石的强度、硬度、韧性、形状、尺寸、湿度、密度和均质性等因素的影响。而不同类型的岩石之间物理和力学特性有很大差别，导致在破碎不同种类岩石时破碎的效果相差极大。因此，探究岩石自身条件对于岩石破碎过程所造成的影响，得到岩体条件对岩石破碎过程的影响规律，对于地质工程、岩土工程、资源勘探和地质灾害防治等领域的研究和实践都具有重要的意义。工程现场的岩体条件也可直接划分为完整岩石的特性条件和岩体结构的特征条件两个部分，本书也将从这两个方面探究岩体条件对于岩石破碎的影响。

3.1.1　岩石特性的影响

岩石通常由两种以上矿物组成，各种矿物成分的含量在不同的岩石中存在显著差异。又因为矿物颗粒间连接方式的不同，所以通常来说，不同岩石之间特性的差异会很大，从而在破碎过程中表现出不同的特征。岩石中的矿物成分、胶结物和结构构造共同影响着岩石的物理和力学特性，进而影响了岩石破碎过程中的表现。

1. 矿物成分的影响

岩石中矿物种类繁多，主要矿物成分包括长石、石英、黑云母、白云母、角闪石、辉石、橄榄石、方解石、白云石、高岭石等，它们之间的物理和力学特性各不相同。岩石中各种矿物组分及其含量对岩石力学性质的影响，主要体现在不同矿物成分的强度差异和稳定性两个方面。

一般说来，岩石中含有的硬度高的矿物越多，岩石的弹性就会越明显，强度也会越高。例如在岩浆岩中，随着辉石和橄榄石含量的增多，弹性会越明显，强度也会越高。而对于沉积岩，砂岩的弹性及强度会随着石英含量的增加而上升，石灰岩的弹性和强度也会随着硅质混合物的含量增加而增高。相反，岩石中硬度低的矿物越多，岩石的弹性和强度就会越低。例如在变质岩中，云母、绿泥石、滑石、蛇纹石、蒙脱石及高岭石等矿物成分含量越高，强度降低就会越明显。

岩石中含有的不稳定矿物成分对于岩石强度也有着较大影响，如岩石中的黄铁矿成分具有化学不稳定性，在氧化环境下容易发生腐蚀现象；含有石膏、滑石、钾盐等易溶于水的盐类岩石具有易变性；而含蒙脱石、伊利石等黏土矿物的岩石，遇水则会膨胀和软化，从而导致岩石强度的降低。

此外，岩石中高硬度矿物的含量越高，岩石的磨蚀性也会变得越强，从而导致机械破岩的效果受到影响。如图 3-1 所示，砂岩和变质岩中石英含量的升高会使岩石的磨蚀性也不断增强[1]。

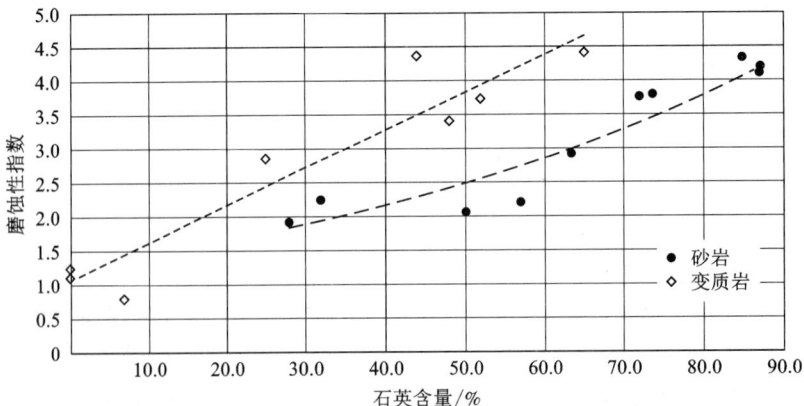

图 3-1　砂岩和变质岩的磨蚀性指数与石英含量的关系曲线[1]

2.胶结物的影响

岩石中矿物颗粒的连接方式主要分为结晶连接和胶结连接两种。胶结连接是指矿物颗粒通过胶结物连接在一起,如沉积岩碎屑之间的连接。在常见的沉积岩中,碎屑岩的工程地质性质一般较好。碎屑岩指的是由母岩在风化和侵蚀作用下产生的矿物和岩石碎屑经搬运、沉积、压实和胶结而形成的岩石,根据物质来源可分为陆源碎屑岩和火山碎屑岩两类。通过胶结连接的岩石中胶结物质的成分和胶结类型对岩体工程地质条件有着显著影响,从而极大影响了工程现场岩石破碎的效果。

岩石中的胶结物是指填充在岩石颗粒间隙中的化学沉淀物,常见的胶结物有硅质、碳酸盐矿物、铁质及泥质等。不同的胶结物成分的强度直接影响着岩石的整体强度,从而影响着岩石对外力破碎的抵抗能力。其中,硅质胶结物最为稳定、强度最高;铁质和钙质胶结物的强度次之,并且铁质胶结物有易氧化的特性,钙质胶结物有易溶解的特性;泥质胶结物的强度最差,且抗水性差,易发生软化。因此由硅质胶结的岩石往往会比其他岩石强度更高,从而在岩石破碎的过程中具有更稳定的性能。

胶结物在岩石中通常起到了连接、填充以及黏结碎屑颗粒的作用,而根据碎屑物与胶结物之间的关系,岩石的胶结类型通常被分为基底式胶结、孔隙式胶结和接触式胶结三种,如图 3-2 所示。不同的胶结类型对于岩石的孔隙率和固结程度具有直接的影响,当胶结物对岩石颗粒间的孔隙进行填充时,岩石会变得更加密实。这种填充作用会使岩石的整体强度升高,同时也会提高岩石的韧性,从而增大岩石破碎的难度。

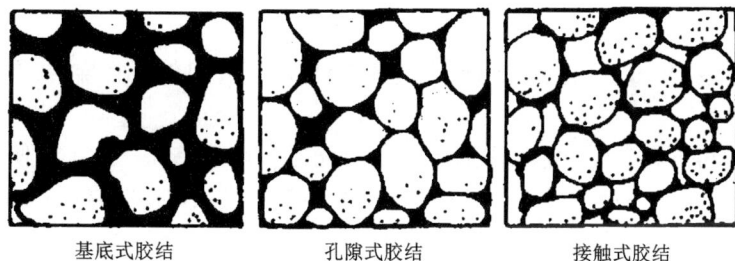

基底式胶结　　　　孔隙式胶结　　　　接触式胶结

图 3-2　碎屑岩的胶结类型

此外,岩石中的胶结物和胶结类型还决定着岩石的透水性能,并通过影响地下水的渗流方式来对现场岩体的破碎性能产生一定的影响。

3.岩石结构构造的影响

岩石形成条件和环境的复杂多变,使得不同岩石间的结构和构造存在显著差异。岩石的结构从微观的角度描述了岩石组成物质间的关系,一般指的是组成岩石的矿物颗粒的形状和大小等,而岩石的构造是从宏观层面来描述组成岩石的矿物的形态和排列方式。两者都与岩石的力学特性有着密切的关系,是影响岩石破碎的重要因素。

1)岩石结构的影响

岩石的结构指的是组成岩石的物质的结晶程度、矿物颗粒的大小、矿物的形状以及它们之间的相互关系所表现出来的特征。结晶连接是指矿物颗粒通过结晶相互嵌合在一起,如岩浆岩、大部分变质岩和部分沉积岩都具有这种连接方式。一般来说，结晶程度越高，就越难以进行岩石的破碎，这是因为结晶程度高的岩石分子势能越大，破坏它所需要提供的能量也就越高。而当晶体内部或晶体间含有较多的缺陷(如解理、位错、双晶、裂隙等)时，其强度也会相应降低，会更容易发生破碎。

矿物颗粒的形状也对岩石的力学性质有着直接的影响，例如片状的矿物颗粒会更容易形成定向排列，使岩石表现出明显的各向异性，从而影响到岩石在不同方向进行破碎的难易程度。刘广等[2]通过球度指标对不同矿物颗粒形状的岩石力学特性效应进行了分析，发现岩样的黏聚力和内摩擦角会随球度的增大而减小，结果如图3-3所示。

矿物颗粒的大小也影响着排列方式的形成，例如在结晶岩中，通常结晶岩的晶粒越小，就越不易形成定向排列，各向异性越不明显。

同时，矿物颗粒的粒度和级配也对岩石的力学性能有着一定的影响，从而影响着岩石破碎的效果。一般来说，等粒结构比非等粒结构的强度高，而等粒结构中细粒结构比粗粒结构的强度高。在斑状结构中，细粒基质比玻璃基质强度高；粗粒具斑晶的酸性深成岩强度最低；细粒微晶而无玻璃质的基性喷出岩强度最高。

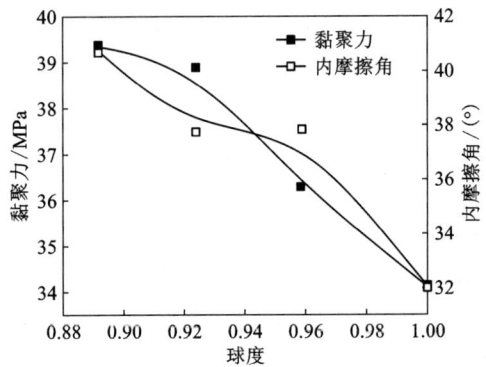

图3-3　岩样的黏聚力、内摩擦角与球度的关系曲线[2]

2) 岩石构造的影响

岩石的构造是指组成岩石的各部分(矿物集合体或玻璃质)的相互排列、配置与充填方式关系的特征。

当矿物颗粒间的排列无一定次序和方向，杂乱无章地凝结在一起时，便形成了块状构造。块状构造是岩浆岩中最常见、分布最广的一种构造。块状构造的岩石从宏观上看是不具有任何特殊形象的块体，其成分和结构分布都是相对均匀的，因而在岩石破碎的过程中表现出一定的各向同性。

各类沉积岩都具有成层分布的特征，而层理构造也是沉积岩最典型和最主要的构造特征，是其区别于岩浆岩、变质岩的主要标志之一。层理构造的岩石在宏观上表现出力学特性的各向异性，通常情况下由层理面控制着岩石的稳定性，尤其是软弱层理面的存在极易导致岩石破碎的发生。

变质岩的构造特征往往由原岩性质决定，其中变质岩的片理构造会使岩石呈现各向异性的特征，在不同方向上岩石破碎特性的表现会有一定差异。

3.1.2　岩体结构的影响

在不同产状结构面的组合切割下，岩体被分成了一个个岩石单元体，这种存在于岩体中的最小单元体被称为岩块。虽然在微观尺度上，岩块内部有许多不同种类的矿石颗粒，但是在宏观尺度上，岩块可以被看作是一个连续、均质、各向同性的介质。因此在岩石破碎的工程应用中，岩体可以视为一种由完整岩块和结构面所组成的地质体。

1. 结构面的影响

结构面指的是在岩体内形成的具有一定结构延伸长度、厚度较小的地质界面或地质带，是一种具有极低或没有抗拉强度的不连续面，包括断层、裂隙、节理、层理、劈理等。岩体中结构面的强度要远远小于岩石本身的强度，因而结构面被认为是控制岩体稳定性的关键因素。结构面对岩体强度的影响取决于多种因素，包括结构面的产状、密度、几何形态及充填情况等。所以在工程实践中，需要综合结构面各类特征进行分析，从而选取适当的开挖参数来提高岩石破碎的效率。

1）结构面产状的影响

结构面的产状包含走向、倾向和倾角三个要素，如图 3-4 所示。如果结构面倾角与主应力方向平行或接近平行，结构面有可能充当滑动面，使岩体更容易发生破坏，岩体的抗剪强度会因此降低。相反，如果结构面倾角与主应力方向接近垂直，会使得结构面被压密，减轻岩体内部的应力集中，从而增大岩体的强度。当岩体中存在多组结构面时，结构面的交叉切割会使得岩体自由变形的可能性增大，更容易发生破碎。

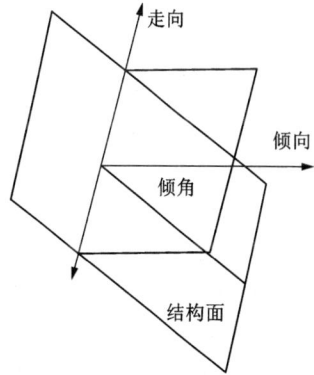

2）结构面密度的影响

结构面密度是反映结构面发育密集程度的指标，常用线密度、体密度、间距等指标表征。图 3-5 所示为结构面线密度的计算示意图。结构面的密集程度会直接影响岩体的强度，结构面密度大的岩体内部裂缝和薄弱点较多，岩体的整体强度较低，更易发生破碎。同时，岩体中结构面数目的增多也会为岩体中水的活动提供有利条件，使岩体稳定性进一步降低。

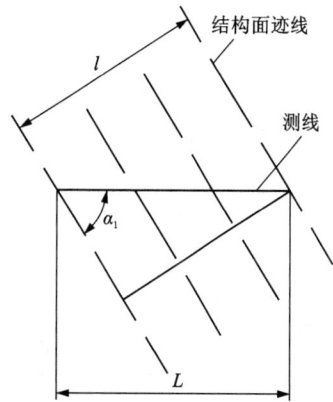

3）结构面连续性的影响

结构面的连续性指某一平面内结构面的面积范围或大小，反映着结构面的贯通程度，一般可定性地分为非贯通、半贯通和贯通三种类型，如图 3-6 所示。通常来说，结构面的连通性越强，结构面在岩体中的贯通程度就越高，岩体的破碎性能就越弱。当结构面比较短小或不连续时，岩体的稳定性在一定程度上仍由岩石本身强度决定，因此不易发生破碎。

4）结构面延展尺度的影响

不同延展尺度的结构面影响着不同尺度岩体的破碎特性。结构面的延展尺度是指结构面在岩体中的水平和垂直范围，即结构面的长度和高度。不同规模

图 3-4　结构面产状示意图

图 3-5　结构面线密度计算示意图

（a）非贯通　　　　（b）半贯通　　　　（c）贯通

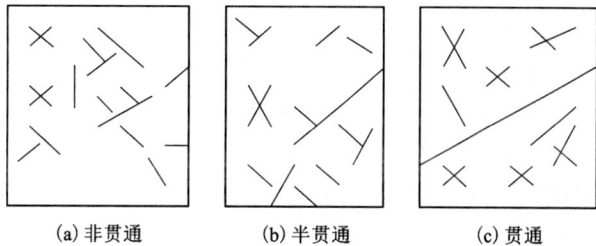

图 3-6　岩体内部结构面贯通程度

的结构面对岩体稳定性的影响不同，微小尺度的结构面控制着岩块的物理力学性质，大尺度结构面影响和控制工程岩体的稳定性，而尺度范围更大的结构面影响着区域性岩体的整体稳定性。当仅存在微观结构面，岩体整体上可被视为连续介质，而当结构面成为岩体力学特性的控制要素时，一般将岩体作为非连续介质处理。表3-1所示为不同延展尺度结构面的分级及其特征[3]。

表3-1 不同延展尺度结构面的分级及其特征[3]

级序	分级依据	地质类型	力学属性	对岩体稳定性的作用
I	延伸长度数千米至数十千米，破碎带宽度为数米至数十米乃至数百米	通常为大断层或区域性断层	软弱结构面；属于确定性结构面	直接控制区域性岩体的整体稳定性，其中活动断裂对工程建设的危害极大，一般工程应尽可能避开
II	贯穿整个工程岩体，长度一般数百米至数千米，破碎带宽度数十厘米至数米	多为较大的断层、层间错动、不整合面及原生软弱夹层等	软弱结构面，滑动块裂体的边界；属于确定性结构面	通常控制工程区的山体或工程围岩稳定性，构成工程岩体边界，直接威胁工程安全。工程应尽量避开或采取必要的处理措施
III	延伸长度数十米至数百米，破碎带宽度为数厘米至一米	断层、发育的层面及层间错动、软弱夹层等	多数为软弱结构面，少数为较坚硬结构面；属于确定性结构面	影响或控制工程岩体的稳定性，如地下硐室围岩及边坡岩体等
IV	延伸长度数十厘米至数十米，小者仅数厘米至十数厘米，宽度为零至数厘米	节理、层面、次生裂隙及较发育的片理、劈理等	多数为坚硬结构面，构成岩块的边界；属于随机性结构面	该级结构面数量多，分布随机，影响岩体的完整性和力学性质，是岩体分级及岩体结构研究的基础，也是结构面统计分析和模拟的对象
V	规模小、连续性差，常包含在岩块内	隐节理、微层面、微裂隙及不发育的片理、劈理等	坚硬结构面；属于随机性结构面	影响或控制岩块的物理力学性质

5) 结构面几何形态的影响

结构面一般是粗糙不平的，这种特性对结构面的抗剪强度有重要影响，特别是在结构面之间相互镶嵌而没有明显位移的情况下更为明显。结构表面按其起伏不平的程度可用起伏度和粗糙度来表征，规模较大的起伏不平称为起伏度，规模较小的起伏不平称为粗糙度。结构面的起伏度可用起伏差 h 和起伏角 i 表示，如图3-7所示，而粗糙度的值是通过比对粗糙度标准剖面得到的。

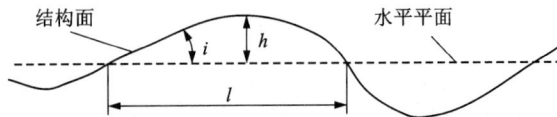

图3-7 结构面起伏度计算示意图

一般认为结构面的起伏不平在岩体滑动的剪切过程中会被剪切掉，因此结构面粗糙度决定着结构面抗剪强度的大小，从而导致岩体的破碎特性的差异。如果沿结构面法向的压力不大，结构面的剪切过程便会沿凸起部分滑移，从而产生法向位移，这种现象被称为剪胀。

6）结构面充填和胶结情况的影响

依据结构面的胶结与否可将其分为胶结结构面和非胶结结构面两类。其中胶结结构面力学特征主要取决于胶结成分的类型和物理力学特性，但由于上文已经分析过胶结物对于岩石破碎的影响，在此不再对其进行讨论。而非胶结结构面，又可分为无充填物的结构面和有充填物的结构面两大类。

对于无充填物的结构面，其力学特性取决于结构面的粗糙度。而对于有充填物的不连续面，其力学特性除了与结构面粗糙度有关外，还取决于充填物的成分和厚度等因素。当结构面被大量不连续岩粉、岩屑充填或充水充气时，结构面的抗剪强度就会显著降低或完全丧失，从而影响到岩石的破碎性能。当结构面被连续的充填物充填时，结构面的强度便主要取决于充填物成分（硅质、钙质、泥质）的物理力学性质和充填物的厚度。此外，充填物的粒度成分，对不连续面的强度也有很大影响，一般粗颗粒的含量越高，结构面的力学性能越好，岩体越不容易发生破碎。

按充填物厚度，可将有充填物的结构面分为薄膜充填、薄层充填和厚层充填三类。总的来说，结构面抗剪强度随夹层厚度增加迅速降低。薄膜充填是指在结构面两侧岩石之间附着一层极薄的矿物薄膜，厚度多在 1 mm 以下，多由次生蚀变物与风化矿物组成，如蜡石、滑石、蛇纹石、绿泥石等。这种情况下的结构面较为光滑平直，使结构面的强度大大降低，岩体容易发生剪切破坏。薄层充填是指充填物厚度与结构面起伏差相近，此时结构面的强度主要取决于充填物成分的物理力学特性，岩体的破坏形式为岩块沿结构面滑移。厚层充填的充填物厚度一般大于数十厘米，实际上已不能简单地视为结构面。这种情况下岩体的破坏方式不仅是岩块沿结构面的滑移，还有结构面充填物以塑性流动方式挤出而导致的大规模破坏。这种厚层的软弱物质属于一种特殊的力学模型，即软弱夹层，应专门进行研究。

2. 结构体特征的影响

岩体被结构面切割出的各种分离块体或岩块统称为结构体，结构体按规模大小可分为地质体、山体、块体和岩块四个等级。其中对岩体破碎工程影响较大的结构体规模范围在块体和岩块层面。

结构体的块度通常指最小结构体的尺寸，其决定了工程围岩的破坏方式，从而影响着岩体破碎工程中所使用方法的选择。在开挖过程中，结构体的块度直接影响开挖施工及临时支护。在采矿工程中，结构体的块度更有其特殊意义，例如，在自然崩落法采矿中，结构体的块度太大则不能从漏斗放出，以致不能采用这种方法开采。

结构体是由岩体被各种结构面切割而形成的，形态极为复杂、多样。但由于各种断裂、层面均呈一定规律展布，所以岩块的几何形状也有一定的规律性。图 3-8 中列举了多种结构体的典型形状，图 3-8 中（a）（b）（c）为柱状结构体，（d）（e）（i）为板状结构体，（f）（g）（h）（j）为锥形结构体[4]。结构体的形状会影响工程围岩的破坏方式，例如具有临空面的板状结构体在水平的情况下可能出现巷道顶板弯曲折断，在边墙的直立板状结构体可能发生溃屈破坏，而具有临空面的锥形结构体可能导致巷道顶板冒落和边墙滑动破坏。

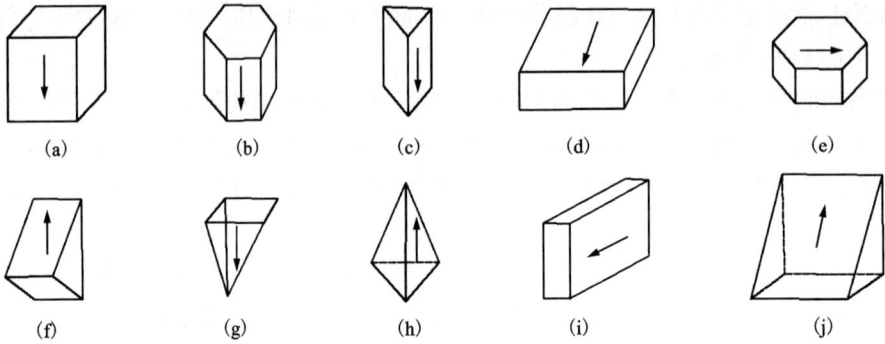

图 3-8　结构体的典型形状[4]

3.2　环境因素对岩石破碎的影响

环境条件是影响岩石破碎过程的重要因素之一，例如地应力、地下水和极端的温度变化都会使岩石破碎的过程受到显著影响。同时，多场耦合、多相共存的环境也通过影响工程岩体施工和支护方式的选择和设计控制着岩体破碎的效果。

3.2.1　围岩压力的影响

围岩压力指引起地下开挖空间周围岩体和支护变形或破坏的作用力，它包括由地应力引起的围岩力以及围岩变形受阻而作用在支护结构上的作用力。围岩压力的变化影响着岩体的破碎和支护方式，并使岩体表现出不同的破碎性能。本书将对爆炸破岩、机械破岩和其他物理破岩方式三个方面进行分析，其中在机械破岩方面主要研究镐形截齿破岩、滚刀破岩和冲击破岩三种破岩方式在不同围压条件下的破碎性能。

1.围压对机械破岩的影响

机械破岩是指由机械直接施载于工具使岩石局部破碎，如钎子打眼、滚刀碾压、刀具切削等，其主要特征为工具侵入岩石使其周围岩石产生崩落或劈开。

1）对镐形截齿破岩的影响

王少锋等通过实验得出镐形截齿破岩能力随围压大小变化的曲线，其主要通过岩石破坏时的破岩峰值荷载来表征岩石的破碎特性，破岩峰值荷载越大，说明岩石越难被截割，岩石的可截割性也就越差。以下主要列举了围压变化下岩石破坏时破岩峰值荷载的变化，如图 3-9 和图 3-10 所示。

图 3-9 显示，在双轴围压作用[(σ_X, σ_Y) = (30 MPa, 30 MPa)、(20 MPa, 40 MPa)和(10 MPa, 50 MPa)]下，岩石破坏时的破岩峰值荷载随着双轴围压差值的增大而先增大后减小，这表明岩石的围压差越高，岩石的可截割性越好。因而相较于受双轴围压作用的岩体，单轴围压作用下的岩体更适合使用镐形截齿进行破碎[5]。

图 3-10 表明，随着单轴围压的增加，岩石破坏时的破岩峰值荷载先增大后减小。可以

看出，当围压从 0 MPa 增加到大约 40 MPa(约为岩石单轴抗压强度的 30%)时，岩石破坏时的峰值荷载不断增加，可截割性不断减弱，岩石破坏时发生完全分裂；随着围压增加到 40 ~ 100 MPa(约为岩石单轴抗压强度的 80%)，岩石破碎前引发的预压裂导致岩石破坏时的破岩峰值荷载不断减小，岩石的可截割性也不断增强，岩石破坏时发生部分劈裂；而当围压超过 100 MPa 时，岩石破坏时的破岩峰值荷载继续减小，岩石的可截割性也持续升高，甚至低于无围压条件下的峰值荷载，并且由于岩石中储存的势能较大，岩石破碎时会产生岩爆现象[6]。

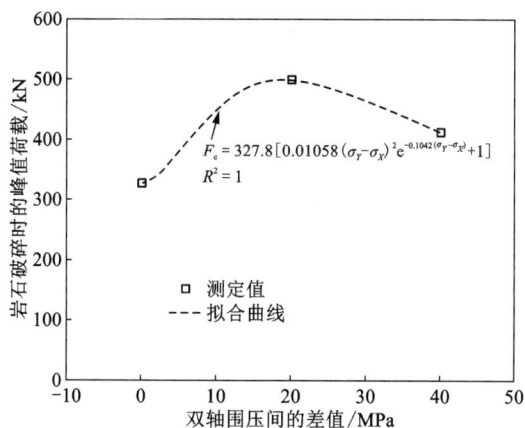

图 3-9 双轴围压作用下镐形截齿破岩破坏峰值荷载及其拟合曲线[5]

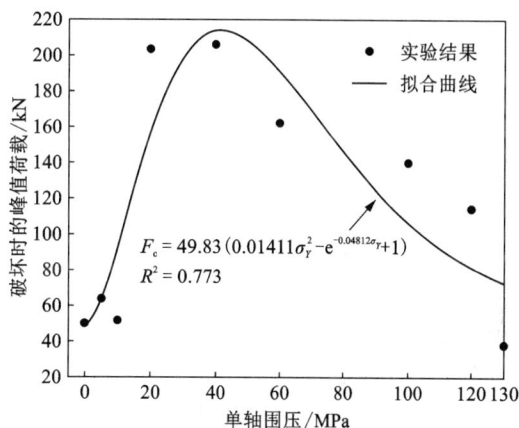

图 3-10 单轴围压作用下镐形截齿破岩破坏峰值荷载及其拟合曲线[6]

2)对滚刀破岩的影响

对于盘形滚刀，Wu 等[7]通过数值模拟的方式对不同围压条件下滚刀破岩的破碎效率进行了研究，主要通过破岩比功描述岩石的破碎效率，如图 3-11 所示。当围压小于 20 MPa 时，岩石破碎时的最大法向力和贯入深度随着围压的增加而增加，破岩比功也随之不断增加，岩石的可破碎性减弱。当围压超过 20 MPa 后，在卸荷的最后阶段会发生拉伸破坏，这种拉伸破坏会随着围压的增加而变强，从而导致岩石的破碎体积变大。因此，尽管破坏时的最大法向力和贯入深度随着围压升高不断增加，但破岩比功仍呈现显著的降低趋势，岩石的可破碎性随之增强。而当围压大于 50 MPa 时，岩石破坏时的最大法向力和贯入深度随着围压的增大而不断变小，卸荷时的拉伸破坏效应也相应减弱，岩石的破碎体积大幅度减小。因此，虽然岩石破碎所需的功减少了，但破岩比功仍不断增加，岩石的可破碎性减弱。

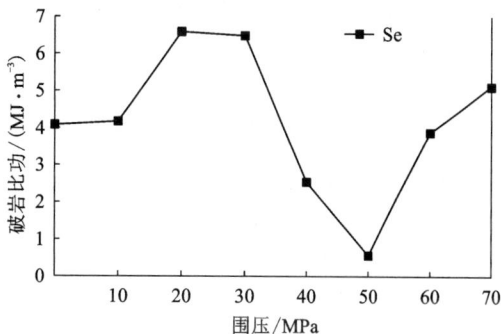

图 3-11 不同围压条件下盘形滚刀破岩比功变化曲线[7]

3)对冲击破岩的影响

刘洋等[8]还通过数值模拟的方法对不同围压条件下机械冲击破岩进行研究，结果如图 3-12 所示。其研究表明，在低围压条件下，破岩面积变化并不明显，但在高围压条件下，

破岩面积会显著增加。此外，在围压达到
60 MPa 之前，破碎比功随着围压增加呈现先增
大后减小再增大的特征，这与 Wu 等人在围压
对滚刀破岩效率影响的研究中的结论基本一
致。但当围压增加到 60 MPa 时，由于岩石处
于高应力状态，此时对岩石施加外部冲击荷载
会使得岩石内部初始应力开始卸荷，从而发生
岩爆现象。这也表示岩石的破碎面积会急剧增
大，从而使破碎比功急剧减小。

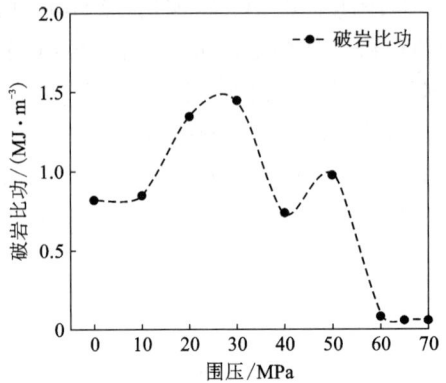

图 3-12　不同围压条件下冲击
破岩比功及其拟合曲线[8]

2. 围压对爆破破岩的影响

爆破破岩是指利用炸药爆炸所产生的高温
高压和大量的气体来破碎岩石的一种破岩方式。岩石爆破是破碎硬岩最常用的方法。何成龙
等[9]通过数值模拟的方法，研究了大约地下深度 500 m 的不同围压加载工况下岩石爆破裂纹
扩展的规律，其中双向等压的结果如图 3-13 所示。结果表明，随着围压的增加，裂隙区的裂
纹长度显著减小，即岩石围压的增加
对爆破破岩的效果有着一定的抑制
作用。何成龙等还对单向围压和偏
围压工况下的爆生裂纹进行了模拟。
他们发现在单向围压条件下，竖直方
向的围压会使得岩石在水平方向上
形成压应力区，从而抑制水平方向上
裂纹的扩展，但在竖直方向上会形成
拉应力区，从而促进裂纹在竖直方向
上的扩展；同理，水平方向的围压会
使岩石竖直方向上的裂纹得到抑制，
水平方向的裂纹到扩展。当岩石在
偏围压条件下时，爆生裂纹主要沿着
最大主应力的方向扩展。

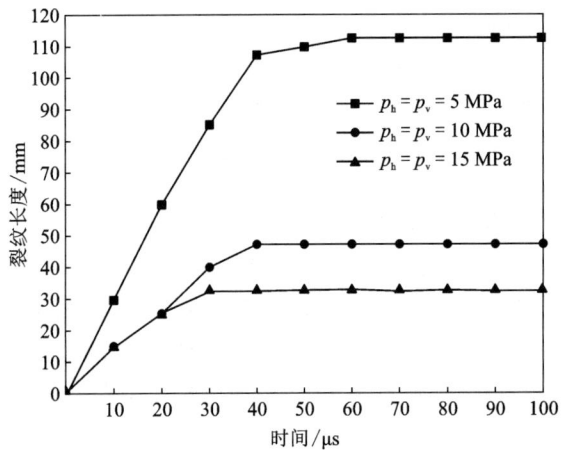

图 3-13　不同围压条件下爆破破岩裂纹延伸长度变化曲线[9]

3. 围压对其他物理破岩方式的影响

物理破岩通常利用热能、电子、电磁波、激光和高压水射流等多种能源来破碎岩石，这
些方法大多处于试验研究阶段，有时也作为机械破岩的辅助手段。对于该部分内容，本书将
主要从水力压裂、高压水射流和液电破岩三个方面进行陈述。

1）对水力压裂的影响

水力压裂是高压水对岩石进行液压碎裂的方法，常用于促进油气井的增产。初始渗透
率、破裂压力、渗透率增量和裂缝扩展通常是判断岩体水力压裂效率的关键。Zhang 等[10]通
过实验得出了不同围压条件下花岗岩水力压裂的渗透率增量的变化情况，如图 3-14 所示。
图中显示，随着水力压裂过程中围压不断增加，试样压裂前后渗透率的增量不断减小。同

时，他们还对不同围压条件下花岗岩水力压裂的破裂压力进行分析，结果表明在相同的注射速率条件下试样的击穿压力随围压的增加而增加。而且在施加围压后，岩样的破裂压力在很大程度上不受注射速率变化的影响。

2）对高压水射流的影响

利用高压水射流切割岩石可以精准控制岩石破碎的边界，并且没有环境污染。在高压水射流中加入磨料，让水带着磨料高速冲蚀岩石，能够明显增强射流的切割能力。Li 等[11]对 0~25 MPa 围压条件下磨料水射流破岩过程进行了数值模拟，并通过实验进行了验证，结果

图 3-14　不同围压条件对水力压裂渗透率
增量的影响曲线[10]

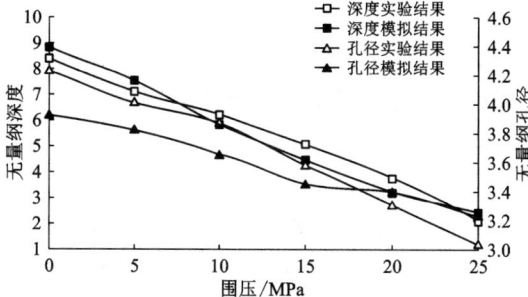

如图 3-15 所示。图中显示，在保持射流压力不变的情况下，高压水射流冲击的孔径和深度都随着围压的增大而减小。

3）对液电破岩的影响

Zhu 等[12]对花岗岩在不同围压条件下液电破岩的过程进行了数值模拟，其中电极直径为 152.4 mm 的结果如图 3-16 所示。结果表明，当放电频率固定时，随着围压在 0~60 MPa 范围内增加，岩石中裂纹的数量不断减少，表示岩石围压的增加会抑制液电破岩的效果。当围压超过 60 MPa 之后，围压的增加反而会促进岩石的破坏——过高的围压会导致岩爆现象的发生。同时，当围压超过 100 MPa 后，围压增大会使得岩石再次被压实，使岩爆现象不容易发生，并抑制液电破岩的过程。

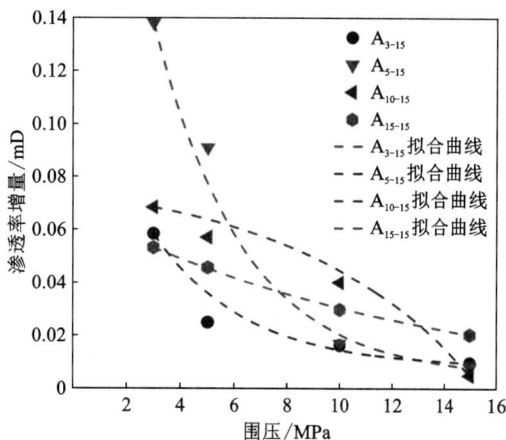

图 3-15　不同围压条件对高压水射流破岩
冲击孔径和深度的影响曲线[11]

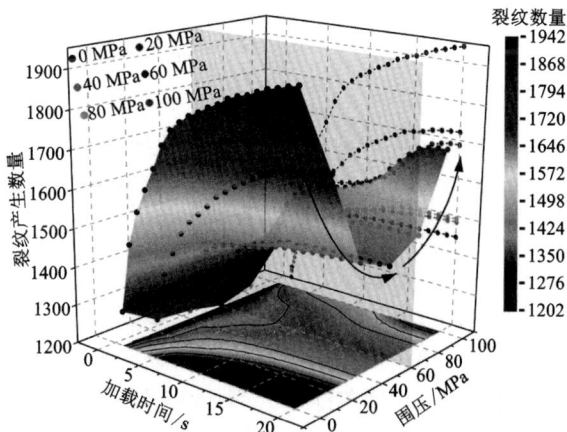

图 3-16　液电破岩中围压条件
对岩石裂纹产生数量的影响[12]

3.2.2　地下水的影响

岩石是一种多孔介质,通过显微镜可以清楚地观察到岩石内部存在着孔洞(近圆形的)和裂纹(狭长的),这些孔洞和裂纹统称为岩石中的孔隙。在岩石的孔隙中往往充满了水、石油和天然气等流体,这些流体的存在一方面降低了岩体的强度,另一方面会产生孔隙流体压力效应,从而促进岩石破碎效率的提高。

地下水在岩石中主要以结合水、自由水和固态水三种形式存在。一般来说,岩石结合水的能力取决于岩石的亲水性,而且亲水性强的岩石在浸润后强度的降低幅度较亲水性差的岩石更大。这是因为结合水的润滑和水楔作用都会使岩石强度变弱,而联结作用虽然会使岩石颗粒间产生黏结力,但却对岩石力学性质影响微弱。自由水对于岩石力学性质的影响主要体现在溶蚀、潜蚀作用和孔隙水压力作用上,它们都会使岩石的力学性能降低。而固态水的作用主要体现在岩石的胀缩作用中,从而显著影响岩石的力学性质。

Yan 等[13]通过数值模拟的方法对盘形滚刀在破碎泥岩的过程中含水率的影响规律进行了探究,所得结果主要以最大切削力随含水率的变化曲线来表示,如图 3-17 所示。研究表明,随着含水量的不断增加,盘形滚刀的最大切削力呈现不断降低的趋势,这是由于水的软化作用使得岩石的强度和内聚力随着含水率的升高不断减小,从而使得岩石更容易发生破碎。

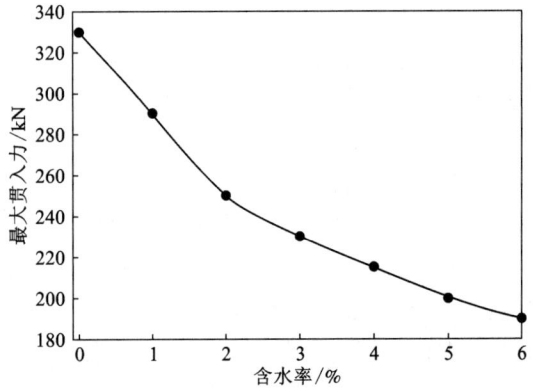

图 3-17　含水率对单刃盘形滚刀最大贯入力的影响[13]

3.3　破岩参数对岩石破碎的影响

岩石的破碎过程并不会自行发生,而是需要依赖外力作用克服岩石内部质点间的内聚力从而发生岩石破碎。破岩的方式有很多,包括机械破岩、爆破破岩、热能破岩、冰冻破岩和生物破岩等多种方法,其中机械破岩和爆破破岩是工程实际中常用的方法。

在机械破岩中,刀具的类型主要有镐形截齿、滚刀和冲击刀具三种类型,这些刀具还可以通过设计来改变其形状和尺寸参数,而且在破岩过程中刀具加载的速率和角度也会因为实际工况做出不同的选择。在爆破破岩中,单是爆破方法就有光面爆破、预裂爆破和控制爆破多种类型,并且在打眼、装药和起爆等环节中也会有许多参数的选择,这些不同的参数选择对于岩石破碎有着显著的影响。不同的岩石对于各类破岩参数变化的敏感程度存在差异,具体的破岩方式及其对岩石破碎的影响详见第 5~12 章。

参考文献

［1］ MORADIZADEH M, CHESHOMI A, GHAFOORI M, et al. Correlation of equivalent quartz content, Slake durability index and Is$_{50}$ with Cerchar abrasiveness index for different types of rock［J］. International Journal of Rock Mechanics and Mining Sciences, 2016, 86: 42−47.

［2］ 刘广, 荣冠, 彭俊, 等. 矿物颗粒形状的岩石力学特性效应分析［J］. 岩土工程学报, 2013, 35(3): 540−550.

［3］ 谷德振, 黄鼎成. 岩体结构的分类及其质量系数的确定［J］. 水文地质工程地质, 1979(2): 8−13.

［4］ 王文星. 岩体力学［M］. 长沙: 中南大学出版社, 2004.

［5］ WANG S F, LI X B, YAO J R, et al. Experimental investigation of rock breakage by a conical pick and its application to non-explosive mechanized mining in deep hard rock［J］. International Journal of Rock Mechanics and Mining Sciences, 2019, 122: 104063.

［6］ WANG S F, LI X B, DU K, et al. Experimental investigation of hard rock fragmentation using a conical pick on true triaxial test apparatus［J］. Tunnelling and Underground Space Technology, 2018, 79: 210−223.

［7］ WU Z J, ZHANG P L, FAN L F, et al. Numerical study of the effect of confining pressure on the rock breakage efficiency and fragment size distribution of a TBM cutter using a coupled FEM−DEM method［J］. Tunnelling and Underground Space Technology, 2019, 88: 260−275.

［8］ 刘洋, 吴志军, 储昭飞, 等. 基于 FDEM 的围压条件下机械冲击破岩机理研究［J］. 中南大学学报(自然科学版), 2023, 54(3): 866−879.

［9］ 何成龙, 毛翔, 陈大勇, 等. 主动围压下岩石爆破裂纹扩展及邻近巷道动态响应［J/OL］. 兵工学报, 1−15［2024−04−28］. http://kns.cnki.net/kcms/detail/11.2176.tj.20240122.1712.008.html.

［10］ ZHANG W C, XIE H P, LI M H. Influences of confining pressure and injection rate on breakdown pressure and permeability in granite hydraulic fracturing［J］. Energy Science & Engineering, 2023, 11(7): 2385−2394.

［11］ LI L, WANG F X, LI T Y, et al. The effects of inclined particle water jet on rock failure mechanism: experimental and numerical study［J］. Journal of Petroleum Science and Engineering, 2020, 185: 106639.

［12］ ZHU X H, HE L, LIU W J, et al. Numerical and experimental investigation on hydraulic-electric rock fragmentation of heterogeneous granite［J］. International Journal of Mining Science and Technology, 2024, 34(1): 15−29.

［13］ YAN C Z, WANG T, ZHENG Y C, et al. Insights into the effect of water content on mudstone fragmentation and cutter force during TBM cutter indentation via the combined finite-discrete element method［J］. Rock Mechanics and Rock Engineering, 2024, 57(4): 2877−2912.

第4章 岩石破碎表现(效果)评价指标

岩石破碎的表现指标在宏观上主要包括岩石破碎的形式、岩石破碎后的粒度和岩石的破碎比功耗等;在微观上则主要包括岩石破碎的发展过程、破碎前后的应力分布状况以及破碎前后的各种征兆和数据等。随着破碎岩石的手段和方式(如机械破岩、爆破破岩、热力破岩、高压水射流破岩及各种电磁、超声波、激光等方式)的改变,以及岩石自身特性、环境条件的变化,岩石破碎的表现(效果)也会有很大差异。

4.1 岩石的破碎程度

在力学强度的分析中,通常不会涉及破碎的程度,即破碎产物的粒度问题。而对于实际工程中的岩石破碎,则需要考虑到岩石破碎后的粒度及其分布规律,其结果是岩石破碎工程中重要的参考资料。

4.1.1 粒度(块度)的测量与表征

粒度在广义上讲是指岩石被破碎之后,那些大大小小颗粒的组成状况,但也可特指某一颗粒的尺寸。通常来说,球形颗粒的尺寸可以用它的直径来表达,非球形颗粒的尺寸则因其研究目的的不同,有多种表达方法,一般以碎石能否通过某一规格的筛孔来度量其尺寸。常见物体的粒度大小见表4-1[1]。

表4-1 常见物体的粒度大小[1]   单位:μm

物质分类	粒度	物质分类	粒度
砾	>2500	碳黑	0.01~0.3
粗砂	250~2500	冶炼烟尘	0.001~100
细砂	25~250	人发	30~200
粉砂	2~25	红细胞	0.3~7.5
黏土	0.1~2	细菌	3~30
最细筛孔	32	病毒	0.003~0.07

续表4-1

物质分类	粒度	物质分类	粒度
飞尘	$1 \sim 200$	NH_4Cl_4 烟	$0.1 \sim 3$
烟雾	$0.01 \sim 1$	气体分子	$0.0003 \sim 0.0008$
水泥	$3 \sim 100$		

1. 粒度的测量方式

1）筛分法

筛分法是指让碎石通过不同筛孔尺寸的标准筛，将其分成若干个粒级，并通过称重来求得各粒级质量分布的一种方法。筛分法是测定碎石粒度最基本且最常用的方法，只有在颗粒过大或者粉末过细的情况下才会考虑其他测定方法。筛网的规格是标准化的，目前我国常用的标准筛制主要为泰勒筛制，其目数、网孔尺寸和丝径间的关系为：

$$m \times (a + d) = 25.4 \qquad (4-1)$$

式中：m 为目数；a 为网孔尺寸，mm；d 为丝径，μm。

可以看出，筛网的目数和筛孔尺寸成反比关系，目数越大孔径尺寸就会越小。

2）沉降分析法

沉降分析法基于不同粗细的颗粒在水中沉降到指定深度所需要的时间不同的原理，通过对不同时间指定深度处的混浊液进行分析，最终得出碎石的粒度。这种分析方法常用于测定难以使用筛分法测定粒度的微观物料。由流体学中的 Stokes 公式可知：

$$d = \sqrt{\dfrac{18\eta h}{gt(\gamma_t - \gamma_B)}} \qquad (4-2)$$

式中：d 为颗粒直径，cm；h 为沉降深度，cm；g 为重力加速度，cm/s^2；t 为沉降时间，s；γ_t、γ_B 分别为试样、水的容重，g/cm^3；η 为水的黏度，g/(cm·s)。

3）投影面积法

对于较大的块度，如爆破后的岩石，若采用筛分法测量，则工作量极大。因此，可以通过分析岩堆表面各个岩块的投影面积所占比例，来表征岩堆中碎石粒度的比例。这一原理最早见于岩石切片的显微观察，其主要用于分析岩石中诸矿物成分的含量。

首先需要使用相机对岩堆表面进行拍摄来获取投影图像，而且在拍摄时还需要设定参照物来确定拍摄的缩放比例。传统方式下，得到投影图像后一般通过线段法和数点法对投影图像中的粒度进行测定。

线段法是在透明纸上画两组互相垂直的等距离直线，将其蒙在照片上，并通过记录碎石轮廓线所切割网格线段的长度来预测粒度的一种方法，如图4-1所示。在设定线段法的网格间距时，其大小应该接近颗粒平均粒径的大小。当投影图像中碎石的粒度小于研究范围时，不对其进行记录。在计算过程中，首先将所有记录的线段长度进行求和，紧接着依照粒度的划分将不同长度的线段进行分组，最后求得每组线段长度的总和在所有线段长度的总和中的占比，并以此表示该粒级碎石的相对含量。具体公式为：

$$\gamma_i = \frac{L_i}{\sum L_i} \qquad (4-3)$$

式中：γ_i 为第 i 组岩块的相对含量；L_i 为第 i 组范围内线段的长度小计，mm；$\sum L_i$ 为全部线段长度的总和，mm。

数点法是将绘有均匀分布点的透明纸铺在照片上，并通过岩石轮廓中包含的点的数目来表征碎石粒度的一种方法。将碎石依据其轮廓中包含点的数目进行分组，并求得各组点数之和与总点数之和的比值，便可表示该粒级

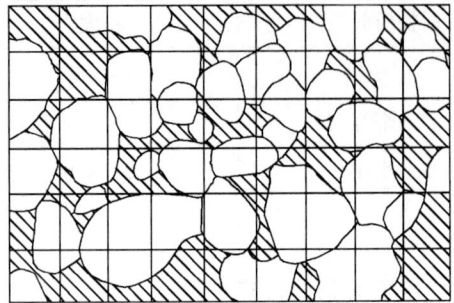

图 4-1　线段法从投影图像中测定块度[1]

碎石的相对含量。点的间隔可取 2 mm，作交叉排列，最终可以依照岩石轮廓线中点的数目、照片的缩放比例算出岩块的粒度尺寸，表达式如下：

$$d = sk\sqrt{m} \qquad (4-4)$$

式中：s 为点间距；k 为照片的缩放比例；m 为岩块轮廓所包含点的数目。

随着数字图像技术的发展，投影图像的处理也变得更加便捷和高效，将照片导入计算机中即可将其转化为按照像素点划分的二维矩阵，从而进行更加精密的计算。数字图像技术虽然可以精确求得岩石的等效粒径、轮廓周长以及质心位置等参数，但是该如何对投影图像进行利用仍需要进一步的研究。

2. 粒度分布的表征方式

粒径分布的形式有区间分布和累计分布两种。区间分布又称为微分分布或频率分布，它表示一系列粒径区间中颗粒的百分含量。累计分布也叫积分分布，它表示小于或大于某粒径颗粒的百分含量。在通过特定的仪器和方法获取碎石粒径信息之后，一般通过表格、函数和图像三种形式对其进行表征。随着分形理论在岩石破碎中的研究不断深入，分形维数也逐渐成为碎石粒度分布的新型表征方式。

1）图像表征

一般来说，相较于使用表格和数学方程式对粒度分布进行描述，图像表征可以更加直观地反映粒径的分布规律。因此，图像表征的方法相较于其余两种方法也更加常用。例如图 4-2 即为某矿山爆破破岩不同工艺流程的碎石粒径区间分布曲线，从图中便可以看出掘进环节的粒度偏细，采场环节的大块含量比掘进、切割环节要多。

以累计曲线来表示粒度组成

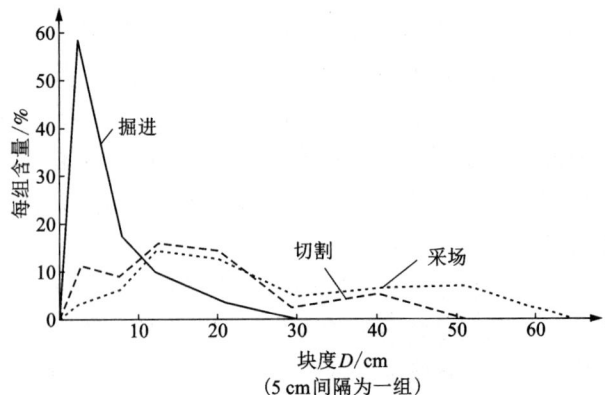

图 4-2　某矿山岩石爆破后的粒度组成[1]

时，又可分为筛上累计和筛下累计两种，前者指大于某一给定值的含量，后者指小于某一给定

值的含量, 如图4-3所示。同时, 还可以通过图中曲线的上凸或下凹判定颗粒组成的粗细偏向。

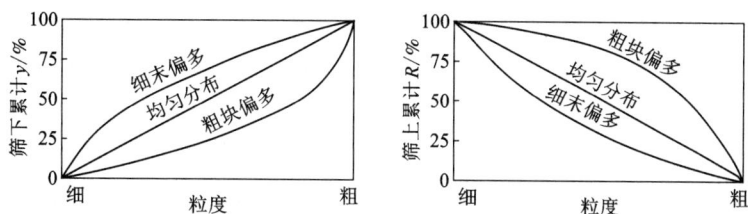

图4-3　用累计曲线表示粒度组成

当碎石粒度大小相差悬殊时, 使用等间隔的粒度大小划分横坐标会使得分布曲线的绘制变得比较困难, 这种情况常采用对数坐标。图4-4的横坐标就采用了对数尺度, 图中给出了某排土场多个取样点的碎石粒度分布曲线[2]。

2) 分形维数表征

岩石的分形特性主要体现在两方面, 一方面是形态结构上的分形, 另一方面是统计意义上的分形。岩石破碎是其内部缺陷不断发育、扩展、聚集和贯通的结果, 这个从细观损伤发展到宏观破碎的过程具有分形特性。这是由于材料的宏观破碎是由小破裂群体集中形成的, 小破裂又是由更小的裂隙演化和集聚而来, 这种自相似性的行为必然会导致破碎后的粒度具有自相似的特征。

粒度分布的分形维数与岩石细观结构、加载方式以及试样形状尺寸等密切相关, 是这些因素的综合反映。与其他衡量破碎程度的度量指标相比, 分形维数 D 不仅表征了材料的破碎程度, 而且包含了更丰富的物理内涵。谢和平等[3]通过对几个岩样单轴压缩破坏实验得到的粒度分布数据进行处理, 得到结果如图4-5所示。从图中可以看出, $\ln N$ 与 $\ln(M_{max}/M)$ 成线性正比关系, 这说明这些岩样破碎后的粒度分布具有很好的自相似性, 因此可以说岩石破碎具有分形特性。实验还发现, 分形维数大的试件, 碎块多, 体积小, 破碎程度高; 分形维数小的试件, 碎块少, 体积大, 破碎程度较低。由此可得, 粒度分布的分形维数还能够直观地定量反映岩石破碎的程度。

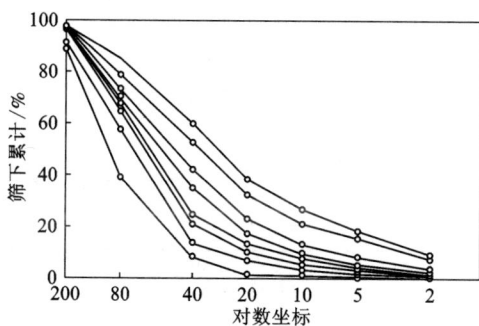

图4-4　某排土场多个取样点碎石粒度分布曲线[2]

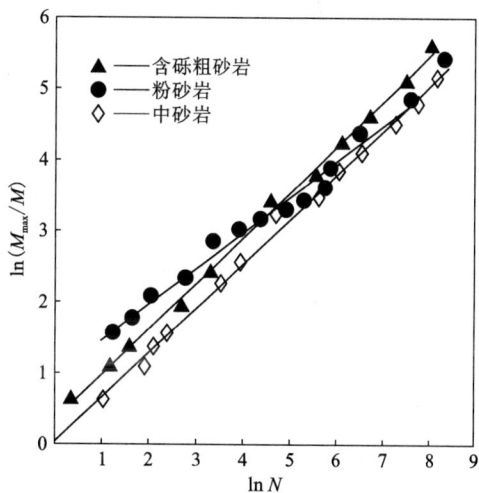

图4-5　不同岩样粒度分布的分形研究[3]

4.1.2　岩石破碎后碎石的粒度分布规律

当物体被破碎后，所得碎石的粒径往往呈现出不规则的大小分布，而研究碎石粒度分布的规律正是岩石破碎学中的一项重要课题。现有的描述岩石破碎粒度分布规律的方法有许多种，最常用的两种是 Gates-Gaudin-Schuhmann（G-G-S）和 Rosin-Rammler（R-R）分布函数。这两种方法都试图通过方程来表示粒度分布，从而预测碎石在某些粒级范围内所占含量升高或降低。其中，G-G-S 和 R-R 分布函数分别如式（4-5）和式（4-6）所示。

$$y = \left(\frac{x}{k}\right)^{\alpha} \tag{4-5}$$

式中：y 为粒度为 x 的筛下百分率；x 为碎石的粒度，mm；k 为最大碎石粒度，mm；α 为粒度分布指数。

$$y = 1 - \exp\left[-\left(\frac{x}{b}\right)^{a}\right] \tag{4-6}$$

式中：y 为粒度为 x 的筛下百分率；x 为碎石的粒度，mm；a、b 为和分布特征有关的常数。

在对以上两种函数进行比较时发现，将 R-R 分布函数按级数展开后，根据分析舍去第二项以后的各个项，便得到下式：

$$y = \left(\frac{x}{b}\right)^{a} \tag{4-7}$$

那么若是 $\alpha \cong a$，$b \cong k$，式（4-7）就与式（4-5）完全相同。由此可知，当 y 较小时两式结果会比较相似，而 y 较大时两式相差会较大。Miao 等[4]对工程现场 4 个碎石堆的粒径分布曲线进行绘制，结果如图 4-6 所示。从图中可以看出，G-G-S 曲线开始时低于 R-R 曲线，但

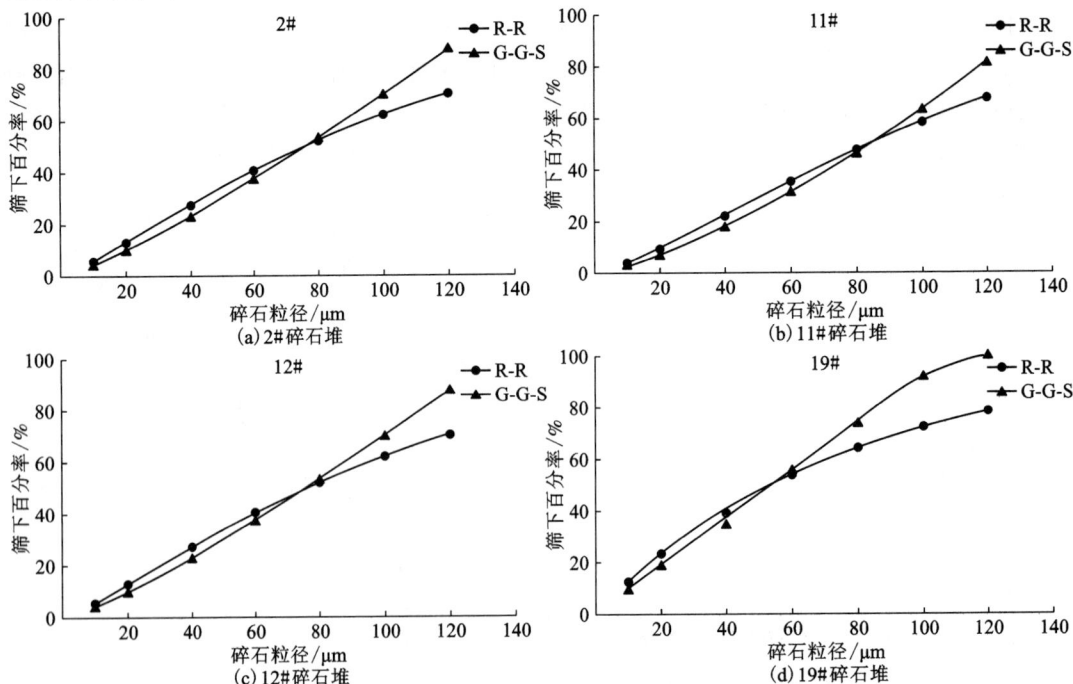

图 4-6　基于不同分布函数的各碎石堆粒径分布曲线比较[4]

在筛下百分率达到大约 50% 之后，G-G-S 曲线高于 R-R 曲线，并且两曲线之间差距不断变大，这进一步验证了上述的推导过程。

4.1.3　岩石破碎后岩粉的粒度分布规律

岩石破碎过程中还会产生岩粉，而对岩粉粒度组成的研究主要集中在选矿破碎领域，在破岩方面相对较少。对破岩过程中岩粉的粒度组成进行研究，可以帮助我们更好地理解能量消耗的途径，从而改进破岩工具和破岩参数，提高破岩速率。一般而言，破碎产物的粒度越细，所需消耗的能量也会越大。因此，在允许的条件下降低破碎程度可以降低能量消耗或提高破碎速度。此外，在破岩过程中减少岩粉的产生还可以有效保护工人的健康。

不同的岩石破碎后岩粉的分布规律与岩石本身特性、环境条件和破岩参数等因素都有关联，因此不同情况下岩石破碎得到的岩粉粒径分布往往有着显著差异。Thomas[5] 对岩石破碎后岩粉的分布进行分析，发现粒度分布曲线是由两个不同部分组成的，他分别将其称为"细相"和"粗相"，如图 4-7 所示。细相是指岩石组成成分的基本颗粒，通常是由工具下的密实核部分粉末所组成的，这部分的分布参数同破碎方式的选择无关。粗相是指沿矿物颗粒胶结面分割的碎块，由于它是由裂纹扩展而成的，故同破碎方式的选择有关。图中可以看出，细相的粒度分布曲线为直线，粗相的粒度分布曲线为指数曲线，粗细两相的交界在 X_g 处。

破岩过程中的参数对岩石破碎的影响体现在多个方面，如推进速度、刀具选择、破岩角度等。例如图 4-8 即为某型号凿岩机工作过程中凿岩速度与单位深度所产生岩粉的表面积之间的关系曲线。从图中可看出随着凿岩速度不断加快，推进单位深度所产生岩粉的表面积在不断减小。

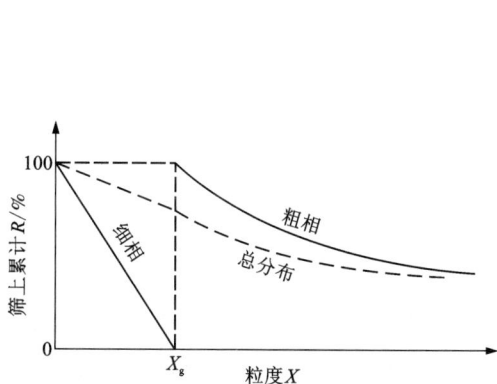

图 4-7　凿碎岩粉的粒度两相分布[5]

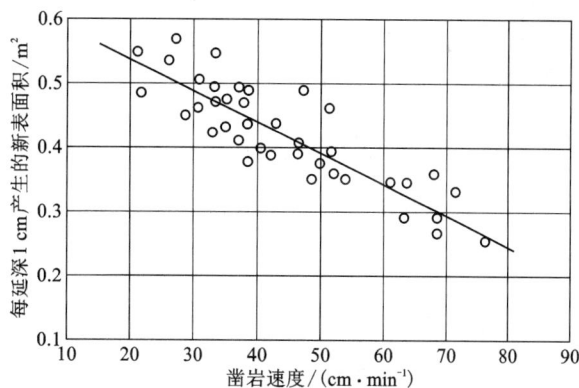

图 4-8　凿岩速度和新表面积的关系[1]

改变凿岩机的钎头对岩石破碎后粉末的粒度分布也有较大影响，图 4-9 即为五种不同形式钎头下岩粉的粒度分布曲线。同时，还有日本学者使用 45 mm 钎头进行落锤凿眼实验，并通过改变转角大小来探究转角对岩粉产生量的影响，结果如图 4-10 所示。图中可以看出，当转角在 20°~40° 范围内时粗岩粉含量较多，而在转角小时细岩粉的含量变多。

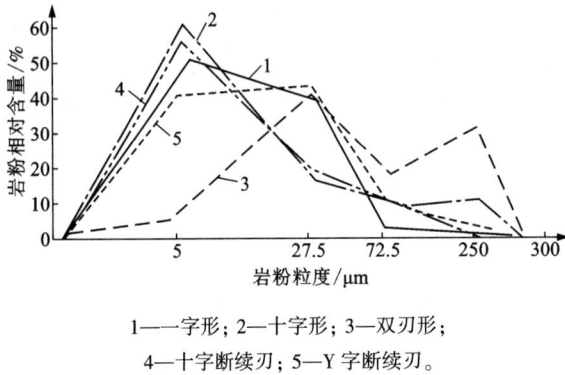

图 4-9 不同形式钎头下的岩粉组成[1]

1——字形；2——十字形；3——双刃形；
4——十字断续刃；5——Y字断续刃。

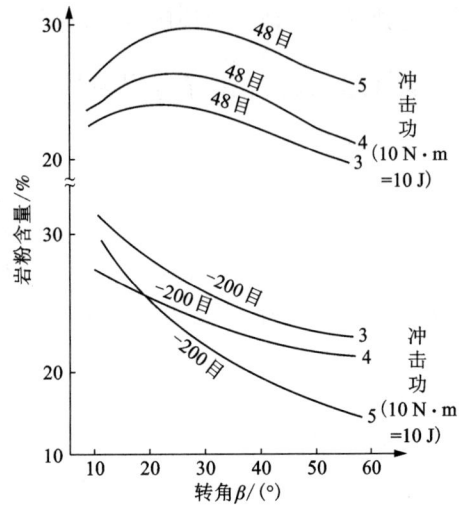

图 4-10 转角对岩粉组成的影响[1]

4.2 岩石的破碎比功

岩石的破碎比功是岩石破碎过程中的一个关键概念，它表示破碎一定量的岩石所需的能量大小，通常为破碎单位质量或单位体积岩石所消耗的能量。岩石的破碎比功受到破碎参数、岩石自身特性和环境条件等因素影响。岩石的破碎比功在岩石破碎工程中通常被用于评估破碎的效率和难易程度。

4.2.1 破碎比功学说

将岩石从粒度 D 破碎到粒度 d 的过程中，其前后尺寸的比值称为破碎比，以 i 表示，即

$$i = \frac{D}{d} \tag{4-8}$$

通常来说，破碎比越大，破碎单位体积岩石所需的功耗就越多。对于破碎比功和破碎比的关系，大体有三种学说，分别为新表面说、相似说以及裂纹说。这三种学说都有一定的可靠性，并在一定条件下符合实际结果。

1. 新表面说

新表面说认为物体破碎前后，有所区别的只是增加了新的表面，而获得新表面所需之能和破碎功耗之间成正比关系。由于几何相似物体之体积与其线性尺寸（块度）的立方成正比，而其表面积是和其线性尺寸的平方成正比的。因此，单位体积所具有的表面积与其线性尺寸成反比，粒度越细时单位体积所具有的表面积越大。而当岩石粒度由 D 破碎到 d，单位体积岩石的表面积的大小同 $\left(\dfrac{1}{d} - \dfrac{1}{D}\right)$ 构成正比关系，因此破碎比功可以表示为：

$$a = K_R \left(\frac{1}{d} - \frac{1}{D} \right) \tag{4-9}$$

式中：K_R 为取决于材料性质及破碎方法的常数。

根据新表面说计算破碎比功时，用算术平均粒度 d_m 来代表整体的粒度会增大计算难度，因此要用倒数加权平均法来计算，即

$$\frac{1}{d_m} = \frac{\sum \left(\gamma_i \frac{1}{d_i} \right)}{\sum \gamma_i} \tag{4-10}$$

式中：d_m 为平均粒度；γ_i 为碎石中粒度为 d_i 的含量。

当破碎比很大时，$\frac{1}{D}$ 比 $\frac{1}{d}$ 要小很多，可略去不计，因此可以将式(4-9)写成：

$$a = K_R \frac{1}{d} \tag{4-11}$$

由上式可知，当破碎比很大时，破碎比功将和破碎产物的粒度成反比。

2. 相似说

相似说认为同一种岩石破碎的时候，不论其粒度大小如何，应力分布和破碎模式的规律都应相似。即破碎粒度与原岩样的尺寸无关，只取决于破碎的方式和被破碎材料的性质。那么如果想要得到破碎比 i，需要重复的破碎的次数 n 即为：

$$n = \frac{\lg i}{\lg i_0} \tag{4-12}$$

式中：i_0 为岩石固有破碎比。

在经历 n 次破碎之后，在单位体积上所须做的功为：

$$a = n a_0 \tag{4-13}$$

将式(4-12)与式(4-13)联立，得

$$a = \frac{\lg i}{\lg i_0} a_0 = K_k \lg i = K_k \lg \left(\frac{D}{d} \right) \tag{4-14}$$

或可写成：

$$a = K_k \left(\lg \frac{1}{d} - \lg \frac{1}{D} \right) \tag{4-15}$$

式中：$K_k = \dfrac{a_0}{\lg i_0}$，它只取决于材料性质和破碎方法，是一个常数。

由上式可以看出，破碎比功和破碎前后的粒度对数之差成正比。因此在相似说中，用对数加权平均法计算平均粒度的大小要更加方便，即

$$\lg \frac{1}{d_m} = \frac{\sum \left(\gamma_i \lg \frac{1}{d_i} \right)}{\sum \gamma_i} \tag{4-16}$$

式中：d_m 为平均粒度；γ_i 为碎石中粒度为 d_i 的含量。

3. 裂纹说

裂纹说认为，当岩石破碎时，外力作用首先会使岩石产生变形，当外力超过一定极限之后岩石才会产生裂缝，从而破碎成多个小块。邦德分析了破碎比功与块度之间的关系，发现破碎比功和 $\sqrt{d}$ 成反比关系，这是实际岩石中隐藏有各种裂纹的缘故[1]，即

$$a = K_B \left(\frac{1}{\sqrt{d}} - \frac{1}{\sqrt{D}} \right) \tag{4-17}$$

式中：K_B 的十分之一又称为邦德系数，指的是大岩块破碎到 80% 能通过 100 μm 的筛孔时所耗费能量的大小，有时也被用来反映岩石的一般坚固性。

根据裂纹说所计算的平均粒度公式为：

$$\frac{1}{\sqrt{d_m}} = \frac{\sum \left(\gamma_i \frac{1}{\sqrt{d_i}} \right)}{\sum \gamma_i} \tag{4-18}$$

式中：d_m 为平均粒度；γ_i 为碎石中粒度为 d_i 的含量。

4. 不同学说间的比较

新表面说认为全部外功用于建立新表面，并且损失的能量也和新表面成正比。但是许多学者在进一步研究时认为，这种理论是一个十分朴素的推断，实际过程中能量消耗并不只是消耗在形成新表面上，还有热能、弹塑性变形功的消耗等。

相似说主要认为，当岩石类型和破碎方法固定时，破碎比功只取决于破碎比，而与其粒度大小无关。这与新表面说的观点有较大差异，因为相似说的本质是把破碎功耗分布到物体的整个体积中，使其体积贮能达到某种极限，从而产生具有一定破碎比的新状态。新表面说则把破碎功耗分布到新表面上，使单位表面的能量达到某个极限，物体便破裂了。正因为一个着眼于体积，一个着眼于面积，所以得出了不同的结论。据采矿工程的实践，当岩石的破碎比不大时，对颚式破碎机碎矿和二次爆破等方式来说，相似说是比较符合实际的；而用球磨机和凿岩机等作业时，新表面说会更实用一些。

库克通过一系列试验获得了图 4-11 中的结果，此图说明了不同破碎方法所产生碎屑粒

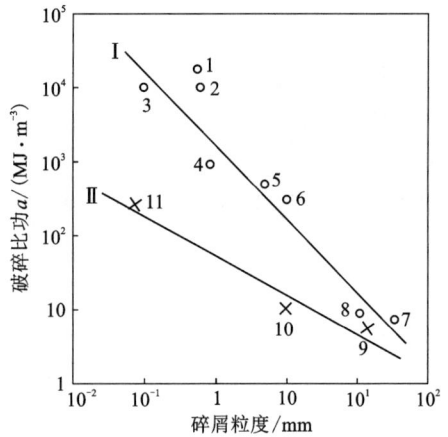

○—开采破碎；×—选矿破碎；1—火钻；2—高压水射流；3—金刚石切割；4—冲击凿岩；5—多刃回转钻进；6—滚刀钻进；7—冲击楔；8—爆破；9—颚式破碎机；10—圆锥破碎机；11—球磨。

图 4-11 各种破碎方法的碎屑粒度和比功[1]

度和破碎比功之间的关系。图中直线 I 符合 $a \propto \frac{1}{d}$ 的关系，直线 II 符合 $a \propto \frac{1}{\sqrt{d}}$ 的关系，因此选矿破碎符合裂纹说，而其余的破碎方法符合新表面说。

4.2.2　破碎比功的测定

根据工况不同，岩石破碎可以分为现场开采和二次破碎两种类型。现场开采旨在从自然矿脉中采集原始岩石，是将岩石从大型地质体上剥落下来。而二次破碎是将已采集的岩石在破碎设备中进行机械破碎和处理，以获得所需的颗粒度、形状和质量，以满足不同工程和建筑项目的需求。

1. 现场破碎比功的测定

破碎比功是用以评价破岩效率的较有效指标之一，近年对破碎比功的研究数不胜数，但所给出的结论与公式仍有较大的区别。这是井底岩石破碎功受到不同因素如破岩工具的类型和形状、各种工艺参数等的影响导致的。虽然目前建立的一些通用计算公式足以满足部分工程应用，但仍需要利用能量理论对其进一步深入研究。本书主要对机械破岩方式中的切削式破岩和滚压式破岩两种破碎方式的破岩比功计算进行介绍，其中切削式破岩的破碎比功的计算方法如下：

$$S_e = \frac{F_C \times L}{V} \tag{4-19}$$

式中：S_e 为破碎比功；F_C 为切削阻力；L 为刀具运动距离；V 为刀具运动 L 距离所破落岩石的体积。

对于滚压式破岩，其破碎比功的计算方法可表示为：

$$S_e = \frac{W}{V} = \frac{W_N + W_R}{V} = \frac{\sum(F_N \cdot p) + \sum(F_R \cdot l)}{V} \tag{4-20}$$

式中：S_e 为破碎比功；F_N 为滚刀所受垂直力；F_R 为滚刀所受滚动力；p 为滚刀贯入度；l 为滚刀滚动切削行程；V 为岩石破碎体积。

2. 二次破碎比功的测定

在实验室测定二次破碎比功的过程中，常用的破碎方法有压碎、球磨、捣碎、砸碎和抛掷等。其中，静力压碎虽然简单，却难以测量所施之功的大小。而球磨破碎的功耗不稳定，也不便测定。目前多采用捣碎法和砸碎法，这两种方法需要的设备简单，而且所施加功的大小也更容易控制。

1)捣碎法

通常来说，岩石类型和破碎方法一定的情况下，不同的破碎比也会导致破碎比功有较大的差异。因此，依照破碎比功的学说来看，计算二次破碎比功需要考虑破碎程度、破碎所需功耗以及岩石破碎前的粒度等因素。苏联学者通过使用 1 kg 重的落锤在 1 m 高的位置落下(能量为 10 J)将不同牌号的煤块击碎，并计算出其功耗与破碎后产生的新表面积之间的比值来表示破碎比功，见表 4-2。表面耗能的结果在一定程度反映了破碎比功的大小，因为黏结煤 1 破碎后产生的表面积最大，也就代表着黏结煤 1 最容易破碎，破碎比功也就越小。

表 4-2　各种煤的表面耗能[1]

煤的牌号	黏结煤 1	黏结煤 2	气煤	焦煤	肥煤
表面耗能/$(kg \cdot m \cdot m^{-2})$	13.3	14.5	20.8	27.2	27.6

但这种测定方法中筛分和计算碎屑表面积的过程比较麻烦，因此被逐渐简化。在试块被夯捣数次后，量取 0.5 mm 以下的粉末量，最终使用破碎中的总能耗与粉末量的比值表征破碎比功的大小。

2) 砸碎法

砸碎法的实质就是利用落锤将试块一次砸碎，而以某种规格条件下的碎屑量作为岩石破碎比功的评价标准。砸碎法所用的设备如图 4-12 所示，这是一个简单的落锤，下方有一重墩，墩上置一坯，坯中放一块试样。落锤重 16 kg，落高 0.5 m，砸碎功 8 千克米，冲击端是平头的。试样重量为 (70±15) g，要求略呈立方体，其最小尺寸不小于最大尺寸的一半。一般在砸碎之后用 7 mm 以下的碎屑量来推断岩石破碎比功的大小，有时也使用 0.25~3 mm 的粉末量作指标。

苏联采矿科学院的巴隆等使用该设备进行了一系列测试，并从砸碎的测试结果中得到一系列规律。首先是砸碎功和各种岩石新表面积之间都呈现线性比例的变化，如图 4-13 所示，这一规律符合了新表面说的推论。

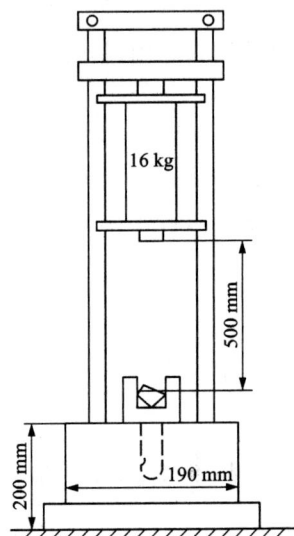

图 4-12　苏联采矿科学院砸碎锤[1]

当破碎时的总功耗小于 8 千克米时，多种规格的筛下总量都基本上与破碎总功耗成正比关系，图 4-14 展示了石灰岩试样破碎的测定数据。他们还发现，在冲击功不变的条件下，随着冲击速度由 3 m/s 增大到 9 m/s，各种规格的筛下总量基本不会发生变化。

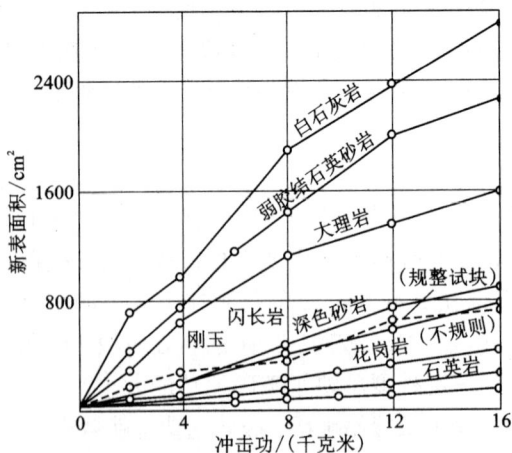

图 4-13　砸碎功产生的新表面积[1]

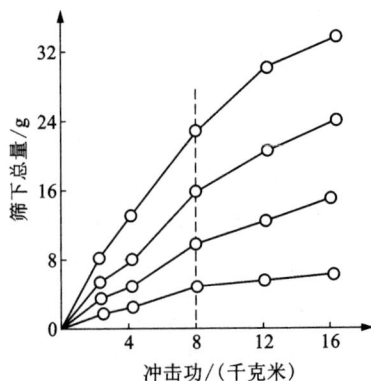

图 4-14　不同砸碎功的筛下总量[1]

3) 其他方法

磨碎法是指将一定重量或体积的岩石在给定转数的转鼓(或球磨机)中磨碎的方法。假若忽略磨碎机轴承上的摩擦功,磨碎机能耗就是岩石破碎的总功耗。最后可以通过计算岩石破碎总功耗与破碎产物组分指标的比值来表示岩石的破碎比功。

密闭容器中的压碎法是指将封闭容器中的一定重量或体积的岩石,以一定比压使之压碎的方法,其破碎比功也是通过岩石破碎的总功耗与碎屑量的比值来表征的。

抛掷法测定破碎比功需将一定重量或体积的岩石试样从给定高度直接(或装在箱中)抛向金属底板,然后对破碎产物进行筛分,并用某指标下的碎屑含量与岩石破碎总功耗计算破碎比功的大小。

4.2.3 特征比功

为了估计某一破碎方法的能耗指标,需要排除岩石坚固性的影响,因此定义了特征比功。正因为相同破碎方法所产生的粒度变化并不会很大,破碎比功可以视为仅随岩石坚固性的增大而增大,因此特征比功这一指标就有一定的稳定性。特征比功的定义是某种破碎方法的破碎比功 a 和单向抗压强度 R 之比,即

$$a^* = \frac{a}{R} \qquad (4-21)$$

应当指出,上式中 R 和 a 有相同的量纲,两者要取相同的单位,a^* 是一个无量纲量。通常来说 a 用 J/cm^3 作单位,R 用 N/cm^2 作单位,则计算公式应为:

$$a^* = \frac{a}{R/100} \qquad (4-22)$$

而 $R/100$ 恰好就是普氏岩石坚固性系数 f,于是:

$$a^* \cong \frac{a}{f} \qquad (4-23)$$

上式之所以采用近似号,是因为 f 值常为近似量。

在表 4-3 中,列举了一些破碎岩石方法的特征比功范围。该表是根据多种文献中的资料整理得到的,虽然数据比较粗略,但可以看出大概的规律。金刚石钻进产生的岩屑最细,故 a^* 较高;爆破 a^* 值低的原因主要是破碎产生块体的粒度要大得多;一般机械破碎 a^* 在 0.1 ~ 10 的范围内,而热破碎的 a^* 就要大得多,由几十到几百。抗压强度试验时的 a^* 最小,这是因为它只是把试块压裂,所建立的新表面不多。

表 4-3 一些破碎方法的特征比功[1]

破碎方法	a^*	破碎方法	a^*
抗压强度试验	0.004 ~ 0.01	牙轮锥形扩孔钻	0.7
侵入硬度测定	0.3 ~ 0.6	超声切割	1.5
冲击式凿炮眼	2 ~ 5	高速射击(炮击)	0.07
回转式钻炮眼	2 ~ 4	中速射击	0.2
合金回转钻孔	8 ~ 20	机械破碎加热破碎	0.1

续表4-3

破碎方法	a^*	破碎方法	a^*
金刚石钻孔	5.8~31	机械破碎加水射流	40
牙轮钻孔	0.34~1	高速水射流（脉冲）	1
盘形滚刀掘进机	0.3~0.6	高速水射流（连续）	45
压头侵入	1~6	低速水射流	85
大直径潜孔钻	0.6~12	电子束	8
球磨机	0.5~1.6	高能等离子焰	120
掘进爆破	0.06~0.28	高能激光	450
高能机械冲击	0.5		

当采用各种方法破碎岩石时，碎屑的粒度越粗，特征比功就越小，反之产生的碎屑越小时，特征比功越大。当碎屑粒度差不多时，虽然随着破碎方法的不同特征比功也有一定差异，但变化不是很大，可以认为是在一个数量级内的变化。

苏联西伯利亚科学院的麦克洛夫研究了各种破碎方式下的破碎比功[1]，最终将各种比功归纳为如下关系式：

$$a = \frac{CR}{100h^m} \cong \frac{Cf}{h^m} \tag{4-24}$$

式中：h 为反映岩屑尺寸的因子，以切削或侵入厚度的毫米数来表示。在切削岩石时，它等于进刀深度；铣或钻时，它等于进刀距离；牙轮、冲击凿岩时，它等于工具一次侵入岩石的深度。m 是常数，取值范围在 0.43~1.0，平均值取 0.62。C 值随破碎方法不同而异，在表 4-4 中给出了系数 C 的取值范围，表中分别列出 a 以 kW·h/m³ 和 kg/cm³ 为单位的 C 值数据。麦克洛夫还根据资料绘制了比功 a 和 h 的关系图，如图 4-15 所示。图中数据是在单向抗压强度 R = 800~1200 kg/cm² 条件下得到的，图中还分别按 m = 0.5 和 m = 0.6 画出了相关直线。

比较麦克洛夫和邦德提出的式子(4-17)，可发现两者有很大的共同之处。在邦德提出的式子中，若破碎比很大，则第二项可以略去不计，破碎比功就和 $\sqrt{d}$ 成反比。并且 d 是以 80% 能通过的筛孔尺寸表示的，其重点是碎屑的粒度分析。而在麦克洛夫提出的式子中，破碎比功和 h 的 0.6 次方成反比，但从图 4-15 可看出，当 m 取 0.5 也是没有多大出入的，也就是说，破碎比功也是和

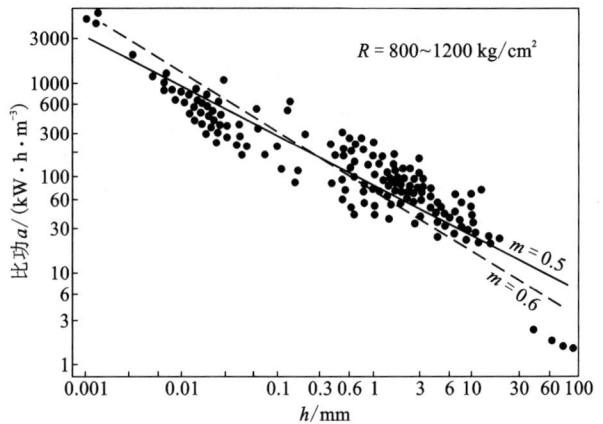

图 4-15 不同机械破碎方法的比功[1]

$\sqrt{h}$ 成反比的。但 h 是用工具侵入岩石的深度来表示的，其侧重点是破碎的方法，这与邦德所提出式子中的 K_B 随岩石而变化的情况是不同的。

由于在麦克洛夫式中，C 只与破碎方式有关(h 也和方法有关)，所以式中系数实际上是个破碎特征比功。故式(4-25)也可写成：

$$a^* = \frac{C'}{h^m} \cong \frac{C'}{\sqrt{h}} \tag{4-25}$$

式中：C' 为 a 以 kg/cm^3 作单位的系数，已列于表4-4。

表4-4　系数 C 的取值范围[1]

破碎方法	a 以 kW·h/m^3 为单位时 C 的范围和平均值		a 以 kg·m/cm^3 为单位时 C' 的平均值
中等钝牙截割	1~3	2	0.72
单齿镐刨	2~4	3	1.08
锐铣	2~6	6	1.44
中钝牙轮	3~7	5	1.8
中钝铣	5~15	10	3.6
回转钻眼	9~15	12	4.32
牙轮钻眼	6~20	13	4.68
多齿镐刨	10~20	15	5.4
冲击凿眼	10~22	16	5.76
金刚石和磨料切割	10~30	20	7.2

综上所述，破碎比功是破碎方法、岩石坚固性以及破碎程度三者的函数。当采用同一种方法，并且破碎程度差不多时，破碎比功可以用来衡量岩石的坚固性。而当排除岩石坚固性来考察某种破碎方法的能耗时，可利用破碎特征比功作为指标。

参考文献

[1] 徐小荷, 余静. 岩石破碎学[M]. 北京: 煤炭工业出版社, 1984.

[2] 申其鸿. 国内某排土场岩石块度分布规律研究[J]. 矿业研究与开发, 2016, 36(7): 63-67.

[3] 谢和平, 高峰, 周宏伟, 等. 岩石断裂和破碎的分形研究[J]. 防灾减灾工程学报, 2003(4): 1-9.

[4] MIAO Y S, ZHANG Y P, WU D, et al. Rock fragmentation size distribution prediction and blasting parameter optimization based on the muck-pile model[J]. Mining, Metallurgy & Exploration, 2021, 38: 1071-1080.

[5] THOMAS L J. Fracture Behaviour and Size Distribution of Broken Rock[C]. Australian Geomechanics Society. Ist National Symposium on Rock Fragmentation Proceedings. Adelaide, 1973: 96-104.

第 5 章 钻进破岩

钻进破岩是通过钻头对岩石施加压力或切削力使其破碎。其基本原理包括三种方式：

(1)切削：钻头在旋转中，轴向压力使工具嵌入岩石，岩石在挤压中碎裂，类似金属切削过程。

(2)冲压：通过轴向力，岩石在冲击和挤压作用下实现破碎。

(3)研磨：利用抗磨性强的材料，以适当压力和转速研磨岩石以达到破碎。

在实际井下作业中，钻头会结合岩石的强度和自身类型，主要采用一种破碎方式。例如：

(1)对于强度较低的塑性岩石，主要采用切削方式。

(2)脆塑性和脆性岩石通常以冲击和挤压为主。

(3)钻进强度和硬度极高的岩石时，研磨方式更为有效。

本章将深入探讨各类钻头钻进破岩的机理，并介绍常用的钻进破岩设备及其应用。

5.1 钻进破岩理论与方法

钻头是钻进破碎岩石的基本工具，其质量的优劣以及与岩性的适应程度对于提高钻进速度和降低钻井成本非常重要。根据钻进目的的不同，钻头可分为全面钻进钻头、取心钻头、扩孔钻头和中心钻头等类型。另外，根据钻头的结构和破岩原理的不同，还可进一步分为牙轮钻头、金刚石钻头和 PDC 钻头这三大类。

近年来，随着资源勘探和开发的推进，钻井技术取得了长足的进步。在此背景下，钻头设计、制造和使用也发生了显著的变革。为了适应超深井以及非常规资源开发的迫切需求，各类钻头的型号和尺寸选择也日益丰富，使用范围也在不断扩大。例如，牙轮钻头已经发展出了从极软到坚硬地层的各种品种和系列，金刚石钻头则从坚硬和硬地层使用，扩展到了坚硬、硬和中硬地层使用，PDC 钻头也从极软和软地层使用，发展到了极软、软和中硬地层使用。在此基础上，还研发出了高性能异形齿 PDC 钻头、复合钻头、智能钻头等新型钻头。

评价钻头工作性能优劣的指标有：钻头进尺、工作寿命、机械钻速和单位进尺成本等。钻头进尺是指一只钻头钻进的井眼总长度。工作寿命是指一只钻头使用到报废时的累计工作时间。机械钻速是指钻头进尺与工作寿命之比，可用下式表示：

$$v_d = \frac{H}{t} \tag{5-1}$$

式中：v_d 为机械钻速，m/h；H 为钻头进尺，m；t 为钻头工作寿命，h。

单位进尺成本的计算公式如下：

$$C_m = \frac{C_s + C_d(t + t_c)}{H} \tag{5-2}$$

式中：C_m 为单位进尺成本，元/m；C_s 为单只钻头成本，元；C_d 为钻机作业费，元/h；t_c 为起下钻、接单根时间，h。

事实上，简单地用机械钻速、工作寿命或钻头进尺来评判钻头的工作性能是不充分的。因为这些参数在不同钻头间存在差异。一方面，有的钻头可能机械钻速快，但寿命短，进尺有限，这就需要频繁更换钻头，进行多次起下钻的操作。另一方面，有的钻头寿命长，进尺高，但机械钻速慢，导致钻井速度慢，周期长。

因此，在当前的评价体系中，为了对钻头的工作性能进行全面评估，我们更常用的指标是单位进尺成本。单位进尺成本是指完成一定进尺所需的总成本。这个指标综合考虑了机械钻速、寿命和进尺等因素，并将其与成本关联起来，以此来反映钻头的整体工作性能。然而，仅仅以单位进尺成本为指标进行评估也存在一定的局限性。因为单位进尺成本主要关注经济效益，可能会忽略其他重要因素，如钻头在特定地质条件下的适应能力、可靠性等。因此，在实际应用中，单位进尺成本指标可以作为参考，但也需要综合考虑其他因素，如钻井需求、地质条件和作业环境等，以选择最合适的钻头。

本节将主要介绍各类常用钻头，包括牙轮钻头、金刚石钻头、PDC钻头及其他钻头的结构类型以及其破岩原理等方面的知识。

5.1.1 牙轮钻头

自1909年美国霍华德·休斯获得第一个牙轮钻头的专利以来，牙轮钻头作为一种高效的破岩工具在石油钻井中得到了广泛的应用。经过100多年的不断改进，牙轮钻头已经发展出了多种尺寸和型号，能够满足各种钻井技术要求，适应从软到坚硬的各种地层。目前，国内外钻头厂商和相关研究机构仍在继续开展钻头材料、结构设计和制造工艺等方面的研究，不断开发出新的产品。

1. 牙轮钻头的结构

牙轮钻头按牙齿类型可分为铣齿（钢齿）牙轮钻头、镶齿（硬质合金齿）牙轮钻头两大类；按牙轮数目可分为单牙轮、双牙轮、三牙轮和多牙轮钻头（图5-1）。目前，国内外使用最多、最普遍的是三牙轮钻头。

三牙轮钻头的结构如图5-2所示。钻头上部车有丝扣，供与钻柱连接用；牙爪（也称巴掌）下带牙轮轴

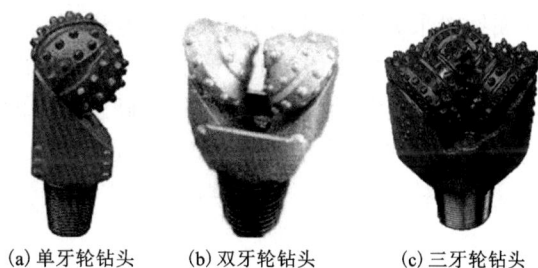

(a) 单牙轮钻头   (b) 双牙轮钻头   (c) 三牙轮钻头

图5-1 常用的牙轮钻头

（轴颈）；牙轮装在牙轮轴上，牙轮带有牙齿，用以破碎岩石；每个牙轮与牙轮轴之间都有轴承；水眼（喷嘴）是钻井液的通道；储油润滑密封系统储存并向轴承腔内补充润滑油脂，同时可以防止钻井液进入轴承腔并防止润滑油脂漏失。

1）牙轮及牙齿

（1）牙轮。牙轮是带有牙齿的锥形滚轮，它是牙轮钻头破碎岩石的基本元件。牙轮是用合金钢（一般为20CrMo）经过模锻制成的锥体，牙轮外锥面或铣出牙齿（铣齿钻头）或镶装硬质合金齿（镶齿钻头），牙轮内腔车有轴承跑道、台肩和密封环槽。牙轮外锥面具有两种至数种锥度。单锥牙轮仅由主锥和背锥组成；复

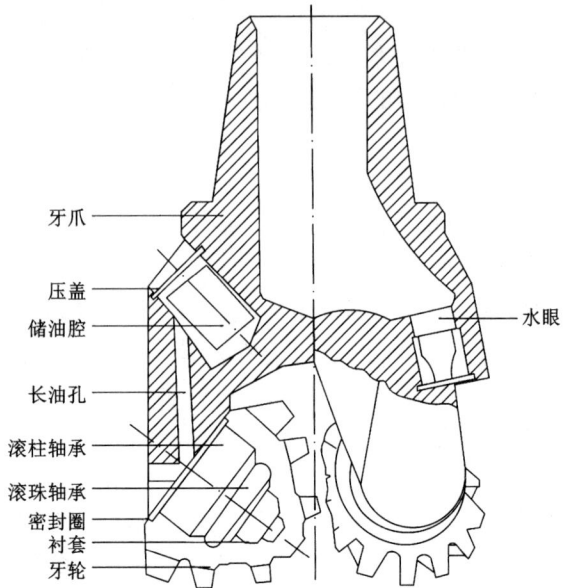

图 5-2　三牙轮钻头结构示意图

锥牙轮由主锥、副锥和背锥组成，有的有两个副锥。背锥的主要作用是修整井壁。

（2）铣齿。铣齿牙轮钻头的牙齿是由牙轮毛坯经铣削加工而成的，其齿形受到加工的限制，基本都是楔形的。为增强铣齿的耐磨性，通常在铣齿表面堆焊硬质合金耐磨层。铣齿的主要结构参数包括齿高、齿宽和齿距，这些参数的确定要兼顾有利于破碎岩石及齿的强度。一般软地层牙轮钻头的齿高、齿宽、齿距都较大，而硬地层则相反。根据牙齿在牙轮上位置和作用的不同，可分为内排齿、保径齿和修边齿，其中修边齿为硬质合金齿，可以加强保径能力。

（3）镶齿。铣齿受到牙轮材料的限制，其耐磨性较差，虽经堆焊硬质合金耐磨层，但其耐磨性仍不能完全满足要求，特别是在坚硬、研磨性强的地层中，牙齿使用寿命很短。1951年在石油钻井中第一次使用了镶硬质合金齿的牙轮钻头，在硬地层中取得了较好的效果，以后镶齿钻头发展很快，使用范围迅速扩大。目前镶齿牙轮钻头在软地层、中硬地层及坚硬地层中都得到了广泛应用。镶齿牙轮是在牙轮壳体上钻出孔后，将硬质合金材料制成的牙齿以过盈配合方式镶入孔中而制成。

镶齿使用的硬质合金是碳化钨（WC）-钴（Co）系列硬质合金。它以碳化钨粉末为骨架材料，金属钴粉末为黏结剂，用粉末冶金方法压制、烧结而成。合金中随着钴含量的增加，硬度逐渐降低，即耐磨性能降低，但抗弯强度和冲击韧性逐渐增大。在不改变碳化钨和钴含量的情况下，增大碳化钨的粒度可以提高硬质合金的韧性，而其硬度和耐磨性不变。国产镶齿牙轮钻头常使用的硬质合金材料及性能见表5-1。

表5-1 国产镶齿牙轮钻头常使用的硬质合金材料及性能

型号	硬质合金成分/%		硬度/HRA	密度/(g·cm⁻³)	抗弯强度/MPa
	WC	Co			
YG3X	97	3	92	15.0~15.3	1050
YG4C	96	4	90	14.9~15.2	1400
YG6	91~93	6	92	14.4~15.0	1400
YG6X	94	6	89.5	14.6~15.0	1400
YG8	92	8	89	14.4~14.8	1500
YG8C	92	8	88	14.4~14.8	1750
YG11C	89	11	87	14.0~14.4	2000

硬质合金齿的形状即通常所称的齿形,对钻头的机械钻速和进尺有很大影响。齿的体部都是圆柱体,它是镶进牙轮壳体的齿孔内的部分。齿形是指露出牙轮壳体以外部分的形状及高度。确定齿形的主要依据是岩石性能,同时必须考虑齿的材料性质、强度、镶装工艺等。国内外常见的硬质合金齿的齿形如图5-3所示。

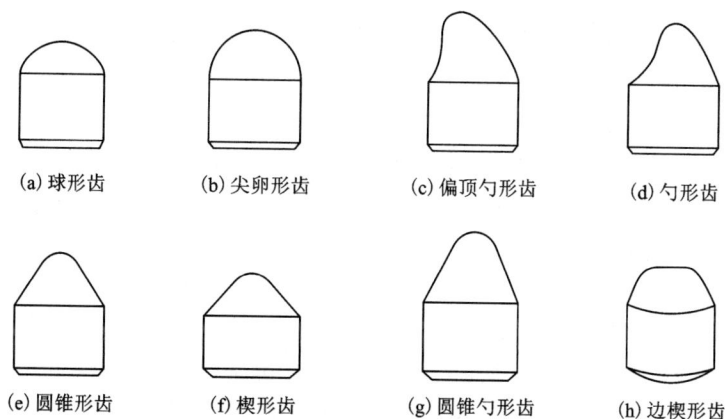

(a) 球形齿　　(b) 尖卵形齿　　(c) 偏顶勺形齿　　(d) 勺形齿

(e) 圆锥形齿　　(f) 楔形齿　　(g) 圆锥勺形齿　　(h) 边楔形齿

图5-3 硬质合金齿形图

①楔形齿:齿形呈"楔子"状,齿尖角为65°~90°,适用于破碎高塑性的软地层及中硬地层。齿尖角较小的适合较软地层,齿尖角较大的适合较硬地层。齿尖部位皆做成圆弧面,各处棱角都倒圆,以防止齿尖崩碎。对中硬地层,齿尖部位圆弧较大(称钝楔形齿)或齿较宽(称宽楔形齿)。

②圆锥形齿:锥形有长锥、短锥、单锥、双锥等多种形状,以压碎方式破碎岩石,强度高于楔形齿。锥角为60°~70°的中等锥形齿用来钻中硬地层,如石灰岩、白云岩、砂岩等;90°锥形及120°双锥形齿用来钻研磨性高的坚硬岩石,如硬砂岩、石英岩、燧石等。

③球形齿:顶部为半球体,以压碎和冲击方式破碎高研磨性的坚硬地层,如石英岩、玄武岩、花岗岩等,其强度和耐磨性均较高。

④尖卵形齿：球形齿的变形，齿高较大但有一定强度，同样用在高研磨性的坚硬地层。

⑤勺形齿：美国休斯公司于 20 世纪 80 年代推出的齿形，是一种不对称的楔形齿，其切削地层的工作面是内凹的勺形，背面是微向外凸的圆弧形。这种结构可改善牙齿的受力状况，既可提高破碎效率，又能增加齿的强度，可高效破碎极软至中软地层岩石。在勺形齿基础上，又进一步发展了偏顶勺形齿及圆锥勺形齿。偏顶勺形齿的齿顶相对于其轴线偏出一定距离，其凹面正对被切削的地层，这样可以进一步改善牙齿受力面的应力分布，提高牙齿的破岩效率，延长牙齿的工作寿命；圆锥勺形齿是在圆锥形齿的基础上产生的，其切削地层工作面内凹，背面是微向外凸的圆弧形。

此外还有平顶形齿，这种齿形为圆柱体，端部有倒角，只用在牙轮钻头的背锥上以防止背锥磨损，可达到保径及延长钻头寿命的目的。

2）轴承

牙轮钻头轴承由牙轮内腔、轴承跑道、牙掌轴颈、锁紧元件等组成。轴承副有大、中、小和止推轴承四个。根据轴承密封与否，钻头轴承可分为密封和非密封两类；根据轴承副的结构，钻头轴承分为滚动轴承和滑动轴承（指主要承载轴承，即大轴承）两大类。随着轴承技术的发展，近年来又开发出多种新轴承，如浮动轴承、滚滑轴承和镶套轴承。

对于滚珠轴承、滚柱轴承及滑动轴承，其轴承副之间的接触方式分别为点接触、线接触和面接触，因此，后者的承压面积大、荷载分布均匀、吸收震动较好，对于承受荷载较大的牙轮钻头，显然采用后者较为有利。因此，牙轮钻头的大轴承及小轴承都采用滚柱轴承或滑动轴承。应当指出，如果钻头的轴承得不到良好的润滑，则滑动轴承将很快失效。

中轴承的作用是锁紧牙轮，因此它非常重要。如果中轴承磨损，则牙轮会从轴颈上分离下来，发生掉牙轮事故。即使中轴承磨损后没有达到牙轮从轴颈上分离的程度，也会失去其定位作用，而且牙轮和轴颈之间松动会加剧轴承磨损。一般用滚珠轴承作为中轴承，有些钻头用卡簧代替滚珠轴承，这样可进一步增加大轴承的面积，同时可简化轴承结构及加工工艺。

3）储油润滑密封系统

牙轮钻头的储油润滑密封系统既能保证轴承得到润滑，又可以有效地防止钻井液（包括钻井液中的液相和固相）进入钻头的轴承内，从而大幅度地延长轴承及钻头的使用寿命。

压力补偿膜又称储油囊，用耐油橡胶制成。护膜杯装于其外或其上，用压盖压紧护膜杯。整个储油装置安装在牙爪的储油孔内，通过传压孔与外界连通，通过长油孔与轴承腔内连通。密封圈固紧在牙轮轴颈的根部，密封牙轮轴承内腔。

钻头工作时，牙轮上的牙齿在破碎地层的同时受到地层的反作用力，使牙轮沿轴线方向产生高频振动，使轴承腔内外产生压差，使轴承腔内产生抽吸和排液作用。由于密封圈的作用，钻井液不会被抽吸到轴承腔内，轴承腔内的润滑油脂也不会流出钻头，而储油腔内的润滑油脂则会被抽吸到轴承腔内。储油润滑密封系统还通过传压孔、压力补偿膜使轴承腔内润滑油脂的压力与钻头外的钻井液压力一致，使密封圈在较小的压差下工作，以保证密封效果。

密封圈是影响密封效果的主要零件。密封圈有碟形密封圈、O 形密封圈及金属密封圈等几种。金属密封圈是美国休斯公司近年研制成功的新式密封元件，采用优质不锈钢加工而成，这种密封圈用于较新型的 ATM 系列钻头上，使 ATM 系列钻头可适应高转速的钻井条件，提高钻头的工作性能。

4）水力系统

钻头的水眼喷嘴及流体上返空间构成钻头的水力系统结构。其主要作用是清洗、冷却钻头、上返岩屑，以辅助破岩。钻头水眼是钻井液流出钻头射向井底的流道。普通钻头（非喷射式）水眼是在钻头体的适当位置开孔并焊上水眼套。

在钻进中，为了充分利用钻头水力功率，可使高速液体直接射向井底，以充分清除井底岩屑，提高钻进效率，这种钻井技术称为喷射钻井。适合喷射钻井的钻头称为喷射式钻头。喷射式钻头在水眼处装有硬质合金喷嘴。在钻头使用前，应合理选择合适尺寸（内径）的喷嘴并用不锈钢弹性挡圈将喷嘴卡紧在钻头上的水眼内，钻头使用后喷嘴还可以卸下重复使用。常见喷嘴组合有：双喷嘴组合、三喷嘴组合、多喷嘴组合。特殊用途喷嘴有：定向喷嘴、加长喷嘴、超长喷嘴、脉冲喷嘴等。

5）牙轮及牙齿的布置

牙轮钻头上的布置主要有非自洗无滑动布置、自洗不移轴布置和自洗移轴布置三种方案，适用于不同性质的地层。

（1）非自洗无滑动布置。

该布置方案的主要特点是牙轮为单维结构，牙齿一般采用较短的球形和尖卵形镶齿，此相邻牙轮的齿圈互不嵌合，三个牙轮的轴线相交于钻头中心线上的同一点，不超顶，不移轴。这种结构的牙轮钻头适用于硬地层。

（2）自洗不移轴布置。

该布置方案的主要特点是牙轮为复锥结构，牙齿一般采用中等长度的圆锥形和勺形镶齿，相邻牙轮的齿圈相互嵌合，一个牙轮的齿圈之间积存的岩屑可由另一个牙轮齿圈的牙齿除去，这样可防止牙齿间积存岩屑而产生泥包。三个牙轮的轴线均通过钻头中心线，但副锥的顶点均超出钻头中心一定的距离（称为超顶距）。这种结构的牙轮钻头适用于中硬地层。

（3）自洗移轴布置。

该布置方案的主要特点是牙轮为复锥结构，牙齿一般采用尺寸较大的楔形齿，相邻牙的齿圈相互嵌合，三个牙轮的轴线均不通过钻头中心线，而是向钻头旋转方向平移一定的距离（称为移轴距）。牙轮副锥的顶点均超过钻头中心一定的距离。因此，这种结构的牙轮钻头兼有齿圈嵌合、超顶和移轴特征，适用于软地层。

牙齿在牙轮上的排列布置直接影响钻头的钻进效率，因此是非常重要的。牙齿的布置一般遵循以下原则：

（1）在钻头每转一周过程中，牙齿应全部破碎井底，保证井底岩石不残留未破碎圈。

（2）牙轮在重复滚动时应使牙齿不落入别的牙齿已破碎的旧坑内，因此钻头转动一周，应使每个齿圈在井底滚动的周长与齿距之比不为整数，且各齿圈的间距不应大于井底破碎坑之宽。

（3）各牙轮齿圈上的牙齿数应使每个牙齿都能均匀地承担破碎井底岩石的任务，因此外圈齿数应多些，内圈齿数可少些。

2. 牙轮钻头的破岩机理

牙轮钻头在钻进压力和回转力的共同作用下，通过滚动、滑动和冲击振动对岩石产生冲击、压碎和剪切的复合破岩作用。与其他高成本钻头相比，牙轮钻头成本低、破岩速度快、成井质量良好。

1）牙轮钻头在井底的运动形式

牙轮钻头在井底的运动形式主要有以下四种。

（1）公转：牙齿连同牙轮一起随钻头绕钻头轴线做顺时针方向的旋转运动。公转的转速就是转盘或井下动力钻具带动钻头旋转的转速。

（2）自转：牙齿随牙轮绕牙轮轴线做逆时针方向的旋转运动。自转是破碎岩石时牙齿与井底岩石相互作用的结果。自转转速与钻头转速、牙轮结构、牙齿布置以及牙齿对井底岩石的作用力有关。

（3）纵向振动：牙轮在井底滚动的同时将使牙轮及钻头产生纵向振动。这种振动是由牙轮以单齿着地时轴心上升，以双齿着地时轴心下降引起的。振动频率与牙轮齿数（外圈齿）及牙轮转速成正比；振动幅度与牙轮半径成正比，而与牙轮外圈齿数成反比；振动的冲击速度与牙轮半径及转速成正比，而与外圈齿数成反比。在实际情况下，井底振动除有单双齿交错接触井底所引起的较高频率的振动外，在纵向上还有低频率、振幅较大的振动，这是由井底不平或有凸台引起的。

（4）滑动：破碎不同类型岩石，对钻头要求不同的滑动量，可以通过设计钻头时采用不同的结构及参数获得。一般来说，软地层钻头应具有较大的滑动量，硬地层钻头应尽量减少或不产生滑动，避免牙齿早期损坏。但是，由于钻头工作时，牙轮与牙掌轴颈的相对运动总是存在摩擦阻力等，即使设计的是纯滚动钻头，实际钻进中依然存在着滑动。对于纯滚动钻头做室内试验，发现约20%是滑动。其中，超顶布置的牙轮钻头的牙齿在井底滚动的同时将产生沿着钻头中心线切向方向的滑动，即牙轮的切向滑动。而移轴布置的牙轮钻头，其牙齿在井底滚动的同时还产生沿着牙轮轴线方向的滑动，即牙轮的轴向滑动。

2）牙轮钻头的破岩作用

牙轮钻头的切削齿具有围绕钻头轴线公转、围绕牙轮轴线自转的特点，因而牙轮钻头在切削岩石时主要有纵向振动和滑动运动两种形式。因此牙轮钻头的切削作用主要由纵向振动产生的冲击压碎作用和滑动产生的滑动切削作用组成（图5-4）。

（1）冲击压碎作用。

牙轮钻头工作时，牙轮绕牙轮轴线滚动，交替地以单齿和双齿接触凹凸不平的井底，使牙轮钻头产生纵向振动。在每次振动中，钻头上行，压缩下部钻柱，储存变形位能；钻头下行，被压缩的下部钻柱恢复原长，位能转化为钻头冲击岩石的动荷载。动荷载与静荷载压

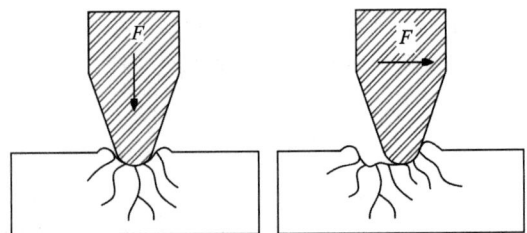

图5-4　牙轮钻头工作示意图

入力通过牙齿作用在岩石上，形成对井底岩石的冲击、压碎，这种作用是牙轮钻头破碎岩石的主要方式。

钻头工作时所产生的冲击荷载有利于破碎岩石，但是也会使钻头轴承过早损坏，使牙齿（特别是硬质合金齿）崩碎，同时也使钻柱在不利的条件下工作。

（2）滑动切削作用。

牙轮钻头的超顶复锥和移轴结构使牙轮在井底滚动的同时还产生牙齿对井底的切向滑动和轴向滑动，切削齿间岩石。牙齿的切向滑动可以切削掉同一齿圈相邻牙齿破碎坑之间的岩石；牙齿的轴向滑动则可以切削掉齿圈之间的岩石。

牙齿的滑动虽然可以切削井底岩石以提高破碎效率，但也相应地使牙齿磨损加剧。移轴引起的轴向滑动使牙齿的内端面部分磨损，而超顶和复锥引起的切向滑动使牙齿侧面磨损。因此，牙齿（特别是铣齿）的加固应根据不同情况区别对待。

5.1.2　金刚石钻头

金刚石钻头是一种固定齿钻头，其工作刃为金刚石。金刚石是已知的极坚硬和极耐磨的材料之一，非常适合钻坚硬和研磨性地层。因此，金刚石钻头在 20 世纪 50 年代开始在石油钻井中得到应用。随着油气勘探开发向深部层的不断发展，深井和超深井的数量也在不断增加。对于深井和超深井钻井，由于起下钻时间长，处理井下事故的难度大、效率低，因此钻头的寿命和安全性变得尤为重要。牙轮钻头由于牙齿材料和轴承的限制，钻头寿命较短，单只钻头进尺较少，且存在掉牙轮的风险。相比之下，金刚石钻头具有在井下工作寿命长、钻头进尺高、起下钻次数少、井下安全性高等优点。由于金刚石钻头没有轴承等活动部件，可以采用高转速钻井，从而弥补了每转切削量较小的缺点，机械钻速达到了牙轮钻头的水平，有时甚至超过牙轮钻头。金刚石钻头配合高速涡轮钻具钻井已逐渐发展成为有效提高深井、超深井钻井速度的重要技术之一。

1. 金刚石

1）金刚石的物理机械性能

金刚石是碳在高温高压下形成的结晶体，其晶体结构为正四面体。在单位晶胞中，碳元素位于四面体的顶角和中心，每个碳原子与相邻的四个碳原子共用四对价电子，形成四个共价键。因为共价键的结合力很强，正四面体晶体结构非常稳定，所以金刚石的硬度很高，耐磨性很高。金刚石的摩氏硬度为 10；其显微硬度为 100 GPa，是刚玉的四倍、石英的八倍；抗磨能力为硬质合金的 100 倍，钢的 5000 倍；抗压强度高达 88000 kg/cm^3。

最常见的金刚石晶体形状为八面体，其次是菱形十二面体和立方体，由于实际形成结晶时的形状不规则，还有圆形等其他形状。

钻头用金刚石必须质地坚固，形状规则，如十二面体、八面体、立方体或其他接近球体的形状。

金刚石除了具有极高的硬度和耐磨性等优点外，也存在一定的缺点。金刚石同一切硬质材料一样，脆性较大，受到冲击荷载时容易碎裂。金刚石的另一个缺点是其热敏感性，它在空气中，温度在 450~860 ℃时就会发生石墨化燃烧。但金刚石与钨、碳化钨或在石墨模具中烧结时，其氧化速度可降低 50%~90%。在惰性气体保护或真空条件下，金刚石不会燃烧，但约在 1430 ℃，其晶体结构会转化成石墨的正六边形平面结构，其硬度和强度将大大降低。

2）钻头用金刚石

钻头使用的金刚石分为天然金刚石和人造金刚石两大类。

天然金刚石的产地大多集中在南非、西非和刚果等地区，按品种可分为卡邦（carbon，又名黑色金刚石)、巴拉斯(ballas)、包尔兹(boartz)和刚果(congo,又称刚果包尔兹)四种。卡邦金刚石的品级最高,稀少珍贵,所以很少用于钻头。巴拉斯金刚石的性能及价格仅次于卡邦,也很少用于钻头。包尔兹金刚石呈浑圆粒状,具有硬度高、多边缘等特征,且价格较便宜,故是钻头用主要品种。刚果金刚石多为碎粒状,硬度次于包尔兹,但价格更便宜,精选可用。

天然金刚石使用最早并一直使用,因价格昂贵,钻头造价高。20世纪50年代以来,人工合成金刚石技术兴起,人造金刚石逐渐取代了天然金刚石,并在工业中得到广泛应用。

人造金刚石分为单晶和聚晶两种。单晶是人造金刚石的基本品种,它是用超高压(5~10 GPa)和高温(1100~3000 ℃)合成技术使石墨等碳质原料和某些金属触媒(Ni、Mn、Co、Fe、Cr 等及其合金)反应生成的金刚石晶体,粒度为几微米到几毫米,其典型晶形为立方体(六面体)、八面体和十二面体以及它们的过渡形态。

聚晶是用细小的金刚石单晶微粒(直径为 1~100 m 和金属黏结剂在高温(1600 ℃左右)高压(7000 MPa)下烧结而成的较大颗粒的多晶金刚石。聚晶的形状可根据需要制成圆柱形、三角形或其他多边形状。普通聚晶金刚石多以金属 Co 作为金属黏结剂。由于 Co 与金刚石之间的热膨胀系数相差很大,故以金属 Co 为黏结剂的聚晶的热稳定性较差,一般认为其受热不宜超过 700 ℃。为提高聚晶金刚石的热稳定性,美国 G. E. 公司采用特殊的酸处理工艺将 Geoset 聚晶块中的 Co 黏结相去掉,制成热稳定聚晶金刚石(TSP),并命名为 bllaset,其耐热性为 1200~1300 ℃。随后,英国 De Beers 公司又研制成功了 syndax 3 热稳定金刚石聚晶体,它用热膨胀系数与金刚石相近的 SiC 代替原来的黏结相 Co,大大提高了金刚石的耐温性能。热稳定聚晶金刚石目前已成为钻头使用的主要材料。

2. 金刚石钻头的结构

金刚石钻头由金刚石、胎体、钢体、水眼、水槽和保径等部分组成。胎体为 WC-Co 的烧结体,其主要作用是包镶金刚石,并提供足够高的硬度、包镶强度以及耐磨、耐冲蚀性能。钻头冠部胎体表面镶嵌金刚石,并布置有水眼和水槽。钢体为普通碳钢或低合金钢,上部是丝扣,和钻柱相连接;其下部与胎体烧结在一起。

按金刚石材料的不同,可把金刚石钻头分为天然金刚石钻头和人造金刚石钻头两大类;按金刚石的包镶方式不同,又可分为表镶金刚石钻头和孕镶金刚石钻头两大类;按结构和功用不同,还可分为全面钻进钻头和取心钻头两类。采用热稳定聚晶金刚石作为切削刃的金刚石钻头又称为 TSP 钻头(图5-5)。

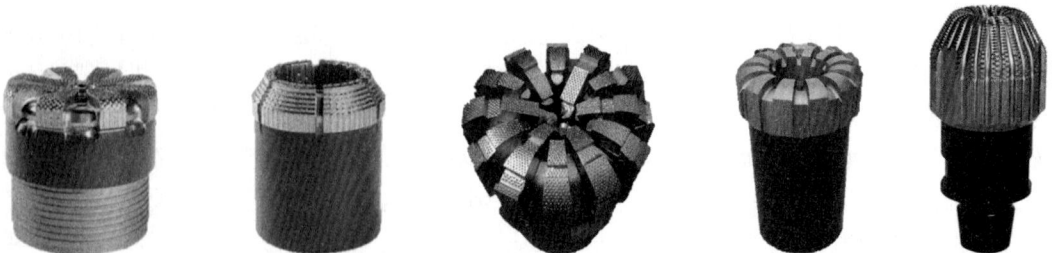

(a) 表镶金刚石全面钻进钻头　(b) 表镶金刚石取心钻头　(c) 孕镶金刚石全面钻进钻头　(d) 孕镶金刚石取心钻头　　(e) TSP钻头

图5-5　常用的金刚石钻头

金刚石钻头的结构设计主要包括剖面形状设计、水力结构设计、金刚石布齿设计和保径设计等内容。

1）剖面形状

剖面形状是指钻头冠部表面轮廓线的形状。根据岩石特性及钻井条件合理设计钻头的剖面形状，是提高金刚石钻头使用效果的最基本、最重要的工作。金刚石钻头常用剖面形状如图 5-6 所示。

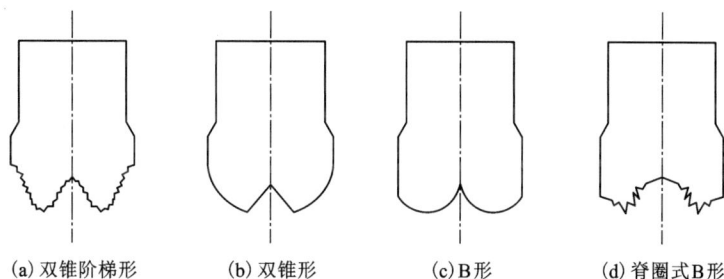

(a) 双锥阶梯形　　(b) 双锥形　　(c) B 形　　(d) 脊圈式 B 形

图 5-6　金刚石钻头不同冠部形状

（1）双锥阶梯形。

这种冠部形状除两个锥面外还有阶梯或螺旋阶梯，其特点是钻头顶部形状比较尖锐，工作时顶部金刚石受力比其他部位的大。钻头顶部吃入地层后，外锥面阶梯上的金刚石也相应地吃入地层。阶梯的存在增加了岩石的自由面，有利于提高岩石的破碎效率。这种形状的钻头适于钻软到中硬的地层，如硬石膏、泥岩、砂岩、石灰岩等。

（2）双锥形。

双锥形钻头在较硬和致密的岩石（如较硬的砂岩、石灰岩、白云岩等）中钻进时，顶部及阶梯上的金刚石易碰碎而出现较多的薄弱环节。在这类地层中，钻头宜采用双锥形剖面。这种钻头的工作面由内锥、外锥和顶部圆弧三部分组成，内锥角一般在 60°～70°，外锥角在 40°～60°。

（3）B 形。

上述两种钻头的冠部形状虽不相同，但钻头顶部形状比较尖锐，顶部金刚石所承受的荷载大于其他部位，因而在硬地层中，由于岩石硬度增加，钻进时作用在金刚石上的应力和因钻柱震动引起的冲击荷载也相应增加。为使钻进时钻头上各部位金刚石受力尽可能均匀，防止局部早期损坏，采用 B 形工作面。B 形工作面由内锥和圆弧面组成，内锥角不小于 90°，其结构特点是顶部较宽也较平缓，适于钻硬地层，如硬砂岩及致密的白云岩等。

（4）带波纹（或称脊圈式）的 B 形。

这种冠部形状的外形和 B 形相同，不同的是其内锥和圆弧面上带有螺旋形波纹槽，金刚石镶在波纹的波峰上。这种钻头适于钻石英岩、火山岩和硬砂岩等坚硬地层。

2）水力结构设计

金刚石钻头均采用水眼-水槽式水力结构，钻井液从水眼中流出，经水槽流过钻头工作面，冲洗每一粒金刚石前的岩屑并冷却、润滑每一粒金刚石，最后携带岩屑从侧面水槽及排屑槽流入环形空间。

钻头工作时，金刚石压在地层岩石上，并相对岩石表面高速运动，因而产生大量的摩擦热，使金刚石温度升高。由于金刚石的热稳定性差，如果钻井液不能及时冷却金刚石，则金刚石将会被"烧毁"。金刚石前面切削出的岩屑如不及时清洗，就会导致钻头工作面的堵塞而使金刚石端部产生局部高温，进而使金刚石逐渐被"烧毁"。因此，金刚石钻头的水力结构必须为每一粒金刚石的冷却、润滑及清洗提供保证条件。

金刚石钻头常用的水力结构有四种，分别是逼压式水槽、辐射形水槽、辐射形逼压式水槽、螺旋形水槽。

（1）逼压式水槽。

这种水力结构的水槽分布在金刚石钻头工作面上，包括高压水槽和低压水槽。高压水槽入口截面面积小于低压水槽，随着水槽向外延伸，高压水槽的截面面积逐渐减小，而低压水槽的截面面积却逐渐增大。因此，在高、低压水槽间形成一定的压差。在此压差作用下部分钻井液从高压水槽漫过金刚石工作面后进入低压水槽，能有效地清洗、冷却及润滑每粒金刚石。这种水槽一般用于软地层钻头。

（2）辐射形水槽。

这种水力结构的水槽为辐射形且在钻头工作面上均匀分布，金刚石工作面很窄（一般仅放1~2排金刚石），所以钻井液从水眼流到水槽后能很好地冲洗岩屑、冷却金刚石。这种水槽一般用于软到中硬地层钻头。

（3）辐射形逼压式水槽。

这种水力结构的水槽是上述两种水槽的组合，常用于中硬到硬地层钻头和涡轮钻金刚石钻头。

（4）螺旋形水槽。

这种水力结构的水槽为反螺旋流道，在钻头高转速条件下强迫钻井液流过金刚石工作面，有时结合逼压式水槽原理。这种水槽常用在高转速条件下。

以上四种水槽结构中，辐射形逼压式水槽效果最好。

3）金刚石布齿设计

（1）金刚石的粒度与出刃量。

钻头用金刚石的粒度根据地层而定。对较软地层，宜采用较大粒度的金刚石；对较硬层，宜采用较小粒度的金刚石。表镶天然金刚石钻头和孕镶金刚石钻头常用粒度范围见表5-2和表5-3。

无论粒度大小，金刚石的最大出露量约为其直径的1/3。如果出露过多，则金刚石包镶不牢固。

表5-2　表镶天然金刚石钻头粒度推荐值

岩性	中硬	硬	坚硬
粒度	粗粒	中粒	细粒
粒度/（粒·ct^{-1}）	15~25	25~40	40~60

注：1 ct = 0.2 g。

表 5-3 孕镶金刚石钻头粒度推荐值

岩性		中硬-硬		硬-坚硬	
粒度/目	天然	20~30	30~40	40~60	60~80
	人造	>46	46~60	60~80	80~100

（2）金刚石用量。

金刚石用量与所钻地层岩石性质有关。地层硬，布齿密度高一些，金刚石用量较大；地层软，布齿密度低一些，金刚石用量较小。此外，钻头结构和尺寸不同，金刚石用量也不同。

（3）金刚石的排列。

金刚石在钻头上的排列方式目前常见的有放射状排列、螺旋状等间距排列及同心圆等间距排列三种。

4）保径设计

金刚石钻头的保径部分在钻进时起到扶正钻头、保证井径不致缩小的作用。采用在钻头侧面镶装金刚石的方法达到保径目的时，金刚石的密度和质量可根据钻头所钻岩石的研磨性和硬度而定。对于硬而研磨性高的地层，保径部分的金刚石的质量应较高，密度也应较大。保径部分的结构形式有拉槽式、平镶式和组合式。

3. 金刚石钻头的破岩机理

金刚石钻头的破岩作用是由金刚石颗粒完成的。在钻压和旋转扭矩的作用下，金刚石颗粒连续施加给井底岩石以正压力和切向力，使岩石破碎，主要破岩方式有压碎、剪切、切削、研磨等。钻头类型和岩石性质不同，各种破岩方式所占的地位也就不同。

表镶金刚石钻头破碎硬的脆性岩石时，破岩方式以压碎和体积崩碎为主，其特点是体积崩碎破碎岩石的体积远大于金刚石颗粒吃入与旋转破碎岩石的体积，破碎塑性大的硬及中硬岩石时，主要破岩方式是切削，其特点是"犁开"，切削深度基本上等于金刚石颗粒的吃入深度。当金刚石沿同心圆运动时，它向岩石传递一定的能量，岩石吸收能量后产生破碎并形成小的沟槽。在弹-脆性岩石中，由于大、小剪切体的产生，沟槽的宽度大大超过了金刚石吃入岩石的深度。在破碎岩石的同时，金刚石逐渐被磨钝。这时磨钝的金刚石在轴载的作用下使岩石产生应变，应变的结果是在岩石中出现一些微小的裂纹，使岩石的致密结构被改变（图 5-7）。裂纹的数量及其深度取决于传递给每粒金刚石的轴载大小和钻头转速。金刚石被磨钝后，必须在孔底某一点处多次重复补充荷载才可能使岩石产生破碎，即这时的岩石破碎过程具有疲劳破碎的性质。

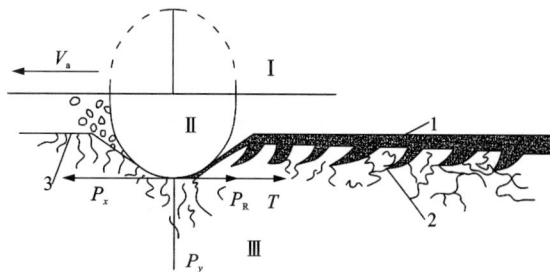

1—被压皱的岩石；2—岩石中的拉应力；3—被压碎、剪切的岩石；
Ⅰ—钻头体；Ⅱ—表镶金刚石出刃；Ⅲ—岩石。

图 5-7 金刚石切削刃工作示意图

孕镶金刚石钻头的孔底碎岩过程不同于表镶金刚石钻头。因为它用的金刚石颗粒小，且埋藏于胎体之中，孕镶金刚石钻头必须在钻进过程中保持自磨出刃的性能（称为"自锐"）才能维持钻速定而不减。总体来说，孕镶金刚石钻头以细粒金刚石均匀分布在钻头胎体（孕镶层）内，随着胎体的磨损，金刚石不断出露，形成一个个小刀刃。钻头上的每一微粒金刚石可比作砂轮上的一个磨粒，在钻压和扭矩的作用下，连续刻划、磨削岩石。当然，如果唇面金刚石出露较好时，也不排除在磨削的同时存在着孔底的微剪切和微压碎作用。实际上，砂轮在高速磨削工作中，自身也被磨耗，但由于它的"自锐"作用而常处于锐利状态。对孕镶金刚石钻头而言，金刚石钻头的破岩效果除了与岩性以及影响岩性的外界因素（如压力、温度、地层流体性质等）有关外，钻压大小是重要的影响因素。金刚石钻头和牙轮钻头一样，破岩时都具有表层破碎、疲劳破碎、体积破碎三种方式。只有当金刚石颗粒具有足够的比压吃入岩石，使岩石发生体积破碎时，才能取得理想的破岩效果。如果胎体性能与所钻岩石不适应或没有保证足够的钻压，胎体不能超前磨耗并让丧失破岩能力的金刚石颗粒自行脱落，则无法实现"自锐"。在孔底过程中表现为钻头"打滑"，钻速迅速下降。无论是表镶金刚石钻头还是孕镶金刚石钻头，在孔底的工作过程都是非常复杂的。钻头被钻具紧压在孔底岩石表面，钻具的振动和弹性变形加强或减弱了加在孔底的钻压，而往复泵送出的压力流体也是脉动的，更加剧了钻具和钻头的振动。因此，学者们认为孔底还存在着微动载的破岩过程。

5.1.3 PDC 钻头

PDC（polycrystalline diamond compact）钻头是聚晶金刚石复合片钻头的简称，它以锋利、高耐磨、能"自锐"的聚晶金刚石复合片作为切削元件，在钻压和扭矩的作用下连续切削破碎岩石。PDC 钻头在软-中硬的地层中钻进，具有钻速快（牙轮钻头的 2~4 倍）、进尺高（牙轮钻头的 4~6 倍）、井下钻头事故少等牙轮钻头无可比拟的优势，因此是目前钻进破岩工具的主力军。

1. 聚晶金刚石复合片

PDC 钻头以聚晶金刚石复合片作为切削齿。聚晶金刚石复合片是 20 世纪 70 年代研发出来的一种超硬复合材料，它由两部分组成，一部分是作为耐磨工作体的聚晶金刚石层，另一部分是作为支撑体的碳化钨合金基体（图 5-8）。聚晶金刚石复合片常用的制造方法是将人造金刚石微粉与黏结金属（钴等）按一定比例混合，然后铺放在碳化钨合金基体上，形成一定厚度的金刚石层，最后在高温（1500 ℃）、高压（6 GPa）条件下烧结而成。

聚晶金刚石复合片是金刚石聚晶层与硬质合金的复合体。聚晶金刚石层由许多细小的、取向不规则的金刚石晶体构成，不存在单晶金刚石所固有的解理面，因此其强度和耐磨性极高，且不易碎裂。硬质合金基体支撑着聚晶金刚石层，使其更耐冲击，并具有可焊性。在钻进破碎岩石的过程中，由于硬质合金比聚晶金刚石层磨损快，聚晶金刚石复合片始终能保持锋利的切削刃，正是这种"自锐"作用使得 PDC 钻头破岩效率高、钻进速度快。

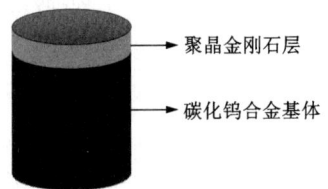

图 5-8　聚晶金刚石复合片示意图

金刚石和硬质合金都属于脆性材料，因此聚晶金刚石复合片也属于脆性体，其抗冲击性能较差,不能承受较大的冲击荷载。另外,聚晶金刚石复合片的热稳定性较差。研究表明,当工作温度超过 350 ℃时,其磨损速度显著加快;当工作温度超过 730 ℃时,可引起聚晶金刚石层的强度失效。这主要是因为在聚晶金刚石层中,黏结金属钴的热膨胀系数(1.22×10^{-4} mm/K)比金刚石的热膨胀系数(3.3×10^{-5} mm/K)大得多,不同的膨胀速率将在金刚石层产生内应力,引起晶间裂缝,导致结构强度降低。

由于聚晶金刚石复合片性能优异,国内外竞相研制和生产,形成了多种尺寸和规格的产品,供使用者选择。表 5-4 列出了目前常用的聚晶金刚石复合片的型号及规格。

表 5-4 常用聚晶金刚石复合片型号及规格

型号	直径/mm	长度/mm	金刚石厚/mm	刃部倒角	适用地层
0808	8.00	8.0	2	0.25×45°	硬地层
1308	13.44	8.0	2	0.25×45°	均质中硬地层
1313	13.44	13.2	2	0.25×45°	非均质中硬地层
1608	16.00	8.0	2	0.25×45°	均质中等地层
1613	16.00	13.2	2	0.25×45°	非均质中等地层
1908	19.05	8.0	2	0.25×45°	均质软地层
1913	19.05	13.2	2	0.25×45°	非均质软地层
1916	19.05	16.0	2	0.25×45°	非均质含砾软地层

2. PDC 钻头结构

PDC 钻头由聚晶金刚石复合片、钻头体、喷嘴及水槽、保径和接头等部分组成,如图 5-9 所示。PDC 钻头一般采用刀翼式切削结构。聚晶金刚石复合片钎焊在刀翼上预制的齿窝内。刀翼之间为水槽,水槽内布置与钻头内腔连通的水眼,水眼内安装喷嘴,为钻井液提供流动通道。保径部位焊金刚石或聚晶金刚石复合片,提高其耐磨能力,防止钻头缩径。接头上端与钻头体焊接在一起,下端车有丝扣,与钻柱连接。

按钻头体材料的不同可将 PDC 钻头分为钢体钻头和胎体钻头两大类。钢体钻头的钻头体一般为合金钢材料,采用机械加工工艺制成。为提高钢体钻头的耐磨耐冲蚀能力,通常在钢体表面敷焊一层硬质合金耐磨材料。胎体钻头的钻头体为 WC-Co 烧结体(胎体),采用粉末冶金工艺烧制而成。为增强胎体刀翼的抗折强度以及便于与接头焊接,钻头胎体内夹有钢芯,一端与胎体烧结在一起,另一端与接头焊接在一起。PDC 钻头属于一体式固定齿钻头,无活

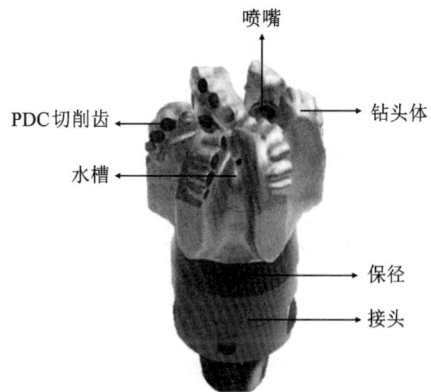

图 5-9 PDC 钻头结构示意图

动部件，钻头结构及制造工艺都比牙轮钻头简单。

PDC 钻头结构设计包括剖面形状设计、布齿设计、水力结构设计和保径设计等。

1) 剖面形状设计

PDC 钻头的剖面形状是指钻头工作表面轮廓线的形状。PDC 钻头的剖面形状决定了其布齿面积，并对钻头工作性能有着重要的影响。最初，PDC 钻头的剖面形状设计主要参考金刚石钻头的剖面形状。经过多年的完善和发展，逐渐形成了 PDC 钻头所特有的剖面形状。PDC 钻头的剖面形状由内锥、冠顶、外锥、肩部和保径五个部分构成。

(1) 内锥形状一般为直线，其主要作用是抵抗钻头横向力，防止钻头横移，使钻头工作平稳。内锥角取值范围为 130°~150°，地层越硬，内锥角越大。

(2) 冠顶形状常设计为圆弧。对软地层，冠顶圆弧半径小一些，以提高钻头吃入地层的能力；而对硬地层或软硬交错地层，冠顶圆弧半径大一些，以使切削齿受力较均匀，避免单齿受力过大而先期损坏。

(3) 外锥形状多为抛物线。外锥长度决定其布齿面积。对软地层，外锥短一些，可减少布齿数量，以提高钻头吃入地层的能力；对硬地层，外锥长一些，可增加布齿数量，以提高钻头的耐磨性。

(4) 肩部是指从外锥向保径过渡的部位。该部位旋转半径最大，摩擦路程最长，承受的冲击荷载加大，是整个钻头最薄弱的部位，需要加强布齿。

(5) 保径的作用是防止钻头直径磨小和使钻头工作平稳，以形成高质量的井眼。保径长度一般设计为 50~100 mm，通常镶嵌金刚石或聚晶金刚石复合片，以增强其耐磨性，防止井眼缩径。

多年来，国内外不少学者对 PDC 钻头剖面形状的设计理论及方法进行了研究，但至今尚未形成一种被普遍认可的设计方法，因此在进行具体的剖面形状设计时，主要依靠经验或类比同类型钻头的剖面形状确定内锥角、冠顶圆弧半径、外锥长度、肩部旋转半径和保径长度等相关参数。

2) 布齿设计

布齿设计是指按一定的规则将 PDC 切削齿（聚晶金刚石复合片）布置在各个刀翼上。设计内容包括切削点大小及类型、切削点数量、切削齿位置坐标和工作角的确定等。

布齿设计是否合理直接决定钻头性能的好坏。一个理想的布齿设计应满足以下几方面的要求：

(1) 井底覆盖良好，钻头旋转一周不能留下未破碎的岩脊。

(2) 各切削齿的磨损速度相等，避免因局部先期磨损而影响钻头寿命。

(3) 同一刀翼上相邻切削齿之间互不干涉，并保留适当的间距。

(4) 刀翼和切削齿的分布有利于提高水力清洗和冷却效果。

(5) 钻头受力能达到平衡状态，使钻头工作平稳。

(6) 钻进速度快，钻头寿命长，成本低。

布齿设计的第一步是根据地层的性质选择合适的 PDC 切削齿。一般地，研磨性强的地层（如石英砂岩）应选择磨耗比高的切削齿；软硬交错严重或富含砾石的地层应选择抗冲击能力强的切削齿。较硬的地层应选择直径较小的切削齿，以提高钻头吃入地层的能力；较软的地层应选择直径较大的切削齿，以提高机械钻速和钻头进尺。

布齿设计的第二步是径向布齿设计，即按某种规则(如切削体积相等、切削功率相等或磨损速度相等)沿钻头剖面线布置切削齿，确定切削齿数量和各切削齿的径向坐标、高度坐标和安装角，得到能反映布齿密度和井底覆盖情况的径向布齿图。

径向布齿设计的一般原则：①切削齿能完全覆盖井底；②各切削齿的磨损速度尽可能相等，其典型特征是由钻头中心向外，切削齿密度逐渐增大；③根据所钻地层性质和钻进条件确定合适的布齿密度(数量)。钻头布齿密度高，切削齿数量多，各个齿承担的切削量小，钻头寿命长，但机械钻速相应降低。因此，对于软地层、中深井等，布齿密度应低一些，而对于较硬的、研磨性地层和深井，布齿密度应高一些。

布齿设计的第三步是周向布齿设计。首先确定刀翼的数量、形状和各刀翼的周向位置，然后按某种规则(如同一刀翼相邻切削齿的间距相等或不能小于某数值)将切削齿分布在各个刀翼上，确定各切削齿的周向位置坐标。

周向布齿设计的一般原则：①同一刀翼上相邻切削齿之间互不干涉；②刀翼数量能满足布齿数量要求；③切削齿分布均衡，使钻头受力平衡；④刀翼之间留有足够大的水槽空间。

布齿设计的最后一步是切削齿工作角的设计。切削齿的工作角是指后倾角和侧转角。后倾角是指切削齿工作面与井底岩面外法线的夹角。侧转角是指切削齿工作面与过齿面中心的钻头径向线的夹角。

后倾角的主要作用是使切削齿工作刃能有效地吃入岩石，并具有较好的抗冲击性能。后倾角是PDC钻头的重要设计参数之一，对钻头性能的影响很大。室内实验研究和现场实践经验表明，PDC切削齿后倾角的合理取值范围为10°~25°。后倾角较小时，切削齿攻击岩石的能力强；后倾角较大时，切削齿攻击岩石的能力减弱，但抗冲击能力增强，不容易碎裂。

侧转角的主要作用是使切削齿在切削地层时对齿前岩屑产生一个侧向推力，提高切削齿的排屑能力，防止钻头泥包。侧转角一般取0°~10°。在钻头水力清洗效果良好的情况下，钻头不容易泥包，切削齿的侧转角对钻头性能没有明显的积极作用，此时侧转角可取零。

3)水力结构设计

PDC钻头水力结构的主要作用是有效清除井底岩屑和冷却切削齿，防止钻头泥包。PDC钻头一般采用喷嘴与开放式水槽相结合的水力结构。水力结构设计参数主要包括水槽宽度与深度以及喷嘴数量、大小、位置、倾斜方位和角度等。

水槽宽度由钻头尺寸和刀翼数量、位置及宽度决定；水槽深度由刀翼高度决定。一般地，在满足布齿和强度要求的前提下，刀翼数量应尽可能少，宽度应尽可能窄。硬地层，钻速慢，岩屑量较小，水槽应浅一些，保证切削齿完全出露即可；软地层，钻速快，岩屑量大，水槽应适当加深。

根据刀翼数量、位置和钻头尺寸来设计喷嘴的数量、位置、倾斜方位及角度。一般地，在每个水槽内靠近钻头中心的部位安装一个喷嘴，喷嘴出口方向与PDC切削齿工作面平行，并指向刀翼内侧两齿之间。对尺寸较大的钻头和软地层，为增强水力作用效果，常采用在长水槽内安装两个喷嘴，在短水槽内安装一个喷嘴的强化型水力结构。

研究和经验表明，泵压和排量对牙轮钻头和PDC钻头机械钻速的影响规律不同。对牙轮钻头而言，泵压对机械钻速的影响较大；而对PDC钻头来讲，排量对机械钻速的影响更加显著。因此，在进行PDC钻头的水力参数设计时，应优先考虑大排量，其次才考虑高泵压。

近年来，随着计算流体动力学(CFD)的迅速发展，国内外的主要钻头生产厂家逐步开始利用计算流体动力学数值模拟技术对 PDC 钻头水力结构进行优化设计。通过井底流场的数值模拟分析，优化 PDC 钻头喷嘴组合和布置方案，确定合理的水槽结构参数，使井底流场水力能量分布更加合理，从而获得最佳的水力清洗和冷却效果。

4）保径设计

钻头保径的作用是防止钻头直径磨小而导致井眼缩径，修整井壁以形成光滑井眼。为增强 PDC 钻头保径部分的耐磨性，通常在保径面上镶焊圆柱形金刚石聚晶块，或平镶聚晶金刚石复合片。对定向钻井用 PDC 钻头，还常在保径上下两端的台肩处安装被切平的 PDC 切削齿，以提高其保径和侧向切削能力。

PDC 钻头的保径长度一般为 50～100 mm。保径长度影响钻头的稳定性和导向性能。保径长，钻头稳定性好，钻出的井眼平滑，但其导向性能差，能获得的最大造斜率小。

3. PDC 钻头的破岩机理

PDC 钻头以切削方式破碎岩石。在钻压和旋转扭矩的共同作用下，钻头在井下做旋转和给进运动，连续侵入并剪切破碎岩石，将岩石一层层地剥离井底，从而使井眼不断加深。PDC 钻头在井底工作时，PDC 切削齿同时给岩石施加垂直于岩面的正压力和平行于岩面的切削力，如图 5-10 所示。在正压力和切削力的共同作用下，刃尖处岩石因应力集中首先被压碎，切削齿工作刃吃入岩石一定深度，接着挤压刃前岩石。随着刃-岩接触压力的增大，刃前岩石首先被压碎成粉末，并挤压成密实核，增加的荷载通过密实核继续传递给围岩。当岩石内产生的最大剪应力超过岩石的抗剪强度后，产生剪切裂纹，并沿一定的轨迹（近似对数螺线）迅速向自由面扩展，产生大体积剪切破碎，完成一次切削破岩过程。

岩石性质不同，PDC 钻头切削破岩过程的特点也就不同。对塑性岩石，PDC 切削齿在正压力和切削力的联合作用下吃入岩石一定深度并挤压刃前岩石，使之发生塑性破坏，岩屑不断地向自由面剪切滑移出去，切削过程是连续的、平稳的，切削力波动不大，类似于车刀切削金属的过程。对脆性岩石，其破碎过程是由三个阶段组成的循环过程，即碰撞压碎、形成密实核和剪切崩离，其切削过程是跃进式的、极不平稳的，切削力波动很大。岩层的均质性越差，钻头旋转速度越快，切削力波动幅度就越大。当切削力峰值超过 PDC 切削齿的抗冲击强度时，切削齿便发生崩刃。

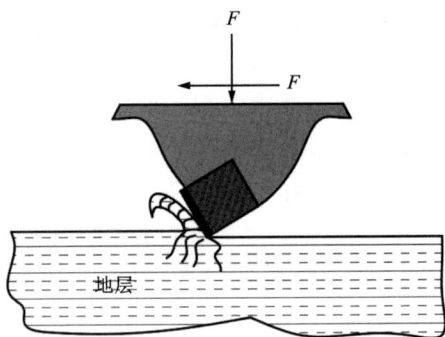

图 5-10　PDC 切削齿破岩示意图

与牙轮钻头相比，PDC 钻头破碎岩石的过程具有以下特点：

（1）PDC 钻头的主要破岩方式是剪碎而不是压碎，充分利用了岩石抗剪强度低的特点。

（2）PDC 切削齿同时受到正压力和切削力两向荷载的作用，比单纯受正压力作用的情况更容易吃入岩石。

（3）在钻进过程中，PDC 切削齿始终接触井底岩石，破岩过程是连续的，能量利用率高。因此，PDC 钻头在软-中硬地层中的破岩效率比牙轮钻头高得多。但在硬地层中，由于 PDC 钻头不能像牙轮钻头那样对井底岩石产生冲击作用，故破岩效率相对较低。当 PDC 切削齿不能有效吃入岩石时，则会出现"打滑"现象。

5.1.4　复合钻头

自从 PDC 钻头进入市场，它对全球石油和天然气钻井行业产生了深远影响。与硬质合金牙轮钻头相比，PDC 钻头寿命长、钻速快，结构简单，无活动部件，显著降低了钻井成本，提高了效率。随着制造技术和质量的提升，PDC 钻头的应用范围和使用量持续扩大。20 多年前，PDC 钻头的进尺占比不足 16%，如今已超过 90%，在全球油气市场占据 80% 的份额。然而，在硬地层和复杂地层中，PDC 钻头的应用仍有限，其主要用于软-中硬地层，难以深入硬质和研磨性强的地层。

工程和技术人员通过总结现场经验，对传统 PDC 钻头进行创新优化，设计出适应各种典型地层的个性化提速钻头，复合钻头成为油气井钻头发展的重要趋势。复合钻头设计基于常规 PDC 钻头的基材和设计，通过添加特殊材质、齿形或具有特殊破岩功能的增强部分，分为材质复合、破岩机理复合和异形齿复合三类[1]。设计时，目标是发挥增强部分的优势，同时弥补原始钻头和增强部分的不足。对于难以钻探的地层，首先根据现有数据确定基本钻头类型，然后根据现场需求和改进目标选择增强部分，通过调整优化以满足特定地层的性能指标。下面将通过案例进行详细阐述。

1.复合钻头类型

1）材质复合

2013 年，国民油井华高（National Oilwell Varco，NOV）公司将图 5-11 所示的用于钻进难钻地层的 FuseTek 复合钻头推向市场。该钻头将具有高转速的 PDC 钻头和高耐磨性的孕镶金刚石钻头的优势融合在一起，在刀翼面布置聚晶金刚石复合片，在刀翼顶部孕镶金刚石材料。这样的设计使得该钻头钻遇硬夹层时能够增强钻头的抗冲击能力。钻头的钻进地层范围从中硬地层扩大到坚硬高研磨性地层。当聚晶金刚石复合片磨损之后孕镶金刚石成为主切削结构，钻头能够继续保持良好的钻进能力。现场应用表明其既能够显著提高钻井效率，又能延长钻头的使用寿命[2]。

2）破岩机理复合

1984 年，Schumacher 等提出了刮切-牙轮复合钻头结构。其至少包含一个刀翼和一个牙轮，刀翼的端面布置有用于刮切破岩的刮切齿，刮切齿用于切削岩石与牙轮相互作用后所形成的齿坑脊。该结构的钻头与常规的牙轮钻头或 PDC 钻头相比，能够有效提高破岩效率。然而，由于当时刮切齿材料的技术水平不高，其抗冲击性能不能满足钻井的需要，该复合钻头技术并未得到很好的推广应用[3]。

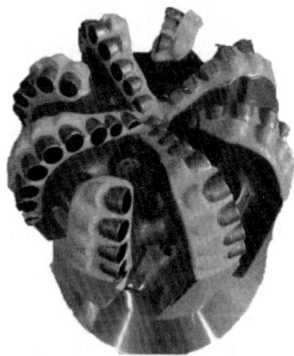

图 5-11　FuseTek 复合钻头

2010 年，位于美国休斯敦的休斯公司申请了将 PDC 钻头和牙轮钻头合二为一的 Kymera 复合钻头专利技术。图 5-12 展示的该切削结构由固定的 PDC 切削齿和可转动的牙轮切削齿组成。该复合钻头既具有 PDC 钻头的持久工作能力和优越的切削性能，又拥有牙轮钻头的强度。一方面，Kymera 复合钻头具有比 PDC 钻头更平稳、更低的钻进扭矩，钻进寿命更长、扭转振动更弱、可靠性更高；另一方面，Kymera 复合钻头比传统牙轮钻头具有更高的机械钻速，更小的轴向振动，所需的钻进钻压也更小。现场实钻结果表明该复合钻头能够有效降低钻井成本。随后研究人员又根据现场的需要对该复合钻头进行了优化改进。

图 5-12　Kymera 复合钻头示意图

2014 年，Shear Bits 公司推出了图 5-13 所示的满足上层为漂砾或砾石等硬地层，下层为软砂岩或页岩等较软地层井段的高效钻进的 Pexus 复合钻头。该复合钻头以刀翼前部的可旋转硬质合金为主切削齿破碎坚硬岩石，从而保护参与第二次破岩的 PDC 切削齿，即硬质合金齿先于复合片破碎硬岩，以降低其强度，然后 PDC 切削齿再刮切发生预损伤的岩石。该原理既提高了破岩效率，又保护了 PDC 切削齿，延长了钻头的使用寿命。这样便实现了一只钻头一趟行程便可完成整个井段内含有岩性差异很大的两类地层的钻进工作。

3）异形齿复合

基于异形齿优异的使役性能，如破岩效果和/或耐用性，国民油井华高和史密斯等国外主要钻头公司将不同功效的异形齿进行多元组合装配，从而实现不同的应用目的。以硬岩地层钻进提速为例，花岗岩等极硬地层通常采用牙轮钻头钻进，但是存在破岩效率低、机械钻速慢、有掉轮风险等缺陷。采用高效 PDC 钻头代替牙轮钻头实现极硬地层的优快钻进，已成为全球范围内的钻头重点研发需求之一。

图 5-13　Pexus 复合钻头

Tercel 公司提出了 MicroCORE 钻头。该钻头取消了中心的切削结构，取而代之的是一个岩芯腔。在岩芯腔的壁面设计有利于切断钻进中形成的小岩芯的复合片。这些复合片用以代替常规 PDC 钻头中心低效的挤压破岩方式，能创造性地将能量分配到其他更有效率的刮切结构上，从而提高钻头的破岩效率。形成的小岩芯可用于工程师对地质进行分析。该结构的特殊性在一定程度上强化了钻头的破岩性能[4]。

为了解决 PDC 切削齿上聚集的摩擦热、提高 PDC 切削齿的刮切效率、延长钻头的使用寿命，针对砾石层和极硬地层，斯伦贝谢旗下的 Smith 公司将锥形齿（CDE）、斧形齿和平面圆形齿进行多元组合，以期充分发挥锥形齿的抗冲击性及斧形齿在难钻地层的综合性能，推出了如图 5-14 所示的 StingBlade 复合钻头[5]。该钻头锥形齿抗冲击性最强；斧形齿抗冲击性适中但机械钻速较快；中心圆形齿形成钻头扶正效应，有利于提高钻头的横向稳定性。实际应用表明，StingBlade 在多种地层条件、不同的操作参数下均能保持高效稳定钻进表现。相较常规 PDC 钻头，StingBlade 具有诸多优势：①显著提高钻进尺寸和 ROP（机械钻速）；②造斜率更高，工具面控制更优；③降低 BHA（底部钻具组合）振动，稳定性更强；④钻进尺寸更大，有利于地面测量工作进行。切削齿的圆锥形设计使钻进荷载能够高度集中于岩石上，进一步提高钻进效率（尤其是对坚硬岩层）；同时切削齿金刚石胎体的升级也提高了钻头的抗冲击和抗磨损性能。胎体和切削齿的改造提高了 StingBlade 在复杂地层中的钻进尺寸和

ROP，即使在常规 PDC 钻头难以应付的坚硬地层、过渡地层和砾石地层中，钻井工作也毫无压力。目前，StingBlade 钻头已经在全球 14 个国家进行了超过 250 次的应用，与常规钻头相比，平均提高钻进尺寸 55%，提高 ROP 30%[6]。

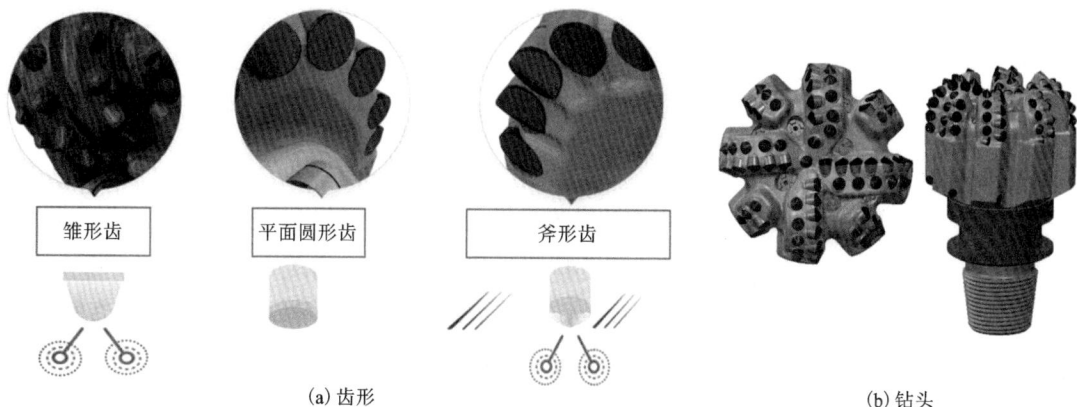

锥形齿	平面圆形齿	斧形齿

（a）齿形　　　　　　　　　　　　　　（b）钻头

图 5-14　StingBlade 异形齿复合钻头

如图 5-15 所示，国民油井华高公司为干热岩等极硬地层设计了 PhoenixTM 钻头，该钻头采用了常规平面圆形齿与异形齿的多元组合，并可选择不同材质进行复合设计，例如前排 PDC 切削齿，后排孕镶金刚石块。PhoenixTM 钻头在美国 FORGE 16A（78）-32 等干热岩勘探井的高温花岗岩地层获得了成功应用，钻头钻速和进尺均领先于世界其他地区的干热岩钻进指标。该钻头既实现了快速破岩，又保证了在极硬地层的耐用性[7]。

图 5-15　PhoenixTM 异形齿复合钻头

上述新型钻进破岩钻头是近年来对油气钻井领域传统钻头的重要突破，显著扩大了目标岩层的应用范围，提高和延长了在难钻岩层的破岩效率和工作寿命，对油气勘探开发具有重要启示，对深井（超深井）的钻井提速增效具有重要意义。

2. PDC-牙轮复合钻头结构

现有主流 PDC-牙轮复合钻头的主要形式有：小尺寸的双牙轮、双刀翼钻头和较大尺寸的三牙轮、三刀翼钻头，如图 5-16 所示。这些复合钻头的结构设计是基于四刀翼和六刀翼 PDC 钻头的结构，用牙轮切削结构代替 PDC 钻头的副刀翼。

PDC-牙轮复合钻头的主要结构有钻头体、固定齿切削结构（PDC 刀翼）、牙轮切削结构、水力系统和牙轮轴承系统等，牙轮通过轴承系统转动铰接在钻头体的牙掌轴颈上。复合钻头的牙轮轴承系统与常规牙轮钻头相同，密封位于牙掌轴承的根部。

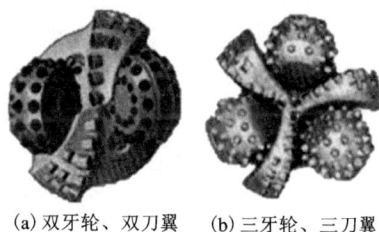

（a）双牙轮、双刀翼　　（b）三牙轮、三刀翼

图 5-16　现有主流的 PDC-牙轮复合钻头

当钻头钻进岩层时，钻头旋转的同时牙轮相对于钻头体自转，其运动形式与 PDC 钻头和牙轮钻头不同，结构上较常规钻头也有明显的创新特色。

PDC-牙轮复合钻头中的 PDC 切削结构与常规 PDC 钻头上的固定切削结构（PDC 刀翼）类似，单独的 PDC 切削齿分布在刀翼通部上形成了从钻头周边到轴心的连续刮切轮廓。在 PDC 切削结构的最外端还布有保径齿，用于保持井眼直径以及延长复合钻头中牙轮切削结构密封系统的使用寿命。因此，PDC-牙轮复合钻头同时具有 PDC 钻头较强的切削能力、较长的工作寿命和牙轮钻头的高强度。

3. PDC-牙轮复合钻头破岩机理

通过对 PDC-牙轮复合钻头结构的分析可知，复合钻头中同时包含了 PDC 切削结构和牙轮切削结构。在复合钻头破岩过程中，PDC 切削结构在钻杆传递扭矩的驱动下随着钻头本体旋转，牙轮切削结构在随钻头本体绕钻头轴线旋转的同时，又绕着轴颈轴线自转。在钻进较软的地层时，PDC 切削结构与井底岩石接触并率先刮切出同心环形破碎带，弱化了岩石的强度，使得牙轮切削结构能更容易冲击破碎岩石；钻进硬地层时，位于钻头径向外部 1/3 的高应力区的井底岩石率先被牙轮切削结构碾压破碎，形成不连续的带状破碎坑，PDC 切削结构因这些破碎坑而更易压入地层，继而旋转刮切岩石。

针对 PDC 切削结构而言，鼻部和台肩区的井底岩石是最难破碎的，且这两个区域中的 PDC 切削齿极易发生磨损和崩裂。由 PDC-牙轮复合钻头的井底覆盖示意图可知，牙轮切削结构与 PDC 切削结构的切削剖面在钻头轮廓的鼻部和台肩区重叠，如图 5-17 所示。牙轮切削结构在井底轮廓的鼻部和台肩区预先压碎局部岩石，弱化该部分岩石的强度，再结合 PDC 切削结构刮切岩石的高效性，增强了钻头对深层、超深层和软硬交错地层等复杂难钻地层的适用性。

由 PDC-牙轮复合钻头的结构特点和以上关于两种切削结构的破岩机理分析可知，PDC-牙轮复合钻头的破岩方式主要有剪切破碎、犁削破碎和冲击碾压破碎。根据所钻地层的岩石性质和钻头结构参数的不同，PDC-牙轮复合钻头的破岩方式也不相同，对应的破岩机理相对复杂，但主要特点有以下三点[8]：

（1）混合钻头的破岩作用主要有两种情况，第一种是牙轮切削齿的轮廓线在 PDC 切削齿轮廓线外侧时，以牙轮切削齿结构为主应力接受点，牙轮切削齿利用冲击破岩作用和滑动切

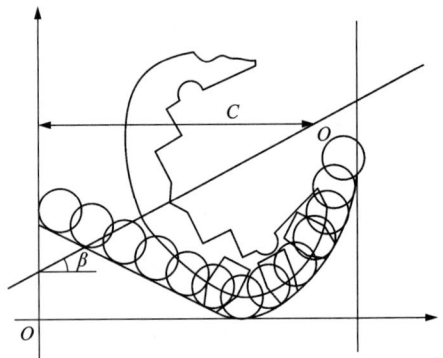

图 5-17　PDC-牙轮复合钻头的井底覆盖示意图

削作用对井底地层冲击、切削，并使得井底岩石出现裂纹及破碎坑，并且在钻孔的周边也出现扩展裂纹，该作用使得钻头周缘岩石抗破碎能力降低（图 5-18），从而当 PDC 切削齿接触该地层时，可以更轻松地切削地层，进而降低了磨损速度，加快了钻井速度。第二种是 PDC 切削齿轮廓线在牙轮切削齿的轮廓线外侧时主应力集中于 PDC 切削齿上，PDC 切削齿切削井底地层，在井底形成环状破碎带，使得牙轮牙齿冲击岩石更容易。

（2）钻井过程中遇到软地层与硬地层互层现象时，钻头往往出现强烈振动现象，常规

PDC 钻头在高冲击力下,PDC 切削齿极
易发生崩裂,从而造成钻头的快速磨
损。在混合钻头中由于牙轮结构承受了
大部分的振动冲击力和钻压,起到了较
好的缓冲作用,因此混合钻头在钻遇软
硬地层互层地层时,PDC 切削齿得到了
较好的保护,降低了其损坏率。另外,
在钻遇极硬地层时,牙轮切削结构承受
了更大的钻压,此时牙轮结构以滚动冲
击方式破岩,因而极易在井底形成岩屑

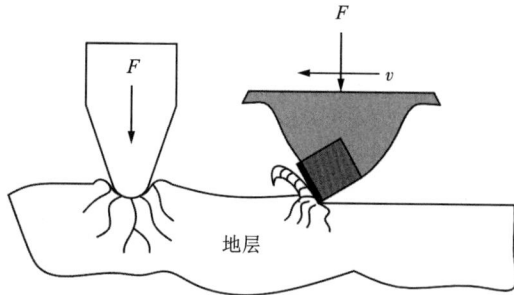

图 5-18　PDC-牙轮复合钻头破岩示意图

垫层,而混合钻头的 PDC 切削齿可对井底进行刮切,去除井底垫层,从而提高钻井效率。

（3）混合钻头的保径作用相对于常规 PDC 钻头以及牙轮钻头均有优势,混合钻头的保径
采用了 PDC 切削结构的主动保径齿单独保径。这种保径结构在保径过程中还起到了限制钻
头横向移动的作用,因而混合钻头在钻进过程中更为稳定;混合钻头中的牙轮切削结构未起
到保径作用,特别是在常规牙轮钻头中起保径作用的平头齿在混合钻头中不起保径作用,因
而该平头齿的轴承温度较低,从而其密封失效的概率也降低了,有利于延长钻头的使用
寿命。

5.1.5　辅助钻进方法

传统的钻进方法主要依赖于钻头的机械破碎作用,但面对硬岩层或特殊地质条件时,钻
进效率会大大降低。为了提高钻进效率和应对复杂地质条件,联合使用水力(详见第 10 章)、
热力(详见第 11 章)、粒子冲击等辅助破岩方法逐渐成为研究热点,其中粒子冲击辅助破岩
方法具体阐述如下。

如图 5-19 所示,粒子冲击破岩是将高速
运动的颗粒(如钢珠或其他硬质材料)作用到
岩石上,通过颗粒与岩石的高速碰撞,对岩石
产生冲击应力波并在岩石内传播,在冲击应力
波的作用下促使岩石原生裂隙扩展、新生裂隙
生成,当裂隙与临空面贯通时,岩石产生破裂
并最终破碎。粒子冲击破岩的机理包括颗粒
的高速冲击造成岩石内部的应力集中、引发裂
纹的形成和扩展以及颗粒与岩石之间的摩擦
和剪切作用。

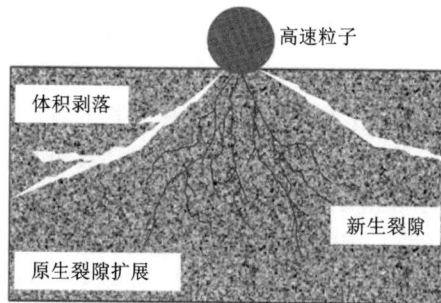

图 5-19　粒子冲击破岩[25]

粒子冲击破岩需要特殊设计的钻头,能够容纳和加速颗粒,并将颗粒有效地喷射到岩石
表面。粒子冲击辅助钻井技术的实施还包括对注入系统、回收系统和钻头结构的优化设计。
粒子冲击辅助钻井技术可以提高钻井效率,尤其是在深层或超深层油气开采中,可以有效应
对硬地层和高研磨性岩层的挑战。

粒子冲击辅助破岩设备包括高压粒子管、混合系统、输送管道、粒子冲击钻头和粒子回
收系统。这些设备确保颗粒能够被有效地注入到钻井液中,并通过钻头高速喷射到岩石表

面。回收系统负责将未破碎的颗粒和岩屑分离出来，以便重复使用或处理。粒子和岩屑通过钻井液的携带到达井口，然后通过导流槽进入振动筛，实现钻井液和岩屑、粒子的分离，分

离出的岩屑和粒子进入到射流混浆漏斗。射流混浆漏斗中的岩屑和粒子用砂泵即可输送到回收系统，实现粒子的分离，分离出的粒子首先进入到粒子储罐进行储存。图 5-20 所示国内首套粒子冲击辅助钻井设备在龙岗 022-H7 井须家河组进行了功能性试验，注入粒子的浓度 1%~2%，注入压力 20 MPa，各项功能达到了预期目标，试验井段比上部井段钻井速度提高了 92.7%。

图 5-20　粒子冲击辅助钻井设备现场试验

5.2　钻进破岩装备及应用

　　在石油和天然气勘探与开发的各个环节中，钻井、钻孔起着至关重要的作用。这些包括寻找、证实含油气构造、获取工业油流、探明已证实的含油气构造的含油气面积和储量、获取油气田的地质资料和开发数据，以及将原油从地下取出到地面等。钻井是勘探和开采石油和天然气资源的必要环节。除了在石油工业中广泛应用外，在国民经济建设中也得到了广泛应用。例如，在探矿、水文地质、铁路、水力和各类基本建设等部门，也常利用钻孔(井)、坑道方法获取相关资料，并将钻进技术应用于工程施工中。

　　钻井技术的演化大致可以分为四个阶段：①人力挖掘；②人力冲击钻；③机械顿钻和④旋转钻。我国在运用钻井开发地下资源方面有着悠久的历史。据记载，早在两千多年前，四川就已经钻凿了盐井，并发明了冲击钻，其基本原理至今仍被人们利用。在北宋时期，人力绳索式顿钻方法得到了发展。1521 年钻凿了油井和火井(天然气井)，1835 年在四川钻成了深 1200 m 的火井，这是当时世界上最深的井。一般认为机械顿钻(1859 年)是现代石油钻井的开端。随后在 1901 年发展了旋转钻井方法，以转盘带动钻柱钻头破碎井底岩石并循环钻井液以清洁井底。1923 年，苏联工程师研究出涡轮钻具，并从 20 世纪 40 年代开始得到广泛应用。之后又出现了电动钻具和螺杆钻具，统称为井下动力钻具，它们在钻定向井中具有特殊的优越性。到目前为止，旋转钻井方法仍然是石油钻井的主要方法。随着现代科学技术的发展，旋转钻井工艺技术也得到了迅速发展，其特点为：①从经验钻井发展到科学化钻井；②从浅井、中深井发展到深井、超深井；③从直井(垂直井)、定向井发展到大斜度定向井、从式井、水平井；④从陆地钻井发展到近海和深海钻井。

　　钻进技术和装备的发展程度直接关系到矿产资源能源和水资源的勘探、开发以及综合利用等地质工作的深度、广度和速度。目前，我国研究开发和推广了一批具有国际先进水平的钻进新技术、新工艺、新方法、新设备和新材料，例如液动冲击回转钻探技术、金刚石及绳索

取心钻探技术、小口径螺杆马达和定向钻探配套技术、水力反循环连续取心钻探技术、小型坑道机械的掘进技术、软围岩掘进技术等，使我国的钻进技术水平达到了一个崭新的高度。为了满足各种技术工艺方法和日益复杂的施工条件，必须研究设计和制造各类专用钻进装备（各种钻机）以及碎岩工具、钻杆、钻具、钎具、工具、仪器、仪表和材料等。接下来将详细介绍具有代表性的钻进破岩装备。

5.2.1　石油钻机

石油钻机是一种用来进行油气勘探和开发的成套钻井设备，它由许多机器设备组成，具有多种功能，可以说是一种联合工作机组。石油钻机主要具备起下钻能力、旋转钻进能力和循环洗井能力。近年来，为了适应各种地理环境和地质条件，出现了各种具有特殊用途的钻机，如沙漠钻机、丛式井钻机、斜井钻机、顶驱钻机、小井眼钻机、连续管钻机等，这些钻机被称为特种钻机。自20世纪90年代至今，我国已经独立自主研制出一系列不同类型的专业化特种钻机，形成了石油钻机的多样化体系。

1.石油钻机的组成

钻机的工作系统比较庞大，各机组的工作状况和工作特点各不相同。根据旋转钻井法对钻机的能力要求，钻机主要包括起升系统、旋转系统、循环系统、井控系统、动力与传动系统和控制系统。其中起升系统、旋转系统和循环系统三大系统设备是直接服务于钻井生产的，是钻机最主要的工作系统。绞车、转盘（顶驱）和钻井泵称为钻机的三大工作机。

2.石油钻机分类及特点

1）石油钻机分类

各钻机制造厂家按照各自的特点，对石油钻机的分类不尽相同。一般来说，可按以下方法对石油钻机进行分类。

（1）按钻井方法。

按钻井方法的不同可将钻机分为冲击钻机和旋转钻机。冲击钻机又称为顿钻钻机，最初用来打水井，1859年美国人德雷克将其引入石油钻井。旋转钻机根据驱动钻头的动力来源又分为地面驱动旋转钻机和井下驱动旋转钻机。

（2）按钻井深度。

按钻井深度的不同可将钻机分为浅井钻机（钻井深度不超过 1500 m）、中深井钻机（钻井深度为 1500~4500 m）、深井钻机（钻井深度为 4500~6000 m）、超深井钻机（钻井深度大于6000 m）。

（3）按地域环境。

根据钻机使用地区分为陆地钻机、海洋钻机、沙漠钻机、沼泽地钻机、低温环境钻机和丛林直升机吊装钻机。

（4）按移动方式。

按移动方式不同可将钻机分为块装钻机、车装钻机和拖挂钻机。

（5）按驱动传动形式。

按驱动传动形式的不同可将钻机分为柴油机驱动钻机（柴油机驱动钻机又可分为柴油机

驱动-机械传动钻机和柴油机驱动-液力传动钻机)、电驱动钻机(电驱动钻机又可分为直流电驱动钻机和交流电驱动钻机)。

2)常用石油钻机的特点

(1)直流电驱动钻机。

直流电驱动钻机采用先进的 AC-SCR-DC 电传动技术,绞车、钻井泵分别通过直流电动机独立驱动,实现无级变速。平行四边形整体起升底座有双升式(弹弓式)和旋升式两种结构,钻台面分 9 m 和 10.5 m 两种。

绞车采用整体链传动设计模式,设有机械变挡装置,配备液压盘式主刹车系统和电磁涡流辅助刹车(也可选配气控盘式刹车),配备独立自动送钻装置;转盘可通过链条箱从绞车取力传动,也可采用单独的直流电动机驱动方式。

(2)交流变频电驱动钻机。

交流变频电驱动钻机采用先进的全数字交流变频技术,以 PLC 逻辑控制技术为核心,通过电、气、液一体化设计控制。绞车、钻井泵分别通过宽频大功率交流变频电动机独立驱动,能实现全程无级变速。

绞车为单滚筒齿轮传动,一挡无级调速,主刹车为液压盘式刹车,辅助刹车为电动机能耗制动,并能通过计算机定量,定位控制制动力矩;转盘交流变频电动机带二级变速传动箱驱动,可实现全程无级变速,传动效率高,并可满足高转速、大扭矩的要求。

(3)复合驱动钻机。

复合驱动钻机主机模块采用前高后低的布置方式,动力和传动系统低位安装,底座采用箱块式或前台旋升、后台块装结构。动力传动采用"柴油机+液力耦合器+整体并车链条传动箱"驱动绞车和钻井泵,同时传动箱可带节能发电机和自动压风机。转盘采用交流变频电动机或直流电动机独立驱动。绞车采用整体链传动结构设计,远程气控机械换挡变速,配备液压盘式主刹车系统(也可选带刹)和电磁涡流辅助刹车。

(4)机械驱动钻机。

机械驱动钻机主机采用块装或箱块式结构及前高后低的布置方式;动力传动采用"柴油机+液力耦合器+整体并车链条传动箱"或"柴油机+减速箱+皮带并车联动机"和"柴油机+Allision 变速箱+齿轮变速箱"联合驱动钻井泵、绞车;绞车动力则通过爬坡万向轴或爬坡链条箱传到转盘驱动箱驱动转盘。绞车分内变速和外变速两种形式,主刹车采用液压盘式刹车或带式刹车,辅助刹车采用电磁涡流刹车。

(5)车装钻机。

车装钻机是油田钻井采用的一种特种钻机,可用于油、气、水井的勘探开发,适用于道路条件较好的地区。其主要特点为:钻机主体如动力、传动装置、绞车、转盘传动装置、井架、液气控制系统及辅助装置都集中安装在一个载运底盘上;采用液压机构起放井架,具有重量轻、移动性好、功能强、现场安装方便、作业效率高以及运输成本低等优点。车装钻机主要有 1000 m、1500 m、2000 m、3000 m、4000 m 等几种型号。车装钻机主要由自走式底盘、钻井专用装置两大部分构成,两大部分共用一套动力系统。钻井专用装置由起升系统[主要包括绞车及刹车系统、辅助刹车、游动系统(天车、钢丝绳、游车大钩)、井架及辅助设备(吊环、吊卡、卡瓦、大钳)]、旋转系统(转盘、水龙头、钻柱)、传动系统(机械传动包括万向轴、角传动箱、离合器、链传动)、控制系统(液、气、电)及附件等组成。整机作业部分的操作集中在液压控制台和司钻控制台上。

车装钻机一般为液力机械驱动，即高速柴油机+液力机械传动箱。其装机功率根据绞车的额定功率来选择。其传动方式广泛采用 Allison 液力传动箱作为变速器箱，Allison 液力传动箱通过挠性盘与柴油机直接连接，然后通过传动轴与分动箱连接。

3. 石油钻机系列

1）钻机的基本参数

钻机的基本参数指的是反映钻机基本工作性能的技术指标，也称为特性参数。钻机的基本参数是设计、制造、选择、使用、维修和改造钻机的主要技术依据。钻机的基本参数按系统分类主要有主参数、起升系统参数、旋转系统参数、循环系统参数、驱动系统参数等。

（1）主参数。

在钻机基本参数中，选定一个最主要的参数作为主参数。主参数应具备以下特征：①能最直接地反映钻机的钻井能力和主要性能；②对其他参数具有影响和决定作用；③可用来标定钻机型号，并作为设计、选用钻机的主要技术依据。

我国钻机标准采用名义钻井深度 L（名义钻深范围的上限）作为主参数，这是因为钻机的最大钻井深度影响和决定着其他参数。

①名义钻井深度。名义钻井深度是钻机在标准规定的钻井绳数下，使用 127 mm 直径钻杆柱可钻达的最大井深。

②名义钻深范围。名义钻深范围是钻机可经济利用的最小钻井深度与最大钻井深度之间的范围。名义钻深范围的下限与前一级的有重复，其上限即该级钻机的名义钻井深度。

（2）起升系统参数。

①最大钩载。最大钩载是钻机在标准规定的最大绳数下，下套管或进行解卡等特殊起升作业时，大钩上不允许超过的最大荷载。

最大钩载决定了钻机下套管和处理事故的能力，是核算起升系统零部件静强度及计算转盘、水龙头主轴承静荷载的主要技术依据。

②最大钻柱质量。最大钻柱质量是钻机在标准规定的钻井绳数下，正常钻进或进行起下钻作业时，大钩所允许承受的钻柱在空气中的最大质量。

③起升系统钻井绳数和最大绳数。起升系统钻井绳数是指正常钻进时游动系统采用的有效提升绳数。最大绳数是指钻机配备的游动系统轮系所能提供的最大有效绳数，用于下套管或解卡等重载作业。

另外，起升系统参数还包括绞车各挡起升速度、绞车挡数、绞车最大快绳拉力、钢丝绳直径、绞车额定输入功率、井架有效高度、钻台高度等。

（3）旋转系统参数。

旋转系统参数包括转盘开口直径、转盘各挡转速、转盘挡数、转盘额定输入功率等。

（4）循环系统参数。

循环系统参数包括钻井泵额定压力、钻井泵额定流量、钻井泵额定输入功率等。

（5）驱动系统参数。

驱动系统参数包括单机额定功率和总装机功率等。

2）国产石油钻机标准系列

我国石油钻机型号表示方法如图 5-21 所示。

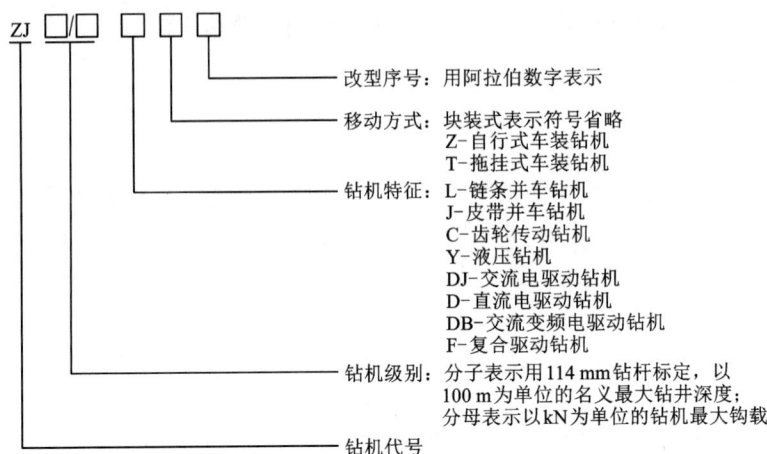

图 5-21　我国石油钻机型号的表示方法

例：5000 m 交流变频电驱动钻机可表示为 ZJ50/3150DB。

根据《石油天然气工业　钻机和修井机》（GB/T 23505—2017），石油钻机按名义最大钻井深度和最大钩载分为 10 个级别。各级别钻机的主要基本参数应符合表 5-5 的规定。

表 5-5　石油钻机基本参数

钻机级别		ZJ10/600	ZJ15/900	ZJ20/1350	ZJ30/1800	ZJ40/2250	ZJ50/3150	ZJ70/4500	ZJ90/6750	ZJ120/9000	ZJ150/11250
最大钩载/kN		600	900	1350	1800	2250	3150	4500	6750	9000	11250
名义钻深范围/m	127 mm 钻杆	500~800	700~1400	1100~1800	1500~2500	2000~3200	2800~4500	4000~6000	5000~8000	7000~10000	8500~12500
	114 mm 钻杆	500~1000	800~1500	1200~2000	1600~3000	2500~4000	3500~5000	4500~7000	6000~9000	7500~12000	10000~15000
绞车额定功率	kW	110~200	260~335	335~510	410~710	746~1120	1100~1492	1492~2240	2200~2985	2985~4475	4475~5965
	(hp)[c]	(150~270)	(350~450)	(450~680)	(550~950)	(1000~1500)	(1475~2000)	(2000~3000)	(2950~4000)	(4000~6000)	(6000~8000)
游动系统绳数	钻井绳数	6	8	8	8	8	10	10	14	14	16
	最多绳数	6	8	8	10	10	12	12	16	16	18
钻井钢丝绳公称直径	mm	19, 22	22, 26	26, 29	29, 32		32, 35	35, 38	42, 45	48, 52	
	(in)	(3/4, 7/8)	(7/8, 1)	$\left(1, 1\frac{1}{8}\right)$	$\left(1\frac{1}{8}, 1\frac{1}{4}\right)$		$\left(1\frac{1}{4}, 1\frac{3}{8}\right)$	$\left(1\frac{3}{8}, 1\frac{1}{2}\right)$	$\left(1\frac{5}{8}, 1\frac{3}{4}\right)$	$\left(1\frac{7}{8}, 2\right)$	

续表5-5

钻机级别		ZJ10/600	ZJ15/900	ZJ20/1350	ZJ30/1800	ZJ40/2250	ZJ50/3150	ZJ70/4500	ZJ90/6750	ZJ120/9000	ZJ150/11250
钻井泵单台功率不小于	kW	373	597		746		969	1193		1641	
	(hp)ᶜ	(500)	(800)		(1000)		(1300)	(1600)		(2200)	
转盘开口直径	mm	381, 444.5	444.5, 520.7, 698.5				698.5, 952.5		952.5, 1257.3, 1536.7		1257.3, 1536.7
	(in)	$\left(15,\ 17\frac{1}{2}\right)$	$\left(17\frac{1}{2},\ 20\frac{1}{2},\ 27\frac{1}{2}\right)$				$\left(27\frac{1}{2},\ 37\frac{1}{2}\right)$		$\left(37\frac{1}{2},\ 49\frac{1}{2},\ 60\frac{1}{2}\right)$		$\left(49\frac{1}{2},\ 60\frac{1}{2}\right)$
钻台高度	m	3, 4	4, 5		5, 6, 7.5		7.5, 9, 10.5		10.5, 12		12, 16

注：绞车额定功率参数括号中的数值为非优选值。1 kW = 1.341 hp。

4. 石油钻机发展现状及应用

21世纪以来，全球钻井装备发展翻天覆地，以电驱动不断替代传统柴油机。其中，直流电驱动钻机及交流变频电驱动钻机崛起，并成为主流产品，在各大油田广泛应用。特别是近10年来，在电驱动钻机研究的基础上，大型钻机的移运技术、全液压驱动技术、钻机自动化智能化技术的不断推广，为石油钻机的发展提供了新的动力。

1）国外先进钻机技术现状

近年来，在世界石油钻井装备的发展方面，以部分欧洲国家和美国等为代表的发达国家充分利用自动化、信息化、数字化及快捷化等技术手段，大力改进提升钻井装备技术性能，先后研制了多种形式、特色鲜明、性能优良的钻井装备，取得了良好的成效，有力地促进了全球钻井装备的技术进步。

德国海瑞克研制成功的TI-350T陆地全液压自动化钻机（图5-22），最大拉力为3500 kN，最大推力为1600 kN，最大下钻速度为600 m/h，井架高度（伸出后）为46 m，钻台面距地面9 m，提升系统的功率为1600 kW，顶驱最大连续扭矩为62 kN·m，最大转速为220 r/min，水平-垂直管具处理系统最大可处理4.5 t的管具。该钻机配备的自动猫道机在起下钻时使用频率很高，负载较大，完成一个立根的起下钻

图 5-22　Herrenknecht TI-350T 陆地全液压自动化钻机[10]

时间也较长(约 120 s)[9]。

TI-350T 适应钻井深度可达到 5000 m,已在我国川渝地区钻井现场应用了 5 年多,钻机自动化程度高,现场使用效果良好。其突出特点是通过在地面建立双立根钻柱模式,采用液压机械臂直接举升至钻台面,并通过液压顶驱面合铁钻工来完成接钻柱过程,无须配备常规的二层台装置,整个管柱的输送路线短,安全性好,省时省力。

挪威 West Group 公司研制的 CMR 连续运动钻机,提升荷载达 7500 kN,钻机的设计理念打破了传统思维,配备有独立建立根系统,钻柱可实现不间断连续运动,满足连续循环钻井工作需要,送钻效率快捷高效[10]。

CMR 钻机采用由桁架构成的双井架设计,双提升系统由齿轮齿条驱动,以实现提升系统的上行和下放功能,省去了常规的天车、游车和大钩等部件;钻台上配备有立根盒,并采用双单根作业,由排管机实现井眼中心与立根间的立根输送。CMR 钻机具有以下特点:①管柱在连续起下过程中可实现上卸扣作业,不需停钻和停泵,因此可提高起下钻和下套管效率,最高起下钻速度为 3600 m/h,套管下入速度可达 900 m/h,而常规钻机的起下钻速度为 600~900 m/h。②由于管柱在下放或上升过程中保持匀速,避免了因起下钻速度不均等造成的井筒内压力波动,进而避免井漏、井涌、井壁坍塌和卡钻等钻井事故的发生,提高作业安全性。③制造商资料显示,该钻机可节约钻井时间 30%~50%,降低钻井作业成本 40%~45%,减少温室气体排放 60%[11]。

荷兰豪氏威马(Huisman)公司先后研制了 LOC 400 和 HM 150(图 5-23)两种高效自动化钻机。其中 LOC 400 钻机具有结构紧凑、体积小和搬家速度快等显著优点,整套钻机全部采用模块化设计,可拆分成 19 个可用标准 ISO 集装箱装运的模块,整套钻机运输单元少,运输快捷方便。该设备的另一优势是占地面积小,约为 65 m×30 m,从而确保了它即使在最狭窄的城市环境中也能进行钻井作业。LOC 400 钻机也非常注重安全性。该钻机高度自动化,无须依赖额外起重机进行安装,从而进一步减少了人员在高风险作业环境下的工作时间。同时,LOC 400 钻机采用豪氏威马增强型套管安装(ECI)系统。该 3 级随钻下套管装置可随钻安装,将钻井时间缩短 20%~50%,从而降低钻井风险。HM 150 钻机是一款移动性很强的拖车式钻机,可在不同地点及多口井场之间实现快速移动。钻机备有区域管理系统和安全联锁装置,可将反弹撞击的风险降至最低。

意大利 Drillmec 公司研制的 AHEAD 自动钻机,钻机采用液压控制驱动,钻机设计有独

(a) LOC 400 钻机   (b) HM 150 钻机

图 5-23   Huisman 自动化钻机

立建立根系统，可实现管柱全流程自动化操作，具有管柱运送平稳，各操作设备动作衔接准确、快捷等特点。该钻机的拖车安装组件(21 个负载)为其提供了快速移动的能力。下部结构可以是弹弓或液压自调平、升降系统，无须起重机即可快速安全地安装。起重系统基于带有双液压活塞的伸缩桅杆，并配备集成的 Drillmec ETD 系列电动顶部驱动装置。钻机系列配备一个全自动离线系统和 Drillmec 的钻井之心(HoD)(图 5-24)，HoD 结合了连续循环系统、高分辨率流量监视器和抗摩擦装置，还包括一个集成在连续循环潜水管或钻杆工具接头中的抗摩擦装置，可在钻探延伸井的高角度或水平部分时减少顶部驱动和柱子应力。这三种工具的组合确保了与底孔的持续对话，井上始终存在两个安全屏障(泥浆循环和防喷器)以及顶部驱动的最佳工作条件，并减少了钻井和连接时间。

2015 年，意大利 B Robotics W 公司推出了 Genesis 自动液压钻机，其显著创新在于采用长冲程液压缸取代传统的钢丝绳绞车进行钻柱提升和下放。与钢丝绳绞车相比，长冲程液压缸提升钻柱更迅速，可达 1.5 m/s，而钢丝绳绞车的速度仅约 0.5 m/s。此外，它噪声低、运行可靠，支持无人化和全自动化操作。钻机的液压系统采用了齿轮泵，以替代大多数钻机的变量泵，这提升了在恶劣环境下的稳定性以及降低了对清洁度的要求。Genesis 钻机的独特之处在于，每根钻柱由两根钻杆组成，可处理三个处理阶段，节省常规作业时间。相比传统钻井，Genesis 钻机燃油消耗减少 30%，占地面积更小，运输需求的拖车减少 40%，且标准拖车使用量也有所下降。

图 5-24　Drillmec 钻机配备的钻井之心(HoD)

美国斯伦贝谢公司(SLB)近年来最新研制了款名为 FUTURE RIG 的未来智能型石油钻机。该钻机功率设计为 1103 kN，钻井深度为 5000 m，其操控系统设置有两个前后错位排放、高低位分别布局的主、辅司钻操作台，钻机二层台配备有多部机械手；司钻系统内置各种传感器超过 1000 个，主要对钻机安全状态、设备健康状态、设备运行状态和作业流程等进行全方位监测。并研制出了"DrillPlan"平台，以实现整套钻机的虚拟数字化控制，设计理念超前。

国外自动化钻机配置以及主要技术特点见表 5-6[11]。

表 5-6　国外自动化钻机配置及主要技术特点

钻机品牌	是否配置立柱盒	是否配置自动猫道	是否配置排管机	立柱组成	立柱输送时间/s	提升系统配置	井架结构
Drillmec (TI-350)	是，放在地面	否	是	两单根	100	液缸+天车+钢丝绳+顶驱	柱式结构
Bauer (PR 500)	是，放在底座下部	否	是	两单根	100	绞车+天车+钢丝绳+顶驱	桁架结构

续表5-6

钻机品牌	是否配置立柱盒	是否配置自动猫道	是否配置排管机	立柱组成	立柱输送时间/s	提升系统配置	井架结构
海瑞克（TI-350T）	否	是	否	两单根	120	双油缸+顶驱	柱式结构
Huisman（LOC 400）	否	是	否	一单根	100	绞车+天车+钢丝绳+顶驱	桁架结构
NOV（Rapid Rig）	否	是	否	一单根		绞车+天车+钢丝绳+顶驱	桁架结构
West（Continuous Motn Rig）	是，在钻台上	是	是	两单根		齿轮齿条+双提升系统	桁架结构

2) 国内先进钻机技术现状

我国在先进钻井装备技术研发方面，通过不断努力追赶，先后在超深井钻机技术、管柱自动化技术、钻机移运技术、高压喷射钻井技术、特殊地域和气候条件下需要的钻机技术研究方面有了长足的进步，主要表现在以下几个方面[9]。

(1) 超深井四单根立柱钻机技术。

近年来，围绕新疆库车山前特殊地质地貌特征，宝鸡石油机械有限责任公司（以下简称宝石机械）已先后为新疆塔里木地区研制出钻深能力分别为 9000 m 和 8000 m 的超深四单根立柱两种不同型号的石油钻机。其中，ZJ90/6750 DB-S 四单根立柱钻机于 2012 年研制成功并一直在新疆塔里木油田实施钻探作业，目前已完成 7 口超深井作业，平均钻井深度超过 7300 m，累计进尺超过 51200 m。ZJ90/6750 DB-S 四单根立柱钻机为复杂深井的钻探提供了良好的技术支撑，是当前油田提速提效钻井的理想设备。该钻机首次采用了超高、重载、无绷绳 K 型井架和满足钻机起升所需超大滚筒、高速大功率减速机构的钻井绞车，同时匹配有特殊要求的天车、游吊装置等。与常规三单根立柱钻机相比其突出优点体现在：①全井深起下钻综合提速效率高；②可减少在复杂井段停留的时间，无故障安全性能好，有效缩短了钻井周期；③充分利用了立体空间位置，减小立根台的存放面积和优化二层台指梁结构；④适应性强，不仅适合塔里木等沙漠地区，同时也适应川渝、松辽等复杂深层油气资源勘探井的开发需要[12-13]。

ZJ80DBS 四单根立柱钻机重点围绕小钻柱排放技术难题，开发了推扶小钻具三单根立柱和复合式（悬持+推扶）大钻具四单根立柱的立柱组合排放技术，并于 2020 年 2 月开始在新疆塔里木地区开展工业性试验，目前已进入 3 开作业。现场应用表明，钻机综合性提效超过 15%，钻井周期缩短 6%[14]。新型 8000 m 钻机解决了 7000 m 钻机大套管深下时承载能力不足、9000 m 钻机成本过高的难题，实现了大套管深下一次性完成，减少了起下钻次数，钻井施工提速增效。其相比 9000 m 钻机节省成本 20%，节省综合单日费用 27%。

(2) 超长单根和双单根立柱自动化钻机。

2018 年，宝石机械为大庆钻探公司 1202 钻井队研制了一款 ZJ30DB 交流变频超长单根自动化钻机。该钻机设计钻深能力 3000 m，目前已完成 20 多口井的钻井作业，钻机的控制自动化和操作安全性等获得了油田现场使用者的高度评价。该钻机在结构设计方面的突出优点是无二层台装置，无立根排放系统，超长钻杆的输送通过旋转机械臂从低位直接抓举输送至钻台面，交给顶驱后由铁钻工来完成上卸扣作业。除此之外该钻机还配套了国产的直驱顶驱、直驱钻井泵和直驱绞车等关键装备，确保整套钻机操作过程简单、高效。另外，根据市场发展需要，目前宝石机械又开始进行适合中深井使用的双单根立柱钻机的设计研发工作，其中已开发的 ZJ40DT 钻机配备有双单根立柱排放系统，主机采用轮式拖挂移运结构，目前已完成产品试制，准备发往油田进行工业性试验。

（3）系列管柱自动化石油钻机技术[15]。

根据中石油提出的"六年三代"钻机发展规划，国内由宝石机械牵头率先完成了第一代 ZJ50DB、ZJ70DB、ZJ80DB 和 ZJ90DB 系列自动化钻机的研制，目前已推广应用了 60 多套。其技术特点主要表现为钻机配备有自动化的动力猫道、钻台机械手、铁钻工及电动二层台机械手等各种自动化设备，基本替代了繁重的人力作业，实现了二层台高位无人值守，减人增效，确保了现场操作的安全性。

管柱自动化石油钻机可以实现钻柱从排管架到立根台排放全过程自动化操作，该系统主要由动力猫道、液压吊卡、动力卡瓦、铁钻工、钻台机械手、二层台机械手（或自动井架工）、气动支梁等一套具有全自动控制功能的工具和设备构成。其工作按照程序和节点可分为 4 个步骤实现。

①实现单个钻柱从排管架向钻台面的运送。

②在钻台面完成建单根作业（即实现 3 个钻杆的对扣连接）。

③完成单根在立根台的排放作业。

④实现立根在二层台指梁内的位置锁固。

其特点主要包括：

①有效压缩了钻井准备时间，提高了钻井工作效率。

②实现了二层台高空无人作业，降低了安全风险。

③减轻了人工劳动强度，可以有效减少井队人员配置。

④管柱处理系统配置方式灵活，适应性强，既可用于新钻机配套，也可用于老钻机改造。

（4）大模块快速移运式钻机[16]。

2009 年以来，宝石机械为阿联酋国家钻井公司（National Drilling Company，以下简称 NDC）先后研制了一批具有高配置、高质量、大模块移运钻机，钻机型号包括 ZJ70/4500DBT 和 ZJ50/3150DBT 两种类型，整个钻机按照功能区域集成为几个大的运输模块，可满足不同钻井距离要求和不同钻井工况下的移运要求。

NDC 5000 m 和 NDC 7000 m 钻机运输模块按单元划分为主机移运模块、发电机组移运模块、电控系统移运模块、钻井泵组移运模块及各种罐体、房体移运模块几大部分。其中，钻机主机移运模块又具有钻机直立移运和分体移运 2 种模式，分体移运还可根据实际需要进一步进行拆分及组合，运输方式非常灵活。特别是 NDC 7000 m 钻机为了满足丛式井钻井需要，除上述多组合移运方式外，还分别在钻机主机模块和钻井泵组模块上配备了步进移运系统，可以实现横向、纵向和斜向、旋转等各种复杂工况的移运要求，不仅搬家运输效率高，可有效节省人力和物力资源，而且特别适合沙漠等特殊地区的使用要求。航天宏华为科威特研制的 ZI70DBT 轮式拖挂钻机不仅满足直立移运，而且还可实现井架的弯折功能，可以有效避开高空高压线等障碍物，使其整体通过性更好，移运范围更加广阔。

(5)人工岛模块化石油钻机[12]。

采用人工岛进行海洋油气开发不失为一种经济实惠的方法，可以有效节约钻井投资成本。近年来宝石机械和四川宏华分别研制成功适应人工岛用模块化特深井石油钻机。其中宝石机械为我国冀中人工岛和月中人工岛分别研制了 5 套 7000 m 钻机和 2 套 5000 m 钻机；四川宏华近年来为阿联酋 NDC 钻井公司研制了 9000 m 人工岛钻机，为我国开发人工岛丛式井钻机奠定了良好的基础。

宝石机械为冀中人工岛研制的 7000 m 钻机，可以在环形轨道上整体移运，其环形轨道移动技术为全球首创，可通过液压动力移动井位，既节省钻机搬迁时间，又节省泥浆和钻具，可边钻边采；同时，该钻机主机还具备横向移动功能，能够实现在轨道上同时钻双排井的工作需要。该公司为月中人工岛研制的 5000 m 钻机，将主模块和循环模块轨道式滑行双向移动技术与超高钻台技术同时应用于海油陆采，大幅降低了钻机开发成本。四川宏华为 NDC 研制的 9000 m 人工岛钻机，不受轨道等条件限制。其钻机移运模式和钻井泵移运模式采用哥伦比亚进口的步进移运装置来满足钻机横向、纵向和斜向、旋转等不同方位下的钻井工作需要，移运方便，工作灵活。

(6)丛式井轨道式极地钻机技术[17]。

近年来，国内宝石机械和航天宏华等公司先后针对俄罗斯极寒冷地区研制了多种低温钻机。其中由宝石机械 2018 年研制的钻深能力 7000 m 低温列车 ZI70DB 轨道式钻机，主体采用高强度抗低温耐韧性材料，钻机整体安装在列车导轨上，钻机下方配有钢制滚动轮，与钻机整体呈一字形排列，更换井位时只需通过固定于导轨上的油缸拉动来实现整套钻机的移动，非常方便。另外，为了保温，在钻台面下方、电控房、泵房和固控区等采用全封闭式结构，房体内配有锅炉和电热器等加热设施，钻台面四周设有挡风墙等，可以满足 -45 ℃极地环境下的作业要求和 -60 ℃环境下的设备存储要求。目前该钻机已通过俄罗斯北极地区冬季严寒天气的考验，其设计性能完全满足极地环境工作要求。

3)深井超深井钻井现状

超深井钻井是一项重大工程，涉及多项高精度和前沿技术。目前，在拥有钻井深度 6000 m 以上能力的 20 多个国家中，美国的超深井钻井技术水平最高，拥有一系列高度自动化的钻井设备、丰富的超深井钻井经验以及相当完整的钻井工程设计。美国超深井钻井机械具有钻井速度快、发生事故率低、钻探成本低等优点，井下复杂情况的所用时间占比较低，单井平均成本要低于世界其他地区 40%~50%。随着我国油气资源的主要开采区不断向着西部移动，钻井深度也愈来愈深，对于深井和超深井钻井技术水平的要求也愈来愈高，促使着该项技术的飞速发展。深井和超深井钻井相关技术在 20 世纪 30 年代末期开始渐渐发展，自 20 世纪 80 年代以来，钻井深度已经超过了 10000 m。

(1)国外深井超深井钻井技术现状。

国外的深井超深井钻井技术的发展比较早，很多核心技术都掌握在美国、苏联、德国的手中。

20 世纪 30 年代后期，深井超深井钻探技术开始发展。1938 年，美国钻了世界上第一口深度为 4573 m 的深井；1949 年，美国又钻了一口深达 6255 m 的超深井。苏联在 1984 年创下了深井超过 12200 m 的世界纪录。目前为止，世界上有 80 多个国家已经具备钻井深度在

4500 m 以上的深井钻探技术，其中仅有 30 多个国家具备了钻井深度 6000 m 以上的超深井钻探技术，中国就是其中一个。现今美国依旧是世界上深井超深井钻探技术水平最高的国家。

美国在 1982 年达到了深井超深井钻井的高峰期，仅在这一年就完成了 1205 口油井的钻探，这 1205 口油井的累计投资达到了 80 亿美元。之后由于受到国际原油价格下跌的影响，美国在 20 世纪 80 年代中后期的深井钻井和完井方面的投资有所减少，1993 年只完成 242 口深井的钻探，投资金额已经缩减到了 18.2 亿美元。1956 年到 1983 年期间，苏联共完成深井 1357 口。苏联与美国相比，深井超深井钻井技术没有那么发达，所以钻井周期相比美国来说要长很多，在平均井深相同的情况下，生产井的钻井周期是美国的 4 倍，探井钻井周期则是美国的 7 倍。苏联在 1984 年创造了超过 12000 m 井深的世界超深井的纪录——"SG-3"，该井位于苏联科拉半岛。在 1994 年，德国也成功完成了一口深达 9107 m 的超深井。截至 2022 年底，全球超过 8000 m 的超深井总计约 580 口。目前世界第一深井是位于俄罗斯科拉半岛的科拉超深井，其深度达 12262 m。

（2）国内深井超深井钻井技术现状。

20 世纪 60 年代末，深井超深井钻井技术在我国开始渐渐发展。直至改革开放前夕，我国第一口深度超过 6000 m 的油井在四川盆地钻成。随着我国石油开采不断向着西部发展，地势逐渐升高，石油资源的所在地层也在不断加深，超深井的数量也越来越多，促使我国的超深井钻井技术不断向前发展[18]。随着钻井深度的不断加深，我国与其他先进国家相比，钻井水平还有较大差距，钻井过程中还有许多问题需要解决。我国的深井超深井钻井技术分为三个阶段[19]：

第一阶段：1966—1975 年，是我国超深井钻井的起步阶段。大庆油田在 1966 年 7 月底完成了中国第一口深井"松基 6 井"的钻探，深度达到 4719 m，自此拉开了我国深井超深井钻井的序幕。之后大港油田、胜利油田和江汉油田也都开始了深井超深井的钻探，几年间完成了 4 口深度超过 5000 m 的深井。我国最早期的深井超深井钻探经验就来源于这五口深井的成功钻探，也为今后超深井钻井技术的发展铺垫了道路。

第二阶段：1976—1985 年，是我国深井超深井钻井的发展阶段。1976 年 4 月在四川地区完成了我国第一口超深井的钻探，即深度超过 6000 m 的"女基井"。我国在这十年间总共完成了 100 多口深井和超深井的钻探，这十年也是我国深井超深井钻井快速发展的阶段，为深井超深井钻井技术的发展积累了丰富的经验。其中，我国最深的井，井深超过 7000 m 的四川关基井也在这期间完井。

第三阶段：1986 年开始，我国深井超深井钻井技术进入大范围的实际应用阶段。1986—1997 年，我国深井超深井的完井数量出现井喷式增长，已突破 600 大关，达到了 688 口，尤其是其中的 34 口超深井更是反映了我国超深井钻井技术的发展之快。现阶段，在我国塔里木油田的轮南、哈德逊等地区，仅需 2 个月就可以完成井深为 5000 m 左右的油井，相比于 20 年前，在该区块钻一口超过 5000 m 的油井，至少需要一年，甚至更久。随着我国深井超深井钻井技术的进步，我国的石油钻井所用时间也大幅缩短。迄今为止，我国钻井技术快速发展，不断刷新着井深纪录，并于 2019 年钻成亚洲第一深井——"轮探 1 井"，深达 8882 m。

5.2.2　凿岩机

凿岩设备的发展历史非常悠久，最早可追溯到 1844 年，当时第一台轻型气动机成功生产。在20世纪60年代，独立回转式凿岩机研发成功，随后技术逐渐成熟并发展出了架（柱）式岩机和凿岩钻（台）车等新型设备。在20世纪70年代，液压凿岩机开始投入使用，并迅速占领了大部分市场。同时，电动凿岩机和内燃凿岩机的发展也取得了不小的进步[20]。

凿岩机按冲击方式可分为三种类型：

（1）冲击旋转式。它采用冲击荷载和转动钎具，并施加合理的推力来破碎岩石，适合在中硬、坚硬的矿岩中钻孔。由于其凿岩效率高、凿岩速度快，适应岩层硬度范围宽，应用较为广泛。

（2）旋转式。它采用旋转式多刃钎具切割岩石，同时施加较大的推力破碎岩石，适合在中硬以下的岩石中钻孔。此类钻孔设备有电钻和旋转钻机。

（3）碾压破碎式。它施加很大的轴压（一般大于300 kN）给钻头，同时旋转滚齿传递冲击和压入力，滚齿压入岩石的作用比冲击作用大。最典型的设备是牙轮钻机。

凿岩机按动力源分为气动凿岩机、液压凿岩机、电动凿岩机、内燃凿岩机、水压凿岩机等。其中气动凿岩机是我国生产、销售和使用数量最大的凿岩机，是国内凿岩机的主要品种，其次是内燃凿岩机、液压凿岩机，再次是电动凿岩机，水压凿岩机正在试用过程中。

（1）气动凿岩机。气动凿岩机与液压、内燃和电动凿岩机相比，其有结构简单、质量轻、安全可靠、坚固耐用、适应性强、加工制造容易、价格低廉、操作维修技术要求不高和使用方便等优点。它的不足之处是能量利用率极低，耗电量是同级电动岩机所耗动力的6~8倍，是同级液岩机的4~5倍；凿岩速度较低，是同级液压凿岩机的一半；噪声很大，为110~113 dB（A），是同级液压凿岩机的4~7倍。然而由于气动凿岩机结构简单、坚固耐用、可靠性高、易于维修、价格低廉，在很多矿山，特别是中小矿山仍有一定的市场。但其市场份额有被液压凿岩机逐取代的趋势。

（2）液压凿岩机。随着液压技术的迅速发展，1970年，法国蒙塔贝（Montabert）公司制造出世界上第一台实用液压凿岩机。随后，瑞典、德国、芬兰、英国、美国和日本等国，也先后研制生产出了各种型号的液压凿岩机。我国浙江乐清市矿山机械厂等单位也研制生产了液压凿岩机，但由于机械制造和液压技术总体水平的限制，能形成稳定生产的产品较少，只有几十台至几百台。液压凿岩机具有输出功率大、钻孔速度快、能量消耗低、零件和钎具寿命长、凿孔精度高、液压控制完善的优点。液压凿岩机与全液压钻车配套使用，有效地提高了矿山穿孔的机械化水平，为实现快速、高效、优质、安全地凿岩作业开创了一条新路。液压凿岩机的研制开发成功和推广应用是地下凿岩设备发展史上一个重要技术突破。

（3）电动凿岩机。我国从20世纪50年代开始研制电动凿岩机。电动凿岩机是靠电能转变成机械能以实现冲击回转凿岩的一种机械。电动凿岩机与气动凿岩机相比，只需1台电控箱，省去了压气设备和管路系统，能量利用率比较高，但凿岩速度偏低。由于井下空气潮湿，通风条件差，电动凿岩机的电动机机体易发热，绝缘性能下降，除非在压气管路铺设不到的地方，一般较少使用电动凿岩机。

（4）内燃凿岩机。实际上是一种专用内燃机，其最大的特点是无须外部能源，灵活机动，特别适合野外作业。由于井下通风条件差，废气难以排出，内燃凿岩机在岩巷施工中难以推广。

（5）水压凿岩机。水压凿岩机起源于南非（1990年），水压凿岩机以高压水为能量传递介质。水压凿岩机工作于敞口状态，所有驱动凿岩机的水都从排水孔喷出，其工作压力一般为

14~18 MPa，耗水量为 42~54 L/min，对于井深超过 1800 m 的深井矿山可直接利用自然水头的压力驱动凿岩机，否则，要用增压泵增压。湘潭凿岩机械研究所研制的 YST-23 支腿式水岩机，在斗笠山煤矿使用。湘潭风动机械厂研制的 YST-24 型支腿式水压机，水压 9.8 MPa，冲击频率 29 Hz，水泵流量 45 L/min，机重 25 kg。湘潭工学院研制的 YST-25 型水压凿岩机，机重 25.4 kg。水压凿岩机与气动凿岩机相比具有凿岩速度快、效率高、能耗少、噪声低、无油雾、改善作业环境等优点。

(6)气液联动凿岩机。气动凿岩设备的主要优点是使用简单、工作可靠、便于维修、价格较低，缺点是效率低、钻速慢、不能满足深孔钻进的要求；液压凿岩设备的优点是效率高、钻速快、卫生条件好，缺点是系统复杂、维护技能要求高、作业巷道要求尺寸大、造价高。考虑到气动和液压凿岩设备二者的优缺点，国外开发了综合二者特点的新型凿岩设备——气液联动凿岩设备，在德国、奥地利、俄罗斯的煤矿、金属矿山和水电工程中得到了广泛的应用。它采用压气作为冲击动力，液压作为旋转动力进行凿岩。

5.2.3　凿岩钻车

凿岩爆破法历来主导坚硬岩石巷道掘进与矿石开采，因为其能耗低、成本效益好。然而，传统人工凿岩劳动强度大，效率低，已不能满足现代工业需求[21]。随着工程规模扩大和机械制造业进步，凿岩钻车逐渐成为主流设备。它们显著提高了掘进速度和采矿效率，减轻工人负担，改善作业环境。20 世纪后期，液压钻车和全液压钻车的推广，标志着凿岩技术进入新阶段。

凿岩钻车类型很多，按其用途可分为露天钻车、井下掘进钻车、采矿钻车、锚杆钻车等。在采矿作业中，根据矿体的赋存条件和不同的采矿方法，选用相应的采矿钻车可以提高采矿生产率，减小劳动强度，既改善了工作条件，又增强了采矿作业的安全性。在中、小露天矿或采石场，凿岩钻车可作为主要的钻孔设备；在大型露天矿，它可以用于辅助作业，完成清理边坡、清底和二次破碎等工作。水电工程、铁路隧道、国防等地下工程，采用凿岩钻车钻孔，具有更大的优越性。本节主要介绍掘进钻车和采矿钻车。

1. 掘进钻车[22]

1)分类及特点

掘进钻车结构多种多样，因此分类方法很多，大致按下列几种情况进行分类：

(1)按凿岩机动力分：气动掘进钻车和液压进钻车(由于钻车的调幅定位也是由液压动力控制的，所以后者也称全液压掘进钻车)。

(2)按行走底盘分：轨轮式、轮胎式、履带式、门架式(后者仅用于大断面隧道)。

(3)按钻臂的运动方式分：直角坐标式、极坐标式、复合坐标式和直接定位式。

(4)按钻臂数目分：单臂钻车、双臂钻车和多臂钻车。

(5)按动力源分：电驱动、柴油机驱动和气动(气动已淘汰，前两者也是先驱动液压泵再控制工作机构)。

(6)按自动化程度分：全自动、半自动和手动控制。

(7)按适用巷道断面分：微型(<6 m²)、小型($6~20$ m²)、中型($10~50$ m²)、大型($12~70$ m²)和特大型($18~150$ m²)。微型钻车宽为 $1.05~1.3$ m，功率不大于 18 kW，机重不大于

3 t，配单钻臂和伸缩推进器，适用于窄巷道、急转弯巷道和横巷掘进；小型钻车宽为 1.5~1.7 m，功率不大于 42 kW，机重 6.5~8.5 t，配 1~2 个钻臂；中型钻车宽为 1.9~2.0 m，功率不大于 82 kW，机重 11~19 t，配 1~3 个钻臂；大型钻车宽为 2.45 m 左右，功率为 100~140 kW，机重 13~25.4 t，配 1~3 个或更多钻管；超大型钻车宽不小于 3 m，功率大于 100 kW，机重 18~40 t。[23]

　　掘进钻车因为生产条件与要求的不同，所以品种规格繁多，但基本部件已成系列，通用性较强，基本部件如图 5-25 所示，包括推进器、钻臂、操作台、动力系统（压气、电、水、液压）和行走底盘。

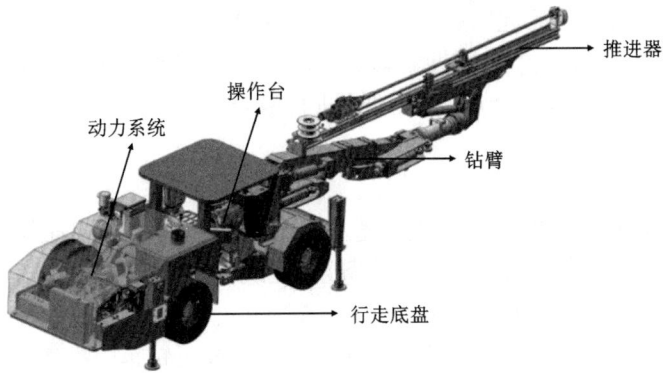

图 5-25　掘进钻车的组成

2）国内掘进钻车

　　从 20 世纪 60 年代至 1975 年以前，各矿已自行研制出多台气动掘进钻车。原国家冶金部于 1973 年曾大力推广河北铜矿（现寿王坟铜矿）的轨轮式双臂气动掘进钻车。1975 年 8 月通过技术鉴定的有 CGJ-2 型掘进钻车，1976 年 7 月通过技术鉴定的有 CGJ-3 型掘进钻车，它们都是轨轮式气动钻车，前者为双臂，后者为三臂。1976 年在大庙铁矿试验了 CTJ700-3 型轮胎式三臂气动掘进钻车（之后改为 CTJ-3 型）。我国自行设计制造的第一台全液压钻车为轨轮式双臂钻车（CGJ-2Y 型配 YYG-80 型液压凿岩机），于 1980 年 9 月通过技术鉴定。改革开放后，自制和合作制造的掘进钻车数量不断增多，如 1984 年和 1985 年我国与法国艾姆科-塞科马（Eimco-Secoma）公司合作制造的有 CTH10-2F 型双臂全液压钻车（履带式）和水星 14 型双臂全液压钻车（胶轮式），与瑞典阿特拉斯·科普柯（Atlas Copco）公司合作制造的有 Boomer H174、H175、H178 和 Promec TH529、TH530 掘进钻车。20 世纪 90 年代中期，南京工程机械厂又与瑞典阿特拉斯·科普柯公司合资成立了南京华瑞公司专门生产凿岩钻车。表 5-7 列出了部分国产钻车主要技术特征。

表 5-7 国产部分掘进钻车主要技术特征

钻车型号	自重/t	钻臂			推进器		配套凿岩机	行走机构		适用巷道断面/m² 或 W×H/(m×m)
		数量	运动方式	平移机构	方式	行程/mm		方式	驱动类型	
CGJ-2	1.8	2	直角坐标	四连杆	气马达-螺杆	1800	YT-30(气动)	轨轮式	直流电机	3.6~9
CTJ-3	8	3	极坐标	液压	气马达-螺杆	2500	YG-80、YGZ-70(气动)	轮胎式	气动马达	9~20
CGJ-2Y	6.5	2	直角坐标	液压	油缸-钢绳	2300	YYG-80(液压)	轨轮式	交流电机-液压马达	5.8~7.5
水星14-2F	8.95	2	直角坐标	液压	油缸-钢绳	2430,3040	HYD200(液压)	轮胎式	柴油机	2.5×2.5~4×5.4
CTH10-2F	8	2	直角坐标	液压	油缸-钢绳	2430	HYD200(液压)	履带式	电机-油马达	4~17.72
CTJY10-2A	12	2			油缸-钢绳	2500	YYG20(液压)	轮胎式	交流电机-液压泵驱动马达	2.5×2.5~4×5
CTJY 10	6.5				油缸-钢绳	2200	YYG60(压)	轮胎式		2.2×2.2~4×3.5
CTTJ12-3	3.2	3			油缸-钢绳	4000	YYGJ145(液压)	轮胎式		18~80
NH174/175	24.2				油缸-钢绳	3410/3240	SCOP1238(液压)	轮胎式	油马达	30~90

3)国外掘进钻车

世界各发达国家都生产了掘进钻车的系列产品,瑞典阿特拉斯·科普柯公司和芬兰汤姆洛克(Tamrock)公司发展最快,成为当今世界全液压钻车市场占有率最高的两大公司,其产品性能和质量也誉满全球。

瑞典阿特拉斯·科普柯公司生产系列齐全的露天与地下用的各种钻车,其行走底盘有轨轮式、轮胎式、履带式三种系列,有成系列的底盘、液压钻臂和推进器,可以组成用户所需要的各种钻车。较新系列的掘进钻车为 Rocket Boomer,其适用巷道最小面积为 6 m²,最大为 206 m²。台车配备的钻凿控制系统包括 DCS 或 RCS,DCS(direct controlled drilling system)为直接控制系统,RCS(rig control system)为电脑控制系统,可增设不同的自动化级别(图 5-26)。

其中,Boomer M20 钻车的新型臂架具有内部液压系统和无软管设计。软管维修的意外停机时间更少,有助于提高生产率和机器利用率。由于无软管设计,操作人员有更好的视野,大大提高了操作人员的安全性。Boomer M20 钻车具有坚固耐用的设计,可选零排放电池传动系统,它是同类钻机中第一个能够部分依靠电池供电的钻机。为了进一步提高生产率、效率、可靠性和精度,Boomer M20 钻车工作面具有智能自动化选项,例如可以根据数字钻井

(a) Boomer M20 型　　　　　　(b) Boomer E2 型　　　　　　(c) Boomer S1 型

图 5-26　Boomer 系列掘进钻车

计划实现自动钻井。这台钻车还配备了久经考验的 RCS 5 控制系统。

汤姆洛克公司从小到大有类星(Quasar)、水星(Mercury)、亚历山大(Axera)轮式底盘的掘进钻车及 RM 系列单臂和双臂轨轮式掘进钻车。

亚历山大(Axera)系列又可分为以下三个系列：

(1) Axera D 系列主要用于矿山中小断面的掘进及进路式开采的采矿钻孔。

(2) Axra LP 系列低矮型掘进钻车，是专为南非低矮扁平矿体设计的。

(3) Axera T 系列钻车为模块化设计，即可根据不同的断面尺寸，选择不同的电脑控制和自动化水平以及多种选购特性进行配置，使用户可选择最合适的机型。该钻车采用全新设计的 HLX5 液压凿岩机，使用新的 TC 系列底盘，装有强有力发动机，所以有较强的爬坡能力。该钻车目前多用于铁路、公路等大断面隧道掘进。

2. 采矿钻车[22]

1) 分类及特点

采矿钻车是为回采落矿进行钻凿炮孔的设备。不同的采矿方法，需要钻凿不同方向、不同孔径、不同孔深的炮孔。采矿钻车的分类如下[20]：

(1) 按凿岩方式分：顶锤式(top hammer)钻车和潜孔式(down the hole)钻车。

(2) 按钻孔深度分：浅孔凿岩钻车和中深孔凿岩钻车。国外有的浅孔或中深孔采矿凿岩钻车与掘进凿钻车通用，如瑞典 Atlas Copco 公司的 BOOMER H120 系列，芬兰 Tamrock 公司的 Monomatic 系列、Minimatic 系列、Paramatic 系列，法国 Secoma 公司的水星-14 型单臂钻车等，都是既可以用于掘进钻孔，又可以用于采矿钻孔。三山岛金矿、新城金矿、焦家金矿采用充填采矿法，都把水星-14 型钻车用于钻凿掘进和采矿炮孔。

(3) 按配用凿岩机台数分：单机钻车和双机钻车，也称为单臂或双臂钻车。

(4) 按钻车行走方式分：轨轮式钻车、轮胎式钻车、履带式采矿钻车。

(5) 按动力源分：全液压钻车、气动钻车和气动液压钻车。如果钻车的全部动作(行走、钻臂的变幅变位、推进、凿岩等)都是由液压传动完成的，则称为全液压钻车。如瑞典 Atlas Copco 公司的 Simba H250/1250 系列、SimbaH1350 系列；芬兰 Tamrock 公司的 Solo 系列；天水风动机械有限公司的 CYTC12 型全液压钻车。如果钻车的全部动作都是由气压传动完成的，则称为气动钻车，如国产的 CTC14 系列轮胎式采矿凿岩钻车。另外，还有气动液压钻车，它的凿岩动作是由气动凿岩机完成的，其他动作都是由液压完成的，如湘潭风动机械厂生产的 SCC-1B 型采矿钻车。

(6)按钻车有无平移机构分：有平移机构钻车和无平移机构钻车。有平移机构钻车可以在一定范围内钻凿平行孔。无平移机构钻车不能钻平行孔，因此用途十分有限。

钻车的基本动作有行走、炮孔定位、炮孔定向、推进器补偿、凿岩机推进、凿岩钻孔 6 种，分述如下：

(1)钻车的行走。地下采矿钻车一般都要能自行移动，行走方式可分为轨轮、履带、轮胎，行走驱动力可由液压马达或气动马达提供。

(2)炮孔的定位与定向。采矿钻车要能按采矿工艺所要求的炮孔位置与方向钻孔，炮孔的定位与定向动作由钻臂变幅机构和推进器的平移机构完成。

(3)推进器的补偿运动。推进器的前后移动又称为推进器的补偿运动，一般由推进器的补偿油缸完成。

(4)凿岩机的推进。在采矿钻车岩作业时，必须对凿岩机施加一个轴向推进力(又叫轴压力)，以克服凿岩机工作时的后坐力(又叫反弹力)，使得钻头能够贴紧炮孔底部的岩石以提高凿岩钻孔的速度。凿岩机的推进动作是由推进器完成的。

推进方法一般有三种：

①油缸推进。

②油马达(气马达)-链条推进。

③油马达(气马达)-螺旋(又称丝杆)推进。

(5)凿岩钻孔。这是钻车最基本的动作，由凿岩系统完成。

除了以上 6 种基本运动外，尚有钻车的调水平、稳车、接卸钻杆、夹持钻杆、集尘等辅助动作，各由其相应的机构去完成。

为完成钻车的各个动作，钻车必须具备相应的机构，这些不同的机构又可划分为三大部分。

(1)底盘。底盘可完成转向、制动、行走等动作。钻车底盘的概念常把内燃机等原动机也包括在内，是工作机构的平台。国外钻车底盘基本采用通用底盘。

(2)工作机构。工作机构可完成炮孔定位、定向、推进、补偿等动作，由定位系统和推进系统组成。

(3)凿岩机与钻具。凿岩机与钻具可完成破岩钻孔作业，凿岩机有冲击、回转、排渣等功能。凿岩机可分为液压凿岩机与气动凿岩机两大类，钻具由钎尾、钻杆、连接套、钻头组成。

2)国产采矿钻车

(1)轮胎式气动采矿钻车。

国产轮胎式气动采矿钻车主要型号有 CTC 14 与 CTC 14.2 两种，这两种型号的钻车适用于无底柱分段崩落采矿法。CTC 14 为单臂钻车，CTC 14.2 为双臂钻车。CTC 14 适用巷道断面为(2.8 m×2.8 m)~(4 m×5.5 m)，CTC 14.2 适用巷道断面为(3 m×3 m)~(4 m×5.5 m)，能钻 3.5 m 宽的上向平行孔和扇形孔。

(2)液压采矿钻车。

①CYTC 12 型轮胎式全液压采矿钻车是在 PTJ 11 型铰接式底盘上装上一套钻臂、推进器和 COP 1238ME 型液压凿岩机，配备了合理的自动化程度较高的电气系统、液压系统和气水

系统。该钻车主要用于井下矿山崩落采矿,钻凿垂直面或倾斜面的扇形或环形炮孔,并可以在垂直方向上钻凿 1.5 m 深的平行炮孔,其定位系统属于旋臂单摆系统。该钻车适用的采准巷道最小断面为 3.5 m×4 m,适合深孔接杆凿岩,孔深可达 30 m。

②YCT-Ⅱ轮胎式全液压采矿钻车是北京科技大学、桂林冶金机械厂共同研制的,在 YCT-Ⅰ型钻车基础上改进而成,20 世纪 90 代在丰山铜矿、酒钢镜铁山铁矿中得到使用。它的定位系统是复式(又称为双摆式),即钻臂可以摆动,推进器也可以摆动,两者的配合可以钻平行孔,也可以钻斜孔。

③CTC Y10 型全液压采矿钻车为胶轮自行式单机凿岩钻车,主要用于金属矿山水平分层充填法采矿,钻凿向上平行炮孔,炮孔深 3~4 m,要求顶板高度为 3.2~4 m。该钻井完全采用液压传动、电气和液压控制,具有行走方便、移位迅速、调整孔位准确、开孔稳定、耗能低、劳动强度小等特点。

3)国外采矿钻车

汤姆洛克公司的小型深孔钻车如 Quasar 1L、Solo 05 LC10、Solo 510 RTS 等,一般用于孔径 76 mm 以下,孔深 25~35 m 或以下的小型矿山的小型矿体开采。其钻孔方式简单,经济且能够满足要求。

中型深孔钻车如 MERCURY 1 LC22、Solo 709、Solo 1009 等,一般用于孔径 76 mm、89 mm、102 mm,孔深 25~45 m,适用于较小凿岩巷道的中型矿山。因此要求此类用途的钻车具有较小的转弯半径,能够精确确定孔位,稳定支撑,并且有较大的凿岩机功率。因此,钻车多装备小型铰接式底盘或整体式底盘,采用多点支撑工作机构或多点支撑与落地式机架,18 kW 以上的凿岩机,装备有自动换杆器并配备相应水平的角度、深度等凿岩参数监测系统,以确保精确的钻孔位置和深度以及较小的孔偏和适当的钻进速度。

大型深孔钻车如 Solo 07-15C、Solo 07-15F、Solo 07-15 sixty 等,其孔径为 102 mm、115 mm、127 mm,孔深 50 mm 以上,适用于大型矿山的肥大矿体高强度的开采。因此要求设备非常稳定,定位精确,有足够容量的储钎器,全部工作几乎不需要人工实现,均由机械完成。此类钻车装备了大型铰接底盘,落地式或框架式支撑,22 kW 以上的大型液压凿岩机,自动化换杆器,大部分配备了由电脑控制的凿岩控制系统和数字化显示仪表以及自诊断功能。

阿特拉斯·科普柯公司以 Simba(辛巴)系列采矿钻车为主(图 5-27)。其中,Simba 1254 是专为小尺寸隧道打造的液压开采矿岩台车,适用于任何岩层条件,动力充沛,配有双顶尖及角度指示仪,可在提高钻进稳定性和精度的同时,加快和简化开机准备工作。

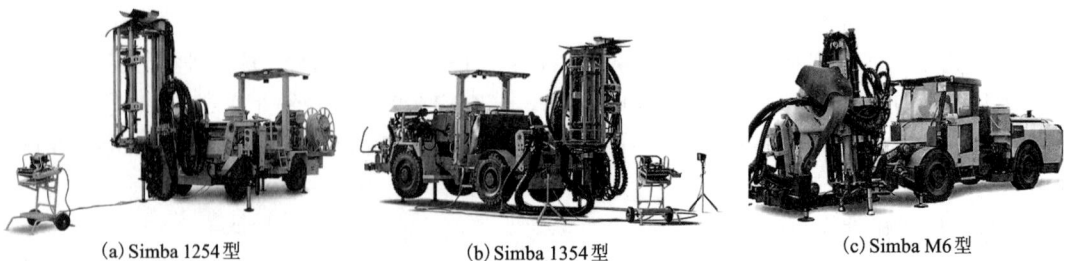

(a) Simba 1254型　　　　　(b) Simba 1354型　　　　　(c) Simba M6型

图 5-27　Simba 系列采矿钻车

　　Simba 1354 型采矿钻车可在中型巷道中提供出色的钻进速度；潜孔锤和凿岩机均针对各种不同的布孔参数进行设计；上下顶尖功能可以稳定推进梁，确保实现精确的打孔和钻进；具有高精度、经久耐用等优点，且适用于中深孔钻进作业。

　　Simba M6 是一款深孔开采钻车，非常坚固，适用于孔径为 51~178 mm 的大中型竖井采矿。该钻机可采用多种钻头、凿岩机和潜孔锤，满足工程的具体需求；配备 ABC-Regular 或 ABC-Total 等智能自动化功能，可通过远程控制功能控制一台或多台钻机。

5.2.4　潜孔钻机

　　潜孔钻机和普通冲击回转式风动凿岩机类似，其工作原理也是通过冲击回转机构将冲击能传递给钻头。不同的是，潜孔钻机将冲击机构(冲击器)独立出来，潜入孔底，无论钻孔多深，钻头都是直接安装在冲击器上的，无须通过钻杆传递冲击能，从而减少了冲击能的损失[24]。

　　潜孔凿岩作业从 20 世纪 30 年代开始，起初主要应用于地下矿开采，随后逐渐扩展到露天作业。经过技术改良，不断完善钻机的结构，到 20 世纪 60 年代初，潜孔钻机已经广泛应用于露天矿。当前，无论是中小型露天矿还是大直径深孔爆破，都广泛采用了潜孔钻机。特别是在建筑、水电、道路及港湾等工程中，潜孔钻机被认为是一种不可或缺的钻孔设备。此外，潜孔钻机还能被应用于井下钻凿管缆孔、通风孔、充填孔及钻天井等作业中[21]。

1.露天潜孔钻机[20]

　　1)分类及特点

　　(1)按有无行走机构分为自行式钻机和非自行式钻机两类。自行式钻机分为轮胎式钻机和带式钻机，非自行式钻机又分为支柱(架)式钻机和简易式钻机。

　　(2)按使用气压分为普通气压潜孔钻机(0.5~0.7 MPa)、中气压潜孔钻机(1.0~1.4 MPa)、高气压潜孔钻机(1.7~2.5 MPa)，有的将中、高气压统称为高气压潜孔钻机。

　　(3)按钻机钻孔直径及质量分为轻型潜孔钻机(孔径 80~100 mm，整机质量 3~5 t)、中型潜孔钻机(孔径 130~180 mm，整机质量 10~15 t)、重型潜孔钻机(孔径 180~250 mm，整机质量 28~30 t)、特重型潜孔钻机(孔径 180~250 mm，质量不小于 40 t)。

　　(4)按驱动动力分为电动式钻机和柴油机式钻机。电动式钻机维修简单、运行成本低，适用于有电网的矿山。柴油机式钻机移动方便，机动灵活，用于没有电源的作业点。

　　(5)按结构形式分为分体式钻机和一体式钻机。分体式钻机结构简单轻，但需另配置空压机。一体式钻机移动方便，压力损失小，钻孔效率高。

　　露天潜孔钻机具有结构简单、质量轻、价格低、机动灵活、使用和行走方便、制造和维护较容易、钻孔倾角可调等优点，主要机构有冲击机构、回转供风机构、推进机构、排粉机构、行走机构等。

　　露天潜孔钻机同接杆凿岩钻车相比较，优点如下：①冲击力直接作用于钎头，冲击能量不因在钎杆中传递而损失，故凿岩速度受孔深的影响小。②以高压气体排出孔底的岩渣，很少有重复破碎现象。③孔壁光滑，孔径上下相等，一般不会出现弯孔。④工作面的噪声低。

　　2)现状与发展趋势

　　KQ 系列钻机是国内露天矿普遍采用的潜孔钻机。潜孔钻机型号很多，其具体结构也各有不同。就总体结构而言，都必须设置冲击、回转、推进、排渣除尘、行走这几大部分。KQ-200 型潜孔钻机是一种自带螺杆空压机的自行式重型钻孔机械。它主要用于大中型露天矿山，钻凿直径为 200~220 mm、孔深为 19 m、下向倾角为 60°~90° 的各种炮孔。

山河智能和中南大学共同研发了 SWDE 系列一体化液压潜孔钻机（图 5-28），具有高气压潜孔钻进系统，能高精度、高效率地钻凿爆破孔；设计了功率匹配与负载适应的系统，实现了动力系统从动力泵负载全局功率匹配，有效降低了整机能耗，确保了整机最佳性能与高可靠性。湖南万众机械有限公司和中南大学液压机械工程研究所在 2004—2005 年也开发了 WZD150 和 WZD100 一体带式潜孔钻机。它们是机电一体化液压潜孔钻机，具有高效的高

图 5-28　山河智能 SWDE 120 一体式履带潜孔钻机

气压潜孔钻进系统，适用于高精度、高效率大孔径的深孔。

长沙矿山研究院研制了 CS165E 智能型整体式露天潜孔钻机，采用了先进的 CAN bus 技术，实现了高度的智能化，利用盘式钻杆库增加了钻孔深度，节约了换杆时间，提高了凿岩效率，同时高度集成的液压系统使能耗大大降低。另外，还开发了 CS100L 高风压履带式潜孔钻机、CS100D 高气压环形潜孔钻机、CS100ET 潜孔钻机。其中 CS100D 高气压环形潜孔钻机、CS100ET 潜孔钻机可以应用于地下采矿，并能满足高效凿岩要求。

随着对效率和采矿自动化水平要求的提高，未来该类钻机在国内的市场潜力很大。因此，要立足自身的技术实力，大力发展智能一体化液压潜孔钻机。此外，还有以下几个发展方向：①采用高风压潜孔冲击器配高风压空压机；②发展液压技术，一机多用，采用高钻架提升一次钻进深度；③采用新技术、新材料提高钻机和冲击器的寿命；④采用计算机实现钻孔参数自动调整、数字显示、自动测量和自动记录等技术；⑤以人为本，改善作业环境，改进司机室操作条件等。

2. 地下潜孔钻机[20]

1）分类及特点

按不同的标准，地下潜孔钻机有不同的分类方法。

（1）按介质不同分为气动潜孔钻机和水压潜孔钻机两类。

（2）按行走方式分为自行式潜孔钻机（又称潜孔钻机）和非自行式潜孔钻机（又称支架式或轻便式钻机）。自行式潜孔钻机又分为轮胎行走和履带行走两类，地下矿主要是轮胎行走方式。非自行式潜孔钻机分为支架式、雪橇式和胶轮式潜孔钻机。

（3）按气压大小分为低气压型潜孔钻机（不大于 0.7 MPa）、中气压型潜孔钻机（0.7~1.2 MPa）和高气压型潜孔钻机（1.7~2.5 MPa）三种。

（4）按孔径和机重分为轻型潜孔钻机（≤100 mm，≤3 t）、中型潜孔钻机（120~150 mm，10~15 t）、重型潜孔钻机（165~250 mm，25~30 t）、特重型潜孔钻机（≥250 mm，≥40 t）。

地下潜孔钻机不像凿岩机接杆钻进那样，能量损失随钎杆接头增多而增加，地下潜孔钻机的钻杆不传递冲击能，故冲击能量损失很少，可钻凿更深的炮孔。同时，冲击器潜入孔内，噪声很低，钻孔偏差小，精度高。

采用导轨重型气动或液压凿岩机接杆凿岩时，炮孔偏斜率和接杆的能量损失都比较大，凿岩深度一般为 15~30 m。采用地下潜孔钻机，尤其是采用高风压地下潜孔钻机，不仅凿岩速度快，而且比普通接杆钎杆导向性好，钻孔直径可达 165 mm，孔深 80 m 以上。

地下潜孔钻机适用范围广，主要用于钻凿大孔径的深孔，如 VCR 法、阶段矿房法、深孔分段爆破法的大孔以及掘进天井的中心孔等。

2）现状及发展趋势

地下潜孔钻机是一种大孔径深孔钻孔设备。国外地下潜孔凿岩始于 1932 年，首先是用于地下矿岩钻孔，十余年后用于露天矿作业。随着地下采矿技术发展，如大量崩落采矿法和深孔分段爆破法等高强度采矿方法及先进工艺的出现，地下潜孔钻机有了较大发展。

（1）Promecm188 型潜孔钻机。瑞典 Atlas Copco 公司制造的 Promecm188 型潜孔钻机，配用 COP62 型潜孔冲击器以及 165 mm 柱齿钻头，可钻 100 m 深的下向孔和 45 m 深的上向孔。在凿岩平巷中利用激光将钻机定位在准确位置上，激光器安设在巷道的一端，在钻机的右侧有两个靶标作导向用。该钻机上的 29 型 Transtronic 侧斜仪可按要求的钻孔方向调定推进器的位置；其他辅助自控装置，可使风压保持稳定，转速平滑，推力恒定，钻凿 90 m 深孔的偏斜率不到 1%。

（2）SQZ-1 型潜孔钻车。SQZ-1 型潜孔钻车由原中南工业大学、湖南有色金属研究所共同研制，湖南岳阳机床厂试制，1987 年 12 月在川口钨矿鉴定。该车是适用于深孔分段爆破掘进天井钻孔的一种潜孔钻机。该车配用 J-80B、J-100B 潜孔冲击器，钻孔偏斜率小于 1%，钻、扩孔直径分别为 90 mm、115 mm，钻孔深度 40~50 mm。其特点是体积小，一次定位后可凿钻天井范围内所有平行深孔，且造价低，适用于中小型矿山。

（3）TYQ-80 型潜孔钻机。它是仿瑞典 Simba-5 制造的深孔分段爆破法掘进天井专用设备，由 YZ-100 型外回转凿岩机、大框架、小框架及主、副立柱等组成，左右范围±180°，孔径 64~102 mm，孔深 50 m 以内。TYQ-80 型潜孔钻机采用 YQ-100B 钻机、C-100、J-80 潜孔冲击器及柱齿柱形钻头，钻孔直径 90 mm，扩孔直径 110 mm，孔深 50 mm 以内，孔偏斜率在 1% 左右。该钻机的优点是一次定位能钻完天井范围内所有平行孔，成孔平行率高，炮孔偏差小；缺点是立钻不易，且在安装和钻孔移位时容易发生大小框架和副立柱回转事故。

（4）GD-60 型自动潜孔钻机。在进行如大孔径或 VCR 凿岩时，炮孔凿岩的有效性取决于炮孔的准确度及凿岩费用。为此，用计算机辅助控制钻机工作以提高钻凿炮孔的精确度。计算机通过保持旋转头的方向及钻头恒定的推力来控制钻孔角度及优化炮孔直度。其次是提供最高程度的自动化作业，使凿岩工很少操纵钻机就能实现上述目的。同时，计算机控制还使得钻机能在环境劣的地方工作。加拿大研制的 GD-60 型自动潜孔钻机通过可编程逻辑控制器（PLC）来控制钻机的各种功能：钻架倾角的方位、钻杆接卸顺序以及通过液压、转数、扭矩和定位传感器监测凿岩质量。

20 世纪 90 年代。随着大直径深孔采矿工艺的发展，要求全方位钻孔，钻孔更深，精度更高，上述钻机不能满足这种工艺要求。20 世纪 90 年代初，一些大型矿山相继从国外进口了多台当时在国际上处于先进水平的高气压环形潜孔钻机，比较典型的机型有加拿大的

CD360 和瑞典的 Simba 261 高气压潜孔钻机。结合这两种在我国地下矿山的使用特点，我国于 1998 年成功地开发了 T150 地下高气压环形潜孔钻机，经过多个矿山的使用表明，它的部分技术指标已超过了进口的同类产品，更适用于我国地下矿山。我国在引进、消化、吸收国外先进技术和设备的同时，大胆创新，已研制出 10 多种地下穿孔设备，如仿制的 D0150J（嘉兴冶金机械厂）及 FJI-700 潜孔钻机，自行研制的 SQZ-1 及 SQZ-100 型潜孔钻机等的某些技术指标已达到世界先进水平。

现在国外生产的地下自行式大直径潜孔钻机的厂家和型号有：美国英格索兰公司 Cmm 型和 Cmm 2 型，TRW 米申公司 6200U 型，加德纳丹佛公司 IIH 型，乔依公司 AmC-IDE 型，瑞典阿特拉斯·科普柯公司 ROC306、Prmecm177 型、Simba261 型、Simba269 型，加拿大连续采矿系统公司 CD360 型、CD90 型。另外，英格索兰生产的 Cm341 型中风压钻机、Cm315 型高风压钻机、mZ200 型半液压钻机等产品，阿特拉斯·科普柯公司生产的 ROC400 系列钻机、RC460 系列钻机、ROC D7 型全液压钻机等产品，日本古河、芬兰汤姆诺克等生产的高风压钻机、全液压钻机也在许多露天石方工程中频频出现。

近几年，国外著名的潜孔钻机制造公司又相继推出了一系列新产品。如古河的 PCR200DH 型履带式潜孔钻机，Atlas Copco 公司的 ROCL830 型潜孔钻机。ROCL830 型潜孔钻机配备了提供 3 MPa 气压的压缩机，装备了独特的筒形输送系统，可操作最大直径为 140 mm 的钻孔。Sandvik 的 DU411 型潜孔钻机（图 5-29）是一种中心铰接式车架潜孔（ITH）凿岩台车，非常适合高精度生产钻孔及钻凿检修孔和切割天井。其真正的钻孔装置是由车载高压螺杆式增压空压机驱动的潜孔（ITH）冲击器。该钻机能够钻出直径为 89~216 mm 的孔，也可通过配置 762 mm 扩孔冲击器钻凿切割天井。

图 5-29　DU411 型地下潜孔钻机

5.2.5　其他钻机

1. 牙轮钻机[20-21]

矿用牙轮钻机是采用电力或内燃驱动、履带行走、顶部回转、连续加压、压缩空气排、装备干式或湿式除尘系统，以牙轮钻头为凿岩工具的自行式钻机。

牙轮钻机在钻孔时，依靠加压回转机构通过钻杆为钻头提供足够大的轴压力和回转扭矩。牙轮钻头在岩石上同时钻进和回转，对岩石产生静压力和冲击动力。牙轮在孔底滚动中连续地挤压、切削冲击破碎岩石。有一定压力和流量、流速的压缩空气，经钻杆内腔从钻头喷嘴喷出，将岩渣从孔底沿钻杆和孔壁的环形空间不断地吹至孔外，直至形成所需孔深的钻孔。

1) 牙轮钻机分类及优缺点

（1）分类。

牙轮钻机的种类很多，按工作场地的不同，可分为露天矿用牙轮钻机和地下矿用牙轮钻机。露天矿牙轮机又可按其回转和加压方式、动力源、行走方式、钻机负载等进行分类，具体见表 5-8。

表 5-8　露天矿牙轮钻机的分类

分类		主要特点	适用范围
按回转和加压方式	卡盘式	底部回转间断加压，结构简单，效率低	已淘汰
	转盘式	底部回转连续加压，结构简单可靠，钻杆制造困难	已被滑架式取代
	滑架式	顶部回转连续加压，传动系统简单，结构坚固、效率高	大中型钻机均为滑架式，广为使用
按动力源	电力	系统简单，便于调控，维护方便	大中型矿山
	柴油机	适应地域广，效率低，能力小	多用于新建矿山和小型钻机
按行走方式	履带式	结构坚固	大中型矿山露天采场作业
	轮胎式	移动方便，灵活，能力小	多用于小型矿山
按钻机负载	小型	$D \leqslant 150$ mm，$P \leqslant 200$ kN	小型矿山
	中型	$D \leqslant 280$ mm，$P \leqslant 400$ kN	中、大型矿山
	大型	$D \leqslant 380$ mm，$P \leqslant 550$ kN	大型矿山
	特大型	$D \leqslant 445$ mm，$P > 650$ kN	特大型矿山

注：D 为钻孔直径，P 为轴压力。

（2）优缺点及适用范围。

①优点。牙轮钻机具有钻孔效率高，生产能力大，作业成本低，机械化、自动化度高，适用于各种硬度矿岩钻孔作业等优点，是当今世界露天矿广泛使用的最先进的钻孔设备。

②缺点。牙轮钻机的价格贵，设备质量大，初期投资大，要求有较高的技术管理水平和维护能力。

③适用范围。牙轮钻机适用于矿岩普氏坚固性系数 $f = 4 \sim 20$ 的钻孔作业，广泛应用于矿山及其他钻孔场所。目前，国内外牙轮钻机一般在中硬及中硬以上的矿岩中钻孔，其钻孔直径为 130~380 mm，钻孔深度为 14~18 m，钻孔倾角为 60°~90°。

2) 牙轮钻机现状

自 20 世纪 90 年代以来，牙轮钻机技术不断进步。驱动电动机及调控方式、钻机结构和技术性能均有较大发展。

牙轮钻机在 20 世纪形成了比较完整的两大系列产品：KY 系列和 YZ 系列。其中 KY 系列牙轮钻机机型有 KY-150、KY-200、KY-250、KY-310 型，钻孔直径为 120~310 mm。YZ 系列牙轮钻机机型有 YZ-12、YZ-35、YZ-55、Z-55A 型，钻孔直为 95~380 mm。

3）牙轮钻机发展趋势

牙轮钻机的发展趋势主要有：

（1）规格的大型化、高效化。这主要表现在大孔径、高轴压、大排渣风量、大功率回转和提高穿孔效率等方面。

①提高钻孔直径。大型露天矿牙轮钻机直径由 310 mm、380 mm 向 406 mm、445 mm 发展，目前已发展到 559 mm。49-R Ⅲ 钻机钻孔直径达 406 mm；59-R 型钻机钻孔直径达 445 mm；P&H 公司的 120A 型钻机钻孔直径达 559 mm。

②提高轴压力。例如 P&H 公司的 120A 型钻机的轴压力达 680.38 kN，美国 B-I 公司的 59-R 型钻机的轴压力达 748.44 kN。

③加大排渣风量。例如 59-R 型的排渣风量达 97.6 m^3/min，Atlas Copo 公司 PitViper351 型排渣风量则达 107.6 m^3/min。

④改进主参数以提高穿孔效率。提高回转转速，增加回转功率，如 49-R 的回转转速为 0~150 r/min；65（67）-R 为 0~145 r/min。提高提升速度，如 65（67）-R 的提升速度为 41 m/min。加大行走速度，如 49-R 的行走度已达 1.8 km/h。

⑤螺杆式空气压缩机将取代滑片式空气压缩机，加大排渣风量和风压，以提高排渣效果，延长钻头寿命。

（2）系统向全自动化、智能化方向发展。

①采用包括计算机、通信网络、彩色显示装置和数据输入盘在内的集成网络控制系统。这样，很容易使钻机达到最优的钻进性能。

②采用整套高技术电子设备，连续控制轴压力、回转速度和排渣风量。选择最佳钻机工作制度，以最小的钻头磨损达到最大的钻孔速度。钻机作业自动化由局部自动化如自动定位、找平、自动化装卸钻杆等逐步向全自动化发展。

③能在小作业成本的基础上使钻进参数最优化，为露天矿现代化管理提供信息（矿石品位的精确分布、矿岩可钻性、可爆性和可挖性等）。

④能够连续监测、显示所有钻孔参数，以便为采矿和爆破设计提供有关信息。

⑤操作智能化，实现包括物质流、产品信息流在内的控制过程中体力和脑力劳动的自动化，把人从繁重的、危险的劳动中解放出来。

⑥采用电力的钻机已开始采用一种新的供电调速方式——静态交流变频调速，它能适应质量较差的矿山电网。

（3）结构向形式多样、结构简化和高可靠性、高适应性发展。

（4）操作向舒适性和易维护方向发展。

（5）在发展大型牙轮钻机的同时注意中小型钻机的发展。

2. 地质岩芯钻机[1]

1）地质岩芯钻机的用途和类型

地质岩芯钻机主要用于钻取不同深度、不同口径的钻孔以获取岩芯，供岩性和矿物品位测试分析，钻孔还可进行孔中测试。岩芯钻机主要由回转、给进、升降、操纵等系统组成。岩芯钻机按回转机构的不同分为立轴式钻机、转盘式钻机和顶驱式钻机；按传动方式可分为机械传动钻机和液压传动钻机，液压传动钻机是今后的发展方向，其主要特点是回转速度高、调速范围宽、钻压控制准确、操作方便、能钻斜孔、钻机轻便易搬迁；按装载方式可分为车装钻机和散装钻机，目前国内仍以散装钻机为主。

2）国产地质岩芯钻机系列

1960 年，国内率先研制了液压 XU-600 型立轴式钻机，到目前为止已生产 6000 余台，成为我国中型主力钻机。之后又先后研制成功 XJ-100 型（XY-1 型）钻机、XU-300 型钻机及北京型转盘式钻机、TXU 型立轴式油压钻机等。

3）高速金刚石岩芯钻机的诞生与发展

20 世纪 70 年代初期，为满足金刚石钻探的需要，急需转速高（最高可超过 1000 r/min）、挡数多、调速范围宽、运转平稳的钻机。为此，1976 年研制成功了 JU-1000 型立轴式高速油压钻机（后改为 XY-4 型），满足了上述要求。继此之后，钻深 100 m、300 m、600 m、1000 m、1500 m、2000 m 的 XY 系列金刚石立轴式油压钻机和 YL 型、TK 型、CS 型、HXY 型钻机先后研制成功并投产。它与国外同类产品可相媲美，充分满足了国内勘探的需求，并出口到国外。

4）岩芯钻机的多功能化及对新技术的吸收

20 世纪 70 年代以后，由于液压技术的不断完善和采用新的钻探工艺方法，岩芯钻机的性能和结构发生了很大变化，出现了可进行空气正、反循环钻进，回转范围宽或无级调速，长行程给进及液压化程度高的多功能钻机。20 世纪 80 年代以后，我国陆续推出一批多功能钻机，如钻石-300 型和 MKG 系列坑道钻机均属全液压式钻机，使坑内钻探面貌为之一新。液压传动顶驱动式车装 FD-300 型钻机，可无级调速，长行程连续给进，可实现空气反循环中心取样钻探和工程钻探，更换高速液压马达后可实现金刚石钻探。这种钻机已具备了现代多功能钻机的各项条件，使我国岩芯钻机达到国际先进水平。双卡盘不停车倒杆的立轴式 CD-3 型钻机，可长行程给进，并配有钻参仪，也能满足多种钻探工艺要求。

5）计算机技术应用于地质岩芯钻机领域

随着计算机技术的发展，用计算机监测和控制的新型钻机在国内外相继问世。瑞典 At-las Crealius 公司研制的 Damec-264APC 自动控制岩芯钻机是一种程序化微处理机控制，适合坑道或地表勘探钻进的设备。加拿大 JKS Boyles 公司也发展了计算机控制的坑道钻机，能更多更快地传送钻进信息，提高了岩芯采取率和钻进效率，事故率大为减少。我国哈尔滨工业大学和中国矿业大学联合研制了机器人化煤矿自动钻机（属坑道钻机），最大钻深 150 m，采用多种传感器，利用液压自动控制系统、计算机控制系统、工业电视监视系统实现了远程操纵、自动化作业，为追赶世界先进水平的钻机率先起步。

3. 水文水井钻机

1）水井钻机的起步

水文水井钻机主要用于水文地质勘探和钻水井。其主要特点是钻井口径大，要求回转扭矩高；由于钻具较重和成井下管要求系统提升能力大，需配两个卷扬机。常用机型为转盘式和顶驱式钻机，并有散装和车装之分。我国自己的各种水文水井钻机，是中华人民共和国成立后才逐步开发研制的。

1960 年研制成功钻深 300 m、井径 500 mm 的红星-300 型拖车装载的水井钻机及排量 600 L/min 的泥浆泵，开创了我国自行设计水井钻机的历史。以后继续研制成功红星-400

型、S400 型及 S600 型，钻深分别为 400 m、400 m 和 600 m。

2）反循环水井钻机

20 世纪 50 年代，国外出现反循环钻进的技术。1962 年我国研制出用泵吸反循环法钻进的 SW-2 型水井钻机，后装在拖车上，改名为 ZWY-550 型并在全国推广应用。它已成为水井和工程施工的主要钻探设备。

根据我国地形复杂、交通不便、设备整体搬迁困难的特点，1965 年研制成功解体性能好的 SPJ-300 型散装水井钻机，其转盘、卷扬机、变速箱等部件可分别运输，解体性强。其投产后销售量经久不衰，先后已生产达 8000 台，为国内水井钻探使用最多的设备。

3）多功能车装水井钻机

为了适应不同地层钻进需要，我国于 1974 年研制成功多功能 SPC-300H 型车装水井钻机。该钻机能实现回转与冲击两种钻进方法，钻塔起立、钻杆卸扣和主卷扬助力均实现液压化，改善了工人的操作条件；车载后，机动性强，使移孔位和运输工作更为快捷。

在 SPJ-300 型和 SPC-300H 型水井钻机的基础上，研制成功的 GPS 系列和 GJC-40H 型桩孔钻机，在桩基工程中也发挥了巨大作用。

1986 年研制成功钻深 600 m 的 SDY-600 型全液顶驱式钻机，顶部驱动钻杆，长给进行程，无级变速，是当前世界上水井钻机的先进技术之一。

4）深孔水井钻机的发展

地下水开采深度日益增加，相应深孔水井钻机的需求突出。1981—1986 年间我国先后研制成功 SPC-500 型、SPC-600R 型和 SPS-600 型系列深孔车装转盘式水井钻机，可钻深 500 m 或 600 m，对加速我国勘探与开发中深层地下水起了促进作用。更深的水井钻机为 1982 年以后研制成功的钻深 1000 m 和 2000 m 的 TSJ-1000 型和 CZ-2000 型散装转盘式水井钻机以及 SPS-2000 型钻机，为我国深层地下水、地热和中浅层石油的勘探开发提供了新机型。

4. 工程地质钻机

1）工程地质钻机的起步

工程地质钻机用于地下建筑和水下基础在设计与施工前的工程地质勘察。

我国的工程地质勘察过去多用地质岩芯钻机代替，由于所取土样被扰动和孔中试验受限制，因此需要研制工程勘察专用设备。1966 年研制成功的 SH-30 型工程地质钻机，钻深 30 m，具有转盘回转和钢丝绳冲击两项功能，结构简单适用、运输方便，很快在全国推广。

2）工程地质钻机的发展

20 世纪 80 年代先后研制成功的 G-1、G-1A、G-2、G-2A 和 G-3 型工程地质系列钻机，除具有回转、冲击、振动、静压取土等单项功能外，还可实现回转与振动跟管钻进、冲击与回转跟管钻进、冲击与振动跟管钻进及螺旋钻进等多项功能，在加接钻杆时不必提升钻具，给进行程长，可提高钻探质量和效率。

3）勘察海底的工程地质钻机

在海底进行建筑或在海底敷设某些固定装置例如港口码头的建造或在海底竖立石油钻井平台前，都必须探明海底工程地质情况。1984 年研制成功的"勘 407 号"钻井船工作水深可达 100 m，取样深度 50 m，取样直径 73 mm，为我国工程地质钻机开辟了新领域。

5. 基础桩施工钻机

我国自 20 世纪 70 年代开始，因高层和大型建筑的日益增多，要求基础的深度和直径加大，需用钻机钻成不同直径和深度较大的桩孔，然后下入钢筋笼，再灌注混凝土，凝固后即成为可靠的建筑基础，承载、抗震性能好。因此基础灌注桩施工钻机已成为基础施工的必需设备，也是地质钻掘设备领域中主要的组成部分之一。

1）基础桩施工钻机的类别及其用途

（1）正循环回转钻机。

推广基础桩开始阶段，多以水井钻机或对其稍加改造予以利用，或以大型岩芯钻机代替施工，由于它效率偏低，逐渐被反循环回转钻机取代。此种钻机最大的为 TSJ6/660 型，可钻深度 60 m，钻孔直径 2.5 m。

（2）反循环回转钻机。

此种钻机使用最为广泛，其钻机类型较多：①转盘式 GPS 型系列钻机，可钻直径 1~3 m，是目前使用最多的钻机。②机械动力头、短行程的 GQ 型系列钻机，钻孔直径 1~3 m。③车装式 GJC-40H 型钻机，钻孔直径 1.5 m。④全液压 KPG-3000 型钻机，最大钻深 130 m，最大钻孔直径达 6 m，其性能也达到国际先进水平。

反循环钻机中另一种结构为潜水钻机，其动力装置潜入孔内，直接驱动钻头回转，而钻杆不旋转；将砂石泵潜入孔底装在钻杆末端，直接将砂石岩屑排出孔外。我国研制成功 KQ 系列钻机，其中 KQ3000 型钻深 30 m，钻孔直径 2~3 m。

（3）无循环回转钻机。

一种是长螺旋钻机，钻进时无冲洗液循环，钻渣沿螺旋形钻具旋转上升排出孔外，这种钻机钻孔直径一般在 600 mm 以内，适用于黏土层及风化基岩层钻进。另一种是无循环旋挖钻机，称为短螺旋钻机或钻斗式钻机。旋挖钻机更适用于砂砾石层及黏性土层钻进。1984 年又研制出 TR600、TR300 及 TR200-Ⅱ 型短螺旋钻机，最大钻孔直径可达 1.8 m，其特点是具有可伸缩钻杆，液压集中操纵，传动系统中设有液力变矩器，具有过载保护和缓冲作用，可以钻斜孔，以满足斜桩和护坡桩孔钻进需要，是目前国际上广泛使用的机型。

（4）冲击钻机。

近代的冲击钻机以钢丝绳式冲击钻机为代表，我国生产的 CZ 系列冲击钻机钻深 250 m，孔径 1 m。在单一冲击钻机的基础上复合反循环排渣，称之为冲击反循环钻机，钻进的同时钻渣也排出孔外，减少了辅助时间和重复破碎，提高了钻进效率。GCF-1500 型、CJF 型冲击反循环钻机，其结构简单、适用性强、价格低、均取得了明显效果。

GJD-1500 型钻机具有冲击和回转两种功能，可以实现正、反循环两种排渣方式，可钻土层、砂层和中硬岩层大口径基桩孔。钻机机械式动力头驱动钻杆回转，最大扭矩为 39.2 kN·m，钻孔直径为 2 m，钻深 50 m，步履底盘，移动和对准孔位便捷，液压操作，它在国内外均得到用户赞誉。

（5）连续墙钻机。

地下工程如隧道、地下室、地下停车场、地下油库等必须形成一道地下连续墙，以承受开挖后由地下水和地层的侧力导致的水平应力及垂直承载力。连续墙钻机即是开挖这种矩形沟槽的设备。我国最早的连续墙钻机为 ZLQ 系列多头潜水电钻，利用砂石反循环排渣，开槽的规格为 1.2 m×5 m，深度 50 m。

2）基础桩施工钻机新进展

路桥、港口、高层建筑等需要更深、更大直径的基础桩。我国研制的 ZY-3000 型大口径反循环钻机，钻孔直径可达 3 m，钻孔深度 80 m，利用大型砂石泵实现泵吸反循环钻进。整台设备为全液压驱动，转盘转速为 0~16 r/min，无级调速，最大扭矩达 150 kN·m。整套设备装在履带底盘上，行走快捷。

GZX-18 型式掘进的大型基础旋挖钻机用伸缩钻带动大型钻斗以短螺旋方式钻进，钻孔直径可达 2 m，钻机最大深度 50 m，全安装在履带底盘上，行走和对孔位方便，且全部液压驱动。

3）基础桩施工钻机发展趋势

纵观国内外基础桩施工钻机的现状与发展，可以看出该类型钻机的发展趋势有下列几个特点：

①随着特殊工程的增多，钻机逐渐向大型化方向发展，动力机动率不断增大，各主执行机构，如回转、冲击、给进、起拔和吊升等能力相应加大。与此同时，也考虑到能在狭小空间施工的特点，体积小、结构紧凑的钻机应运而生，其能进行锚固、微桩和旋喷施工。

②液压驱动已成为基础桩施工机械的基本驱动模式。整机向机、电、液一体化程控方向发展。

③设备配置齐全的监控传感器、仪器、仪表，以提高施工质量。

④模块化组合设计的应用，使用同一底盘以不同执行机构，构成多种功能的基础桩施工机械。

6. 特种钻机

特种钻机系指专用于某种单一施工目的的钻掘设备，包括勘探砂矿的砂矿钻机、钻进锚固孔的锚固钻机、用于钻进地下水平孔的水平钻机等。该类钻机由于其施工条件的独特性，所以在结构上与其他钻机有明显区别。随着城市建设和找矿范围的增加，特种钻机先后在我国研制成功并投入使用。

1）砂矿钻机

由于砂矿所固有的特点，砂矿钻机一般要求套管超前钻进，以达到保护钻孔壁、隔离水层及防止钻孔以外的多余矿层物质进入勘探钻孔之内，从而保证砂样品的真实度。根据砂矿地层构成不同，砂矿钻机的钻孔直径为 130~325 mm。砂矿钻机的钻进方法有冲击、慢速回转套管、抓斗抓取、钻斗旋挖、空气反循环取样等。

2）锚固钻机

锚固技术是利用岩石或土体自身强度和自承能力，通过金属杆件或钢制缆索加以固定，以增加构筑物的稳定性。用以施工置放锚杆或锚索的孔眼的钻机称为锚固钻机。

3）水平钻机

水平钻机是钻掘机械中一种特殊专用设备，它专门用于各种不同直径的水平孔钻进。它可在大口径集水井工程中，在竖井下部钻水平辐射集水孔以增大出水量，在滑坡治理工程中施工排渗、降水孔，在水库坝基工程中施工水平锚固孔等。

　　4)坑道钻机

　　在发展地表岩芯钻机的同时，在矿山开采施工中也需要坑道内施工的专用钻机。20 世纪60 年代首先研制成功气动加压给进、机械传动回转式双立柱支撑的 KD-100 型坑道钻机，钻深达 100 m。20 世纪 80 年代研制了 KD-150 型和 MK 全液压动力头坑道钻机，其中 MK 钻机已形成 6 个等级的系列产品，孔深 75~600 m。该机由主机、油泵站、操纵台三部分组成，解体性能好、便于搬运、无级变速、主要各工序动作联动性好，适合坑道钻探工作，同时也可用于锚孔和其他岩土工程钻孔施工。

　　5)取样钻机

　　取样钻机主要用于地质填图、普查找矿、以钻代替槽井探、验证物化探异常及工程地质勘察。20 世纪 70 年代首先研制成 QJD10-1 型(争光 10 型)，是轻便的手提式岩芯钻机，由汽油机、离合器、回转器、桅杆等组成，并配手摇水泵和钻具。其主要特点是质量轻，仅19 kg，一人可背运；可采取土样和矿样；操作、维修简单；钻探效率高、施工成本低；钻进能力为 10 m。之后又研制了钻深 50 m 的 QJD-50 型钻机和钻深 2 m 的 QJD-2 型、QJD-2B 型化探钻机。

参考文献

[1] 刘维，高德利.PDC 钻头研究现状与发展趋势[J].前瞻科技，2023，2(2)：168-178.

[2] GARCIA A, BAROCIO H, NICHOLL D, et al. Novel drill bit materials technology fusion deliversper for mancestep change in hard and difficult formations[R]. Amsterdam：SPE/IADC Drilling Conference, 2013.

[3] SCHUMACHER P W, JONES K W, MURDOCH H W, et al. Combination drag and roller cutter drill bit：US4444281A[P]. 1984-04-24.

[4] HSIEH L, ENDRESS A. New drill bits utilize unique cutting structures, cutter element shapes, advanced modeling software to increase ROP, control, durability[J]. Drilling Contractor, 2015, 71(4)：48-58.

[5] LOMOV A, JAMES B, KONYSBEKULY G, et al. The combination of ridge and conical elements is a new approach for drilling out hard carbonates and sandstones without drop in ROP[C]//Proceedings of the SPE Russian Petroleum Technology Conference. Richardson：SPE, 2018.

[6] 张德凯，张领宇.斯伦贝谢 StingBlade 钻头专克坚硬地层[J].石油知识，2016(6)：48，53.

[7] MCLENNAN J, NASH G, MOORE J, et al. Utah FORGE：Well 16A(78)-32 drilling data[R/OL]. (2021-01-08)[2023-04-10]. https：//gdr.openei.org/submissions/1283.

[8] 王朋.混合钻头破岩机理浅析[J].西部探矿工程，2021，33(9)：94-96.

[9] 王定亚，孙娟，张茄新，等.陆地石油钻井装备技术现状及发展方向探讨[J].石油机械，2021，49(1)：47-52.

[10] GRINROD M, KROHN H. Continuous motion rig：a detailed study of a750 ton capacity, 3 600 m/hr trip speed rig[R]. SPE 139403-MS, 2011.

[11] 张东海，王昌荣.智能石油钻机技术现状及发展方向[J].石油机械，2020，48(7)：30-36.

[12] 王定亚，忽宝民.提速提效石油钻机技术现状及发展思路[J].石油矿场机械，2016，45(9)：45-48.

[13] 徐小鹏，王定亚，邓勇，等.四单根立柱钻机关键技术研究与提效分析[J].石油机械，2018，46(12)：17-23.

[14] 李亚辉，陈思祥，周天明，等.陆地超深井四单根立柱高效钻机[J].石油机械，2019，47(4)：19-23.

[15] 王定亚, 王耀华, 于兴军. 我国管柱自动化钻机技术研究及发展方向 [J]. 石油机械, 2017, 45(5): 23-27.

[16] 李亚辉, 侯文辉, 刘志林, 等. 7000 m快速移运拖挂钻机设计[J]. 石油机械, 2015, 43(9): 37-41.

[17] 陆俊康, 周忠祥, 蒋合艳, 等. 4000 m轮轨+滑轨丛式移运低温钻机的研制[J]. 石油机械, 2018, 46(6): 7-12.

[18] 傅亚帅. 深井超深井液动冲击钻具结构设计改进及仿真研究[D]. 西安: 西安石油大学, 2021.

[19] 王关清, 陈元顿, 周煜辉. 深探井和超深探井钻井的难点分析和对策探讨[J]. 石油钻采工艺, 1998(1): 1-7, 17-104.

[20] 苑忠国. 采掘机械[M]. 北京: 冶金工业出版社, 2009.

[21] 王荣祥, 李捷, 任效乾. 矿山工程设备技术[M]. 北京: 冶金工业出版社, 2005.

[22] 周志鸿. 地下凿岩设备[M]. 北京: 冶金工业出版社, 2004.

[23] 中国冶金百科全书总编辑委员会《采矿》卷编辑委员会, 冶金工业出版社《中国冶金百科全书》编辑部. 中国冶金百科全书: 采矿[M]. 北京: 冶金工业出版社, 1999.

[24] 陈国山. 采矿概论[M]. 2版. 北京: 冶金工业出版社, 2012.

[25] 魏建平, 蔡玉波, 刘勇, 等. 非刀具破岩理论与技术研究进展与趋势[J]. 煤炭学报, 2024, 49(2): 801-832.

第 6 章　切削破岩

在采矿、采煤、采石、旋转切削钻井、剥离表土和在软岩或中硬岩石中掘进时，切削破岩占有重要地位。[1]切削破岩是通过在轴压力和扭矩作用下连续旋转或往复运动的切削刀具（钻头、截齿、刨刀、锯）的齿刃沿螺旋形、弧形或直线等轨迹切削岩石表面，靠刃角从岩体的外层分离岩石的一种机械破碎方法。根据切削刀具的运动特征，切削破岩可分为截割、刨削、铣、挖掘、钻削等。切削刀具的运动轨迹随着机械的执行机构的构造不同而不同，但是任何复杂的运动轨迹都是由直线运动和旋转运动两种基本运动组合而成的。使用切削破岩方式的机械有悬臂式掘进机、铣挖机、采煤机、刨煤机等，主要破岩刀具有钻头、连续采矿（煤）机截齿、挖掘机斗齿等[1]。

切削作为加工手段早在二三世纪就已出现，1668 年就有了和今天原理相同的铣削和磨削。经过三百多年的科学发展，建立了以固体物理学为基础的金属切削理论，成功地用于金属切削加工。但是在切削煤岩时，完全移用金属切削理论，是有很多问题的。不考虑煤岩特点、不考虑生产因素和采矿技术因素，企图进行纯理论的研究工作并没有获得成功。20 世纪 50 年代，苏联学者别隆（А. И. Берон）和巴隆（Л. И. Барон），以及英国学者伊万思（I. Evans）等，对煤岩作了大量破碎试验，对切削机理和切削参数进行了研究，提出了更接近实际的切削破碎模型和计算公式，得到了能用于工程实际的理论分析和设计数据。

6.1　切削破岩理论与方法

根据切削刀具运动特征把切削破岩分为：

截割：刀具运动由两个直线运动组成，截煤机和综合采煤机的平截盘为这种截割刀具的典型代表。

刨削：刀具运动为一个直线运动，典型的代表机器为刨煤机、拉铲和犁松器。

挖掘：刀具运动由一个直线运动和一个弧线（曲线）运动组成，典型的代表机器为挖掘机。

钻削：刀具运动由一个直线运动和一个旋转运动组成，电钻（麻花钻）、刮刀钻进机都属于钻削类机器。

此外，还有两个旋转运动和一个直线运动（苏制 K-26 型联合采煤机）等复杂运动的机器，但基本离不开截、刨、挖、钻四种破岩方式。

切削刀具(截齿、钻头)由刀头和刀把组成,前者是切削岩石部分,后者是用以将刀头装在破岩机器的刀座上或其他固定器上。切削土壤和岩石所用的刀具种类甚多,其形状也各不相同。但各种刀具担负切削作用的部分可视作截齿的演变,如钻头可以看成由两个或多个截齿组成,铣刀的每个刀齿可以看成一个截齿,截齿和刨刀是相近的。因此把截齿作为切削工具的代表予以讨论是必要的。

截齿的几何要素由下列三个部分组成(图6-1)。

(1)前刃面:切削层流过的表面。

(2)后刃面:土壤和岩石新破碎面所面对的刀具表面。后刃面分为一个主要后刃面和两个侧后刃面。

(3)刀刃:前刃面与后刃面相交线称为刀刃。刀刃分为主刀刃和侧刀刃,主刀刃是用于切削新表面的刀刃,其余刀刃是侧刀刃。

刀具的各刃面与刀刃之间的相互位置,以及它们与切削面之间的关系,是由 α、β、γ、δ 等角度确定的。这些角度决定了切削刀具的几何形状。

切削角 δ,是刀具前刃面和切削面之间的夹角。

刃角 β,是刀具前刃面与后刃面之间的夹角。

前角 γ,是刀具前刃面和通过主刀刃且垂直于切削面的平面之间的夹角(图6-2)。切削角 δ 小于90°时,前角 γ 为正值;切削角 δ 大于90°时,前角 γ 为负值。

后角 α 是刀具主后刃面与切削角之间的夹角。α_1 与 α_2 为副后角(图6-1)。当前角为正值时,刀具的各角的关系为

$$\alpha + \beta + \gamma = 90° \tag{6-1}$$

$$\sigma + \gamma = 90° \tag{6-2}$$

$$\alpha + \beta = \sigma \tag{6-3}$$

上述角度是构成刀具几何形状和决定切削性能的主要角度,截齿的几何要素对破岩机理影响至深。

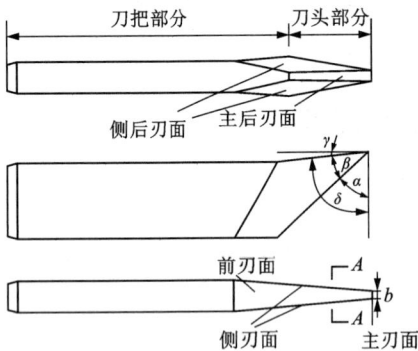

图6-1 截齿几何要素

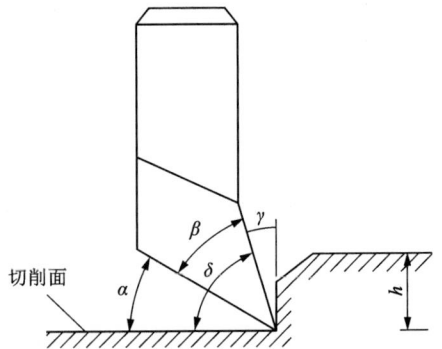

图6-2 刀具切削时工作面的断面形状

6.1.1 镐型截齿破岩

1.镐型截齿破岩过程

镐型截齿在破岩时,其齿间挤压岩石诱发压应力、剪切应力和拉伸应力等形成复杂的应

力场。当应力达到岩石强度极限时岩石产生裂纹,进而形成岩屑。[2] 镐型截齿破岩过程可分为弹性变形、塑性变形及密实核形成、宏观裂纹形成、主裂纹扩展及大块岩屑崩落 4 个阶段[3],破岩过程如图 6-3 所示。

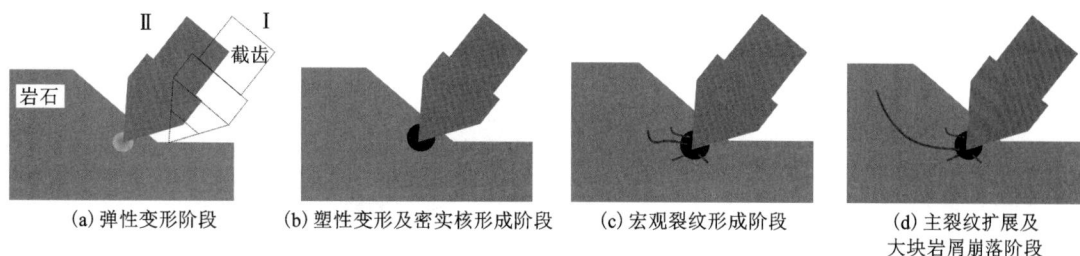

(a) 弹性变形阶段　　(b) 塑性变形及密实核形成阶段　　(c) 宏观裂纹形成阶段　　(d) 主裂纹扩展及大块岩屑崩落阶段

图 6-3　镐型截齿破岩过程

1) 截齿与岩石接触及岩石弹性变形阶段

截齿由位置 Ⅰ 前进到割入位置 Ⅱ 时,前刃面挤压岩石,接触区附近岩石产生压缩变形。齿尖最先接触岩石形成很大的应力,然后应力沿锥体母线向上边缘处逐渐减弱,由此在截齿与岩石的接触区域形成复杂应力场。

2) 塑性变形及密实核形成阶段

随着截齿进一步侵入岩石,当接触区域周围的拉应力超过岩石的抗拉强度时会产生 Hertz 裂纹。受挤压的岩石会发生严重的塑性变形并破坏,出现粉碎体,形成细小岩屑,岩屑在高压力下集聚并形成密实核。随着截齿进一步侵入,密实核逐渐增大,其内部的岩屑受到挤压而聚集能量,并将截齿提供的荷载传递到岩石周围区域,将能量向周围岩石传递。

3) 宏观裂纹形成阶段

密实核周围岩石受到挤压作用,形成复杂的应力场。当接触区域周围的应力达到岩石抗剪强度或压应力达到岩石抗压强度时,会产生源裂纹。在密实核、截齿挤压力以及自身缺陷的综合作用下,密实核周围形成诸多细小裂纹。

4) 主裂纹扩展及大块岩屑崩落阶段

随着截齿截割力的增大,若密实核瞬间形成又无法释放出去,则密实核对岩石的压力会迅速增加,同时对周围岩体的作用力也随之增加。形成的复合裂纹在强大的压力下迅速沿岩体能量最小的层理、节理方向不断扩展,直至裂纹贯穿岩石表面,即形成一条主裂纹,从而造成岩石碎块从原岩崩落。此时,截割力迅速下降,完成一次截割。

上述镐型截齿破岩过程的 4 个阶段是在瞬间完成的,在岩石碎块剥落过程中伴随着局部较小岩石碎块的剥落。因此在截割过程中,截齿的截割力是波动的,镐型截齿的连续破岩过程是上述 4 个阶段的反复循环。

2. 镐型截齿破岩理论

目前,Evans 破岩理论是业界公认的较经典的理论之一,其他镐型截齿破岩理论大多是基于 Evans 破岩理论修正和改进的。Evans[4, 5] 认为镐型截齿破岩模型(图 6-4)基于以下几个重要假设:镐型截齿沿其轴线运动压入岩体,且形成岩屑迅速排出,不形成密实核,同时锥孔连续增大，直至裂纹产生和扩展；假设岩体发生拉伸破坏，不考虑剪切及其他破坏形式；选取薄片厚度为 1 个单位量，对于自由截割，可把力学模型作为平面问题处理。镐型截齿在破岩时会产生径向压应力和环向拉应力，当环向拉应力达到岩石抗拉强度时，岩石发生破坏，"V"形碎块剥落。

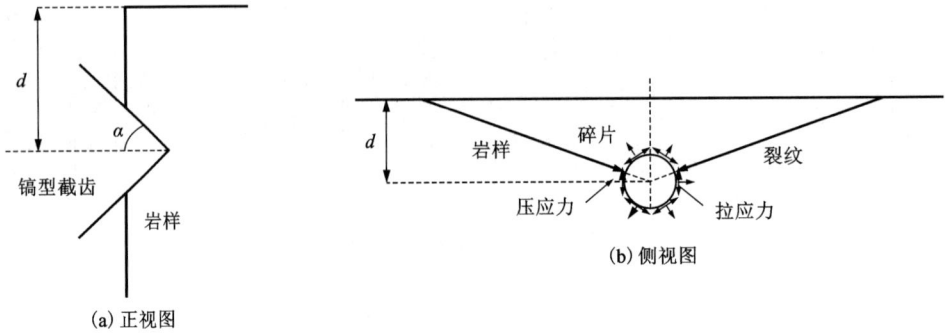

图 6-4　Evans 破岩理论模型

Evans 镐型截齿破岩模型力学原理(图 6-5)如下所述。

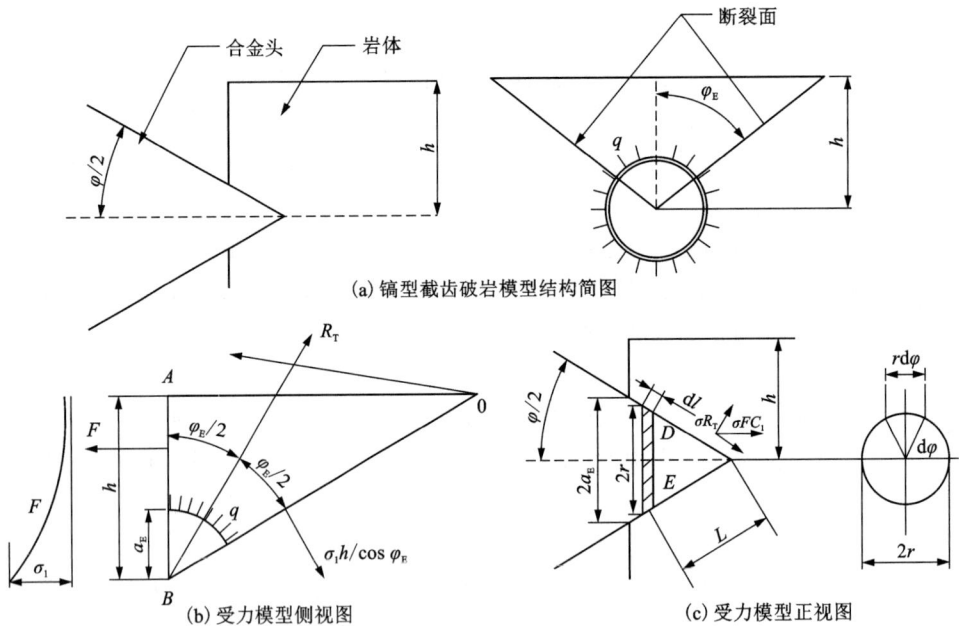

图 6-5　Evans 破岩受力分析图

1)沿 OB 作用的拉力

与纸面垂直，单位面积上的力 F_T 为：

$$F_T = \sigma_t d / \cos \varphi_E \tag{6-4}$$

式中：σ_t 为岩石抗拉强度，MPa；d 为截割深度，mm。

2）沿半径方向的拉伸力

$$R_T = \int_{-\frac{\varphi_E}{2}}^{\frac{\varphi_E}{2}} qa_E\cos\varphi\mathrm{d}\varphi = 2qa_E\sin\frac{\varphi_E}{2} \tag{6-5}$$

式中：q 为截齿破碎岩石粉末传给岩体的静压力，kN；a_E 为孔半径，mm。

力 F_T 与 R_T 向 O 点求力矩，由受力平衡可得：

$$q = \frac{\sigma_t}{4}\frac{d}{a_E}\frac{1}{\cos\varphi_E\sin^2(\varphi_E/2)} \tag{6-6}$$

式中：d/a_E 为无量纲量，假设其为不变量；φ_E 为变量，根据最小能量原理，其存在一个值使得岩石崩落能量最小，可得

$$\varphi_E = 60° \tag{6-7}$$

式（6-7）代入式（6-6）可得：

$$q = \sigma_t d/a_E \tag{6-8}$$

假设镐型截齿锥面通过挤碎的岩石传递力给岩体，取一圆锥薄短片 DE 为研究对象，其表面上的微元面积为 $\mathrm{d}A = r\mathrm{d}\varphi\mathrm{d}l$，则峰值截齿力表达式为：

$$F_{PC} = \sigma_t\frac{h}{\cos(\varphi/2)}\sin\int_0^{2\pi}\mathrm{d}r\int_0^{2\pi}\mathrm{d}\varphi \tag{6-9}$$

式中：F_{PC} 为峰值截齿力，kN；$\mathrm{d}l = \mathrm{d}r/\sin(\varphi/2)$；$\varphi$ 为镐型截齿尖端角。

由式（6-9）可得：

$$F_{PC} = \frac{4\pi\sigma_t}{\cos(\varphi/2)}da_E \tag{6-10}$$

镐型截齿侵入岩石的侵入力可近似写成：

$$F_{PC} = \pi\sigma_c a_E^2 \tag{6-11}$$

由式（6-10）和式（6-11）可得：

$$F_{PC} = \frac{16\pi\sigma_t^2 d^2}{\sigma_c\cos^2(\varphi/2)} \tag{6-12}$$

式中：F_{PC} 为峰值截齿力，kN；d 为截割深度，mm；σ_t 为岩石抗拉强度，MPa；σ_c 为岩石抗压强度，MPa；φ 为镐型截齿尖端角。

但是在 Evans 破岩理论中，没有考虑摩擦作用对截齿力的影响。Roxborough 等[6]认为截齿与岩石之间的摩擦对截齿力有显著的影响，通过考虑镐型截齿与岩石之间的摩擦力对 Evans 的镐型截齿破岩理论模型进行了修正与改进，得到了峰值截齿力预测模型[式（6-13）]：

$$F_{PC,R_0} = \frac{16\pi\sigma_t^2 d^2\sigma_c}{\left[2\sigma_t + \sigma_c\cos\left(\dfrac{\tan f}{1+\tan f}\right)\right]^2} \tag{6-13}$$

式中：f 为镐型截齿与岩石之间的摩擦角。

镐型截齿与岩石之间的摩擦角或摩擦系数有时难以确定，因此，出于一般考虑，表6-1给出了不同作者的测量值。

表 6-1 镐型截齿与岩石间摩擦系数

岩石	摩擦系数	岩石	摩擦系数
Coal, Evans and Pomeroy(1966), dry condition, for steel	0.42~0.69	Greywacke, Bilgin (1977), for tungsten carbide and steel	0.2~0.44
Coal, Evans and Pomeroy(1966), wet condition, for steel	0.29~0.50	Harsburgite, Bilgin et al. (2006), for tungsten carbide	0.47
Gypsum, Bilgin (1977), for tungsten carbide and steel	0.90~0.96	Serpentinite, Bilgin et al. (2006), for tungsten carbide	0.53
Sandstone, Bilgin (1977), for tungsten carbide	0.32~0.45	Trona, Bilgin et al. (2006), for tungsten carbide	0.58
Sandstone, Bilgin (1977), for steel	0.17~0.18	Sandstone, Bilgin et al. (2006), for tungsten carbide	0.49~0.58
Anhydrite, Bilgin (1977), for tungsten carbide and steel	0.39~0.74	Limestone, Bilgin et al. (2006), for tungsten carbide	0.58
Limestone, Bilgin (1977), for tungsten carbide	0.43~0.63	Tuff, Bilgin et al. (2006), for tungsten carbide	0.51~0.62
Granite, Bilgin (1977), for tungsten carbide and steel	0.27~0.39	Copper, Bilgin et al. (2006) for tungsten carbide	0.6~0.78

此外，由式(6-12)可知，Evans 破岩理论模型中的峰值截齿力与截割厚度的平方成正比，与岩石的抗拉强度成成比，与岩石的脆性指标(σ_c/σ_t)成反比，在常用的截齿锥角 $60°\sim100°$ 下，峰值截齿力与截齿的锥角成正比，证明了镐型截齿破岩时，抗拉强度是岩石的主要特性。但是当 $\varphi/2$ 趋于零时，峰值截齿力不会降到零，这与现实情况相悖，因此 Goktan[7] 进一步修正了 Evans 破岩理论，得到峰值截齿力预测模型如式(6-14)所示：

$$F_{PC, G_0} = \frac{4\pi\sigma_t^2 d^2 \sin^2(\varphi/2 + f)}{\cos(\varphi/2 + f)}$$

$$(6-14)$$

Evans 的破岩理论模型及其改进模型的计算结果与试验结果对比表明，其值与实测值有较大差异，Goktan 等[8] 认为 Evans 的原始理论和修正理论中，都假设镐型截齿沿前进线对称地起作用，而在实际破岩中，镐型截齿并不对称地作用于机械挖掘机的刀头上(图 6-6)。因此，Goktan 等通过进行全尺寸岩石切割试验，分析全尺寸岩石切割

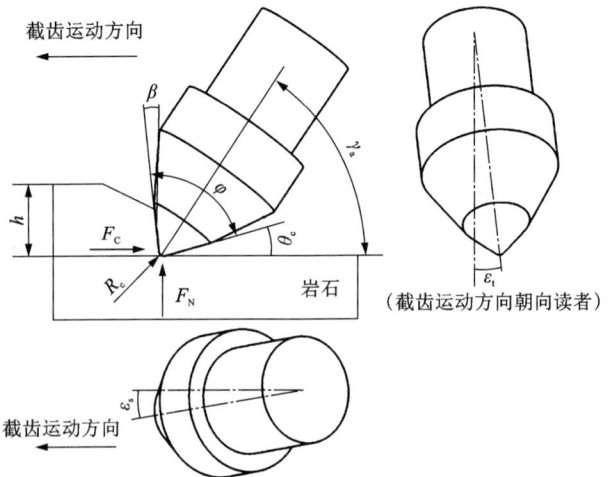

F_C—截割力；F_N—法向力；h—截割厚度；γ_a—截割角；φ—截齿锥角；ε_s—水平方向倾斜角；ε_t—垂直方向倾斜角；β—刀面角(前角)；θ_c—清理角。

图 6-6 影响镐型截齿性能的主要截割参数

试验数据，并进行了经验扩展，针对非对称切割条件，建立了基于镐型截齿几何形状、切削几何形状、切削深度和岩石抗拉强度与峰值截齿力和平均截齿力关系的半经验预测方程[式(6-15)，式(6-16)]，通过回归分析检验了所提出的预测模型的有效性，结果表明半经验预测模型有比较优异的预测性能。

$$F_{\text{PC, }G_O\text{and }G_u} = \frac{12\pi\sigma_t^2 d^2 \sin^2[(\pi/2 - \beta)/2 + f]}{\cos[(\pi/2 - \beta)/2 + f]} \tag{6-15}$$

$$F_{\text{MC, }G_O\text{and }G_u} = \frac{4\pi\sigma_t^2 d^2 \sin^2[(\pi/2 - \beta)/2 + f]}{\cos[(\pi/2 - \beta)/2 + f]} \tag{6-16}$$

基于 Evans 破岩理论模型，众多学者对峰值截齿力模型做了修正和改进工作。Bilgin 等[9]对大量岩样进行了广泛的力学试验，对大块岩样进行了不同切割深度和刀距值的室内全尺寸直线切割试验，根据各类镐型截齿破岩试验数据建立了峰值截齿力与岩石物理力学性质(单轴抗压强度，单轴抗拉强度，施密特回弹值，静、动弹性模量)之间的一系列回归表达式，证明了在所研究的岩石性质中，单轴抗压强度与实测刀具性能值的相关性最好，但研究中没有发现岩石物理力学性质和最佳刀具间距与截割深度之比之间的关系；Tiryaki 等[10]通过多元回归分析、回归树模型和人工神经网络技术建立了基于完整岩石特性、截齿间距和截齿深度的镐型截齿平均截齿力(MCF)模型，其中 MCF 的逐步多元线性回归预测模型表现最好；Bao 等[11]基于对四种不同岩石材料的穿透力和能量耗散的分析，使用断裂力学、切屑几何形状的相似性和边缘切屑测试，建立了镐型截齿破岩时的峰值截齿力预测数学模型[式(6-17)]，发现了峰值截齿力与截割深度成幂函数关系。

$$F_{\text{PC, }B_a} = \Gamma d^{\frac{4}{3}} \tag{6-17}$$

式中：Γ 为岩石应变能释放率和截齿几何形状有关的参数，$\Gamma = (\overline{H})^{\frac{1}{3}}(6G_S\gamma/k)^{\frac{2}{3}}$，$\overline{H}$ 为压头侵入强度，γ、k 为与截齿几何形状有关的参数，G_S 为应变能释放率。

上述镐型截齿破岩理论与峰值截齿力预测模型的建立促进了人们对镐型截齿破岩过程的认识和理解，在镐型截齿破岩设备研发及截齿破岩工程应用中起到了重要作用。但镐型截齿破岩理论仍需不断改进以更加准确地反映截齿实际破岩过程。

6.1.2 楔形刀具破岩

1. 楔形刀具破岩过程

楔形刀具的结构与镐型截齿相似，其破岩过程与镐型截齿也是相近的。不同科学家进行的理论和试验研究表明，拉应力和剪切应力在楔形刀具破岩过程中都起作用；由于高压应力集中，在刀头前方和下方的岩石内会产生一个破碎区，这是一个三轴压缩区，产生切向拉伸(环向)应力场和拉伸裂缝。中心裂缝出现并扩展到岩石中，直到裂缝尖端的拉伸应变低于裂缝发育所需的应变，然后径向拉伸裂缝发育并延伸到岩石表面，形成岩石碎屑，主要表现为弹性或脆性。[12]

图 6-7 展示了用简单的楔形刀具切削岩石的过程。如果两道切割线之间的裂缝相互接触，则两道切割线之间的岩桥就会被移除。如果岩石主要表现为塑性，那么剪切应力比脆性岩石中的拉伸应力更重要。

2.楔形刀具破岩机理

楔形刀具切削岩石时的自变量和因变量定义在图6-8中。自变量包括：d 为切削深度；w 为刀具宽度；α 为倾角；β 为清除角；s 为刀具间隔。因变量包括：F_C 为切削力；F_N 为法向力；θ 为突破角；Q 为单位切

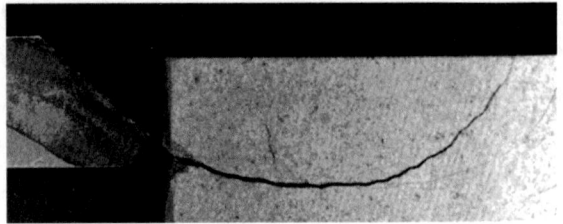

图6-7 楔形刀具作用下岩石的拉伸断裂[12]

削长度内切削材料的体积；S_e 为破碎比功，定义为破碎单位体积岩石所消耗的能量，可以用 F_C/Q 表示。

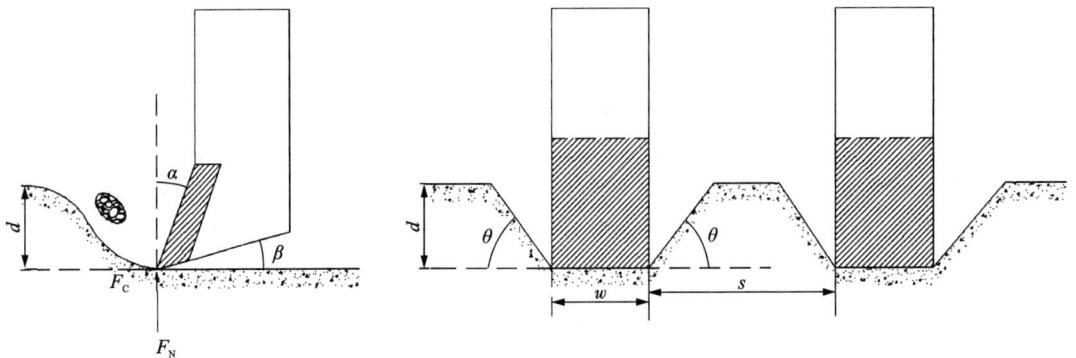

图6-8 楔形刀具切削岩石

切削过程中，由于岩石的碎裂和脆性，作用在切削刀具上的力的大小不断变化。切削过程中所有力变化的平均值为平均切削力；平均峰值力是给定切削条件下峰值力的平均值。峰值力与平均峰值力之比通常在1.5至3之间，脆性岩石的峰值力通常更高。刀具锋利时，切削力与法向力之比约为2。

楔形刀具破岩理论方面，早在1962年，Evans就提出了首个关于煤的截割力学理论模型[13]，与 Pomeroy[14] 在截煤力学方面的工作一起被用来建立截煤的基本原理，这些原理被广泛应用于采煤机、掘进机等机械的设计中。

Evans 在理论上证明了楔形刀具切削岩石时，抗拉强度是岩石的主要特性，他建立了楔形刀具切削力计算公式[式(6-18)]：

$$F_{\text{C Evans}} = \frac{2\sigma_t dw\sin\dfrac{1}{2}(\pi/2 - \alpha)}{1 - \sin\dfrac{1}{2}(\pi/2 - \alpha)} \tag{6-18}$$

式中：$F_{\text{C Evans}}$ 为峰值切削力，N；d 为切削深度，mm；w 为楔形刀具宽度，mm；α 为刀具切削时的前角；σ_t 为抗拉强度，MPa。

1972年，Nishimatsu 发现在切割高强度岩石时，剪切强度破坏占主导地位，根据对岩石切割的破坏过程的观察和一些简化的假设，进而提出了一个新的截齿截割力计算模型

（图6-9）。[15]

其与Evans所建立的计算模型的拉伸断裂破坏模式不同，假设裂纹的开始和延伸满足莫尔-库仑的失效准则，为线性包络失效，且具有完全脆性行为，并未考虑塑性或者弹性变形。切割力最终被定义为下式：

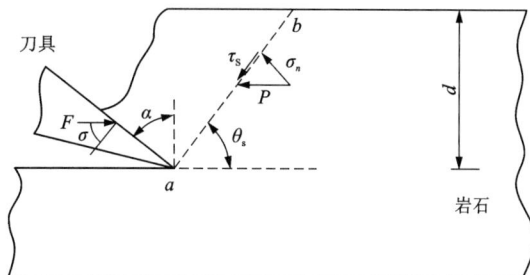

图6-9 Nishimatsu截割模型

$$FC_{Ni} = \frac{2\sigma_s dw\cos(\psi - \alpha)\cos i}{(n+1)[1 - \sin(i + \psi - \alpha)]} \quad (6-19)$$

式中：σ_s为岩石的抗剪强度，MPa；i为岩石内摩擦角；ψ为刀具与岩石之间的摩擦角；n为应力分布系数，可根据经验估计为$n = 12 - \alpha/5$。

6.2 切削破岩装备与应用

6.2.1 悬臂式掘进机

基于镐型截齿（或楔形刀具，较少用）旋转切削破岩的悬臂式掘进机通常用于地下采矿作业，特别是煤矿和蒸发岩开采中，也用于金属矿产和其他工业矿物的开采，以及露天采矿作业。在民用建筑行业中，它们用于隧道（铁路、公路、下水道等）的开挖以及隧道的扩建和修复、大型竖井开挖。悬臂式掘进机于20世纪40年代后期在欧洲因用于机械采煤而被开发。相对于其他地下挖掘机器，悬臂式掘进机的基本优点：一是机动性高。悬臂式掘进机通常是履带式安装的，质量更轻，且由于其模块化结构，它可以在不到几天的时间内轻松组装或拆卸。二是灵活性强。悬臂式掘进机可以适应任何开口/轮廓形状，如马蹄形、矩形、圆形等。三是开采能力多选择性。再加上机械开挖的普遍优点，这些优点使悬臂式掘进机在地下开采和巷道开挖中得到广泛应用。但受悬臂式掘进机的刀盘功率、质量等因素的限制，悬臂式掘进机主要用于破碎强度100~120 MPa和中等磨蚀性的岩石。[12]

1.悬臂式掘进机的切削刀具

镐型截齿、楔形刀具（图6-10）与掘进机一起用于破碎岩石，其切割结构在开挖面上移动，并在相邻的切割槽之间产生拉伸裂缝，因其以更低的力和能量在张力作用下破碎岩石，所以比其他类型的切削刀具效率更高。大多数情况下，镐型截齿安装在掘进机上。然而由于这些刀具的形状、尺寸（尖锐的边缘，小尺寸）和切削作用方式的局限性，这些刀具不能切削坚硬和磨蚀性的岩石。当切削坚硬的磨蚀性岩石时，需要经常停止作业更换

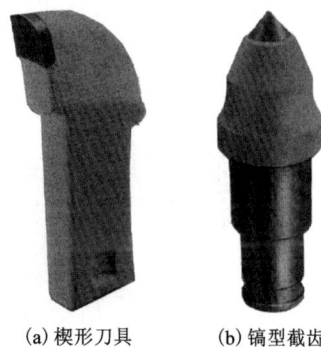

(a)楔形刀具 (b)镐型截齿

图6-10 楔形刀具与镐型截齿

刀具。

楔形刀具通常能够切割 40~60 MPa 的岩石。它有一个固定在刀柄上的矩形柄，刀身由硬化钢制成，刀尖由碳化钨制成。楔形刀具与镐型截齿相比，具有更锋利的边缘和更大的刀具宽度，可以切削更大的区域，效率更高。它以低的切削能和比功切割岩石，产生较少的灰尘和细颗粒。然而，楔形刀具由于其锋利的尖端，非常容易变钝，且尖端在少量变钝后切削力急剧增加。镐型截齿通常能够切割 100~120 MPa 的岩石。它有一个可以在刀身上旋转的圆形柄，一个由淬硬刚制成的圆锥形刀身和一个由碳化钨制成的圆锥形刀尖。它的形状允许其均匀磨损，与楔形刀具相比，有更长的刀具寿命。因此镐型截齿比楔形刀具更常见，特别是在开挖较坚硬的岩层时。在相对较难的切削条件下，较大的刀尖直径和较短的刀身是首选。

2. 悬臂式掘进机结构、分类及作业流程

悬臂式掘进机的基本装置包括机身和行走（通常是履带式）装置、截割臂、截割头（刀盘、截齿）、装载盘、集料臂、卸料链条、尾部输送机、电力和液压动力源、操作室以及用于抑制粉尘和刀具冷却的水射流的可选设备、螺栓装置、钢组吊装装置、防爆设备等。行走装置一般有三种，即履带式、轮胎式和液压推进式，其中履带式是最常见的。橡胶轮胎掘进机因其快速移动的特点，更适合新奥法（NATM）的应用。屏蔽式掘进机依靠液压推动缸的推力向前移动，由于从衬板获得推力，因此其只能与分段衬板支撑一起使用。屏蔽式掘进机用于开挖软、弱、湿或块状地层（不稳定的岩石条件），以减少崩塌和落石问题，且如果需要，可以使用机械胸板来提供稳定性。

悬臂式掘进机根据截割头旋转方向可以分为横轴悬臂式掘进机和纵轴悬臂式掘进机（图 6-11），表 6-2 总结了二者的一般比较。纵轴刀盘由一个滚筒组成，其旋转轴平行于动臂轴，垂直于刀面，臂架剪切方向垂直于刀盘旋转轴。纵轴悬臂式掘进机可以开挖单轴抗压强度（uniaxial compressive strength, UCS）为 60~80 MPa 的无磨蚀性块状岩石，如果岩体条件有利（即裂隙、片理、层理发育或 RQD 较低的岩体），它可以开挖 UCS 为 80~100 MPa 的岩石。横轴刀盘由两个对称的滚筒组成，沿统一旋转轴旋转，该旋转轴垂直于动臂轴，平行于刀面，臂架剪切方向平行于刀盘旋转轴。横轴悬臂式掘进机可以开挖 UCS 为 100~120 MPa 的无磨蚀性或中等磨蚀性块状岩石，在岩体条件有利的情况下，可以开挖 160~180 MPa 的岩石。要注意的是，这些强度范围适用于一般情况，岩石强度值在某些情况不能反映岩石的可

(a) 横轴悬臂式掘进机   (b) 纵轴悬臂式掘进机

图 6-11 悬臂式掘进机

切割性(即抗压强度低的软岩石可能难以切割),因此为了正确选择、设计和预测掘进机机械参数,最好进行现场切削试验。对于纵轴悬臂式掘进机来说,臂架反作用力的结果通常是侧向作用的,这迫使机器在地面上滑动。如果作业环境中存在黏土和水,这种滑动就会成为掘进机作业的阻碍。对于横轴悬臂式掘进机,产生的臂架反作用力通常在垂直方向上起作用,迫使机器抬起,并通过机器的大部分重量来平衡,这使得横轴悬臂式掘进机比纵轴悬臂式掘进机更加稳定。[16]

表6-2　横轴悬臂式掘进机与纵轴悬臂式掘进机的一般比较[18]

比较标准	纵轴悬臂式掘进机	横轴悬臂式掘进机
轮廓平滑度	有利	不利
机器稳定性	不利	有利
渣土装载效率	不利	有利
应用限制	软岩(UCS<80 MPa),无磨蚀性	软至中等强度岩石(UCS<120 MPa),中等磨蚀性
生产率	UCS<60 MPa时更高	UCS>60 MPa时更高

掘进机的臂架可以向任意方向移动(左、右、上、下、对角线),配有镐型截齿的截割头可以截割岩壁。吊杆通常是液压驱动的,硬岩臂架比软岩臂架短,以减少机器振动。悬臂式掘进机通常采用单臂,但也有双臂掘进机(图6-12),这种掘进机只用于开采软岩或矿产(如煤、盐、钾等),产量高达500吨/小时。双臂掘进机的每个截割头旋转方向相反,以平衡作用在机身上的力。臂架有不同的类型:不可伸缩式臂架、伸缩式臂架、铰接式臂架、倾斜式臂架、梁支撑(屏蔽)式臂架和可互换(多用途)式臂架。伸缩式臂架较不可伸缩式臂架的优点是它允许掘进机在不移动整个设备的情况下,通过延长臂架作业,这减少了掘进机的移动时间,增加了设备的利用时间(MUT)和生产效率。铰接式臂架与NATM一起用于大断面,它的长臂使得在一次开挖中可以先开挖上台阶,然后再开挖下台阶,节省了开挖时间。由于较长的臂架会对机器产生较大的动力,影响机器的稳定性,因此铰接式臂架只能用于软岩开挖。铰接式臂架同样减少了掘进机的移动时间,增加了设备的MUT和每日推进率。倾斜式臂架与横刀头掘进机一起使用,在马蹄形开口的顶部挖掘时,可通过倾斜臂架获得更好的曲率,这为钢拱支撑体系提供了较好的静力条件。屏蔽式掘进机中的臂架连接到硬梁上,硬梁连接在设备的衬板上。可互换式臂架可以连接到任何挖掘机的底盘,它适合与不同的附件互换使用,如掘进机截割头、冲击破碎机等,可互换式臂架为多变的地质条件提供了更大的灵活性。悬臂式掘进机的性能对操作人员的操作非常

图6-12　双臂掘进机

敏感，它可以配备自动化控制系统，如激光制导对准控制、计算机开口、轮廓控制和远程控制等。自动化控制减少了操作人员的失误，提高了掘进效率。

悬臂式掘进机作业流程：悬臂式掘进机刀盘上装有多个呈螺旋线布置的镐型截齿，附着在一个可以向任何方向移动的截割臂上，在常用的岩石截割技术中，截割头从开挖的一侧平行移动到另一侧，上下移动截割头后，向所钻巷道或隧道的对面侧壁再进行一次截割破岩，同时截齿本身在与岩体的作用过程中也在齿座内旋转；破碎的岩块落入装载盘，通过集料臂、星轮、旋盘、刮板输送机等连续渣土装载系统收集后装载至位于装载盘中心的卸料链条中，卸料链条将装载的岩块等物料通过悬臂式掘进机机身输送到尾部输送机，然后从尾部输送机将物料运输到如卡车、皮带运输机等运输设备。对于纵轴悬臂式掘进机来说，渣土的投掷方向通常是侧向的，这导致切割后的岩块外泄，需要通过其他方式额外收集放置；而对于横轴悬臂式掘进机来说，切割后的岩块通常直接卸至装载板上。悬臂式掘进机开挖工作面的轮廓平滑度影响后续的支护成本，在光滑的岩壁上进行支护工作比在非光滑的岩壁上进行支护工作成本低。横轴截割头产生不均匀（阶梯）轮廓（图6-13），但是这个问题可以通过伸缩臂架或通过连续向前和向后移动机器来解决；纵轴截割头可以通过选择适合开挖面尺寸的镐型截齿锥角来实现光滑的切割轮廓（图6-13），这降低了支护成本。当切割相对较大的横截面时，平滑的轮廓可能在顶板无法实现，然而，可以通过跟踪掘进机（一项耗时的作业）或使用伸缩臂架（效率更高）来改进。目前悬臂式掘进机广泛应用于地下隧道、输气管道、水利工程、矿山开采、市政工程及城市地铁等领域（图6-14）。

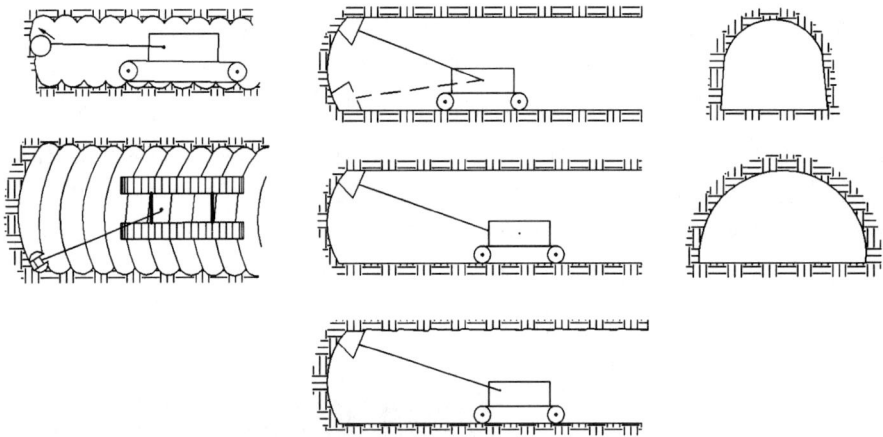

图6-13 横轴和纵轴截割头的独头型断面平整度[17]

3.悬臂式掘进机技术规格

悬臂式掘进机切割头功率从 30~40 kW 开始，最高可达 400 kW，提供更高的扭矩和产量；机器的质量从 8~10 t 开始，最高可达 135 t，提供了稳定性和更少的机器振动，从而提高生产率。影响悬臂式掘进机质量和切割头功率选择的最主要因素是作业开口尺寸和岩石性质，较重的机器需要更大的开口。但是在地下采矿作业中，为了追求经济效益，开口尽可能小是最好的。机器更重意味着更少的振动和维护，更高的推动能力提供更高的生产率。然而

图 6-14　悬臂式掘进机应用领域

机器越重，其机动性越差。增加切割头功率需要更重的机器来承受更高的臂架反作用力，大型和重型掘进机能够从一个静止点切割超过 80 m² 的横截面。纵轴悬臂式掘进机通常会出现机器失稳问题，可以通过稳定千斤顶或夹具(支撑千斤顶)来控制。悬臂式掘进机制造商通常遵循一定的比例(截割头功率/掘进机质量)制造掘进机，这个比例通常在 3~5 马力/t 范围内变化，横轴截割头通常在此范围内设置较大的比例。掘进机的横轴和纵轴截割头直径通常在70~140 cm，截割头直径与截割头长度的经验比值在 1.0~1.4。较长的截割头用于较软的岩石，较短的截割头用于坚硬的岩石。选择更重、更大功率、更大切割头直径通常是有利的，在切割较硬岩石时，使用较大直径切割头的缺点可以通过减小切割头的吸油深度和转速来克服。在大多数掘进机截割头中，安装在臂架内部的电动马达用于旋转/驱动截割头，电动马达的扭矩最高可达 400 kW。与液压马达相比，电动马达价格较高，且对冲击荷载非常敏感，但是它在运行过程中产生的噪声和热量更低。电动机通常提供双速旋转，根据岩石情况，较低的转速为 25~35 r/min，较高的转速为 50~70 r/min，表 6-3 给出了基于质量和截割头功率的悬臂式掘进机的一般分类。

表 6-3　基于质量和截割头功率的悬臂式掘进机一般分类

悬臂式掘进机类型	掘进机质量/t	截割头功率/kW	最大截面积/m²，标准(扩展)切割范围	最大 UCS/MPa，标准(扩展)切割范围
轻型	8~40	50~170	~25(~40)	60~80(20~40)
中等	40~70	160~230	~30(~60)	80~100(40~60)
重型	70~110	250~300	~40(~70)	100~120(50~70)
超重型	>100	350~400	~45(~80)	120~140(80~100)

4. 悬臂式掘进机研发进程

最早研制成功并应用于巷道掘进的机型有匈牙利的 F5 型和苏联的 ΠK-2M 型掘进机。我国的悬臂式掘进机研制始于 20 世纪 60 年代，目前常见的掘进机有煤炭科学研究总院生产的 EBZ50TY 型掘进机、三一集团生产的 EBZ318H 型掘进机。EBZ318H 型掘进机可以开挖强度达到 130 MPa 的岩体，截割电机功率达 318 kW，截割头转速为 30.6 r/min，能够应用于煤巷或全岩巷掘进，极大提高了开挖效率。此外，还有各类智能掘进机和掘锚护一体机，应用范围不断扩展。然而悬臂式掘进机在破碎硬岩时，刀具易发生磨损，影响掘进效率，因此悬臂式掘进机在硬岩矿山应用较少。李夕兵等[19]采用 EBZ160TY 型掘进机研究了非爆破连续开采在坚硬磷矿体中的应用效果，结果表明，在松动矿体内该掘进机的开采效率达到 72 t/h，高于钻爆法的开采效率，但在非松动区域开采时，截齿磨损严重。王少锋等[20, 21]进一步采用纵轴悬臂式掘进机和横轴悬臂式掘进机对高应力诱导致裂后的深部坚硬磷矿体进行非爆机械化开采尝试，开采效率分别可达 107.7 t/h 和 75.8 t/h。

目前悬臂式掘进机的自动化已经有了一定的研究进展，全自动悬臂式掘进机开发研究中，许多研发中心在研究开发远程控制系统、掘进机工作参数诊断系统以支持操作员在给定开挖轮廓内调控截割头并选择最佳操作参数等。掘进机的自动化控制系统，特别是在恶劣的地质和采矿条件下，能够高效地掘进隧道、巷道，并充分发挥这些机器的技术潜力。悬臂式掘进机的全自动化仍是其发展方向。[22]

6.2.2 铣挖机

1. 铣挖机装置概述

铣挖机是采用世界领先的尖端技术生产，可以安装在任何类型的液压挖掘机上(图 6-15)，高效替代挖斗、破碎锤等通用配置的机器，采用液压马达驱动，由配套挖掘机提供液压动力源驱动液压马达，马达通过传动机构驱动铣挖头旋转，从而使安装在铣挖头上的镐型截齿对接触的岩石、混凝土等物料进行铣掘。[23]铣挖机由镐型截齿、铣挖头、机架、传动机构、驱动马达、连接机构等组成。镐型截齿在左右两个方向的刀盘上呈螺旋线布置，起旋转截割作用。铣挖头安装在挖掘机的悬臂上，随着悬臂的移动破碎岩石。但由于铣挖头较重，挖掘机悬臂较长，铣挖机截割破岩过程中机械振动较大，难以保证在提供足够截割功率的同时实现切割过程稳定。

根据铣挖头布置方式(图 6-16)，铣挖机可分为横向铣挖机(又称液压式切削机)和纵向铣挖机(又称自由断面掘进机)。与悬臂式掘进机相似，纵向铣挖机的铣挖头由一个滚筒组成，其旋转轴平行于动臂轴，垂直于刀面，臂架剪切方向垂直于铣挖头旋转轴；横向铣挖机的铣挖头由两个对称的滚筒组成，沿统一的旋转轴旋转，该旋转轴垂直于动臂轴，平行于刀面，臂架剪切方向平行于铣挖头旋转轴。横向铣挖机产生的臂架反作用

图 6-15 铣挖机配挖掘机

力通常在垂直方向上起作用，从而抬起机器，并通过机器的大部分重量来平衡；而纵向铣挖机的臂架反作用力是侧向作用的，这迫使机器在地面上滑动，如果作业环境中存在黏土和水，滑动会阻碍铣挖机的前进。因此横向铣挖机的稳定性比纵向铣挖机更好。铣挖机结构较悬臂式掘进机简单，铣挖头可以根据不同地质岩石条件进行更换，因此铣挖机使用灵活，适用于软弱地层。铣挖机的掘进效率与地层的软硬程度和工作面的自稳能力密切相关。

横向铣挖机的铣挖头　　纵向铣挖机的铣挖头

图 6-16　铣挖机

2. 铣挖机工程应用领域及优点

铣挖机广泛应用于隧道施工、水下破岩、开挖管路、煤矿开采、巷道掘进、沟槽开挖、建筑物拆除等多个领域。[24] 隧道施工方面：铣挖机可以直接用于中低硬度岩层及冻土层隧道开挖施工中，尤其是在破碎岩层及黄土中，施工过程中对地层扰动小，安全性高，适合不宜爆破施工地段。铣挖机操作简单、可控性高、开挖轮廓准确。渠道、沟槽施工方面：在渠道的拓宽和挖深中，铣挖机不需安装，可以直接用于水下沟渠开挖与河床清理，并且精确控制宽度与深度，避免超挖。在市政沟槽施工中，铣挖机能够高效替代风镐等传统作业工具，避免对保留路面和各种管道的破坏，且铣挖下来的物料可以直接作为回填物料用于回填作业。路面破碎维修施工方面：在公路路面拆除、维修作业中，铣挖机可以替代价格昂贵的路面铣刨机，完成铣刨沥青混凝土等路面的施工任务。建筑物拆除、修整方面：铣挖机可以铣挖地基、混凝土板、混凝土墙及建筑物表层等，实现液压锤和液压钳的双重功能。采石、碎石施工方面：铣挖机可以铣挖中低硬度的岩石，可以代替爆破施工，广泛应用于铁路、山体公路、水坝等建设中的限制爆破工段。

铣挖机铣削范围广：在风化岩、凝灰岩等中等强度岩层中，铣挖效率为 $25\sim120$ m³/h（有别于岩层的相对密度和粉碎度），也可以铣挖无建筑钢筋或少许建筑钢筋的混凝土，选用功率大的铣挖机能够方便地铣挖孔径低于 30 mm 的混凝土；铣挖机振动小、噪声低、保护生态环境，精确操控工程施工，迅速准确地修补构造轮廓；铣削原材料粒度小且匀称，可同时作为回填土；安全性好，用铣挖机替代软岩或粉碎岩的隧道施工挖掘，清除了掌子面正前方工作人员挖掘的风险，进一步提高了隧道工程施工的安全系数；构造简易，使用方便，它可以组装在一切液压挖掘机上，更换铣挖头较方便。

3. 铣挖机施工工艺

以铣挖机铣挖法施工隧道为例：在铣挖机施工前做好施工准备，对施工机械设备进行选型，设计开挖面参数，设计完成后根据试掘情况调整参数，然后就可以按预先设计进行断面铣挖，同时做好通风、降尘工作。铣挖机作业完成后，修整工作面轮廓线，做好人工局部处理工作。总体施工方案为：纵向采用三台阶七步法，横向在拱部轮廓处采用全断面法，中下台阶分两次开挖。铣挖机开挖时沿拱部轮廓线处由上而下、自左向右顺时针方向开挖，并不断摆动和调整铣挖头，当铣挖速度和效率降低时将铣挖头游离工作面，等速度恢复后再抵近开挖。在拱部及底角铣挖效率低的部位采用人工修整方法，虽然不能修整到各个角落，但经铣挖过的部位十分整齐，容易达到隧道的中线及高程要求。在铣挖机开挖完成以后，将铣挖机退出掌子面，停靠在隧道侧壁，然后用装载机出渣，出渣结束后立即进行支护结构的安装和喷射混凝土作业。因此，采用铣挖机开挖、中下台阶采用预裂爆破配合铣挖机开挖，是比较适合软岩隧道的施工方法，铣挖机的推广和应用为隧道掘进、轮廓修整等领域提供了更多的施工方法。

4. 铣挖机国内外发展现状

1) 国外发展现状

铣挖机是基于挖掘机开发设计的，液压铣挖机的设计与挖掘机切割头的设计类似。海外挖掘机器设备的研制已有近百年。20世纪80年代，德国ROCK. ZONE公司的前身WEBSTER设计制造了世界首台铣挖机，进一步扩大了挖掘机的应用范围。后各机械公司将计算机模拟、动态性数据可视化设计、有限元、提升设计等先进技术应用于铣挖机的设计科学研究，促进了铣挖机铣削基础理论的快速发展。截至目前，铣挖机已在国外生产使用多年，国外一些专业厂商如德国艾卡特、英国维伯特等公司已经将该类产品系列化，可以配套在各类型的液压挖掘机上，高效替代挖斗、破碎锤、液压剪等通用配置，从而使挖掘机成为一台功能强大的钢筋混凝土建筑物拆除机、沥青混凝土路面铣刨机、渠道沟槽铣掘机、隧道掘进机、建筑物断面轮廓修正机、岩石冻土铣刨机、树根铣削机等多功能特种机械。

德国艾卡特特种机械有限公司是开发和生产铣挖机的专业公司，拥有全球最多的铣挖机类型和世界最大的铣挖机，生产的ER系列铣挖机具有以下特点[25]：①品种最全，可以安装在2~150 t的液压挖掘机上，应用范围广；②通用性广、适应性强；③结构设计合理、效率高、拆装方便、维护简便；④铣挖头的镐型截齿更换方便；⑤低振动、低噪声，规格参数见表6-4。

表6-4　ER系列铣挖机规格[26]

型号	铣挖头直径 /mm	转速 /(r·min⁻¹)	切削力/kN （35 MPa 工作压力下）	最大输入功率/kW	质量/kg	配套挖掘机重 /t
ER250	400	90	17.5	45	450	5~15
ER650	575	85	38.3	90	1000	10~25
ER1500	670	75	58.2	120	1650	25~40
ER2000	680	68	81.8	160	2200	30~50
ER3000	805	57	96.8	200	3300	40~80
ER5500	920	48	20.2	350	—	80~150

德国ROCK. ZONE公司生产的ROCKWHEEL系列铣挖机广泛应用于水下破岩、矿石开采、混凝土拆除等方面，配有标准双油管(进油、回油)系统，免去额外安装泄油管系统的时

间和成本；内置安全阀"软启动"系统，有助于防止液压马达出现故障；内置液压马达冷却系统，有助于减缓液压马达壳体内部积聚热量。英国维伯特公司 TD 系列产品适用于 2.5~65 t 的各种型号液压挖掘机，具有操作简单、拆装方便、施工控制精确、安全性高等特点。不同生产厂商的系列产品都具有自身特点，但工作原理基本相同，技术参数类似。

2）国内发展现状

与国外相比，国内对铣挖机的研发设计比较晚，现阶段中国还没有专业的铣挖机研发机构和生产企业，挖掘机截割头设计基础理论作为铣挖机设计的基本，与海外对比差别比较大。[23] 国内主要从事研发生产工程液压属具的厂家如安徽惊天、烟台艾迪等，在工程液压属具研发生产方面，其代表国内工程液压属具发展水平与现状。目前只有安徽惊天从事铣挖机研发设计，设计的 GTRH（"GT" ROAD HEADER）系列铣挖机正在研发试制阶段，不久后将向中国市场推广使用。现阶段我国对截割头设计的分析大多数选用基础理论统计分析方法，如依据世界各国目前的截割基础理论，建立相应的数学模型和目标函数，提升截割头的一些技术参数。

铣挖机实际使用过程中使用方便，维护简单，产生的经济效益非常可观；且随着挖掘机的销量日益增多，使用场合越来越广，铣挖机在国内将得到越来越广泛使用，国内研发生产厂商将越来越多，技术越来越成熟。

目前，有学者对铣挖机应用于硬岩条件破岩也进行了大量试验研究。王少锋等[21] 进行施工诱导工程后使用铣挖机及悬臂式掘进机对诱导松动半岛型硬岩矿柱开展切割试验，试验结果显示基于镐型截齿旋转切割的铣挖机和悬臂式掘进机采矿连续性强，能够获得较高的采矿效率，证明了铣挖机破碎硬岩的可行性。

6.2.3　刨煤机

刨煤机在国外的使用已逾百年，随着科学的发展和技术的进步，刨煤机不断改进和完善，已经发展成为具有独特优势的主要煤炭开采设备之一。虽然我国刨煤机的使用已超过 50 年，但只有极少数煤矿使用效果较好，另有少数煤矿浅尝辄止，大多数煤矿对刨煤机无从问津，因此，刨煤机在我国没有得到普遍应用。究其原因，不是我国适于使用刨煤机的煤层少，而是多年来刨煤机相关理论知识在我国没有得到普及，许多煤矿对刨煤机的结构和性能一无所知，更不用说结合矿山自身情况考虑是否使用刨煤机；且国内自主创制刨煤机的企业单位较少，煤矿使用的刨煤机多依赖进口。因此需要结合我国研究制造和使用刨煤机的具体情况，总结出符合我国国情的刨煤机理论和技术经验，以支撑刨煤机的使用；刨煤机制造单位需要不断改进自己的产品、提高其性能，生产出满足煤矿要求的产品。

1.刨煤机结构及工作原理

刨煤机是一种能够实现 0.8~2.0 m 薄煤层和中厚煤层机械化和自动化开采的采煤设备，是一种外牵引的浅截式采煤机。刨煤机依靠深入煤层的刨刀往复运动来刨削煤层，采用刨削的方式落煤。[27]

刨煤机由刨煤部、输送部、液压推进系统、喷雾降尘系统、电气系统和辅助装置等组成。刨煤部是刨削煤壁进行破煤和装煤的刨煤机部件，由刨头驱动装置、刨头、刨链和辅助装置组成。刨头驱动装置由电动机、液力耦合器、减速器等组成；刨头包括单刨头和双刨头，刨头通过接链座与刨链相连,形成封闭工作链;刨链由圆环链、接链环和转换链组成;辅助装置包括导链架(或滑架)、过载保护装置和缓冲器等。输送部将刨头刨落下来的煤运出工作面,它由两套驱动装置(机头和机尾各一套)、机架、过渡槽、中部槽、连接槽和刮板链等组成。液压推进系统用于普采工作面,当刨头通过后逐段推进刨煤机,使刨头在下一个行程获得新的刨削深度,同时承受煤壁对刨头的反力,主要包括乳化液泵站、推进缸、阀组、管路和撑柱等;综采工作面由液压支架的推移系统实现刨煤机的推进,不需要单独的液压推进系统。喷雾降尘系统沿工作面安装,能适时喷出水雾进行降尘,主要包括喷雾泵、控制阀组、喷嘴等元部件。电气系统具有控制刨煤部电动机单机或双机运行、输送部电动机单机或双机运行、乳化液泵站运行、工作面随时停机等功能。辅助装置包括防滑装置、刨头调向装置和紧链装置。

刨头上装有刨刀,刨头在圆环链的牵引下沿安装在采煤工作面刮板输送机中部槽上的导轨运行,刨刀刨削煤壁,煤壁因刨刀的刨削而破碎。一般刨煤机为工作面双端电动机驱动,功率小的刨煤机也可以采用单端电动机驱动。如果是单端电动机驱动,则刨煤机系统中只有一端具有驱动装置,另一端只有从动链轮,没有电动机和减速装置。

刨头是刨煤机刨削煤壁的工作机构,由刨体和装有各种刨刀的旋转刀架组成,刨体是刨头的主体。通常根据煤层厚度的不同,需要增减加高块来调整刨头的高度,同时加高块也是刨刀的刀座。当刨头的高度超过一定值后,需要安装支撑架以保证刨头运行的稳定性。刨链是由棒料加工成的圆环链,对于滑行刨煤机,滑架是起导向和保护刨链作用的装置,与输送机中部槽固定在一起,保证刨链在链道中运行,同时也能够保证刨头沿导轨运行。刨煤机驱动装置固定安装在输送机两端,刨头由驱动装置中的电动机、减速器和驱动链轮带动做往复直线运动。

2.刨煤机分类

刨煤机按刨煤方式可分为静力刨煤机、动力刨煤机和动静结合刨煤机。[27]静力刨煤机的刨煤结构比较简单,在一铸钢构件上面装有齿座和刨刀,刨头不安装动力装置,靠刨链牵引刨头刨削煤层;动力刨煤机刨头带有动力装置,依靠刨头产生的冲击破碎煤层,或通过水射流与机械落煤结合的方式破碎煤层;动静结合刨煤机在静力刨煤机的基础上,通过某种方式使刨刀带有动力,靠冲击煤壁实现破碎煤层。静力刨煤机的种类比较多,可分为拖钩刨煤机、滑行刨煤机和滑行拖钩刨煤机。

拖钩刨煤机(图6-17)用拖板连接刨头实现刨煤,刨头牵引部分在输送机采空区侧,便于维护操作,但拖板在输送机和煤层底板之间,运行阻力大、消耗功率高,所以拖钩刨煤机需要在煤层地质构造简单、底板较硬的煤层使用。滑行刨煤机(图6-18)刨头的牵引装置在煤壁和输送机之间,刨头在封闭的滑架导轨上运行,刨头运行平稳、阻力小,牵引结构简单,刨头可高速运行,但牵引导护链装置在输送机与煤壁之间,空间小,维护不便。滑行拖钩刨煤机结合了拖钩刨煤机和滑行刨煤机的优点,刨头在输送机煤壁侧封闭的导轨上运行,刨头牵引链在输送机采空侧的导护链装置内运行,刨头与牵引链用拖板连接,拖板在工作面底板与输送机封闭的中部槽的底槽板间运行,减小拖板的运行阻力。[27]

图 6-17　拖钩刨煤机[28]

图 6-18　全自动滑行刨煤机

　　动力刨煤机是为了刨削较坚硬的煤层而设计的，根据动力源不同可分为冲击刨煤机和水射流刨煤机。动静结合刨煤机是为了克服动力刨煤机在刨煤过程中因刨头速度较快、往返次数多带来的电缆或管线移动困难和易出现故障的缺点，实现刨硬煤目的而设计的。

　　静力刨煤机具有结构简单、使用可靠、便于管理等特点，是我国和世界上主要产煤国家使用较多的刨煤机。目前，滑行刨煤机的应用较为广泛。

3. 刨煤机发展历程及发展前景

1）国外刨煤机发展历程

（1）德国刨煤机发展历程。

　　德国是刨煤机的研发和制造强国，GEW 公司创制了洛贝型刨煤机、斜坡刨煤机、滑行拖钩刨煤机、装截刨煤两用机、动力刨煤机等，其研发年代及应用如图 6-19 所示[29]。

　　1930 年，总工程师威廉·洛贝（Wihelm Lobbe）发明洛贝型刨煤机并获得专利；1937 年，在依本比伦煤矿创制了楔形刨煤机；1941 年创制了第 1 台塔形刨煤机；1948 年制造出世界上第 1 台洛贝型快速静力刨煤机；1950 年为佩森博格煤矿缓倾斜薄煤层研发出活塞式刨煤机；1952 年，GEW 公司更名为德国威斯特伐利亚·吕宁（Westfalia-Lunen）公司，并研制成功安堡（Anbau）快速静力刨煤机；1956 年研发出拖钩式刨煤机，并改进派生为 D、E、G、S 4 种型号拖钩刨煤机；1964 年造出Ⅶ-26 型滑行刨煤机；1970 年，威斯特伐利亚·吕宁公司

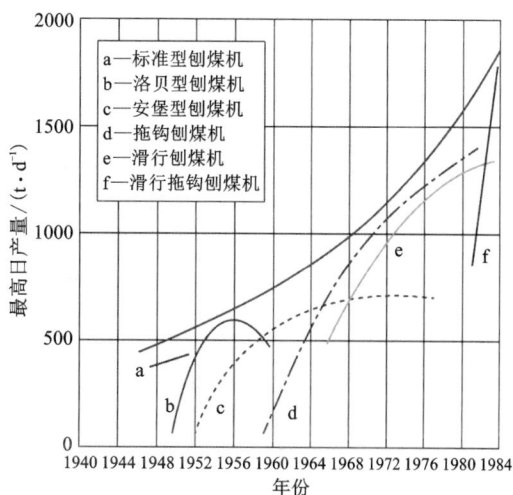

图 6-19　德国早期刨煤机发展及应用情况[29]

变更为威斯特伐利亚·贝考瑞特公司，制造出 S1 型拖钩刨煤机；1973 年推出 S3 型拖钩刨煤

机；1979 年研制出 GH9/30 型滑行刨煤机，被称为第 4 代刨煤机，它装有行程显示器、终端限位装置及刨头液压调高千斤顶，可用携带式离机遥控器操纵千斤顶的液压阀；1980 年研制出 GH7/26 型和 GH8/30 型滑行刨煤机，GH8/30 型滑行刨煤机适用于采高 0.6～1.6 m 的薄煤层开采，1980 年我国引进 2 套 GH8/30 型滑行刨煤机，在徐州旗山矿和夹河矿使用；1981 年，研制出 GS34-4 型滑行拖钩刨煤机，将拖钩刨煤机和滑行刨煤机的各自优点结合起来，1986 年在波兰雷祖托维煤矿 624#煤层使用；1987 年研制出机窝转弯刨煤机，实现采煤作业与巷道掘进整体化推进；1989 年制造出世界上第 1 台双刨头自动刨煤机，首先在美国投入使用，然后在德国使用；1995 年，GEW 公司合并组建为德国采矿技术（DBT）公司；1997 年 DBT 公司研发出 S4-K 型拖钩刨煤机，功率 2×400 kW，用于对厚度 0.62 m 的薄煤层进行刨削式回采；1998 年研发出全自动刨煤机 GH9 系列刨煤机，GH9-34Ve/4.7 滑行刨煤机适用于采高 0.85～1.8 m 的薄煤层开采，该机 2000 年用于铁法煤业集团小青煤矿，是我国第 1 个薄煤层自动化工作面，GH9-38Ve/5.7 滑行刨煤机适用于采高 0.75～1.8 m 的薄煤层开采；2002 年研发出 GH 系列新型滑行刨煤机，GH42 型滑行刨煤机的采高 1～2.2 m，GH800 型滑行刨煤机的采高 0.9～2.0 m，GH1600 型滑行刨煤机采高 1.1～2.3 m；2008 年研制出 RHH42 型底拖式刨煤机，在乌克兰克拉斯诺阿尔麦斯克煤矿使用，采高 0.6～1.35 m，实现了薄煤层工作面无人化开采；之后又研发出 RHH800 型刨煤机，最大功率 2×400 kW，刨头高度 0.6～1.6 m；2013 年，DBT 公司并入卡特彼勒公司，推出了 Cat GH800B 滑行刨煤机，装机功率为 2×400 kW，开采厚度 0.8～2.0 m，在德国伊本比伦煤矿使用。[17] 目前，卡特彼勒公司的刨煤机机型主要有 GH1600 型、GH800 型、GH800B 型滑行刨煤机（图 6-20）及 RHH800 型拖钩刨煤机，其基本参数见表 6-5。[29]

图 6-20　在采煤工作面工作的 GH800B 型滑行刨煤机[29]

表 6-5　卡特彼勒公司刨煤机基本参数

刨煤机类型及型号		煤层采高 /m	适用煤层硬度	最大装机功率 /kW	最大刨头速度 /(m·s⁻¹)	最大刨削深度 /mm
滑行刨煤机	GH1600	1.1～2.3	中硬至极硬	2×800	3.6	210
	GH800	1.0～2.0	软至硬	2×400	3.0	180
	GH800B	0.8～2.0	软至硬	2×400	3.0	205
拖钩刨煤机	RHH800	0.8～1.6	软至硬	2×400	2.5	190

　　此外，德国拜因（Beien）公司在 1952 年研制出 SH-6 型截板式刨煤机；1953 年研制出 Mega 型刨煤机，采用对开式刨头，之后又设计制造出 Mega-3G 型刨煤机。德国的 H&B 公司于 1965 年研制成功"紧凑型"滑行刨煤机，1975 年改进定型为 KH3 型滑行刨煤机；1978 年

推出 KHN-I 型滑行刨煤机，其刨头比同类型刨煤机约低 100 mm；1990 年研制出 KHS 紧凑型滑行刨煤机，分为 KHS-I 和 KHS-II 两种型号，KHS-II 滑行刨煤机采用双速、双电机牵引。1995 年，海茵茨曼公司研发出 CLM 型单向旋转式连续刨煤机，采用优化的刨刀排布方式，截割力降低近 40%，传动能耗降低约 30%，在德国 Neiderberg 煤矿井下试验并取得成功。

（2）其他国家的刨煤机发展。

除了德国，其他国家也研制出一些刨煤机，但大多数是为了满足自己国家的薄煤层开采需要，未能成为国际化通用机型。[17]

早在 1931 年，苏联马凯耶夫科学研究院工程师就提出刨煤机设想，1940 年开始研制；1945 年，苏联矿山机械研究院工程师阿·勒·杜里奇等工程师设计出 УС 刨煤机雏形，在伏罗希洛夫矿务局制造和试验；1947 年，制造的 2 台 УС-3 型刨煤机分别在伏罗希洛夫矿务局 5 号矿井和布良斯克矿务局 47 号矿井进行试验；1948 年改进之后开始批量制造 УС-4 型刨煤机，并在顿巴斯的矿井使用。1947 年，英国 MC 公司研制出萨姆松（Samson）型液压动力刨煤机，适于开采 1.1~1.8 m 的煤层。1950 年，美国西弗吉尼亚州东部联合煤炭公司开始使用刨煤机开采，被认为是美国机械化长壁开采的开端。1955 年，英国制造了休伍德（Huwood）型动力刨煤机，刨头冲击频率 5 Hz，振幅 51 mm，最大截深 350 mm，采高 1.2~2.2 m，牵引速度 3.9~5.5 m/min。1960 年，波兰研制出第 1 台 SWS-1 型刨煤机，后来制造出 SWS-2、SWS-3 和 SWS-4 型刨煤机，20 世纪 80 年代初又生产 SWS-4U3 和 SWS-6 型刨煤机。1962 年，比利时 ACEC 公司制造了 SR114 型链式刮斗刨煤机；1964 年造出 SR-2 型刮斗刨煤机，在捷克煤矿使用；对于极薄煤层，ACEC 公司设计了 SR-3 型和 USR-4 型刮斗刨煤机，其中 USR-4 型刮斗刨煤机的最低采高 0.4 m；1968 年，该公司造出 Plassat 型平刮式刨煤机，在法国阿尔上多煤矿使用。1973 年，捷克研制出 PL-8A 型刨煤机，1980 年制造 PL-81 型刨煤机。1981 年，西班牙生产 H-300 拖钩刨煤机，适用于采高 0.8~1.3 m、煤层倾角小于 25°、煤质中硬以下的薄煤层开采。1995 年，俄罗斯斯科琴斯基矿业研究所和哈尔巴赫·布朗公司联合研制 KM-17СХБ 型刨煤机组，适用厚度 0.95~1.4 m、煤层倾角小于 35°、煤质中硬以下的薄煤层开采，日产量 1300~2300 t。[29]

2）国内刨煤机发展历程

1958 年，北京矿业学院设计了跃进-II 型刨煤机组，由张家口煤机厂制造，1959 年 8 月在煤矿井下进行了试验，该机牵引链速 0.45 m/s，最大刨削厚度 150 mm，最短推进时间 5 min，最高生产率 180 t/h（装挡板）、130 t/h（未装挡板）；1963 年，徐州矿务局韩桥矿科研小组自制了夏-1 型静力刨煤机，并进行了井下刨煤试验；1966 年，上海煤矿机械研究所、张家口煤矿机械厂共同研制了我国第 1 台拖钩刨煤机，并在徐州韩桥煤矿进行了工业性试验，最高日产量达到 400 t；1966 年制造出我国第 1 台 200 m 刨煤机组，1969 年将其定型为 MBJ-I 型拖钩式刨煤机。在此期间，还研制出全液压传动和机械传动刨煤机及刮斗刨煤机，1970 年改装了 1 台滑行刨煤机，成为新一代刨煤机；1975 年对 MBJ-I 型拖钩式刨煤机改进设计，定为 MBJ-2A 型刨煤机，该机 1984 年在韩桥矿使用后，定为 BT24/2×40 型拖钩刨煤机。20 世纪 80 年代中期，我国开始研制较大功率的拖钩刨煤机和滑行刨煤机。1984 年，由原煤炭科学研究总院上海分院设计，张家口煤矿机械厂等单位试制出 HII-26 型滑行刨煤机，定为 BH26/2×75 型，适用于厚度 0.7~1.7 m、煤质中硬以下的缓倾斜薄煤层，1985 年在徐州庞庄煤矿薄煤层进行了工业性试验，1989 年在韩城象山煤矿 2305 工作面的中厚煤层再次进行了工业性试验。20 世纪 80 年代中期，张家口煤机厂研制出 3MZ 全液压拖钩刨煤机，南宁矿务局研制出 MBHJ2-80 型刨煤机，湖南邵阳煤机厂研制出 T22-60 型拖钩刨煤机，广州夏茅矿研制出极薄极倾斜煤层开采的钢丝绳牵引拖钩刨煤机。1987 年，由原煤炭科学研究总院上海分院设计，淮南矿山机器厂制造出 TIV-26 型刨煤机，其采高 0.8~1.3 m，生产能力 130~300 t/h；1993 年，原煤炭科学研究总院上海分院和徐州矿务局联合研制出 BH30/2×90 型滑行刨煤机，适用于煤层厚度为 0.8~1.8 m，煤质中硬以下的普采或高档普采工作面。1994 年，原煤炭科学研究总院上海分院、西北煤机一厂和徐州煤机厂等单位研制出 BT30/2×132 型拖钩刨煤机，这是国内研制的第 1 台快速刨煤机，在徐州矿务局夹河煤矿 9607 工作面进行工业性试验；同年，张家口煤矿机械厂和原煤炭科学研究总院上海分院联合研制 BH34/2×200 型滑行刨煤机，在阳泉矿务局一矿投入工业性试验，之后改进设计为 BH38/2×20 型，1996 年在双鸭山矿务局进行了工业试验。2000 年，淮南华联机械公司制造出 BH30/2×160 型大功率高速滑行刨煤机，在沈阳矿务局西马矿 1312 工作面使用。2009 年，张家口煤机公司研制出 BH38/2×400 滑行刨煤机，适用于厚度 0.8~2.0 m、倾角≤25°的煤层开采。在我国制定的"节约煤炭资源、限制煤矿最低采出率"等政策拉动下，我国刨煤机需求量明显增长，为满足市场需求，三一重装集团也在研生产大功率自动化刨煤机。2010 年，三一重装集团研发出 BH38/2×400 型全自动刨煤机组（图 6-21），该机可实现全自动化和远程控制开采，适用于 0.8~2.0 m 薄煤层开采，并于 2010 年 11 月—2011 年 3 月在铁法煤业集团晓明煤矿 N₂419 工作面进行了工业性试验。[29]

图 6-21 BH38/2×400 型全自动刨煤机[29]

我国在自主研发刨煤机的同时，还及时引进了国外多种刨煤机设备。1967 年，淮南新庄孜矿引进米茹 3G 型拖钩刨煤机；1968 年，平顶山矿务局一矿引进 D 型拖钩刨煤机；1980 年，徐州矿务局旗山矿和夹河矿引进两套 8-30 型滑行刨煤机组；1989 年，四川省新胜煤矿引进西班牙 H-300 型后牵引拖钩刨煤机；1992 年，四川省松藻矿务局引进德国布朗公司 KHS-2 型紧凑型刨煤机；1993 年，云南省所属煤矿引进德国 GS34/4 型滑行拖钩刨煤机，开滦矿务局引进俄罗斯 CH75 型滑行刨煤机；2000—2002 年，铁煤集团从 DBT 公司购置了 9-34VE/4.7 型和 9-34VE/5.7 型刨煤机及自动化控制系统，在晓南煤矿 W3409 工作面和 W3410 工作面使用。[29]

3）刨煤机发展前景[27]

随着科学技术的发展和应用，刨煤机也正在逐渐向大功率、高刨头速度、自动化、智能化方向发展。

（1）功率逐渐增大。

功率的增大能够使刨煤机适用的煤层范围更广，包括极薄煤层、薄煤层、中厚煤层、硬煤层和韧性煤层等；同时也能够增加刨削深度并提高刨头速度，提高生产能力。增加刨削深度还能使刨削下来的煤块度增大，减少瓦斯排放量。

（2）自动化、智能化。

刨煤机工作过程自动化控制，包括刨削深度控制、液压支架移动控制，以及工作面上其他方面的检测控制等。刨煤机智能化使工作面完全实现自动化、无人化，实现安全高效生产，提高煤矿经济效益。

（3）高可靠性。

刨煤机设备零部件的可靠性会影响刨煤机的安全运行，因此在设计中常运用现代科学技术手段分析各种工况下零部件如刨刀、刨链等的可靠性问题，提高零部件性能。具有高可靠性的刨煤机是实现智能开采的重要前提。

（4）刨煤机工作面成套设备研制。

为了适应不同的煤层条件和智能化开采的需求，应开发适应性较强的刨煤机工作面成套设备，包括刨煤机、刮板输送机、液压支架等相关设备，使刨煤机能够满足煤层赋存条件和生产要求，快速响应市场需求，实现个性化设计与制造。

6.2.4 滚筒式采煤机

滚筒式采煤机是煤矿综采成套装备的主要设备之一，是从截煤机发展演变而来，集机械、电气和液压于一体的大型复杂系统。滚筒式采煤机是以装有截齿并绕水平轴线旋转的滚筒为工作机构的采煤机，当其工作时，滚筒随机体沿煤壁移动，截齿在机器牵引力作用下切入煤体，利用滚筒旋转产生的扭矩将煤从煤壁上破落下来。早期的滚筒采煤机以鼓形滚筒为工作机构，破落的煤需借助犁煤板等专用的装煤机构将其装入工作面输送机。现代滚筒采煤机都以螺旋滚筒为工作机构，滚筒在破落煤的同时，利用螺旋叶片将煤装入工作面输送机。滚筒可调高以适应煤层厚度变化，并可一次采全高。在长壁采煤工作面，滚筒按规定的牵引速度前进，煤经滚筒上的截齿截割掉落并被装载机构装入工作面输送机，实现高效率机械化连续开采。煤层铣削厚度和深度取决于滚筒直径和宽度，而截煤速度和长度取决于采煤机行走速度和一日进程。因滚筒式采煤机的采高范围较大，对各种煤层适应性强，能截割硬煤，并能适应较复杂的顶底板条件，所以得到了广泛的应用。目前滚筒式采煤机已是现代化煤矿的主力采煤设备，在我国，滚筒式采煤机所产出的煤炭产量占总产量的80%以上。

1. 滚筒式采煤机的分类

滚筒式采煤机种类较多，结构较复杂，按滚筒的数量可分为单滚筒式采煤机和双滚筒式采煤机(图6-22)，其中双滚筒式采煤机应用最普遍；按机体支撑可分为爬底板式、悬跨式和骑行式采煤机；按牵引方式可分为有链牵引和无链牵引采煤机，无链牵引采煤机用齿轮-销轨式、滚轮-齿轨式、链轮-链轨式机构牵引；按牵引部位置可分为内牵引和外牵引采煤机；按牵引部动力可分为机械牵引、液压牵引和电气牵引采煤机；按牵引部的调速方式可分为机械调速、液压调速和电气调速采煤机。根据不同的分类方式可组合成不同形式的滚筒式采煤机构型，例如爬底板式+锚链牵引+单滚筒+鼓形滚筒的薄煤层采煤机，骑行式+液压无链牵引+双滚筒的厚煤层采煤机等。目前交流电牵引双滚筒式采煤机已成为滚筒式采煤机的主流。[30]

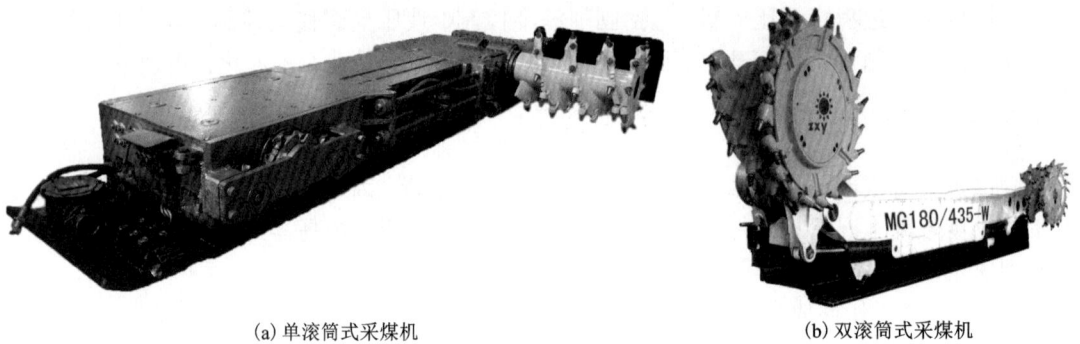

(a) 单滚筒式采煤机　　　　　　　　(b) 双滚筒式采煤机

图 6-22　滚筒式采煤机

2. 滚筒式采煤机结构组成及工作原理

虽然滚筒式采煤机种类繁多，但其基本部件大致相同，均由电动机及其电气设备、行走部(牵引部)、截割部和辅助装置等部分组成。[31] 滚筒式采煤机采用模块化设计、多电动机横向布置驱动，各执行机构均拥有各自的动力驱动，摇臂与机身之间通过销轴连接，这些已成为现代采煤机的标准设计，且目前交流电牵引双滚筒式采煤机是滚筒式采煤机的主流，所以此处以交流电牵引双滚筒式采煤机为例对其总体结构组成及工作原理进行介绍。

1)截割部

截割部是滚筒式采煤机进行截割的工作部件，包括截割机构和截割传动装置。

(1)截割机构。

滚筒式采煤机的截割机构为螺旋滚筒(简称滚筒)，如图 6-23 所示。滚筒上焊有端盘级螺旋叶片，其上装有截煤所用的镐型截齿(图 6-24)，由螺旋叶片将落下的煤装到刮板输送机中。为了提高螺旋滚筒的装煤效果，滚筒侧装有弧形挡煤板，它可以根据不同的采煤方向来回翻转 180°。滚筒工作时受到的外荷载不仅作用在滚筒上，而且会传递到截割传动装置、截割电动机及采煤机的其他各个部件，因此应当使滚筒受到的外荷载稳定均衡，受到较少的冲击。20 世纪 80 年代中期，英国推出了采煤机滚筒优化设计计算机软件，我国随后也开发出了采煤机滚筒优化设计软件。这些软件的优化目的是使滚筒受到的外荷载稳定均衡：一是各个截齿受到的荷载相对均衡，二是整个滚筒受到的荷载比较均衡。但由于截齿截割煤体所需要截割力的大小至今没有可供实际使用的理论计算公式，软件设计时是按截齿所截割的切削面积近似代表截割力的大小，因此在采煤机使用时截齿损坏或丢失而没有及时更换增补，就会引起相邻截齿的荷载不正常升高、整个滚筒荷载波动加剧。[32]

滚筒的装煤效果主要取决于叶片边缘升角、螺旋头数、滚筒转速和滚筒直径，如果叶片高度低、螺旋头数少、滚筒转速低、滚筒直径小，则装煤效果差。装煤效果还和摇臂下缘和中部槽上沿形成的装煤口大小有关，因此应采用弯摇臂结构以增大装煤口的面积，可以提高滚筒的装煤效果。除上述滚筒结构因素外，滚筒的装煤效果还与岩体性质有关。滚筒的直径与截深有规定的系列尺寸，目前最大滚筒直径达 4.5 m。对于 3 m 以上的大直径滚筒，为便于运输，可采用分体结构。

图 6-23　滚筒示意图

图 6-24　不同型号采煤机镐型截齿

（2）截割传动装置。

截割传动装置是将截割电动机的动力传递给滚筒的部件，包括传动系统（齿轮、轴承、轴）、摇臂壳体和附属件等。为了适应煤层厚度的变化，传动装置壳体（或壳体的一部分）做成可以绕采煤机机身两端铰接轴上下摆动的摇臂，从而便于灵活改变滚筒的采高。采煤机的截割电动机横向布置在摇臂根部的壳体内，采用外壳水冷方式散热。截割电动机的输出轴是带有内花键的空心轴，电动机动力通过细长柔性扭矩轴传递给摇臂截割传动系统，经过行星减速器减速后输出，最后通过方形连接套将动力传递给滚筒。截割电动机常用电压等级为1140 V、3300 V，一般 400 kW 以上的滚筒式采煤机的截割电动机电压等级为 3300 V。

2）行走部（牵引部）

行走部（牵引部）实现采煤机沿工作面往复行走，包括行走机构和行走驱动装置。

（1）行走机构。

行走机构是行走部的执行机构，使采煤机沿着工作面长度方向往复移动。20 世纪 80 年代前的采煤机都是采用悬挂在工作面全长上的牵引链和采煤机上的主链轮啮合而使采煤机行走的，80 年代后出现的无链牵引行走机构取代了有链牵引行走机构，现代采煤机使用最广泛的是齿轮-销轨式行走机构。对行走机构的主要要求为：适应工作面底板的起伏和采煤机的工况，能够满足对牵引力的要求；使采煤机行走平稳，两个行走轮的荷载尽量平衡，使采煤机导向平稳并保持行走轮和行走轨的正常啮合。[33]

（2）行走驱动装置。

行走驱动装置将牵引电动机的动力传递给行走机构使采煤机沿工作面长度方向移动。由于采煤机的截割传动装置在工作过程中是不能变速的，滚筒只能定速转动，为了适应外部负载和工作面工况的变化，行走驱动装置必须能在采煤机采煤工作过程中调整牵引速度的大小。因此行走驱动装置包括行走调速装置和行走传动装置。

行走调速装置的主要功能是调整采煤机的牵引速度。横向布置的采煤机都采用电气调速的行走传动装置，通过电气调速装置改变行走电动机的转速，行走电动机通过行走传动装置调速后驱动行走机构工作。目前，交流电牵引采煤机均采用交流变频电气调速。行走调速装置的主要功能是调整采煤机的牵引速度，牵引速度改变后，牵引力的特性可以用调速特性来表示。

电牵引采煤机一般有两台牵引电动机，根据交流变频调速装置对牵引电动机的驱动方式，有"一拖二"（图 6-25）和"一拖一"（图 6-26）两种方式。[31] "一拖二"方式即由一台变频器控制两台牵引电动机，常用在非机载或中小功率采煤机上，这种方式占用空间小，系统简单，但只能采用 V/F 控制，控制精度低，性能差。"一拖一"方式即由一台变频器分别控制一台牵引电动机，其优点是可充分发挥变频器的性能，实现对牵引电动机的精确控制。这种方式中的两台变频器，一台设为主机，另一台设为从机，采用主从控制，从机跟随主机进行调整。

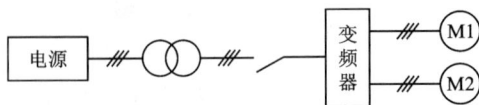

图 6-25　交流电牵引"一拖二"方式　　　图 6-26　交流电牵引"一拖一"方式

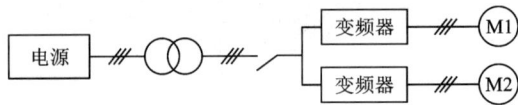

　　行走传动装置与截割传动装置相比传递的功率较小，壳体受到的力和传动系统的润滑条件较好，所以采煤机行走传动装置的故障较少。行走传动装置的具体结构是根据传动比的大小和布置位置变化的，液压调速的行走传动装置传动比取决于马达的最大转速。电气调速横向布置采煤机的行走传动装置由于牵引电动机的转速很高，传动比较大，所以传动系统的最后一级往往采用行星齿轮传动，有时甚至采用两级行星齿轮传动。

　　3）电动机及电气控制系统

　　电动机是滚筒式采煤机的动力部分，它通过两端输出轴驱动截割部和行走部，且电动机为防爆型鼠笼式。电气控制系统是采煤机的控制核心，能够实现采煤机截割部、行走部的操作与控制，采煤机的监测监控与显示，系统的故障诊断与保护等工作。随着采煤机电控技术的发展，采煤机的保护功能得以加强，一般采煤机都装有工况监测与故障诊断系统，其一般功能包含温度保护、湿度保护、功率与负荷保护等。

　　随着现代自动化和信息化技术的快速发展，对煤矿的信息化也提出了新的要求，电牵引采煤机逐渐采用多种新型采煤机控制技术，包括 PLC 系统、分布嵌入式控制系统、采煤机信号和数据传输及远程监测监控技术、采煤机自动调高技术等。

　　4）辅助装置

　　辅助装置包括破碎机构、调高系统、喷雾冷却系统、采煤机机身连接装置等。

　　破碎机构负责破碎工作面输送机机尾方向的大块煤，一般只在大功率采煤机上才设置破碎机构。采煤机破碎机构由破碎滚筒、行星减速器、电动机、臂架、升降油缸和护罩等组成。目前国内外采煤机的调高系统均采用阀控油缸开式液压系统，调高液压系统由主油路与低压油路两个油路组成。喷雾冷却系统对生产安全和采煤机的可靠性意义重大。目前国产采煤机的喷雾冷却系统给有两种：一种是由进口元部件组成的系统，这种系统结构复杂、价格昂贵、性能好、保护和显示功能全，一般用于大型采煤机中。另一种是由生产商自制的专用水阀所组成的系统，这种系统结构简单、价格低廉，能满足喷雾冷却的要求，且工作可靠，多用于中小型采煤机中。上述两种喷雾冷却系统都由内喷雾系统和冷却系统组成。采煤机机身连接装置方面，因为目前电牵引采煤机已发展到多电机驱动时代，机身各段间没有了动力传递，取消了传统的底托架结构，把摇臂的支承反力、调高油缸座的反力及行走部的牵引反力都作用在行走传动部的机壳上，使机身的受力状况得到改善。取消底托架之后，对机身各段间连接强度的要求提高了，以往的连接方式已不能满足无底托架结构采煤机的连接强度要求。机身各机箱体间的连接采用液压螺母、拉伸器、预紧螺母等装置；摇臂与机身之间的连接采用阶梯轴结构、锥轴和锥套结构。

3. 滚筒式采煤机发展历程及趋势

滚筒切割原理最早被用于农业收割机，100 多年以后成为采煤机的滚筒切割方式，1919 年德国制造了第 1 台履带式轮斗挖掘机，1948 年英国制造出滚筒式采煤机，开启了滚筒式采煤机的制造史，之后陆续出现了摇臂滚筒采煤机和双滚筒式采煤机。经过 70 多年的发展，滚筒采煤机的机型不断丰富，机器功能逐渐提升，生产能力逐渐增加，智能高水平陆续健全。我国自主生产滚筒采煤机比国外晚，但在采煤机结构调整时期，我国特大型滚筒式采煤机研发及机型更新速度明显快于国外，近年来更是创造了一批采煤机功率或采高的世界新纪录。至今，滚筒式采煤机发展经历了 7 次变革：第 1 代采煤机是 1952 年诞生的安德森型固定滚筒式采煤机，第 2 代采煤机是 1963 年制造的 AB 型可调高单螺旋滚筒式采煤机，第 3 代采煤机是 1972 年出现的 AM500 型液压牵引可调高双滚筒式采煤机，第 4 代采煤机是无链牵引采煤机，第 5 代采煤机是电牵引采煤机（未来我国煤矿智能化开采的必需装备），第 6 代是仿形（记忆）截割采煤机，第 7 代是无人驾驶采煤机。[30, 34]

1）国外滚筒式采煤机发展历程

（1）英国公司的滚筒采煤机。

1948 年，安德森·鲍伊（Andeson-Boyer）公司成功改装了 1 台截盘式滚筒采煤机，在法国亚尔沙斯（ALsace）矿区使用，这是滚筒式采煤机的起步。[30] 1952 年，时任英国国家煤炭局西部分局主任的詹姆斯·安德顿爵士设计了单向截煤的固定单滚筒式采煤机，开创了安德顿系列滚筒式采煤机，被认为是第 1 代滚筒式采煤机。1954 年安德森公司制造出 AB16-安德顿型采煤机，自此，安德森公司成为世界滚筒式采煤机研发制造基地；1963 年，该公司研发制造了第 2 代滚筒采煤机（MK-Ⅰ），1972 年，第 3 代滚筒采煤机（AM500）诞生于该公司。安德森公司创制的不同采煤机规格见表 6-6，其中，安德顿单滚筒采煤机、安德顿却盘采煤机和安德森 AM500 双滚筒采煤机如图 6-27 所示。1981 年，安德森公司试制成功世界上最大功率的 ASTRO 1000 型电牵引采煤机，以满足美国食品机械化学公司（FMC）用长壁法开采厚度 2.9 m、抗压强度高达 48 MPa 的天然碱矿。1984 年，安德森公司研制出首台截割电机嵌入摇臂的 Electra 550 直流电牵引采煤机（图 6-28），总装机功率 430 kW，采高 1.3～3.5 m，采用 MIDAS 自动导向控制，该机根据美国煤矿用户的要求设计，1984 年底投入使用；1988 年研制出 Electra 1000 直流电牵引采煤机，该机最初为美国长壁综采工作面研制，截割功率为 2×375 kW。其机身结构不同于传统采煤机的串联式结构，主机架呈箱形结构，其他部件则插装或链接在主机架上，这些部件在结构上具有独立性，且各自拥有独立电动机驱动，后在 1991 年和 1993 年 2 次大修时，加装了自动记忆滚筒摇臂调高系统（MIMIC）和机载红外线引导液压支架升降推移系统，解决了工作面开采中的顶板管理问题，显著提高了产量和效率。1991 年，安德森公司制造出 Electra 750 型直流电牵引采煤机，后研制出 Electra 2000 型电牵引采煤机，是世界上第 1 台 5 kV 高压电牵引采煤机，为法国洛林（Lorriane）矿区研制，该机具有无线电遥控、端头远程控制和人工控制功能，通过 Telsafe 系统传输数据。1996 年，并入美国朗艾道（Long Airdox）的安德森公司推出 EL3000 强力重型电牵引采煤机（图 6-29），用于美国超级综采工作面，这是当时世界上功率最大、牵引速度最快的新型采煤机，截割电机功率为 2×600 kW，交流变频牵引电机功率为 2×100 kW，最大牵引速度为 45.9 m/min，该采煤机装有 γ 射线传感器，可实现煤岩分界自动调节，可控制割留煤皮厚度。[34]

表 6-6　安德森公司创制的不同采煤机规格[30]

机型	型号	功率/kW	年份
安德顿型采煤机	AB15-SE50/70	37/52	1952
	AB16-SE80	60	1954
	AB16-SE100	75	1958
	AB16-SE120	90	1959
	AB-Trepann	90	1959
	M&C-SE100/120	75/90	1961
AB型固定滚筒采煤机	AB16-DE200	150	1962
	AB10/12-SE80	60	1963
	AB16-DE270	200	1967
AB型摇臂采煤机	MK-Ⅰ（SERDS）	150	1963
	MK-Ⅱ（DERDS）	200	1965
	AB16-DERDS270	200	1966
	AB16-DERDS540	400	1969
	AB-Ⅱ（DERDS）	200	1970
	AS-Battock	200	1974
AM型采煤机	AM-DERDS500	375	1972
	AM-SERDS500	375	1978
	AM-Astro DERDS1000	750	1978
	AM-420	200	1979

　　此外，杰弗里·戴蒙德（BJD）公司也是英国的采煤机制造骨干企业。1974 年研制出 B-57 型爬底板双滚筒采煤机，其行走以运输机挡板上的导管导向并调斜，在溜槽铲板上有 2 只支撑滑靴，在煤壁侧底板上有 2 只可浮动的液压滑靴；1975 年研制出 Supermatic 300 双滚筒采煤机，采用 R11 型液压牵引齿轨型行走机构，能在自动牵引时自动控制负荷，通过电磁阀实现均衡功率牵引；1976 年研制出 B-61 型爬底板双滚筒采煤机，采煤机在铲板上进行导向，机面高度降至 620 mm；1981 年研制出 B-61A 型双滚筒采煤机，是 B-61 采煤机的改进型，设有 9 挡速度的液压锚链牵引系统，也可以采用无链牵引；1982 年研制出 Maximatic 型双滚筒采煤机（图 6-30），适用于厚度 0.8~3.1 m、倾角 30°以内的缓倾斜和倾斜煤层开采，可选择 5 种不同形式的截割部，采用液压链牵引，该机带有无线电遥控功能，控制距离为 10 m。[30]

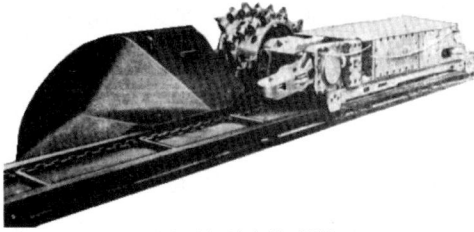

(a) 安德顿单滚筒采煤机

(b) 安德顿却盘采煤机

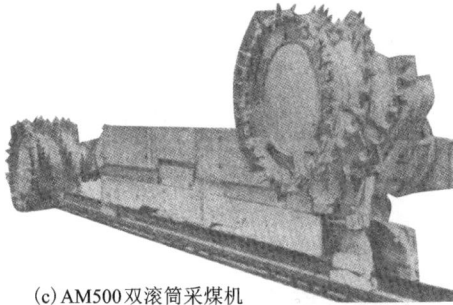

(c) AM500 双滚筒采煤机

图 6-27 第 1、2、3 代滚筒式采煤机[30]

图 6-28 Electra 550 直流电牵引采煤机[34]

图 6-29 EL3000 强力重型电牵引采煤机[34]

（2）德国艾柯夫公司的滚筒采煤机。

德国艾柯夫（EICKHOFF）公司早期的采煤机以 EDW-功率数-L（N 或 K）表示，其中 E 表示艾柯夫，D 表示双滚筒，W 表示滚筒采煤机，L 表示侧置式摇臂，K 表示短机身，N 表示缓倾斜薄煤层。1954 年，艾柯夫公司制造出第 1 台 W-SE-Ⅲ型固定滚筒采煤机，电机功率为 80 kW，首次采用圆环锚链牵引方式。1958 年制造出 W-SE-Ⅳ型固定单滚筒采煤机，装有固定的截割滚筒和

图 6-30 BJD 公司 Maximatic 型双滚筒采煤机[30]

后挂台式装煤犁。1961 年推出 EDW-200 型中部双滚筒采煤机(图 6-31),两个截割滚筒布置在截深中部,可双向采煤,采用液压链牵引。1964 年生产 EW-170-L 型单滚筒采煤机和EDW-170-L 型双滚筒采煤机(图 6-32),自此 L 系列摇臂可调高滚筒采煤机成为该公司的主力机型。1967 年推出液压牵引双滚筒采煤机;1970 年推出 EW-300-L 型单滚筒采煤机,首次采用液压驱动的链轮-链轨牵引方式;同年,推出 EDW-300-L 型和 EDW-2×300-L 型滚筒采煤机。1971 年制造出 EDW-170-LN 型双滚筒薄煤层采煤机,采用液压链牵引或齿销无链牵引的机道内爬底板行走方式,适用于厚度 1.3 m 以下的薄煤层开采。1972 年制造出EW-200-L 型单滚筒采煤机和 EDW-200-L 型双滚筒采煤机,首次设计了液压操纵的可翻转弧形挡煤板和破碎大块煤的滚筒,装有无线电遥控;同年,推出 EDW-300-LN 爬底板采煤机,采用煤壁侧槽帮滚柱齿条牵引方式,机载直流电驱动。1973 年推出 EDW-340-L 型采煤机,同年推出 EDW-300-LH 型双滚筒采煤机,是摇臂加长机型。1975 年推出 EDW-380-L型采煤机,工作电压升至 3.3 kV。[30]

图 6-31　EDW-200 型中部双滚筒采煤机[30]

图 6-32　EDW-170-L 型双滚筒采煤机[30]

1976 年,艾柯夫公司研制出的 EDW-150-2L-2W 直流电牵引采煤机是世界上较早推出的电牵引采煤机,也被称为第 5 代滚筒式采煤机(图 6-33)。该机采高 1.3～3.3 m,截割功率2×150 kW。同年 11 月,该机在奥地利特里梅卡尔姆矿试用成功,最高月产达到 33.6 万 t,故障率比液压牵引采煤机降低 80%。同年,艾柯夫公司与西门子公司研制了由电子计算机程序控制的 EDW170-L 双滚筒采煤机,液压牵引部用 EE20 型可控硅整流直流电机牵引部代替,采煤机上装有随时测量采高、机位、速度、油温、油压力、周围温度的装置,信息由多路音频系统传输,采煤时先由司机操纵第一刀,并将程序录入电子计算机,由电子计算机按程序操纵采煤机自动采煤。1978 年制造出 EDW-230-2LN-2W 型电牵引薄煤层采煤机,是EDW-170LN 采煤机增大功率和改进装煤装置的衍生机型,该机 1979 年 7 月在鲁尔矿区瓦尔祖姆矿试用。1978 年研制出 EDW-450-L 电牵引采煤机,是新一代大功率采煤机,1980 年5 月该样机在恩斯多夫煤矿下井试验,与 EDW-300L 机型相比,功率增大 60%,机身缩短0.8 m;1981 年研制出 EDW-230-LN 型双滚筒采煤机,其特点是设计弯曲摇臂,以增大装载过煤空间。1984 年研制出世界上第 1 台 3.3 kV 高电压采煤机。1985 年,研制出了具有记忆截割功能的采煤机。1986 年将 EDW-450 型采煤机升级为 EDW-450/1000L 型,1987 年在澳大利亚新南威尔士州乌兰矿(Ulan)2 号井使用。1989 年制造出 EDW 380/400L 交流电牵引采

煤机，截割功率为 2×380 kW，牵引功率为 AC2×40 kW，最大牵引速度为 14 m/min，截深
750~1000 mm。1990 年，研发出世界第 1 台现代化电牵引的 SL300 双滚筒采煤机(图 6-34)，
1995 年投入市场。该机采用无底托架设计，多电机横向布置结构，交流变频无级调速的强力
销排牵引，用计算机操作控制和显示记录运行状态并检测故障。1993 年 SL500 采煤机进入市
场，能适应当时多种井下条件的中高煤层开采需求。2000 年，推出新型 SL300L 薄煤层采煤
机，该机具有高功率密度、高可靠性、易操作及易维护的优点，具有先进的远程控制自动化
功能，机身高度仅为 0.75 m，截割功率 2×300 kW，适用采高 1.2~2.0 m 的薄煤层开采。
2003 年，推出 SL750 采煤机，它将 SL500 的强动力与 SL300 的紧凑性融为一体，拥有
EiControl Plus 自动化系统，配备红外和雷达传感器，曾获宝马创新奖。2007 年第 1 台
SL1000 型采煤机在神华集团使用，总装机功率为 2600 kW，是当时最大功率采煤机，具有交
互式人机对话、设备状态监测与故障预报、在线控制、数据传输等功能。2010 年推出中厚煤
层 SL900 采煤机，该机介于 SL750 和 SL1000 型采煤机之间，综合了这 2 种采煤机的优点。
2011 年 SL1000 型大采高采煤机投入使用，总装机功率为 2590 kW，供电电压 3.3 kV，采高为
2.7~7.0 m。该公司统计数据表明，电牵引采煤机的应用使采煤机牵引部故障率从 10% 降至
1.6%~2%。[34]

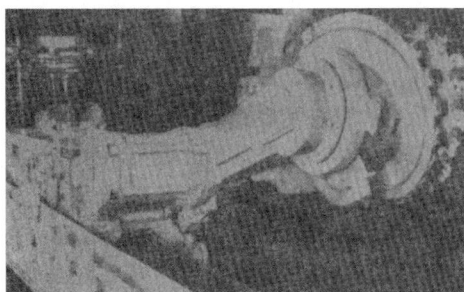

图 6-33　EDW-150-2L-2W 直流电牵引采煤机[34]

图 6-34　SL300 双滚筒采煤机[34]

(3)法国沙吉姆公司的滚筒采煤机。

1958 年，法国通用机电沙吉姆(SAGEM)公司制造出 THV-6 型固定单滚筒采煤机；
1970 年制造出 THV-16 型固定单滚筒采煤机，如图 6-35 所示，电机功率为 150 kW，采用液
压锚链牵引，该机采用抬高机身的方式调整采高；1971 年制造出 DTS-300 型双滚筒采煤机，
这种采煤机没有专门的摇臂，电机、减速箱和滚筒连为一体，靠液压装置驱动一同升降提高，采煤机操纵为跟机遥控，最大遥控距离 10 m；1972 年制造出 THV-150 型可调高单滚筒采煤机，采高 1.1~3.2 m，之后生产了 THV-225 型单滚筒采煤机；1976 年制造出 SIRUS-400 型双滚筒采煤机，采用液压无链牵引；

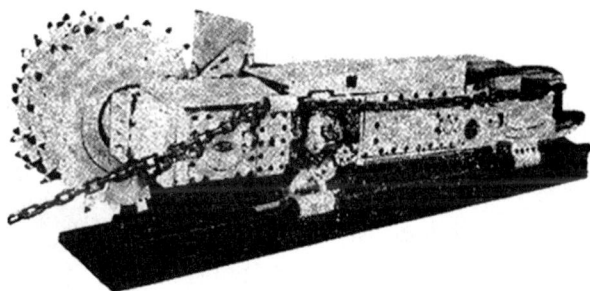

图 6-35　沙吉姆 THV-16 型固定单滚筒采煤机[30]

1980 年制造出 SIRUS-HC 型薄煤层双滚筒采煤机，该机是一种悬挂机身的机道内行走采煤机，采用 Dynatrack 无链牵引；1990 年研制成功 Panda-E 型交流电牵引采煤机。[30]

(4)苏联(俄罗斯)高尔洛夫斯基机械制造厂的滚筒采煤机[30]。

高尔洛夫斯基机械制造厂是苏联采煤机的主要制造基地，大部分滚筒式采煤机出自该厂。1954 年，该厂制造出 K-32 型急倾斜煤层的滚筒采煤机，它由 2 个装有截齿的螺旋板和 2 个带有截链的平截盘构成，采高为 0.6~1.2 m；1965 年制造出 2УК 立式双滚筒采煤机，机身两端各布置 1 个垂直于底板的截割滚筒，采用爬底板式牵引；1968 年制造出 MK-67 型立式滚筒浅截式采煤机，该机的截割滚筒位于机身中部且竖轴布置，可以自开切口双向割煤，截割滚筒分为上下 2 个截盘，由同 1 条传动链带动旋转，内置千斤顶可以调整上部截盘升降，以适应煤层厚度变化，也可拆卸上截盘；1970 年制造出 1K-101 型液压牵引浅截双滚筒采煤机，如图 6-36 所示，在机头布置双滚筒，采用链牵引，后来改型为 2K-101 采煤机，这种采煤机在独联体薄煤层开采中应用最广泛，顿巴斯矿的 45%~48%煤炭由此型号采煤机采出；1975 年制造出 KЩ-1KГ 型双滚筒采煤机；1980 年批量生产 K-103 型双滚筒采煤机，如图 6-37 所示，它是一种外牵引爬底板双滚筒采煤机，液压锚链牵引，适用于采高 0.7~ 1.0 m、倾角小于 35°的薄煤层开采；1981 年制造出 KA-80 型立式滚筒采煤机，截割部是 2 个竖立滚筒，滚筒直径 950 mm，截深 0.8 m；1982 年制造出 ПОИСК-2 型"探索-2"爬底板式双滚筒采煤机，采用钢丝绳外牵引；1985 年制造出 PKУ-10、PKУ-13、PKУ-6、PKУ-20 和 PKУ-25 型采煤机，采高逐步加大，均为无链牵引；1990 年制造出 KA-85 滚筒采煤机，该机是 1K-101 采煤机的替代机型，采用液压无链牵引，牵引部和截割部以铰链连接；1992 年制造出 KA-90 型薄煤层滚筒采煤机，采用立式滚筒截割、变频调速电牵引，截割电机功率为 220 kW，采高 0.85~1.2 m，截深 800 mm。

图 6-36　1K-101 型液压牵引浅截双滚筒采煤机[30]

(5)美国九益(JOY)公司的滚筒采煤机。

美国 JOY 公司在 20 世纪 70 年代中期开始研制多电机驱动的直流电牵引滚筒式采煤机，80 年代起推出了 LS 系列电牵引采煤机(LS 表示 longwall shearer，长臂采煤机)。1975 年，美国 JOY 公司研制出世界上第 1 台 1LS 型交-直流可控硅调

图 6-37　K-103 型双滚筒采煤机[30]

速的电牵引采煤机，截割功率 2×96 kW，在美国凯瑟矿首先使用，它是世界上第 1 台采用多电机分布驱动的滚筒式采煤机，打破了滚筒式采煤机单一电机驱动的传统理念，可靠性和维护性显著提高。之后推出 1LS1～1LS6 系列采煤机，1976—1987 年间共生产 46 台 1LS 型采煤机，1LS3 型在设计过程中并入 1LS1 型系列，故没有生产。[30] 1979 年推出 2LS 型厚煤层开采的重型电牵引采煤机，截割功率 2×180 kW。1980 年在 1LS4 型采煤机上采用了多个微处理机控制系统，这是采煤机控制技术的重大进步，除了能对采煤机进行计算机控制，还能提供一系列诊断功能。1983 年推出 3LS 型中厚煤层电牵引采煤机，截割功率 2×180 kW，该机为横向布置的多电机驱动，采用 2 台微处理机进行数据采集、处理显示、监控故障诊断并发出指令，带有可分离机器 5 m 的有线操作盒，显示电机及控制系统的运行参数。1986 年推出 4LS 型采煤机，截割功率 2×335 kW，该机采用 Eicotrack 或 Dynatrac 无链牵引系统、微处理机控制系统和 SIRA 远程控制系统，1986 年 7 月首台样机在匹兹堡矿区的煤矿使用。1990 年推出 6LS 型大采高采煤机，截割功率 2×450 kW，其机身分为 3 大模块，以高强度螺栓连接，放弃了传统的底托架结构；采用多电机横向布置结构，改变了以往的单电机双出轴驱动模式。1993 年推出 6LS3 型电牵引采煤机，装有位置传感器、油缸传感器，具有记忆截割功能，我国神华公司进口 1 台，在大柳塔煤矿使用。1995 年推出第 1 代自动化截割系统 JNA SIRSA（shearer initiated roof support advance system），其功能是建立采煤机、机头装置和机头支架计算机间的联系，实现自动推溜拉架。1996 年推出 6LS5 型电牵引采煤机，截割功率为 2×610 kW，具有记忆截割功能。1997 年起逐步推出了 7LS 系列变频采煤机：7LS0 适用于 1.3～2.0 m 低采高，LS1A 适用于 1.5～3.0 m 小采高，7LS1D 适用于 1.5～3.5 m 中采高，7LS2A 适用于 1.6～3.5 m 中采高，7LS3A 适用于 2.0～4.0 m 较大采高，7LS5 适用于 2.0～4.5 m 大采高，7LS6 适用于大于 5 m 超大采高，7LS7 适用于大于 6 m 的特大采高（图 6-38），7LS8 适用于大于 7 m 极大采高。其中，1999 年生产首台 7LS5 型采煤机，在美国亚拉巴马州的沙洲溪（Shoal Creek）煤矿运行。2011 年推出的 7LS8 型采煤机是为我国神华集团神东煤炭公司定制的机型，总装机功率为 2925 kW，截割功率 2×1100 kW，采高 4.5～7.2 m，最大牵引速度 26 m/min，使用 Smart Cut 智能截割控制系统，是对记忆截割系统改进升级的高级采煤机自动化功能，增加的 2 个主要核心元素是"图形离线编辑器"和"摇臂精确控制模式"，与原有的自动化控制功能配合，共同完成采煤机在整个长壁工作面的自动化运行，采高和装机功率均为当时的世界之最。[34]

图 6-38　JOY 7LS7 型采煤机

（6）日本三井三池公司的滚筒采煤机。

1979年，日本三井三池制作所（MITSUI MIIKE MACHINERY CO.，LTD.）研制出MCLE270-DR8292型双滚筒采煤机，功率为270 kW，最大采高3.42 m，采用液压驱动销轨式无链牵引；1980年研制出MCLE350-DR6565型双滚筒采煤机，电机功率300 kW，采高1.2～3.5 m，采用液压锚链驱动，牵引部采用内啮合两级行星齿轮传动；1983年研制出MCLE200-DR7575型薄煤层双滚筒采煤机，为侧置式直摇臂，采用液压驱动齿轮齿条牵引，功率为200 kW，采高1.00～1.79 m；1983年研制出MCLE500-DR100100型大功率采煤机，电机功率500 kW，采高1.9～4.5 m，采用齿轮-滚柱齿轨无链牵引方式，有2个独立的闭式循环液压牵引部，能实现统一自动调速[30]；1985年研制出MCLE500-DR101101型交流电牵引采煤机，其截割电机功率500 kW，适用于厚度为1.9～4.5 m煤层的开采，第1台在日本煤矿使用，第2台于1987年应用于澳大利亚煤矿；1986年研发了MCLE400-DR6868型交流电牵引采煤机，是世界首台交流变频电牵引采煤机，有遥控和手动2种操作功能；1987年研发出MCLE300-DR7575交流电牵引薄煤层采煤机（图6-39），采高0.8～1.69 m；同年又研发出MCLE350-DR7770电牵引双滚筒采煤机，1台功率为350 kW的截割电机驱动2个截割滚筒，该机装有检测采煤机位置、机身倾角和滚筒高度传感器，可根据检测数据来控制截割滚筒在采煤工作面保持恒定高度，这就是采煤机记忆截割原理，1987年12月该机在日本太平洋煤矿投入使用，后来该机截割功率增至400 kW，转型为MCLE400-DR6868电牵引采煤机；1992年研发出MCLE600-DR102102交流变频调速电牵引采煤机，其截割电机功率600 kW，具有显示监控、主电机恒功率自动控制和故障诊断系统，并能实现手动控制、遥控和无线电控制功能，1994年该机在我国山西大同矿务局使用。[34]

图6-39 日本MCLE300-DR7575交流电牵引薄煤层采煤机[34]

（7）其他公司的滚筒采煤机。

1962年，捷克生产КИТ型单滚筒采煤机，适用于0.55～0.66 m硬煤层，用2台风动绞车牵引；同年，造出KCV32型双滚筒采煤机，适用于煤层厚度0.55～0.77 m，采用液力链条牵引；1968年造出KSV33型滚筒采煤机，适用于0.7～1.0 m厚的中硬或硬煤层，之后造出KSV-6型改进型，成为捷克薄煤层开采的主力采煤机。1970年，波兰法姆尔（FAMUR）采矿机械厂制造出KWB-3RDS型可调高双滚筒采煤机，采高1.6～3.0 m，用液压锚链牵引；1968年造出KWB-3DS型双滚筒采煤机，采高1.3～1.8 m，配有无线电遥控装置；1976年造出KWB-2浅截式单滚筒采煤机，之后制造出采高1.8～3.0 m的KWB-4型双滚筒采煤机和采高2.8～3.7 m的KWB-6型刮板机的重型双滚筒采煤机；1979年造出KWB-3RNS型（采高1.1～1.8 m）、KWB-3DU型（采高1.3～1.7 m）、KWB-3RDU型（采高1.4～3.0 m）双滚筒采煤机；1984年造出KGS系列双滚筒采煤机，采高1.1～4.5 m，采用无链牵引。1990年，西班牙马吉纳公司研制出HUNOSAH-1型急倾斜煤层的双滚筒采煤机，采用液压绞车外部牵引，适用于厚度0.6～1.7 m、倾角40°以上的煤层。[30]

1995 年，乌克兰研制出 УКД200-250 电牵引爬底板薄煤层采煤机，磁调速外牵引，采高 0.8~1.3 m；2000 年研制出 УКД300 型电牵引爬底板薄煤层采煤机，非机载变频调速牵引，截割功率 2×180 kW，采高 0.85~1.5 m；2016 年研制出 УКД400 型双滚筒薄煤层采煤机（图 6-40）。

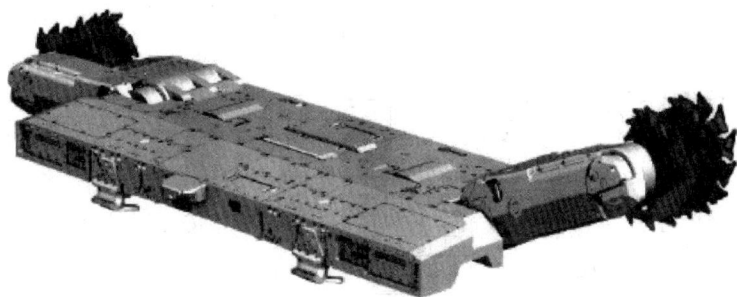

图 6-40　乌克兰 УКД400 型双滚筒薄煤层采煤机[30]

综上，自 1976 年德国艾柯夫（EICKHOFF）公司、美国 JOY 公司先后研制成功直流电牵引采煤机以来，德国、英国、日本等在液压牵引滚筒式采煤机的基础上转向研制大功率直流电牵引采煤机，20 世纪 90 年代后世界各主要采煤机制造国开始研制交流电牵引采煤机。同时，各主要采煤机国为适应矿井集约化高产高效生产的需要，不断对电牵引滚筒采煤机装机功率和技术性能提出要求，使众多采煤机制造商相继研制出一批高性能的大功率电牵引采煤机。因此，滚筒式采煤机的牵引方式实现了由机械牵引到液压牵引再到电牵引的变革。

2）国产滚筒式采煤机发展历程

我国滚筒式采煤机的型号主要以 MG-xxx/yyy-WD（G、A、Q、N）表示，其中 MG 代表滚筒式采煤机，xxx/yyy 表示截割电机功率（kW）/总装机功率（kW），W 代表无链牵引，D 代表电牵引，G、A、Q、N 分别代表高型、矮型、大倾角、短机身的采煤机。[30]

1959 年，鸡西矿务局与鸡西煤矿机械厂以康拜因截装机为基础，改制出浅截式滚筒采煤机，被称作"鸡西型滚筒康拜因"，这是我国第 1 台自制滚筒采煤机。1963 年，大同矿务局同家梁矿利用波兰截煤机的行走部改装出浅截式滚筒采煤机，同时将配套的 CKP-30 型输送机改制为可弯曲型刮板输送机，第 1 次实现了工作面刮板输送机的动力推移，成为我国机械化采煤由深截式改为浅截式的开端。1974 年，我国引进了 43 套国外综采设备。其中，在大同矿务局同家梁矿综采队使用英国 AM500 采煤机组，创造了日产 3725 t 的最高纪录。截至1980 年，我国共生产了 15 个型号采煤机约 3000 台，保持完好的采煤机约 870 台（包括100 余台进口采煤机）。1981 年 5 月，全国采掘机械化技术研讨会在上海莘庄召开，确定了引进和研制并举的采煤机发展方向：西安煤矿机械厂引进 EDW300-L 型采煤机，仿制MXA300/3.5 采煤机；上海煤矿机械研究所负责设计试验，鸡西煤矿机械厂制造 MG300-W型采煤机；太原矿山机器厂引进 AM500 采煤机技术，批量生产 AM500 采煤机。由此形成了我国大功率采煤机"三厂一所"鼎立的局面。

1986 年，四川煤矿机械厂与重庆大学、德阳矿机厂等单位联合研制了 MG62-D 型极薄煤层电牵引单滚筒采煤机（MLTB-50 型），它是我国研发的第 1 台电牵引采煤机，截割电机功率为 50 kW，牵引部采用 2.5 T 电机车的 DZJB-4.5 直流电机，采高为 0.35~0.55 m，该机在重庆江北煤矿和开县煤矿进行了工业性试验；1987 年，我国引进了 2 台美国 JOY 公司的 3LS 型电牵引采煤机，在此基础上我国采煤机制造企业通过消化吸收和自主创新开始自主研发大功率电牵引采煤机，特别是 2002—2012 年煤炭"黄金十年"，电牵引采煤机生产企业和产品开发迅猛发展，新企业、新技术、新产品不断出现，机型和参数跟踪国际先进产品的速度很快，形成了鸡西煤矿机械股份有限公司、天地科技股份有限公司上海分公司、太原矿山机械有限公司、西安煤矿机械有限公司等专业滚筒式采煤机生产企业[30]。

(1)鸡西煤矿机械股份有限公司(前身鸡西煤矿机械厂)。

1991 年鸡西煤矿机械厂仿制美国 3LS 型电牵引采煤机制造出 MG463-WD 型交流变频电牵引采煤机，6 台交流电机都以横向布置，主控制器采用微机技术，交流变频调速系统采用 WOLKMANM9000 变频器，该机在铁法煤业集团晓明矿进行了工业性试验；同年制造出 MG300/680-WD 中厚煤层电牵引采煤机，是当时国内最大功率的电牵引采煤机，采高 2.0~3.6 m，填补了我国自行研制大功率电牵引采煤机的空白；2000 年制造出 MG400/920-WD 型大功率交流电牵引采煤机；2002 年制造出 MG132/315-WD 型薄煤层采煤机，采高 0.95~1.70 m，采用电磁滑差调速销轨式无链牵引；2003 年制造 MG300/730-WD 型电牵引采煤机，采高 1.9~3.8 m，摇臂设有强迫润滑系统，牵引部实现电液驱动互换；2004 年制造 MG80/102-BWD 薄煤层单滚筒采煤机，采高 0.8~1.4 m；2007 年改制之后的鸡西煤矿机械股份有限公司制造出 MG800/2040-WD 型电牵引采煤机，采高 2.7~5.5 m；2011 年制造 MG2×70/325-BWD 型薄煤层采煤机，采用机载无链电牵引(四象限控制)，采高 0.85~1.55 m。

(2)天地科技股份有限公司上海分公司(简称天地科技上海分公司)。

天地科技上海分公司由煤炭科学研究总院上海分院采煤机械研究所、掘进机械研究所和电气设备厂改制后组建而成。1991 年，煤炭科学研究总院上海分院与波兰柯玛格(KOMAG)采煤机械研究院合作研发了 MG344-PWD 型交流变频电牵引采煤机；1995 年研制出 MG200/500-WD 型电牵引采煤机，填补了我国自主制造多电机驱动、横向布置的交流电牵引采煤机的空白；1997 年研制的 MG400/880-WD 型交流电牵引采煤机是为日产 7000 t 高产高效工作面研制的大功率交流电牵引采煤机，同年研制出 MG200/450-WD 型骑输送机薄煤层采煤机，是我国第 1 台摇臂电机在煤壁侧布置的交流电牵引薄煤层采煤机；2003 年制造的 MG420/965-WD 型采煤机是采用多电机驱动、截割电机横向布置的新型无链电牵引采煤机，可与当时德国艾柯夫公司推出的 SL300 电牵引采煤机媲美；2005 年制造的 MG750/1815-GWD 型电牵引采煤机是我国第 1 台采用分布嵌入式 DSP 控制系统的厚煤层大功率采煤机，该机采用 CAN 总线技术、DSP 数据处理技术和巷道数据通信技术，实现了采煤机工况监测、控制、故障诊断和安全预警功能；2018 年 3 月，上海分院研制出 MG1100/2925-WD 型超大采高采煤机，最大采高 8.8 m，创造了当时采煤机割煤高度的新纪录；2019 年 7 月设计制造的 MG1100/3050-WD 型超重型电牵引采煤机(图 6-41)，总装机功率为目前世界采煤机最大，为 3450 kW，可实现 9 m 超厚煤层一次采全高的智能化高效开采。至今，天地科技上海分公司共研制出 40 多种电牵引采煤机，其主要机型见表 6-7。

图 6-41 MG1100/3050-WD 型超重型电牵引采煤机

表 6-7 天地科技上海分公司创制采煤机主要机型

机型	采高/m	最大速度/(m·min⁻¹)	研发年份
MG344-PWD	0.9~1.3	6.00	1991
MG200/450-WD	1.0~1.8	7.00	1997
MG250/600-WD	1.8~3.8	6.00	1998
MG450/1020-WD	2.0~4.3	8.25	1999
MG300/700-WD	2.0~4.0	6.00	2000
MG160/375-(Q)WD	0.8~1.9	6.00	2001
MG200/500-QWD	1.8~3.5	6.00	2002
MG250/300-NWD	1.8~3.2	10.00	2002
MG400/920-QWD	2.0~4.3	8.25	2003
MG300/720-AWD	1.6~3.4	8.70	2003
MG2×125/556-WD	1.1~2.6	6.00	2004
MG550/1220-WD	2.0~4.3	8.25	2005
MG750/1915-GWD	2.7~5.3	12.00	2006
MG160/375-WD	1.4~3.4	6.00	2006
MG100/238-WD	0.7~1.3	6.00	2006
MG650/1620-WD	2.2~5.1	12.00	2007
MG2×160/710-WD	1.2~2.4	7.00	2007
MG550/1380-WD	1.9~4.2	14.00	2009
MG2×75/346-WD	0.9~1.8	5.70	2010
MG2×200/890-WD1	1.2~2.5	9.00	2011

续表6-7

机型	采高/m	最大速度/(m·min⁻¹)	研发年份
MG500/1120-AWD	1.6~3.4	10.00	2012
MG200/446-WD1	0.9~1.4	6.00	2013
MG380/435-NWD	2.5~3.6	8.70	2014
MG900/2400-WD	2.8~6.0	12.50	2015
MG2×200/870-WD7	1.2~2.4	7.10	2016
MG2×250/1200-WD	1.3~3.0	14.00	2017
MG1100/2925-WD	5.5~8.8	18.00	2017
MG650/1750-WD	1.9~3.4	16.00	2018
MG1100/3050-WD	5.0~9.0	14.00	2019

（3）太原矿山机械有限公司（前身太原矿山机器厂）。

1996年，太原矿山机器厂与煤炭科学研究总院上海分院联合研制MG375/830-WD型交流电牵引采煤机，该机基于AM500/3.5液压采煤机改造设计，用大功率晶体管PWM变频调速技术改造。1997年，该厂在引进英国安德森公司Electra 1000直流电牵引全套技术的基础上，制造出MGTY400/900-3.3D型交流变频电牵引采煤机。以此为基础，1999年开发出MG250/600-1.1D型、MG300/700-1.1D型交流电牵引采煤机，该机是多电动机驱动、横向布置结构的采煤机，采用可编程序控制器、PWM变频调速技术和先进信号传输技术，实现了操作可靠简便和牵引无级调速。2006年，制造出MGTY750/1800-3.3D型交流电牵引采煤机，在山西同煤集团大斗沟煤业公司使用。2009年研制出MG1000/2500-WD型大采高电牵引采煤机，是国家"十一五"科技支撑计划课题"年产千万吨级矿井大采高综采工作面成套装备与关键技术"的重点设备，最大采高6.3 m，具有滚筒高度位置检测、记忆、自动调高等功能。2012年研发出国家"十二五"智能制造装备专项的MG1100/3000-WD型智能化电牵引采煤机，该机在智能化方面采用了新一代采煤机煤岩分界技术，首创采区截割煤层地质构造的数字平台，实现截割轨迹的规划和导航。2015年研制出MG1100/2860-WD型电牵引采煤机，一次采全高可达7.2 m，在山西潞安集团王庄煤矿进行了工业性试验，被评为"2015年中国煤机行业十大科技创新成果"。[30]

（4）西安煤矿机械有限公司（前身西安煤矿机械厂）。

1994年，西安煤矿机械厂与德国艾柯夫公司合作，在MXA-300/3.5液压采煤机上改装艾柯夫公司的电牵引部和配电箱，生产出MXA-380E/3.5型电牵引采煤机；1996年推出MXB-880型直流电牵引采煤机，总体布置、传动系统与EDW450/1000-L型直流电牵引采煤机相近，是我国当时功率最大、技术最先进的电牵引采煤机，采高为2~4 m；2001年推出MXG-150/350D和MXG-500/4.5D型电磁调速电牵引采煤机；2008年，该厂研制成功MG900/2320-GWD型采煤机，最大采高6.3 m，可实现远程智能监控；2009年研制出MG1000/2550-GWD型交流电牵引采煤机，最高割煤高度为7.1 m，可实现自动记忆调节采煤高度、远程自动化监控、采煤工作面"三机"联动等功能；2010年研制出世界首台大功率 MG2×200/925-AWD 交流电牵引薄煤层采煤机,该机采高 2.5 m,具有记忆截割功能,是当时薄煤层采煤机中功率最大的采煤机,在陕西煤业化工集团韩城矿业象山矿 12301 工作面进行了工业性试验;2017 年改制出 8 m 大采高采煤机,在补连塔煤矿 12512 综采工作面运行;2019 年研发出 MG1100/3030-GWD 型采煤机(图 6-42),采高 8.8 m,在国家能源集团神东矿业公司上湾煤矿 12402 综采工作面投运。西安煤矿机械有限公司的主要创制机型见表 6-8。

图 6-42 井下运行的 MG1100/3030-GWD 型采煤机

表 6-8 西安煤矿机械有限公司主要创制机型

机型	采高/m	工作速度/(m·min⁻¹)	研发年份
MXA-380E/3.5	3.50	7.70	1994
MXB-880	4.00	12.00	1996
MXG-150/350D	2.95	5.50	2001
MXG-500/4.5D	4.60	7.00	2001
MXG-300/700DA	3.20	8.30	2002
MG300/730-AWD	3.20	7.70	2003
MG200/460-BWD	1.56	7.10	2006
MG500/1130-WD	5.00	8.30	2007
MG200/456-AWD	2.30	7.60	2007
MG900/2320-WD	5.80	11.50	2008
MG1000/2550-WD	4.80	11.50	2009
MG400/925-AWD	2.60	11.30	2010
MG200/468-WD	2.95	7.70	2012
MG750/1860-WD	4.80	10.30	2013
MG650/1710-WD	4.50	11.50	2014
MG900/2320-GWD	6.30	11.50	2015
MG500/1200-AWD	3.30	16.00	2015
MG1000/2550-GWD	7.10	11.50	2016
MG620/1660-WD	4.30	14.00	2016
MG1100/3030-GWD	8.80	13.20	2019
MG500-FD	1.60	15.00	2019

（5）其他制造企业。

2005年，山东先河机电公司制造出ZB2D-111型交流电牵引采煤机，采用SPWM变频调速技术，适用于采高0.75~1.50 m、煤层硬度$f \leqslant 2.5$的薄煤层开采。2006年，三一重装集团公司制造出MG200/500-WD型采煤机，它是该公司生产的首台采煤机，采高1.6~3.0 m；2014年又推出MG210/485-PWD型交流电牵引采煤机，截割功率2×210 kW；后陆续研发出MG500/1150-WD薄煤层采煤机（图6-43）、MG650/1720-WD厚煤层采煤机等。2012年，上海创力公司与同煤集团联合研发了MG200/455-BWD型交流电牵引薄煤层采煤机，采高1.0~1.7 m，2013年该机在同煤集团云冈矿8805工作面首采成功。2014年，江苏徐工集团生产的电牵引采煤机通过了国家安标矿用产品安全评审，标志着徐工集团从工程机械进入采煤机制造领域，目前已生产MG150、MG160、MG180、MG200、MG250、MG300、MG400、MG450、MG500等型号的交流变频电牵引采煤机，采高范围0.9~4.0 m，总装机功率为360~1180 kW。2017年，山东兖矿东华重工研制出MG2×70/325-BWD电牵引薄煤层采煤机，用2台70 kW电机共同驱动截割滚筒，截深630 mm，机载无链电牵引，牵引速度0~6.58 m/min；适合采高0.85~1.55 m、倾角$\leqslant 35°$和煤质硬度$f < 4$的煤层开采；具有采煤机倾斜角度和摇臂位置检测、现场总线控制和记忆截割功能。

德国艾柯夫公司和美国JOY公司生产的电牵引采煤机代表了世界先进水平。与国外先进采煤机相比，国产采煤机在可靠性、稳定性与电气自动化智能化控制系统等方面还有一定的差距，单机可使用率和整机寿命等重要性能指标均低于同类进口产品，神东煤矿等一些高效矿井还普遍采用进口采煤机，特别是7.0 m以上采高大功率采煤机尚没有成熟的国产产品。且目前的电牵引采煤

图6-43 MG500/1150-WD薄煤层采煤机

机依然采用传统的刮板机导控行走方式，存在着偏载力矩大、行走阻力大、导向部件磨损快等难题，这些难题始终没有得到很好解决。随着机械传动技术创新、永磁电机的成熟应用，未来的电牵引采煤机行走技术还需改进，大功率电牵引采煤机亟须更可靠、更智能的采煤机器人行走技术。

3）滚筒式采煤机的发展趋势

上文提到，滚筒式采煤机的发展经历了7次变革，第5代是电牵引采煤机，目前交流电牵引双滚筒采煤机仍是电牵引采煤机的主流，总结起来电牵引采煤机的发展趋势有以下几点。[34-36]

（1）高效节能。

随着矿山企业对生产高效高产的发展需要，对采煤机的可靠性、地质条件的适应性要求越来越高，这就要求更高的截割功率以适应破碎硬煤、硬岩等恶劣地质条件，要求高牵引力和牵引速度以适应高效截割的需要，要求更大的装机功率。通过采用先进的电机技术、智能控制系统和优化设计，达到高效节能的效果。

（2）强力销轨式牵引系统普遍应用。

随着装机功率、牵引力和牵引速度的增大，对采煤机牵引系统可靠性的要求更加严格。强力销轨式牵引系统通过使用强力销轨装置，将车辆与轨道连接起来，增加了车辆与轨道之间的摩擦力，能够提供更高效、更安全的牵引力，从而提高工作效率。

（3）向自动化、智能化方向发展。

电牵引采煤机将越来越多地实现自动化、智能化的操作，最重要的是采煤机记忆截割技术。采煤机自动调高控制技术是实现综采工作面安全高效生产的关键技术，而采煤机记忆截割技术已成功实现采煤机自动调高开采。采煤机记忆截割技术通过示范刀学习，采煤机中央处理器通过检测摇臂摆角传感器的角度变化计算滚筒位置，记录采煤机在工作面内任一位置对应的滚筒高度参数，并根据速度传感器自动计算采煤机的位置和方向，实现自动化开采所需参数（采高、挖底量等）准确确定并精确控制。自动截割时，采煤机根据示范刀储存的数据反复截割。也可以通过人工干预改变原来设置的参数，使采煤机切割高度适应煤层变化。为了解决煤层厚度变化需进行人工干预操作时的人员安全问题，记忆截割加有线远程干预控制技术也得到了发展。此外，还有自动化信息通信技术、基于惯性导航技术的工作面自动找直技术等。

4.电牵引滚筒式采煤机的选型

1）选型原则

采煤机选型是工作面系统集成配套的重要环节，根据工作面产能要求、煤层地质条件，遵循经济性、适应性、安全性、可靠性原则选择相应的机型。[31]采煤机选型的一般原则为：

第一，采煤机破煤能力大于工作面产能，按平时牵引速度、平均采高、平均开机率计算采煤机的生产能力，应满足工作面设计产能的要求；第二，截割功率、牵引功率和总装机功率应满足最大采高、最大牵引速度、截割工作面最硬煤岩和过煤层条件下的功率要求；第三，采煤机适应工作面煤层变化和满足采高范围，采煤机爬坡能力与制动能力满足工作面倾角的要求，机身高度满足最小采高配套时安全过机空间要求，机身下过煤高度满足设计截割速度条件下过煤量和片帮煤、大块煤的过机要求；第四，采煤机应具有遥控功能，自动化工作面采煤机应具有设计要求的各种自动化、智能化控制和通信等功能，应具有完善的安全保护、故障诊断预警功能；第五，采煤机要求性能可靠，操作与检修维护方便，使用经济性好[37,38]；第六，国产采煤机可满足采高 0.8~7.0 m 的综合机械化开采的需要，复杂难采煤层综采工作面一般选择国产采煤机，高端配套要求的工作面也可选择进口采煤机[39]。

2）国产采煤机技术特点[31]

（1）大功率电牵引滚筒式采煤机。

大功率电牵引滚筒式采煤机是指单摇臂截割功率超过 650 kW、总装机功率达到 1600 kW 的采煤机。其主要特点是装机功率大、截割能力强、适应采高大。目前国产采煤机最大装机功率达 3000 kW，最大单摇臂截割功率达 1150 kW，牵引功率达 2×200 kW，破碎机功率达 200 kW。以 MG900/2245-GWD 型采煤机为例，其技术特点为：

①采用多电机驱动，截割电机横向布置在摇臂上。摇臂与机身通过销轴铰接，没有动力传递，全部采用正齿轮传动，结构简单。

②采用分体式直摇臂结构，左右摇臂除过渡架不能通用外，其余部分可以互换。

③主机身分三段,取消底托架结构,采用圆柱定位销与高强度液压螺栓连接,简单可靠,装拆方便。

④采用交流变频调速技术,实现牵引速度无级变速。电牵引传动效率高、牵引力大,采煤机最大牵引力约 1200 kN。

⑤牵引传动箱与液压泵站布置在一个箱体内,结构紧凑。

⑥采用大节距、承载能力大的无链牵引结构,安全可靠。

⑦该机控制齐全、既可手动操作,也可离机无线电遥控,并设有主电机和牵引电机的功率、过热、过电流保护、油压保护、水压保护等多种保护功能。

⑧具有记忆截割、"三机"联动、巷道显示与操控、矿井远程通信等功能。

⑨设有内、外喷雾装置,冷却、降尘效果好。

⑩自带破碎机,可破碎机前大块煤以防止大块煤堵塞机身下面的过煤通道。

⑪可采用四象限变频调速技术满足 25°以下大倾角煤层工作面的需要。

(2)中厚煤层电牵引滚筒采煤机。

中厚煤层电牵引滚筒采煤机一般指适用于 1.3~3.5 m 煤层开采的采煤机。中厚煤层是最适合高产高效开采的煤层,其开采装备技术也最成熟。美国和澳大利亚等主要使用大功率综采装备开采中厚煤层。我国中厚煤层分布广,但赋存条件差异大,对采煤机要求不同。近年来,为满足高产高效生产的需要,中厚煤层电牵引滚筒式采煤机向大功率、重型化方向发展,部分机型截割功率达到 900 kW,总装机功率也超过 2000 kW[40]。以 MG400/920-AWD 型采煤机为例,其技术特点为:

①采用多电动机横向布置驱动、"一拖一"交流变频电牵引,机身分为 3 段,用高强度液压螺栓连接,连接强度高且简单可靠,拆装方便。

②摇臂采用二级直齿加二级行星传动,充分利用行星传动比大、承载能力高的特点。摇臂高速级直齿段箱体外形尺寸小,并采用整体弯摇臂结构,装煤口面积大,有利于小直径滚筒的装煤。

③中间电控箱采用整体无框架结构,电控箱集承载、防爆功能于一体,机身厚度薄,有利于降低机面高度,增加过煤空间。

④行走箱采用倾斜布置,机面高度低;系列化、模块化设计,适应性强、通用性好,可与多种型号的刮板输送机配套。

⑤左右牵引箱对称布置,左右各设一套调高系统,管路连接简单,可实现左右同时调高,操作便捷。

⑥采用 DSP 分布嵌入式控制系统,保护、控制功能齐全,扩展性强,具有故障诊断、远程数据传输与通信功能,可配备多种传感元件,实现自动化割煤。

(3)大倾角煤层采煤机。

大倾角煤层采煤机适用于倾角 35°以上煤层的开采。大倾角电牵引双滚筒式采煤机牵引力较大,并采用可靠的制动装置,使采煤机在停电、欠压等状态下均能实现可靠的制动。[41]以 MG250/600-QWD 型采煤机为例,大倾角煤层采煤机的技术特点为:

①截割电动机横向布置在摇臂上,摇臂自成独立部件,与机身连接没有动力传递,直齿传动与行星机构采用分腔润滑,直齿轮腔内设有强迫润滑装置,润滑可靠。

②所有的切割反力、调高油缸支承反力和牵引的反作用力均由牵引减速箱箱体承受,受

力状况好,可靠性高。

③采用"一拖一"四象限运行的能量回馈型交流变频调速牵引系统,采用主从控制,控制精度高,均衡性好。

④机身分 3 段,取消底托架,3 段间用高强度液压螺栓连接,简单可靠,拆卸方便。

⑤采煤机牵引力大、牵引力与整机质量之比达到 1.6 倍。

⑥采用两台湿式摩擦制动器,工作可靠,安全性强,一台制动器即可满足制动需要。

⑦液压泵箱采用集成阀块结构,管路少,维修方便,液压元件选用成熟产品。

⑧行走箱为独立部件,配套不同槽宽的输送机,只需改变行走箱宽度或煤壁侧的滑靴位置,而主机无须改变。

⑨采用弯摇臂结构,刚性好,过煤空间大,装煤效果好。

⑩电控箱、液压泵箱等均安装在中间框架内,箱体受力小。

(4)薄煤层采煤机。

薄煤层采煤机适用于 1.3 m 以下采高。[42]薄煤层开采操作空间狭小,煤层厚度不稳定,采煤机经常要求截割夹矸或断层岩石,装机功率与机身尺寸和过煤高度之间的矛盾突出。因此,对薄煤层采煤机的要求是尽可能大的功率,机身高度低,尽可能大的过煤高度,尽可能宽的采高范围(适应部分较薄煤层高度),同时必须具有可靠性高、维护性好、自动化和智能化程度高等性能,以及满足智能化无人化开采的要求。以 MG200/456-WD 型薄煤层采煤机为例,介绍其主要技术特点[43, 44]:

①摇臂与机身之间通过销轴铰接,没有动力传递,取消了螺旋伞齿轮复杂传动结构;截割反力、调高油缸支承反力与牵引的反作用力均由牵引减速箱箱体承受,可靠性强。

②机身分 4 段,取消底托架结构,采用键及高强度液压螺栓连接,简单可靠,装拆方便。

③截割功率大(2×100 kW),截割部电动机采用双电动机并行布置,输出扭矩为 43 kN·m。截割电动机横向布置在摇臂上,这种布置方式在截割电动机总功率不变的情况下,减少了电动机对机面高度与过煤空间的影响。

④采用"一拖二"交流变频电牵引,安全可靠,牵引力大,最大牵引力为 440 kN。

⑤该机控制齐全,既可手动操作,也可离机无线电遥控,并设有主电动机功率保护、牵引电动机过热与过电流保护等;各种操作开关、控制按钮、显示装置均设在采空区侧,操作安全方便。

⑥截割电动机、牵引电动机、泵电动机均可横向抽出,维修方便。

⑦采煤机可与 SGZ630、SGZ730、SGZ764 及 SGZ800 型刮板输送机配套使用,适用范围广。

⑧可增加行走箱来抬高机面高度,适应更大采高煤层。

⑨该机为非机载布置,牵引变压器、变频器均布置在巷道内,机身短,适应性好,也已发展了机载系列机型,可灵活配置。

(5)短壁采煤机。

短壁采煤机是一种特殊类型的、多用途的单滚筒式采煤机。国外大多从缺口机或巷道掘进机发展而来,常用于短壁工作面或多机开采的长壁工作面。这类采煤机机身长度一般在 3 m 左右,滚筒可完全进入巷道内,可随机推刮板输送机满刀切割而不用斜切进刀;摇臂布置在机身中部,采用可靠的齿条油缸调高系统,不能 360°回转,但可以向上方或下方摆动

310°；通过改变摇臂长度和机面高度来适应不同的采高范围。短壁采煤机主要用于急倾斜特厚煤层水平分层放顶煤开采、煤柱和边角煤回收等。

2000 年以来，我国研制开发出新系列的短壁采煤机，主要技术特点如下：

①截割电动机横向布置在机身上，提高了整机的可靠性和可维修性，总体结构优于国外同类产品。

②摇臂轴用关节轴承取代 3 层复合材料滑动轴承，大大提高了可靠性和使用寿命。

③采用简单可靠的齿条油缸调高系统，摇臂可以向上方或下方摆动 310°。

④多电动机驱动电牵引，牵引功率为 50 kW 或 55 kW，牵引力为 250 kN，牵引速度为 0~10 m/min，装机功率为 200 kW、250 kW 等，目前已发展到 435 kW。

⑤可自带调高泵，也可以拖拽乳化液管调高，简化系统。

3）进口采煤机技术特点

我国神华集团等煤炭生产企业进口了德国艾柯夫公司 SL 系列采煤机、美国 JOY 公司 LS 系列采煤机等。以 SL1000 型采煤机为例介绍其主要技术特点：

（1）多电动机驱动，总装机功率为 2590 kW，其中截割功率为 2×1000 kW，牵引功率为 2×150 kW，最大采高为 7.9 m。

（2）调高油缸采用上置式布置，维护方便，受力状况好。

（3）采用模块化设计，机身分 3 段，采用 4 根长液压拉杆紧固，各段之间通过圆柱销、平键承受扭转负荷，连接可靠。

（4）分体式摇臂，摇臂主体与连接架之间通过圆柱销与螺钉紧固，通用性好，摇臂长度调整方便。

（5）左右牵引箱分别设有调高泵站，油箱与牵引箱体合在一起，结构紧凑。左右油缸可单独调高，控制便捷，节省动作时间。

（6）设有集中动力注油装置，可加注液压油与齿轮油。

（7）电控箱出线口位于机身采空侧上平面顶护板下方，线缆维护检修方便。

（8）基于工控机与 CAN 总线技术的采煤机电控系统保护功能齐全，设有温度、压力、流量、液位、采煤机位置检测等多种传感元件，具有远程数据通信功能。EiControl 系统控制软件人机界面友好，采用功能菜单分页显示，有故障信息提示，可显示最近 100 条故障信息。

（9）具有记忆截割功能，采煤机主控系统通过 EIP（工业以太网协议）与 LASC 系统通信，可实现摇臂高度的精确控制。

参考文献

［1］徐小荷，余静.岩石破碎学［M］.北京：煤炭工业出版社，1984.

［2］王想.镐型截齿破岩机理及悬臂式掘进机截割性能研究［D］.重庆：重庆大学，2017.

［3］江红祥.高压水射流截割头破岩性能及动力学研究［D］.徐州：中国矿业大学，2015.

［4］EVANS I. A theory of the cutting force for point-attack pick［J］. International Journal of MiningEngingeering，1984，2：63-67.

［5］EVANS I. Basic mechanics of the point attack pick［J］. Colliery Guardian，1984，232（5）：189-190，193.

［6］ROXBOROUGH F F，LIU Z C. Theoretical considerations on pick shape in rock and coal cutting［C］// Golosinski T S. Proceedings of the sixth underground operator's conference. Kalgoorlie，WA，Australia，1995：

189-193.

［7］ GOKTAN R M. A suggested improvement on Evans cutting theory for conical picks［C］//Gurgenci H, Hood M. Proceedings of the fourth international symposium on mine mechanization and automation, Brisbane, Queensland, vol. I; 1997: A4~57-61.

［8］ GOKTAN R M, GUNES N. A semi-empirical approach to cutting force prediction for point attack picks［J］. The Journal of South African Institute of Mining and Metallurgy, 2005, 105: 257-263.

［9］ BILGIN N, DEMIRCIN M A, COPUR H, et al. Dominant rock properties affecting the performance of conical picks and the comparison of some experimental and theoretical results［J］. International Journal of Rock Mechanics and Mining Sciences, 2006, 43: 139-156.

［10］ TIRYAKI B, BOLAND J N, LI X S. Empirical models to predict mean cutting forces on point-attack pick cutters［J］. International Journal of Rock Mechanics and Mining Sciences, 2010, 47(5): 858-864. .

［11］ BAO R H, ZHANG L C, YAO Q Y, et al. Estimating the peak indentation force of the edge chipping of rocks using single point-attack pick［J］. Rock Mechanics and Rock Engineering, 2011, 44: 339-347.

［12］ BILGIN N, COPUR H, BALCI C. Mechanical Excavation in Mining and Civil Indu［M］. CRC Press, 2013.

［13］ EVANS, I. A theory of the basic mechanics of coal ploughing［M］. Proceedings of the International Symposium on Mining Research, University of Missouri, Pergamon Press, 1962: 761-768.

［14］ EVANS I, POMEROY C D. The Strength, Fracture and Workability of Coal［M］. Pergamon Press, 1966: 277.

［15］ NISHIMATSU Y. The mechanics of the rock cutting［J］. International Journal of Rock Mechanics and Mining Sciences, 1972, 9: 261, 271.

［16］ KOGELMANN W J, SCHENCK G K. Recent North American advances in boomtype tunnelling machines［M］. Proceedings of Tunnelling 82, London, 1982: A155-A165.

［17］ MENZEL W, FRENYO P. Teilschnitt Vortriebsmaschinen mit Langs—und mit Querschneidkopf (Partial-face excavation machines with longitudinal and transverse cutting head)［J］. Glückauf, 1981, 117(5): 284-287.

［18］ HEINIÖ, M. Rock Excavation Handbook［M］. Sandvik Tamrock Corp., 1999: 364.

［19］ 李夕兵, 曹芝维, 周健, 等. 硬岩矿山开采方式变革与智能化绿色矿山构建——以开阳磷矿为例［J］. 中国有色金属学报, 2019, 29(10): 2364-2380.

［20］ 王少锋, 李夕兵, 王善勇, 等. 深部硬岩截割特性及可截割性改善方法［J］. 中国有色金属学报, 2022, 32(3): 895-907.

［21］ 王少锋, 李夕兵, 宫凤强, 等. 深部硬岩截割特性与机械化破岩试验研究［J］. 中南大学学报(自然科学版), 2021, 52(8): 2772-2782.

［22］ CHELUSZKA P. Optimization of the Cutting Process Parameters to Ensure High Efficiency of Drilling Tunnels and Use the Technical Potential of the Boom-Type Roadheader［J］. Energies, 2020, 13(24): 6597.

［23］ 童小冬, 徐必勇, 孙立. 挖掘机液压属具铣挖机国内外发展概况［J］. 凿岩机械气动工具, 2012(4): 53-56.

［24］ 毛明华. 机械施工领域的利器——铣挖机［J］. 工程机械, 2004(8): 79.

［25］ 楼周锋, 徐海文. 铣挖机在水下石方开挖工程中的应用［J］. 地方水利技术的应用与实践, 2005(1): 170-174.

［26］ 德国艾卡特(Erkat)铣挖机［J］. 工程机械, 2003(11): 68.

［27］ 康晓敏. 刨煤机理论基础及其应用［M］. 北京: 科学出版社, 2021.

［28］ 曾世祐. 中国煤炭工业百科全书: 机电卷［M］. 北京: 煤炭工业出版社, 1997.

［29］ 葛世荣. 采煤机技术发展历程(一)——截煤机、刨煤机、钻煤机［J］. 中国煤炭, 2020, 46(6): 1-15.

［30］ 葛世荣. 采煤机技术发展历程(二)——铣削式滚筒采煤机［J］. 中国煤炭, 2020, 46(7): 4-18.

［31］王国法，等.综采成套技术与装备系统集成［M］.北京：煤炭工业出版社，2016.

［32］郭会珍.滚筒式采煤机截割部动力学特性研究［D］.徐州：中国矿业大学，2015.

［33］罗志朋.薄煤层滚筒式采煤机牵引部设计［D］.湘潭：湖南科技大学，2018.

［34］葛世荣.采煤机技术发展历程（三）——电牵引采煤机［J］.中国煤炭，2020，46（8）：1-15.

［35］张世洪.我国滚筒式采煤机技术现状与发展思考［J］.煤炭工程，2014，46（10）：54-57.

［36］王国法.综采自动化智能化无人化成套技术与装备发展方向［J］.煤炭科学技术，2014，42（9）：30-34，39.

［37］王国法，张金虎.煤矿高效开采技术与装备的最新发展［J］.煤矿开采，2018，23（1）：1-4，12.

［38］王国法.煤矿智能化最新技术进展与问题探讨［J］.煤炭科学技术，2022，50（1）：1-27.

［39］李爱旺，王宗梅，郭立伟，等.国产智能型电牵引采煤机的研制应用［J］.煤，2008（10）：33-34，64.

［40］刘峥.中厚煤层交流电牵引采煤机的优化改进［J］.机械管理开发，2019，34（5）：190-191.

［41］负东风，谷斌，伍永平，等.大倾角采煤机与刮板输送机应用效果及技术改进［J］.煤炭科学技术，2016，44（12）：118-123，183.

［42］翟雨生，史春祥，吕晓，等.薄煤层滚筒式采煤机发展现状及关键技术［J］.煤炭工程，2020，52（7）：182-186.

［43］贺家忠.MG200/456电牵引采煤机存在问题的技术改进［J］.煤矿机械，2007（2）：153-154.

［44］刘冬林.MG200/456-WD型采煤机在薄煤层中的应用［J］.科技风，2012（12）：92，101.

第7章　滚压破岩

滚压破岩是一种破碎量大、破碎速度快的机械破岩方法，其特点是靠工具滚动产生冲击压碎和剪切碾碎作用，从而达到破碎岩石的目的[1]。滚压破岩刀具的样式甚多，基本型式为盘形滚刀和镶齿滚刀，其他型式可以看成这两种刀具的组合和发展。本章以盘形滚刀和镶齿滚刀为基础，分别阐述了这两种刀具的结构构造及破岩机理，总结了其受力预测公式，列举了以这两种刀具为基础的破岩设备及工程实例。

7.1　滚压破岩理论与方法

7.1.1　盘形滚刀

1.盘形滚刀基本结构及材料成分

盘形滚刀是全断面掘进机切割岩石的主要工具。在破岩时，滚刀与岩石发生剧烈撞击，使刀圈发生严重磨损，所以目前全断面掘进机施工时，刀盘上均要安装刀盘支架和切割滚刀等必要辅助工具；且刀圈的结构、形状有多种型式，图7-1简单介绍了几种常用的盘形滚刀。大量的试验结果显示：单刃盘形滚刀能量损耗低，破岩效率高，适用于挖掘松软土层和硬度较大的岩石[2]。

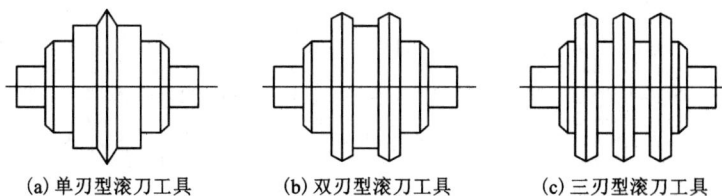

(a) 单刃型滚刀工具　　(b) 双刃型滚刀工具　　(c) 三刃型滚刀工具

图7-1　盘形滚刀的类型

滚刀及刀盘主要由刀体、刀圈、刀圈挡圈、刀轴及端盖等结构组成（图7-2），各部分的功能分别介绍如下。

1）刀体

刀体是盘形滚刀的主体形部分，为刀圈提供支撑和固定作用。

2）刀圈

刀圈作为围绕盘形滚刀的主体，其需要被固定在刀体上，在组装之时按照过盈配合，公差为0.36 mm，安装刀圈时要把刀圈和刀圈挡圈加热到较高的温度才能进行工作[3]。刀体和岩石相互作用摩擦产生巨大的冲击力使刀圈进行工作，刀圈的工作环境很恶劣，刀圈是在与岩体反复挤压

图 7-2　盘形滚刀结构示意图

的作用下进行破岩工作的，所以刀圈材质要有良好的抗腐蚀、抗高温、耐磨性，韧性度也要较好。

3）刀圈挡圈

刀圈挡圈被焊接固定在刀体的刀轴槽中，由一对半圆的金属圆环焊接固定，刀圈挡圈的作用是防止刀体在运动之时，因刀圈过紧或过松而影响工作效率。

4）刀轴

刀轴主要被设计成圆锥形状，它的作用是支撑盘形滚刀的运动引力。刀轴之间装有金属隔离装置，使刀轴之间相互预紧，提升刀轴的强度和抗载能力，延长使用寿命。

5）端盖

端盖安装在刀体的两侧，起到支承滚刀转动和固定滚刀的作用，端盖可在十分恶劣的环境下工作。

盘形滚刀在掘进过程中磨损量较大，其中刀圈的磨损量最大，故滚刀刀圈材料的选择也一直是学者重点研究的对象。目前，滚刀刀圈材料分为两大类：整体耐磨钢材料和镶有硬质合金球齿的材料。本书对常用的刀圈材料进行列举，见表 7-1[4]。

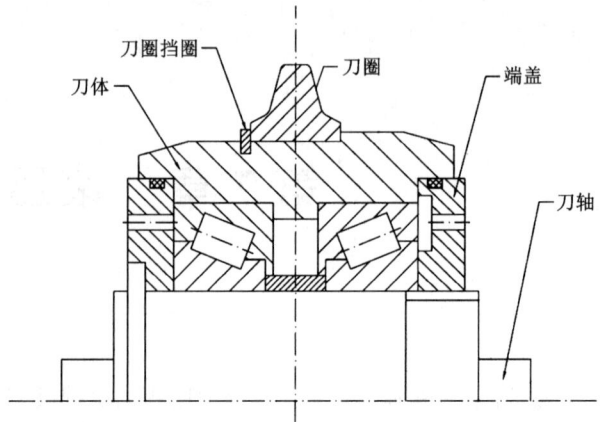

表 7-1　常用的刀圈材料

	C	Si	Mn	P	S	Cr	Mo	V
9Cr2Mo	0.85~0.9	0.2~0.4	0.2~0.4	<0.03	<0.03	1.4~2.0	0.2~0.4	
6Cr4Mo2W2V	0.5~0.7	0.2~0.4	0.2~0.4	<0.02	<0.02	3.5~4.5	2.0~3.0	1.0~1.5
4CrMoSiV1	0.32~0.4	0.2~0.5	0.8~1.2			4.5~5.5	1.1~1.7	0.8~1.2
Robbins 刀圈实测	0.39	0.53	0.65	0.018	0.009	0.84	0.24	
Wirth 刀圈实测	0.5	0.76	0.32	0.032	0.019	5.15	1.17	0.72

2. 盘形滚刀破岩过程及机理

在盘形滚刀掘进过程中，刀盘为盘形滚刀破岩提供推力，方向垂直于破岩掌子面，对岩

石产生挤压碾碎作用；刀盘的转动为盘形滚刀破岩提供扭矩，使刀体与岩石相互作用产生摩擦，形成滚动力，使岩石的裂纹扩展延伸，从而增大滚刀相对岩石的破碎面积，刀具在随刀盘转动时还会产生向心力，该向心力对刀具外侧岩石产生剪切作用；同时，由于岩石是由多种矿物质组成的复合体，各部位的脆塑性不同，因此滚刀在破岩的过程中，其刀刃的切削深度也各不相同，从而造成滚刀在岩石表面上往复振动形成冲击[5-7]。

由上可知，刀刃与岩石之间存在三个方向的相互作用，包括：垂直力 F_v、滚动力 F_R、侧向力 F_S（如图7-3所示）。F_v 是液压装置的推动力；F_R 是电机与刀具运动的电感驱动推力；当掘进机滚刀在切割时，会与岩石体表面进行碰撞接触，滚刀的两个侧边会产生 F_S，两个侧边 F_S 的方向是相反的并且 F_S 的量级远远小于 F_v 和 F_R，因此 F_S 大小可以忽略不计[8]。

岩石属于脆性材料，其常见的破碎形式为脆性断裂。有关学者对岩石破碎特性的研究表明，脆性硬岩的破碎过程大致可以分为三个阶段，即弹性变形阶段、裂纹形成扩展阶段和体积崩裂阶段[9]。盘形滚刀破岩同样遵循此过程：当盘形滚刀在垂直力的作用下压入岩石，且垂直力非常小时，刀刃处的岩石被压实，如图7-4(a)所示；随着垂直力的增大，岩石逐渐达到极限状态，岩石表层出现破碎坑，如图7-4(b)所示。此时，在滚刀上施加冲击力作用，岩石可能出现两种破碎现象[10,11]：一是岩石未出现破碎，但有很多微裂纹形成并扩展，经过滚刀的再次破岩形成较大的破碎坑，如图7-4(c)所示；二是出现大面积岩石破碎，形成一个比前者更大的破碎坑，如图7-4(d)所示。

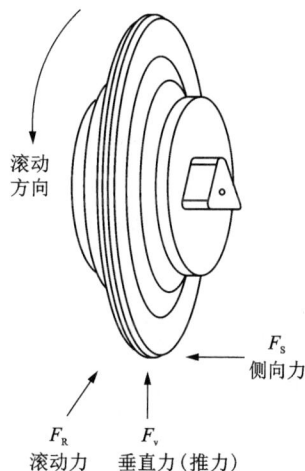

图7-3 滚刀破岩三向力图

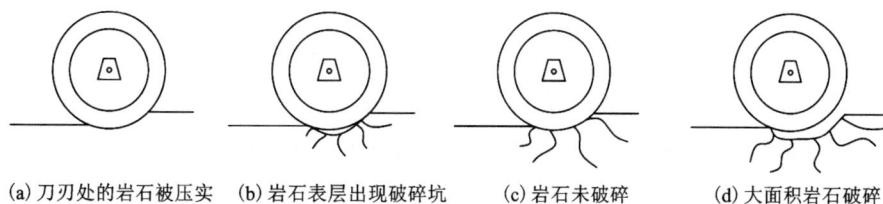

(a)刀刃处的岩石被压实 (b)岩石表层出现破碎坑 (c)岩石未破碎 (d)大面积岩石破碎

图7-4 盘形滚刀滚压破岩过程

盘形滚刀的破岩机理主要是滚刀与岩石的相互作用机理，其主要依赖3类参数——机器性能参数、岩石性能参数及其相互作用参数(机器掘进参数，如贯入度等)，因各理论的建立依赖的模型不同，从而这3类参数之间的关系也不相同。国外学者将盘形滚刀与岩石的相互作用模型归纳为3种模型[12]：

(1)经验模型：根据岩石性能参数和已完成工程相关数据的积累及分析建立起来的。

(2)数学力学模型：根据岩石性能参数和对盘形滚刀工作过程的深入分析建立起来的。

(3)试验模型：根据实验室试验建立起来的。

本书综合国内外学者对盘形滚刀与岩石相互作用研究成果的分析和总结，从数学的角度将这些研究成果分为：经验模型、一维模型、二维模型和三维模型。其中，对一维模型、二维模型和三维模型的理论研究及其试验研究成果见表 7-2[13]。

表 7-2 盘形滚刀破岩模型研究成果汇总表

类型	一维模型	二维模型	三维模型
研究目标	探讨盘形滚刀的垂直力与刀具参数、岩石性能参数及刀间距之间的关系	探讨盘形滚刀的垂直力、滚动力、侧向力分别与刀具参数、岩石性能参数及刀间距之间的关系	探讨盘形滚刀的垂直力、滚动力、侧向力分别与刀具几何参数、岩石性能参数及刀间距之间的关系
备注	建立了多套理论公式	建立了多套理论公式和半经验公式	已逐步受到研究者重视

1）经验模型

典型的经验模型为 Norwegian University for Science and Technology in Trondheim（简记为 NTNU）模型。1972 年，在 Norway 用 TBM 建造了第一条隧道，Olav Torgeir Blindheim 发现在 TBM 的掘进速度和岩石的抗压和抗拉强度及其节理和其他弱平面（如断层等）等间存在着某种关系。1976 年，Norway 基于预测钻进速度的可钻性指数建立了 Norwegian 模型；1979 年，根据岩体的节理数和刀具荷载等对此模型进行了修改，并在 1983 年、1988 年、1994 年和 1998 年都分别作了较大修正[14-17]。该模型主要用于待施工隧道用 TBM 的刀盘推力、装配功率、刀间距转速、工程工期和工程成本等的参数预测。

2）一维模型

一维模型揭示了盘形滚刀与岩石相互作用的主要矛盾——作用在盘形滚刀上的垂直力与其侵入岩石深度之间的关系。早期的单把盘形滚刀额定荷载为 100 kN，最大荷载为 140 kN；目前全断面岩石掘进机普遍使用的 430 mm（17 in）盘形滚刀的额定荷载已达 200 kN，最大荷载可达 250 kN；480 mm（19 in）盘形滚刀的额定荷载已达 250 kN，最大荷载可达 310 kN。因此，探讨作用在盘形滚刀的垂直力与其侵入岩石深度之间的关系就显得非常重要。

1966 年，Evans 首先提出在破岩时，滚刀的垂直力 F_v 与滚刀压入岩石区域在岩石表面的投影面积 A 成正比[18]，通过研究，其比值为岩石的单轴抗压强度 σ_c，即

$$F_v = \sigma_c A \tag{7-1}$$

投影面积 A 可用压入区域内两条抛物线围成的面积的一半 A_p 来代替计算，即

$$A_p = \frac{4}{3} h \sqrt{R^2 - (R - h)^2} \tan \frac{\theta}{2} \tag{7-2}$$

式中：R 为滚刀半径，m；θ 为滚刀刀刃角，（°）；h 为滚刀侵入岩石深度，m。

由式（7-1）、式（7-2）计算可得滚刀垂直力为：

$$F_v = \frac{4}{3} \sigma_c h \sqrt{R^2 - (R - h)^2} \tan \frac{\theta}{2} \tag{7-3}$$

试验证明，按照 Evans 预测公式计算的垂直力比实际破岩垂直力要小。Evans 预测公式滚刀受力图如图 7-5 所示。

日本学者秋三藤三郎认为对于滚刀垂直力的计算可以沿用 Evans 预测公式，并在此基础

上提出了侧向力计算公式，他依据
滚刀侧向力计算不同的情况，将其
分为挤压破碎和剪切破碎。

挤压破碎情况下，侧向力计
算为：

$$F_S = \frac{\sigma_c}{2} R^2 (\theta - \sin\theta\cos\theta)$$

$$(7-4)$$

式中：θ 为滚刀接触角，(°)。

剪切破碎情况下，侧向力计
算为：

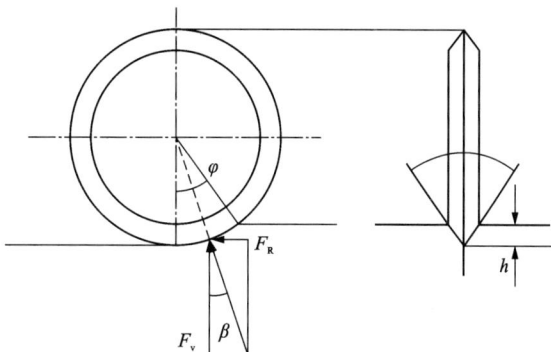

图 7-5　Evans 预测公式滚刀受力图

$$F_S = R\theta S\tau \qquad\qquad (7-5)$$

式中：S 为相邻滚刀间距，m；τ 为岩石抗剪强度，MPa。

美国科罗拉多矿业学院 Levent
Ozdemir、Russell Miller 和王逢日等分
别于 1977 年和 1979 年完成了对盘形
滚刀破岩机理研究的报告。楔刃工具
破岩如图 7-6 所示。其压痕试验是切
取盘形滚刀刀圈上一段作为压头，对
3 种不同岩石试样在压力试验台上进
行压痕试验。试验过程是把压头逐渐
压到岩石试样上，同时测量施加到压
头上的力和与之对应的压头切深值，

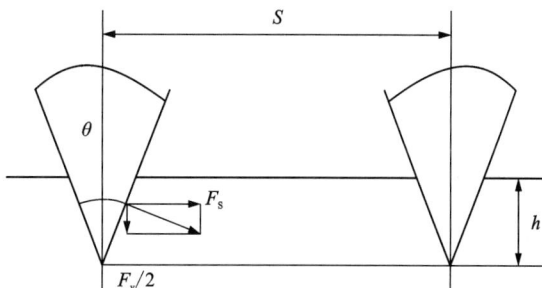

图 7-6　楔刃工具破岩

并由 X-Y 坐标记录仪描绘制试验过程中力与切深的变化关系，垂直力用 F_v 表示，由此可得
施加到压头上的力和压头切深之间的变化关系：

$$F_v = \frac{F_{c1}}{2} + \frac{h(A \times K - F_{c1} \times h_f)}{h_f^2} \qquad\qquad (7-6)$$

式中：F_{c1} 为第一次产生岩石破碎时的荷载，kN；A 为 F-h 曲线与坐标轴围成的面积，如
图 7-7 所示，mm^2；h_f 为实际最终切深，mm；K 为量测系统坐标记录仪标定值，N/mm；h 为
压头任一点切深，mm。

华北电力大学相关研究小组通过大量现
场观测及盘形滚刀的压痕试验获得了大量资
料，经过认真分析和录像观察，提出了掘进机
盘形滚刀的破岩是挤压、裂纹张拉及剪切等综
合作用的结果，为盘形滚刀破岩理论的研究做
出了有价值的贡献。压痕试验表明，盘形滚刀
的垂直力 F 与其侵入岩石的深度 h 的关系（如
图 7-8 所示）为：

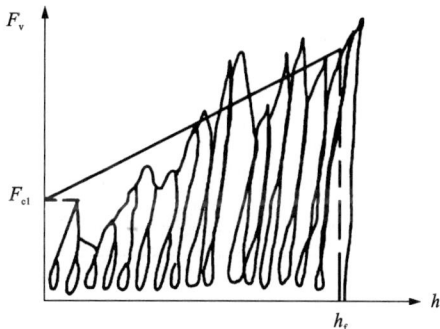

图 7-7　公式 (7-6) 曲线（直线）与压痕线对比

$$F_{\text{v}} = \frac{A \times K}{h_{\text{f}}^2} h \qquad (7\text{-}7)$$

式中：A 为 $F\text{-}h$ 曲线与坐标轴围成的面积，mm^2；h_{f} 为实际最终切深，mm；K 为量测系统坐标记录仪标定值，N/mm。

国内外学者对盘形滚刀侵入岩石的一维模型研究较为深入，总结出多套盘形滚刀垂直力 F_{v} 与其侵入岩石深度 h 之间的函数关系，即 $F_{\text{v}} = f(h)$。有些学者为便于对全断面岩石掘进机施工工程中盘形滚刀侵入岩石的深度进行预测，还对此公式进行了简化，以方便求其反函数 $h = f^{-1}(F_{\text{v}})$。20 世纪 70 年代至 20 世纪 90 年代盘形滚刀垂直力预测表达式见表 7-3[10]。

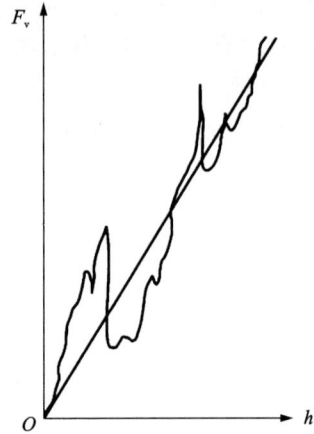

图 7-8　公式(7-7)曲线(直线)与压痕线对比

表 7-3　20 世纪 70 年代至 20 世纪 90 年代盘形滚刀垂直力预测表达式

建立人	建立年份	盘形滚刀垂直力预测表达式	模型特点	备注
Kato	1971	$0.64\sigma_{\text{c}}$	经验模型	—
Saito et al.	1971	$30 + 0.65\sigma_{\text{c}}$		—
Roxborough U. Phillips	1975	$0.004\sigma_{\text{c}}\sqrt{dh^3 - h^4}\tan\dfrac{\theta}{2}$	数学力学模型	—
Nishimatsu et al.	1975	$0.007\sigma_{\text{c}}h\sqrt{d}$	试验模型	—
Graham	1976	$0.254\sigma_{\text{c}}h$	经验模型	$140 < \sigma_{\text{c}} < 200$
Farmer U. Glossop	1980	$0.0016h\sigma_{\text{lb}}$		主要用于沉积岩
Snowdon et al.	1982	$\sigma_{\text{c}}(0.15h - 0.21)$	试验模型	—
Nelson U. O Rourke	1983	$(5.95 + 0.18H_{\text{T}})h$	经验模型	$H_{\text{T}} = 0.3\sigma_{\text{c}}$
Tarkoy	1983	$1 \sim 5H_{\text{T}}$		
Sanio	1985	$0.12\sqrt{I_{\text{S}}dsh}\tan\dfrac{\theta}{2}$	数学力学模型	$I_{\text{S}} = \dfrac{\sigma_{\text{c}}}{22}$
Nelson et al.	1985	$(8 + 0.15H_{\text{T}})h$		$H_{\text{T}} \approx G_{\text{IC}}$
Nelson U. Fong	1986	$0.263G_{\text{IC}}h$	经验模型	
Movinkel U. Johannessen	1986	$0.3\sigma_{\text{c}}h$		—
Hughes	1986	$0.65321h^{\frac{1}{1.2}}\sqrt{\dfrac{d}{2}}\sigma_{\text{c}}$		h、d 的单位为 m
Gong et al.	1995	$K_{\text{T}}\sqrt{dsh}\tan\dfrac{\theta}{2}$	数学力学模型	$K_{\text{T}} = 0.0256\sqrt{\sigma_{\text{c}}}$

表中：σ_{c} 为岩石无侧限抗压强度，MPa；θ 为盘形滚刀演示接触角，$(°)$；d 为盘形滚刀直径，mm；h 为盘形滚刀贯入度，mm/r；s 为刀间距，mm；σ_{lb} 为岩石抗拉强度，MPa；I_{S} 为点荷载指数；H_{T}、K_{T} 为中间变量；G_{IC} 为能量释放速率。

3）二维模型

盘形滚刀的二维模型是将盘形滚刀的破岩运动作为平面运动进行研究的。

澳大利亚 F. F. Roxborough 对这一模型进行了理论研究，其垂直力计算也采用 Evans 论点，只是把横截面积 A 修正为矩形面积，并认为其是全面积，即

$$A = 4h\tan\frac{\theta}{2}\sqrt{2Rh - h^2} \qquad (7-8)$$

代入 Evans 预测公式得到滚刀垂直推力 F_v：

$$F_v = 4\sigma_c h\tan\frac{\theta}{2}\sqrt{2Rh - h^2} \qquad (7-9)$$

滚动力确定的依据是假定盘形滚刀与岩石接触弧长上的压应力为常数且指向盘形滚刀中心，则其合力作用点必位于接触弧长的中点且指向盘形滚刀的滚动中心，则滚动力 F_R 为：

$$F_R = F_v\sqrt{\frac{h}{2R - h}} = 4\sigma_c h^2\tan\frac{\theta}{2} \qquad (7-10)$$

由侧向力 $F_S = \dfrac{F_v}{2\tan\dfrac{\theta}{2}}$ 得：

$$F_S = 2l\tau \qquad (7-11)$$

式中：l 为压入横截面宽度，mm；τ 为岩石抗剪强度，MPa。

美国科罗拉多矿业学院（Colorado School of Mines）Levent Ozdemir、Russell Miller 和王逢旦[19] 等于 1977 年、1979 年对当时广泛使用的 V 形刃（或楔形刃）盘形滚刀破岩二维模型进行了研究。在岩石切割试验台上，用盘形滚刀对两种岩石试样进行线性切割试验。根据盘形滚刀的直径、刃角、槽间距、切深等 4 个变量参数，以 5 个不同等级，使用拉丁方阵进行试验设计，共切槽 25 条，测得了大量盘形滚刀的受力数据。分析发现，盘形滚刀首先将下方的岩石压碎，并假定楔形刃侧对岩石作用力的横向分量对岩脊（两相邻刀间距间的岩石）产生剪切破碎，如图 7-9 所示。

他们基于线性切割机对盘形滚刀受力进行了试验研究，认为滚刀破岩时剪切力和张拉力共同作用，在破岩过程中，滚刀对岩石进行正向碾压，同时滚刀侧面对岩石进行了一定的挤压，从而将滚刀的垂直力分为了两部分。一部分是碾压岩石的垂向推力 F_{v1}；另一部分是剪切岩石的作用力 F_{v2}。垂向力 F_{v1} 的理论和 Evans 论点相同，但接触面积 A 的计算与 Evans 论点不同，CSM 中认为接触面积应按照三角形计算，从而：

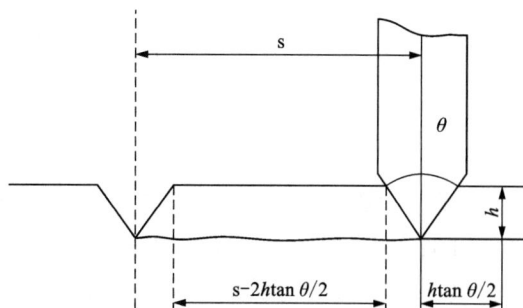

图 7-9　CSM 预测公式滚刀受力图

$$A = R\theta h\tan\frac{\theta}{2} \qquad (7-12)$$

由 $h = R(1-\cos\theta)$ 和 $F_{v1} = \sigma_c A$ 得：

$$F_{v1} = \sigma_c R^2 \theta (1 - \cos \theta) \tan \frac{\theta}{2} \tag{7-13}$$

$$F_{v2} = 2\tau R\theta \left(S - 2h\tan \frac{\theta}{2} \right) \tan \frac{\theta}{2} \tag{7-14}$$

所以，滚刀垂直推力 F_v 为：

$$F_v = F_{v1} + F_{v2} = \sigma_c R^2 \theta (1 - \cos \theta) \tan \frac{\theta}{2} + 2\tau R\theta \left(S - 2h\tan \frac{\theta}{2} \right) \tan \frac{\theta}{2} \tag{7-15}$$

将 $\cos \theta = \dfrac{R-h}{R}$ 及 $h = R(1-\cos \theta)$ 代入上式得：

$$F_v = F_{v1} + F_{v2} = \sqrt{2R} h^{\frac{3}{2}} \left[\frac{4}{3}\sigma_c + 2\tau \left(\frac{S}{h} - 2\tan \frac{\theta}{2} \right) \right] \tan \frac{\theta}{2} \tag{7-16}$$

CSM 预测公式中认为滚刀的滚动力与垂直力呈一定比例，滚动力通常由垂直力乘以常数 C 获得，此常数称为切割系数：

$$C = \tan \beta = \frac{(1 - 2\cos \theta)^2}{\theta - \sin \theta \cos \theta} \tag{7-17}$$

滚动力：

$$F_R = F_v C = \left[\sigma_c h^2 + \frac{2\tau \theta h^2 \left(S - 2h\tan \dfrac{\theta}{2} \right)}{R(\theta - \sin \theta \cos \theta)} \right] \tan \frac{\theta}{2} \tag{7-18}$$

国内对于盘形滚刀破岩的二维模型进行了相应的理论分析和试验研究，上海交通大学通过赫兹公式推导出垂直力 F_v 与挤压应力 σ_c 之间的关系，并推导出计算公式：

滚刀垂直力：

$$F_v = k\gamma_0 \frac{E_1 + E_2}{E_1 E_2} \sqrt{Dh} \sigma_c^2 \tag{7-19}$$

滚刀滚动力：

$$F_R = F_v \left(\sqrt{\frac{h}{D}} + \mu \frac{d}{D} \right) \tag{7-20}$$

滚动侧向力：

$$F_S = \frac{F_v}{2\tan \dfrac{\theta}{2}} \tag{7-21}$$

式中：k 为由实验数据统计确定的计算系数；γ_0 为滚刀刀刃圆角半径，mm；E_1 为滚刀材料弹性模量，GPa；E_2 为岩石材料弹性模量，GPa；D 为滚刀刀圈直径，mm；h 为滚刀沿轴向切深，mm；σ_c 为岩石的单轴抗压强度，MPa；μ 为当量摩擦系数，通常取 0.02；d 为滚刀刀轴直径，mm；θ 为滚刀刀刃顶角，(°)。

东北工学院(现东北大学)岩石破裂与失稳研究所对盘形滚刀预测公式进行研究，计算方法同 Evans 相近，模型认为滚刀破岩呈跃进现象，滚刀与岩石的接触面积是两条抛物线组成面积的一半，即

$$A = \frac{4}{3} h \sqrt{R^2 - (R - h)^2} \tan \frac{\theta}{2} \tag{7-22}$$

式中：θ 为岩石破碎角，与岩石种类、自由面等特点有关，通常取 $135° \sim 160°$。

垂直力：

$$F_v = \sigma_n A \tag{7-23}$$

其中：

$$\sigma_n = \sigma_c k_d \tag{7-24}$$

式中：k_d 为滚压换算系数，通常试验确定，取值为 $0.4 \sim 0.7$，一般由经验可知，岩石为软岩取较小值，较坚硬岩石取大值。

$$F_v = \frac{4}{3} \sigma_c k_d h \sqrt{R^2 - (R - h)^2} \tan \frac{\theta}{2} \tag{7-25}$$

东北工学院(现东北大学)岩石破裂与失稳研究所研究得出滚刀滚动力可由滚刀压入漏斗坑在滚动方向的投影面积 A_R 与岩石强度的乘积得，因此：

$$F_R = n\sigma_c k_d A_R = n\sigma_c k_d h^2 \tan \frac{\theta}{2} \tag{7-26}$$

式中：n 为岩石自由面有关的换算系数，通常光面岩石取 $2.0 \sim 2.5$，毛面岩石取 0.18。

盘形滚刀二维模型的建立及其应用研究成果极大地丰富了人们对 TBM 刀具破岩的认识，使 TBM 领域受益匪浅。首先，人们认识到了 TBM 刀具磨损后对 TBM 作业性能的影响；其次，人们认识到了提高 TBM 刀具作业寿命的有效途径。

目前国外学者仍专注于盘形滚刀破岩二维模型的研究，并试图引用比功(special energy，Se，破碎单位体积岩石所消耗的能量)的概念将二维模型的盘形滚刀破岩效果与 TBM 上盘形滚刀的实际破岩效能联系起来，为刀盘上盘形滚刀贯入度和刀间距的设定提供依据[20, 21]。这些研究成果为盘形滚刀的磨损及其在刀盘上的布置产生了一定指导作用。

4)三维模型

全断面岩石掘进机盘形滚刀的破岩运动实际为三维空间运动，因其破岩运动的复杂性，极大地限制了此模型的建立及研究的深入，尽管做了一些盘形滚刀滚压岩石的圆槽试验，一般以观察岩石剥落现象为主，至今尚未建立起实用可靠的三维破岩模型。

3. 盘形滚刀破岩主要参数分析和计算

在岩石条件确定的前提下，影响盘形滚刀破碎量(破岩速度)的主要参数是垂直力、刀具几何形状和布刀间距。

1)垂直力对岩石破碎量的影响

各国学者做滚刀破岩试验，往往采用破碎深度 h(mm)、单位破碎量(单位拉槽长度破碎的岩石重量)G_0(g/m)和破碎体积 V(cm³)等不同单位表示破碎量，用它们衡量滚刀破岩效果。图 7-10 是在滚刀拉槽破岩试验中绘出的垂直力与单位破碎量的关系，可以看出它们之间是近似线性关系。因为垂直力越大，滚刀压入岩石越深，破碎岩石量越多，单位破碎量的数值越大。对某一确定岩石，存在临界垂直力值，小于该值时，滚刀几乎不能压入岩石，滚压结果仅是在岩石表面留下一条痕迹；当垂直力超过此临界值时，单位破碎量随垂直力增加而增加，增加率取决于岩石的坚固程度。莫利尔(Morrel R. J.)等[22]试验得出的垂直力与破碎体积的关系如图 7-11 所示。虽然这两个试验条件不完全相同(刀具几何参数)，但比较图 7-10 和图 7-11 可见，两者基本一样。

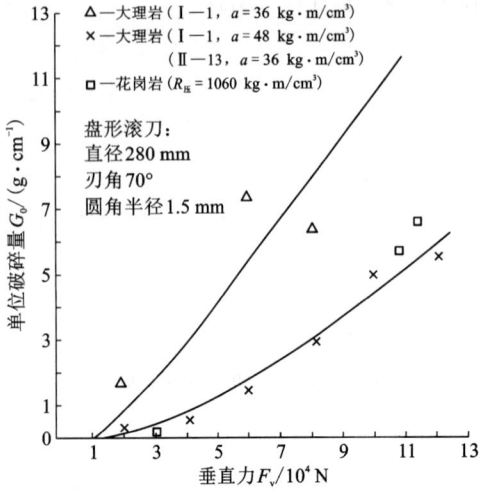

图 7-10　推力与单位破碎量的关系

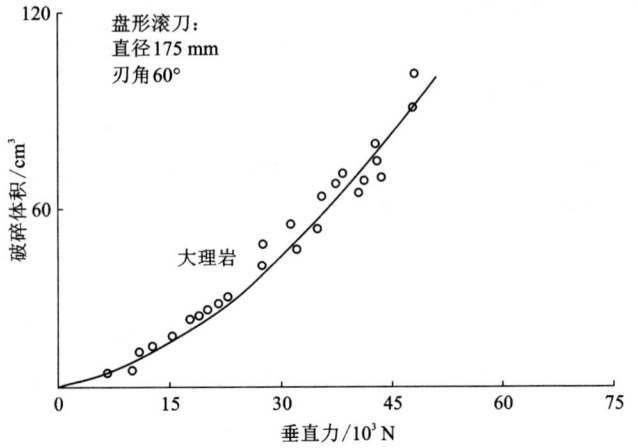

图 7-11　推力与破碎体积关系

日本和美国学者[23, 24]论述了垂直力与侵深（破碎深度）或垂直力与掘进速度成平方关系，这和垂直力与单位破碎量为直线关系是一致的，只是表示方法不同。图 7-12 为其试验曲线一例。

2）盘形刀具刀刃角对破碎岩石量的影响

图 7-13 是四种刃角的盘形滚刀在大理岩试件上拉槽试验的结果[25]。

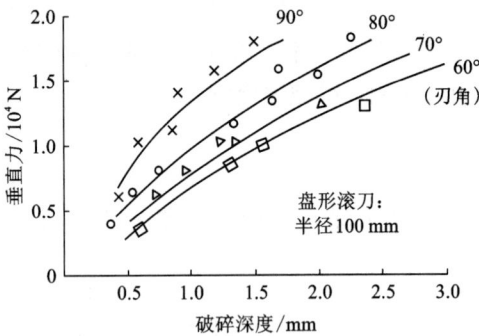

图 7-12　福岛安山岩破碎深度与垂直力的关系

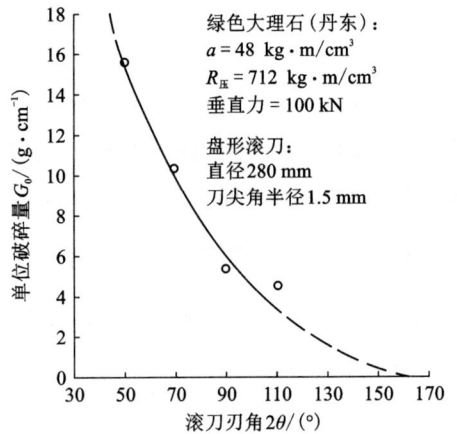

图 7-13　盘形滚刀刃角与单位破碎量的关系

当刃角增大到 170° 时，曲线与横坐标相交，表明在该试验条件下，滚刀几乎不能破碎岩石。图 7-13 中曲线还表明，随刃角的减小，单位破碎量增长率越大。

在滚压垂直力相同的条件下，盘形滚刀刃角越大，刀刃与岩石接触面积越大，岩石抵抗压入阻力更大，刀体压入岩石的深度越浅，破碎岩石量越小，反之亦然。因此，在软岩或磨损小（换刀次数不增加的前提下）的岩石中掘进时，减小刃角是提高破碎岩石速度（掘进速度）的可行办法。

3) 盘形滚刀直径和刀尖圆角半径对岩石破碎量的影响

依据雷德(Rad P. F.)等[26]的模型试验,刀径与破碎量的关系如图 7-14 所示。在同样条件下,直径为 7.5 cm 的盘刀破碎岩石量是 10.5 g,当直径增大到 12.5 cm 时破碎量为 3.5 g,减少 2/3。这表明滚压破碎岩石时刀尖圆角半径对破碎量的影响显著。

东北工学院(现东北大学)岩石破裂与失稳研究所做了几种不同刀尖圆角半径盘刀静压试验[25],将所得的数据绘成如图 7-15 所示的各条曲线。从图中曲线可看出刀尖圆角半径对破碎岩石量的影响。在相同条件下,破碎岩石量随刀尖圆角半径的增大而减少,下降的速率与岩石性质相关:软岩速率大,硬岩速率小。

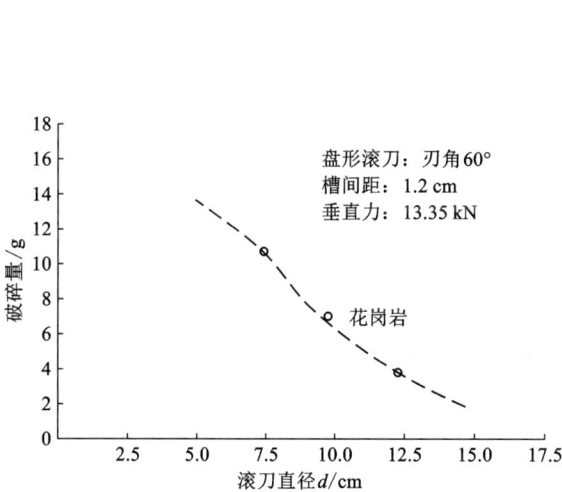

图 7-14　刀径与破碎量的关系

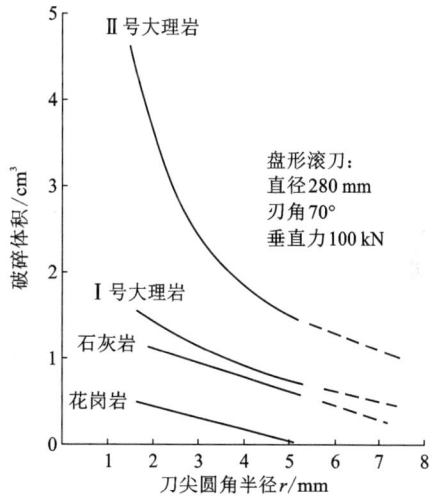

图 7-15　刀尖圆角半径对破碎量的影响

4) 布刀间距(刀间距)对破碎岩石量的影响

在滚压垂直力确定的条件下,两拉槽之间有一临界间距 B_K,如图 7-16(a)所示,它表示两拉槽之间相互作用的最大间距。如果拉槽间距大于临界间距,两拉槽之间互不影响,破岩效果与单刀相同;如小于临界间距,槽间破坏区相连。破碎岩石量的大小与刀间距密切相关。在已选定垂直力的条件下,每种岩石和刀具都有一个破碎量最多、块度最大的刀间距离,称为最优间距 B_m,如图 7-16(b)所示。如果刀间距大于或小于最优间距,破碎岩石量都会随间距的变化而减少。由图 7-17[26]中曲线变化可知,最优间距为 0.7 cm,临界间距为 2.5 cm,间距大于 2.5 cm 时,曲线趋于平稳,拉槽之间不相互作用。

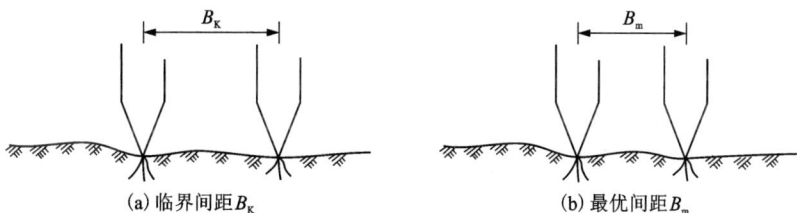

图 7-16　布刀间距示意图

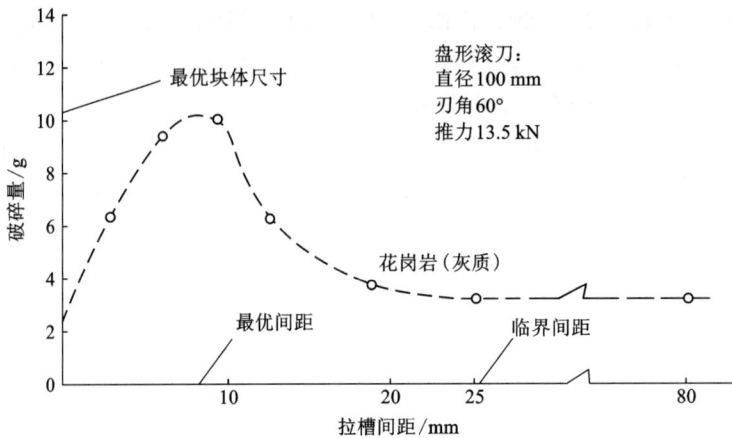

图 7-17　模拟试验布刀间距与破碎量的关系

综合上述试验可以得出以下结论：岩石越硬，槽间距越小，最优间距与垂直力密切相关，当垂直力增大时，盘形滚刀压入岩石越深，由于岩石破碎角不变，故最优间距随垂直力的增大而增大。根据岩石坚固程度，在布刀间距确定的条件下选择适当的垂直力，或者在确定垂直力的条件下改变布刀间距，使滚刀处于最优间距的破岩状态，可达到提高掘进速度的目的。

5）滚刀破岩参数的计算

（1）垂直力的确定。

垂直力是盘形滚刀滚压破岩的重要参数，本书已对多种盘形滚刀破岩模型进行论述，以下主要选择四种垂直力计算方法进行总结。

①Evans 预测公式：

$$F_v = \frac{4}{3}\sigma_c h\sqrt{R^2 - (R - h)^2}\tan\frac{\theta}{2} \tag{7-27}$$

试验证明，按上式计算的垂直力仅是实际破岩垂直力的 1/3。因此，有些学者对这个公式提出了修正意见，例如 Roxbarough F. F. 把盘形滚刀压入岩石横截面积改为矩形，见式（7-28），也有人把式（7-27）乘一个大于 1 的系数，以此达到接近实际滚压垂直力的数值，但物理意义不太明了。

$$F_v = 4\sigma_c h\tan\frac{\theta}{2}\sqrt{2Rh - h^2} \tag{7-28}$$

②CSM 预测公式：

$$F_v = \sqrt{2R}h^{\frac{3}{2}}\left[\frac{4}{3}\sigma_c + 2\tau\left(\frac{S}{h} - 2\tan\frac{\theta}{2}\right)\right]\tan\frac{\theta}{2} \tag{7-29}$$

CSM 的计算方法是在实验基础上建立起来的，计算结果较符合实际，但未知数较多，如 τ、σ_c、S 等，特别是选取 τ 值比 σ_c 值难，给计算增加了一定难度。

③按力平衡原理计算盘形滚刀垂直力：

$$F_v = \frac{4}{3}\sigma_c k_d h\sqrt{R^2 - (R - h)^2}\tan\frac{\theta}{2} \tag{7-30}$$

④按能量守恒原理计算盘形滚刀垂直力：

盘形滚刀压入岩石的 F_v—h 曲线如图 7-18 所示，$\triangle abc$ 代表 $F_{功}$ 所做的功。假设 $F_{功}$ 所做的功全部用于破碎岩石，则：

$$F_{功} = \frac{2\alpha_d}{h} V \tag{7-31}$$

式中：α_d 为滚压比功，$kg \cdot m/cm^3$；V 为破碎岩石体积，cm^3。

通过滚压试验可确定 α_d 数值，一个自由面条件下拉槽得到的 α_d 值为：大理石为 9.1 ~ 11.1；花岗岩为 12.9~15.3；石灰岩为 8.8~9.9。滚压比功 α_d 与凿碎比功 α 在统计上有如下关系：

$$\alpha_d = (0.16 \sim 0.32)\alpha \tag{7-32}$$

滚压破碎体积 V 形状不规则，根据实验数据，可以把它看成两簇抛物线围成体积的 $\frac{1}{1.7}$。通过对抛物线面积的积分，可确定破碎体积与盘形刀具参数和岩石性质的函数形式为：

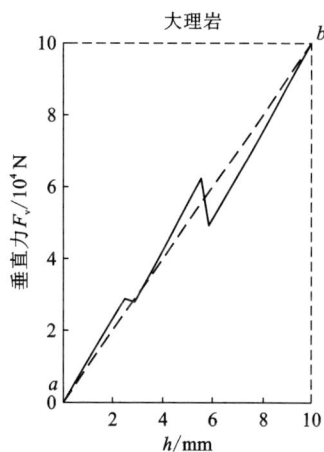

图 7-18　盘刀压入岩石的 F_v—h 曲线

$$V = \frac{1}{1.7} \int_0^h A dh = \frac{1}{1.7} \int_0^h \frac{4}{3} h \sqrt{R^2 - (R-h)^2} \tan\frac{\theta}{2} dh \tag{7-33}$$

当 $R \gg h$ 时：

$$V = 0.445 \tan\frac{\theta}{2} R^{\frac{1}{2}} h^{\frac{5}{2}} \tag{7-34}$$

将上式代入式(7-31)，得：

$$F_{功} = 89\alpha_d \tan\frac{\theta}{2} R^{\frac{1}{2}} h^{\frac{3}{2}} \tag{7-35}$$

经试验分析得出，随刀具侵深 h 的增加，垂直力增加率越来越大，表明侵深对垂直力的影响显著，而刀具半径对垂直力的影响较小。

上述几个公式中，Evans 预测公式计算出的垂直力仅是实际破岩垂直力的 $\frac{1}{4} \sim \frac{1}{3}$，相差较大；按力平衡和能量守恒而推导出的公式计算结果与实际情况大致相符，但这两个公式在进行计算前需要一定的实验数据以确定 σ_c、α_d、θ 等值，较为复杂。

(2)布刀最优间距的确定。

一般说来，最优间距与垂直力大小和岩石脆性程度有关。垂直力增大，刀具侵入岩石的深度也增大，则最优间距也相应地增大；岩石越脆岩石破碎角增大，则最优间距也增大。所以，从破碎效果分析，最优间距取决于侵深和岩石破碎角的数值。

最优间距比临界间距小，但为了简化计算公式，假设相邻刀具破碎的两漏斗坑恰好相连（非相交）的间距为最优间距 B_m。在此前提条件下，可按几何关系找到最优间距与侵深和岩石破碎角的关系为：

$$B_m = 2h \tan\frac{\theta}{2} \tag{7-36}$$

从式(7-35)中解出 h 值，代入上式：

$$B_m = 2\left(\frac{\tan\frac{\theta}{2}}{R}\right)^{\frac{1}{3}}\left(\frac{F_功}{89\alpha_d}\right)^{\frac{2}{3}} \tag{7-37}$$

此式反映了 B_m 与 θ、α_d、R、$F_功$ 的关系，在垂直力、刀具及岩石条件确定的情况下，可按此公式计算最优间距的数值。表7-4列出几种岩石实测和计算的最优间距。

表 7-4　几种岩石实测和计算的最优间距

岩石名称	垂直力 F_v /10^4 N	$\frac{\theta}{2}$/(°)	滚压比功 α_d /(kg·m·cm^{-3})	最优间距 B_m/cm	
				计算	实际
大理岩	11.3	74.1	9.5	7.06	7.00
花岗岩	10.8	74.2	14.3	5.26	5.00
石灰岩	10.9	79.0	9.4	7.93	—
云母片麻岩	10.7	75.0	9.6	6.94	6.00

(3)刃角和圆角半径与垂直力的关系。

试验资料表明垂直力随刃角增加而增加。在刃角变化时，垂直力 F_i 与半刃角为35°时垂直力 F 的比值关系如下：

$$\frac{F_i}{F} = \left(\frac{\theta_i}{35}\right)^{1.4} \tag{7-38}$$

式中：θ_i 为垂直力为 F_i 时的半刃角，(°)，定义 $\left(\frac{\theta_i}{35}\right)^{1.4}$ 为刃角修正系数，它反映了刃角对垂直力的影响。

由表7-5的数据可以得出，圆角半径对破碎面积的影响规律可用下式表示：

$$\frac{A_i}{A} = \left(\frac{R_i}{1.5}\right)^{0.5} \tag{7-39}$$

式中：A_i 为圆角半径为 R_i 时的破碎面积，mm^2，定义 $\left(\frac{R_i}{1.5}\right)^{0.5}$ 为钝径修正系数，它反映了圆角半径对垂直力的影响。

表 7-5　盘形滚刀圆角半径与破岩面积的关系

圆角半径 R/mm	1.5	3.0	4.0	6.0	7.0	8.0	9.0	10.0
破岩面积 A/mm^2	385.8	505.8	581.8	726.3	791.5	852.2	906.4	948.8

注：试验条件为盘形滚刀直径28 cm，刃角35°，侵深5 mm。

由于式(7-31)和式(7-35)是在假定刃角与圆角半径在标准条件下推导出的推理公式，如考虑刃角和圆角半径对垂直力的影响须乘以刃角修正系数和圆角修正系数，可得：

$$F_{力} = \frac{4}{3}\sigma_c k_d \left(\frac{\theta_i}{35}\right)^{1.4} \left(\frac{R_i}{1.5}\right)^{0.5} h \sqrt{R^2 - (R - h)^2} \tan\frac{\theta}{2} \tag{7-40}$$

$$F_{功} = 89\alpha_d \left(\frac{\theta_i}{35}\right)^{1.4} \left(\frac{R_i}{1.5}\right)^{0.5} \tan\frac{\theta}{2} R^{\frac{1}{2}} h^{\frac{3}{2}} \tag{7-41}$$

上述两式给出了垂直力与岩石性质、盘形滚刀参数和破碎漏斗坑参数的内在联系，用其中任一式可估算任意参量变化时掘进机盘形滚刀的垂直力。

7.1.2 镶齿滚刀

镶齿滚刀是以牙轮钻头为基础改进而来，它把钻杆的水平旋转运动变为滚刀的垂直旋转，因为滚刀旋转时镶齿之间高低起伏，所以在旋转过程中对岩石面产生冲击作用，实现冲击压碎的破岩效果[27]。

1. 镶齿滚刀结构及布置

镶齿滚刀结构示意图如图 7-19 所示，它主要由主轴、端盖、密封圈、轴承外套、轴承、镶齿及刀体组成，它是反井钻机扩孔刀盘上的专用刀具，在工程中一般根据岩石的抗压强度、硬度、磨蚀性来确定镶嵌的齿形和布置方式。

镶齿使用的硬质合金是碳化钨(WC)-钴(Co)系列硬质合金。它以碳化钨粉末为骨架材料，金属钴粉末为黏结剂，用粉末冶金方法压制、烧结而成。合金中，随着钴含量的增加，硬度逐渐降低，即耐磨性能降低，但抗弯强度和冲击韧性逐渐增大。在不改变碳化钨和钴含量的情况下，增大碳化钨的粒度可以提高硬质合金的韧性，而其硬度和耐磨性不变。

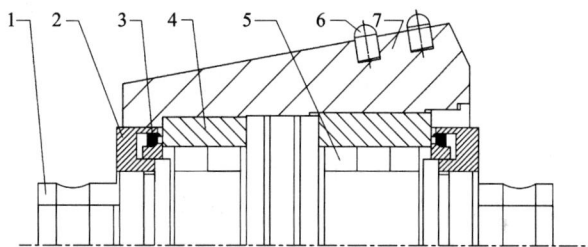

1—主轴；2—端盖；3—密封圈；4—轴承外套；
5—轴承；6—镶齿；7—刀体。

图 7-19 镶齿滚刀结构示意图

国产镶齿钻头常使用的硬质合金材料及性能见表 7-6。

表 7-6 国产镶齿钻头常使用的硬质合金材料及性能

编号	硬质合金成分/%		硬度/HRA	密度/(g·cm⁻³)	抗弯强度/MPa
	WC	Co			
YG8	92	8	89	14.4~14.8	15
YG8C	92	8	88	14.4~14.8	17.5
YG11C	89	11	87	14.0~14.4	20

常见的镶齿滚刀齿形有四种，分别是楔齿、镐齿、锥齿和球齿，如图 7-20 所示。
①楔齿：齿形成"楔子"状，齿尖角为 65°~90°，适用于破碎高塑性的软地层及中硬地层。

齿尖角较小的适合较软地层,齿尖角较大的适合较硬地层。齿尖部位皆做成圆弧面,各处棱角都倒圆,防止齿尖崩碎。对中硬地层,齿尖部位圆弧较大(称钝楔形齿)或齿较宽(称宽楔形齿)。

②镐齿:齿形呈类似"镐子"的形状,即齿尖和齿根处有凸出部分,增加了刀具与岩石的作用面积,提高了破碎效率。截齿一般由硬质合金制成,且镐齿齿间空隙较大,有利于破岩过程中排除碎石、防堵塞及损毁刀具。

③锥齿:锥形有长锥、短锥、单锥、双锥等多种形状,以压碎方式破碎岩石,强度高于楔齿。锥角为 60°~70° 的中等锥齿用来钻中硬地层,如灰岩、白云岩、砂岩等;90°锥齿及 120° 双锥齿用来钻研磨性高的坚硬岩石,如硬砂岩、石英岩、燧石等。

④球齿:顶部为半球体,以压碎和冲击方式破碎高研磨性的坚硬地层,如燧石、石英岩、玄武岩、花岗岩等,其强度和耐磨性均较高。

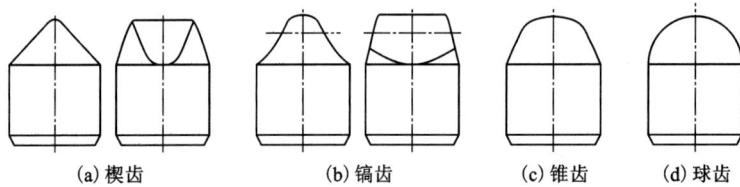

(a)楔齿   (b)镐齿   (c)锥齿   (d)球齿

图 7-20　常见的镶齿滚刀齿形

不同齿形的滚刀,其破岩能力和破岩效果是不同的,所以齿形一般根据工程经验来选择,随岩石抗压强度的增加,齿形由较为尖锐的长锥齿到异形球齿,而且镶齿的排数和排间距均在减小,以便于增加齿数,提高滚刀的耐磨性。镶齿滚刀的破岩能力可达 300 MPa,其他破岩设备基本在 100 MPa 以内,相比较而言镶齿滚刀的破岩能力尤为突出;此外,镶齿滚刀的破岩范围包括了从粉砂岩到铁隧岩的绝大多数岩石种类,这表明镶齿滚刀的适用范围极广,特别是在硬岩环境中应用广泛。

镶齿滚刀的刀体结构较为复杂,包含螺纹、壳体、镶齿钻孔、导渣槽和平齿钻孔五个部分,如图 7-21 所示。刀体虽不直接破碎岩石,但是由于破碎的岩石剥落形成冲击,所以在设计时应保证刀体具有一定的抗冲击和耐磨性能;为避免镶齿在破岩过程中脱落,一般会采用过盈配合的方式将齿冷压入镶齿钻孔内。

镶齿滚刀作为破岩的核心部件,根据其布置的位置可以分为三类:中心刀、正刀和边刀。其中,正刀是破岩的最主要也是使用最多的滚刀,其一般布置在中心刀和边刀之间,形成的岩石破碎面一般为水平方向;中心刀和边刀根据排渣的需要,需要设置一定的倾角,如图 7-22 所示。

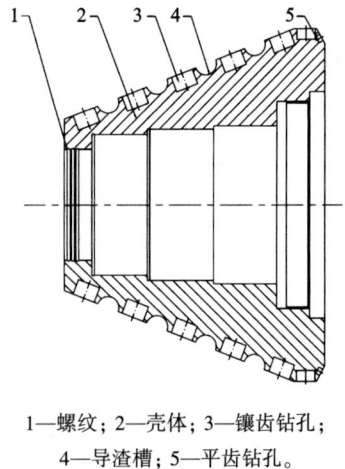

1—螺纹;2—壳体;3—镶齿钻孔;
4—导渣槽;5—平齿钻孔。

图 7-21　镶齿滚刀的刀体结构

2.镶齿滚刀破岩理论

镶齿滚刀工作时,镶齿绕轴运动,交替地以单齿和双齿接触凹凸不平的工作面,如

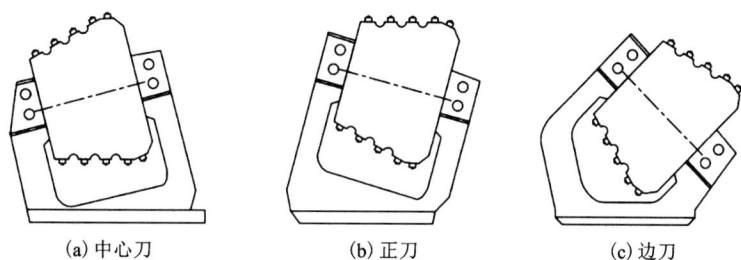

(a) 中心刀　　　　　　(b) 正刀　　　　　　(c) 边刀

图 7-22　镶齿滚刀的种类

图 7-23 所示,使镶齿与刀盘产生纵向振动。在每次振动中,刀盘上行,压缩下部钻柱,储存变形位能;刀盘下行,被压缩的下部钻柱恢复原长,位能转化为刀盘冲击岩石的动荷载。动荷载与静荷载压入力通过镶齿作用在岩石上,形成对工作面岩石的冲击、压碎作用,这种作用是镶齿滚刀破碎岩石的主要方式[28]。

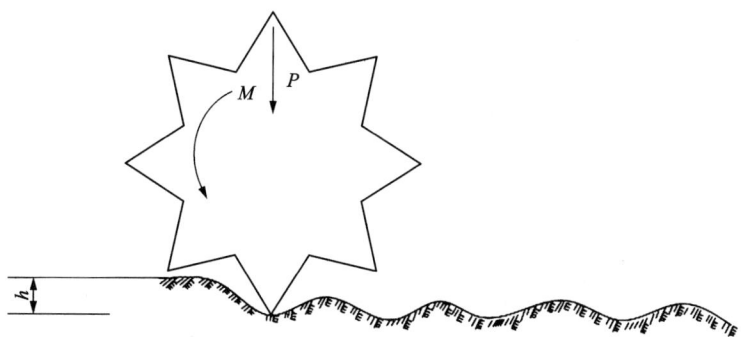

图 7-23　镶齿滚刀滚压破岩示意图

如图 7-24 所示,当滚刀单齿作用时,滚刀轴心在 O 点,双齿作用时,其轴心降至 O_1 点,然后又由 O_1 升至 O_2 点,如此往复,从而造成对岩石的周期性冲击,冲击周期 T 与齿数和角速度有关,可按下式计算:

$$T = \frac{120\pi}{\omega Z} \qquad (7\text{-}42)$$

式中: ω 为角速度, $(°)/s$; Z 为齿数,个。

冲击周期即为齿与岩石接触(齿压

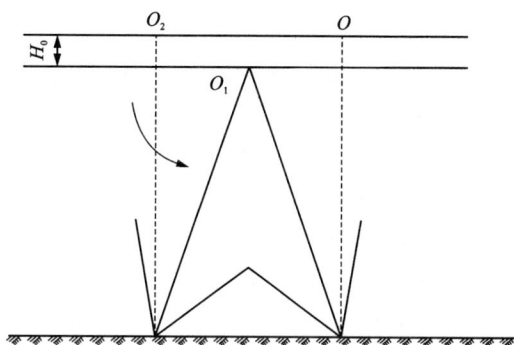

图 7-24　滚压产生的轴心振动

入岩石)一次所需的时间,保证完全破碎的条件是冲击周期大于破碎岩石所需时间。由于对岩石破碎性质研究的不充分,各国对齿与岩石接触时间的选取极不一致,美国的数值是 6~8 ms[29],苏联学者比留科夫认为是 0.02~0.03 s,而巴隆认为该时间与齿形、齿的尺寸和侵入深度有关，通过实验提出镶齿与岩石接触时间的计算公式如下：

对于球齿滚刀：

$$T = 30 \, \frac{\pi - 2\arcsin\left(1 - \dfrac{h}{r_{\mathrm{w}} - r_{\mathrm{t}}}\right)}{\omega n} \tag{7-43}$$

对于楔齿滚刀：

$$T = 30 \, \frac{\pi - 2\arcsin\left(1 - \dfrac{h}{r_{\mathrm{w}}}\right)}{\omega n} \tag{7-44}$$

式中：r_{w} 为该齿圈镶齿半径，mm；r_{t} 为镶齿端部的半径，mm；n 为钻头转速，转/min；h 为镶齿侵入深度，mm。

镶齿滚刀的结构使其在工作面滚动的同时还会产生镶齿相对工作面的切向滑动和轴向滑动，剪切齿尖岩石。镶齿的切向滑动可以剪切掉同一齿圈相邻镶齿破碎坑之间的岩石，镶齿的轴向滑动则可以剪切掉齿圈之间的岩石。镶齿的滑动虽然可以剪切岩石以提高破碎效率，但也相应地使镶齿磨损加剧。移轴引起的轴向滑动使镶齿的内端面部分磨损，而超顶和复锥引起的切向滑动使镶齿侧面磨损。

3.镶齿滚刀主要参数分析和计算

镶齿滚刀工作基本参数为轴压、转数、排渣风量和扭矩。合理的基本参数能为研究滚刀钻进速度提供依据。

1）轴压对钻进速度的影响

轴压大小不同，不但影响钻进速度，还使破岩过程中岩石破碎具有不同特点。苏联学者史莱涅尔提出如图 7-25 所示的典型曲线，随着轴压的增加而形成不同破碎机理的三个区段。

（1）研磨区（Ⅰ）。

当镶齿在较小轴压力作用下，其与岩石接触所产生的接触压力显著小于岩石的极限强度或压入硬度时，破碎是摩擦力作用引起的表面磨损。此区域破碎速度甚小，转速 v 随轴压增加而线性增加。该区域镶齿滚刀转速低，破碎颗粒小，刀具磨损严重，在滚压过程中应尽可能避免出现研磨区。

（2）疲劳破碎区（Ⅱ）。

当镶齿滚刀接触压力增加到一定值，但仍未达到岩石极限强度或压入硬度时，镶齿前几次滚压使岩石产生微裂纹。岩石内微裂纹越多，强度降低就越多，当强度降低到某一程度时，经过镶齿反复多次滚压的岩石将会形成大颗粒岩屑的破碎。

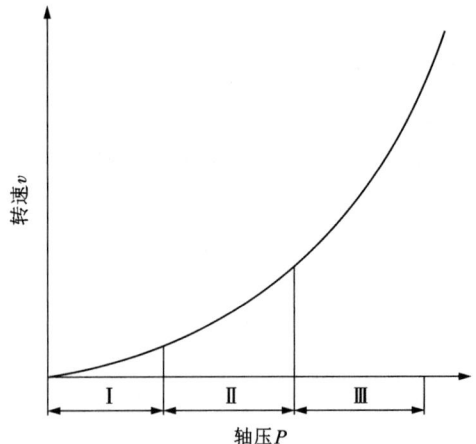

图 7-25 不同轴压下岩石破碎的三个区域

对岩石的疲劳极限进行研究后发现：岩石在很小的荷载（跃进式破碎岩石所需荷载的二十几分之一）作用下就开始疲劳破坏（相当于Ⅰ和Ⅱ区转折点处的轴压），这时为了破碎岩石需要此荷载在同一位置进行 50~100 次甚至更多次的重复加压。随着轴压的增加, 所需加载次数会减少, 并且减少的速度大于轴压增加的速度(图 7-26), 表明岩石疲劳破碎时, 轴压的增加会使破碎的转数显著减少。

(3)有效体积破碎区(Ⅲ)。

在足够轴压作用下, 镶齿与岩石接触所产生的接触压力等于或大于岩石的极限强度或压入硬度, 则岩石产生跃进式破碎, 破碎块度大, 破碎速度比研磨区大得多, 并随轴压的增加而线性增加。该区域穿孔速度高, 磨损小, 岩石破碎过程消耗的比功最小。

为了阐明轴压对钻速的影响, 各国学者通过试验室试验和现场观测, 提出关于轴压和钻速的经验公式, 一般可用下列通式表示:

$$v = aP^m \tag{7-45}$$

图 7-26 轴压和加载次数的关系曲线

式中: v 为钻进速度, m/h; P 为轴压, N; a 为经验系数, 与转速和岩石性质有关; m 为与岩石硬度和排渣条件有关的参数。

经验系数 a 由实验确定; m 的取值各国学者都有相关研究, 苏联学者认为 m 取 0.5~2.5, 美国学者认为当排渣条件良好、岩渣不重复破碎时, m 取接近 2, 当排渣条件不太良好时, m 取 1~2。

2)转数与钻进速度的关系

研究表明, 钻进速度与转数为线性关系, 按能量守恒定理可得下式:

$$v = \frac{2\pi M}{\frac{\pi}{4}D^2 a_Z - P} n \tag{7-46}$$

式中: M 为扭矩, kg/cm; D 为钻孔直径, cm; a_Z 为镶齿滚刀破岩比功, kg·m/cm³。

3)排渣风量对钻进速度的影响

排渣风量的大小对破岩速度和滚刀的使用寿命影响很大。增大排渣风量可以更有效地排除岩渣, 改善镶齿的破岩条件, 避免大颗粒岩渣重复破碎, 降低不必要的能耗, 提高破岩速度。同时, 增大排渣风量能更有效地冷却滚刀, 降低轴承的工作温度, 还可以减少齿背的过早磨损, 因而增加了滚刀的使用寿命。

根据国外实验资料[29, 30], 认为钻杆与钻孔壁之间排渣气流速度大约在 25.4 m/s, 最低不能小于 15.3 m/s, 过高的风速将产生喷砂作用, 加速钻杆和刀盘的磨损, 一般可用下式计算排渣风速和风量:

$$v_n = 54600\left(\frac{\gamma}{\gamma + 62.4}\right)d_n^{0.6} \tag{7-47}$$

式中: v_n 为排渣风速, ft/min; γ 为岩渣容重, lb/ft³; d_n 为岩渣直径, ft。

$$Q = \frac{v_n(D^2 - d^2)}{183.33} \tag{7-48}$$

式中: Q 为排渣风量, ft³/min; D 为孔径, in; d 为钻杆外径, in。

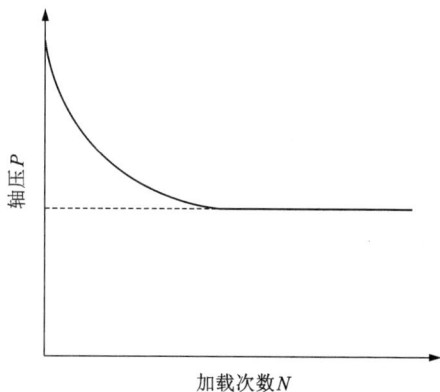

4)转数与扭矩的关系

研究表明[31],扭矩基本不会随转数改变而发生变化;图7-27为花岗岩的扭矩与转数的关系的试验结果。

镶齿滚刀、轴压、扭矩和转速等主要参数的确定方法如下。

(1)轴压的确定

轴压的选取与确定应考虑下列原则:一是要根据岩石的性质(可钻性),选取足够的轴压,达到跃进式破碎,尽量避免因轴压偏低而形成表面磨损和疲劳破碎;二是根据镶齿滚刀钻头直径的大小和镶齿轴颈强度,提高轴压比压(单位长度钻头直径上的轴压),以获得较高的钻速。

苏联学者沙契洛夫认为,作用在岩石上的力如超过岩石抗压强度极限的30%,岩石就能顺利从岩体中破碎剥离,他得到的经验公式如下:

$$P = fk \frac{D}{d_m} \tag{7-49}$$

式中:f 为普氏坚固性系数;k 为试验系数,取 1.3~1.5;D 为设计时选用的钻头直径,mm;d_m 为试验用标准钻头直径,mm。

(2)扭矩的确定。

按能量守恒原则,岩石破碎所消耗功应当等于扭矩做功与轴压力做功之和,可列出方程:

$$M = \frac{v}{2\pi n} \left(a_z \frac{\pi D}{4} - P \right) \tag{7-50}$$

式中:a_z 为钻比功,J/m³;v 为钻孔速度,m/min;n 为钻机转数,r/min。

a_z 与岩石破碎比功 a 呈线性关系,即

$$k_a = \frac{a_z}{a} \tag{7-51}$$

k_a 为功耗系数,对美国 60R 和 45R 型钻机,现场标定 k_a 值为 0.4~0.5,即滚刀比功为破碎比功的一半。

美国休斯公司在大量的实验基础上经过分析得出一个经验公式,其表达形式为:

$$N = nKD^{2.5}W^{1.5} \tag{7-52}$$

式中:n 为转数,r/min;K 为岩石强度系数,见表 7-7;D 为钻头直径,in;W 为比压,10^{-3} lb/in。

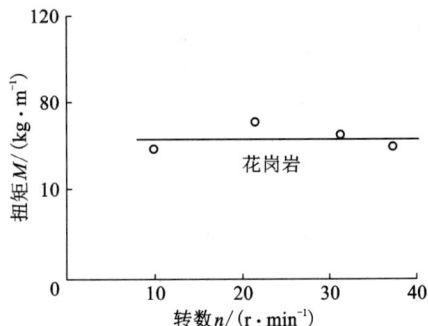

图 7-27 扭矩与转数的关系

表 7-7　镶齿滚刀钻进时的岩石强度系数

岩石性质	抗压强度		K
	英制/(lb·in^{-2})	公制/(kg·cm^{-2})	
最软	—	—	14×10^{-5}
软	—	—	12×10^{-5}
中软	2500	175	10×10^{-5}
中	8000	500	8×10^{-5}
硬	30000	2100	6×10^{-5}
最硬	68000	4750	4×10^{-5}

将式(7-52)换算为公制单位, 则:

$$N = 1.304nKDP^{1.5} \tag{7-53}$$

式中: D 为钻头直径, cm; P 为轴压力, 10 kN。

(3)转数的确定

镶齿滚刀钻机转数主要取决于镶齿破碎岩石所需要的时间, 苏联学者比留科夫认为, 镶齿对岩石的接触时间不能小于 0.03 s, 如果小于该时间, 镶齿对岩石的压力作用效果就会急剧降低, 这样就不能发挥镶齿滚刀破碎岩石的作用。根据这个观点, 可以求出钻头的最高转速。在纯滚动条件下有如下关系:

$$n = n_Z \frac{d_L}{D} = \frac{60v_L}{\pi D} \tag{7-54}$$

式中: n 为钻机转数, r/min; n_Z 为滚刀转数, r/min; d_L 为滚刀大端直径, mm; D 为钻头直径, mm; v_L 为滚刀大端的线速度, mm/s。

得出:

$$v_L = \frac{\pi Dn}{60} \tag{7-55}$$

镶齿滚刀在转动时, 不完全是纯滚动, 速度有所降低, 因此将上式修正为:

$$v_L = k\frac{\pi Dn}{60} \tag{7-56}$$

式中: k 为速度损失系数, 实验测得 $k=0.95$。

镶齿滚刀大端若装有 Z 个齿, 则其齿间的弧长 L 应为:

$$L = \frac{\pi d_L}{Z} \tag{7-57}$$

每个齿与岩石的接触时间为:

$$t = \frac{L}{v_L} \tag{7-58}$$

则:

$$n = \frac{60d_L}{tkZD} \tag{7-59}$$

假设 k 取 0.96，t 取 $0.02\sim0.03$，代入上式：

$$n = (2083 \sim 3125)\frac{d_{\mathrm{L}}}{ZD} \qquad (7\text{-}60)$$

国内外钻机转数一般在 150 r/min 以下，较常用的为 60~80 r/min；根据岩石性质的不同而采用不同的转数，软岩 80~120 r/min，中硬岩 60~100 r/min，硬岩 50~80 r/min。

7.2　滚压破岩装备及应用

目前，利用滚压破岩的主要装备有岩石掘进机(TBM)和天井钻机。本节根据岩石掘进机和天井钻机的概念、分类、构造等进行介绍。

7.2.1　岩石掘进机(TBM)

1. TBM 基本概念及发展历程

在我国，一般将用于岩石地层的全断面隧道掘进机称为 TBM(tunnel boring machine)。TBM 是一种依靠刀盘旋转破岩推进，隧道支护与出渣同时进行，并使隧道全断面一次成形的大型专用装备。TBM 采用机械电气和液压领域高科技成果，运用计算机控制、闭路电视监视、工厂化作业，是集掘进、支护、出渣、运输于一体的成套设备。TBM 具有掘进、出渣、导向、支护四大基本功能，对于复杂地层，还配备超前地质预报设备。其掘进功能主要由刀盘旋转带动滚刀在开挖面破岩以及为 TBM 提供动力的扭矩系统和推进系统完成；出渣功能一般分为导渣、铲渣、溜渣、运渣四部分；导向功能主要包括确定方向、调整方向、调整偏转；支护功能分为掘进前未开挖的地层预处理、开挖后洞壁的局部支护以及全部洞壁的衬砌或管片拼装。其超前地质预报系统一般由超前钻机和自带的物探系统组成。采用 TBM 施工，无论是在隧道的一次成型、施工进度、施工安全、施工环境、工程质量等方面，还是在人力资源的配置方面，都比传统的钻爆法施工有了质的飞跃[32]。

世界上第一台 TBM 是比利时工程师毛瑟(Maus)于 1846 年发明的。在一次铁路修建的工程中，需要开掘一条 12 km 的隧道，由于隧道过长，传统钻爆法会在隧道内滞留大量有毒气体，于是他设计制造了世界上第一台隧道掘进机——"片山机(mountain-slicer)"，但是由于世人的怀疑和资金的中断，这台机器最终没有完成隧道掘进，但是这台"片山机"被公认为世界上第一台 TBM。

19 世纪 50 年代，美国多名工程师先后进行了 TBM 研究，但是其开挖效果并不理想。1881—1923 年，一些国家陆续设计制造了 21 台 TBM，因受当时技术条件的限制，TBM 的开发处于停滞状态。1953 年，詹姆士·罗宾斯(Robbins)受隧道工程承包商委托，成功研制出 1 台软岩 TBM，这是世界上第一台现代意义的、能在软岩中高效工作的 TBM，而后他成立了世界上第一家专门研究制造 TBM 的公司。目前，世界范围内的 TBM 生产商有 30 余家，已生产 TBM 700 多台，最具实力的是美国罗宾斯公司、德国维尔特公司、德国海瑞克公司等。

TBM 在我国的发展相对较晚，可分为三个时期。1964—1984 年，是我国 TBM 技术的黎明期。1966 年研制的我国首台 TBM，直径 3.5 m，用于云南西洱河水电站引水隧道施工，该

TBM 的研制与应用是我国 TBM 技术进入黎明期的重要标志。1985—2012 年，是我国 TBM 技术的引进消化期。1985 年，天生桥二级水电站引水隧洞工程引进了美国罗宾斯公司 φ10.8 m 开敞式 TBM，该 TBM 的引进标志着我国 TBM 技术进入引进消化期。从 2013 年开始，我国进入了 TBM 技术的自主创新期，开始设计制造具有完全自主知识产权的 TBM。

2. TBM 法施工优缺点

TBM 法与钻爆法相比，主要有以下优点。

①快速。钻爆法受地质情况影响较大，工期相对较长。TBM 是一种集机、电、液压传感、信息技术于一体的隧道施工成套设备，可以实现连续掘进，能同时完成破岩、出渣、支护等作业，实现了工厂化施工，掘进速度较快，效率较高。

②优质。钻爆法对围岩的扰动破坏性较大，非人为造成的超挖量较大。TBM 采用滚刀进行破岩，避免了爆破作业，成洞周围岩层不会受爆破振动而破坏，洞壁完整光滑，超挖量少。

③高效。TBM 施工速度快，缩短了工期，较大地提高了经济效益和社会效益；同时由于超挖量小，节省了大量衬砌费用。TBM 施工用人少，降低了劳动强度、减少了材料消耗。

④安全。钻爆法采用炸药爆破，安全隐患较大。采用 TBM 施工，改善了作业人员的洞内劳动条件，减轻了体力劳动量，避免了爆破施工可能造成的人员伤亡，事故大大减少。

⑤环保。钻爆法采用炸药爆破，会产生大量有害气体，污染环境；对于较长隧道，需开设支洞，修建道路，对环境影响较大。TBM 施工不用炸药爆破，施工现场环境污染小；TBM 施工减少了长大隧道的辅助导坑数量，保护了生态环境，有利于环境保护。钻爆法因爆破产生的振动对周围建筑物影响较大，TBM 法施工对周边建筑物基本无影响。

⑥自动化、信息化程度高。钻爆法人力资源投入大，设备投入台件多，自动化及信息化程度不高。TBM 采用了计算机控制、传感器、激光导向、测量、超前地质探测、通信技术，是集机、光、电、气、液、传感、信息技术于一体的隧道施工成套设备，具有自动化程度高的优点。TBM 具有施工数据采集功能、TBM 姿态管理功能、施工数据管理功能、施工数据实时远传功能，可实现信息化施工。

但是 TBM 的地质针对性较强，不同的地质条件、不同的隧道断面，需要设计成满足不同施工要求的 TBM，需要配置适应不同要求的辅助设备。采用 TBM 法施工的缺点如下：

①地质适应性较差。TBM 比较适合于在地层变化小、岩体完整性好、岩石强度中等的地层施工，TBM 对隧道的地层最为敏感，不同类型的 TBM 适用的地层也不同，一般的软岩、硬岩、断层破碎带，可采用不同类型的 TBM 辅以必要的预加固和支护设备进行掘进，但对于大型的岩溶暗河发育的隧道、较大规模的断层破碎带、高石英含量的石英砂岩、膨胀性围岩、高地应力区强烈岩爆洞段及塑性变形严重洞段、软岩大变形隧道、可能发生较大规模突水涌泥的隧道等特殊不良地质隧道，则不宜采用 TBM 施工。在这些情况下，采用钻爆法更能发挥其机动灵活的优越性。

一般情况下，以Ⅱ、Ⅲ级围岩为主的隧道较适合采用敞开式 TBM 施工，以Ⅲ、Ⅳ级围岩为主的隧道较适合采用单护盾或双护盾 TBM 施工，对于以Ⅴ级围岩为主和地下水位较高的城市浅埋隧道或越江隧道则较适合采用盾构法施工。

②不适宜中短距离隧道的施工。由于 TBM 体积庞大，运输移动较困难，施工准备和辅助施工的配套系统较复杂，加工制造工期长，对于短隧道和中长隧道，其很难发挥自身优越性。

国外的实践表明，当隧道长度与直径之比大于 600 时，采用 TBM 施工是比较经济的。对于一般的单线铁路隧道，开挖直径通常在 9~10 m，按此计算大于 6 km 的隧道就可以考虑采用 TBM 施工。发达国家的隧道施工一般优先考虑 TBM 法，只有在 TBM 法不适宜时才考虑采用钻爆法。我国则相反，钻爆法施工一直是我国的强项，采用钻爆法已成功修建了 5000 多千米的铁路隧道，且钻爆法施工的进度仍在逐年加快。在我国，一般认为小于 10 km 的隧道难以发挥 TBM 法的优越性，而钻爆法则具有相对经济的优势；对于 10~20 km 的特长隧道可以对 TBM 法和钻爆法施工进行经济技术比较，选择适宜的施工方法；对于大于 20 km 的特长隧道则宜优先采用 TBM 法施工。另外，对于穿越江河城市建筑物密集或地下水位较高的隧道，考虑到施工安全和沉降控制等因素，不论隧道长短，则宜优先考虑采用盾构法施工。

③断面适应性较差。断面直径过小时，配套系统不易布置，施工较困难；而断面过大时，又会带来电能不足、运输困难、造价昂贵等种种问题。一般地，较适宜采用 TBM 法施工的隧道断面直径在 3~12 m；对直径在 12~15 m 的隧道应根据围岩情况和掘进长度、外界条件等因素综合比较；对于直径大于 15 m 的隧道，则不宜采用 TBM 法施工。另一方面，变断面隧道也不能采用 TBM 法施工。此外，TBM 法一般不适合较大范围的变断面隧道(洞)的施工。

④运输困难，对施工场地有特殊要求。TBM 属大型专用设备，全套设备重几千吨，最大部件重量上百吨，拼装长度最长有 200 多米；同时，洞外配套设施多，主要有混凝土搅拌系统，管片预制厂，修理车间，配件库，材料库，供水、供电、供风系统，运渣和翻渣系统，装卸调运系统，进场场区道路，TBM 组装场地等。这些对隧道的施工场地和运输方案等都提出了很高的要求，可能有些隧道虽然长度和地质条件较适合 TBM 法施工，但运输道路难以满足要求，或者现场不具备布置 TBM 法施工场地的条件。

⑤设备购置及使用成本大。TBM 法施工需要高负荷的电力保证、需要高素质的技术人员和管理队伍、前期购买设备的费用较高，这些都直接影响 TBM 法施工的适用性。

⑥非掘进作业占用工期长。采用 TBM 法施工的深长大隧洞，从 TBM 设备订货开始到 TBM 试掘进，需要经历 TBM 的选型论证、设计联络、设计制造、厂内组装与调试、海运或陆运、现场组装与调试等环节；在 TBM 正常掘进后，可能由地质风险、TBM 设备风险、专业技术管理控制风险等，导致可预见或不可预见的非正常停机，如卡机事故的脱困处理、更换主轴承等作业。这些对 TBM 施工来说既占用工期又无进尺可言的操作，均称之为非掘进作业。非掘进作业占掘进作业的比率相当高，对于采用 TBM 法的隧洞工程，设计和施工均应对非掘进作业给予充分的考虑，以便作出科学、合理的施工组织设计。

3. TBM 分类

为适应不同地质条件，可将 TBM 主要分为以下三种类型。

①敞开式 TBM，主要用于岩体整体较完整，有较好自稳性的中硬岩地层；敞开式 TBM 上配置了钢拱架安装器和喷锚等辅助设备，以适应地质的变化；当采取有效支护手段后，也可以应用于软岩隧道，但掘进效率会受影响。

②双护盾 TBM，主要适用于部分或反复出现软弱破碎地层的隧道。

③单护盾 TBM，主要适用于地质构造相对较软、地应力较小的隧道掘进，同时适用于不稳定及不良地段的软弱围岩掘进，但由于其护盾不能径向伸缩、盾壳较长，仍有围岩收缩造成连续卡机的风险。受结构限制，其在施工时掘进与管片安装不能平行作业。

随着 TBM 技术的进步及 TBM 适应复杂地质的需要，除了上述三种类型，目前还发展了双模式 TBM。

4. 敞开式 TBM

敞开式 TBM 具备岩体开挖、石渣转运、临时支护等功能。采用敞开式 TBM 进行隧道掘进时，装有滚刀的旋转刀盘在强大的推力、扭矩作用下抵住掌子面，盘形滚刀绕着刀盘中心公转，也绕自身中心自转，滚刀在掌子面滚动，当推力超过岩石的抗压强度时，滚刀下的岩石直接破碎，滚刀贯入岩石，掌子面被滚刀挤压碎裂而形成隧道同心圆沟槽。随着沟槽深度的增加，岩体表面裂纹加深延伸，当超过岩石剪切和拉伸强度时，相邻同心圆沟槽间的岩石成片剥落，形成石渣(岩屑)。通过刀盘上的刮板铲拾石渣，经过刀盘的溜渣槽滑落到机器中心位置，然后经漏斗状的集渣环落到主机皮带机上，在主机皮带机的末端，岩屑转由后配套区皮带输送机或运输车辆从隧道运出，以完成石渣的转运。通过破碎地带等不良地层需要对刀盘之后的围岩实施临时支护，主要利用锚杆、钢筋网和钢拱架实现围岩临时支护。利用附加的钻机，可以探测机器前方的岩土条件，并在必要时实施地质改良。围岩渗水可利用掘进机底部的排水系统抽排。在后配套区，使用喷射混凝土对已开挖隧道内壁进行支护。所有必要的供应设施均安装在后配套区，除了混凝土喷射以外，常常还包括仰拱块安装。撑靴作为敞开式 TBM 的支撑、换步的结构，也用作掘进机的导向。

敞开式 TBM 的掘进循环由掘进作业和换步作业交替组成。在掘进作业时，TBM 刀盘进行沿隧道轴线的直线运动和绕轴线的单方向回转运动复合而成的螺旋运动，被破碎的岩石由刀盘的铲斗落入皮带输送机向机后输出。换步作业是利用支撑系统，在掘进机掘进时，撑靴进行动作来撑紧洞壁，推进油缸推动刀盘掘进破岩，被破碎的岩石由刀盘的铲斗落入出渣系统后输至洞外。

敞开式 TBM 掘进工况工作原理示意图如图 7-28 所示：

步骤 1：支撑靴油缸伸长，支撑靴撑紧在岩壁上，前支撑、后支撑缩回，做好掘进准备。

步骤 2：推进液压缸伸长，推动刀盘向前完成一个循环掘进后停止。

步骤 3：前支撑、后支撑伸长来支撑设备，支撑靴系统收回。

步骤 4：液压缸 1 缩短，液压缸 2 伸长，外壳向前滑移一个行程长度。

步骤 5：前后外壳的支撑靴重新撑紧在洞壁上，前、后支撑缩回，开始新的掘进循环。

敞开式 TBM 又可分为凯式和主梁式，下面将从结构特点、基本配置等方面对这两种 TBM 进行简单介绍：

1)凯式敞开式 TBM

凯式敞开式 TBM 的主要特点是使用内外凯式(Kelly)机架。以德国维尔特公司制造的直径 8.8 m 的 TB 880E 型 TBM 为例，介绍凯式敞开式 TBM 的结构原理。

凯式敞开式 TBM 主机主要由刀盘、刀盘护盾、刀盘主轴承与刀盘驱动器、辅助液压驱动、主轴承密封与润滑、内部凯式、外部凯式与支撑靴、推进油缸、后支撑、液压系统、电气系统、操作室、变压器、行走装置等组成。外凯式机架上装有 X 形支撑靴；内凯式机架的前面安装主轴承与刀盘驱动，后面安装后支撑。刀盘与刀盘驱动由可浮动的仰拱护盾、可伸缩的顶部护盾、两侧的防尘护盾包围并支撑着。刀盘驱动安装于前后支撑靴之间，以便在刀盘护盾的后面提供尽量大的空间来安装锚杆钻机和钢拱架安装器。刀盘是中空的，其上装有盘

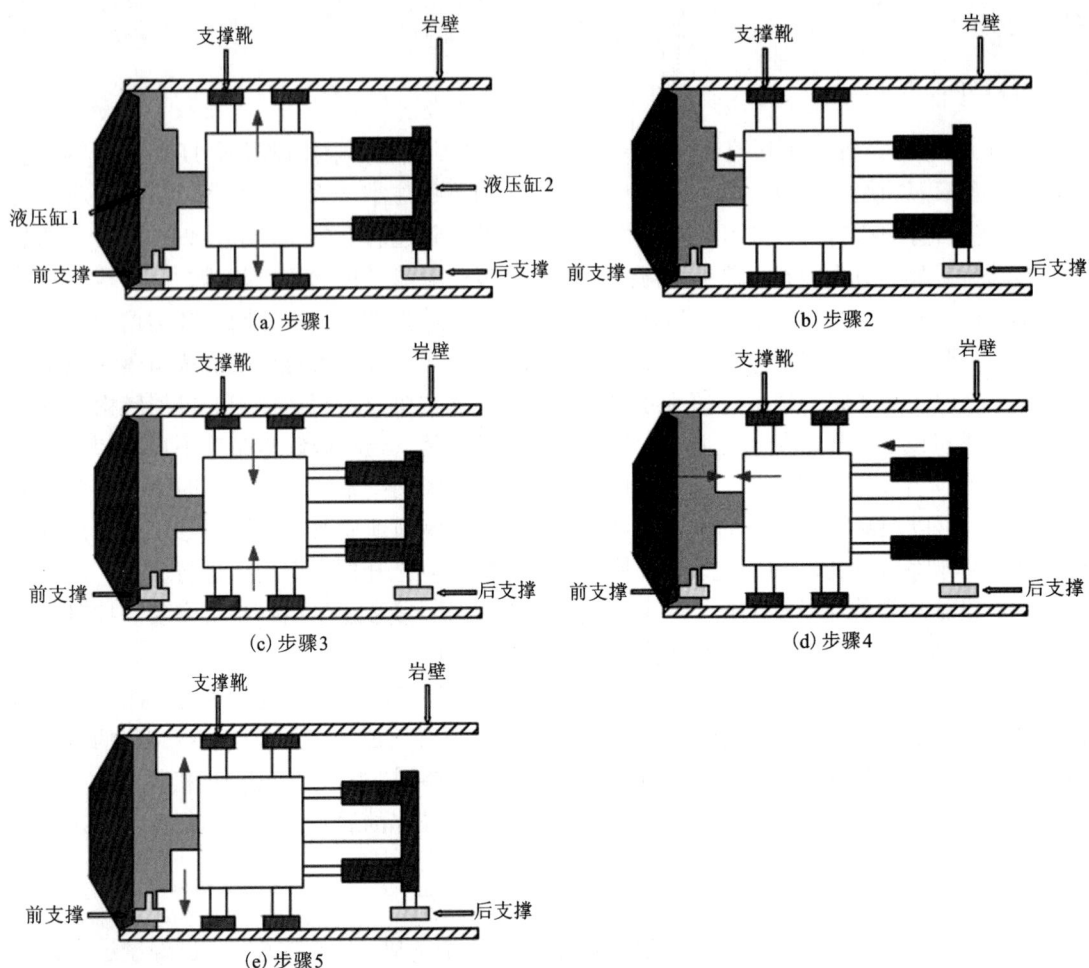

图 7-28　敞开式 TBM 掘进工况工作原理示意图

形滚刀、刮刀和铲斗，将石渣送到置于内凯式机架中的皮带输送机上。

　　凯式敞开式 TBM 的刀盘为焊接的钢结构件，由两半圆通过螺栓连接成一体，以便于分成两块运输，也便于在隧道内吊运。刀盘上的滚刀为背装式，刀座为凹式，这种结构的刀盘安装刀具方便，并且刀盘与掌子面的距离保持最小，能有效地防止在断层破碎地质条件下刀盘被卡住。

　　刀盘支撑在主轴承上，用液压膨胀螺栓与轴承的旋转件相连。刀盘支撑在刚性定位的内凯式机架与液压预载的仰拱护盾上，在岩层变化时，刀盘不会下落和摆动，从而保持刀盘的轴线位置不变，确保滚刀在各自的切缝中，减少作业时的振动和滚刀的磨损。刀盘配套有一套喷水系统，用以对掌子面的灰尘进行初步控制，也用以使滚刀冷却。通过内凯式机架上的人孔可以进入刀盘的内部，通过刀盘上的人孔可以进入掌子面。

　　凯式敞开式 TBM 的刀盘护盾由液压预载的顶护盾和三个可伸缩的拱形护盾组成，如图 7-29 所示。刀盘护盾从刮刀至隔板遮盖着刀盘，提供钢拱架安装时的安全防护，防止大块岩石堵塞刀盘；并在掘进时或掘进终了换步时，支撑住掘进机的前部。三个可伸缩的拱形护盾均可用螺栓安装格栅式护盾，在护盾托住顶部时，可安装锚杆。护盾通过油缸连接带动隔板，护盾随刀盘浮动。护盾上的预载油缸承受刀盘及驱动装置的重量，保持护盾与隧道仰拱相接触，并将石渣向前推动进行清理。

凯式敞开式 TBM 的主轴承是一个双轴向、径向式的三维滚柱轴承，轴向预加荷载，内圈旋转。主轴承组成示意图如图 7-30 所示。

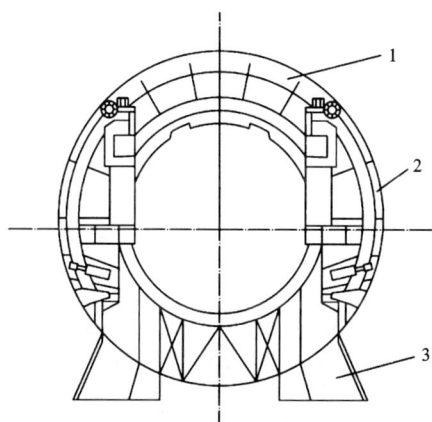

1—顶护盾；2—侧护盾；3—临时支承。

图 7-29　敞开式 TBM 刀盘护盾示意图　　　　图 7-30　主轴承组成示意图

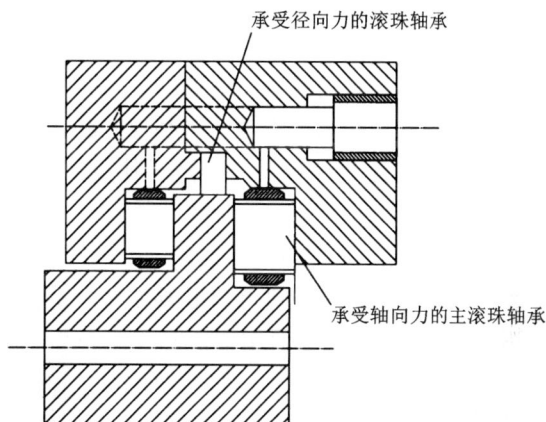

轴承内圈上的内齿圈是轴承的组成部分，刀盘用液压膨胀螺栓与内齿圈相连接。刀盘由 8 套相同的刀盘驱动装置共同经内齿圈驱动。驱动小齿轮由两个轴承支承，小齿轮的传动轴通过齿形联轴节与水冷式双级行星减速器相连，然后通过摩擦式离合器与驱动电机相连。正常作业时，刀盘由双速水冷电机驱动，电动机装于两外凯式机架之间，双速可逆式电机允许刀盘在不稳定的软弱围岩地质条件下半速驱动，在不利条件下为了使刀盘脱困，允许电机反转；微动时由液压马达驱动，可使刀盘旋转到换刀位置以便更换滚刀或进行维修保养工作。

内凯式机架是一个箱型截面焊接结构，其上有淬火硬化的滑道，以供外凯式机架的轴承座在其上滑行，其结构如图 7-31 所示。

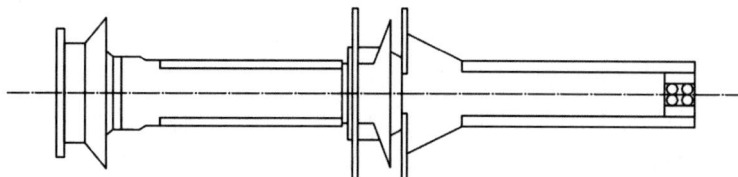

图 7-31　敞开式 TBM 内凯式机架示意图

前后外凯式机架在推进油缸的作用下滑动。内凯式机架为刀盘导向，将掘进机作业时的推进力和力矩传递给外凯式机架。内凯式机架连接刀盘轴承、驱动装置与后支撑，内凯式的尾部与后支撑相连，内凯式的前部连接着主轴承座。内凯式机架前端设有一人孔，可由此通道进入刀盘，内凯式机架内有足够的空间，用以安置皮带机。

外凯式机架连同支撑靴一起沿内凯式机架纵向滑动，支撑靴由32个液压油缸操纵，支撑靴分两组，每组由8个支撑靴组成，在外凯式机架上呈"X"形分布，前后外凯式机架上各有一组支撑靴。16个支撑靴将外凯式机架牢牢地固定在掘进后的隧道内壁上，以承受刀盘扭矩和掘进机推进的反力。前后支撑靴能够独立移动以适应不同的钢拱架间距。

2) 主梁式敞开式 TBM

主梁式敞开式 TBM 的主要特点是采用水平支撑靴为 TBM 提供动力，主要由刀盘、接渣斗、护盾、指形护盾、锚杆钻机、主梁、回转接头、皮带运输机、主驱动、前支撑、拱架安装器、工作平台、超前钻机、撑靴鞍架、撑靴油缸、支撑靴、风管、皮带机、物料吊机、推进油缸、后支撑、后配套等组成，其主要特点是采用主梁式支撑靴系统。

本节以大瑞铁路高黎贡山隧道使用的中铁工程装备制造的 $\phi9030$ mm 的双对水平支撑主梁式 TBM 为例，介绍主梁式敞开式 TBM 的基本配置。

主梁式敞开式 TBM 的刀盘由刀盘钢结构主体、滚刀、进渣口和喷水口等组成，如图 7-32 所示[32]。

刀盘采用有利于稳定掌子面的平面状形式，从使用工况、加工制造、运输、组装、检修等综合因素考虑，刀盘设计为分块式结构，分块形式为 1+4。刀盘的结构为重型焊接钢结构，中心块和四个边块通过销轴和高强度螺栓连接，四周设计有大坡口焊缝，保证了刀盘整体的强度和可靠性。刀盘设计有 12 个均布的进渣口，排渣充分，有效降低周边盘体及刀具的二次磨损，每个进渣口处设计有格栅，有效限制了出渣的最大粒径。

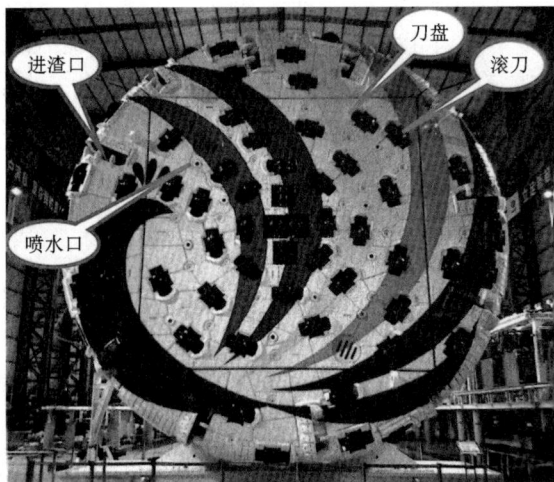

图 7-32　刀盘

主梁式敞开式 TBM 的刀盘由主机头架内的主轴承支撑，刀盘机头架是重载型的刚性(抗扭转)焊接钢结构；其护盾主体为钢结构焊接件，围绕在主驱动机头架周边，与机头架相连接，用于在 TBM 掘进时顶紧在洞壁上稳定刀盘，并防止大块岩渣掉落在刀盘后部及主驱动电机处。整个护盾分成底护盾、侧护盾和顶护盾三个部分。底护盾固定于机头架下方，承载 TBM 前部的重量，并作为 TBM 调向的支点；侧护盾、顶护盾由液压缸驱动伸缩，侧护盾在掘进中稳定刀盘，顶护盾结构延伸到刀盘后方，为进行辅助支护的工人提供保护。

推进及支撑系统主要由主梁、鞍架、推进油缸、撑靴油缸、扭矩液压缸和撑靴构成，具体如图 7-33 所示[32]。其主要功能是通过推进液压油缸给刀盘掘进提供所需的推力，并且由撑靴油缸将支撑靴撑紧在洞壁上，以承受掘进时的反力和反力矩。

主梁包括两段，如图 7-34 所示[32]，相互之间用高强度螺栓连接。主梁的主要作用是传递刀盘推力和反扭矩。刀盘旋转的时候，其产生的扭矩通过机头架传递到主梁，再由主梁传递到鞍架，鞍架通过扭矩油缸传递到撑靴装置，最终传递到开挖好的岩壁上。主机推力由安装在主梁上的推进油缸提供，推进油缸一端安装在主梁的前段，另一端与支撑靴装置连接。推进反力由撑紧岩壁的支撑靴装置提供。当主机推进的时，支撑靴紧贴在岩壁表面，推进油缸伸出，带动主梁、机头架和刀盘沿鞍架的滑轨向前运动。

图 7-33　推进及支撑系统

图 7-34　主梁

5. 单护盾 TBM

单护盾 TBM 与敞开式 TBM 的区别是在刀盘后带有一个护盾（图 7-35[32]），在护盾保护下有管片安装设备，配合管片衬砌工艺，在岩层中可实现高掘进效率和较少停机时间。单护盾 TBM 的开挖直径大于盾体直径。此外，刀盘回转中心线稍高于盾体中线。通过超挖设计，易于进行 TBM 的控制，并防止 TBM 在岩层中卡住。单护盾 TBM 采用管片或管段支撑围岩，在脆性岩层或低强度岩层掘进中，使掘进过程与隧道衬砌之间的相互依赖降至最低，一般不需要额外的支护措施，这样能够有效提高掘进速度。

单护盾 TBM 工作基本原理是隧道开挖时，掘进机由推进油缸动作来产生必要的推力。同时，刀盘转动破碎工作面的岩石，岩石碎屑由位于主机中部的皮带机运出。当掘进到一定长度后掘进停止，在盾尾的保护下，进行管片安装及注浆，从而完成一个工作循环。单护盾 TBM 的掘进需要靠衬砌管片来提供推进反向力，因此在安装衬砌管片时必须停止掘进，即机器掘进与管片拼装不能同时进行，从而限制了掘进速度。

图 7-35　单护盾 TBM

单护盾 TBM 主要由刀盘、机头架、主驱动、主轴承、主轴承密封、盾体、盾尾密封、推进油缸、盾体滚转纠偏装置、铰接油缸、稳定油缸、主机皮带机、管片、管片拼装机、出渣系统、导向系统等组成（图 7-36[32]），有些单护盾 TBM 还配置了驱动及抬升装置。

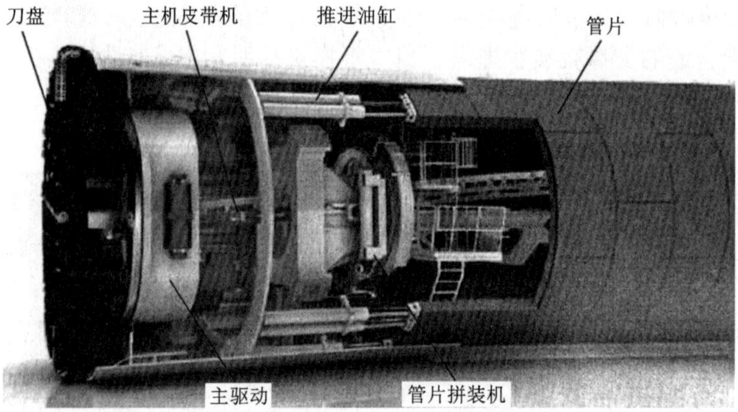

图 7-36　单护盾 TBM 组成

单护盾刀盘是重型加工件，刀盘上配置了盘形滚刀、刮刀、铲斗、喷嘴、耐磨保护等。机头架为箱型结构，为主轴承、主驱动单元及刀盘提供支撑。推进油缸沿盾体圆周方向布置，每根推进油缸配置靴板，靴板与油缸球头和球套连接，靴板可将油缸推力均匀地作用在管片接触面上。盾体滚转纠偏装置可调整推进油缸与隧洞轴线的夹角。铰接油缸连接掘进机中盾与尾盾，采用铰接模式，能使盾尾根据线路情况调整尾盾与中盾的夹角，满足掘进机转弯的需要。主机皮带机将落入刀盘内的渣土运输至后配套皮带机，主机皮带机满足最高掘进速度和安全系数的需求。前盾用于支撑机头架，并在前盾布置稳定器以减少开挖过程中的振动。

6. 双护盾 TBM

双护盾 TBM（图 7-37[32]）又称伸缩护盾式 TBM，装备有两节盾构壳体，既能防止开挖面坍塌，又能曲线开挖，还能套筒式伸缩实现并进作业。双护盾 TBM 按照硬岩掘进机配上一个软岩盾构功能进行设计，既可用于硬岩，又可用于软岩，其地质适应性非常广泛，尤其能安全地穿过断层破碎地带。

图 7-37　双护盾 TBM

双护盾 TBM 按照隧道管片拼装作业与开挖掘进作业并进而连续开挖的概念进行设计，按快速施工的设计要求，掘进机的管片拼装机具有管片储运和管片拼装双作业功能。双护盾 TBM 在地质良好时可以同时掘进与安装管片，且在任何循环模式下都是在敞开状态下掘进。

双护盾 TBM 具有两种掘进模式：双护盾掘进模式和单护盾掘进模式。

1）双护盾掘进模式

在围岩稳定性较好的硬岩地层中掘进时，支撑靴紧撑洞壁为主推进油缸提供反力，使 TBM 向前推进，刀盘的反扭矩由两个位于支撑盾的反扭矩油缸提供，掘进与管片安装同步进行。此时 TBM 作业循环为：掘进与安装管片、支撑靴收回换步、再支撑、再掘进与安装管片，具体步骤如图 7-38 所示[32]。

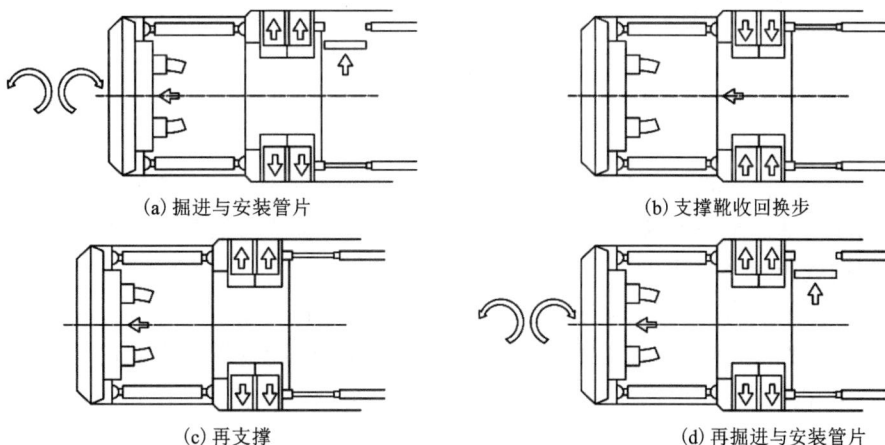

(a) 掘进与安装管片　　　　　　　　　　　(b) 支撑靴收回换步

(c) 再支撑　　　　　　　　　　　　　　(d) 再掘进与安装管片

图 7-38　双护盾掘进模式（硬岩模式）示意图

2）单护盾掘进模式

在软弱围岩地层中掘进时，洞壁不能为水平支撑提供足够的支撑力，支撑系统与主推进系统不再适用，伸缩护盾处于收缩位置。刀盘掘进时的反力由盾壳与围岩的摩擦力提供，刀盘的推力由辅助推进油缸支撑在管片上提供，TBM 掘进与管片安装不能同步进行。此时 TBM 作业循环为：掘进、辅助油缸缩回、安装管片、再掘进，具体如图 7-39 所示[32]。

双护盾 TBM 与敞开式 TBM 不同之处在于双护盾 TBM 具有全圆的护盾，与单护盾 TBM 不同之处在于双护盾 TBM 在地质良好时可以同时掘进与安装管片，且在任何循环模式下都是在敞开状态下掘进。伸缩护盾形式是双护盾 TBM 的独有的结构特点，是实现软硬岩作业转换的关键。

双护盾 TBM 由主机、连接桥、后配套拖车三大部分组成。主机主要由装有刀盘的前盾、装有支撑系统的后盾、连接前后盾的伸缩部分及安装管片的盾尾组成。

刀盘只在顺时针旋转时才切削岩石，反转仅在遇到破碎带或不稳定的岩层，刀盘挤压时为脱困使用。刀盘设计液压式刀具磨损自动检测系统，以确保刀盘不因刀具超量磨损、损坏而造成严重的磨损或损坏。刀盘设计 600 mm 人孔一个，人员可以通过人孔进入掌子面，排除刀盘前方的障碍物。

在刀盘上装有背装式盘形滚刀，可从刀盘背后更换刀具。滚刀座为凹式，是刀盘的组成

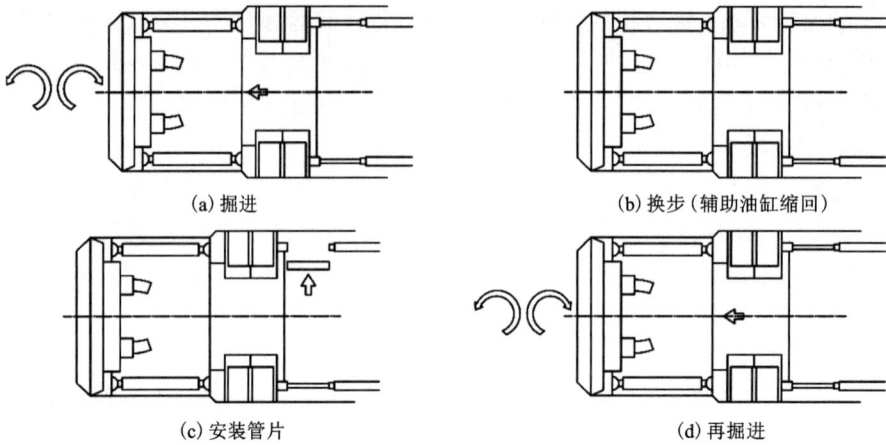

图 7-39　单护盾掘进模式（软岩模式）示意图

部分，滚刀刀圈只有一部分突出于刀盘之外，采用这种形式的刀具，可防止在断层破碎地带大块岩石堵塞刀盘。平头刀盘可使作业面稳定，浅的石渣铲斗与刮刀可使护盾的切削边与隧道作业面间的间距缩小。

铲斗的开口处装有斗齿，以挖掘在各种断层带可能遇到的地层。旋转的刀盘后装有强劲橡胶片，与不转的石渣漏斗的后侧形成封闭切削室，刀盘封闭的端面有长的径向石渣斗，使大部分的石渣在落到仰拱上之前进入刀盘。石渣铲斗与刮刀只能沿一个方向挖掘，这可增大刀盘的挖渣效率，并降低铲斗与刮刀的磨损。周边铲斗开口不大，以防止大块岩石堵塞刀盘。

刀盘设计有超挖滚刀与刮刀，可在护盾外扩挖 200 mm。超挖刀由液压控制伸出，用机械方法锁定。超挖刀的液压油由刀盘中心的旋转接头供应。掘进硬岩时，用扩挖刀扩挖出一个空间，用以更换定位滚刀，其余的正滚刀、中心刀更换时，可将前盾、刀盘、驱动装置向后退。

切削下来的石渣，经石渣漏斗送到置于 TBM 中心部分的皮带输送机上。必要时，在出渣漏斗上方设计有液压操控的滑动闸门，一旦出现涌水，它可朝皮带机方向关闭出渣漏斗，从而避免水流入隧道。

刀盘上装有一套抑制粉尘的喷水系统，水经刀盘中心的旋转接头，供应至刀盘上退装着的若干喷嘴上。

双护盾 TBM 一般采用偏心刀盘设计以适用断层或挤压地层，采用刀盘提升装置以适应膨胀岩。一般地，双护盾 TBM 的设计中可以考虑刀盘在盾壳轴线上有 20 mm 的偏移，以便于实现在隧道上部超挖，但底拱不宜有多余的超挖，以防止设备低头。考虑到膨胀岩石的存在，需要更进一步扩大开挖直径，可以配置一个刀盘提升装置。

双护盾 TBM 的护盾由 4 个主要部分组成，即前盾、后盾（支撑盾）、连接前后盾的伸缩部分（伸缩盾）和盾尾。

（1）前盾。

前盾包含刀盘与刀盘驱动装置，并支承着刀盘与刀盘驱动装置。前盾由主推进液压油缸

(即伸缩液压油缸)与后盾相接。主推进液压油缸分成上下左右 4 组进行控制,对前盾进行方向控制。前盾相对于后盾的位置由 4 个线性传感器测量,并在操作室中显示读数。刀盘的后舱板(密封隔板)将切削室与护盾隔开。舱板上有排水孔,通向水泵的底壳。当水涌入,输送带上的闸门关闭,可用此水泵将水从切削室中排出。在前盾顶部 1/4 的地方有 2 个液压操纵的稳定器,在硬岩中掘进时用来稳定前盾,并在后盾向前拉时起帮助作用。

(2)伸缩盾。

伸缩盾连接着前盾和后盾,其功能是使 TBM 的掘进与管片的安装能同时进行。主推进液压缸连接着前、后盾,既传递推力又传递拉力。这一性能在遇到不稳定的地质条件且覆盖层负荷大时,可用以防止护盾向下倾斜。

伸缩盾两个壳体之间的间隙可以检查、清洁,为了检查设有若干个窗口。当伸缩盾在收缩位置,内壳体与前端的一个密封相接触,可将水或膨润土泵入两壳体之间的间隙,以清除石渣。有一刮刀装在外壳体顶部的 120° 范围内,以保持两壳体间的清洁。当需要处理盾壳外的障碍物或需要到刀盘前方时,可以利用铰接油缸使伸缩内盾和支撑盾脱开,并露出与围岩接触的工作面。

(3)后盾。

后盾也称支撑盾,后盾内设有副推进液压油缸和支撑装置。后盾承受前盾的全部推进反力,也可将前盾回拉。后盾尺寸宽大,对围岩的压力不大,这在软弱围岩掘进时特别重要。

后盾总推力相当大,用于施加需要的力于刀盘,并克服全部护盾的摩擦阻力。副推进液压缸有共用的液压动力站。每组液压缸(共 4 组)均由供油量控制,由 TBM 操作者监控。正常掘进时,即用支撑靴提供反力来推进前盾与刀盘,主推进液压缸可由共用的油流操作。每个液压缸装有测量装置或线性传感器,使操作者能监控其位置。这种正常掘进是在围岩状态良好,能给支撑靴提供足够的推力反力与刀盘切削反力矩的情况下采用。这时,掘进与安装管片同时进行。在主推进液压缸推进一个行程(一步)时,于后盾后面安装一个环管片。此后,缩回支撑靴,用主副推进液压缸一拉一推,使后盾前移以实现换步,支撑好后再进行掘进与安装管片。

TBM 作业时刀盘的反力矩,除盾壳摩擦力提供外,还可由护盾的副推进液压缸的斜置来补偿刀盘作业时的反力力矩,即每一个支撑靴上的两液压缸保持其活塞杆端在一可调的固定装置上。此固定装置能用液压调整,使副推进液压缸斜置,从而产生圆周方向的分力以承受刀盘的力矩。

(4)盾尾。

盾尾装在后盾上,其上装有由弹簧钢片罩盖的钢丝刷盾尾密封,置于上面的 270° 圆面上,从里面向外翻,以防止碎石进入尾部。

7. 双模式 TBM

当隧道穿越复杂多变地层时,在一个 TBM 施工段,某区段的施工环境适合选用盾构,但另一区段又很适合选用 TBM。在这些复杂多变的地层施工时,上述任一型式都不能完全胜任掘进施工要求,一种解决方案是根据相应地层情况选用两台或多台掘进设备,但这种方案不仅掘进费用高,而且由于场地限制使得多台掘进设备难以布置。因此,施工方迫切需要在结构空间允许的前提下,将不同型式掘进功能部件同时布置在一台掘进设备上,成为一台双模式 TBM。本节主要介绍土压/单护盾双模式 TBM、泥水/单护盾双模式 TBM。

1）土压/单护盾双模式 TBM

土压/单护盾双模式 TBM 是一种具备两种出渣方式（中心皮带机出渣和螺旋输送机出渣）、可同时在软弱地层、围岩较差地层和硬岩地层中掘进的多功能隧道掘进装备，设备同时具备土压平衡掘进模式和单护盾 TBM 掘进模式，其结构原理如图 7-40 所示[32]。双模式 TBM 在地层地质和水文变化时可提前转换掘进模式及出渣方式，以减小对配套施工的干扰，降低工程风险、缩短施工工期。

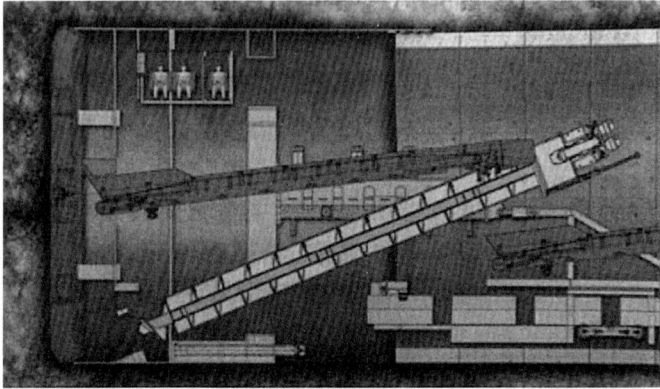

图 7-40 土压/单护盾双模式 TBM 结构原理

土压/单护盾双模式 TBM 集土压和 TBM 掘进功能于一身，同时配备土压平衡盾构和 TBM 的相关设备和系统，如 TBM 具有的中心皮带机出渣系统、溜渣系统、除尘系统等，土压平衡盾构具有的螺旋输送机出渣系统、泡沫系统、同步注浆系统、膨润土系统等。在设备直径较小时，两套出渣系统不能同时布置在一台设备上，因此不同模式下需要在洞内更换上相应的出渣系统，该机型模式转换时间长、效率低。在设备直径较大时，设备上可以同时将两套出渣设备布置一台设备上，在模式转换时，仅需将两套出渣设备相互伸出和收回即可，该机型模式转换时间短，效率较高。

土压/单护盾双模式 TBM 在硬岩地层或围岩可自稳地层掘进时采用 TBM 模式。TBM 模式下具有以下优点：土舱渣土基本处于空置状态，可以大大降低诸如刀盘、刀具、螺旋机部件的磨损；相应的驱动扭矩可大幅降低；可以显著提高掘进效率；渣土改良剂停止使用；在土舱内喷射高压水，但高压水的主要作用不是改良渣土，而是降低刀具温度及辅助降尘。由于土舱在常压下工作，主轴承的消耗减少，刀盘推力荷载也显著降低。TBM 模式在掘进效率、驱动扭矩、掘进总推力、掘进成本等方面对施工相对有利。

TBM 模式掘进时，需要将螺旋机拆除或者后退缩回至主机内部，而主机区域采用中心皮带机出渣，掘进具有高转速、低扭矩的特点，以提高设备在硬岩地层中的掘进效率和掘进速度。TBM 模式掘进时，中心皮带机从主驱动中心位置处伸入土舱，刀盘背部装有溜渣板，土舱中心处设有溜渣槽。刀盘破岩后渣土经刮渣板进入溜渣板，通过溜渣槽落入中心皮带机，再经过后配套皮带机运输至后配套区域。此时，刀盘中心处设计有喷水回转装置，用于降尘和降温。管片背部先采用豆砾石充填，再通过注入水泥浆（或砂浆）和二次补浆的方式使管片达到设计承载强度。在 TBM 模式下掘进时,主机区域灰尘较多,因此需要启用除尘系统,净化主机部位空气质量。

土压/单护盾双模式 TBM 在不稳定地层中或软土地层中掘进时选用土压平衡模式。此时主机区域采用螺旋输送机出渣,此模式下需启用泡沫系统、同步注浆系统和膨润土系统。

土压平衡模式下前盾下部装有螺旋输送机,渣土在螺旋输送机内形成土塞效应并通过螺旋输送机后舱门落入后配套皮带机。同时在土舱隔板和螺旋输送机筒体上安装有土压传感器,用以检测土舱和螺旋输送机内土压。

由于两种不同的掘进模式下主机区域出渣方式不同,因此在进行模式转换时需要对刀盘进行局部改造,增加溜渣板。

2)泥水/单护盾双模式 TBM

泥水/单护盾双模式 TBM 集成了泥水盾构和单护盾 TBM 的功能和特点。

如图 7-41 所示[32],该泥水/单护盾双模式 TBM 的工作模式为泥水模式。

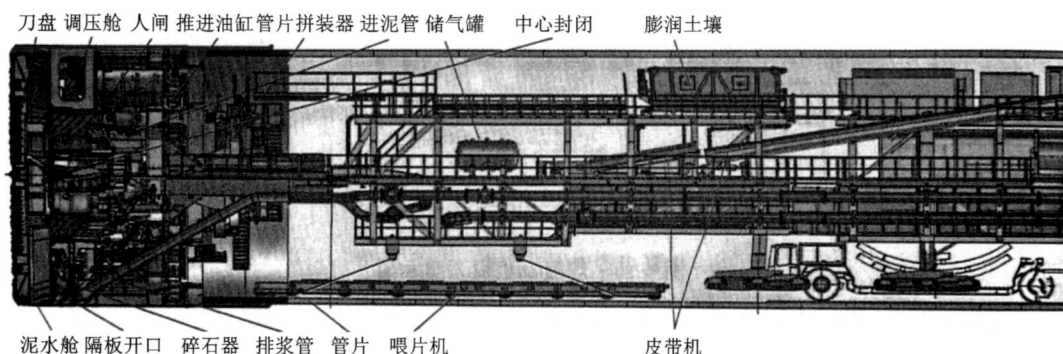

图 7-41　泥水/单护盾双模式 TBM 的泥水模式示意图

在这种模式下,TBM 有以下特点:

①刀盘后部不必要的构件全部拆除,如溜渣槽、背板,以利于渣土快速进入泥水舱。

②刀盘中心的集渣环也被拆除,中心的皮带机和除尘风筒也被抽出,除尘系统不再工作,还要把主驱动中心封闭起来。

③隔板下部开口的闸门打开,渣土与膨润土混合形成的泥浆就可以进入后部的调压舱,被碎石器破碎后穿过格栅进入排浆管被泵送出隧道。

④进泥管把膨润土注入泥水舱、调压舱,对刀盘、泥水舱、碎石器和格栅进行冲刷,防止堵塞。

⑤调压舱充满压缩空气,通过 SAMSON 系统自动调节泥水舱的压力并与开挖面的压力平衡。

⑥管片拼装机和喂片机配合,在每一个掘进行程完成后拼装管片。

⑦人闸用于带压进舱换刀等作业。

⑧同步注浆系统及时填充围岩和管片之间的环形间隙。

如图 7-42 所示[32],泥水/单护盾双模式 TBM 的工作模式为单护盾 TBM 模式。

在这种模式下,TBM 有以下特点:

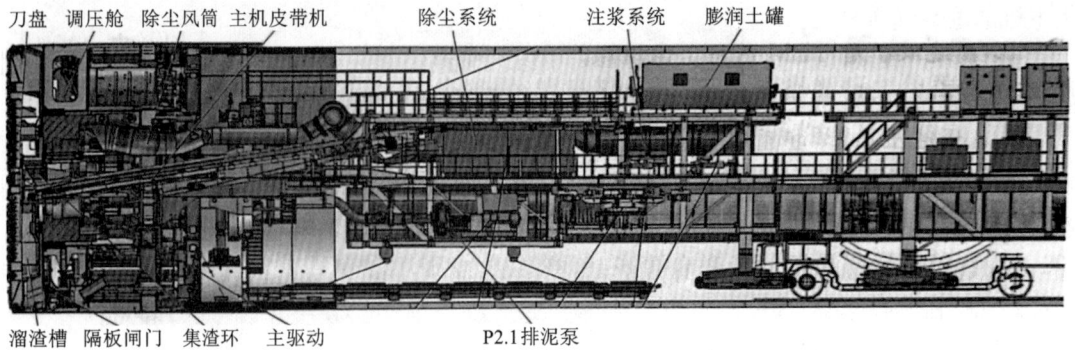

刀盘　调压舱　除尘风筒　主机皮带机　　　　除尘系统　　　注浆系统　　膨润土罐

溜渣槽　隔板闸门　集渣环　主驱动　　　　　　P2.1排泥泵

图 7-42　泥水/单护盾双模式 TBM 的单护盾 TBM 模式示意图

①刀盘后部的溜渣槽和背板等重新装上使渣土可以进入集渣环。

②主驱动中心的隔板拆除，刀盘中心的集渣环重新安装上，中心的主机皮带机重新装上并伸入就位，接载从集渣环进来的渣土；安装上除尘风筒。

③隔板下部开口的闸门重新关闭，后面的碎石器、格栅、排泥管、排泥泵不再工作。

④拆除其他在主机内部的泥浆管路，为单护盾施工尽可能留出空间。

⑤调压舱充满压缩空气，通过 SAMSON 系统自动调节泥水舱的压力并与开挖面的压力平衡。

⑥管片拼装机和喂片机配合，在每一个掘进行程完成后拼装管片。

⑦采用豆砾石回填和注浆系统及时填充围岩和管片之间的环形间隙。

从上面的介绍可以看出，泥水/单护盾双模式 TBM 在泥水模式时用泥浆泵出渣，与泥水盾构功能相同；在单护盾 TBM 模式时用中心皮带机出渣，与单护盾 TBM 功能相同。所以，采用一台泥水/单护盾双模式 TBM 既可以适应水压较高的破碎岩层或砂卵石地层，也可以适应无水压的全断面硬岩的地层。

在模式转换时，需要拆除的主要构件和设备都在刀盘和主机内。为了提高转化效率，减少转换时间，在转换后尽可能地留出作业空间，对确定需要拆除的部件和拆除流程都需要精心设计。

8. TBM 的应用

本节通过一些施工措施和工程实例介绍敞开式 TBM、双护盾 TBM 及单护盾 TBM 的施工技术及施工经验。

1）敞开式 TBM

（1）天生桥水电站引水隧洞。

1985 年、1988 年，在广西隆林天生桥二级水电站的引水隧洞工程中，先后引进了 2 台美国罗宾斯公司 ϕ10.8 m 敞开式 TBM，该工程是中国第一条采用大断面 TBM 施工的隧道，该机为当时世界上最大的全断面硬岩 TBM。

天生桥二级水电站为一个引水电站，设计水头 17 m，装机容量 1320 MW，引水隧洞共 3 条，每条平均长 9555 m；内径 8.7~9.8 m；从进口至亚岔沟附近 8105 m 洞段穿过灰岩地层，多属Ⅱ、Ⅲ类围岩，埋深 300~760 m；亚岔沟以下至调压井 1450 m 洞段穿过砂页岩地层，属Ⅲ~Ⅳ类围岩，埋深 150~300 m。3 条隧道轴线相互平行，灰岩段间距为 40 m，砂页岩段为 50 m，隧道平均坡降 3.31‰。

在初设阶段，隧道开挖方案始终是影响隧道设计的重大因素，决定着隧道轴线选择及隧道直径的最终确定。1976 年初设报告中隧道选用钻爆法开挖，隧道轴线布置为沿河弯的大折线方案，内径 9 m，每条隧道长 11.2 km，设置 6 条支隧道，以便于"长隧道短打"，1982 年工程复工后引进 TBM 作为隧道开挖方案的比选方案，经国内专家的咨询和设计的反复比较，历时近 2 年，最后确定了以 TBM 开挖为主、钻爆法开挖为辅的开挖方案，布置施工支隧道 3 条。1 号、2 号主隧道由亚岔沟附近的 2 号支隧道各进 1 台 TBM 往上游分别掘进 6400 m；1 号、3 号施工支隧道，采用钻爆法掘进剩余的 3155 m 隧道段长。

当时选择 TBM 方案主要考虑其具有两大优越性：

①掘进速度快。

这一优点可以充分发挥本工程河湾地形截弯取直布置隧道线的特点，每条隧道长可缩短 1645 m，从而使隧道长减少为 9555 m。尽管 TBM 开挖不能像钻爆法那样多开工作面"长隧道短打"，而是负担了较长的独头掘进隧道段的施工，但因其掘进速度快从而仍能保证工期，并且节约了临建工程量。TBM 开挖成本较钻爆法约高一倍，但因其掘进速度快从而抵消了这一不利因素。

②对围岩扰动小，开挖质量高。

一方面减少了超挖量(超挖在 5 cm 以内)及相应的混凝土超填量，另一方面可优化衬砌结构，初设方案按 1/3 混凝土衬砌、2/3 锚喷混凝土衬砌考虑。在 1984 年该工程的费用概算中，TBM 直线方案较钻爆法折线方案节约投资约 1.45 亿元。

本工程引进的是美国罗宾斯公司制造的 φ10.8 m 敞开式 TBM，是当时世界上最大的全断面硬岩 TBM，2 台 TBM 的出厂编号分别为 353-196 及 353-197TBM，曾在芝加哥污水处理工程中运用。

TBM 施工工艺如下：

TBM 主机长 16.6 m，在主机后 11 m 连接桥之后由 16 节平台拖车、4 节斜坡拖车共同组成轨道式后配套拖车组(1 号机后配套拖车长 110 m，2 号后配套拖车长 145 m)，后配套拖车下部轮子置于隧道开挖轨道上并随 TBM 主机往前跟进。后配套拖车的平台上设置龙门架，从而使拖车分为上下两层。下层平台作装渣、调车之用，铺双轨，轨距 1066 mm，平台尾部斜坡道上轨道与洞中铺设轨道相接，斜坡坡度不大于 5%，以便出渣车及运输车上下平台。上层平台布置转渣皮带机、变压设备及风管等，也是工作人员进入机器各部分的主要通道。

TBM 刀盘上装有 69 把盘形滚刀，切削下来的岩块由刀盘上的 12 只铲斗铲起倾入料槽转运至宽皮带机，再转入后配套拖车平台架上的转料皮带末端漏斗卸入后配套拖车下层平台上的矿车运出，每辆出渣矿车容积 19.6 m³，每列车由 6~81 辆出渣矿车组成，由日本富士重工产 35 t 柴油机车牵引出隧道，在支洞口设有翻渣机，矿车进入翻渣机(可同时 2 辆)翻转 180° 石渣卸入渣坑，用装载机装入 20 t 自卸汽车运出。

TBM 的推进行程为 1.8 m，推力为 13800 kN，作用于洞侧壁的水平支撑力每边 32560 kN，刀盘驱动功率 1790 kW，机器总重 734 t，最大重件(内刀盘支承)88.5 t。

由于地质原因，且设备故障率较高，进度较低，开工初期平均月进尺 150 m，最高月进尺

242 m，后来又遇到了众多溶洞、断层带和岩爆，砸坏或砸掉滚刀和刀座，斗唇严重磨损，TBM 工况每况愈下，检修时间延长，加上管理不到位，月平均进尺明显降低，后期平均月进尺仅 60 m。虽然在天生桥二级水电站隧道工程施工中 TBM 的优越性未得到充分发挥，但机器本身的优点却得以证明。

（2）秦岭 I 线铁路隧道。

秦岭特长隧道位于西（西安）康（安康）铁路线上，全长 18.456 km。秦岭特长隧道进出口高差约 155 m，横穿秦岭东西向构造带，历经多期构造运动、变质作用、岩浆活动和混合岩化作用，其他地质构造和地层岩性都很复杂；岩性以混合花岗岩、混合片麻岩等坚硬岩石为主，干抗压强度为 78~325 MPa。经多种施工方案论证后，决定秦岭 I 线隧道采用 TBM 法和钻爆法施工，进出口各采用 1 台敞开式 TBM 掘进，喷锚支护、复合式衬砌，全圆穿行式模板台车进行二次模注混凝土衬砌的施工方案。

秦岭 I 线隧道引进了 2 台德国维尔特公司制造的 TB880E 型敞开式 TBM，其主要技术参数见表 7-8。TB880E 型敞开式 TBM 由主机、连接桥、后配套系统三部分组成，集掘进、支护、出渣、通风、排水、降温、照明等功能于一体。TBM 法施工与钻爆法施工相比在作业序列上有着很大的不同。TBM 法施工是作为工厂化的施工系统来运行的，它有三个基本特点——协调性、连续性和密集性，这三点决定了其施工组织的原则[33]。

表 7-8　TB880E 型敞开式 TBM 主要技术参数表

系统名称	参数名称	技术参数
TBM 主机	掘进直径	ϕ8.8 m
	外形尺寸	22 m×8.8 m×8.8 m
	掘进速度	（饱和抗压强度 260 MPa）1.0 m/h
	刀盘功率	3400 kW
	刀盘转速	2.7 r/min；5.4 r/min
	最大推进力	21000 kN
	扭矩	5500 kN·m
	机器行程	1800 mm
	支撑系统最大支撑力	60000 kN
	支撑接地压力	1.4~2.8 MPa
	刀具数量	6 把单刃中心刀；58 把单刃滚刀
	刀间距	约 75 mm
	刀具承载力	25 t/把
	变压器容量	4000 kVA
	输送机输送能力	780 m³/h

续表7-8

系统名称	参数名称	技术参数
后配套系统	后配套拖车轨距	2980 mm
	运输列车轨距	900 mm
	后配套长度	210 m
	曲线最小半径	500 m
	皮带输送能力	770 m³/h
	装渣溜槽移动距离	80 m

①协调性。

TBM 作为工厂化的施工系统,其各个工作单元都是紧密相关的,而且是非常有序的。任何不协调的工作环节都将对 TBM 施工效率产生很大的影响。量化工作单元能力匹配和作业组织,以及各工序作业时间的有序排列,是协调性要求的主要内容。

②连续性。

TBM 施工的各个单项作业都是连续平行循环交替进行的,而钻爆法施工的各个单项作业在工序上是间断循环进行的。这是 TBM 连续破岩的机理所决定的。在 TBM 施工中,任何一道工序和单项作业的故障,都将可能导致整个机械施工系统的生产停顿。因此,工序间的连续性运作,是施工组织连续性要求的主要内容。

③密集性。

作为工厂化系统连续掘进施工的破岩方式,TBM 生产设备应根据掘进、支护、排运等三项基础工作集中所有的隧道施工的功能。因此,TBM 施工单项作业的密集性是其重要的特点之一。

从以上 3 个特点可看出,TBM 的生产系统不但对硬件配置及方式提出了严格要求,也对施工组织管理上的软件配置提出了更高要求。施工单位在硬件上对掘进弃渣外运、支护、能源保证上做了大量研究;在软件上对各环节进行了各种管理,取得了很好效果和成绩。

(3)瑞士弗莱娜(Vereina)铁路隧道。

瑞士弗莱娜铁路隧道是一条穿越阿尔卑斯山脉的铁路隧道,全长 19062 m。弗莱娜隧道从北钻爆开挖 2133 m,采用 TBM 掘进 9451 m。该隧道 TBM 施工成功的关键在于,在设计阶段充分考虑了 TBM 施工中可能遇到的地质情况、岩石特征和需要采取的相应措施,并将有关的措施融汇到 TBM 的选型、主要技术参数的确定和设计中。TBM 施工掘进的岩层有局部分布的松软地层和中等硬度的沉积岩,也有非常坚硬的火成岩,火成岩主要由片麻岩、花岗岩和闪长岩组成。TBM 要穿过多处由阿尔卑斯山造山运动形成的构造破碎带,这些破碎带地段的隧道埋深高达 1200 m。

弗莱娜隧道采用德国维尔特(Wirth)公司制造的 TB770/850E 型 ϕ7.64 m 敞开式 TBM 施工,敞开式 TBM 由主机和后配套系统组成。TBM 的刀盘最大开挖直径为 7.89 m,最大扭矩为 5970 kN·m,推力 16500 kN,刀盘上装有 57 把盘形滚刀,盘形滚刀的直径为 490 mm,整机重量为 750 t,一次推进的最大长度为 1800 mm。TBM 主机功率为 3200 kW,后配套系统功率为 960 W,主机加后配套系统的总功率为 4160 kW。后配套系统是罗瓦(Rowa)公司制造的。TBM 施工通风采用压入式软管通风,风管直径为 2.5 m,洞口设主风机,洞内 3 km 处设增压风机,风机为德国制造的 Kofman 风机。

选用的 TBM 既能切削坚硬岩石,又具备顺利通过破碎带和适应由高地压引起隧道大变形的能力。TBM 施工的成败,就机械设备本身而言,既取决于 TBM 的选型和设计是否合理,还取决于 TBM 与后配套系统的合理结合;就施工管理而言,取决于施工管理者对地质情况是否充分了解、对 TBM 施工和保养技术是否熟练掌握。过去,人们主要将注意力集中在开发和完善 TBM 的性能上,而对其主机与后配套系统的相互配合的重要性认识不足,以致 TBM 的效率经常不能得到充分发挥。TBM 需要配备高效供给和输送系统的认识,直到最近几年才得到足够的重视。在弗莱娜隧道 TBM 施工中,充分兼顾了地质因素、支护方式、材料和出渣运输方式、通风方式、测量方式和施工安全等方面的要求,具体归纳如下。

①地质因素。

TBM 穿过的围岩有 86% 为非常坚硬的火成岩(抗压强度为 100~250 MPa),10% 为中等坚硬的沉积岩及片麻岩,4% 为非常松软的破碎区和不良地质带,且弗莱娜隧道埋深达 1200 m,需要考虑隧道变形大等因素。

②支护方式。

TBM 施工采用的支护方式为锚杆、钢拱架和喷混凝土,其用量与岩石类别有关,见表 7-9。

表 7-9　岩石类别与支护方式及相对掌子面位置

岩石类别	比例/%	从 TBM 护盾至 TBM 后支撑点(约 15 m 处)的第一支护区	从后配套系统起点到掌子面 45 m 处的第二支护区	第三支护区
Ⅰ~Ⅲ	86	仅在拱部架设钢拱,侧面安装 2~4 根玻纤注浆锚杆,底部铺设混凝土基础预制件	仅在拱部喷 6~10 cm 混凝土	根据岩石和变形情况进行补强
Ⅳ~Ⅴ	10	全圆架设柔性钢拱和钢筋网,钢拱间距 1.6 m,全圆安装 4~6 根玻纤注浆锚杆,间距 1.6 m,底部铺设混凝土基础预制件	全圆喷 10~13 cm 混凝土	
Ⅵ~Ⅶ	4	全圆架设柔性钢拱和钢筋网,钢拱间距 0.8 m,全圆安装 3~4 根玻纤注浆锚杆,间距 0.8 m,底部铺设混凝土基础预制件	全圆喷 25~27 cm 混凝土	

③材料和出渣运输方式。

TBM 施工中的材料和出渣运输采用双轨运输方式,轨距为 2900 mm,轨道固定在紧跟 TBM 铺设的预制混凝土仰拱块上。

④通风方式。

TBM 施工通风及除尘设备的规格必须满足施工对风量的要求,并能达到空气中粉尘允许含量的卫生标准要求。通风设备的选择还必须考虑岩石温度、柴油机车废气排量、风管布置位置等因素的影响。

⑤测量方式。

可使用激光导向技术控制 TBM 的掘进方向，TBM 掘进曲线与隧道理论曲线的相对位置可通过计算机屏幕及时显示出来。TBM 施工需要考虑测量因素，预留导向激光仪布置位置和测量需要的空间，以满足跟踪测量 TBM 的实际位置和轨迹要求，并能将有关测量数据、与设计位置的偏差值随时显示在微机屏幕上。

⑥施工安全。

TBM 施工需考虑安全措施，必须配备瓦斯检测及报警、自动断电、灭火和救护等设施。

2）双护盾 TBM

（1）引大入秦引水隧洞。

甘肃引大入秦工程位于兰州市以北永登县境内，公路 312 国道、兰新铁路穿过工程区，兰州中川机场位于灌区中，交通十分方便，有利于工程建设。

引大入秦工程是将大通河水引入兰州北面秦王川的一项大型跨流域调水灌溉工程，总干渠全长 86.9 km，其中隧洞 33 座，共长 75.11 km。其他建筑物有倒虹吸 2 座，渡槽 9 座以及渠系建筑物和明渠等。在众多的隧洞群中，根据不同的地质特性、隧洞长度和外部施工条件，分别选用了钻爆法和 TBM 法。其中，以 30A 隧洞和 38 号隧洞采用的双护盾 TBM 效果最为显著。30A 隧洞位于甘肃省永登县水磨沟至大沙沟间，也称水磨沟隧洞，洞线长 11.649 km，设计流量 32 m³/s，加大流量 36 m³/s。由于地形复杂，地表沟谷交错，单洞长 10 km 以上，施工时的通风、运输、工期要求都难以满足，故在初设中曾考虑绕线方案，采取短隧洞多工作面开挖，即从水磨沟倒虹吸出口至大沙沟渡槽进口，渠线绕道而行，全长 14.962 km。其中隧洞 7 座，即 30 号至 36 号洞，共长 11600 m。隧洞间用渡槽和明渠连接，渡槽 4 座，长 518 m；明渠长 2844 m。在开工前，专家们反复论证，提出将水磨沟至大沙沟的渠线由绕道改为直线穿越，采用 TBM 施工。线路全长缩短 12012 m，其中隧洞 1 座（即 30A），长 11.649 km；渡槽 1 座，长 70 m；明渠长 293 m。全部洞渠线比初设方案缩短 3950 m。

30A 和 38 号隧洞通过国际竞争性招标由意大利 CMC 公司和中国华水公司联营体中标承建，采用美国罗宾斯公司制造的 TBM-188-27 型双护盾 TBM 开挖、预制钢筋混凝土管片衬砌法施工。

38 号隧洞长 5.4 km，围岩为中硬砂岩，有很少量地下水。其中 TBM 施工洞段长 4947.6 m，从 1992 年 4 月初进洞，8 月中旬完成，仅用 4.5 个月，平均月成洞进尺 1100 m，最高月成洞进尺 1400 m，最高日成洞进尺 75.2 m，创造了当时我国最高纪录和世界先进纪录。

30A 隧洞采用 1 台美国罗宾斯公司制造的双护盾 TBM 进行单工作面掘进施工，其主要技术参数见表 7-10。隧洞为圆形断面，开挖直径 5530 mm（新刀时，开挖直径为 5540 mm），隧洞内径 4800 mm，每环采用 4 块预制钢筋混凝土管片衬砌，管片与隧洞间的空隙回填碎砾石和灌注砂浆。

表 7-10　30A 隧洞 TBM 参数

项目	参数
TBM 型号	TBM-188-227
主机总重	331 t
TBM 总长	145.5 m
最小曲率半径	300 m
刀盘直径(新刀)	5540 mm
护盾外径	5530 mm
前盾长度	5400 mm
后盾长度	7300 mm
刀盘扭矩	1610 kN·m；3210 kN·m
刀盘转速	5.72 r/min；2.875 r/min
刀盘驱动功率	160 kW×6(960 kW)
滚刀数量	37 把
滚刀直径	394 mm
供电系统	1350 kVA(一次 10 kV/两次 660 V)
刀盘驱动液压系统	17.5 MPa
推进油缸液压系统	34.5 MPa
管片安装机	环形转盘式纵向平移行程 1000 mm
皮带输送机能力	6 m³/min

双护盾 TBM 于 1990 年 7 月运抵 30A 隧洞进口，11 月底组装完毕后进入已开挖好的长 18 m 的预备洞，12 月 5 日开始试掘进，当月掘进 125 m，1991 年 3 月开始连续突破 1000 m，最高日进尺 65.6 m。30A 隧洞于 1992 年 1 月 20 日全线贯通。

30A 隧洞使用的双护盾 TBM，盾壳由 40 mm 厚钢板焊接而成，外径为 5530 mm，前后护盾最大伸缩行程为 910 mm，最大伸出时双护盾总长为 13610 mm。

前盾装有刀盘、主轴承及刀盘驱动装置。刀盘采用 6 台 160 kW 的电动机驱动，每台电机通过液力离合器与 1 台减速器相连，共同带动大齿圈使刀盘旋转。刀盘装有 37 把滚刀，滚刀直径为 394 mm，刀盘顺时针旋转进行切削。前盾内装有 4 套径向千斤顶，通过此千斤顶操纵 2 套侧向支撑靴伸出护盾外面支撑地层，总支撑力为 3000 kN。

管片安装机位于后护盾内，为环形盘式结构，全液压传动，采用电气遥控操作。在后护盾内，沿圆周轴向安装 8 个推进千斤顶。与前盾一样，后护盾内也装有 2 套侧向支撑靴，总支撑力为 12900 kN。

在前后两节护盾之间，装有 12 台液压千斤顶，用以推动前盾前进。12 台推进千斤顶分成 6 组，每 2 台为一组，球形铰接，呈人字形布置，以保证前后盾不会产生相对旋转位移，并精确控制前盾的前进方向。

后配套拖车长约 130 m，由后盾牵引前进，后配套拖车的两侧安装有液压油泵、液压油箱、管线及控制阀、变压器、电气控制柜及电缆卷筒、注浆机等，顶部安装皮带机、吊机、碎石喷射机，TBM 操纵室位于车架正前端。

双护盾 TBM 掘进时，首先将后盾的侧向支撑伸出撑在地层上，使后盾固定，刀盘旋转进行掘进，同时操纵前盾推进千斤顶，推动前盾前进。刀盘旋转时，刀盘周边的铲斗将土渣铲起，铲斗内的土渣旋转到顶部时，土渣通过渣槽卸到中心皮带输送机上，通过皮带输送机将土渣卸入矿车，土渣由矿车运出洞外。前盾向前掘进的同时，后盾进行管片安装。

刀盘推进 800 mm 后，前盾停止推进，将前盾的侧向支撑伸出，前盾固定于隧道，收回后盾侧向支撑，操纵后盾千斤顶推动后盾前进 800 mm，然后将后盾侧向支撑伸出，固定后盾，收回前盾侧向支撑，随后开始进行下半环的掘进，每掘进半环换步一次。当围岩强度小于 3 MPa 时，不采用侧向支撑，TBM 通过后盾千斤顶支撑在管片上进行推进，此时掘进与安装管片不能同时进行。

(2) 台湾雪山隧道。

台北—宜兰高速公路把台北市区与东部沿海的宜兰县连接起来，使往返这两座城市之间的时间将大大缩短，从而促进、加速东部沿海地区的经济发展。这条高速公路从台北市的南康出发，向东南方向经过兰阳平原，穿过西亭和坪林两镇，全长 31 km。这条高速公路从坪林以东穿越台湾的中部山脉，这条线路需修建 5 座隧道，总长 20.1 km，其中最长的隧道为台湾雪山隧道，长 12.9 km。台湾雪山隧道的建设是该项工程成败的关键，这条隧道是东南亚地区最长的公路隧道，在世界公路隧道中，长度居第三位。整个工程的建设需要 8 年时间才能完成。隧道施工从东向西进行。

该项工程选择德国维尔特公司的 2 台 TBM 用于隧道的施工。台湾雪山主隧道设计为双车道公路隧道，这 2 座主隧道与该区域的 1 座服务隧道相连，隧道沿线有 3 对通风竖井，服务隧道的直径为 4.8 m。

为避开 1 条断层带，主隧道约有 800 m 采用传统方法开挖。主隧道的 TBM 在洞口进行组装，然后沿铺好的仰拱推进到掌子面。此时导洞应提前开挖到位，并且在前进中的 TBM 的前方对断层带进行处理。

本工程中所用的德国维尔特公司制造的 ϕ11.74 m 双护盾 TBM 主要参数见表 7-11。

表 7-11　ϕ11.74 m 双护盾 TBM 主要参数

系统名称	项目	技术参数
刀盘	刀盘直径	11.74 m
	盘形滚刀数量	77 把
	铲刀数量	92 把
	扩挖刀数量	3 把
	驱动功率	4000 kW
	转速	0~4 r/min
	扭矩(4 r/min)	7200 kN·m
	脱困扭矩(0.95 r/min)	3000 kN·m

续表7-11

系统名称	项目	技术参数
推进系统	主推进油缸最大推力	50600 kN
	主推进油缸行程	1850 mm
	辅助推进油缸最大推力	78700 kN
	辅助推进油缸行程	2000 mm
支撑系统	支撑靴数量	4 块
	支撑力	65000 kN
管片安装机	工作荷载	1100 kN
	旋转范围	±220°
皮带输送机	带宽	1400 mm
	带速	0~2 m/s
电气系统	高压	22.8 kV
	低压	690/440 V
	变压器	3×3150 kVA（690 V）；1×1250 kVA（440 V）
	应急发电功率	240 kW
	总装机功率	5540 kW
主机+后配套	总重量	1800 t

（3）南非莱索托高原水利工程。

莱索托高原水利工程是将多雨的莱索托高地流向西南的河水向北引流到南非约翰内斯堡和比勒陀利亚周围干旱的工业区。引水隧洞总长度超过 200 km，75%的隧洞以及水库都在莱索托境内修建[34]。

一期工程分为 IA 期和 IB 期。

IA 隧洞工程总长 82 km。修建的拱坝将截留流向西南的马得巴马措（Malilamato）河水，通过引水隧洞和输水隧洞将水向北引流至南非的自然河流系统。从卡泽水库进水口到莫拉水电站地下厂房的引水隧洞总长约 45 km，地质主要为莱索托地层玄武岩；输水隧洞南段约 15 km，地质主要为克莱伦斯地层块状砂岩；输水隧洞北段 22 km，地质条件较复杂，地质主要为软弱泥岩、砂岩、黏土岩及粒玄岩岩脉。

IA 隧洞工程分别使用不同制造商如阿特拉斯·科普科（Atlas Copco）、罗宾斯（Robbins）和维尔特制造的 5 台全断面 TBM 进行开挖，分别如下：Atlas Copco JARVA MK-15 型 TBM 1 台；Robbins 167-266 及 Robbins 167-267 各 1 台，共 2 台；Robbins 186-206 1 台；德国 Wirth 公司制造的 TBM 设备 1 台。其中，前 4 台是敞开式 TBM，适用于较简单的地质条件，均配备有瑞典 Atlas copco 1238 型超前钻探设备，可在掘进的同时进行超前钻探；最后 1 台为双护盾 TBM，适用于较复杂的地质条件。

其中，南非境内最北段名为北输水隧洞，总长 22 km，是一期 IA 引水工程中地质条件最复杂的,其中约 3 km 采用钻爆法修建,其他施工段,即 8.15 km 长的凯勒顿隧洞和 11 km 长的阿什(Ash)隧洞,由 1 台 ϕ5.39 m 德国维尔特公司制造的双护盾 TBM 施工,是世界上首次采用预制混凝土管片作衬砌的加压输水隧洞。

IB 隧洞工程的马黑尔引水隧洞,总长 32 km,沿洞线主要分布为莱索托地层玄武熔岩,经过耐久性研究,这种岩层遇气、遇水均易分崩离析,采用 2 台双护盾 TBM 施工,分别从隧洞两端向中间开挖,1 台是维尔特 ϕ5.39 m 双护盾 TBM,在 IA 隧洞工程输水隧洞北段开挖完毕后,继续用于本工程,另 1 台采用 NFM/Mitsubishi-Bortec ϕ4.88 m 双护盾 TBM,该机 1984 年制造,曾在西班牙、厄瓜多尔等地使用,完成过约 20 km 的开挖。

3)单护盾 TBM

(1)引洮供水工程。

甘肃省引洮供水工程是以黄河重要支流洮河为水源,解决甘肃省中部地区干旱缺水问题的大型跨流域调水工程。引洮供水一期工程供水范围主要涉及甘肃省兰州、定西、白银三市辖属的榆中、渭源、临洮、安定、陇西、会宁等 6 个县(区),主要建设内容包括总干渠 109.73 km,干渠(4 条)总长 148.40 km,配水支管及支(分支)渠(26 条)总长约 210.34 km[35]。

一期工程总干渠中含隧洞工程 18 座,长达 94.43 km,占总干渠总长的 86.1%;渡槽 9 座,长 1.53 km;暗渠 11 座,长 2.96 km;明渠长 10.81 km。总干渠 7 号及 9 号隧洞为总干渠中较长的 2 条隧洞,采用单护盾 TBM 施工,长度分别为 17.24 km 和 18.25 km,总长度 35.49 km,占一期工程总干渠渠线总长度的 32%,具有长度大、工程地质条件复杂、造价高、施工难度大、工期长等技术特点。

中铁隧道集团施工的 7 号隧洞洞身出露白垩系与上第三系 2 种地层。围岩以极软岩为主,IV 类围岩段长 2.50 km,占 14.5%,岩性主要为白垩系砂岩、泥质粉细砂岩、砂质泥岩,属软岩;V 类围岩段长 14.74 m,占 85.5%。岩层产状平缓,受构造影响轻微,断裂裂隙不发育,仅发育舒缓短轴褶皱,总体上富水性较差。地下水主要由大气降水补给,降雨稀少,且年内分布不均,地层渗透性弱,地下水水量一般较小(实测泉水最大流量小于 5 L/min)。根据钻孔揭示、试验及水文地质调查,砂砾岩、砂岩孔隙率 20% 左右,为含水透水层,钻孔一般有地下水,泉水均出露于砂岩、砂砾岩层部位。泥质粉砂岩和粉砂质泥岩为相对隔水层,地下水分布不均,一般呈层状分布且局部承压,所在山体为微弱层状含水山体。

引洮 7 号隧洞单护盾 TBM 自 2009 年 12 月 29 日从出口朝进口方向开始掘进。2010 年 1—4 月,月掘进进尺分别为 245.0 m、493.3 m、666.2 m、961.0 m,TBM 在能自稳地质洞段能正常掘进。2010 年 4 月 20 日进入含水疏松砂岩后,TBM 先后遭遇卡机、突泥涌砂、严重低头等事件,导致卡机 3 次,于 2011 年 1 月 20 日确定 TBM 不能适应该地层,中断掘进,2010 年 5—11 月共计进尺 454.5 m,TBM 累计进尺 2820 m。通过采取增加高压泵、钢垫片加大上下主推油缸压力等自身解困措施,仍无法控制 TBM 低头现象,在强行推进 8 m 后 TBM 低头进一步加剧,最大达到 66.3 cm,同时推进过程中管片破损、错台严重,最大错台达 15 cm,盾尾涌砂严重,导致 TBM 设备 3/4 盾体被埋,施工中断,无法继续掘进。

为防止管片失稳而发生更加严重的后果,经专家论证,认为 TBM 设备不适用于含水粉细疏松砂岩地层施工,并调整施工方案,不再强行推进 TBM。将 TBM 在停机处拆解,将原 7 号隧洞出口被困的 TBM 解体并重新制造刀盘和盾体,搬运至隧洞进口组装,从进口掘进除含水粉细疏松砂岩地层以外的隧洞。

TBM 于 2011 年 8 月 15 日在进口开始掘进，2011 年 9 月—2012 年 4 月，月掘进进尺分别为 1515 m、1718 m、1868 m、1297 m、1094 m、1010 m、1104 m、1632 m，TBM 在能自稳地质洞段能保持高产稳产的掘进状态。截至 2012 年 4 月 30 日，TBM 于里程 57+835 含水疏松砂层洞段卡机中断掘进。进口 TBM 累计进尺 11120 m，停机处里程桩号为 57+835，距 4 号斜井贯通掌子面(拆机洞)(里程 59+762)剩余 1927 m。

经过论证，决定增设 1 号和 2 号竖井，并采用积极冻结方法解困 TBM 和处理剩余不良地质洞段，TBM 空推安装管片至拆机洞；增设 5 号和 6 号两个有轨斜井，结合 3 号和 4 号斜井多个工作面，同步人工开挖。但由于 1 号和 2 号竖井冻结工期严重滞后，且恢复 TBM 所用费用较高，工期较长。最终决定 TBM 就地拆机，剩余洞段由 TBM 空推安装管片变更为现浇衬砌，2013 年 11 月顺利拆除 TBM 后配套。2014 年 10 月 7 日，7 号隧洞、6 号斜井和 2 号竖井冻结段开挖贯通，这标志着甘肃引洮总干渠全线贯通。

7.2.2 天井钻机

1. 天井钻机概述及分类

目前，天井钻机的应用已相当普及，在许多国家已经取代传统的天井凿岩爆破法。早在 20 世纪 70 年代末，西方国家矿山的各种规格天井就基本由天井钻机完成；我国从 20 世纪 60 年代末开始研究天井钻进技术，目前已经取得较大发展，已成功应用在矿山和水电工程多个部门中。随着各大品牌大直径大扭矩天井钻机的日趋完善，现在天井钻进技术不只应用于地下矿山钻进天井中，国外天井钻机早已成功地用于水平钻进。例如，英吉利海峡两条主隧道之间的多条水平联络巷道就是用 Tamrock 公司生产的 Rhino 天井钻机钻成的；煤炭系统用钻进法钻进大型煤仓和大直径竖井掘进用的超前井；铁路隧道和电站工程中的通风井、地下仓库用钻进法钻进运输通道和竖井等。随着工业的进步和技术的不断创新，天井钻机的使用范围在不断扩大，也一定能满足人们对其性能的更高要求[36]。

天井钻机是利用旋转钻进破岩成孔，并能反向扩孔的井筒开挖机械设备。天井钻机掘进是指用天井钻机和扩孔刀头刀具完成天井掘进作业的方法。目前，天井钻机掘进的施工过程全部实现机械化并在天井外进行作业。天井钻机掘进法与其他天井掘进法比较，具有以下优点：

①施工安全。天井钻机施工导井时，人员无须进入工作面，工作环境和安全状况都较好，避免了受落石、淋水、有害气体的伤害。此外，天井钻机采用液压传动控制，操作简单，工人劳动强度低。

②工作效率高。天井钻机施工为机械化连续作业，月成井速度在 200 m 左右，领先于其他施工方法。

③工程质量好。天井钻机采用滚刀机械破岩，井壁光滑，对围岩破坏小，有利于扩挖溜渣、通风、排水。

④天井钻机整体工作效率高，加快了施工速度，为后期施工创造了良好的条件，综合效益显著[37]。

但天井钻机价格高，一般矿山难以购置；并且如果管理不善，单位进尺的成本会很高。

天井钻机按钻进方式分为上扩法、下扩法和全断面上向钻进法三种。按照不同的钻进方式，天井钻机大致分为标准天井钻机、反循环天井钻机和盲天井钻机。

①标准天井钻机安装在预钻进筒的上水平或地表。先用镶齿钻头向下钻一个直径为200~300 mm 的导向孔。孔通后，在下水平接上扩孔钻头沿导向钻孔进行反向扩孔，由下至上扩宽成直径为 0.5~6 m 的天井。

②反循环天井钻机的钻进方式与标准天井钻机相反。钻机安装在下水平，向上钻导向孔，在上水平更换扩孔刀头，由上至下扩孔。但这种钻机扩孔时排渣比较困难，也有安装、操作不便等问题存在。

③盲天井钻机一般安装在下水平。采用盲孔刀头向上全断面钻进，直接成井，无须钻导向孔。也有盲天井钻机通过有线或无线遥控，迈步进入井内钻进，不需要钻杆，钻进倾角扩大到可钻进水平井。

2. 天井钻机国外现状

美国于 1962 年开始应用天井钻机，到 20 世纪 90 年代初，国外地下矿山用钻进法掘进，各种用途天井得到迅速推广，天井钻机的应用取得卓越成效。钻进法实际上已取代了普通掘进法，使用区域主要集中在澳大利亚、加拿大、墨西哥、南非、美国和赞比亚等地。当时，世界主要生产厂商已有美国的 Robbins 公司、Dressers 公司、Subterreans 公司、Calweld 公司、Ingersol Rand 公司，日本的 Koken 公司，芬兰的 Tamrock 公司、Indau 公司和德国的 Wirth 公司等。

随着世界采矿向深部发展，采矿方法不断改进，中段高度有继续增加的趋势，原来的掘进方式已不能适应要求。因此，近几年来，国外各主要制造商为深部开采和坚硬岩石制造了大扭矩、大推拉力的天井钻机。近年研发的天井钻机的功率已经由 75 kW 提高到 750 kW，扩孔直径可达 7.1 m，钻孔深度达 1500 m。Atlas Copco 公司的 Robbins 天井钻机、Wirth 公司的 HG 系列、Tamrock 公司的 Rhino 系列和 Indau 公司的 H 系列天井钻机在现阶段处于领先地位，得到多家矿山的广泛使用[38]。

1）Atlas Copco 公司的 Robbins 天井钻机

Robbins 天井钻机主要参数见表 7-12。

表 7-12　Robbins 天井钻机主要参数

| 机型 | 天井直径/mm | | 钻井深度/m | | 钻杆/mm | | 导向孔直径/mm | 扩孔参数 | | 装机功率/kW | 主机重量/kg |
	标称值	范围	标称值	最大值	直径	长度		扩孔扭矩/(kN·m⁻¹)	扩孔推力/kN		
83RH	4000	2400~4500	500	1000	327	1524	349	407	6124	455	20000
91RH	5000	2400~5000	600	1000	327	1524	349	450	6700	500	24000
97RDC	5000	2400~5000	600	1000	327	1524	349	450	6845	375	24000
123RH	4000	3100~5000	920	1100	327	1524	349	450	8923	500	25400
191RH	5000	4500~6000	1000	1400	375	1524	381	814	11600	750	45000

83RH 主要用于扩孔竖井。91RH 是 Robbins 低矮型系列产品，非常适用于更深的地下矿

井钻进天井，它的模块化设计允许将其拆卸成相应小的组件，这使其容易通过更小的运输通道进行运输，而且91RH强有力的液压驱动提供了不同的速度和良好的扭矩限制控制，使其能够支持最高5.0 m的大天井钻进。97RDC是一款高效率的低矮型天井钻机，专门用于具有尺寸和重量限制的采矿应用，其数字DC驱动集合了最新的电子技术。123RH被设计用于大直径天井，这使得它成为矿用凿井以及土木工程的最佳选择。191RH被设计用于满足深孔大天井钻孔的要求，装机容量750 kW，扩孔扭矩达814 kN·m，扩孔推力达11600 kN，可以钻凿直径6.0 m、深度1400 m的深井。

Robbins大直径系列天井全部采用十字头导向杆，该导向杆采取了有效的抗扭设计，能适应大扭矩，从而延长了推力缸的使用寿命。83RH和97RDC则采用了两片式旋转矩形移动接头，防止了变速箱产生弯矩，而可替换的螺纹嵌件则降低了维护成本。为了方便维护与运输，91RH、123RH和191RH内置于活塞筒中的变速箱允许在没有松开主轴承的预载情况下，将驱动系统拆解成更小的组件。为了在不同的岩层中都能保持较佳的钻进状态，123RH和191RH更是采用了最先进的可变速交流驱动系统，简单、可靠，提供了不同的速度和良好的力矩限制控制。

2) Wirth公司的HG系列天井钻机

HG系列天井钻机主要参数见表7-13。

表7-13　HG系列天井钻机主要参数

机型	功率/kW	扭矩/(kN·m^{-1})	推进力/kN	扩孔直径/m	扩孔深度/m
HG250-2	250	167	2700	3	300
HG300-SP	400	540	7000	6	1000
HG330-SP	400	540	8350	6	1000
HG380-SP	550	710	12000	7	1300

Wirth公司的天井钻机和切割系统已经可以运用于最硬的岩石(700 MPa)，近几年，HG系列天井钻机推广应用获得了良好效果。该公司生产的HG300-SP型钻机在南非的JCI公司所属吕斯滕堡铂矿联合区创钻进世界纪录，用该机钻导向孔990.38 m，并将此导向孔扩成直径6.02 m的通风井。HG330-SP型天井钻机的优点为：成本比普通钻凿方法低，钻进速度快，并且有很高的准确度，导向孔钻进偏斜率仅为0.6%，且施工安全、作业条件好。在德国Ensdor矿，其成功钻凿了深1260 m、直径8.5 m的竖井，保持着最大孔径和最深钻距的世界纪录。

3) Tamrock公司Rhino系列天井钻机

Rhino系列天井钻机主要参数见表7-14。

表 7-14 Rhino 系列天井钻机主要参数

机型	导孔直径 /mm	扩孔直径 /mm	推进力 /kN	扭矩 /(kN·m⁻¹)	功率/kW	回转速度	钻杆直径 /mm	稳定杆直径 /mm
2000DC	349	5000	6800	340~640	500	0~40	327	349~381
2006DC	349	5000	6800	340~640	500	0~40	327	349~381
2007DC	349	5000	6800	340~640	500	0~40	327	349~381
2008H	349	5000	6800	380~700	500	0~40	327	349~381

Rhino 系列天井钻机有液压驱动，也可用可控硅控制的直流电机驱动，型号有 400H、600H、1000DC、1400DC、2000DC、2006DC、2007DC、2008H 等，钻机结构更紧凑，操作台装有包括钻进记录仪、各种检测仪和报警灯在内的全套仪表，利用精密的电液伺服阀控制推力和拉力，导向精确。

3. 天井钻机国内现状

从 20 世纪 80 年代，天井钻机在我国地下矿山工程应用以来，深受有关行业的欢迎，相继在水电、矿业、交通等地下工程建设中推广应用，取得了较好的效果。目前，国内主要有 LM 系列、ATY 系列、ZFY 系列、BMC 系列和 ZFYD 系列的天井钻机，但这几种系列的天井钻机都属于前面介绍的标准天井钻机，不具备从下往上导孔并扩孔或一次成井的功能[39]。我国研制的部分天井钻机基本参数见表 7-15[40]。

表 7-15 我国部分天井钻机基本参数

机型	导孔直径 /mm	扩孔直径 /m	钻井深度 /m	扩孔转速 /(r·min⁻¹)	扩孔拉力 /kN	扭矩 /(kN·m⁻¹)	功率 /kW	总重 /kg
AT500	216	0.5~0.8	120	60~90	0~490	10~13	63	5293
AT1200	216	1.0~1.5	150	45~90	0~875	0~32	85	4807
AT1500	250	1.5~2.0	120	60~90	0~1127	0~67	125	10000
AT2000	250	1.8~2.5	120	60~90	0~1313	0~68	149	10500
AT3000	270	3.0~3.5	150	60~90	0~1800	0~99	152	—
ATM1200	—	1.2	50	60~90	0~809	0~39	85	7940
ATM1500	—	1.5	50	60~90	0~875	0~47	85	9473
TYZ500	216	0.5~0.8	120	60~90	0~500	11~13	72	3447
TYZ1000	216	1.0~1.2	120	60~90	0~706	18~24	92	4500
TYZ1200	216	1.2~1.5	120	60~90	—	20~27	92	—
TYZ1500	250	1.5~1.8	120	60~90	0~980	36~39	92	5500
TZ1200	216	1.2~1.5	120	90	0~294	0~25	85	2430

续表7-15

机型	导孔直径 /mm	扩孔直径 /m	钻井深度 /m	扩孔转速 /(r·min⁻¹)	扩孔拉力 /kN	扭矩 /(kN·m⁻¹)	功率 /kW	总重 /kg
AF2000	250	1.5~2.4	80	70~90	0~980	0~39	92	—
LM-90	190	0.9	90	60~90	0~920	7~15	46	6000
LM-120	244	1.2	120	60~90	0~500	15~30	63	8000
LM-200	216	1.4~2.0	150	60~90	0~850	35~70	83	10000
LM-300	216	1.4	300	—	1256	50	—	—
LM-400	270	2.0	400	40	0~3000	100	118	13000
ATY-1500	250	1.5~1.8	120	60~90	0~900	0~42	119	6200
BMC200	216	1.4	200	43	1050	20	86	7900
BMC300	244	1.52	300	40	1570	30.5	128.5	8700
BMC400	270	2.0	400	10	3000	40	128.5	12500

我国天井钻机的规格品种众多，钻井直径从 0.5 m 逐级增加到 3.5 m，深度从 50 m 到 400 m。需要说明的是，这些指标是指钻机在特定岩石性质和特定刀具负载条件下的钻井直径和深度。如不追求高穿孔速度或在软岩中钻进，其钻井直径和深度还可进一步加大；反之缩小。因此，实际应用时可根据矿山实际情况，调整钻机的钻井直径和深度，即可配备不同直径的扩孔刀头和增减钻杆的数量。真正衡量钻机能力大小的参数是钻机的输出扭矩和扩孔拉力。选用钻机时，不能只看参数表上提供的钻井直径，要注意比较同类钻机的输出扭矩和扩孔拉力。岩石硬和深度大时，应取能力大的钻机，反之取小的。

钻机的驱动方式主要有两种——液压驱动和电动。液压钻机具有体积小、重量轻、工作平稳、抗冲击性好和调速调压方便等突出优点，较适合我国地下矿山条件；它的主要弱点有元件寿命较短、维护保养要求较高和耗能较大（与电动钻机相比多一次能量转换）。相对来讲，电动钻机的元件寿命较长、耗能较少、使用经验成熟、故障少、维修费低，因此，在国外一直与液压钻机同步发展；其不足之处是电动机和变速器的外形尺寸和重量较大，大功率交流电机调速较为困难，卡钻时的安全保护性能较差，造价略高于液压钻机。现在，这些因素阻碍了电动钻机在我国矿山的推广。

在控制上，美国和西方国家某些公司的许多天井钻机都采用了电液控制方式，但国内由于受电器元器件在煤矿井下使用的限制，目前还仍采用手动换向阀控制方式。随着国内防爆式电磁换向阀技术的成熟，我国的天井钻机的控制方式也必然会向着电液控制方式发展。在施工技术方面，国内天井钻机施工时，全部采用人工操作的方式，在施工较深的天井时，经常发生由地质岩石情况变化、岩层倾斜引起的钻孔偏斜率超限的故障，有时甚至因此造成钻杆折断的事故发生。随着自动测偏技术和控制技术的发展，天井钻机的施工方式也必然会向着自动纠偏，即能够随着岩石硬度和倾斜角度的变化自动改变推拉力和旋转速度的智能化方向发展。多功能天井钻机的发展方向和趋势就是集自动化、智能化和多功能化于一体。

4. 天井钻机工程应用实例

1）三山岛金矿[41]

三山岛金矿为有效解决新立矿区井下西部通风问题，降低井下生产施工作业强度，与湖南有色重型机器有限责任公司联合协作，采用 AT1500 天井钻机在三山岛金矿新立矿区井下-320~400 m 中段施工风井，进行下行上扩法掘进动钻试验。

新立-320~400 m 中段 119 线倒段风井工程地质条件为花岗岩，其主要由正长石、石英组成，有时含斜长岩、闪石，呈全晶体质粒状结构，块状构造，颜色多为肉红色、浅红色。该类岩石完整性强，节理不发育，坚固性 f 基本在 12 以上。由于岩石硬度大、风井断面小，天井普通法施工已经不能很好地服务于该工程。

该段工程采用 AT1500 天井钻机下行上扩法施工，于 2010 年 6 月 1 日开始动钻，7 月 9 日导硐和扩刷完全施工完毕。风井倾角为 69°40″，全长 85.1 m，其中，导硐直径 250 mm，断面为 0.049 m³，刀盘扩刷直径为 1500 mm，断面为 1.76 m³。

（1）开钻前的准备工作。

由于施工硐室比较狭小，大型机械基本采用"一"字排开，操作台除外。首先，由测量人员根据设计制定点的要求，进行实际放点，包括风井的上下口坐标校核。钻机安装检查一切正常后，启动主机，空载运转 3 min，确认一切无误后方可开钻。

（2）导硐施工。

用短钻杆开孔，首先将钻头与短钻杆连接好，机械手抓住短钻杆，送入机架内与导向套连接好，机械手收回，机头下降至钻头接触岩石。

先开水，用小钻压（15~20 kg/cm²）低转速开孔，并断续推进，上下提动钻头扫孔，及时清理孔内的岩渣。

打完短钻杆后，先停机后停水，按程序装上一个钻杆，用扶钎器油缸扶住钻杆，并继续用小钻压，低转速钻进，钻孔深超过 3 m 后，可按正常参数钻进，并且开始逐渐增加轴压，提高转速。

为了将偏斜率控制在 ±1% 以内，必须保证排渣的风量、水量和风压、水压，将孔内岩渣排净，防止堵孔。除了正确安装主机和控制开孔外，还需每隔一段距离安装一根稳定杆。

（3）扩刷施工。

250 mm 导硐钻通后，将扩孔刀盘运至天井下部，将刀盘和钻杆用吊具连接起来。待扩天井的下部工作面要平整，保证刀盘滚刀受力状态良好，以减小扩孔刀盘的冲击。扩孔开始时，因为接触面不平整，应当缓慢间断推进，合理控制拉力和转速，待刀盘所有滚刀接触岩石后，方可按正常压力扩孔。

（4）技术指标

在 400 m 中段顺利贯通后，根据现场测量，巷道原始规格为 2.55 m×2.85 m，250 mm 钻头偏离巷道中心线 0.65 m，即偏斜率为 0.85%，远远低于初定目标 1.5%。

现场主要技术经济指标见表 7-16，从表中可以看出，使用天井钻机比原来的普通法施工速度提高三倍以上。

表 7-16 主要技术经济指标

指标名称	作业时间/h	有效时间/h	作业台班/m	平均进尺/(m·h⁻¹)
250 mm 导硐	112	95	14	0.89
1500 mm 导硐	152	110	19	0.77

2)上瑞高速雪峰山隧道 3 号竖井[42]

雪峰山隧道 3 号竖井，是上海至云南瑞丽的国道主干线上湖南邵阳至怀化高速公路段雪峰山隧道中的一个重要工程。雪峰山隧道是长约 7 km 的两条平行分向行驶的超长高速公路隧道。该竖井的用途是为这两条隧道提供通风，为我国首例在公路隧道中采用竖井通风方式的工程。

该竖井距雪峰山隧道怀化端出口约 1.8 km，布置在左线隧道左侧约 65 m 处，通过联络风道可同时向左、右线隧道进行送、排风。该竖井为圆形断面，其衬砌后井径为 ϕ6.5 m，深度为 373.2 m。

该竖井采用先钻进中心先导井，再爆破扩孔成井的方法施工。即用天井钻机在井筒中心钻进一条直径 1.2 m 的先导井，作为爆破扩孔时通风及卸渣通道和爆破自由面，然后通过爆破扩孔和衬砌而成井。

为了加快设计进度，减少中间试验环节，以我国钻进能力最大、技术成熟的 AT2000 型天井钻机为基础，通过修改，设计为 AT2000G 型深天井钻机，该天井钻机主要由主机、泵站、操纵台、钻杆车、润滑系统、供水系统、电控柜、钻具、基础及辅助工具等组成，如图 7-43 所示。

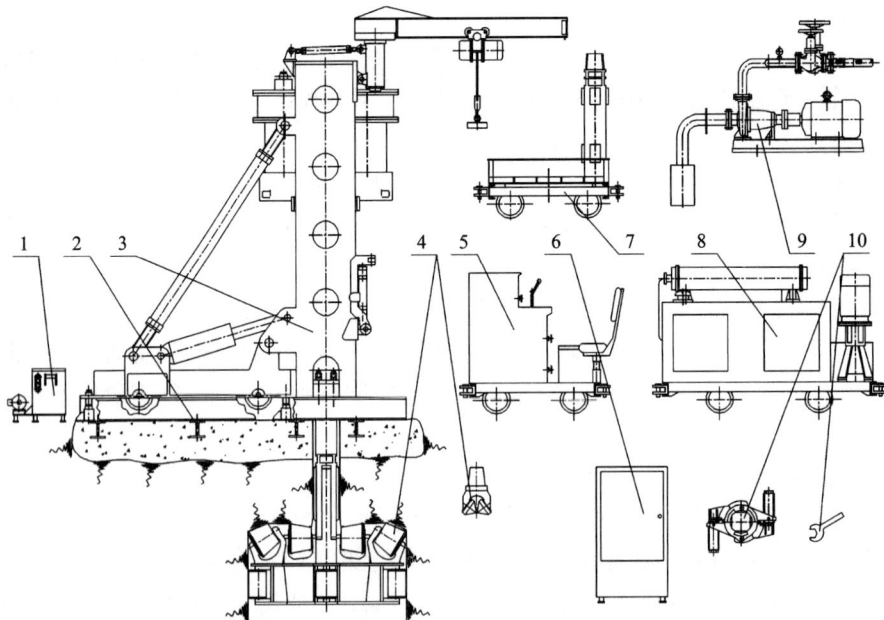

1—润滑系统；2—基础工具；3—主机；4—钻具；5—操纵台；6—电控柜；
7—钻杆车；8—泵站；9—供水系统；10—辅助工具。

图 7-43 AT2000G 型深天井钻机结构示意图

（1）钻前准备。

在基岩上浇筑混凝土基础，基础的长、宽约 3 m、深度大于 0.5 m，且表面高出地面 3～5 cm。将调平的基础横梁用混凝土浇筑在基础中，并加适量的钢筋，以增加基础强度。在基础上预留排渣沟，并与岩渣沉淀池和水泵吸水池连接起来。放置其他辅助设备（水泵、泵站、操纵台）的场地在夯实表土后，浇筑一层厚 3～5 cm 的混凝土基础。

设备安装时，首先要校平主机基础（横梁和纵梁），精确调定钻进角度（顶角和方位角），将主机与基础连接牢固，将电缆线和压力胶管悬挂起来，以防止磨损破坏而发生安全事故。

钻进前，调试主、副泵的流量、压力、机头转速，减压钻进系统压力，钻机推进速度，机械手终点位置，润滑系统压力，吊车悬臂梁的水平，各机构的动作等。

（2）导向孔开孔。

用短钻杆开孔，以减少钻杆的悬臂长度；必须将钻头、短钻杆和机头的螺纹旋紧，以防松动处形成一个导致弯曲的活关节；用扶杆器扶住短钻杆开孔，确保开孔的准确性；用低轴压、低转速开孔，以减少开孔的冲击和振动；短钻杆钻入后，应连续接 2 根稳定器。

（3）导向孔钻进。

将回转箱变到高速档，在待装钻杆的螺纹上涂抹螺纹脂，以防连接过紧。旋紧钻杆的丝扣，以保证钻杆的整体刚性；在扶杆器扶住钻杆的条件下钻进，扶杆器磨损后要及时更换；控制进尺速度，井越深，角度越缓，进尺速度越慢，通常控制进尺速度在 30～60 min/m；尽早启用减压钻进系统，通常钻深达到 10 m 就可启用减压钻进系统，随着钻深的增加或岩石软硬的变化，及时调整减压钻进系统压力。

（4）扩孔。

导孔钻通后，在下部硐室拆除钻头并连接扩孔刀头，将回转箱变为低速档；因欲扩岩面不平整，扩孔开孔时要间断慢进；边正转边间断上升，每次上升 3～5 mm，待冲击明显减小后，再上升 3～5 mm，如此反复，直到岩面全部刮平，方可按正常扩孔压力扩孔。扩孔过程中，同样要先开水、后开钻；先停钻、后停水。

3）新疆阿舍勒铜业公司[43]

湖南创远高新机械有限公司生产的 AT3000L 天井钻机主要用于井下高深度、大直径通风井及溜井施工。该型天井钻机首先施工正向 $\phi260$ mm 的导向孔，与下中段顶板贯通后，根据需要井径大小选择不同直径刀盘并进行反掘。目前阿舍勒已成功施工直径 3 m、井深 150 m 的矿石溜井 1 条，井深 100 m 的废石溜井 2 条，井深 50 m 的切割天井、通风井等数十条。其钻进深度可达 500 m，钻进倾角 45°～90°，垂直孔偏斜率可控制在 ±0.5% 以内，采用新型机械手辅助上、卸钻杆，大大降低了人工搬运钻杆时存在的安全风险，同时减轻了工人的劳动强度。

天井钻机 AT3000L 为自行履带式钻机，可在 20° 以下斜坡道自由行驶，施工及行走控制均采用无线遥控。其主要结构由底盘总成、减速箱总成、底座总成、推进支撑机构总成、机械手总成、动力单元总成、钻具系统、液压系统、电气系统组成。

AT3000L 天井钻机的基本性能参数见表 7-17。

表 7-17　AT3000L 天井钻机的基本性能参数

	项目	单位	参数
主机	公称扩孔直径	mm	1500~3000
	最大钻深	M	500
	导孔推力、扩孔拉力	kN	0~1940
	额定扭矩	kN·m	165
	额定转速	r/min	导孔：37　扩孔：12
	额定压力	MPa	35
工作动力	电动机额定功率	kW	水泵电机：≤55　主泵电机：132
	额定电压	V	AC380
尺寸	最小离地间隙	mm	250
	运输状态外形尺寸	mm×mm×mm	5860×1970×2170
	工作状态外形尺寸	mm×mm×mm	6900×3130×3220
	总重	t	24

参考文献

[1] 徐小荷, 余静. 岩石破碎学[M]. 北京：煤炭工业出版社, 1984.

[2] 贾森. 盘形滚刀破岩滚动力与岩石破碎比能特性研究[D]. 沈阳：沈阳建筑大学, 2021.

[3] 李亮, 傅鹤林. TBM 破岩机理及刀圈改型技术研究[J]. 铁道学报, 2000, 22(B05)：8-10.

[4] 蔡晨晨. 盘形滚刀冲击滚压破岩分析及破岩力影响因素的研究[D]. 扬州：扬州大学, 2017.

[5] 于国巍. TBM 盘形滚刀破岩模拟及分析[D]. 保定：华北电力大学, 2014.

[6] 杨金强. 盘形滚刀受力分析及切割岩石数值模拟研究[D]. 北京：华北电力大学(北京), 2007.

[7] ZHANG Z, LIANG H. The Study on the Calculation Method for the Work's Total Float Time for Network Planning[J]. Journal of Basic Science and Engineering, 2009, 17：151-157.

[8] LIU H. Numerical Modelling of the Rock Fragmentation Process by Mechanical Tools [D]. Lulea：Lulea University of Technology, 2004.

[9] 赵伏军. 动静荷载耦合作用下岩石破碎理论及试验研究[D]. 长沙：中南大学, 2004.

[10] 张照煌. 盘形滚刀与岩石相互作用理论研究现状及分析(一)[J]. 工程机械, 2009, 40(9)：16-19.

[11] 张照煌. 盘形滚刀与岩石相互作用理论研究现状及分析(二)[J]. 工程机械, 2009, 10：18-22.

[12] WOLFGANG L, ECKART S. Penetration Prediction Models for Hard Rock Tunnel Boring Machines[J]. FELS BAU21, 2003(6)：8-13.

[13] 张照煌. 全断面岩石掘进机及其刀具破岩理论[M]. 北京：中国铁道出版社, 2003.

[14] OT Blindheim. Experiences with full face tunnel boring in greenstone [C]//Rock Blasting Conference, Norwegian Tunnelling Society, Oslo, Norwegian. 1972.

[15] OT Blindheim. Early TBM projects[C]//Norwegian TBM Tunnelling. 30 years of experience with TBMs in Norwegian Tunnelling, Publ. 11. Norwegian Tunnelling Society, 1998.

[16] NTH. Full Face Boring of Tunnels[C]//Project Report. Norwegian：Institute for Construction Engineering-Geological Institute，1976.

[17] BRULAN A. Hard Rock Tunnel Boring[C]//Dr. ing. thesis, 10 Volumes. Trondheim：Project reports, Dept. of Building and Construction Engineering, NTNU. 1998.

[18] 刘海舰.TBM 滚刀破岩机理与效果数值模拟研究[D].北京：中国地质大学(北京)，2020.

[19] OZDEMIR L, WANG F D, SNYDER L. Mechanical Tunnel Boring Prediction and Machine Design. Final Report[M]. Denver：Colorado School of Mines，1979.

[20] TUNCDEMIR H, BILGIN N, COPUR H, et al. Control of rock cutting efficiency by muck size[J]. International Journal of Rock Mechanics & Mining Sciences，2008(45)：278-288.

[21] GERTSCH R, GERTSCH L, ROSTAMIC J. Disc cutting tests in Colorado Red Granite：Implications for TBM performance prediction[J]. International Journal of Rock Mechanics& Mining Sciences，2007(44)：238-246.

[22] MORRELL R J, BRUCE W E, Larsom D A. Disk experiments in sedimentary and metamorphic Rocks，Bumines RI，1970，7410：32.

[23] 国外中硬岩掘进机刀具资料译文集[M].上海：上海煤矿机械研究所编印，1972.

[24] WANG F D, OZDEMIR L, SNYDLER L. Prediction and Verification of tunnel boring machine performance，Calorado school of mines，1978.

[25] 滚压破碎量影响因素的分析[M].沈阳：东北工学院岩石破碎研究室，1979.

[26] RAD P F, SCHMIDT R L.隧道掘进机的研究[M].北京：科学技术文献出版社，1976.

[27] 胡修坤.反井钻机镶齿滚刀破岩机理及性能研究[D].徐州：中国矿业大学，2020.

[28] 管志川，陈庭根.钻井工程理论与技术[M].青岛：中国石油大学出版社，2017.

[29] 矿山牙轮钻机编写组.矿山牙轮钻机[M].北京：冶金工业出版社，1974.

[30] 鞍山黑色冶金矿山设计研究院，长沙矿山研究院.国外牙轮钻机[M].北京：冶金工业出版社，1979.

[31] 孟祥振.试验台上的牙轮钻进结果分析[M].沈阳：东北工学院岩石破碎研究室，1979.

[32] 张宗言.岩石掘进机(TBM)施工关键技术[M].北京：中国铁道出版社，2019.

[33] 魏南珍，沙明元.秦岭隧道全断面掘进机刀具磨损规律分析[J].石家庄铁道大学学报(自然科学版)，1999(2)：86-89.

[34] WALLIS S. Lesotho highlands water project. Volume 2[M]. LASERLINE：SURREY(UK) Press，1993.

[35] 刘小伟，谌文武，刘高，等.引洮工程红层软岩隧洞 TBM 施工预留变形量分析[J].地下空间与工程学报，2010，6(6)：1207-1214.

[36] 易欣.地下采矿之天井钻机[J].矿业装备，2018(2)：12-14.

[37] 刘福生，王红霞，方俊.反井钻机施工斜井、竖井技术介绍[J].水电站设计，2010，26(2)：88-90，94.

[38] 谢标长，汪炳昌.国外大直径天井钻机现状[J].采矿技术，2010，10(5)：75-76.

[39] 曹年宝.多功能反井钻机的研究与探讨[J].煤炭技术，2010，29(6)：220-221.

[40] 尹复辰.天井钻机的选用[J].有色金属(矿山部分)，1998(2)：21-26.

[41] 赵景博，杜飞.AT 天井钻机在三山岛金矿施工中的应用[J].中国矿业，2011，20(7)：120-121，125.

[42] 尹复辰，任魏.深天井钻进设备及工艺[J].矿业研究与开发，2006(S1)：98-102.

[43] 林勇.天井钻机在矿山中的应用[J].新疆有色金属，2019，42(4)：73-74.

第8章 机械冲击破岩

冲击是破碎岩石的重要方法之一。冲击是一种极其简单的破岩手段，能在瞬间获得巨大的力量。从原始社会起，人类利用冲击使自己拥有远超出肌肉限度的力量，达到比其他动物高得多的水平，直到今天，锤、凿、冲、镐等冲击工具依然是人类得心应手的工具。在现代工业中，凿岩、碎石、打桩、锤锻等都是利用冲击，而材料的冲击破坏又是军事工程、航天工程及其他现代化工程密切关心的问题。本章将阐明冲击力的特征、冲击破碎岩石的理论与方法，还将对冲击破岩的装备及其应用进行介绍[1]。

8.1 机械冲击破岩理论与方法

机械冲击破岩按其破碎岩石的实质可分为以下类型：①砸碎，以矿山二次破碎大块为典例，被破碎的大块矿岩是孤立的，在冲击作用下分解为几块即可；②劈落，以风镐从煤壁落煤为例，工具侵入岩石，将大块岩石从岩体中分离出来；③凿碎，以冲击式凿岩为典型动作，只从岩体表面邻近工具的局部地方破碎岩石，而工具本身是受到其他物体(锤)的撞击而得到能量；④射击，如用弹丸射击岩石，这时工具自身高速运动，冲向岩石，把动能转化为岩石的破碎功。以上各种冲击破岩的类型，有共同点，也有不一致的地方，从一种类型得出的规律，应用到另一类型时要慎重。冲击破碎是在很短时间内完成的，因此在研究的方法上必将不同于静力破岩。其研究的方法主要有以下几种：①把破碎效果和破碎原因联系起来考察；②破碎程度的分析；③破碎过程的观察；④理论分析。这几种方法经常结合使用[1,2]。

8.1.1 机械冲击破岩力学理论

1.冲击速度和冲击力

冲击力有别于静力，其明显的特征是在很短的时间内，作用力发生急剧的变化。对于冲击力的大小及其作用时间问题，有很多的试验和研究。

冲击刀具冲击作用下力的变化是很复杂的，钎杆较短时，各处受力不一致。在短钎杆的中点，起初受到一个压力脉冲，渐渐衰落为一振荡，此振荡的周期等于波在钎杆中一个往返的时间。钎杆受力大小取决于凿入对象，钎杆侵入时受的阻力越大，钎头受力也越大。钎头的受力延续时间，视锤的轻重及凿入对象的软硬而定，锤越重，对象越软，力的延续时间越长。钎杆、钎头受力波峰的幅度与冲击速度成正比，但冲击速度一般不影响受力波形的相位。

利用凿测器(图 8-1)可测得钎头凿入岩石时的受力波形。钎头上冲击力的作用时间是几百微秒到一千微秒，且岩石软时作用时间长，波峰较低，反之则相反。作用力的峰值则在数吨范围。表 8-1 总结了几种不同岩石的冲击凿入力情况[2]。

表 8-1　几种不同岩石的冲击凿入力情况

岩石种类	暗绿角闪石	黑云母片麻岩	磁铁石英岩	花岗岩	云母石英片岩
凿入峰值力 F_m/t	5.95	5.29	4.26	3.81	3.05
平均力 F/t	2.82	2.41	1.84	1.82	1.07
作用时间 $T/\mu s$	780	810	890	920	1100
凿碎比功 $a/(kg \cdot m \cdot cm^{-2})$	80	约 38	43	36	21

当只改变落锤的重量，不改变冲击速度时，冲击力的作用时间与锤重的平方根成正比，即

$$T = C_T \sqrt{G} \qquad (8-1)$$

式中：T 为凿入力的持续时间，μs；C_T 为与凿入对象性质有关的常数；G 为锤重，kg。

冲击力的大小和波形，不仅和锤的重量、冲击速度及岩石的力学性质有关，而且和整个撞击系统的构造情况有关，如射击的冲击力和凿入的冲击力是不同的。

2. 冲击速度和粉碎程度的关系

巴隆等人用 8 kg 落锤击碎 60~80 g 的不规则岩样，冲击速度为 3.16~8.6 m/s，相应的锤重为 2.16~16.03 kg，落高为 0.5~3.7 m。在这个范围内，各种岩石产生单位新表面积所耗费的能量基本上不因冲击速度的变化而有明显变化。由不同冲击速度造成的离散数为 3%~7%，不超过岩石自身的变异范围。

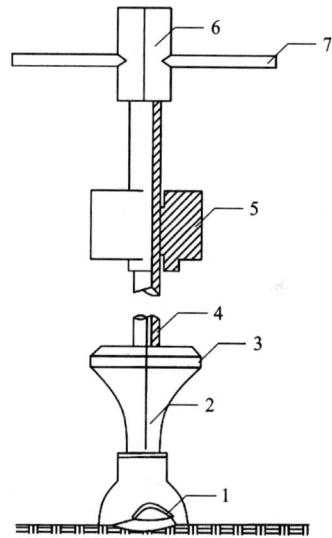

1—钎头；2—承击台；3—螺丝销；4—导向杆；
5—落锤；6—卡套；7—转动手把。

图 8-1　凿测器

R. J. 查理斯(Charles)在较大的范围内试验冲击破碎效果，得出冲击功相同的条件下，冲击速度高时容易使试件破碎的结论。冲击破碎后的碎屑粒度分布，可用 G-S 函数分布来表示，即

$$y = 100 \left(\frac{x}{k} \right)^{\alpha} \qquad (8-2)$$

式中：y 为碎屑尺寸在 x(mm)以下的累计百分率，%；α 为常数，由实验得 $\alpha = 3$；k 为碎屑的粒度模数，mm。

由实验得到冲击功 A 和 k 的关系如下：

落锤冲击时：

$$\lg A = 3.5 - 1.07\lg k \tag{8-3}$$

气枪冲击时：

$$\lg A = 3.63 - 1.38\lg k \tag{8-4}$$

通过高速摄影可知，用气枪子弹射击时，荷载的作用时间是 30 μs，起初能量大部分集中在着弹点附近，在着弹点附近出现较多的裂纹，之后裂纹扩展，使整个试样破碎。用落锤时，常出现长的纵向裂纹，碎屑呈粒状；气枪射击时，碎屑则以针状、片状居多。比较上述两个方程式(8-3)和式(8-4)，联立解得，当 $A = 1120$ kg·cm 时，$k = 2.63$ mm，即在这个冲击功下，两者的破碎程度是相等的。当以气枪射击、冲击功小于上述数值时，k 较小，即破碎程度较高。当然，冲击速度的高低对破碎程度的影响不能一概而论[2]。

3. 冲击功和凿碎比功

冲击破岩时，常利用凿碎单位体积所耗费的能量——凿碎比功来反映凿碎效果。无论单次冲击凿入或者多次冲击凿入，冲击功 A 和凿碎比功 a 的关系基本一样，都是冲击功很小时，岩石难以凿碎，凿碎比功很大；而当冲击功相当大时，凿碎比功在一个不大的范围内起伏变化。

通过许多实际测定的分析，可以将 $a\text{-}A$ 曲线分成三个部分(图8-2)。在冲击功很小时，即图8-2的左边为伤痕区，在这个区域里，小的冲击功不足以使岩石产生崩碎坑，凿下的岩粉很细，凿碎比功很大；阴影部分是过渡区，在这个区域里测定的数据经常变化，没有一个确定的数值；当冲击功超过一定数值时(临界冲击功 A_c)，凿碎比功进入一个相对的稳定区域，在这个区域里，比功是变化不大的，这时它才具有作为一个指标的意义[2]。

凿碎岩石体积和冲击功之间的关系，许多学者用下式表示：

$$V = C_1(A - A_0) \tag{8-5}$$

式中：V 为凿碎体积，m^3；A 为冲击功，kg/m；A_0 为起始冲击功，kg/m；C_1 为和岩石坚固性及钎头有关的常数。

从试验结果看，A_0 是很小的数值，哈特曼（Hortman）、柏业（Beyer）认为 $A_0 = 0$；如下村氏的试验

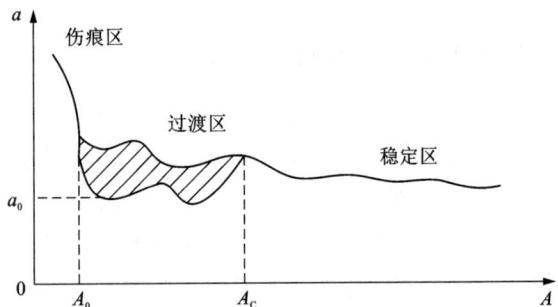

图8-2　$a\text{-}A$ 曲线

中，花岗岩 $A_0 = 0.5$ kg·m，安山岩 $A_0 = 0.25$ kg·m。不同试验结果不尽相同，但 α 都在 1 左右。

临界冲击功 A_C 比 A_0 大得多，它和岩石的性质及凿刃的长短有关。对于一般岩石而言，偏大估计，每厘米刃长上的冲击功超过 1 kg·m，凿碎比功可以认为是一个变化不大的稳定数值。

冲击荷载短暂而冲击速度较高时，岩石的破碎程度和侵入硬度都会很高。但在这种情况下，破碎的程度是增大还是减小并无定论，冲击功的大小对凿碎比功的影响也不清楚。尤其

是二次破碎类型的砸碎，只要开裂就行，并不估计破碎程度，凿碎比功和冲击功的大小更难以确定，往往得出互相矛盾的结果。

砸碎时，产生单位新表面积所需的能量，一般认为符合黎金格定律，即冲击功增大时，新生的表面积将按比例增加。巴隆等人还曾用摆式砸碎试验，扣除砸碎岩石摆锤中残余的能量，算出的耗费功(约占全部冲击功的四分之三)和新表面积之间有着更好的正比例关系[2]。

8.1.2　机械冲击破岩的应力波理论

现代岩土工程广泛使用各种冲击加载机械，尽管各种机械的结构构造各异，功率大小悬殊，但它们存在一个共同点：破岩的能量是通过活塞的反复冲击获得的，如图 8-3 所示，活塞每冲击一次，便在活塞和被冲击材料之间产生一次应力脉冲，并通过被冲击材料传入岩土中。有关应力波基础理论的书籍很多，本节不赘述，主要介绍冲击破岩系统的应力波理论[2]。

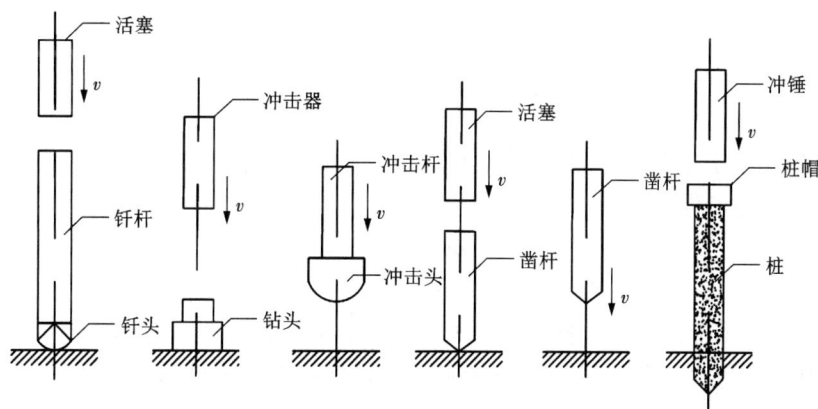

图 8-3　冲击加载机械工作原理示意图

1. 钎杆间的碰撞及其产生的应力波形

1) 冲锤和杆件的碰撞

冲击凿岩机活塞冲击钎尾时，将分别在活塞和钎杆中产生应力波，不同的活塞形状会导致应力波形的差异。早在 1867 年，圣维南(Venant St)就给出了一无限长的刚性锤撞击一个弹性杆问题的解析解；此后，Fischer 等人相继对此进行了一些研究。根据撞击面上力和速度的连续条件以及波的透反射原理，Dutta 曾对圆柱形和阶梯形活塞进行过分析，并给出了阶梯形活塞撞击细长杆时应力波形的计算程序[3]。如图 8-4 所示，假设断面积为 A_a 的活塞以 $V_冲$ 的速度撞击一无限长杆，在撞击后将在活塞和钎杆中产生一压应力波，并分别沿着 x 轴负方向和正方向以 c_0 的波速传播。在撞击瞬间，根据力和速度连续条件，在撞击面上有：

$$P_{b1} = P_{a1} \tag{8-6}$$
$$V_冲 + V'_{a1} = V_{b1}$$

又 $P_{b1} = m_b V_{b1}$，$P'_{a1} = -m_a V'_{a1}$，代入上式可得：

$$P'_{a1} = P_{b1} = \frac{m_a m_b}{m_a + m_b} V_{冲} \qquad (8-7)$$

$$V'_{a1} = -\frac{m_b}{m_v a + m_b} V_{冲} \qquad (8-8)$$

撞击后，活塞中产生的压力波 P'_a 经 L/c_0 的时间后到达自由端，然后反射成大小相等的拉应力波，累计经过 $2L/c_0$ 的时间后，此

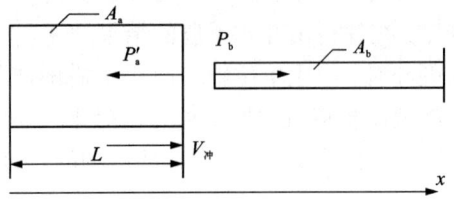

图 8-4　撞击示意图

拉应力波到达钎杆和活塞的接触面，这又将导致钎杆和活塞中受力的变化，因为此时在交接面上，质点速度已从原来的 $V_{冲}$ 变成 $V_{冲} + 2V'_a$，可以得到：

$$V'_{a2} = -\frac{m_b}{(m_a + m_b)} \frac{(m_a - m_b)}{(m_a + m_b)} V_{冲}$$

$$P'_{b2} = P_{a2} = -m_a V'_{a2} = \frac{m_a m_b}{m_a + m_b} \frac{(m_a - m_b)}{(m_a + m_b)} V_{冲}$$

即

$$P'_{b2} = P_{a2} = \lambda_{b \supset a} \left(\frac{m_a m_b}{m_a + m_b} \right) V_{冲} = \lambda_{b \supset a} P_{b1} \qquad (8-9)$$

同理，P'_{a2} 的应力波经 $2L/c_0$ 的时间又到达撞击面，再次引起撞击面力的变化，此时累计的时间为 $4L/c_0$，撞击面的力为：

$$P_{b3} = \lambda_{b \supset a}^2 \left(\frac{m_a m_b}{m_a + m_b} \right) V_{冲} = \lambda_{b \supset a}^2 P_{b1} \qquad (8-10)$$

所以圆柱形活塞撞击无限长杆后在杆中产生的应力波每隔 $2L/c_0$ 时间下降一定幅度的阶梯形波，如图 8-5 所示。在 $0 \rightarrow 2L/c_0$ 的时间内，钎杆中的应力波大小为 $P_{b1} = P_b = m_a m_b V_{冲} / (m_a + m_b)$，当时间从 $2L/c_0 \rightarrow 4L/c_0$ 时，钎杆中的应力波变为 $P_{b2} = \lambda_{b \supset a} P_{b1}$，依次类推，直至 $P_{bn} \rightarrow 0$。

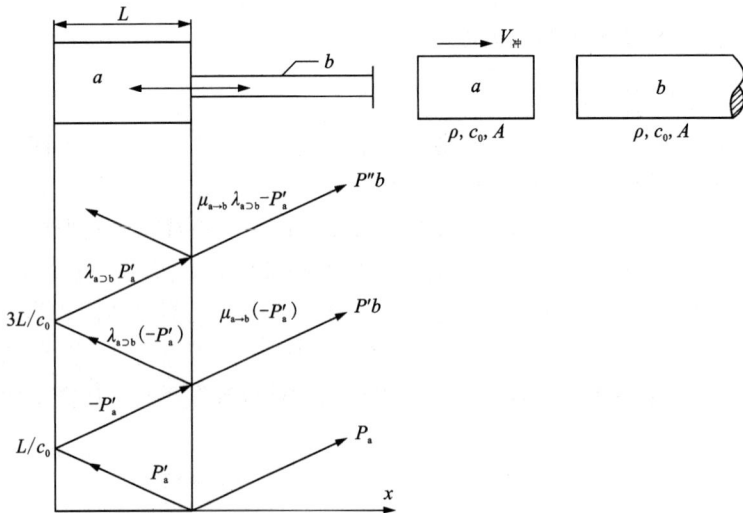

图 8-5　圆柱形活塞撞击无限长杆应力波形

当活塞与钎杆截面积相等，形状和材质均相同时，由上面的分析可知，其入射应力波形为矩形，波幅为 $\delta = \rho c_0 V_{冲}/2$，延续时间 $\lambda = 2L/c_0$，如图 8-6 所示。

对于不同形状的活塞，撞击后在钎杆中的应力波形与圆柱形活塞理论依据相同，对应的应力波图略有不同。

2）刚性体对钎杆的撞击

图 8-7 为一质量为 M 的刚体以 v 的速度撞击一无限长杆，根据牛顿定律，撞击瞬间撞击面的受力 p 可由下式得出：

$$p = -M \frac{\mathrm{d}v}{\mathrm{d}t} \tag{8-11}$$

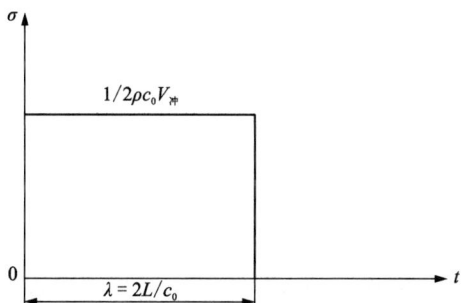

图 8-6 等径杆碰撞时的入射应力波形

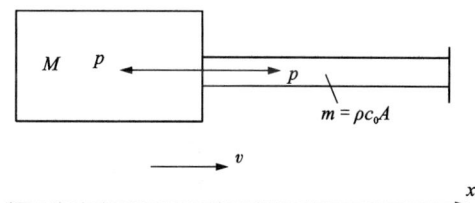

图 8-7 刚体对杆撞击

同时，p 又是钎尾的入射波，因此还满足下式：

$$p = mv \tag{8-12}$$

上两式中，v 为撞击面的速度，由这两式可得：

$$\frac{\mathrm{d}v}{\mathrm{d}t} = -\frac{m}{M} v \tag{8-13}$$

初始时，$t = 0$，$v = V_{冲}$，可求得：

$$p = mV_{冲}\, \mathrm{e}^{-\frac{m}{M}t} = p_{冲}\, \mathrm{e}^{-\frac{m}{M}t} \tag{8-14}$$

或者

$$\sigma = \rho c_0 V_{冲}\, \mathrm{e}^{-\frac{m}{M}t} \tag{8-15}$$

上式表明：撞击入射波为一个初始值为 $p_{冲}$ 并呈指数规律下降的曲线，且 m/M 值越大，下降越快。在冲击凿岩机系统中，当活塞的截面积比钎杆大得多时，可以把活塞看作刚体进行分析。

当质量为 M 的刚体冲击一长为 L 一端固定的钎杆时，如图 8-8 所示，类似以上的分析，当 $0 \leqslant t \leqslant 2L/c_0$ 时，$\sigma = \sigma_1 = \rho c_0 V_{冲}\, \mathrm{e}^{-\frac{m}{M}t}$。

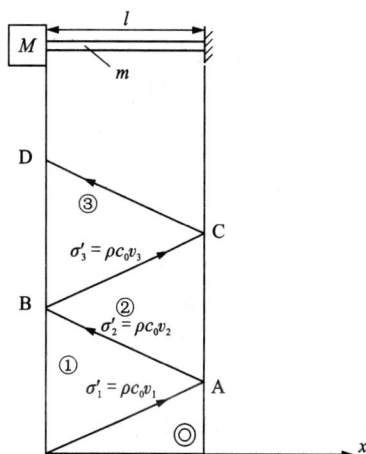

图 8-8 刚体冲击固定端杆件的传播图

2.应力波在钎杆中的传播

1)应力波在均质等截面钎杆中的传播

应力波在钎杆中传播时,内外摩擦使其能量在传播过程中逐渐减弱。假设应力波每传递一个单位长度,它的幅值的衰减率为 α,那么由 x 到 $x+\Delta x$ 的幅值缩减为:

$$- \Delta \sigma = \sigma \alpha \Delta x$$

即

$$\Delta \sigma / \sigma = - \alpha \Delta x \tag{8-16}$$

积分并代入初始条件 $x=0$, $\sigma = \sigma_0$,即可得到应力幅值随传播距离而衰减的关系:

$$\sigma = \sigma_0 e^{-\alpha x} \tag{8-17}$$

应力波幅值的衰减实际上是应力波能量的衰减,其能量衰减率为:

$$\frac{\Delta W}{\Delta x} = \frac{\Delta(\omega V)}{\Delta x} = V \frac{\Delta(\sigma^2/E)}{\Delta x} = (-2\alpha) \frac{(\sigma_0 e^{-\alpha x})^2}{E} V = -2\alpha W$$

亦即

$$W = W_0 e^{-2\alpha x} \tag{8-18}$$

由此可见,能量衰减率为幅值衰减率的两倍。

在金属杆件中,应力波的衰减很小,且钎杆很短,因此在其钎杆内难以察觉到应力波的衰减。为测定衰减率,常常利用应力波在钎杆两端作多次自由反射,再测定幅值的衰减。实际测定结果表明,钎杆中的衰减率 α 约为 0.2%,因此入射应力波在钎杆中由钎尾(撞击面)到钎头的衰减实际上是可忽略不计的。

2)应力波在接杆套中的传播[2]

在冲击凿岩中,若应力波传递的系统是均一的,那么实际的能耗损失很小,但如果系统不均一,如中深孔凿岩时,常将几根钻杆通过接杆套连接起来。这种系统中将会出现较大的能量损耗,其中一部分损耗是由接杆套与杆件之间的摩擦引起的,但这种损耗很大程度上取决于设计的接杆套的连接形式,定量分析这部分损耗是较难的,而且这种损耗也较小[4]。绝大部分损耗是由入射波在每一接杆套处产生的反射引起的。在两个给定的均一钎杆间的接头能量传递效率(透射与入射能之比值),将取决于入射应力波的特征(如延续时间和形状)和接头的特征(质量、长度和形状)。提高接杆套的能量传递效率,是许多学者研究探讨的问题,如今也需要更多的研究探讨此问题。

3.入射应力波对岩石破碎效果的影响

冲击破岩系统中进入岩石的能量并非全部消耗在岩石破碎之中,理论分析和实验结果均表明:对于方形加载脉冲,用于破岩的能量最多为施入能量的 50%[5]。李夕兵等曾对岩样进行过方形应力波加载试验,试验结果分析如下[6]。

①冲击荷载下岩石的破坏主要取决于入射应力水平。当入射应力小于临界入射应力值时,即使给岩石施以最大的冲击功,在有限的重复冲击次数下,岩石也不能被破坏,这时入射能量将以弹性波形式无用地耗散出去;当入射应力值大于相应应变率下岩石破碎强度所对应的入射应力时,只要应力波延续时间不小于岩石在该应力水平产生裂纹扩展所需时间,单次冲击必将导致岩石的破坏,其破碎强度主要取决于加载速率,而与应力波延续时间无关,

单位体积岩石吸能则随入射应力的增大而增大，随延续时间的增加而增加；当入射应力介于两者之间时，有限的重复冲击将导致岩石破碎强度的降低，虽然累积冲击可以导致岩石的破碎，但累积的入射能量将会很大，变为岩石有用功的部分却很小。由此可见，不同的入射应力的大小所表现出来的岩石破坏情况是不同的，即不破碎区、疲劳区和破碎区。在设计任何有效破碎岩石的机械设备，包括二次破碎设备时，均应保证机器本身产生的冲击应力值不小于临界应力值。

②岩石的破碎效果取决于入射应力大小和应力波延续时间的长短，单位体积岩石吸能随入射应力的增大及应力波延续时间的增大而增大。但过大的入射应力和过长的延续时间将会导致岩石的过粉碎，又会导致能量以弹性波形式向外过多损耗。因此，必须针对不同的岩石类别选取合适的冲击功(包括选取合适的入射应力波延续时间和入射应力值)。

8.1.3　机械冲击破岩的试验技术与方法[2]

1.典型试验方法

早在 19 世纪，Hopkinson 等人就在实验室内研究过应力波，但真正能够在实验室内看到应力波却是在 20 世纪 50 年代。目前，应力波的测试手段已经相当完善了，在冲击破岩领域也广泛应用应力波的测试技术为其生产、科研和理论验证等服务。在现代破岩实验室常可见到如下两种测试装置。

1)落锤冲击实验台

落锤冲击实验台主要包括落锤、冲击台、夹具、钎杆、测速仪、应变仪等组件。其工作原理是通过落锤的动能和冲击功，对岩石材料进行冲击实验。如图 8-9 所示，将岩石试样置于冲击台上，将落锤从一定高度释放，使其冲击试样。落锤可根据研究的需要更换为不同形

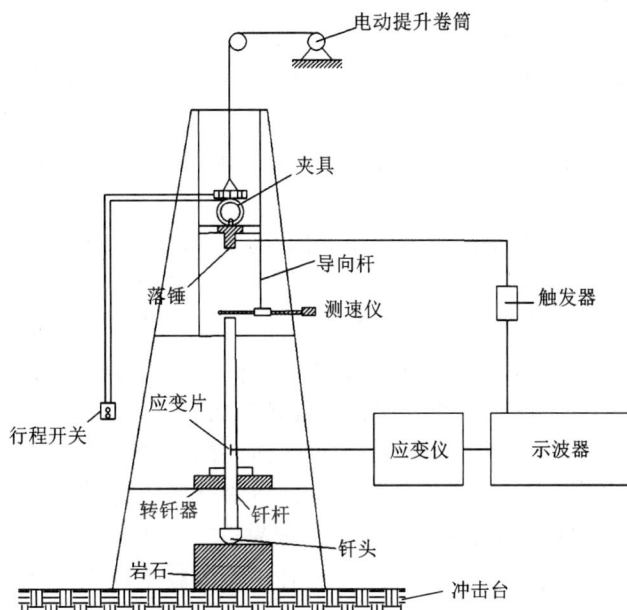

图 8-9　落锤冲击实验台示意图

状，冲击速度的大小可由落锤的提升高度控制并通过测速仪测得，不同的冲击速度改变了系统的冲击功 Mgh 或 $MV^2/2$。钎头的转角可通过转钎器控制，破岩效果则可通过测量破碎坑的大小及破碎单元体积岩石所消耗的功(破岩比功)来衡量。利用该装置可以模拟冲击破岩系统进行不同活塞下的入射应力波形，以及不同匹配下的破岩效果等试验研究和一些与冲击破岩有关的理论的验证。

2)分离式霍普金森压杆(SHPB)

现代的 Hopkinson 实验装置源于1914年 Hopkinson B 利用压力脉冲在杆自由端反射时变为拉伸脉冲的性质而设计的一套装置，用来测定炸药爆炸或者子弹打击杆端时压力与时间的关系，但是只能用于精确测量冲击荷载下的脉冲波形[7]。

后来，Davies 对 Hopkinson 的这种装置做了改进，使 Hopkinson 压杆实验技术取得了关键性进步，其主要贡献在于：不采用测时器，而是利用电容器连续记录自由杆端的纵向位移；分析了应力波在杆中传播时的弥散现象，因而能够精确而又方便地确定脉冲的特征。Davies 提出了采用平板及柱形电容器同时测量 Hopkinson 压杆实验中轴向和径向应变的方法，该方案将杆的自由端面作为平板电容器的阴极，从电容器出来的信号放大后接入示波器得到实验曲线，进而可以得到杆端面的轴向位移时间曲线；杆端的圆柱形电容器可测量径向位移时间曲线。但是随着应变片测试技术的出现和发展，基于电容器的测试技术现已被淘汰[8]。Davies 还系统讨论了杆中正弦波的相速度和群速度，研究了应力波在杆中传播的弥散现象。

1949年，Kolsky 又改进了 Hopkinson-Davies 杆，Kolsky 的实验采用 Davise 的电容器应变测试方法，将圆柱体试样放在入射杆和透射杆之间，入射杆端的雷管引爆产生压力脉冲，在透射杆端放置一个平板电容器测量透射杆的自由面位移，将一个圆柱状电容器放置在入射杆上，测量到达试样的压力脉冲大小，最终得到试样的变形。Kolsky 推导了目前仍在使用的计算实验试件应力、应变和应变率的计算公式。Kolsky 的 SHPB 实验最重要的特征在于：试样处于动态应力平衡状态，沿长度方向试样中应力梯度基本为零，这对于得到试样在一维条件下不同应变率的应力-应变响应至关重要。且因这一设备使用了分体式构造，因此被称为分离式霍普金森压杆，简称 SHPB(split Hopkinson pressure bar)或 Kolsky 杆。通过世界各国学者几十年的研究，SHPB 试验技术已发展成为获得试样材料在高应变率($10^2 \sim 10^4/s$)范围内应力-应变关系最主要的实验手段，已经得到广泛的应用，并根据不同需求发展了许多相关实验技术[8]。

我国关于分离式霍普金森压杆(SHPB)的研究起步较晚，1980年，段卓平等发表了我国第一套 SHPB 实验装置的论文，杨桂通等介绍了国内第一套分离式霍普金森压杆，然后国内关于第一套分离式霍普金森压杆的研究工作被发表。目前，我国有百余家科研单位拥有分离式霍普金森压杆实验装置及其改进型实验装置，Hopkinson 实验技术在中国得到飞速发展。随着工程结构中对非均质、各向异性等材料在复杂应力状态下动态力学特性研究的需求增加，尤其是工程中的岩石和混凝土类材料，对处于多向的复杂应力装置提出了新的要求。因此，在改进的 SHPB 实验装置上，国内外研究者们纷纷开展了材料在二维或三维 SHPB 复杂冲击荷载下的动态力学试验研究，并取得了显著成果[9]。

典型的 SHPB 实验装置如图8-10所示。SHPB 实验技术建立在如下两个基本假定上。①一维应力波假定：假设应力脉冲在压杆中的脉冲波为一维弹性波。这种假设实际就是假定杆中质点没有横向惯性运动，也就是假定杆的径向变形对加载波的传播完全不产生影响，可以直接得到试样的应力和应变。只有在一维应力状态下,才可以认为通过在压杆表面贴应变片测量得到杆的轴向应变与整个截面各点的轴向应变相同,且杆中应变片位置测量得到的应变与样品端面相同。②试样应力均匀分布假定:假设在很短的加载变形时间内,试样沿轴向的应力(应变)均匀化,这种情况下才可以认为样品的平均应力和由压杆端面变形得到的样品平均应变能代表材料真实的动态力学性能。

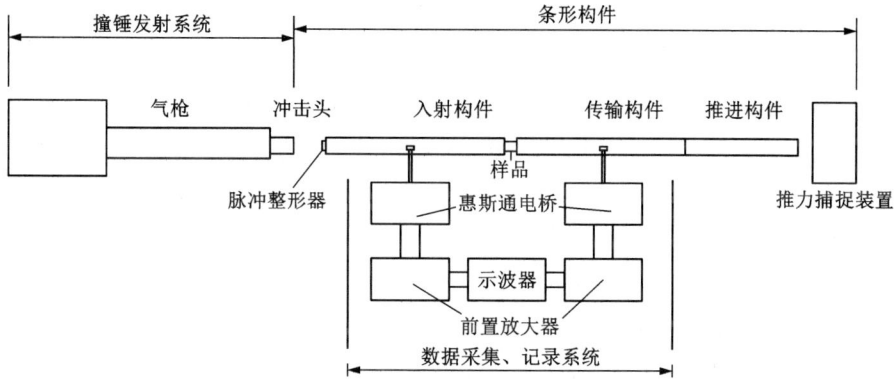

图 8-10 典型的 SHPB 实验装置

基于 SHPB 实验技术的第一个假定(一维应力波假定)所获得的 SHPB 实验数据处理公式为:

$$\dot{\varepsilon}(t) = c_0 [\varepsilon_i(t) - \varepsilon_r(t) - \varepsilon_t(t)]/l_s \qquad (8-19)$$

$$\varepsilon(t) = c_0 \int_0^t [\varepsilon_i(t) - \varepsilon_r(t) - \varepsilon_t(t)]/l_s \qquad (8-20)$$

$$\delta = \frac{A_0}{2A_s} E_0 [\varepsilon_i(t) + \varepsilon_r(t) + \varepsilon_t(t)] \qquad (8-21)$$

式中:$\dot{\varepsilon}(t)$ 为应变率,s^{-1};$\varepsilon_i(t)$、$\varepsilon_r(t)$ 和 $\varepsilon_t(t)$ 分别为杆中入射、反射和透射的应变波形;A_0 为弹性杆的截面积,m^2;E_0 和 c_0 分别为弹性杆材料的杨氏模量(MPa)和弹性波波速(m/s);A_s 和 l_s 分别为试件的原始横截面积(m^2)和长度(m)。基于 SHPB 实验技术的第二个假定(试件应力均匀分布假定),即有:

$$\varepsilon_i(t) + \varepsilon_r(t) = \varepsilon_t(t) \qquad (8-22)$$

将上述几式联立可得:

$$\dot{\varepsilon}(t) = -2\frac{c_0}{l_s}\varepsilon_r(t)$$

$$\varepsilon(t) = -2\frac{c_0}{l_s}\int_0^t \varepsilon_r(t) \qquad (8-23)$$

$$\delta = \frac{A_0}{A_s} E_0 \varepsilon_t(t)$$

此即二波法基本公式。

由此可见,SHPB 装置可用于冲击破岩领域探讨不同活塞冲击加载下岩样的力学行为和破碎效果，开展冲击荷载下破岩能耗和长接杆接头处能量损耗等问题的研究。

2. SHPB 实验技术方面存在的几类主要问题

1）大直径压杆的弥散效应问题

对 SHPB 试验技术而言，需要满足的首要条件是一维弹性波假定[10]。目前国内外建有许多不同种类的大直径 SHPB 实验装置，这些大直径 SHPB 实验装置使传统上基于一维假定和均匀假定的 SHPB 实验技术受到挑战。传统 SHPB 实验中，结果分析以一维平面假定为基础。根据一维假定，任意一个应力脉冲在压杆中的传播速度为定值，仅与材料性质有关。但是这一假定忽略了压杆中质点的横向惯性运动，即忽略了压杆的横向收缩或膨胀对动能的贡献。该近似假定，造成频率高的应力脉冲传播得慢，频率低的应力脉冲传播得快，因此在压杆中传播的任一应力脉冲将发生弥散，即由压杆中质点横向惯性运动引起的弥散效应。由此求得的应力-应变曲线中的上下振荡常常掩盖了材料本身的特性，造成数据处理上的困难，因此研究大直径压杆中波形弥散效应就显得十分重要。为了减小弥散效应对实验的影响，一种方法是减小压杆的直径，要求半径 r 与脉冲宽度 λ 之比小于 0.1，这样压杆中的弥散就可以忽略不计了；另一种方法是数据处理时尽量使用透射波以及在打击端加一层软介质。

2）端面摩擦效应问题

在应力脉冲的作用下，压杆和试样界面处的横向运动并不相同，由此而产生的摩擦破坏了试件的一维应力应变状态，即所谓的端面摩擦效应。随着新型材料的不断涌现，SHPB 的研究对象不断拓展，端面摩擦效应对实验精度的影响也日益成为研究者们关心的问题。材料在 SHPB 实验中端面摩擦效应的大小与材料力学性能、摩擦机理及破坏机制相关，具有黏弹性大、泊松比大、轴向应变大等特点，而试样长径比小的材料在 SHPB 实验中端面摩擦效应明显。端面的摩擦效应对 SHPB 实验结果的影响可以很大，有时是不能忽略的。当试件的长径比 $L/r=0.6$（此时的惯性效应可以忽略），界面上的摩擦系数 $\mu=0.15$，实测的应力-应变曲线比真实的曲线约高出 9%，随着 μ 的增加，偏差更为显著，同时界面的摩擦效应所造成的应力应变曲线很容易被误认为是由应变率效应引起的。Klepaczko 认为，在 SHPB 实验中，试件的长径比 L/r 趋近于 1，界面又充分润滑（$\mu=0.2\sim0.6$）时，界面的摩擦效应可以不予考虑。然而，由于压杆和试件的加工误差，虽然在试验中引入了万向头并在端面涂抹润滑剂，也很难达到要求的摩擦系数，因此在实践中应该考虑界面的摩擦效应[10]。

3）应力不均匀问题

在应力脉冲作用的初始阶段，试件内部的应力状态是不均匀的，即试件的波动效应。应力加载过程，试样进行均匀的变形。试验过程中，当应力波进入试样后，圆柱形试样的质点沿径向和轴向运动，SHPB 试验波可以在试样中来回往复反射 3 次以上，试样中的应力就可达到平衡。因此，采用 SHPB 试验技术获得的应力-应变曲线初始段常不满足试样均匀应力的假定，是不可信的。

除了弥散效应、摩擦效应和波动效应，影响 SHPB 试验结果准确性的因素还有很多，包括信号放大的频率响应、二维效应、震荡问题、数据采集频率等。另外，设备的规范性制造对试验结果的影响也需要引起注意。因此进行 SHPB 实验时，必须注意合理选取岩样的长径比，必须采取一些办法减小端面摩擦效应[10]。

8.2 机械冲击破岩装备与应用

8.2.1 液压破碎锤

液压破碎锤又称液压破碎器(hydraulic breaker)或液压碎石器(hydraulic rock breaker),也有人称之为液压锤(hydraulic hammer),我国官方专业术语称其为液压冲击破碎器(hydraulic impact breaker),也有人称其为液压破碎机、液压镐、液压炮、炮机、啄木鸟等,是一种特殊的液压机具[11],集控制阀、执行器、蓄能器等液压元件于一身,控制阀与执行器相互反馈控制,自动完成活塞的往复运动,将液体的压力能转化为活塞的冲击能。它通常搭载在挖掘机、装载机等液压工程机械上使用,可完成岩石破碎、建筑物拆除等工作,广泛应用于采矿工程和土木工程。与其他机械破岩方法相比,使用液压破碎锤破岩具有以下优点:破岩能力较强、需要的推力小且机动灵活、适应性较强、破岩范围可控、可靠性较高等[12]。

1. 液压破碎锤分类及工作原理

液压破碎锤主要包括活塞冲击式破碎锤(即通常所说的液压破碎锤)和高频破碎锤。

1)活塞冲击式破碎锤

活塞冲击式破碎锤是目前应用最广的一类破碎锤,主要由活塞、缸体和凿杆等零件组成(图8-11)。活塞回程运动都是由液压作用力完成的。根据冲程时作用力的来源不同将活塞冲击式破碎锤分为全液压式、氮爆式与液气联合式三类,目前使用最多的是液气联合式液压破碎锤[13]。根据操作方式可将活塞冲击式破碎锥分为手持式与机载式两大类。手持式小型破碎锤质量一般在30 kg以下,由人工手持操作,由专用液压泵站提供动力,可以广泛替代风镐作业,机载式大中型破碎锤直接安装在液压挖掘机、液压装载机等主机的臂架上,利用主机动力系统、控制系统以及臂架运动系统工作。机载式破碎锤根据主机是否行走又分固定式和移动式两种;根据配流阀结构可分为内置阀式和外置阀式两种。内置阀式破碎锤的配流阀与缸体合二为一,结构紧凑,通过合理配置参数取消蓄能锤,配制封闭式外壳,可成为静音型破碎锤。外置阀式破碎锤的配流阀独立在缸体之外,结构简单,维修更换方便[14]。

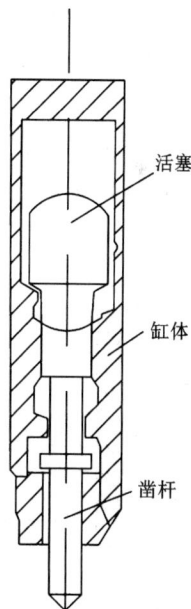

活塞

缸体

凿杆

图8-11 活塞冲击式破碎锤

液压破碎锤工作时,活塞在缸体内做往复运动,将冲程能转化为活塞的冲击能,活塞冲击凿杆的同时将能量传递给凿杆,凿杆在获得冲击能后冲击岩石,将能量转化为岩石破碎所需的能量,最终破碎岩石。

全液压作用式液压锤简称全液锤,其结构与工作原理如图8-12所示。全液锤工作时,活塞前腔常通高压油,当三通阀左右位接通时,后腔接通回油,在前腔压力油作用下活塞回程,当回程到一定位置时,反馈至三通阀,使三通阀接通左位,后腔接通高压油,此时前后腔皆为高压油。但因活塞后端面积大于活塞前端面积，活塞为冲程。活塞的回程运动和冲程运动皆由液压力的作用完成，故称为全液压作用式。全液锤的活塞顶部不设氮气室，因此全液锤启动前所需的挖掘机的下压力最小，仅靠全液锤自身的重量就已足够；全液锤的活塞冲程中，后腔所需的流量很大，系统供油不能满足冲程时的流量需要，所以一般需在锤体上设置高压蓄能器，以补充活塞冲程时的峰值流量；全液锤在回程运动时，没有氮气室的阻力，因此活塞回程速度较快，一般需要设置顺序阀以控制冲击频率；高压蓄能器、顺序阀的设置，使得全液锤的结构较为复杂，加工难度也较大[11-14]。

氮气爆发式液压锤简称氮爆锤，其结构与工作原理如图 8-13 所示，活塞顶部设有氮气室也就是活塞式蓄能器。氮爆锤工作时，活塞上腔常通回油，活塞下腔由控制阀进行切换，回程时通高压油，冲程时通回油，活塞回程运动时高压油进入活塞下腔，推动活塞上移，同时活塞顶部压缩氮气室里的氮气，氮气室压力上升，液压能转换为气压能而被存储。活塞冲程时，下腔的油路已被切换，从接通高压油转换为接通回油，氮气的压力作用于活塞顶部，氮气膨胀做功，同时氮气室压力下降，直至回程开始时的最低压力，又开始另一次回程运动。氮爆锤的优点是活塞形状简单，刚体结构简单，没有纵向的孔道，加工工艺性好，不设置高压隔膜蓄能器，也减少了加工成本；但氮爆锤的缺点也是显而易见的。从工作原理上讲，在活塞冲程阶段，油泵的供油是无路可走的，此时的高压油只能由胶管膨胀来吸收或从高压溢流阀溢出，必然造成液压系统的压力冲击，对油泵、管路造成不利影响，同时引起系统发热。氮爆锤的活塞冲击动作完全靠氮气膨胀实现，为了达到一定的冲击能以满足破碎作业的需要，必然要求氮气充气压力较高，一般大于 2 MPa。氮爆锤开始工作前，挖掘机必须将氮爆锤压紧，否则氮爆锤不能启动，而较高的氮气室充气压力，必然造成挖掘机下压困难，甚至使挖掘机机身抬起，一旦启动后，挖掘机又落下，造成的振动会使挖掘机产生损害。氮爆锤的上述缺点限制了它的使用范围，对小型氮爆锤，这些缺点的影响尚不明显，而对大型氮爆锤，这些缺点的影响是严重的[11-14]。

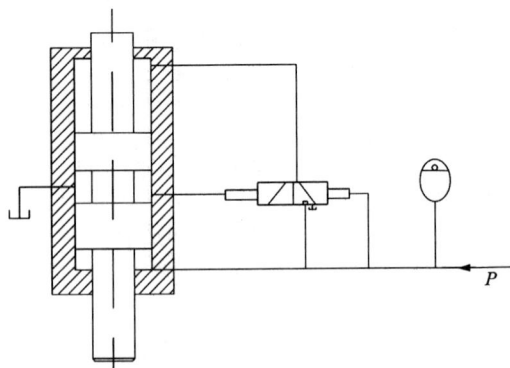

图 8-12 全液压作用式液压锤的结构与工作原理

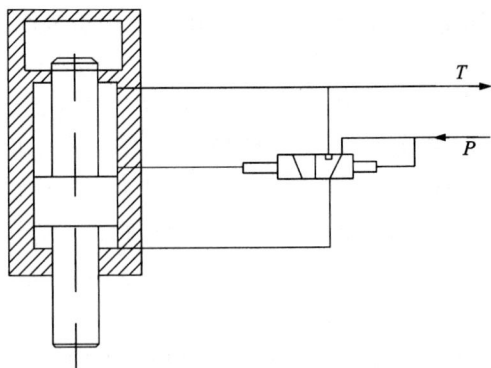

图 8-13 氮气爆发式液压锤的结构与工作原理

氮气液压联合作用式液压锤，简称气液锤，其结构与工作原理如图 8-14 所示。气液锤的工作原理与全液锤几乎完全一致，但在活塞顶部设置了一个氮气室。气液锤的活塞回程运动是靠液压作用实现的，而冲程过程则是靠液压力和氮气膨胀力联合作用实现的。氮气室充气压力比氮爆锤小，一般小于 1.6 MPa。小型气液锤都不设置隔膜式高压蓄能器，而大中型气液锤一般要设置隔膜式高压蓄能器。气液锤综合了全液锤和氮爆锤的优点,气液锤所需的挖掘机的下压力比氮爆锤小,而比全液锤大。回程时,气液锤的活塞阻力比氮爆锤小,比全液锤大,活塞回程速度比氮爆锤大,比全液锤小,无须专设顺序阀来控制冲击频率。冲程时气液锤的瞬时最大流量比全液锤小,也没有氮爆锤的高压油封闭无出路的现象,因此气液锤的压力脉动比全液锤和氮爆锤都小些[11-14]。

活塞冲击式破碎锤(液压破碎锤)是钢对钢冲击型破碎锤,即活塞直接冲击凿杆的破碎锤,这种结构特点限制了破碎锤冲击功的提高。因为当活塞冲击凿杆时,在活塞-凿杆界面上产生的初始冲击应力是冲击速度、活塞与凿杆接触面积的函数,与凿杆-岩石界面上产生的凿入力无关。

假设活塞和凿杆尾端的面积相等,当活塞的冲击速度为 10 m/s 时,活塞和凿杆内的初始应力约为 200 MPa;当冲击速度为 15 m/s 时,活塞和凿杆内的初始应力为 300 MPa。显然速度越大,初始应力越大,凿杆对外输出的冲击功也越大,但是当活

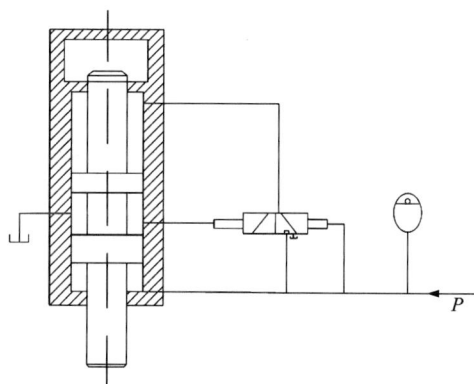

图 8-14　氮气液压联合作用式液压锤的
结构与工作原理

塞和凿杆中的应力过大时,会导致活塞与凿杆的接触面因金属疲劳而引起过劳损坏。所以这种钢对钢的破碎锤,活塞的冲击速度一般被限制在 10 m/s 左右,这也限制了液压破碎锤输出的最大冲击功。当采用更合理的活塞结构和更好的材料时,有可能使冲击速度超过 15 m/s,但其制造难度和成本都会增加。限制冲击功提高的另一因素是破碎锤的工作重量。若冲击速度为 10 m/s,则理论上冲击功为 10000 J 的破碎锤,仅活塞就重达 200 kg。这种破碎锤虽然可以制造,但其重量很大,需要配备很大的主机,适用范围很窄,只能用于大型露天矿生产或者其他特殊工作场所[2]。

液压破碎锤凿杆凿入破碎岩石的具体过程与岩石的特性及工具的形状和尺寸有关,但对于不同形状的凿杆和不同特性的岩石,凿入破碎的基本过程是相似的,都可以分为以下几个阶段(图 8-15)[12]。①赫兹裂纹产生阶段。凿杆刚接触到岩石时,此时凿杆施加给岩石的荷载很小,但由于应力高度集中,在接触边界上仍然会产生赫兹裂纹,裂纹面近似于圆台的锥面[图 8-15(a)]。②密实核形成阶段。随着凿杆施加荷载的增加,在凿杆刃部下的岩体开始产生剪切破坏,并不断扩展,最终在凿杆底部形成密实核[图 8-15(b)],此阶段属于塑性破坏。密实核是岩体在巨大压力作用下发生显著塑性变形或局部粉碎而形成的。③张裂纹出现阶段。密实核形成后,随着荷载进一步增加,在密实核尖部边界上,沿荷载作用线方向及作用线方向两侧出现宏观张裂纹。当荷载增加时,作用线方向上的宏观张裂纹沿该裂纹平面向岩石深部扩展;作用线方向两侧的张裂纹,先开始向斜下方扩展,然后逐渐向上弯曲[图 8-15(c),图 8-15(d),图 8-15(e)]。④破碎漏斗形成阶段。当荷载增加到一定值时,密实核附近的岩石随着裂纹扩展到表面而崩碎,形成破碎漏斗。随之荷载急剧下降,凿深突然增加,发生第一次跃进式破坏[图 8-15(f)]。破碎漏斗顶角(破碎角)的大小变化很小。无论采用何种凿杆,选取何种凿入方式,凿入何种岩石,β 角一般都为 60°~75°,即破碎漏斗的

顶角 2β 一般都为 $120° \sim 150°$。⑤过程重复。发生第一次跃进式破坏后，凿杆输出的荷载重新上升，形成新的密实核，出现新的张裂纹，当荷载增大到一定程度时，张裂纹再一次扩展到表面，出现第二次跃进式破坏，第二次形成的破碎漏斗形状与第一次相似。当荷载足够大时，会发生多次跃进式破坏，且每次跃进破坏所需荷载都比前一次大，破碎漏斗体积增加，破碎漏斗形状相似。

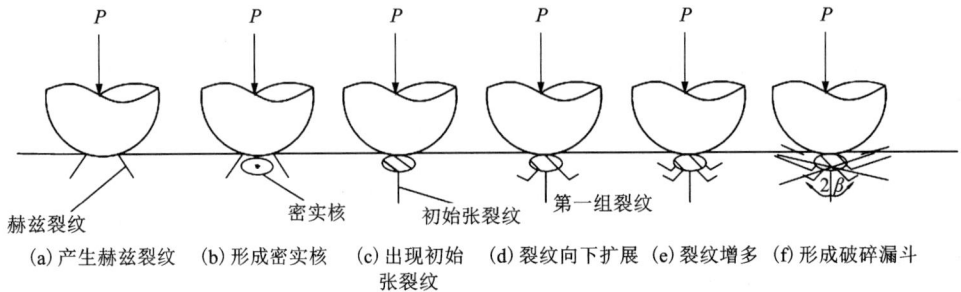

图 8-15 液压破碎锤凿杆凿入破碎岩石过程

液压破碎锤较其他类型结构略微复杂，但具有以下优点：①液压破碎锤拥有极高强度的外壳，在面对恶劣工况时，各个部位基本都得到强化改进，无论是耐用性还是可靠性都得到加强，且全部进行拉伸试验，便于适应各种环境；②活塞材料为特殊热处理的高强度材料，延长机械零件的使用寿命，且经过热处理，不仅强化活塞材料性能潜力，还降低产品重量、节省材料，提高液压破碎锤的产品质量；③工件间的结构紧密，活塞与油缸间的间隙为 $0.03 \sim 0.04$ mm，配合紧密，有效规避液压油的内泄，保护液压破碎锤的部件，减少其损耗；④采用蓄能器来储存能量，并增强打击力，吸收液压振动和波动，降低油路脉冲；⑤换向阀采用精密加工技术，减少压力脉冲，重点保护挖掘机液压系统；⑥液压破碎锤通过不同方法来增强其抗打击力，如装配蓄能器、液压油压力和氮气压力之间的紧密配合等。虽然液压破碎锤优点众多，但其也有一些不尽如人意的方面：①在高温或极低温度下不能存放液压破碎锤，应将氮气尽量放尽，并将进油口与出油口统一封闭，避免外泄；②工作时，应尽量使液压破碎锤的温度不超过 90 ℃；③工作时，如果遇到水，不能将液压破碎锤浸入水中，应仅保留钻头浸入水中；④禁止在挖掘机履带旁使用液压破碎锤。

2）高频破碎锤

传统的液压破碎锤工作原理为往复式活塞运动，受活塞材料许用应力的限制，活塞每次冲击钎杆时的冲击末速度一般取 $8 \sim 10$ m/s，因此，这种工作原理的液压破碎锤在工作中活塞的往复运动频率（即冲击频率）不可能太高，对于中型以上的液压破碎锤，由于其活塞行程设计得较长，冲击频率一般为 $200 \sim 800$ 次/min。由于冲击频率决定了液压破碎锤的工作效率，传统形式的液压破碎锤在工作效率上受到了冲击频率的限制，无法得到进一步提高[15]。

为了解决上述传统形式的液压破碎锤因受冲击频率的限制而无法实现工作效率得到进一步提高的问题，高频破碎锤应运而生，且凭借其载体设备的多样性、工作的灵活性及其对提高劳动生产率所发挥的功效，越来越多的厂商开始投入研发和生产高频破碎锤。

高频破碎锤由激振器、连接架、液压马达、连杆、刀排和斗齿等组成（图 8-16），它改变了传统的往复活塞式工作原理，是一种利用高速运转产生的破坏力，并集机械、液压、力学、数字信号及数字化监控于一体的物理破碎设备[15]。

高频破碎锤将挖掘机的液压能传递给液压马达，带动振动箱内的偏心齿轮转动，2 个偏心轮通过一对相互啮合的齿轮反向同步转动，进而使各自产生离心力，在转轴中心连线方向上的分量相互抵消(图 8-17)，而在转轴中心连线垂直方向的分量则相互叠加形成冲击力(图 8-18)。而冲击力的大小与转速成正比，其垂直分量为周期性变化的干扰力，使轴产生径向受迫振动的压力，称为激振力[式(8-24)]，再由激振器的箱体将振动传递给斗齿进行破碎作业，让目标物从内部自行裂开，达到破碎目的[15]。

$$F = 2me\omega^2\sin\omega t \qquad (8-24)$$

式中：m 为偏心块的质量，kg；e 为偏心块的偏心距，m；ω 为偏心块的转速，r/min。

高频破碎锤的速度与液压马达的转速有关，而转速的快慢与挖掘机提供的液压流量有关。根据液压马达的工作原理，液压流量大小决定马达转速，液压压力大小决定马达转矩的大小。在压力一定的情况下，液压流量越大，其转速越快，高频破碎锤所产生的冲击力也越大，打击的频率为 1300 ~ 3000 次/min。该设备在对一个点进行打击时，也对目标裂隙进行高频打击扩大，周围的土石被二次破坏；因此，该设备的效率远远高于传统破碎锤[15]。

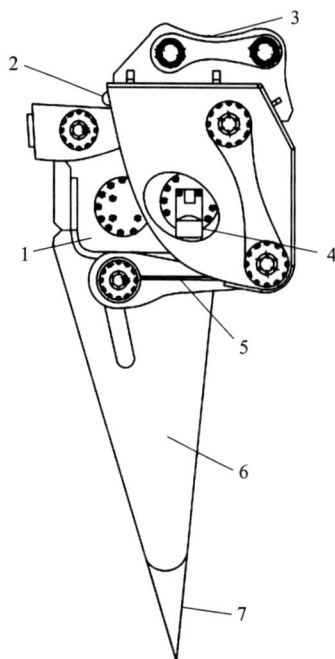

1—激振器；2—空气弹；3—连接架；
4—液压马达；5—连杆；6—刀排；7—斗齿。

图 8-16　高频破碎锤的结构

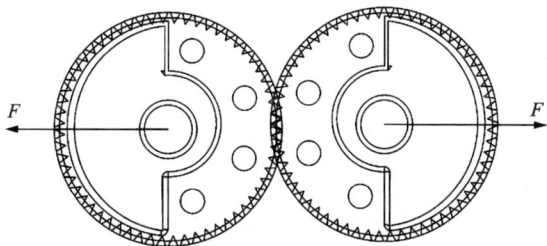

图 8-17　水平方向上激振力方向

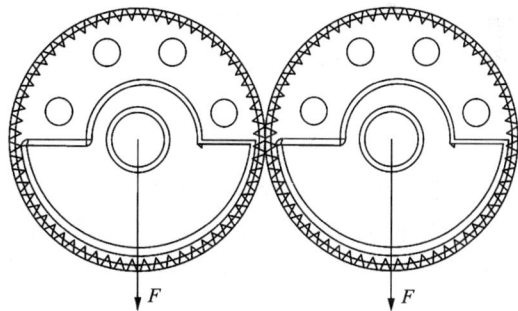

图 8-18　垂直方向上激振力方向

高频破碎锤适用于各类矿山、采石场、隧道施工、基础破碎、建筑拆除以及海滩、沟渠、河道、湿地等工作场地，尤其对于普氏硬度低于 7 的各类岩石如砂岩、风化岩、石灰岩及喀斯特地貌岩石，破碎工效特别显著。与传统的液压破碎锤相比，高频破碎锤具有高效、节能、降噪、环保等优点：①高频破碎锤的核心部分是完全封闭的，靠高速马达驱动，液压油只经过马达而不经过核心箱体，金属磨损所产生的污垢不可能碰到挖掘机体，所以不会出现传统液压破碎锤的黑油现象；②由于高频破碎锤核心部件的高封闭性，在不改装的情况下高频破碎锤就可以轻松地完成水下破碎作业；③高频破碎锤在日常工作中仅需在必要的时候(润滑油乳化时)更换油箱中的润滑油及斗齿即可，避免了传统液压破碎锤需更换油封、衬套、钎杆、扁销等日常的维护保养工作的开支，所以，日常维护保养成本低；④高频破碎锤的结构形式合理，在顶部和侧面都装有减振橡胶，降低了 80% 的振动力，所以，在减振橡胶正常工作的情况下基本对挖掘机没有损伤；⑤高频破碎锤工作时的噪声在 75 dB 以内，与传统的破碎锤相比噪声低，更加符合环保理念。随着国家和民众对建筑施工场界环境噪声排放标准的不断提高，可以预见，未来高频破碎锤会逐步取代现有的液压活塞式破碎锤[15, 16]。

2. 液压破碎锤研究现状及趋势

随着液压破碎锤破岩技术的发展以及性能的不断提高，液压破碎锤破岩因其安全、经济、高效的优点，得到了越来越广泛的应用。在矿山上，液压破碎锤可用于采场、格筛上的二次破碎，矿山剥离和开拓、选别开采、大块石料开采，巷道掘进、挑顶和刷帮等，甚至当爆破受限时，可替代爆破直接开采矿岩。在建筑工程中，液压破碎锤可用于废旧楼房的拆除、混凝土板体或块体以及沥青路面破碎和排水沟槽开挖等。

液压破碎锤的型号一般由字母和数字组成，型号中的字母大多数表示公司的名称，型号中的数字表示特征值，目前市场上主要厂家的液压破碎锤产品型号的含义如下[16]。

①液压锤型号中数字表示适用挖掘机的机重。如 GB170 型号中 GB 是韩国工兵公司(General breaker)的缩写，数字 170 表示此型号液压锤适用于机重为 170 kN(17 t)左右的挖掘机，即适用于 13~20 t 机重的挖掘机；以此类推，GB220 型和 GB290 型分别表示的是工兵公司，适用于挖掘机的机重分别是 22 t 和 29 t 的液压锤。此类液压锤型号中还有诸如型号KB1500，表示韩国工马公司的破碎锤，适用挖掘机的机重为 15 t；SG1200 表示是韩国广林产机公司的液压锤，适用挖掘机重量是 12 t；F1、F2 是日本古河公司 F 系列液压锤，适用挖掘机重量是 1 t 和 2 t 左右。

②液压破碎锤型号中的数字表示适用挖掘机的斗容。如 SB50 锤型号中的 SB 表示韩国水山公司液压破碎锤(Soosan hydraulic breaker)，数字 50 表示适用挖掘机斗容为 0.45~0.6 m³，即 0.5 m³ 左右；以此类推，SB60、SB80 分别表示水山公司液压锤，适用挖掘机的斗容分别是 0.6 m³ 和 0.8 m³ 左右。

③液压破碎锤型号中的数字表示液压锤的重量。液压锤的型号 IMI260、IMI400 表示意大利意得龙(Idromeccanica)公司液压锤，数字表示液压锤重量，锤重分别为 260 kg 和 400 kg，此重量包含机架重量；型号 SWH1000 表示湖南山河公司液压锤，1000 表示裸锤重量为1000 kg(不含机架重量)；型号 YC7、YC750 液压锤中的 YC 表示液压破碎，70 和 750 表示使用重量分别为 70 kg 和 750 kg。使用重量是一个外来术语，也可译为操作重量，也有称之为工作重量，并没有见到操作重量或工作重量的确切定义。按照字面定义理解为工作时的总重量，包含了锤体重量、机架重量和连接锤重量以及胶管重量。

④液压破碎锤型号中的数字表示液压锤的钎杆直径。液压锤钎杆是液压锤直接破碎岩石或混凝土的工具，有称之为凿杆，也有称之为钎杆，本书统一称作钎杆。液压锤型号 KrB68，KrB 表示韩国高力公司液压锤(Koory breaker)，数字 68 表示液压锤的钎杆直径为 68 mm，KrB85、KrB125 都是高力公司液压锤，这些液压锤的钎杆直径分别是 85 mm、125 mm；H120、H130 是卡特彼勒公司液压锤，其钎杆直径分别为 120 mm、130 mm。

⑤液压破碎锤型号中的数字表示液压锤的冲击能。型号 CB370 中 CB 表示凯斯公司液压

锤(Case breaker)，数字表示冲击能为 370 J 左右，CB620、CB2850 表示液压锤的冲击能分别为 620 J、2850 J 左右的凯斯公司液压锤。PCY300、PCY500 型号中的 PC 表示通化风动工具厂液压锤，数字表示冲击功分别 300 Nm、500 Nm；液压锤型号 YC2000 中的 YC 表示广东佛山纺织机械厂生产的液压锤，数字表示冲击能为 2000 J。

⑥液压破碎锤型号中的数字仅表示液压锤大小的序列号。也有一些液压锤型号中的数字无确切的含义，只是厂商给液压锤的一个设计系列号，以区别不同的液压锤。它们共同的特点是型号中数字越大，则液压锤的重量越大，钎杆直径越大，冲击能越大。如 S21、E61、G100 均是芬兰锐马公司液压锤型号，S 系列是小型液压锤，E 系列是中型液压锤，G 系列是大型液压锤。型号中的数字是液压锤的序号，没有特殊意义；HM60-HM230、HM350-HM780 和 HM960-HM4000 分别表示德国克虏伯公司的小、中、大型液压锤。

1)国外液压破碎锤研究现状

据记载，第一台液压破碎锤——HM400 诞生于 1967 年德国克虏伯公司。随后欧美各国的制造商纷纷投入了液压破碎锤的研发中，并很快推出了自己品牌(如阿特拉斯·科普柯、锐猛、蒙特贝等)的液压破碎锤。日韩两国也分别于 20 世纪 70 年代和 20 世纪 80 年代开始了液压破碎锤的研发工作[17]。现简要介绍液压破碎锤主要生产公司的液压破碎锤种类型号及技术特点。

(1)山特维克(Sandvik)液压破碎锤。

早期的山特维克公司不生产液压破碎锤，在将芬兰的拉姆(Rammer)公司收购后才有了自己的液压破碎锤产品。拉姆(Rammer)公司生产液压破碎锤始于 1978 年，至今已有 47 年历史。现在液压破碎锤产品隶属于山特维克岩石处理与加工部门。山特维克为用户提供高生产率和低运营成本液压破碎锤，适合于拆除、回收、采矿与采石等工作[18]。

山特维克液压破碎锤主要有 6 大类，21 个类型，见表 8-2。从表中可以看出，山特维克破碎锤锤芯有小型、中型和大型 3 大种类，有 13 个型号(小型锤 4 个型号、中型锤 5 个型号、大型锤 4 个型号)。重载小型破碎锤、撬毛小型破碎锤都是基于小型破碎锤改装的，锤芯和小型破碎锤一样，只是机架(外壳)不同；侧装式大型破碎锤是基于大型破碎锤改装的，锤芯和大型破碎锤一样，只是机架(外壳)不同。

表 8-2　山特维克液压破碎锤规格参数

破碎锤类型	产品型号
小型破碎锤	BR555i, BR777i, BR999i, BR1322i
中型破碎锤	BR1533i, BR1655i, BR2155i, BR2166i, BR2577i
大型破碎锤	BR3288i, BR4099i, BR5011i, BR9033i
重载小型破碎锤	BR555iHD, BR777iHD, BR999iHD
撬毛小型破碎锤	BR555iScaler, BR777iScaler, BR999iScaler
侧装式大型破碎锤	BR3288iSM, BR4099iSM

山特维克液压破碎锤的技术特点包括：采用减震拉杆(图 8-19)，其使用寿命和性能优于标准拉杆，新旧破碎锤均可以使用；配有内置节流阀(图 8-20)，如果挖掘机提供的流量过

大,内置节流阀可以有效减小进入破碎锤的流量;采用空打选择器,转动空打选择器螺杆可选择"ON"或"OFF",破碎硬岩时,顺时针转动空打选择器螺杆至"ON"位置,可防止活塞空打系统起作用,此时钎杆压紧岩石,破碎锤才能启动;破碎软物料或拆除作业中,逆时针转动空打选择器至"OFF"位置,可防止活塞空打系统不起作用,此时钎杆没有压紧物料,破碎锤也能启动工作;有的型号破碎锤还设置了活塞行程选择阀(图8-21),顺时针转动螺杆时选择短行程模式,冲击能小而冲击频率高,用于破碎软岩和混凝土,逆时针转动螺杆时选择长行程模式,冲击能大而冲击频率低,用于破碎硬岩。

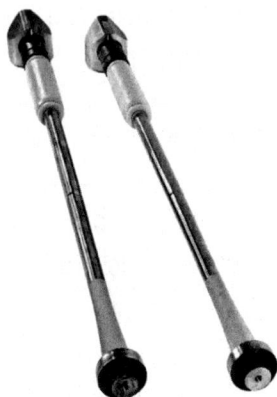

图 8-19　减震拉杆

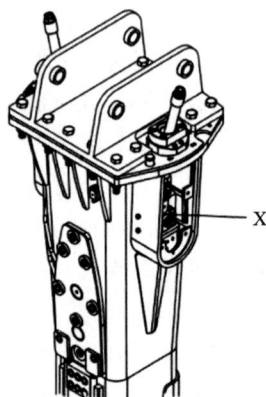

图 8-20　内置节流阀[18]

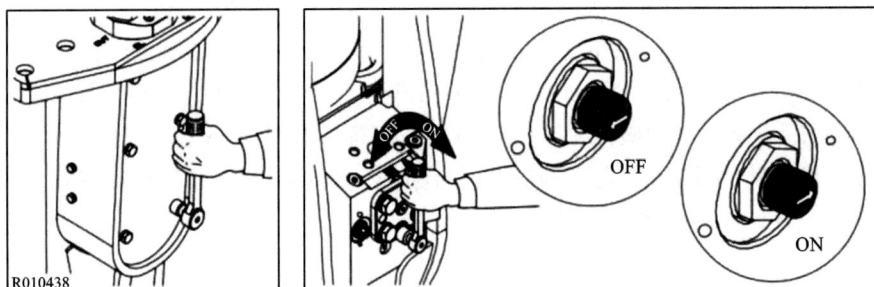

图 8-21　活塞行程选择阀[18]

山特维克液压破碎锤的功能附件方面。①山特维克液压破碎锤可配置 3 种自动润滑系统,分别为拉姆鲁贝一型(Ramlube Ⅰ)、拉姆鲁贝二型(Ramlube Ⅱ)和拉姆鲁贝三型(Ramlube Ⅲ)。②压气冲洗系统。山特维克拉迈尔(Ramair)压气冲洗系统产生压缩空气,可防止灰尘进入破碎锤内部,也可在炎热环境下工作时冷却破碎锤,在物料具有高磨蚀性和多尘性的环境中,最有益处。③喷水系统。为了降尘,用户可选配喷水系统。破碎锤在隧道作业和拆除作业时,尤其需要配置喷水系统。④AGW(压气、油脂与喷水)服务箱。AGW(air、grease、water)服务箱包含空气冲洗系统、自动润滑脂装置与喷水系统,由用户选配,安装在挖掘机上,为液压破碎锤提供压气、润滑脂和喷水。⑤冲击持续时间调节器(impact series regulator)。冲击持续时间调节器需要 24 V DC 电源,安装在挖掘机司机室内踏板下面。其功能为，每当破碎锤持续冲击到达规定的时间，就强迫破碎锤暂停工作几秒。这将有助于冷却钎杆和衬套，并确保钎杆与衬套有良好的润滑。⑥远程监测系统。远程监测系统现在是山特维克破碎锤(不包括撬毛破碎锤)的标配，也可以为早期破碎锤加装。山特维克 RD3 远程监控器安装在破碎锤外壳上，RD3 远程监控设备使用先进的电子设备来感应破碎锤的冲击和应力。该设备收集破碎锤位置、运行时间和其他有用信息的数据，以实现更好的操作和安全性，可用平板和手机电脑接收破碎锤的运行数据。当破碎锤在生产过程中不允许计划外停机的情况下，RD3 监测设备特别有用[18]。

(2)蒙特贝(Montabert)液压破碎锤。

蒙特贝公司是世界上最早生产液压破碎锤的企业。1969 年，蒙特贝公司推出首款可连接到挖掘机上的液压破碎锤 BRH500，开启了液压破碎锤产品线；1987 年推出第一个变频破碎锤；1999 年推出 BRV65 型变频破碎锤；2004 年推出用于 SC 系列轻型破碎锤；2009 年推出 SD 系列轻型破碎锤[19]。该公司的液压破碎锤产品型号经历了多次改变，共有 5 个系列，27 个型号，见表 8-3。

表 8-3　蒙特贝公司液压破碎锤规格参数

系列	型号	型号数量
轻型破碎锤	SD6、SD8、SD12、SD16、SD22、SD28、SD36、SD42	8
中型破碎锤	SC50、501NG、M900、M900MS	4
大型破碎锤	XL1000、XL1300、XL1700、XL1900、XL2600	5
重型破碎锤	V1800、V2500、V3500、V4500	4
变频型破碎锤	V32、V45、V55、V65、V6000、V7000	6

蒙特贝公司轻型破碎锤如图 8-22 所示，技术参数见表 8-4。其技术特点包括：①全液压式破碎锤，有隔膜式高压蓄能器，无活塞式蓄能器；②破碎锤外形为单体圆形，整体组装而成，无拉杆，与其他结构的破碎锤相比使用的钢材更少，整锤重量更轻；③采用完全减振和静音的外壳设计；④容许破碎锤回油管路背压较高(20~30 bar)；⑤具有空打保护功能。

表 8-4　轻型破碎锤技术参数

型号	SD6	SD8	SD12	SD16	SD22	SD28	SD36	SD42
挖掘机重/t	0.7~1.2	1.0~1.7	1.2~2.2	1.5~3.7	2.2~5.3	3~7.5	4~10	5~12
破碎锤重/kg	65	90	110	150	225	275	365	445
流量/(L·min⁻¹)	12~23	15~30	17~35	25~50	30~65	40~75	55~100	70~120
打击频率/Hz	12.1~24.3	13.3~26.7	13.8~28.3	9.2~12.8	10.0~22.7	10.5~23.7	11.7~25.7	11.7~24.0
最大压力/bar	110	120	120	120	120	120	125	125
钎杆直径/mm	37	45	47	55	65	72	76	84

中型破碎锤如图 8-23 所示，技术参数见表 8-5。其技术特点包括：①全液压式破碎锤，有隔膜式蓄能器，无活塞式蓄能器；②安装有自动润滑装置；③具有空打保护功能；④安装有旋转式软管接头，可以自动转动，避免软管磨损；⑤上部安有减振块，可有效降低破碎锤及挖掘机的振动；⑥外壳为静音型，完全密封。

表 8-5　中型液压破碎锤技术参数

型号	SC50	501NG	M900	M900MS
挖掘机重/t	7~14	9~16	15~25	15~25
破碎锤重/kg	498	730	1120	1200
流量/(L·min^{-1})	75~125	80~140	100~150	100~150
打击频率/Hz	12.1~24.3	13.3~26.7	13.8~28.3	9.2~12.8
最大压力/bar	130	140	125	125
钎杆直径/mm	94	106	118	118

大型破碎锤如图 8-24 所示，技术参数见表 8-6。其技术特点包括：①气液式破碎锤，有活塞式蓄能器，密封性能良好；②有空打保护功能；③有能量回收系统；④允许的背压较高；⑤采用静音型外壳，各种钎杆类型齐全。

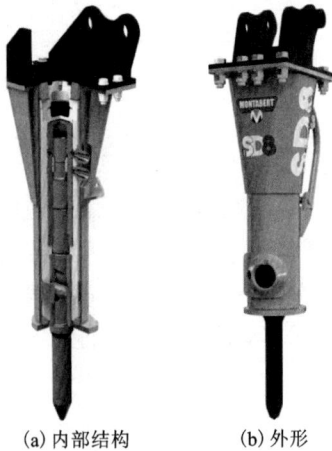

(a) 内部结构　　(b) 外形

图 8-22　轻型破碎锤[19]

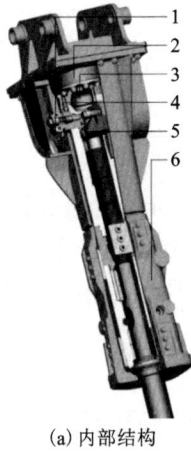

1—旋转式软管接头；2—上部减振块；3—隔膜式；
4—压力调节阀；5—能量回收装置；6—静音型外壳。

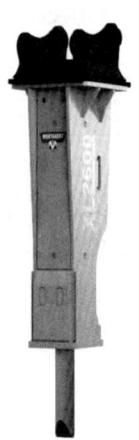

图 8-23　中型破碎锤[19]

(a) 内部结构　　(b) 外形

图 8-24　大型破碎锤[19]

表 8-6　大型破碎锤技术参数

型号	XL1000	XL1300	XL1700	XL1900	XL2600
挖掘机重/t	11~17	15~22	18~28	21~31	28~38
破碎锤重/kg	980	1285	1660	1900	2670

续表8-6

型号	XL1000	XL1300	XL1700	XL1900	XL2600
流量/(L·min⁻¹)	70~120	90~140	100~150	120~180	150~240
打击频率/Hz	6.7~12.5	5.9~10.0	5.7~9.3	6.0~10.5	5.6~10.5
最大压力/bar	170	170	180	180	180
钎杆直径/mm	106	124	47	142	156
频率挡位数	1	1	1	2(手动)	2(手动)
自动润滑	选配	选配	选配	选配	选配

重型破碎锤外形如图8-25所示，技术参数见表8-7。其技术特点包括：①全液压式破碎锤，有隔膜式蓄能器，无活塞式蓄能器；②打击频率自动调节，有高低两个频率挡位；③具有空打保护功能；④具有自动过流量保护功能；⑤具有自动压力调节器，保持冲击压力基本不变；⑥具有活塞反弹能量回收功能；⑦自动润滑是标配装置。

表8-7 重型破碎锤技术参数

型号	V1800	V2500	V3500	V4500
挖掘机重/t	20~35	27~40	35~60	45~80
破碎锤重/kg	1884	2571	3261	4668
流量/(L·min⁻¹)	140~220	185~250	250~320	280~380
打击频率/Hz	5.3~12.0	5.3~9.3	5.8~11.7	5.0~10.2
最大压力/bar	165	155	185	185
钎杆直径/mm	140	160	174	190
频率挡位数	2(自动)	2(自动)	2(自动)	2(自动)
自动润滑	标配	标配	标配	标配

变频型破碎锤如图8-26所示，技术参数见表8-8。其技术特点包括：①全液压式破碎锤，有隔膜式蓄能器，无活塞式蓄能器；②打击频率和能量自动调节，打击频率有15个挡位，这在世界上是唯一的；③具有空打保护功能；④具有自动压力调节器，保持冲击压力基本不变；⑤具有活塞反弹能量回收功能；⑥自动润滑是标配装置。

表8-8 变频型破碎锤技术参数

型号	V32	V45	V55	V65	V6000	V7000
挖掘机重/t	18~32	27~40	35~60	45~90	60~95	70~120
破碎锤重/kg	1450	2547	3430	5589	6909	7630
流量/(L·min⁻¹)	120~170	185~265	240~320	380~420	400~500	400~550

续表8-8

型号	V32	V45	V55	V65	V6000	V7000
打击频率/Hz	4.75~17.5	5.75~79.3	5.5~17.4	6.3~15.8	4.8~9.2	4.8~9.8
最大压力/bar	135	165	165	165	180	180
钎杆直径/mm	122	150	170	202	214	214
频率挡位数	15(自动)	15(自动)	15(自动)	15(自动)	15(自动)	15(自动)
自动润滑	标配	标配	标配	标配	标配	标配

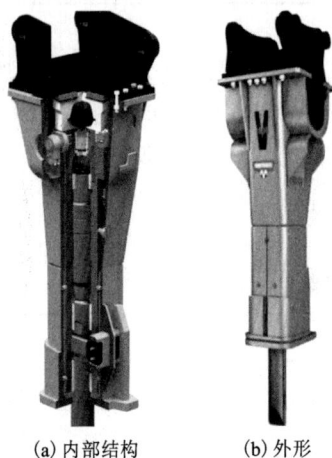

(a) 内部结构　　(b) 外形

图 8-25　重型破碎锤[19]

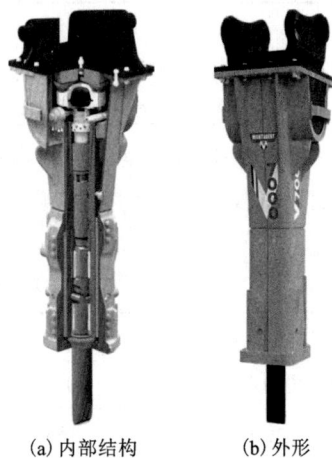

(a) 内部结构　　(b) 外形

图 8-26　变频破碎锤[19]

(3)安百拓(Epiroc)液压破碎锤。

安百拓公司液压破碎锤品种与型号众多,适用于建筑拆除、隧道开挖和修整、撬毛、矿山开采、岩石二次破碎等各种工况[20]。根据安百拓官网资料,安百拓液压破碎锤可分为5大系列,44个型号,型号简介见表8-9。

表 8-9　安百拓液压破碎锤型号简介

破碎锤系列	SB	MB	HB	EC	ES
型号数量	13	5	9	14	3
型号字母含义	小型破碎锤	中型破碎锤	重型破碎锤	基本型	基本型整体式
型号中数字含义	破碎锤总重	破碎锤总重	破碎锤总重	钎杆直径	钎杆直径
破碎锤重/kg	55-1060	750~1650	2000~10000	95~4200	215~375
工作原理	全液压式	气液式	气液式	气液式	气液式
结构特点	整体式	有机箱	有机箱	有机箱	整体式
贯串螺栓	无	有	有	有	无

安百拓 SB 系列液压破碎锤是小型破碎锤，专为重量等级不超过 24 t 的载机设计，整体机身设计，紧凑且易于操作，适合搭载于挖掘机、装载机、滑移装载机及拆除机器人等，可以快速、高效地完成工作。SB 系列液压破碎锤共有 13 个型号，规格参数见表 8-10，型号中的数字表示破碎锤总重，字母"T"表示适合于隧道作业。MB 系列液压破碎锤适用于混凝土和沥青拆除、岩石二次破碎及建筑工地的岩石开挖等，共有 5 个型号，型号中的数字表示破碎锤总重，规格参数详见表 8-11。HB 系列液压破碎锤适用于建筑工地、采石场、露天和地下矿山的非爆岩石开挖、岩石二次破碎及大规模钢筋混凝土结构的拆除，共有 9 个型号，型号中的数字表示破碎锤总重，规格参数详见表 8-12。EC 系列液压破碎锤适用于隧道修理与撬毛工作，工作的可靠性与耐久性很高，共有 14 个型号，型号中的数字表示钎杆直径，规格参数详见表 8-13。ES 系列破碎锤是由特殊铸造材料制成的整体结构，与传统的液压破碎机相比，不需要单独的机箱导向系统、拉杆或双头螺栓，并且减少了部件总数，可拆卸式的活塞衬套便于维修更换。ES 系列共有 3 个型号，型号中的数字表示钎杆直径，规格参数见表 8-14。

表 8-10 SB 系列液压破碎锤型号规格参数

型号	SB52	SB102	SB152	SB202	SB202T	SB302	SB302T
挖掘机重/t	0.7~1.1	1.1~3	1.9~4.5	2.5~6	2.5~6	4.5~9	4.5~9
破碎锤重/kg	55	90	140	200	199	300	315
流量/(L·min⁻¹)	12~27	16~27	24~45	25~45	40~70	100~150	50~90
冲击频率/Hz	12.5~28.3	12.5~38.3	14.2~31.7	14.2~31.7	20.8~28.3	10~23.3	15.8~20.8
工作压力/bar	100~150	100~150	100~150	100~150	100~110	100~150	100~150
钎杆直径/mm	40	45	50	65	65	80	80
钎杆长度/mm	225	250	250	300	330	440	400
最大输入功率/kW	7	9	11	11	13	20	15

型号	SB452	SB452T	SB552	SB552T	SB702	SB1102
挖掘机重/t	6.5~13	6.5~13	9~15	9~15	10~17	13~24
破碎锤重/kg	440	450	520	560	720	1060
流量/(L·min⁻¹)	55~100	70~100	65~115	85~115	80~120	100~135
冲击频率/Hz	9.2~20.8	14.2~19.2	10.8~19.2	15~16.7	10~17.5	9.2~14.2
工作压力/bar	100~150	100~110	100~150	100~110	120~170	130~180
钎杆直径/mm	95	95	100	100	105	120
钎杆长度/mm	470	470	475	485	570	680
最大输入功率/kW	25	18	29	21	34	40

表 8-11　MB 系列液压破碎锤型号规格参数

型号	MB750	MB1000	MB1200	MB1500	MB1650
挖掘机重/t	10~17	12~21	15~26	17~29	19~32
破碎锤重/kg	750	1000	1200	1500	1650
流量/(L·min^{-1})	80~120	85~130	100~140	120~155	130~170
冲击频率/Hz	6.4~14	5.8~12.5	5.7~11.3	5.5~11.3	5.3~10.7
工作压力/bar	140~170	160~180	160~180	160~180	160~180
钎杆直径/mm	100	110	120	135	140
钎杆长度/mm	550	570	610	630	650
最大输入功率/kW	34	39	42	46	51

表 8-12　HB 系列液压破碎锤型号规格参数

型号	HB2000	HB2500	HB3100	HB3600	HB4100
挖掘机重/t	22~39	27~46	27~46	35~63	40~70
破碎锤重/kg	2000	2500	2500	3600	4100
流量/(L·min^{-1})	150~190	170~220	170~220	240~300	250~320
冲击频率/Hz	5~10.9	4.7~9.7	4.7~9.7	4.7~9.3	4.7~9.2
工作压力/bar	160~180	160~180	160~180	160~180	160~180
钎杆直径/mm	145	155	155	170	180
钎杆长度/mm	665	680	680	770	820
最大输入功率/kW	57	66	66	90	96

型号	HB4700	HB5800	HB7000	HB10000DP
挖掘机重/t	45~80	58~100	70~120	85~140
破碎锤重/kg	4700	5800	7000	10000
流量/(L·min^{-1})	260~360	310~390	360~450	450~530
冲击频率/Hz	4.7~9	4.7~8	4.7~7.5	4.2~6.3
工作压力/bar	160~180	160~180	160~180	160~180
钎杆直径/mm	190	200	210	240
钎杆长度/mm	860	865	935	885
最大输入功率/kW	108	117	135	159

表 8-13　EC 系列液压破碎锤型号规格参数

型号	EC40T	EC50T	EC60T	EC70T	EC80T	EC90T	EC100T
挖掘机重/t	1~3	2~4.5	3~6	4~9	5~12	9~15	12~19
破碎锤重/kg	95	150	215	275	370	625	800
流量/(L·min⁻¹)	15~35	30~50	35~60	45~75	60~90	80~110	100~120
冲击频率(自动启动模式)/Hz	9.3~10	8.3~11.2	5~8.7	3.3~8.8	1.7~8.8	10~15.8	—
冲击频率(自动停机模式)/bpm	—	—	—	—	—	—	10.8~14.2
工作压力/bar	110~130	110~150	110~140	110~140	120~150	120~150	150~170
钎杆直径/mm	42	52	62	70	80	90	100
最大输入功率/kW	8	12	14	18	23	28	34
型号	EC120T	EC135T	EC140T	EC150T	EC155T	EC165T	EC180T
挖掘机重/t	15~24	17~28	20~33	25~40	30~45	35~55	45~70
破碎锤重/kg	1200	1500	1800	2200	2600	3000	4200
流量/(L·min⁻¹)	120~140	140~160	130~180	150~200	180~220	220~270	250~320
冲击频率(自动启动模式)/bpm	—	—	6.7~13.3	7.5~13.3	8.8~13.3	9~13.3	9.2~13.3
冲击频率(自动停机模式)/Hz	9.2~12	8.7~11.3	6.3~10.8	6.3~10.3	6.3~9.8	6.3~9.7	6.3~9.5
工作压力/bar	150~170	150~170	150~170	150~170	180~220	220~270	250~320
钎杆直径/mm	120	135	140	150	155	165	180
最大输入功率/kW	40	45	51	57	66	81	96

表 8-14　ES 系列液压破碎锤型号规格参数

型号	ES60	ES70	ES80
挖掘机重/t	3~6	4~9	5~12
破碎锤重/kg	215	295	375
流量/(L·min⁻¹)	35~60	45~75	60~90
冲击频率/Hz	8.7~21.7	8.8~20	8.8~16.7
工作压力/bar	110~140	110~140	120~150
钎杆直径/mm	60	70	80
最大输入功率/kW	14	18	23

①安百拓液压破碎锤的整体结构与功能特点。

顶部喷淋降尘：MB 与 HB 系列破碎锤可以选装顶部喷淋装置(图 8-27)，喷淋降尘系统每分钟用水量为 4~11 L，压力为 15~25 bar。用户可根据需求安装不同类型喷嘴。

底部喷淋降尘：破碎锤底部喷淋装置如图 8-28 所示。SB 系列破碎锤底部设置 4 个喷嘴螺纹口,有多种喷嘴可供用户选择。底部喷淋装置连接压缩空气源和集成式水通道以抑制灰尘,特别适合于隧道撬毛等作业。

图 8-27　破碎锤顶部喷淋装置[20]

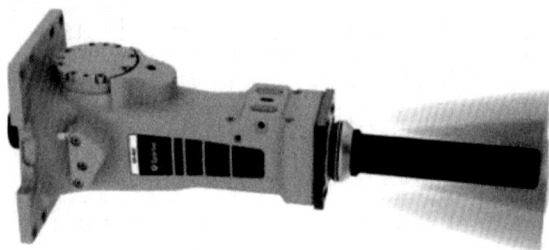

图 8-28　破碎锤底部喷淋装置[20]

强化减振与消音:MB 与 HB 系列破碎锤采用箱式机架,用聚氨酯、导向元件对液压锤进行减振隔音。同时箱体所有的开口处都用橡胶密封,从而降低噪声和振动。

减振防松螺杆:MB 与 HB 系列破碎锤长螺杆下端螺纹孔装有钢丝螺套,长螺杆中部套有聚氨酯,提供出色的减振和锁定性能。

整体结构设计:整体结构设计是将冲击机构的中缸、钎杆系统的前缸体和外壳箱集成到一整块特种铸铁中,减少了零部件的总数量,从而无须使用机箱、减振和导向元件以及拉杆或螺栓等零部件。安百拓 SB 系列、ES 系列(EC40T~EC135T)液压破碎锤均采用了整体设计,破碎锤外形非常紧凑纤巧,活塞衬套可更换,维修成本低[20]。

②安百拓液压破碎锤冲击机构(中缸总成)功能特点。

安百拓液压破碎锤冲击机构功能包括自动控制系统、能量回收、过载保护、自动启动模式和自动停止模式及智能保护系统。

自动控制系统由保压阀和换向阀组成。如果发生空打,自动控制系统保护破碎锤免受损坏,保压阀确保破碎锤在所有工况下转换正确,当在坚硬的岩石上工作时,它可以回收高达30%的能量;换向阀可以自动切换到活塞短行程,以减少单次冲击能量。在一般情况下,自动控制系统根据工况自动调整,无须人工干预。如果工况需要高冲击能量,系统转换到活塞全行程,产生高的单次冲击能量。在需要很小冲击能的特殊应用中,自动控制系统也可以机械锁定,使破碎锤以高冲击频率和低冲击能的状态工作。

SB、MB、HB 与 EC 系列破碎锤都具有能量回收功能,自动利用活塞反弹能量,提升冲击性能,同时降低破碎锤振动。

MB 与 HB 系列破碎锤内置过载保护阀,当工作压力超过规定值时,自动停机,避免损坏破碎锤。过载阀的压力可以手动调节。为了使破碎锤正常工作,必须减少挖掘机发动机的转速,以适应过载阀的压力。SB 系列破碎锤内置溢流阀,以限制压力,提供过载保护。

破碎锤活塞与钎杆没有接触,或接触压力较小时,活塞按照短行程移动,短行程位移是长行程的一半,自动启动功能是标准装配;当物料被破碎,破碎锤自动关机,活塞停止运动,自动停止功能是可选装配。

智能保护系统 IPS(intelligent protection system),使得破碎锤在自动启动模式下启动,活塞按照短行程运动;当钎杆与物料之间接触压力增大,短行程自动切换为长行程;当物料被破碎,钎杆与物料之间接触压力减小,破碎锤自动切换为自动停止模式,破碎锤关闭,活塞停止运动,防止空打。MB与HB系列破碎锤具有智能保护系统。

③安百拓液压破碎锤前缸体总成(钎杆系统)功能特点[20]。

安百拓液压破碎锤前缸体总成装有自动润滑装置和内置单向阀。

自动润滑装置由自动润滑泵和润滑脂筒组成,直接安装在破碎锤上。自动润滑泵工作压力大于100 bar,润滑脂流量可调,润滑脂筒的容量有大、小两种规格。钎杆润滑脂是一种矿物油基润滑脂,含有铝皂和固体润滑剂(如石墨和铜),工作环境温度范围为-20 ℃至1100 ℃/(-4 ℉至2012 ℉),适合严寒和高温应用场合。丰富的金属成分可起到滚珠轴承的作用,能够最大限度地减少接触表面之间的高温摩擦,从而减少钎杆、固定杆和衬套之间的磨损,延长磨损件的使用寿命,降低设备使用成本。安百拓生物钎杆润滑脂是一种特殊合成酯,易于生物降解,专为液压破碎锤配制,用于润滑耐磨衬套以避免磨损和钎杆断裂。

内置单向阀起到防尘功能。在活塞回程运动时,活塞与钎杆的打击腔会产生真空,内置单向阀给打击腔通风,从而减少磨屑进入,活塞冲程时将被尘屑污染的润滑脂排出钎杆导向系统。HB系列破碎锤的通风单向阀置于后缸体上,远离钎杆和物料,吸入的空气比较清洁。

④安百拓液压破碎锤钎杆系统(前缸总成)功能与结构特点。

钎杆两级防尘:防尘密封系统采用浮动环和防尘圈两级防尘结构,钢制材料的浮动环清除粗粒岩屑,橡塑材料的防尘圈清除粉尘,减少了润滑脂用量,延长了钎杆套与钎杆使用寿命。

扁销锁定装置:MB和HB系列破碎锤配有简单可靠的锁定扁销装置,提高了耐用性,并可快速更换钎杆。

浮动式钎杆套:SB系列与EC系列(EC40T~EC135T)破碎锤的钎杆只有一个钎杆套,上钎套与下钎套是一个整体,整体钎套全长浮动安装,在作业现场,使用一般的手动工具就可方便地更换。

2)国内液压破碎锤研究现状

我国液压破碎锤的研发始于20世纪70年代,"六五"期间已被列为重点科技项目,从20世纪80年代起,长沙矿山院、北京科技大学和中南工业大学等众多企事业单位纷纷投入到了液压破碎锤的开发研制中,但由于当时国内液压技术整体较落后,制造水平较低,在产品研发方面一直未取得实质性突破。进入20世纪80年代,科研人员在自行研发的同时,结合引进技术,率先在矿冶领域中开发出具有自己特色的液压凿岩机、液压碎石机。国内一些风动工具厂、建筑机械厂也纷纷加入液压破碎锤研制行列,但生产技术落后、产品质量不稳定和销售不理想等多方面的原因,限制了液压破碎锤的发展。1988年,德国克虏伯公司携带产品来中国举行"液压破碎锤产品演示会",从此克虏伯产品开始登陆中国。以此为契机,天津工程机械研究所、哈尔滨工业大学对克虏伯产品进行测绘研究,长治液压件厂、上海建筑机械厂在仿制的基础上开始生产自己的产品。到20世纪90年代中期,中国液压破碎锤市场迎来了新的发展时期,液压破碎锤开始在城市建设、道路改造、采石场等领域中普及使用,而且发展迅速[14-17]。

21世纪开始,"十五"期间,我国液压破碎锤产品开始重新启动;"十一五"期间,国内液压破碎锤产业快速发展;"十二五"期间我国液压破碎锤产业蓬勃发展;"十三五"期间我国液压破碎锤产业又进入高速发展期。如今，国内有艾迪、安徽惊天等几家企业在坚持自主品牌液压破碎锤的研发和生产。

我国液压破碎锤行业的不足如下[21]。①大型液压破碎锤质量有待提高。我国在中小规格液压破碎锤方面，已经全面取代外国，但是钎杆直径175 mm以上的大型液压破碎锤质量和性能不稳定。随着矿山锤击开采的需求增多，破碎锤钎杆直径有加大的趋势，一些公司产品的钎杆直径已经超过200 mm，艾迪公司产品最大钎杆直径已经达到248 mm。②手持式破碎锤产品缺乏。钎杆直径在32 mm及以下的手持式液压破碎锤(一般称为液压镐)产品缺乏，市场上大多是日本、美国、丹麦的产品。③设计与研发能力不足。我国液压破碎锤产品基本仿制日韩系列，有局部优化和创新，但是原始创新能力不足，大部分企业研发力量不足，工程师数量不足，独立设计能力不足。④缺少液压破碎锤性能参数测试条件。我国液压破碎锤产品的性能参数，如压力流量、冲击频率和冲击能数据，基本是照抄国外同类产品数据，没有经过测量确定的数据。这主要是因为没有测量数据的仪器和测试台，这大大制约了产品的改进和创新，而测试台和测试仪器耗资大，技术含量高，绝大多数破碎锤企业不能自备。⑤液压破碎锤产品价格下滑和利润降低。随着液压破碎锤生产规模的扩大和成本的降低，产品价格下降是必然趋势，但是破碎锤产品价格下滑过于严重，超过了挖掘机价格下降的程度。如果液压破碎锤生产企业利润不足，会给企业带来严重危机[17]。

(1)艾迪液压破碎锤。

烟台艾迪精密机械股份有限公司(简称艾迪)是目前国内坚持自主品牌液压破碎锤的研发和生产的企业之一，生产的液压破碎锤型号和种类众多。根据艾迪官网的液压破碎锤产品数据，该公司生产的液压破碎锤主要有三角型破碎锤、直型破碎锤、静音型破碎锤和高频破碎锤4大类(图8-29~图8-32)，其中三角型破碎锤、直型破碎锤和静音型破碎锤都有轻型、中型和重型3种类别，共有78个型号。

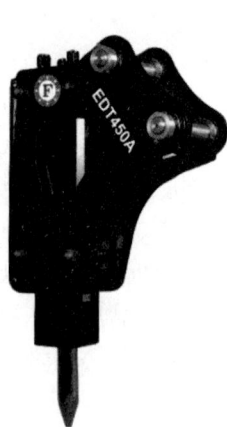

图8-29　三角型破碎锤　　　图8-30　直型破碎锤　　　图8-31　静音型破碎锤　　　图8-32　高频破碎锤

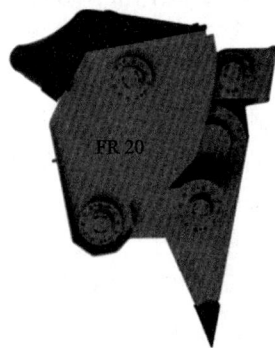

(2)安徽惊天液压破碎锤。

安徽惊天智能装备股份有限公司(简称安徽惊天)专业从事液压破碎锤的生产，生产的GTN系列液压破碎锤(图8-33，技术参数见表8-15)主要用于露天矿山选场入料口格筛处(老虎口)物料阻塞处理；地下矿山溜井机阻塞处理，地下矿石转运站、装车场、放矿口、入料口阻塞处理；矿石场破碎机入料口阻塞处理及冶炼厂各种移动式钢包打壳、拆砖、拆包处理等。

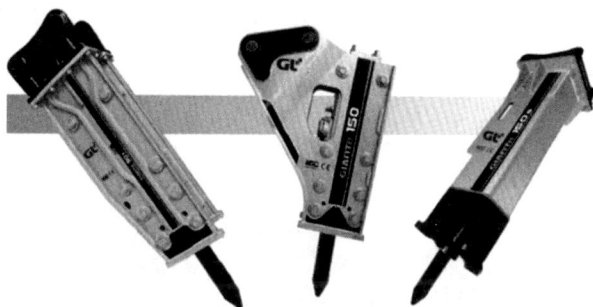

图8-33 GTN系列液压破碎锤

表8-15 GTN系列液压破碎锤技术参数

型号		轻型液压破碎锤						
		GTN40	GTN45	GTN53	GTN70	GTN75	GTN85	GTN100	GTN120
挖掘机重/t		0.8~2.5	1.2~3.0	2.5~4.5	4~7	6~9	7~14	11~16	14~18
破碎锤重/kg	三角型	86	102	140	264	345	493	736	1100
	直型	102	122	153	330	458	591	880	1130
	静音型	148	195	260	390	480	648	917	1200
流量/(L·min^{-1})		15~30	20~40	25~50	40~70	50~90	60~100	80~110	90~120
冲击频率/bpm		800~1400	700~1200	600~1200	500~900	400~800	400~800	350~700	350~650
工作压力/bar		90~120	90~120	90~120	110~140	120~150	130~160	150~170	150~170
钎杆直径/mm		40	45	53	70	75	85	100	120

型号		中型液压破碎锤				重型液压破碎锤		
		GTN135	GTN140	GTN155	GTN165	GTN175	GTN195	GTN1205	GTN1220
挖掘机重/t		18~23	19~25	28~35	36~42	40~50	50~65	65~75	70~90
破碎锤重/kg	三角型	1663	1890	2841	2920	3600	5100	6200	6500
	直型	1890	2123	2935	—	3684			
	静音型	1721	1947	2676	—	3532			
流量/(L·min^{-1})		100~150	120~180	180~240	180~300	210~290	260~320	190~350	340~400
冲击频率/bpm		350~600	350~500	350~450	170~350	200~350	110~170	110~160	110~160
工作压力/bar		160~180	160~180	160~180	160~180	160~180	210~240	230~260	240~270
钎杆直径/mm		135	140	155	165	175	195	205	220

安徽惊天生产的Rexor高频破碎锤（图8-34、图8-35，技术参数见表8-16）主机核心部

分采用全封闭式结构，可以在复杂环境中施工作业，工效超越普通液压破碎锤的3~5倍，全能高效；Rexor高频破碎锤采用三维减振的壳体结构设计，最大限度实现了激振源与主机工作装置的隔离，使挖掘机主机免受冲击振动损伤；采用新型耐磨材料及特殊加强工艺的钎齿，耐久性强，且采用诸多创新设计，维护保养更简单、使用成本更低廉；Rexor高频破碎锤工作噪音仅65 dB，远远低于液压破碎锤的95 dB标准，破碎过程无碎石飞溅，无粉尘飞扬，环保性好。

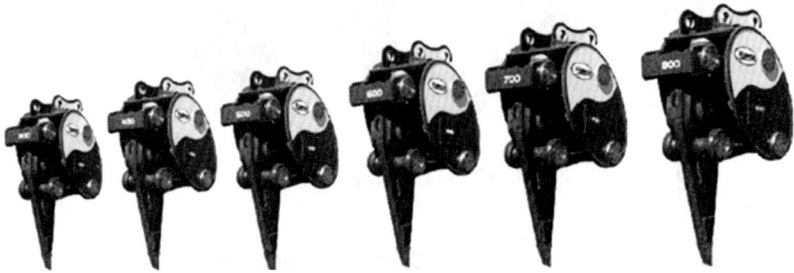

图 8-34　Rexor 高频破碎锤

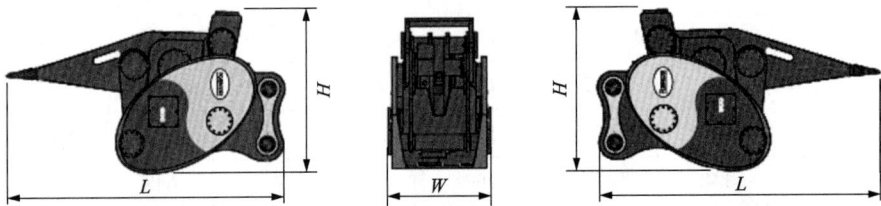

图 8-35　Rexor 高频破碎锤结构图

表 8-16　Rexor 高频破碎锤技术参数

型号	V300	V400	V500	V600	V700	V800
挖掘机重/t	20~28	25~35	35~45	45~60	60~75	75~100
名义激振力/kN	300	400	500	600	700	800
破碎锤重/kg	2800	3200	4500	5600	6800	8000
流量/(L·min^{-1})	150~190	160~220	180~260	260~290	290~320	300~360
工作压力/MPa	20~23	20~24	22~26	24~28	24~28	25~30
冲击频率/(L·min^{-1})	1800~2100	1800~2100	180~2100	1600~2000	1600~2000	1600~1800
回油压力/MPa	0.55	0.55	0.55	0.55	0.55	0.55
尺寸 $L \times W \times H$/ (cm×cm×cm)	2700×1060× 1530	2840×1060× 1570	2950×1180× 1650	3050×1180× 1670	3280×1280× 1930	3460×1410× 2130

3）液压破碎锤发展趋势

目前，液压破碎锤已向着功能多样化、结构柔性化、智能化方向发展。对于我国液压破碎锤来说,其未来发展趋势可总结为以下几点[17, 22]。

(1)液压破碎锤产品高端化。

从挖掘机产业升级的经验来看,液压破碎锤产品高端化是主要方向之一。未来液压破碎锤以满足功能需求为主,价格敏感度将降低,生产方式向市场导向转变,个性化需求不断加强,且破碎锤的售后服务成为关注重点。为此,液压破碎锤研发生产企业应专注自主技术创新,走"专、精、特、新"发展道路,同时重视品牌树立,改善营销,将国内区域优势品牌向全国、世界扩张。

(2)核心技术国产化。

目前,国内液压破碎锤生产企业中只有少数几家掌握了液压破碎锤生产的核心技术,大部分企业仍然需要外购核心部件来进行组装,这降低了国产液压破碎锤品牌的竞争力。因此,应建立完善的研发、生产、制造、试验和零部件供应体系,同时大力培养技术型人才,在生产上大力创新,培养出自己的特色,逐渐实现"核心技术国产化"。

(3)出口趋势日渐明显。

国产挖掘机国际化路径为国产液压破碎锤提供了良好的发展范本。中国高端装备制造业国家化战略布局已经开始,工程机械行业率先布局,液压破碎锤配套挖掘机械成为"先锋兵"。中国挖掘机械制造业的国际化战略才刚刚开始,中国液压破碎锤出口趋势将日渐明显。

国内液压破碎锤行业经过多年的发展,技术层面已经有了显著的提升,且各企业的发展开始关注技术创新、改进,越来越多的先进技术被引入并应用于液压破碎锤行业中;随着先进技术的引入,液压破碎锤行业的自动化水平在不断提升,智能化、自动化设备得到越来越广泛的应用。

8.2.2 高速子弹冲击[23]

来自美国华盛顿州的 HyperScineces 公司推出了一项名为"Hypersonic Tunnel Boring"的工法,这是一项基于高超声速弹丸撞击技术的掘进工法,可实现硬岩隧道的掘进。该技术基于一种名为"HperCore"的高超声速弹丸撞击技术,通过重复引导弹丸以超高速(1~2 km/s)撞击硬岩,继而破碎硬岩完成隧道开挖(图 8-36、图 8-37)。弹丸的冲击力一般为硬岩抗压强度的10~100 倍,因此这种隧道开挖方法在硬岩与磨蚀性岩层内非常高效。

图 8-36 HperCore 弹丸发射器

HyperSciences 公司基于这项技术,研发出了相应的隧道掘进设备——Hypersonic Tunnel Boring Machine,简称 HTBM(图 8-38)。该设备配备了以 HyperCore 为隧道开挖工序的核心步骤,使用直径 38 mm 的超高速弹丸"打"出隧道;机头前方还配备了隧道钻挖机,但仅用于在隧道成型后对断面进行修整、出渣;机头下方安装了带有碎石收集器的铲斗,将开挖出的硬岩碎屑收集起来,之后通过后方的皮带机运走,而机头后方还有与 TBM 类似的后配套系统,用于注浆、支护、衬砌施工等作业。HTBM 的性能只受岩层与弹丸密度的影响,其掘进速度

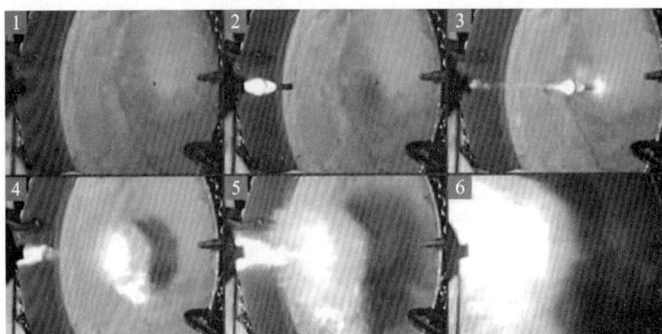

图 8-37　弹丸撞击过程

几乎完全由弹丸撞击的次数决定；同时，该方法开挖隧道的断面灵活多变，可以通过激光制导精确控制弹丸撞击的位置，形成较为复杂的几何形状。HyperSciences 公司目前已经对 HTBM 设备在断面为 5.5 m×4.5 m 的隧道内进行了实地测试(图 8-39)，据悉，该设备在一周之内开挖了长达 1.6 km 的硬岩隧道，掘进速度是传统钻爆法的 2.5 倍，同时减少了碳排放。此外，HyperSciences 公司还针对石油、天然气与地热的开采开发了"HyperDrill"微型隧道钻探技术，将 HyperCore 发射器直接导入地下，并在发射器的前段安装刀具，在弹丸冲击的同时直接切削地层，实现超高速连续钻探。

图 8-38　HTBM 设备

图 8-39　HTBM 实地测试

8.2.3　MC51 硬岩连续采矿机

日本 KOMATUS 小松公司推出了 MC51 连续采矿机[图 8-40(a)]，配备小松 DynaCut 硬岩动态截割技术，搭载圆周密布球齿且可动态高频摆动的圆盘形刀盘[图 8-40(b)]。

MC51 连续采矿机破岩时高频摆动的刀盘与岩石相互作用，通过剪切、挤压和拉裂等综合作用，使岩体内部裂纹扩展和贯通，最终使破碎的岩块从母岩上剥离，其破岩机理如图 8-40(c)所示。

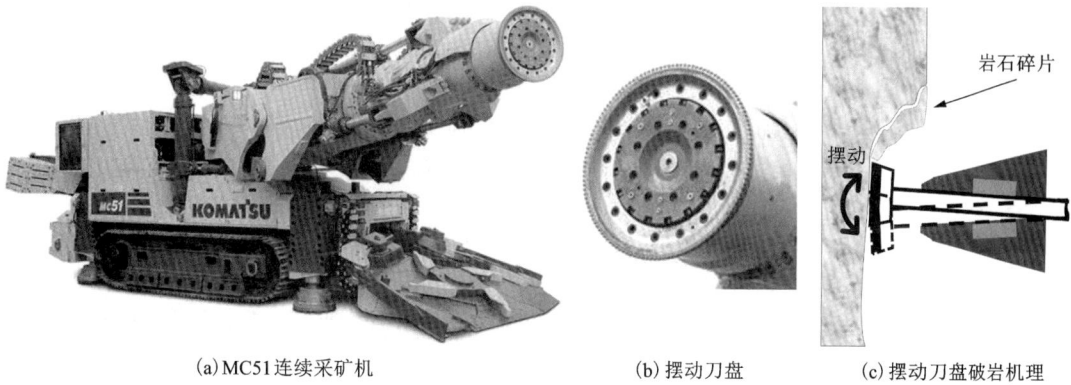

(a)MC51连续采矿机　　　　(b)摆动刀盘　　　　(c)摆动刀盘破岩机理

图 8-40　MC51 连续采矿机及其动态截割原理

DynaCut 硬岩动态截割技术来源于澳大利亚 Mining3 授权。该技术于 2006 年由 Joy Global 久益环球(现为小松矿业公司)授权使用，该技术具有相对较低的输入功率，可在地面和地下应用中连续或半连续开采硬岩。MC51 连续采矿机原型机为搭载 DynaCut 摆动刀盘的中型掘进机，随后该刀盘被完整嵌入到连续采矿机中，由截割臂、处理铲和收集头组成。该装备在淡水河谷位于加拿大萨德伯里的 Garson 镍矿 2.5 km 深的地下进行了 400 m 硬岩机械采掘试验，在南澳大利亚州 Kanmantoo 矿开掘一个井口和一个约 500 m 的地下斜井。同时，该装备采用全电动系统实现连续化遥控作业、自动化控制和精细化破岩，实际切削位置与计划位置偏差不超过 50 mm，相较于钻爆法施工减少 50 % 的装备。图 8-41 展示了 MC51 连续采矿机的现场应用场景。

图 8-41　MC51 连续采矿机现场应用场景

参考文献

[1] 徐小荷, 余静. 岩石破碎学[M]. 北京: 煤炭工业出版社, 1984.

[2] 赖海辉, 朱成忠, 李夕兵, 等. 机械岩石破碎学[M]. 长沙: 中南工业大学出版社, 1991.

[3] DUTTA P K. The determination of stress wave forms produced by percussive drill pistons of various geometrical designs[J]. Int. J. Rock Mech. Min. Sci, 1968, 5: 501-518.

[4] GUPTA R. Impact and Opitimum Transmission of Waves, Doctorial Thesis[M]. Sweden: Lulea University, 1979.

[5] 李夕兵, 赖海辉. 论应力波幅值和延续时间对破岩效果的影响[J]. 中南矿冶学院学报, 1989(6): 595-604.

[6] 李夕兵, 赖海辉, 朱成忠. 冲击荷载下岩石破碎能耗及其力学性质的探讨[J]. 矿冶工程, 1988(1): 15-19.

[7] 陈荣, 卢芳云, 林玉亮, 等. 分离式 Hopkinson 压杆实验技术研究进展[J]. 力学进展, 2009, 39(5): 576-587.

[8] 姜锡权, 胡时胜. 霍普金森杆实验技术发展综述[C]//中国力学学会爆炸力学委员会实验技术专业组. Hopkinson 杆实验技术研讨会会议论文集, 2007: 12.

[9] 庞书孟. 多维 SHPB 实验装置及其应用研究[D]. 广州: 广州大学, 2021.

[10] 常列珍. SHPB 实验技术应注意的几类问题[J]. 科技情报开发与经济, 2007(4): 169-171.

[11] 周志鸿, 许同乐, 高丽稳, 等. 液压破碎锤工作原理与结构类型分析[J]. 矿山机械, 2005(10): 39-40.

[12] 陈昊博. 液压破碎锤破岩机理研究[D]. 武汉: 武汉理工大学, 2015.

[13] 时新生. 液压破碎锤关键技术研究[D]. 杭州: 浙江大学, 2015.

[14] 李亚东, 孟凡建, 简立瑞, 等. 浅谈液压破碎锤在挖掘机上的应用[J]. 建筑机械化, 2018, 39(12): 40-43.

[15] 王开乐, 杨国平, 胡凯俊, 等. 高频破碎锤的发展现状与研究[J]. 矿山机械, 2015, 43(4): 1-4.

[16] 张定军. 国内液压破碎锤的现状及分类[J]. 江苏冶金, 2008(3): 4-6.

[17] 朱建新, 邹湘伏, 陈欠根, 等. 国内外液压破碎锤研究开发现状及其发展趋势[J]. 凿岩机械气动工具, 2001(4): 33-38.

[18] 周志鸿, 丁河江. 山特维克(Sandvik)液压破碎锤概况[J]. 凿岩机械气动工具, 2023, 49(1): 8-17.

[19] 周志鸿, 丁河江. 蒙特贝(Montabert)液压破碎锤概述[J]. 凿岩机械气动工具, 2023, 49(2): 4-9.

[20] 周志鸿, 丁河江. 安百拓(Epiroc)液压破碎锤概述[J]. 凿岩机械气动工具, 2022, 48(2): 1-12.

[21] 周志鸿, 刘玉超, 马飞. 2011 年以来我国液压破碎锤行业概况[J]. 凿岩机械气动工具, 2018(3): 7-14.

[22] 司癸卯, 李晓宁. 液压破碎锤的发展现状及研究[J]. 筑路机械与施工机械化, 2009, 26(7): 76-77, 80.

[23] 郭德元. 用子弹打? 用热能破? 穿透最坚硬岩层! [EB/OL]. [2021-12-26]. https://mp.weixin.qq.com/s/EBTJ-7gAFGVik7VOFIKLVA.

第 9 章 膨胀致裂破岩

膨胀破岩是利用膨胀介质或机械机构的体积膨胀作用对孔壁周围岩石产生冲击和膨胀挤压作用,形成径向拉应力,进而使岩体产生径向裂隙而破裂或破碎的一种破岩技术[1],主要有爆破致裂破岩、液态 CO_2 相变破岩、液压劈裂机破岩、静态膨胀剂破岩等方法。爆破致裂破岩又称钻眼爆破或打眼放炮,就是用机械或人工的方法,对矿体或岩体钻凿炮眼装填炸药实施爆破的作业[2]。液态 CO_2 相变破岩技术是一种新型的非炸药破岩方法,属于物理爆破技术,CO_2 相变致裂以超临界 CO_2 与气态 CO_2 之间的能量差作为破岩动力,致裂时液态 CO_2 首先吸热转化为超临界态,再卸压膨胀转换为高压气体,破碎岩石[3,4]。液压劈裂机破岩是利用液压动力驱动的孔内刚性分裂器分裂膨胀从而胀裂岩石的岩石破碎方法[5]。静态膨胀剂破岩是利用体积膨胀可控的膨胀剂在岩石孔内的物理或化学膨胀过程在孔壁形成径向拉应力而胀裂岩石的破岩方法,例如氧化钙遇水膨胀破岩、金属膨胀剂破岩、高压泡沫胀裂破岩等[6,7]。本章主要介绍爆破致裂破岩、液态 CO_2 相变破岩、液压劈裂机破岩和静态膨胀剂破岩四种破岩方法。

9.1 爆破致裂破岩理论与方法

9.1.1 岩石的爆破破坏机理[7]

为了了解岩石爆破破坏的机理,首先需要研究固体介质中微幅应力扰动及应力波的传播过程[8]。

如图 9-1 所示,未受到扰动的固体介质处于静止状态,质点的运动速度 $u=0$,密度为 ρ,应力为 σ。当受到扰动后,质点获得运动速度 du,相应的扰动传播速度为 C,密度变为 $\rho+d\rho$,应力变为 $\sigma+d\sigma$。假设在 t 时刻,波阵面位于 AA' 处,在 $t+dt$ 时刻传播至 CC' 处,传播的距离为 Cdt。在同一时段内,波阵面的质点由 AA' 移至 BB' 处,产生的位移为 $dudt$。

在波阵面上取单位截面,并假定波在传播过

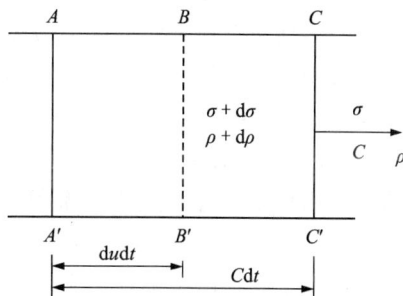

图 9-1 固体介质中微幅应力扰动波的传播

程中横向不发生质点的位移和变形，则只在传播方向上产生位移和变形[9, 10]。

根据质量和动量守恒定律，可将此应力扰动波的传播写出其连续方程和运动方程。

该连续方程可表示为：

$$\rho C dt = (\rho + d\rho)(C - du) dt \tag{9-1}$$

运动方程可表示为：

$$\rho C dt du = [(\sigma + d\sigma) - \sigma] dt \tag{9-2}$$

省略式中的高阶微量，可将二式简化为：

$$C d\rho = \rho du \tag{9-3}$$

$$\rho C du = d\sigma \tag{9-4}$$

由上二式可导出微幅应力波的波速：

$$C = \sqrt{\frac{d\sigma}{d\rho}} \tag{9-5}$$

设受扰动介质单位体积 $V = 1/\rho$，故 $dV = -d\rho/\rho^2$，$d\rho = -dV/V^2$，并令体积的相对变形 $d\theta = -dV/V$，代入式(9-5)则可得：

$$C = \sqrt{\frac{\frac{1}{\rho}}{\frac{d\sigma}{d\theta}}} \tag{9-6}$$

对于只在波的传播方向上产生应变 ε，式(9-6)又可表达为：

$$C = \sqrt{\frac{1}{\rho} \cdot \frac{d\sigma}{d\varepsilon}} \tag{9-7}$$

式(9-7)中 $d\sigma/d\varepsilon$ 实质上是变形模量。该式说明微幅应力波波速 C 就是应力波波速。由于变形模量 $d\sigma/d\varepsilon$ 实际上是线弹性模量 E，故扰动纵波波速 C_p 是一常量，与扰动强度无关。当应力值在弹性极限范围内，弹性应力波的波速在理论计算值上与扰动固体中的声速 C 相等，即

$$C = \sqrt{\frac{E}{\rho}} \tag{9-8}$$

故式(9-8)只适宜于计算横向变形相对很小的细长杆的弹性应力波波速和无侧限应力的一维应力平面波。

当爆炸应力超过弹性极限范围，介质处于弹塑性变形区，这种变形是不可逆的。因此，变形模量 $d\sigma/d\varepsilon$ 通常是一个变量，其值随着应力值的增大而不断减小。在这种情况下，高应力区的波的传播速度比低应力区的波要慢，波峰在传播过程中趋于平缓。如图9-2所示，弹塑性变形区通常可以用一条近似直线表示，并用沿直线变化的变形模量计算弹塑性波的平均波速，其值小于未扰动固体介质中的声速。

当受到的应力值超过 σ_B，变形大于 ε_B 时，固体介质具有类似于流体的特性。此时，固体介质的变形模量类似于流体的体积压缩模量，随着应力值的增大或压缩率的减小而增加。与弹塑性区相反，高应力区的应力波传播比低应力区的应力波传播要快。

图9-2中，固体的变形在 B 到 C 范围内，其变形模量仍小于弹性变形模量 E，因此与未扰动固体中的声速相比较还不是超声速的。只有当爆炸在介质内引起的应力超过 C 点时，波

阵面才会有陡峭的波头，具有典型的冲击特性，这种波称为稳态冲击波，其作用形式和区域位于图9-2中的 B 至 C 范围。

以上的分析同样适用于岩石。炸药在岩石中爆炸时，最初对岩体施加的是冲击荷载。这种荷载在极短时间内迅速上升到峰值，然后迅速下降，其作用时间极为有限。由爆炸产生的冲击荷载使得岩体内的应力扰动传播，并形成爆破应力波。这些应力波在距离爆炸中心不同的区段内，以塑性波、冲击波、弹塑性波和地震波等形式传播。这些波的传播过程与它们所经过的岩石性质和结构密切相关，对岩体产生复杂的影响。深入研究这些波的特性和作用机制，对于理解爆破在岩石工程中的应用具有重要意义[11, 12]。

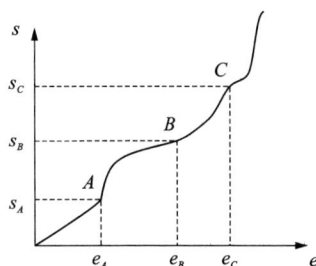

图9-2 固体在瞬时动载作用下的变形曲线

在爆炸冲击荷载作用下，岩石大多呈脆性状态，在未进入流体状态之前，遵循虎克(Hook)定律的应力和应变规律。炸药爆炸后，在岩体中激起的主要波包括冲击波、弹性应力波(简称应力波)和爆炸地震波(简称地震波)，如图9-3所示。冲击波以超声速传播，波头上的所有状态参数发生突变，传播过程中能量损失较大，应力迅速衰减，作用范围有限，衰减后变为压缩应力波。应力波波头变缓，但应力上升时间(应力增至峰值的时间)仍小于应力下降时间(由峰值下降到零的时间)，并以声速传播，传播过程中的能量损失比冲击波小，衰减较慢，作用范围则较大，衰减后变为地震波。冲击波和应力波都属于脉冲波，没有周期性，对岩体造成不同程度的破坏。而地震波则为周期性振动的弹性波，应力上升时间与应力下降时间大体相等，以声速传播，衰减缓慢，作用范围最大，但不会对岩体造成即时的破坏，却能扩大岩体内原有的裂隙和危及爆区附近建筑物的安全。

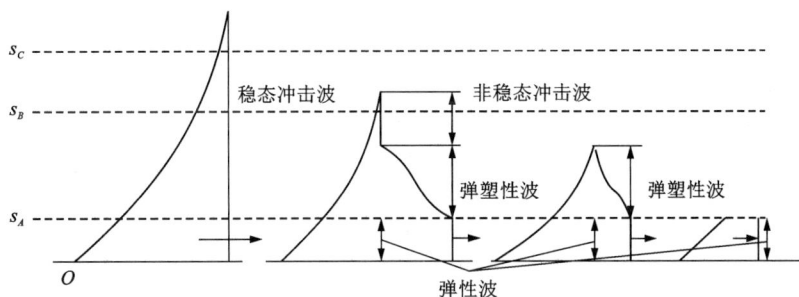

图9-3 炸药爆炸后在岩体内传播的各种波

岩体中的炸药爆炸时，在爆源中心会瞬间产生蕴藏巨大能量的高温高压气体，炮孔周围岩体在高能气体的冲击压缩下破碎，同时岩石质点在爆生气体的作用下逐渐沿径向向外移动，使爆腔扩大；随着爆破冲击波的传播，冲击波衰减为弹性应力波，作用于粉碎区，造成外围围岩产生径向裂隙和环向裂隙，两种裂隙互相交错，使爆源附近围岩产生破裂区；随着传播距离的增加，爆破应力波不再造成岩石的破损，破裂区外围的岩石质点在爆破振动波的作用下做弹性运动，形成振动区，如图9-4所示[13]。

1. 爆破冲击波作用下岩石的破坏原理

当炸药在岩石中爆炸时，爆炸产生的高温高压气体冲击孔壁，同时在炮孔周围岩石中激起径向传播的冲击波。在其冲击压缩作用下，孔壁周围的岩石被破碎，甚至会成为流体状态，同时孔壁岩石质点发生径向外移，爆腔扩大。由于冲击波传播过程中衰减很快，作用范围不大，但对岩石的破坏程度却非常强烈，消耗的爆炸能比例也相当高。因此研究爆炸冲击波对岩石的破碎作用具有重要意义，它是进行爆炸能量分析和研究爆破中远区损伤和破坏作用的基础。分析岩石从开始破坏到破碎的过程，比如爆破近区的冲击波破碎区，仍需要采用流体动力学和断裂力学等方法来解决。

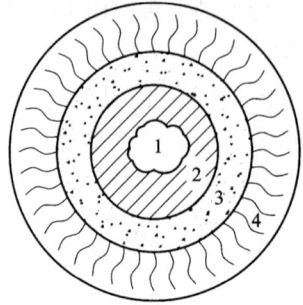

1—爆腔；2—粉碎区；3—破裂区；4—振动区。

图 9-4 爆破作用示意图

工程爆破中经常采用的是柱状装药。因此，下面就针对柱状装药来讨论冲击波的动态破岩特征，并假设：①柱状装药处于无限岩体介质内；②柱状装药为轴对称起爆的耦合填塞装药；③炸药的冲击阻抗小于岩石的冲击阻抗。

（1）孔壁岩石中的初始冲击波参数。

在以上假设前提下，炸药爆炸瞬间在岩石内形成冲击波，同时反射回爆炸产物中的也是冲击波。根据爆破冲击波的基本关系式，对于爆炸产物有：

$$u_x = \frac{V_e}{k+1}\left[1 - \frac{\left(\dfrac{p_0}{p_m} - 1\right)\sqrt{2k}}{\sqrt{\dfrac{p_0(k+1)}{p_m} + (k-1)}}\right] \tag{9-9}$$

式中：p_0 为孔壁冲击压力初始值，MPa；V_e 为炸药的爆速，m/s；p_m 为爆轰压力，MPa；k 为爆炸产物的等熵指数，k 取 3。

对于岩体内的冲击波，由质量守恒定律和动量守恒定律得：

$$u_x = \sqrt{p_x\left(\frac{1}{\rho_0} - \frac{1}{\rho_x}\right)} \tag{9-10}$$

$$p_x = \rho_0 V_c u_x \tag{9-11}$$

式中：ρ_0，ρ_x 分别为岩石初始密度、冲击波阵面密度，kg/m³。

岩石在冲击波作用下的高压状态方程为[14]：

$$V_c = a + bu_x \tag{9-12}$$

式中：a、b 为由试验确定的与岩石性质有关的常数。

由式（9-10）~式（9-12）可求解岩石中的初始冲击波参数。

（2）破碎区半径。

在冲击波的传播过程中，岩石中冲击波波阵面后的连续方程为：

$$\frac{\partial \rho}{\partial t} + \frac{\partial (\rho u)}{\partial r} + \frac{u}{r} = 0 \tag{9-13}$$

式中：r 为冲击波的径向传播距离，m。

冲击波在传播过程中，其波阵面后岩石介质密度变化很小，因此可将冲击波阵面后的岩石按等密度考虑，即 ρ 为常数。因此，由式（9-13）可得：

$$ur = u_0 r_0 \tag{9-14}$$

式中：r_0 为炮孔半径，m；$u_0 = u_x$，为孔壁岩石的初始运动速度，m/s。

动量守恒方程为：

$$\sigma_r = \rho_0 u V_c \tag{9-15}$$

式中：σ_r 为波阵面的压力，MPa；V_c 为冲击波速度，m/s。

由式（9-14）、式（9-15）和岩石的状态方程 $V_c = a + bu$ 可得：

$$\sigma_r = \rho_0 \left(\frac{a u_0 r_0}{r} + \frac{b u_0^2 r_0^2}{r^2} \right) \tag{9-16}$$

破碎区的半径有两种确定方法：

根据冲击波衰减为应力波纵波过程中速度的变化可得：

$$R_0 = \frac{n u_0 r_0}{C_P - m} \tag{9-17}$$

根据岩石压缩破坏的临界条件可得：

$$R_0 = \frac{u_0 r_0 \left(m \rho_0 + \sqrt{m^2 \rho_0^2 + 4 n \rho_0 \sigma_s} \right)}{2 \sigma_s} \tag{9-18}$$

其中，$\sigma_s = \sigma_r = \rho_0 \left(\dfrac{m r_0 u_0}{r} + \dfrac{n r_0^2 u_0^2}{r^2} \right)$

式中：r 和 r_0 分别为爆破冲击波传播的径向距离和炮孔半径，m；u_0 为爆源处岩石质点的初始速度，m/s；m、n 由岩石性质决定，部分常见岩石的 m、n 值见表9-1。

表9-1 部分常见岩石的 *m*, *n* 值

岩石名称	密度/(g·cm^{-3})	m/(mm·μs^{-1})	n
花岗岩	2.63~2.69	2.1~3.6	1.63~1.0
玄武岩	2.67	2.6	1.6
辉长岩	2.98	3.5	1.32
钙钠斜长岩	2.75	3.0	1.47
纯橄榄岩	3.3	6.3	0.65
大理岩	2.7	4.0	1.32
石灰岩	2.6	3.5	1.43
页岩	2.0	3.6	1.34

2. 爆破应力波作用下岩石的裂隙区和裂隙半径

岩体爆破后，受爆破冲击波及冲击波衰减而成的应力波的影响，其岩体内产生了弹性应

变能。伴随着波的传播，爆源处岩体内部呈卸荷状态，岩体内部的弹性应变能得以释放并产生拉应力，使质点发生径向运动，从使岩体内部产生径向裂隙，即在应力波作用下形成岩石的裂隙区。其峰值拉应力表达式为：

$$\sigma_{\max} = \frac{\lambda p_r}{r^\alpha} \tag{9-19}$$

式中：λ 是侧压力系数，$\lambda = \frac{\mu}{1-\mu}$；$p_r$ 为初始径向压应力峰值，MPa。

将 $\sigma_{\max}$ 用动态抗拉强度 S_T 代换后可得岩石的径向裂隙半径为：

$$R_s = r_b \left(\frac{\lambda p_r}{S_T} \right)^{\frac{1}{\alpha}} \tag{9-20}$$

3. 爆生气体影响下岩石裂纹的扩展

炸药爆炸后生成高温高压爆生气体作用于药包周壁上，引起岩石质点产生径向位移，在最小抵抗线方向上阻力最小，岩石质点位移最大，在其他方向上，阻力不同，质点的位移也不同，导致在岩石内形成剪应力，一旦剪应力大于岩石的抗剪强度，岩石即发生破坏，如图9-5(a)所示。若药室中爆生气体的压力足够大，则破碎后碎块将沿着径向抛掷出去，形成爆破漏斗，如图9-5(b)所示。

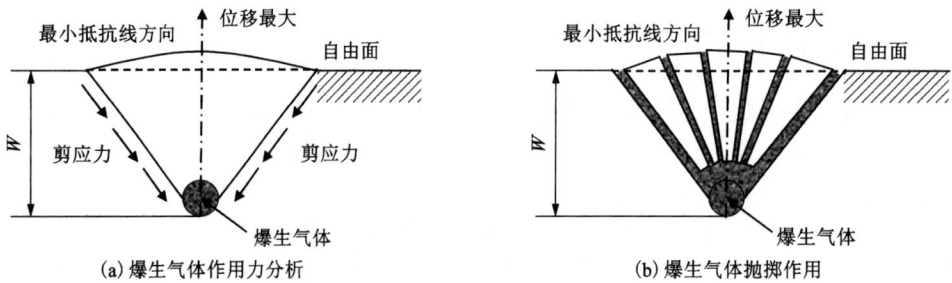

(a)爆生气体作用力分析   (b)爆生气体抛掷作用

图9-5　爆生气体破岩过程

在爆破冲击波和爆破应力波作用后，爆破所产生的气体迅速地充满爆孔空腔。爆生气体的作用力可假设为准静态压力。岩石裂隙在爆生气体的作用下继续延伸扩展，直至贯通。

(1)爆生气体作用下的应力场。

爆生气体作用下的应力场根据线弹性岩石断裂力学可分为两部分：一部分是裂隙面上的压力 $p(r)$，另一部分是远场应力 σ_∞。对于两部分应力场的叠加作用，Paine 和 Please 做了如下研究[15]：

从孔壁到裂纹尖端：

$$\begin{cases} \sigma_\theta = -p(r) \\ \sigma_r = -\frac{1}{r} \left[r_0 p_0 + \int_{r_0}^a p(r)\,dr \right] - \sigma_\theta \left(1 - \frac{a}{r} \right) \end{cases} \tag{9-21}$$

从裂纹尖端到远场：

$$\begin{cases} \sigma_\theta = \dfrac{a}{r^2}\left[r_0 p_0 + \int_{r_0}^{a} p(r)\,\mathrm{d}r \right] - \sigma_\infty\left(1 + \dfrac{a^2}{r^2} \right) \\[2mm] \sigma_r = -\dfrac{1}{r}\left[r_0 p_0 + \int_{r_0}^{a} p(r)\,\mathrm{d}r \right] - \sigma_\theta\left(1 - \dfrac{a^2}{r^2} \right) \end{cases} \tag{9-22}$$

式中：r_0、r、a 分别为爆破孔半径、孔壁到孔心的距离，裂隙原始长度，m。

由弹性力学理论可得：

径向应力：

$$\sigma_\theta = \frac{r_0^2(r_1^2 + r^2)}{r^2(r_1^2 - r_0^2)} p_0 \tag{9-23}$$

切向应力：

$$\sigma_r = \frac{r_0^2(r_1^2 - r^2)}{r^2(r_1^2 - r_0^2)} p_0 \tag{9-24}$$

(2)爆生气体作用下裂纹的宏观扩展。

假设爆生气体可以完全充满裂隙，根据线弹性断裂力学理论[13]可得到平面楔形裂纹动态扩展模型(图 9-6)中裂纹扩张位移为[16]：

$$h(r) = \frac{4(1-v)}{\pi G}\int_r^a \int_0^\xi \frac{p(\zeta)-\sigma_\infty}{\sqrt{\xi^2-\zeta^2}}\mathrm{d}\zeta \frac{\xi}{\sqrt{\xi^2-r^2}}\mathrm{d}\xi \tag{9-25}$$

当裂纹数>2 条时，裂纹扩张位移需要乘以系数 $f(f>1)$，其定义为：

$$\begin{cases} f = f_\infty \dfrac{1 + \dfrac{Na}{\pi r_0}}{f_\infty + \dfrac{Na}{\pi r_0}} \\[4mm] f_\infty = \left(1 + \dfrac{\pi}{4} \right)\dfrac{\sqrt{N-1}}{N} \end{cases} \tag{9-26}$$

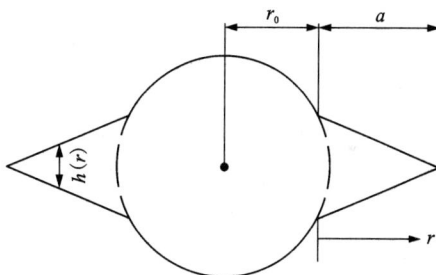

从岩体的特点出发，关于爆破破岩理论也有如下一些观点。

图 9-6　平面楔形裂纹动态扩展模型

(1)岩体爆破的弹塑性理论。

弹塑性理论把岩体视为各向同性的、连续的弹塑性体，岩体在爆炸荷载作用下的破坏是其内部最大应力超过岩石强度极限引起的。应用这种理论能以弹塑性力学为基础，根据工程问题，建立力学模型并加以分析计算，十分方便。但由于这种理论不考虑岩石的材料固有缺陷，其理论基础与实际情况有一定的差距。

(2)岩体爆破的断裂理论。

断裂理论认为岩体是含有裂纹的脆性材料，在爆炸荷载作用下，这些原生的裂纹扩展及断裂破坏是岩石爆破破碎的主要原因。这种理论能对含有宏观裂纹、具有层理岩体给出更符合实际的结果，但断裂理论实际应用十分困难。

(3)岩体爆破的损伤理论。

损伤理论认为岩体内存在着大量随机分布的原生裂纹，它们是潜在的损伤发展源，在爆炸荷载作用下部分原生裂纹将被激活并发生损伤积累，当岩体损伤积累量达到某一临界值时，岩体产生宏观破坏。

由于实际岩体内部具有较多的节理、裂隙、层理等不连续层面，而这些不连续层面对爆破破碎会产生明显的影响，主要体现在应力集中、应力波反射增强、能量耗散、高压爆炸气体外逸等方面。因此，考虑岩体的不连续性对爆破的影响，是当前研究岩体爆破破碎机理的主要方向。

9.1.2 岩石爆破破岩方法

1. 炮眼爆破

炮眼爆破通常是指孔径小于 50 mm、长度小于 5 m 的爆破方法。

炮眼爆破是工程爆破中较早发展起来的一种爆破方法。在现代爆破方法中，炮眼爆破仍然有着广泛的应用范围。无论是露天还是地下的岩土开挖工程，炮眼爆破仍占有较大的比重。如探矿巷道掘进，开拓和采矿巷道的掘进或地下硐室的爆破开挖、露天小台阶爆破，几乎都采用炮眼爆破法；露天深孔爆破时，钻孔平台的平整和清理、大块岩石、矿石的二次破碎、沟渠及桥涵基础开挖的石方爆破、清刷岩石边坡和处理孤石和危石等，也都要用炮眼爆破。近年来，在城市建筑物的拆迁中所用的控制爆破技术，实质上也是炮眼爆破的一种应用。

炮眼爆破采用的钻眼机械主要是手持式或气腿式凿岩机以及凿岩台车。这些机械操作简单、使用灵活方便。在没有凿岩机的条件下，还可以用人工打钎凿岩，这增加了炮眼爆破的适应性。对于不同的爆破目的和工程需要，炮眼爆破易于通过调整炮眼位置和装药量的方法，控制爆破岩石的块度，限制围岩的破坏范围。

2. 露天深孔爆破

露天深孔爆破在爆破工程中占有重要的地位，它已广泛应用于露天采矿工程、山地工业场地整平、港口建设、铁路和公路路堑、水电闸坝基坑中，并取得了良好的技术经济效果。爆破工程中，通常将孔径在 50 mm 以上及深度在 5 m 以上的钻孔称为深孔。深孔爆破一般是在台阶上或事先平整的场地上进行钻孔作业，并在深孔中装入延长药包进行爆破。为了达到良好的深孔爆破效果，必须合理地确定布孔方式、孔网参数、装药结构、装填长度、起爆方法、起爆顺序和单位炸药消耗量等参数。

3. 预裂爆破和光面爆破

炸药在炮孔内爆炸后，产生强大的冲击波和高压气体并猛烈冲击炮孔周围的岩体，使得周围的岩体开裂或破碎。在有限范围内进行开挖爆破时，如露天矿、建筑物基坑、路堑及沟槽开挖、隧道及地下空间掘进等，一方面要求爆破开挖的边界尽量与设计的轮廓线相符合，不要出现超挖或欠挖，另一方面要求开挖边界上的岩体能尽量保持完整无损。预裂爆破和光面爆破就是为达到上述要求而采用的一种爆破技术。

控制开挖边界或轮廓的爆破作业，可以在设计开挖范围内的岩体爆破之前进行，也可以在它之后进行。前一种情况是指预先在设计的轮廓线处用爆破的方法形成一条裂缝，这种方法称为预裂爆破。后一种情况则是在设计开挖范围内的岩体爆破以后，再爆破轮廓炮孔，通常称为光面爆破。显然，两者的爆破条件不完全相同，预裂爆破时，药包在受夹制的状态下爆炸，只有一个自由面，而光面爆破则有两个自由面。

预裂爆破和光面爆破的优点很突出，主要有以下几点：

①减少超、欠挖量，节省工程投资。

②开挖面光洁平整，有利于后期作业。

③对保留岩体的破坏小，有利于隧道围岩及边坡的稳定。

④由于预裂缝的存在，可以放宽对开挖区爆破规模的限制，提高工效。

1）预裂爆破

所谓预裂爆破，就是指在正式爆破开挖之前，预先沿着设计的轮廓线爆破出一条一定宽度的裂缝，以达到保护保留区岩体的目的的爆破方法。

进行预裂爆破时，为使岩体开裂而又不使岩体壁遭受破坏，希望爆炸冲击波作用于孔壁上的径向压力要低于岩体的极限抗压强度，而由此派生的切向拉伸应力则要超过岩体的抗拉强度。这对于岩体、混凝土等一些脆性材料来说，是比较容易达到的。通常，岩体的抗压强度为数万甚至数十万千帕，而抗拉强度却要低得多，还不到抗压强度的 1/10，这就为满足上述要求，提供了有利条件。

一般情况下，炸药爆炸时药包表面的冲击波压力峰值为数百万千帕，这个数值已远远超过了岩石的抗压强度，因此，药包周围的岩体被压碎成粉末状，为了减轻作用于岩壁上的压力，一般可采取两种措施，一种是采用低猛度低爆速的炸药，另一种就是采用不耦合装药。所谓的不耦合装药，就是指钻孔直径远大于药柱直径的一种装药方式。孔径与药柱直径的比值，称为不耦合系数，不耦合系数的大小直接反映了药柱外壁与孔壁之间的间隙大小。

2）光面爆破

光面爆破也是控制开挖轮廓的爆破方法之一，它与预裂爆破不同之处在于，光面爆破是在开挖主爆孔的药包爆破之后进行的，而预裂孔的爆破则是在岩体开挖之前进行的。从爆破时岩体的状态（边界条件）来看，预裂爆破时只有一个自由面，而光面爆破则有两个自由面，从而大大地优化了它的爆破条件，同时，对保留区岩体的破坏也有所减缓。因此，在进行光面爆破时，对爆破开挖所创造的自由面应给予充分的注意。

光面爆破一般多用于地下工程（隧道）的开挖，此外，也可以用于地面开挖工程，关键是要创造一个良好的自由面。当光爆孔与开挖主爆孔用迟发雷管分段起爆时，只能在隧道开挖中获得较为满意的效果，在其他的场合中，效果并不理想，需要将光爆孔与邻近的主爆孔分开爆破，而这又增加了施工的复杂性。因此，目前光面爆破主要还是用于地下工程，在露天开挖中用得比较少，只有在一些有特殊要求，或者条件有利的情况下使用。

在隧道施工中采用光面爆破具有以下优点：

①光面爆破对围岩的破坏要轻微得多。声波探测表明，采用光面爆破时，围岩松弛带的范围只是普通常规爆破方法的 1/3~1/2，从而提高了围岩的稳定性，减少了支护工作量。

②光面爆破可以大大地减少隧道的超、欠挖量，提高工程质量，加快施工进度，并能大量减少混凝土衬砌浇筑量。

③采用光面爆破，围岩的壁面平整度高、危石少，撬顶工作简单，减轻了表面应力集中现象，避免了局部冒落，增加了围岩的稳定和施工安全，并为锚喷支护的使用创造了有利

条件。

光面爆破的效果在完整的岩体中很明显，可以从直观地看到，爆破后的开挖面光洁平整、岩体完整、爆破裂缝不发育，给人以舒适安全的感觉。但是，在松软的岩体中，特别是在一些不均匀的岩体和构造发育的岩体中采用光面爆破时，从表面上看，其效果可能是令人失望的，有时甚至连一个炮眼的半孔痕迹也看不到。但是，应该清楚地认识到，在破碎岩体中进行光面爆破时，其对减轻围岩的破坏、减少超挖以及避免产生冒顶事故等方面的作用仍是很大的。从某种意义上说，愈是地质条件不良的地段，更有必要采用光面爆破技术，只是此时的着眼点已不是局限于岩体表面的光洁，而在于岩体本身的稳定了。在隧道掘进中，采用光面爆破技术并不复杂，只需稍微增加一些周边孔的数量，并采用合理的炮孔布置和起爆顺序即可实现。因此，近年来，光面爆破技术已被愈来愈广泛地用于工程实践。

4. 硐室爆破

硐室爆破是指将大量炸药装入硐室和巷道中进行爆破的方法。

硐室爆破具有以下特点：

①爆破方量大，可以在短期内完成大量土石方的开挖，有利于加快工程施工进度。

②与其他爆破方法相比，其凿岩工作量少，相应的设备、工具及动力消耗也少。

③施工机具简单、工效高，可以节省大量的劳力、物力和财力。

④与其他爆破方法相比，大块率较高，二次爆破量大。

⑤工作条件艰苦，劳动强度大。

⑥一次爆破药量较多，安全问题复杂。

⑦大型硐室爆破工程施工组织工作比较复杂，需要有熟练的、经验丰富的技术力量才能在保证安全的前提下顺利地完成硐室爆破工作。

上述特点决定了硐室爆破的应用范围，下列条件适宜于采用硐室爆破：

①在地势较陡的山区，土石方工程量大、机械设备上山有困难时，宜采用硐室爆破。

②在峡谷、河床两侧有较陡山地，可取得大量土石方量时，可采用硐室爆破修筑堤坝。

③在工程建设初期，如果地形有利而又有足够的土石方量时，宜采用硐室爆破剥离土岩和平整场地，以缩短建设工期。

④在山区修筑铁路和公路时，宜用硐室爆破修筑路堑和平整场地。

5. 钻眼拆除爆破

第二次世界大战以后，许多国家的城市民用和工业建设百废待兴，需要拆除大量破旧的建(构)筑物。这些要拆除的建(构)筑物往往位于厂区、居民区、闹市区和交通要道地区，而在这些地区进行建(构)筑物拆除，首先要考虑的是安全问题，其次要求工程进度要快，最后要求成本低。用人工或机械方法拆除建(构)筑物，特别是高层建(构)筑物，很难同时满足上述要求。而采用爆破方法拆除建(构)筑物却是一种多、快、好、省的方法。于是拆除爆破或拆除控制爆破技术就应运而生了。

随着我国经济建设的迅速发展，拆除控制爆破技术在城市建设、环境改造、工业设施的大量重建和更新等工程中也得到了广泛应用。要拆除的一些旧建(构)筑物，如厂房、楼房、烟囱、水塔、油罐、水池、人防工事、碉堡、水闸围堰、桥梁墩台、设备基础等，大部分是砖、混凝土和钢筋混凝土结构，也有的是钢木和钢筋混凝土的混合结构。这种拆除工程，有的是人力和机械所难以胜任的，有的即使能用人工拆除，也要花费大量劳力和承受极高的劳动强度，而且往往会旷日持久、造价高。为了省工省力、缩短工期，人们只有求助于比人力和机械力威力更大的特殊施工手段——炸药爆破。

1958 年，为修建北京人民大会堂、历史博物馆，工程兵用密孔爆破法拆除了旧银行金库及银行大厦基础，开创了我国钻眼拆除爆破的先河。20 世纪 60 年代，水电施工研究所用控制爆破技术拆除了刘家峡工程先期浇筑的不合格的大坝混凝土以及地下厂房顶拱衬砌钢筋混凝土数万立方米，为我国中深孔拆除爆破积累了经验。1976 年，北京军区工程兵和南京工程学院工程兵协作爆破拆除了北京天安门广场附近的三座大楼（建筑面积超过 1 万 m^3）。20 世纪 80 年代，因为爆破拆除技术得到普及，国内出现了数百家专门从事拆除爆破的爆破工程公司，积累了大量的工程经验并开始使用电子计算机进行设计。从整体水平看，我国在该项技术上已跻身于世界前列。

在闹市区、居民区、厂区内对建（构）筑物进行拆除爆破时，必须对建（构）筑物的倒塌方向、破坏范围、废碴堆积范围以及爆破后所产生的地震波、空气冲击波、噪声和飞石的危害严格控制。

6. 水压爆破

早在 20 世纪 40 年代末期，挪威和瑞典等国就在城市里进行过用水压爆破拆除建（构）筑物的尝试，并获得了成功，之后这种技术迅速在各国推广，成为城市建筑物拆除爆破中一种较安全、先进的爆破技术。20 世纪 70 年代末，日本的桥本博和高木薰将城市拆除爆破中的水压爆破经验应用于隧道掘进和石材切割，发明了 ABS 法，大大降低了炸药消耗量和震动强度，被称为低震动爆破法。20 世纪 80 年代初，我国山东莱芜铁矿将此技术应用于大块的二次破碎上，大大抑制了飞石的飞掷距离，成功地解决了一些离建（构）筑物较近的露天矿由于安全距离不足而影响正常生产的问题。20 世纪 80 年代中期，山东省冶金工业总公司为了解决洪山铝土矿粉矿率过高的问题，首次在井下房柱法采场的中深孔中进行了水压爆破，使粉矿率由原来的 20% 下降到 7.3%，资源利用率提高了 8% ~ 10%。

9.2　液态 CO_2 破岩理论与方法

CO_2 破岩技术主要采用 CO_2 致裂器作为主要设备，最早由英国 Cardox 公司于 1914 年研制，称为 cardox tube system，其应用主要集中在低透气高瓦斯煤层的致裂、增透和开采，用以替代炸药，以降低煤尘产生和减少瓦斯爆炸风险[17]。自 20 世纪 80 年代以后，该技术逐步在发达国家推广应用，并广泛用于钢铁、水泥、电力等行业，用于结块清除、管道清堵、料仓破拱、破冰等场景[18-20]。

CO_2 相变致裂技术以其安全性好、操作方便、破岩效率高和环境友好等优点，在各类岩体破碎开挖工程中被广泛采用[21]。该技术利用超临界 CO_2 与气态 CO_2 之间的能量差作为破岩动力，通过将液态 CO_2 吸热转化为超临界态，再卸压膨胀转换为高压气体，从而实现岩石的破碎。整个致裂过程不产生火花，还能吸热抑制燃烧，属于典型的物理爆炸[22]。AIRDOX

公司最早在 1938 年开始研究高压气体爆破，1950—1960 年，一些采矿比较发达的国家，如英国、法国、美国、俄罗斯、波兰、挪威等已将高压气体爆破设备应用于采煤工作面[23-25]。

目前，CO_2 相变致裂技术因其在瓦斯抽放、复杂环境下岩土体开挖等领域破岩的优势再度受到关注。然而，由于 CO_2 相变致裂效果受多种因素影响，该技术的理论研究仍处于起步阶段，生产规范尚未形成，因此在大规模推广应用上仍面临一定困难。本节将对国内外 CO_2 相变致裂相关研究成果进行系统归纳分析，包括 CO_2 破岩机理、设备、影响因素等，并介绍该技术在岩石破碎领域的实际应用情况。

9.2.1 液态 CO_2 破岩机理

在物质系统中，具有完全相同的物理和化学性质，并与其他部分有明显分界面的均匀部分被称为相。当物质从一种相转变为另一种相的过程，我们称之为相变。液态 CO_2 在受到外部激发能量作用时，会发生液-气相变，由液态转变为气态，体积发生膨胀。通过控制激发能量的大小和液-气相变的时机，可以使 CO_2 气体介质在瞬间膨胀，产生机械能对外做功，将这种机械能用于破裂、破碎岩石，便实现 CO_2 液-气相变膨胀破岩[23]。

1. 液态 CO_2 作用机理

CO_2 在大气中是一种无色、带有轻微刺激性和酸性味的无毒气体，不具有助燃性，其密度是空气的 1.53 倍。在 20 ℃、$5.6×10^6$ Pa 的环境下，CO_2 为液态，当液态 CO_2 转变为气态时，体积会膨胀为初始状态的 600 倍。通过将液态 CO_2 密封在高强度容器内，并通过热能迅速激发使其发生液-气相变，可以在密闭容器中形成高能量状态，压强可达 300 MPa。在高能量状态下，CO_2 能够突破定压（通常设置在 10 MPa 至 300 MPa）的破裂片封堵，从而瞬间释放并产生爆炸效应，对周围介质进行冲击、压缩和膨胀做功。

2. 管体内 CO_2 状态变化

CO_2 液-气相变膨胀破岩装置的主管体通过制冷压力泵充装 CO_2，充装压力通常设置为 10 MPa 左右，温度不超过常温。在管体内，CO_2 主要呈液态，并伴有少量气态。充装完毕的破岩装置与周围环境发生热交换，特别是在露天作业环境下静置时，主管体温度会有一定增加，压力可达数十兆帕，此时管体内的 CO_2 主要呈高密度的液态。

激发器被激活后，瞬间释放大量热能，导致主管体内温度，尤其是压力迅速升高。由于 CO_2 的临界温度为 31.06 ℃，临界压力为 7.382 MPa，CO_2 会迅速从液态转变为超临界态。在超临界态下，CO_2 呈现气态，不会液化，其密度接近于液体，是气体的几百倍；黏度接近于气体，比液体小两个数量级；扩散系数介于气体和液体之间，约为气体的 1/100，比液体大几百倍，还具有较强的溶解能力。

3. 液态 CO_2 破岩过程

在破岩过程中，高能量状态的 CO_2 突破泄能头的定压破裂片封堵作用，瞬间发生液-气相变，形成高压气体从泄能头的侧面出口迅速泄出。最初，高压气体冲击、压缩周围的岩石介质，导致近区岩石发生压缩变形和径向位移，形成切向拉应力，造成径向裂隙的形成；接着，通过弹性能的释放，朝向泄能中心的径向拉应力产生环状裂缝，在已形成的径向裂隙之间形成环状裂缝；同时，CO_2 气体渗入岩石介质中的原有裂隙或者由高压气体冲击、压缩形成的裂隙，发挥气楔作用，进一步扩展裂隙并使其相互连接，从而实现岩石的松动、破裂、破碎或者局部抛掷；随着高压气体的不断扩张，膨胀区容腔内的压力逐渐下降，直至恢复常压状态。

9.2.2 液态 CO_2 破岩方法

1. 液态 CO_2 破岩装置[1]

CO_2 相变致裂技术需要较高级的机械设备，包括 CO_2 储液罐、CO_2 充填设备和 CO_2 相变致裂管[26]（图 9-7）。其破岩装置的结构如图 9-8 所示，主要由主管体、充装阀、泄能头、剪切片、发热管、密封垫等组成。主管体用于储存液态 CO_2 并形成高压状态的腔体；充装阀有充装孔和进气口阀门顶针，用于充装 CO_2 并密封；泄能头上设置数个出气口用于泄出高压气体（煤矿常用较长泄能头，出气口较多；露天矿常用较短泄能头，出气口对称设置）；剪切片设置在泄能头的主管体内，起初起到密封作用，随着主管体内压力变化而破裂；发热管主要含化工药剂，通过电能激发用于加热液态 CO_2；密封垫片用于装置的密封，防止气体泄漏。此外，破岩装置配备充装设备和作业用附件，充装设备包括 CO_2 储存罐、制冷压力泵和显示屏、液压旋紧机、计量充装台和组装台；作业用附件则有矿用欧姆表、矿用起爆器、连接杆、装填管卡具和旋紧扳手等。

图 9-7 CO_2 相变致裂设备

1—充装阀；2—发热管；3—主管体；4—密封垫；5—剪切片；6—泄能头。

图 9-8 CO_2 相变致裂技术破岩装置的结构

在 CO_2 相变致裂装置中，充装头具有充液阀，用于将液态 CO_2 注入致裂管。同时，充装头还配备电阻芯，用于传导起爆电流。这个装置的发热管拥有特殊的化学成分，仅需微小电流即可发热，从而使 CO_2 由液态转变为超临界态[26, 27]。储液管通常由高强度合金材料制成，用于 CO_2 发生相态转换。剪切片和密封垫在激发致裂管前起到密封作用，而在致裂管通电起爆时，剪切片的厚度可控制致裂管的爆力大小。泄能头通常采用与储液管相同的材质，而泄能头上的泄爆口（泄爆喷嘴）则是高压 CO_2 气体释放的通道。

2. 液态 CO_2 破岩能力

CO_2 液-气相变膨胀破岩的效果受多个因素影响，包括破岩装置内 CO_2 的储量、CO_2 的相态、激发器释放的热量、定压破裂片的选择，以及泄能头出气口的数量和形状等。研究表明，CO_2 液-气相变膨胀后，压力峰值通常在数百兆帕，压力上升速度相对于炸药爆破来说较为缓慢，且高压状态持续的时间较长。相较于水力压裂技术，CO_2 液-气相变膨胀破岩的压力更大。表 9-2 展示了某型号装置试验的技术参数对比，而图 9-9 则呈现了几种技术的升压曲线对比示意。

表 9-2　不同破岩技术参数对比表

破岩技术类型	峰值压力/MPa	升压时间/s	加载速率/($MPa \cdot s^{-1}$)	总过程/s
爆破破岩	$>10^4$	10^{-7}	$>10^8$	10^{-6}
CO_2 相变致裂	10^2	10^{-3}	$10^2 \sim 10^6$	10^{-2}
水力压裂	10	10^2	$<10^{-1}$	10^4

常见岩石的抗压强度为数十兆帕至数百兆帕，抗拉强度为数兆帕至数十兆帕。而 CO_2 液-气相变膨胀形成的压力峰值则可能高于岩石抗压强度一个数量级，甚至高于抗拉强度两个数量级。依据 CO_2 液-气相变膨胀破岩的机理，可以得到以下结论：

①CO_2 液-气相变膨胀产生的压应力和拉应力强度可满足各种常见岩石破岩的要求。

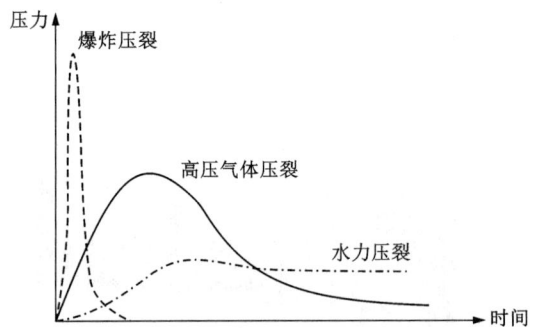

图 9-9　三种技术的升压曲线对比示意

②应关注"炮孔参数"如自由面、最小抵抗线、孔距和孔径，以充分利用高压气体对岩石的拉应力破坏效应。

③从能量匹配角度来看，CO_2 液-气相变膨胀在破岩作业中能量利用率较高，且不会产生"爆破飞石"、爆破噪声或高温、毒气等危害。这一特点使得其在环境保护方面更具优势。

④与炸药的瞬间化学爆炸相比，CO_2 液-气相变的破碎能力相对较弱，表现为破碎程度和破碎范围较小。对于岩石抗压能力较强、岩层完整性较好且自由面较少的情况，CO_2 液-气相变膨胀的破岩效果弱于炸药破岩。

3. 液态 CO_2 破岩优势[3]

在近距离工程破岩施工时，传统的常规炸药爆破可能对周边环境造成破坏性影响，因此需要寻求其他非炸药破岩方法。尽管机械凿岩、液压劈裂、静态破碎剂等方法常常被采用，但它们的破岩效率较低，很难满足工程成本和工期的要求。然而，液态 CO_2 相变破岩技术却成功地克服了传统炸药爆破的缺陷，并取得了良好的破岩效果，其主要优势包括：

①CO_2作为阻燃气体，泄能过程是一种物理反应，被称为"冷爆破"，因此不会产生火花、有害气体或爆炸现象，也减少了粉尘和飞石的产生。此外，液态CO_2的来源广泛且价格较低。

②CO_2相变破岩过程产生的振动小且衰减快，不会产生爆轰波，因而对周边环境的影响较小。

③起爆后不需验炮，哑炮处理简单，可以实现连续作业。

④设备的主要组件可重复使用，其储存、运输、使用、回收过程等无须相关部门审批。

⑤能量释放的大小和方向可控，串联使用可实现中深孔破岩，组网可实现多排同时起爆。

⑥相关设备操作简单，现场实施方便，可以购买整套设备自行施工，也可以采购破岩服务。

4. 破岩效果影响因素

1）爆源参数

CO_2相变致裂爆源参数主要包括CO_2充装量和峰值致裂压力。具体应用过程中，通过控制致裂管爆力影响致裂效果。周西华等[28]以井下相变致裂后瓦斯现场抽采效果为评价指标，发现致裂有效半径与峰值致裂压力呈正相关，当峰值压力增至280 MPa后，致裂半径的增长趋于平缓（图9-10）。孙可明等[29]统计了混凝土试件室内致裂试验的主裂纹数量N和裂纹累计长度D，发现主裂纹数量和裂纹累计长度均与峰值致裂压力P呈对数函数关系（图9-11）。除了峰值致裂压力，CO_2充装量也是影响致裂效果的关键因素。田泽础[30]研究发现，CO_2充装量越大，致裂压碎区范围越广，形成的裂缝数量也越多，破碎的岩块度分布范围更广。因此，在工程应用中，综合考虑CO_2充装量和峰值致裂压力对破岩效果的影响非常重要，这将有助于进一步提升破岩效率。

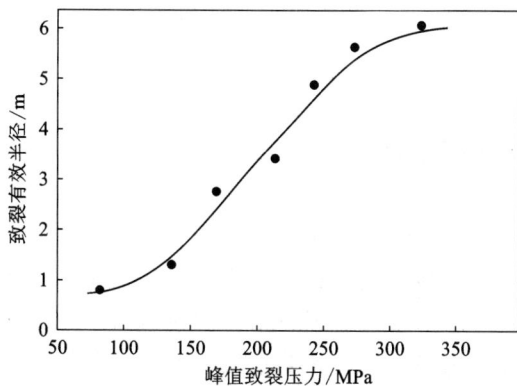

图 9-10　致裂有效半径随致裂峰值致裂压力的变化情况[28]

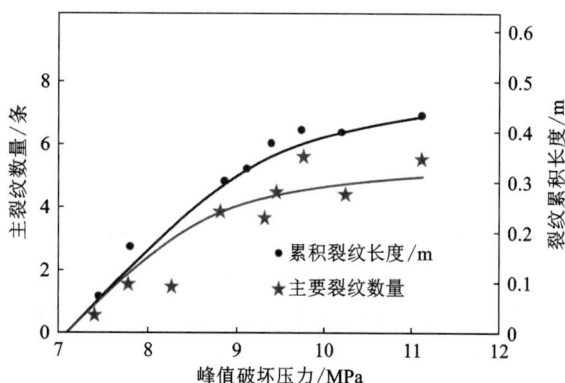

图 9-11　不同峰值破坏压力下裂纹累计长度和主裂纹数量变化情况[29]

2）孔网参数设计

在工程爆破中，合理设计孔网参数是实现理想破岩效果的关键。常见的布孔形式有矩形布孔和梅花形布孔，在实践中，这两种布孔方式对致裂破岩效果的影响有明显区别。当采用矩形布孔时，致裂孔之间的贯通面积较小，导致形成大块岩石的可能性较高；而当采用梅花形布孔时，裂纹能够在行、列和对角线方向上贯通，因此被认为是一种更优化的布孔方式[31]。王兆丰等及李豪君[32, 33]等在平煤十三矿进行井下增透试验，对比了矩形和梅花形布孔时的煤层增透效果。结果显示，采用梅花形布孔时，瓦斯抽采只需 100~125 天即可达标，比采用矩形布孔时缩短了 15~20 天。因此，在群孔 CO_2 相变致裂破岩时，可优先考虑采用梅花形布孔来优化破岩效果。

在岩体爆破开挖过程中，若设置了控制孔，应力波会在控制孔处发生反射叠加，从而促进爆生裂纹的发育。在 CO_2 相变致裂过程中，如果没有控制孔，裂纹通常会受到自由面应力波的反射叠加作用而发生贯通。然而，如果存在控制孔，裂纹往往会沿着致裂孔和控制孔连线的方向发展，控制孔对裂纹扩展起到导向作用[31]。谢晓锋等[3]进行了含控制孔的桩井开挖试验，发现控制孔数量过多会增加气体逸散途径，从而减弱破岩效果（图 9-12）；而控制孔数量过少时，致裂效果较差，可能需要二次破裂。只有当控制孔数量设置合理时，才能得到较好的破岩效果。因此，选择适当的控制孔数量有助于提升破岩质量。此外，也有研究通过数值模拟发现，有控制孔时，致裂影响范围更大。因此，在煤层 CO_2 相变致裂增透时，可以先利用控制孔来优化致裂效果，然后再利用控制孔来抽采瓦斯[34-36]。

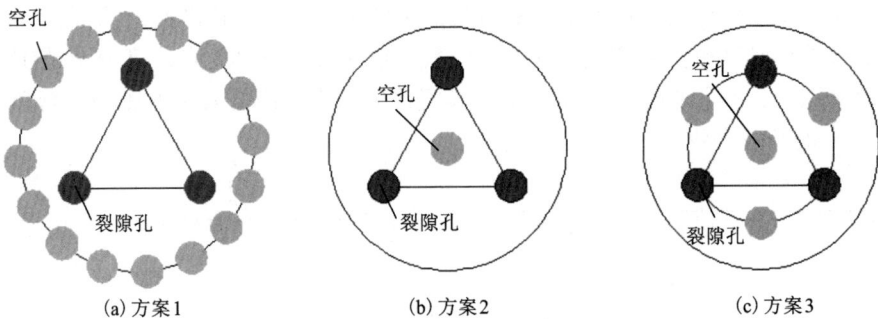

图 9-12　三种不同的桩井开挖方案[37]

尽管目前对 CO_2 相变致裂孔网参数的定性研究已经取得了一定成果，明确了布孔方式和控制孔对致裂效果的影响，但科学的致裂孔网参数设计标准尚未确立。因此，基于现有研究成果，仍需要系统地探究钻孔数量、间距、布置方式等因素对致裂效果的影响规律，并建立一套 CO_2 相变致裂孔网参数设计规范，以此为未来 CO_2 相变致裂破岩应用研究提供有价值的指导。

3）围压作用

在深部岩体的破裂失稳过程中，地应力场的影响起着关键作用。地应力既能增加目标破碎岩体的强度，又能控制裂纹的扩展方向。不同的应力场对 CO_2 相变致裂破岩效果的影响规律是其应用于在深部岩体破碎开挖中的核心问题。学者们[19, 37, 38]进行了一系列的分析和试验，研究了不同初始应力下的致裂效果。研究发现，裂隙数量和长度随着初始应力的增大而减小,压碎区和裂隙区范围与初始应力呈负相关。同时,初始压应力有助于裂纹沿着初始压应力方向起裂扩展,并阻碍高压气体进入与其垂直的裂隙,从而抑制了初始压应力垂直方向上的裂纹扩展。实验还表明,控制垂直向初始应力不变,逐渐增大水平向初始应力时,水平向裂纹发育方向不受影响;但控制垂直向裂纹扩展,会发生向水平方向的偏转,偏转角度随着两方向应力差的增大而增大,同时垂直向裂纹扩展长度会随应力差的增大而减小。还有研究发现,主应力差对非聚能方向上裂纹的发育有明显影响,主应力差较大时,非聚能方向上径向裂纹发育明显,反之,该方向上裂纹扩展范围较小[30]。

尽管学者们已经对不同应力下裂纹扩展变化规律进行了探索,但研究中往往忽略了CO_2泄爆射流的定向致裂特点。随着深部地下工程的发展,综合考虑CO_2相变射流定向致裂特点与岩体应力赋存条件,分析不同应力状态下射流方向对裂纹起裂扩展的影响规律,并提出不同地应力下CO_2定向致裂控制方案,将成为未来CO_2致裂应用于深部岩体控制开挖的重要研究课题。

9.3　静态破碎剂破岩机理与方法

静态破碎技术是近年来发展起来的一种新的破碎或切割岩石、混凝土的方法,以静态破碎剂(soundless cracking agent,简称 SCA)为载体,亦称静态破裂或静态破碎技术。静态破碎的施工过程主要是进行合理的破碎设计(孔径、孔距等的确定)及钻孔,将粉状破碎剂用适量水调成流动状浆体,直接注入钻孔中。半小时或数小时(主要由水灰比来确定)后,被爆破物体自行胀裂、破碎[39, 40]。采用静态破碎剂切割大理石、花岗岩或破碎各种岩石、混凝土和钢筋混凝土构筑物时,可完全做到无飞石、无噪声、无振动、无毒气等无公害爆破。破碎块度能完全满足设计的要求,不会损坏周围的任何物体,因此与炸药爆破相比,它显示出了很大的优越性。静态破碎剂在破碎过程中使用简便,不需要填塞,也不需要连线、导通和点火。静态破碎技术与工业爆破方法的特点对比,见表9-3。本节将重点介绍静态破碎技术破岩的机理与方法。

表 9-3　静态破碎剂与炸药、燃烧剂爆破的比较[41]

材料	原理	作用时间/s	压力/MPa	温度/℃	破碎特点	危害
炸药	气体膨胀	$10^{-6} \sim 10^{-5}$	$10^3 \sim 10^4$	$2000 \sim 4000$	瞬时	震动、噪声、飞石
燃烧剂	气体膨胀	$0.1 \sim 1$	100	$300 \sim 5000$	瞬时	震动、噪声、飞石
静态破碎剂	固体膨胀	$10^3 \sim 10^5$	$30 \sim 100$	$50 \sim 200$	慢速	基本无危害

9.3.1　静态破碎剂作用原理

静态破碎剂主要矿物成分为 f-CaO(游离氧化钙),是一种由无机化合物和有机化合物组成的膨胀性粉末,与水按一定比例混合后发生反应,产生固体膨胀,体积增长数倍,可以无声无息地将目标拆除,将传统工业炸药爆破的"七大危害"几乎减小到可以被接受的程度或者彻底消除[42-44]。破碎剂的水化反应方程式如下所示[45]。

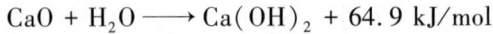

$$CaO + H_2O \longrightarrow Ca(OH)_2 + 64.9 \text{ kJ/mol}$$

表观密度(g/cm^3)：CaO 为 3.34 g/cm^3，H_2O 为 1.00 g/cm^3，$Ca(OH)_2$ 为 2.24 g/cm^3。

分子体积(cm^3/g)：CaO 为 16.79 cm^3/g，H_2O 为 18.02 cm^3/g，$Ca(OH)_2$ 为 33.08 cm^3/g。

则有：

$$\Delta V = \frac{33.08 - 16.79}{16.79} \times 100\% = 97\%$$

假设反应前后物质分子处于最紧密的堆积状态，以上数据可以看出，CaO 的摩尔体积为与水的摩尔体积之和为 34.81 cm^3，反应物摩尔体积之和大于生成物的摩尔体积，这样，应该是体积缩小，而不是膨胀。然而实际情况却与之相反，由于反应后的氢氧化钙比表面积比氧化钙大，因此氢氧化钙分子间距比氧化钙分子间距大，呈现状态也相对要松散，这就是其体积膨胀的原因[46]。

破碎剂反应后产生体积膨胀，形成胶体 $Ca(OH)_2$。随时间推移，$Ca(OH)_2$ 形成各向异性和无定形的晶体颗粒，体积膨胀两倍，膨胀压力增大，最高可达 122 MPa，如图 9-13 所示。当氧化钙转变为氢氧化钙时，晶体形态也发生变化，从立方晶体变为复杂的三角面晶体，体积增加 49.5%，比表面积增加约 100 倍，但同时孔隙率也随之增加，只是单纯的体积变化，不会产生膨胀压。在没有约束的情况下

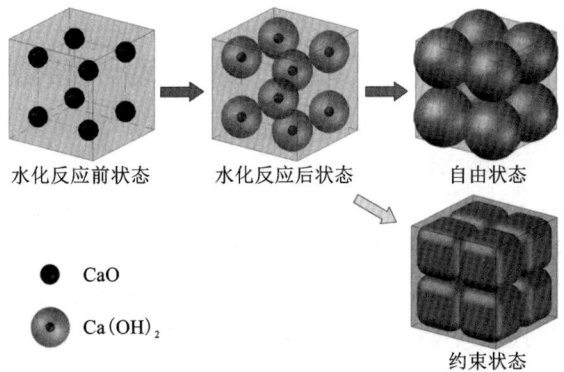

图 9-13 静态破碎剂水化反应膨胀机制示意图[43]

压裂剂浆体会膨胀并溃散为粉末状，但是在周围有限制的状态下，$Ca(OH)_2$ 体积增大并相互挤压，使得孔隙率变小，从而产生膨胀压。一般而言，脆性材料所能承受的抗拉强度要远小于抗压强度。在膨胀压力逐渐增大的过程中，膨胀压作用于周围的限制空间，当膨胀压力足够大，超过限制空间所能承受的最大强度后，限制空间结构将发生破坏[47-48]。

值得注意的是，在相同约束状态下，并非生成的 $Ca(OH)_2$ 含量越多，形成的膨胀压力就越大。生石灰本身是有一定孔隙率，且破碎剂水化物在拌和过程中也有孔隙，这些大小孔隙会先消耗一部分体积膨胀，然后再对限制空间产生膨胀压力。因此，降低破碎剂水化物的孔隙率，可提高其膨胀性能。

静态破碎技术的实施过程包括将静态破碎剂与水按比例混合，然后在目标破裂物体上预先钻孔。倒入钻孔后，静态破碎剂逐渐产生约 60 MPa 的膨胀压力。经过一段时间的反应，目标破裂物体可以在无振动、无噪声、无飞石和无有害气体的情况下被压裂和切割。膨胀压力产生的断裂机理如图 9-14 所示。

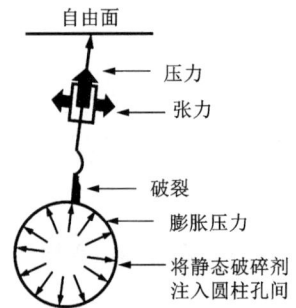

图 9-14 膨胀压力产生的断裂机理

9.3.2 静态破碎剂组分及作用

在工程实践中，应用膨胀破坏技术需要满足以下条件：第一，产生的有效膨胀压力必须均匀完全地作用于被破坏体，压裂剂在充填后不会发生冲孔现象；第二，要有适当的缓凝时间以保证充填作业的顺利完成；第三，必须具备在各种环境条件下都能达到所需膨胀效果的能力，充分保证压裂效果；第四，加入药剂到实现破碎所需的时间跨度要适当。因此，静态破碎剂的主要组分应包括水化膨胀剂、缓凝剂、减水剂、膨胀增力剂等。为确保有效应用，静态破碎剂需在初期加水拌和使浆体便于注孔，同时在中后期的膨胀阶段快速发挥膨胀性能并提供足够的膨胀压力。此过程中，要确保水化反应的速度适度，压力持续增大。综合图9-15，可结合致裂目标全程，分析静态破碎剂各组分的作用。

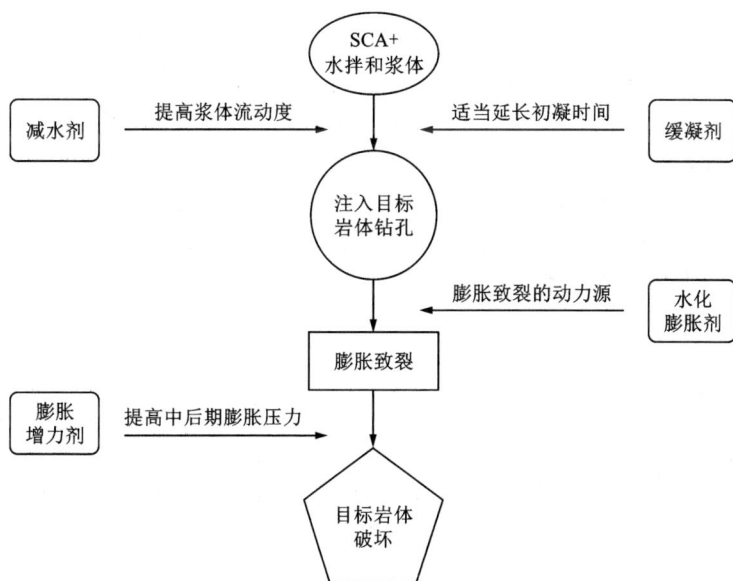

图9-15 静态破碎剂各组分作用示意图

1. 水化膨胀剂

水合膨胀性物质是构成水化膨胀剂的主要成分，含量一般大于50%。应用较多的水合膨胀性物质有氧化钙（CaO）、氧化镁（MgO）等，CaO 较 MgO 来源广泛、容易，且价格低廉，因此一般采用氧化钙，高温煅烧石灰石是获得氧化钙的主要途径，其化学反应方程式如下所示，也可以用白云石代替石灰石。

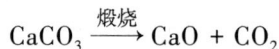

$$CaCO_3 \xrightarrow{\text{煅烧}} CaO + CO_2$$

由前述可知，降低 CaO 孔隙率，可提高膨胀压。CaO 的物理性质与 $CaCO_3$ 煅烧温度的关系见表9-4。一般来说，通过提高 $CaCO_3$ 煅烧温度，增大其晶体尺寸，内部孔隙率相应减小，使得生成的 CaO 表观密度增大[17]。这样，CaO 水化反应得到的氢氧化钙 $Ca(OH)_2$ 更稳定，膨胀体积更高。然而，高密度低空隙也会导致其水化反应速度的降低。因此，要控制反应的速度，保证膨胀性能的发挥，需要外加辅助剂。

表 9-4 CaO 的物理性质与 $CaCO_3$ 煅烧温度的关系

煅烧温度/℃	表观密度/($g \cdot cm^{-3}$)	孔隙率/%	晶体尺寸/μm
800	1.57	50	0.3
1000	2.00	38	1~2
1200	2.62	20	6~13
1400	3.30	5	13~20

2. 缓凝剂

缓凝剂是一种表面活性物质，一般采用碳酸钠、碳酸氢钠等无机盐，常见的有 Na_2CO_3、$NaHCO_3$、$CaSO_3$ 等，也有多元醇类及羟基羟酸等盐类物质。缓凝剂是一种添加剂，用于降低水泥或石膏的水化速度和水化热，延长凝结时间。它通常与减水剂等混合使用，同时还具有一定的减水作用。静态破碎剂与水混合成浆体后，注入煤层的钻孔中，依靠其本身的膨胀压力来实现煤层的致裂作用。为了确保施工顺利，制成的浆体需要具有一定的流动性，并且凝结时间不能太短，以便有足够的作业时间。因此，在研制静态破碎剂时，加入适量的缓凝剂是必要的，它能够延长药剂的凝结时间，同时提高浆体的流动性。这样，可以避免水化过快而导致浆体从钻孔中喷出的现象。

3. 减水剂

减水剂是一种混凝土外加剂，通过分散水泥颗粒的作用，减少混凝土使用时的用水量，并提高混凝土的工作性和流动性，从而节约成本。在静态破碎剂的工程应用中，为满足其在爆破孔中的充填需求以及流动性要求，需要添加适量的减水剂来改善其流动性。静态破碎剂在最佳水剂比下能发挥最大膨胀性能，但其水化浆体的流动度通常不足以满足注孔要求。通过添加减水剂，可以降低水剂比，提高浆体流动性，并使得 $Ca(OH)_2$ 的消化期和结晶期接近，从而增强膨胀压力，提升破碎效果。

4. 膨胀增力剂[49]

膨胀增力剂可采用钠基膨润土作为成分。膨润土的颜色常为白色或淡黄，因含铁量不同可能呈现浅灰、淡绿、粉红、褐红、黑等色，表面可呈现蜡状、土状或油脂光泽。其主要化学组分为二氧化硅（SiO_2）、三氧化二铝（Al_2O_3）和水，同时含有氧化铁、氧化镁等成分。膨润土中常含有不同含量的钙、钠、钾等元素，Na_2O 和 CaO 的含量对其物理化学性质和工艺技术性能有重要影响。膨润土具有显著的吸湿性，吸水后能膨胀数倍，一般为 20 余倍。它在水介质中形成胶体悬浮液，具有一定的黏滞性、触变性和润滑性，可与水、泥或砂等细碎屑物质混合，表现出可塑性和黏结性。膨润土还具有强大的阳离子交换能力，能吸附各种气体、液体和有机物质，其最大吸附量可达其重量的 5 倍。

添加膨胀增力剂可以提高膨胀应力的传递效率，确保中后期的膨胀压力。在注入目标体孔的小空间范围后，膨胀增力剂能主动调节浆体中的结晶速率，有效提高硬结度，使得膨胀效果持续增强，从而使目标体裂纹延伸更长，裂纹宽度更大。

9.3.3　静态破碎剂破岩机理

岩石和混凝土是具有抗压强度高、抗拉强度低特点的脆性物体[50]。譬如，混凝土的抗压强度一般为15~60 MPa，抗拉强度仅是抗压强度的 1/17~1/8 [51]，为1.5~4 MPa；岩石的抗压强度为100~200 MPa，其抗拉强度仅有5~10 MPa [52]。

1. 静态破碎剂破岩力学分析

金宗哲团队认为，在膨胀压作用下混凝土或岩石的破坏或劈裂过程可分为三个阶段：微裂阶段、传递阶段、劈断阶段[53]。首先是第一阶段，在无声破碎剂在钻孔中的膨胀压从0增加到P的过程中，被破碎物体中产生了径向压应力 σ_r 和切向拉应力 σ_θ。当应力值达到极限值时，破坏和开裂开始出现，产生了微裂（或微小的塑性变形），形成了所谓的破损区（破坏发生区），这个阶段被称为微裂阶段。这个阶段的应力开始是线性的，但后来会转变为非线性。在第二阶段，破损区内部的微小裂纹使原来的应力得到了释放，但是在微裂纹的尖端会产生新的应力集中区域。随着静态破碎剂的进一步反应，膨胀压力继续增加，并通过损伤区继续向外传递，即原来的微裂纹不断扩展，不断地生成新的微裂纹，原来的应力释放，再形成新的应力集中区，破损区不断扩大。这一阶段被称为膨胀压的传递阶段。第三阶段中膨胀压力继续增加、传递，裂纹也在不断扩展、延伸，当裂纹延伸至试块的自由面使试块发生破坏或者静态破碎剂产生的膨胀压力不足以使试块产生新的裂纹时，破碎过程结束。这一阶段被称为劈断阶段。现将详细讨论膨胀压作用下破裂岩石和混凝土在各个阶段的特性[54]。

1）微裂阶段

各个阶段膨胀应力的分析如图9-16所示。在微裂阶段，岩石钻孔中的破碎剂膨胀压力逐渐增加，导致岩石内产生径向压力和切向张力。一旦应力值达到其极限，就会引发岩石的破碎和开裂。最初阶段所引发的微裂隙区域被称为损伤区，其初始阶段呈线性特征，但后续则呈现非线性特征。

在弹性阶段内，根据厚壁筒理论，受内压时，厚壁周围的径向应力 σ_r 与切向应力 σ_θ 的关系为：

$$\begin{Bmatrix} \sigma_r \\ \sigma_\theta \end{Bmatrix} = P_{ex} \frac{R^2}{(R+d)^2 - R^2} \left[1 \pm \frac{(R-d)^2}{r^2} \right]$$

$$(9-27)$$

式中：P_{ex} 为破碎剂膨胀压，MPa；R 和 d 分别为厚壁筒的内径和壁厚，mm。

在非弹性阶段内，随着破碎剂膨胀压的增长，微裂隙发展至破损区，即弹性区为 $c \leqslant r \leqslant b$，破损区为 $R \leqslant r \leqslant c$。此时列平衡方程：

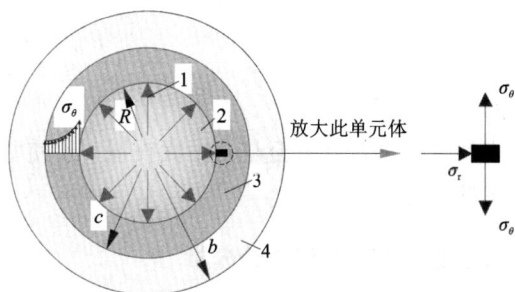

1—破碎剂膨胀压力；2—致裂装药孔；3—破损区；4—弹性区；
σ_r—压应力；σ_θ—拉应力。

图9-16　单孔岩石致裂力学作用分析

$$\frac{d\sigma_r}{dr} + \frac{\sigma_r + \sigma_\theta}{r} = 0 \qquad (9-28)$$

则岩石破坏条件为 $\dfrac{\sigma_\theta}{\sigma_r}-\dfrac{\sigma_r}{\sigma_\theta}=1$，将其与边界条件 $\dfrac{\sigma_r}{r-R}=P_{ex}$ 代入式（9-28），得到：

$$\sigma_\theta = \frac{\sigma_t}{\sigma_c}(\sigma_t + \sigma_c) \tag{9-29}$$

式中：$k=1-\dfrac{\sigma_t}{\sigma_c}$。

由此反推弹性区（$c \leq r \leq b$），当 $r=b$ 时，为应力达到极限值，此时，应力分布为：

$$\begin{cases} \dfrac{\sigma_r}{\sigma_c} = \dfrac{\left(1-\dfrac{b^2}{c^2}\right)c^2}{2b^2} \\[4mm] \dfrac{\sigma_\theta}{\sigma_t} = \dfrac{\left(1+\dfrac{b^2}{c^2}\right)c^2}{2b^2} \end{cases} \tag{9-30}$$

2）传递阶段

裂隙扩展至破损区后，众多微裂隙逐渐汇集发育成宏观裂缝，根据断裂力学理论，岩石内产生裂隙时的应力强度因子（K_{IC}）表达式如下：

$$K_{IC} = FP\sqrt{\pi a} \tag{9-31}$$

当 $\dfrac{a}{R}=1 \sim 1.4$ 时，$F=0.1 \sim 0.34$。

式中：a 为裂隙长度，即裂纹尖端至孔中心的距离，m；R 为钻孔半径，m。

此时裂纹扩展条件为：

$$FP\sqrt{\pi a} \geq K_{IC} \tag{9-32}$$

相应的所需膨胀压力为：

$$P_{ex} \geq \frac{K_{IC}}{FP\sqrt{\pi a}} \tag{9-33}$$

3）劈断阶段

当裂隙持续扩展直至与自由面贯通，致使坚硬岩石完全发生断裂破坏从而达到膨胀致裂的效果即为劈断阶段。

2.静态破碎剂破碎理论分析

1）单孔致裂

脆性材料通常能够承受的拉伸强度远远小于其抗压强度。例如，岩石的抗压强度为 40~200 MPa，而其拉伸强度仅为 2~10 MPa[55]，大约只有其抗压强度的十分之一。因此，当脆性材料遭受膨胀致裂作用时，主要的破坏模式是拉伸破坏。静态破碎剂的最大膨胀压力为 40~80 MPa，这远高于脆性材料（如岩石或混凝土）的拉伸强度。将静态破碎剂填入岩石或混凝土的钻孔中，经过一段时间的反应，能够导致脆性材料（如混凝土和岩石）发生开裂和破碎。关于脆性材料的破碎机理，如图 9-17 所示。

当试块具有两个或更多自由面时，初始裂纹通常会沿着试块上最近的自由面，也就是最

小抵抗线的方向向外扩展[56]，如
图9-18所示。

2）双孔致裂

当试块上存在两个钻孔时，将两
个钻孔中全部装填满静态破碎剂，静
态破碎剂在钻孔内反应产生膨胀压
力，如图9-19所示。

为反映双孔叠加力学场分布，先
作以下假设：此双致裂孔均为受内压
作用无限大的弹性体；致裂孔孔壁所
受力为静态均布荷载；双孔致裂作用
效果为各自在无限大弹性体作用效
果叠加[57]。

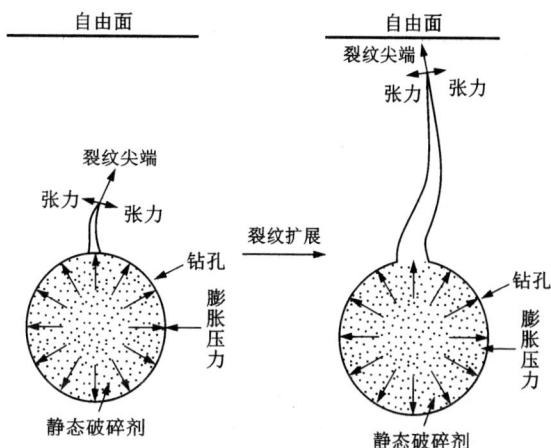

图9-17　单孔致裂作用下脆性材料的破碎机理

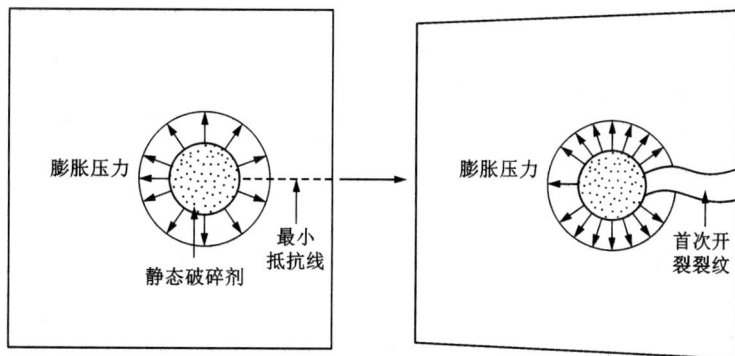

图9-18　单孔多自由面破碎

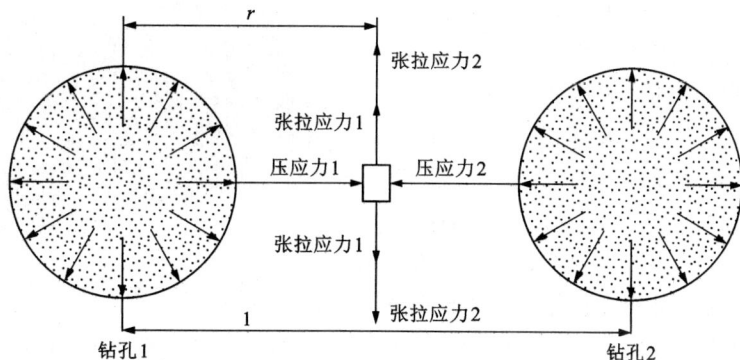

图9-19　双孔致裂力学作用分析

根据弹性力学理论，单元体所受水平应力和垂直应力为：

$$\begin{cases} \sigma_{\mathrm{r}} = \sigma_{\mathrm{r}_1} + \sigma_{\mathrm{r}_2} = -\left[\dfrac{r_1^2}{x^2} q_1(t) + \dfrac{r_2^2}{(l-x)^2} q_2(t) \right] \\[4mm] \sigma_{\theta} = \sigma_{\theta_1} + \sigma_{\theta_2} = -\left[\dfrac{r_1^2}{x^2} q_1(t) + \dfrac{r_2^2}{(l-x)^2} q_2(t) \right] \end{cases} \tag{9-34}$$

破坏发生在最大应力处, 求得极限应力值为:

$$\sigma = \left\{ \dfrac{2r_1^2 q_1(t)}{l^2} + \dfrac{2r_2^2 q_2(t)}{\sqrt[3]{\dfrac{r_2^2 q_2(t)}{r_1^2 q_1(t)}}} \right\} \left[1 + \sqrt[3]{\dfrac{r_2^2 q_2(t)}{r_1^2 q_1(t)}} \right]^2 \tag{9-35}$$

工程应用中, 为了便于施工, 常使用同种破碎剂, 布置孔径相同, 注药时间也相同, 因此双孔致裂参数相同, 便有 $r_1 = r_2 = r_3$, $q_1 = q_2 = q_3$。

第三强度可得, 若要岩石破碎则满足 $\sigma_{\min} \geqslant [\sigma]$, 也即

$$\sigma = \min \left\{ \dfrac{8r^2 q}{(l+2r)^2},\ 2q + \dfrac{2r^2 q}{(l-2r)^2} \right\} = \dfrac{8r^2 q}{(l+2r)^2} \tag{9-36}$$

$$q \geqslant \dfrac{8r^2 q}{(l+2r)^2} [\sigma] \tag{9-37}$$

式中: $[\sigma]$ 为被破碎岩石的极限抗拉强度, MPa。

如果保持致裂岩石的极限抗拉强度不变, 那么通过采用更大的钻孔直径并减小两个孔之间的距离, 可以增加静态破碎剂的膨胀压, 从而促进裂隙的扩展, 确保致裂效果。在等距多孔布置中, 由于各单元受到拉伸应力的叠加, 最大的应力应该在两个致裂孔的轴心连线上。而在轴心连线上, 孔壁上的拉伸应力值最大, 也是首先超过岩石的极限抗拉强度的地方。随着膨胀压的增加, 裂隙会沿轴心连线方向扩展, 最终直至贯通, 导致岩石破裂。

3)多自由面致裂

当岩石破碎体上存在多个自由面时, 静态破碎剂在钻孔致裂的过程主要产生剪切应力, 裂缝从孔底壁开始并向自由面不断扩展, 如图 9-20 所示。多个自由面存在时, 将会加速裂缝的扩展, 从而实现更为出色的致裂效果, 这是静态破碎剂应用的理想方式之一[58, 12]。

一旦静态破碎剂水化浆体进入岩石孔洞, 其体积开始随着水化反应逐渐增大, 形成膨胀压力, 这一压力对孔壁施加作用, 随着时间的推移持续增加。同时, 孔壁会产生相等但方向相反的作用力。在这种相互作用下, 破碎剂逐

图 9-20 多自由面致裂情况

渐由流体状态过渡为固体状态。此时, 可以将破碎剂视为一种类似岩石的固体材料, 不同之处在于其弹性模量较低, 且塑性变形较大, 因此, 破碎剂的体积变化可以等同于一种流变和弹性应变。

假定破碎剂的弹性模量非常小, 即使其体积增长速率很大, 最终也只会转化为静态压力作用于孔壁上。这将使岩石孔壁和裂缝成为破碎剂的主要扩展方向, 这一情况被称为流变卸

压。流变卸压会明显减弱破碎剂对岩石孔的膨胀压,从而影响致裂效果。因此,破碎剂的弹性应变可以被视为膨胀压的来源,通过提高弹性应变在总应变(包括流变和弹性应变)中的比例,可以增强破碎剂的膨胀压,从而提高其致裂岩石的效果。

静态破碎剂的流变特性也具有积极作用。由于材料构成、注入过程和重力等因素,破碎剂浆体中不同部位的膨胀率不同,相应的弹性应变也不同。这意味着在同一时间内,破碎剂浆体的局部区域会产生高膨胀压力。高膨胀压力将施加在破碎剂自身上,形成高反作用力,这将促使局部高膨胀压力区域向局部低膨胀压力区域传递,以实现膨胀压的均衡。

总的看来,如图 9-21 所示,通过调整静态破碎剂的高弹性应变,并保持适度的流变特性,可以使生成的膨胀压保持稳定增加,从而增大岩石所承受的拉应力。这使得在岩石孔洞的轴心面四周,孔壁上的拉应力大于岩石抗拉应力的极限值,从而形成数条径向裂缝。随着时间的推移,这些裂缝会不断扩展并与其他孔壁上的裂缝相连接,形成连续的破碎面,最终完成静态破碎剂对岩石的致裂过程。

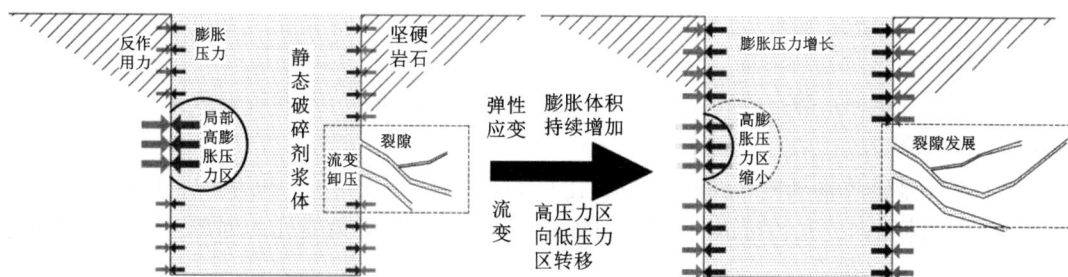

图 9-21 静态破碎剂致裂岩石机理示意图

9.3.4 静态破碎剂致裂效果影响因素

静态破碎剂的致裂效果受多个因素影响。

1. 自由面数量

岩石的自由面数量直接影响了静态破碎剂的渗透和扩散效果。较多的自由面会增加药剂的渗透路径,有利于静态破碎剂在岩石中的作用,从而增强破碎效果。

2. 水灰比

水灰比指的是用于拌和静态破碎剂的水的质量与破碎剂的质量之比。改变水灰比可控制静态破碎剂的反应程度。适当的水灰比能够促进药剂的渗透和扩散,提高破碎效果。较低的水灰比可产生更大的膨胀压力,但流动性较差,而较高的水灰比具有更好的流动性,但无法实现破碎的效果。最理想的水灰比介于 26% 到 35%[59]。

3. 环境温度

环境温度对静态破碎剂的活性和反应速度有直接影响。较高的温度能够加速药剂的渗透和化学反应,从而增强其破碎效果。然而,极高的温度会导致静态破碎剂的反应速度过快,可能引发喷孔，降低破碎效果并引发危险。低温条件下，静态破碎剂可能会发生停滞现象，不会产生膨胀压力。因此，根据环境温度选择合适型号的静态破碎剂至关重要[60-62]。为了安全以及达到破碎效果，需要根据具体的环境温度来选择相应型号的静态破碎剂，具体的型号见表9-5。

表 9-5　静态破碎剂型号表

型号	春、秋季型	夏季型	冬季型
使用温度范围/℃	10~25	25~35	0~15

4.孔径

孔径大小直接影响了静态破碎剂的渗透速度和范围。较小的孔径则可能限制药剂的作用范围，影响破碎效果。随着孔径的增大，单位长度内装入的静态破碎剂数量增多，导致在水化过程中释放的热量相对增加。这进一步促进了水化反应，产生的膨胀压力也随之增加。然而，孔径过大可能导致静态破碎剂发生喷孔，造成膨胀压泄漏，影响致裂效果，且可能存在一定的危险因素。

为了确保破碎效果和施工的安全性，孔径的选择需要谨慎。一般来说，孔径不应超过60 mm。这个范围内的孔径可以实现良好的膨胀压力，同时避免喷孔的问题，从而确保了静态破碎剂的有效致裂[63-65]。

9.4　液压劈裂机破岩机理与方法

传统的静态破碎技术在施工中面临多个难以克服的问题，如静态破碎剂水化反应时间较长，导致施工周期较长，要求工地临空面积较大，受地下水位和温度影响较大。此外，施工过程中可能出现喷浆和强碱性物质危害等问题。特别是在特殊施工环境，如隧道地下施工中，地下水的影响导致传统静态破碎技术的破碎效果不佳，难以满足预期的需求。

随着工业的不断发展，静态破碎技术也朝着机械化方向取得了进展。液压劈裂机是一种利用物理尖劈和液压传动原理的装置，可以将轴向液压推力转化为横向劈裂力。它主要由液压泵站和分裂器两部分组成[66]。液压泵站输出极高压的液压油，驱动油缸产生巨大的推动力，经机械放大后，可使被分裂的物体按预定方向劈开。这种技术已经成功应用于隧道孤石处理等领域。液压劈裂机具有结构简单、操作方便、轻便、体积小、分裂力大（单机分裂力可达 500 t）等多项优点，而且在工作时无冲击、无振动、无噪声，分裂速度快，工作效率高，成本较低，具备安全、节能等特点[67]。

9.4.1　液压劈裂装置

因为液压劈裂装置的研究仍然在进行阶段，其构造多种多样，名称不一，所以依据劈裂装置的结构和动力特性，可以大致分为以下几类。

1）径向劈裂器

径向劈裂器是一种常用于岩石爆破和破碎工程中的设备，用于在岩石中产生径向张裂。它通常由动力供给系统（液压泵站）、控制元件、液压管路、液压缸、楔块装置（包括中央楔块和分裂翼片）等组成。图 9-22 是其结构及破岩原理的示意图。工作时，液压泵站提供的高压液体进入系统，通过控制元件和液压管路进入液压缸的无杆腔，推动活塞向下移动。其工作部分通过楔块组件将轴向推力 P 转化为横向劈裂力 F，液压缸的轴向推力 P 迫使径向楔块扩张，向孔壁施加径向力 F，实现了破岩操作[68]。

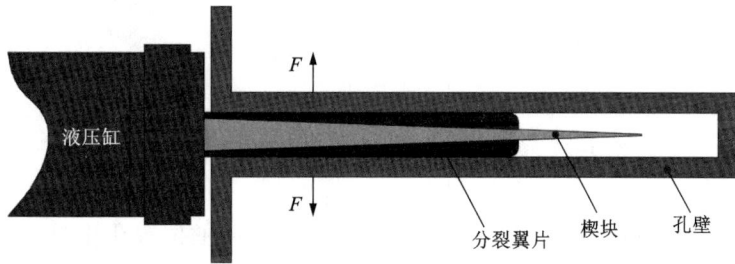

图 9-22　径向劈裂器结构及破岩原理示意图

径向劈裂器有两种机载方式。一种是将其与凿岩机进行组合工作，并且整体机构具有控制系统和独立行走机构[70]。破岩工作时，凿岩机预先打好钻孔，然后将劈裂器调整到钻孔位置，进行劈裂破岩工作。钻孔劈裂一体机构利用多自由度、大角度换位机构依次实施钻孔与劈裂作业，工程机械化程度高。另一种将劈裂器与通用挖掘机装配在一起，这种劈裂器的优点是可以利用现有钻孔设备和挖掘设备直接装配，组合简便。

径向劈裂器在岩石爆破、采矿、隧道开挖和地下工程等领域中得到了广泛的应用。它具有操作简单、施工方便、安全可靠等优点，能够有效地提高岩石爆破和破碎的效率，减少对周围环境和设备的损坏，且制造和使用技术较为成熟，市场上有多种规格的径向劈裂器，从手持型到机载型均有供应。因此，径向劈裂器已成为岩石爆破和破碎工程中不可或缺的重要设备之一。然而，它的不足之处在于适用条件受到一定限制，此种劈裂器需要至少两个自由面才能有效进行岩石破碎，并且在不同工况下需要选择不同规格的劈裂器。

2）轴向-径向劈裂器

轴向-径向劈裂器是一种专门用于岩石爆破和破碎工程的设备，它结合了轴向和径向的裂缝扩展原理，能够在岩石中产生轴向和径向的张裂。它通常由一个中央钢管和多个放射状的裂缝扩展器组成，其中，裂缝扩展器具有轴向和径向两个方向的裂缝扩展功能。轴向-径向劈裂器解决了径向劈裂器必须至少有两个自由面才能有效破碎岩石的问题。它由液压泵站、装有两个独立活塞的液压缸、楔块、翼片和中间轴向推力杆组成，图 9-23 是轴向-径向涨裂器的结构和破岩原理示意图。在工作时，翼片活塞首先将楔块朝内移动，使翼片扩张并对孔壁施加径向力 F_r，这时劈裂器紧锁在孔内。接着，推力杆活塞下移，推动推力杆施加轴向力 F_a 于孔底，岩石在径向和轴向荷载的共同作用下发生破裂，形成锥形碎块。

轴向-径向劈裂器是目前颇具活力的一种劈裂破岩设备[71-72]，它能够在只有一个自由面的情况下进行岩石劈裂。通过调整劈裂器的设计和参数，可以实现对不同岩石类型和工程需

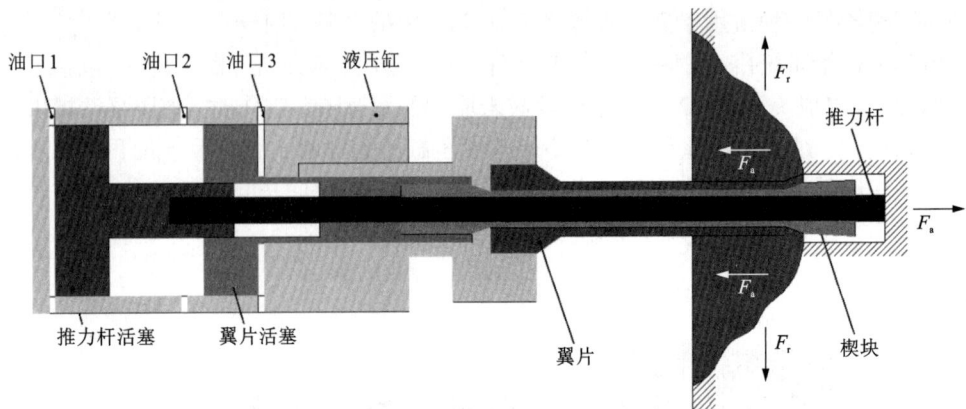

图 9-23　轴向-径向劈裂器结构和破岩原理示意图

求的适应，提高工程的施工效率和安全性。此外，它对钻孔的位置和孔网参数的要求相对较低，因此在地下采矿和隧道开挖工程中，这是一种极为高效的破岩设备。然而，该设备对于钻孔的深度要求较为苛刻，且在岩石破裂后，工作面呈锅底状，需要进行大量的修边工作，这会严重影响掘进速度。

3) 柱塞劈裂器

柱塞劈裂器代表了一种全新的岩石破裂装置，与传统的劈裂器在设计理念上存在显著差异。这种装置由美国工程师 SangHyu Lee[73] 设计，图 9-24 为柱塞劈裂器的构造。柱塞劈裂器包括液压泵站和劈裂器两部分，劈裂器上均匀分布着几个类似千斤顶的液压柱头。劈裂作业时，首先将劈裂柱头放置在预制钻孔内，然后液压泵站对其输送高压液压油，迫使劈裂柱头径向外伸并对钻孔孔壁产生劈裂力[74]，导致岩石分裂。

柱塞劈裂器的特点在于压力柱头产生的力不需要通过楔形装置进行转换，直接作用于孔壁，从而显著提高了能量的有效利用率。此外，柱塞劈裂的行程较大，要求的钻孔深度较小，这意味着劈裂器可以放置在孔内的各个位置。多台柱塞劈裂器可以在同一孔内组合使用，增加劈裂力和单次劈裂深度，并且这种劈裂器能够实现按照预定方向的精确劈裂，具备出色的可控性。然

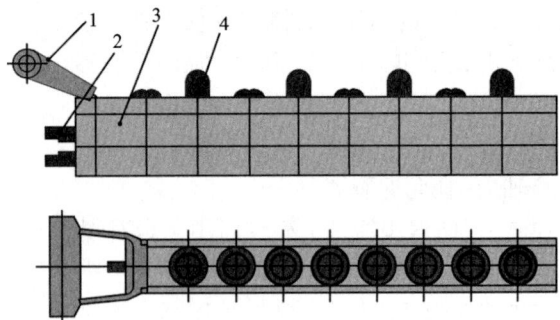

1—手柄；2—快速接头；3—缸体；4—柱塞。

图 9-24　柱塞劈裂器的构造

而，柱塞劈裂器因其结构限制需要较大的钻孔直径[75-77]。

4) 橡胶膨胀劈裂器[78]

橡胶膨胀劈裂器由液压泵、破碎棒、压力表、定位板等部分组成。其中，破碎棒作为关键部件，其结构如图 9-25 所示。它包括了一个金属空心轴，嵌套有聚氨酯橡胶衬套，两端固定有连接接头盖，将轴和套组成一个整体。一个径向孔位于金属空心轴上，与液压泵相连

接，使压力油流入聚氨脂橡胶衬套内部。工作时，压力油通过金属空心轴上的径向孔进入金属橡胶衬套内部，金属橡胶衬套膨胀并对孔壁施加作用力。

这种劈裂器的结构非常简单，重量轻，动力传递效率高。不过，其劈裂行程相对较短，只有 4 mm 左右，因此仅适用于弹性模量很大的脆性岩石。此外，它不太适合实现精确的定向破碎。

5）其他劈裂设备[79]

径向劈裂器和柱塞劈裂器是国内主要生产使用的机械劈裂设备，轴-径向劈裂器、橡胶膨胀劈裂器也较为常用，除此之外，还有记忆合金破岩器等。

记忆合金破岩器是一种利用记忆合金材料制成的特殊工具，用于岩石爆破和破碎工程。记忆合金是一种具有记忆效应的金属合金，具有形状记忆和超弹性等特性。记忆合金破岩器利用了记忆合金材料的这些特性，能够在岩石中产生高效的破碎效果。记忆合金破岩器的工作原理是利用记忆合金材料在特定温度下经历相变而改变形状的特性。通常，记忆合金材料会在低温下处于一种形状，当温度升高到一定程度时，记忆合金会经历相变并恢复到另一种形状。这种相变过程伴随着形变和释放的能量，可以产生巨大的力量和位移，从而实现对岩石的破碎。

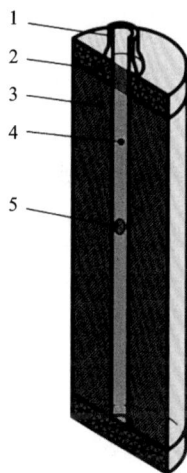

1—外接头；2—接头盖；3—衬套；
4—金属空心轴；5—径向孔。

图 9-25　破碎棒的结构示意图

记忆合金破岩器结构图如图 9-26 所示，装置由钛镍形状记忆合金、钢楔、加热棒组成。当温度高于奥氏体相变结束温度，低于超弹性临界温度时，记忆合金表现出超弹性性质，并随着温度的升高，输出恢复力不断增加。当应力瞬间解除时，由于应力诱发马氏体的不稳定性，形变瞬间将得到恢复。若记忆合金发生受限恢复，随着温度的升高，奥氏体相变程度愈来愈大，输出恢复力不断增加，同时将产生大量的应力诱发马氏体。装置中加热装置对记忆合金元件加热，使记忆合金管沿轴向均匀产生恢复力，推动内外钢楔，对岩石孔壁施加荷载，致使岩石发生破裂。变形后的钛镍形状记忆合金的最大恢复应力约为 700 MPa。

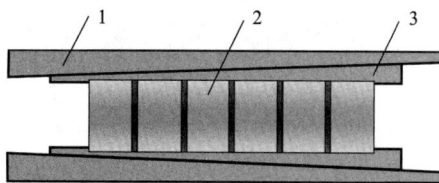

1—外钢楔；2—记忆合金；3—内钢楔。

图 9-26　记忆合金破岩器结构图

记忆合金破岩器利用金属受热发生相变的原理产生分裂力进行破岩，具有结构简单轻便，分裂力大的特点，具有良好的应用前景。

9.4.2　液压劈裂机的破岩机理

液压劈裂机的种类多样，但它们的基本结构大体相似，通常由液压泵站以及多个劈裂组件组成[80]。液压劈裂机中的中间楔块有两种主要类型，一种是尖角楔，而另一种是宽角楔。前者产生较大的劈裂力，通常用于处理坚硬的岩石，大型单头液压劈裂机通常采用这种楔块。后者产生较小的劈裂力，适用范围较有限，通常用于较软的岩石[81]。实际上，劈裂机的劈裂面积受两个主要因素的限制。首先，这取决于岩石的硬度和结构。其次，劈裂方向对劈裂面积也有显著影响。因此,正确选择劈裂方向有助于增大劈裂面积,从而提高劈裂效率。

液压劈裂机通常由劈裂枪、机架(有时是小车)以及液压系统组成,如图9-27所示。

1. 液压劈裂破岩过程

液压劈裂破岩是一种非常有价值的破岩方法。这种方法广泛用于采石工程、采矿工程和建设工程等领域,因其安全、环保和精确的特点而备受青睐。目前,常见的液压劈裂器通常由驱动油缸、中间楔块以及分裂翼片等组件构成。在劈裂破岩过程中,分裂翼片直接作用于岩石,将巨大的液压推进力转化为横向劈裂

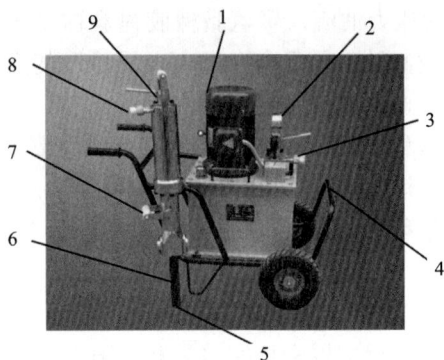

1—电机;2—压力表;3—油泵换向阀;
4—小推车;5—中间楔块;6—两边楔块;
7—手柄;8—快速接头;9—劈裂枪换向阀。

图9-27   液压劈裂机结构图[82]

力,导致岩石发生分裂。这个液压劈裂破岩过程通常可以分为三个主要阶段:劈裂准备阶段、岩石起裂阶段以及岩石破碎阶段,如图9-28所示。

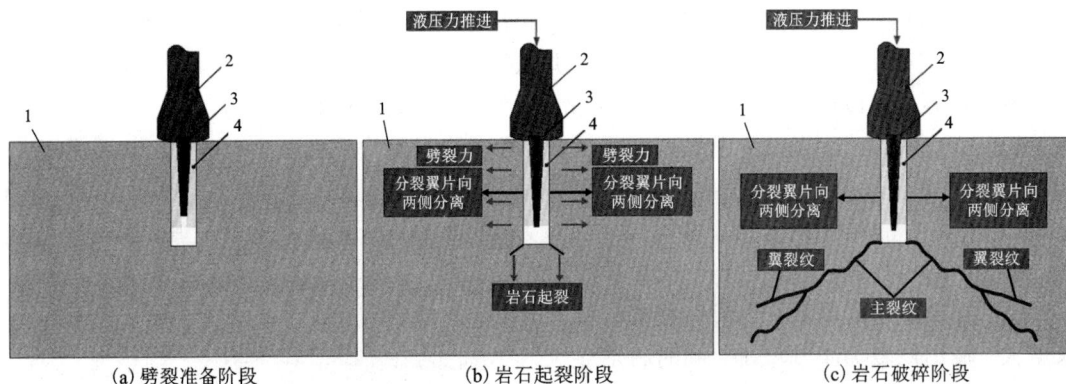

(a) 劈裂准备阶段   (b) 岩石起裂阶段   (c) 岩石破碎阶段

1—岩石;2—驱动油缸;3—中间楔块;4—分裂翼片。

图9-28   液压劈裂破岩过程

1)劈裂准备阶段

根据待处理的工况、岩石性质、自由面形态以及液压劈裂器的性能特点,确定岩体的钻孔参数,包括孔径和孔深。确保钻孔的深度至少比楔块组件插入孔内的深度多100~150 mm。

根据自由面的朝向,调整劈裂器的方向,使其与自由面的方向保持一致,劈裂的起始点应该选择距离自由面最近的钻孔,并向岩体中心方向进行劈裂。确保当液压劈裂器插入孔内时,楔块组件全部进入孔内,以防止楔块组件发生断裂。

2)岩石起裂阶段

岩石起裂阶段是在液压劈裂器插入岩石钻孔后的过程。打开液压泵站,使高压油通过液压管路进入液压劈裂器的无杆腔。在高压油的作用下,劈裂器的中间楔块会向外伸展,迫使两侧的分裂翼片向两侧扩张,对岩石施加横向的劈裂力。

在这个过程中，当中间楔块伸出并迫使两边的分裂翼片压入岩石时，岩石局部可能会出现一定程度的碎裂或塑性变形，导致形成所谓的紧密核心区。这个紧密核心区通常呈球形或袋状。此外，在分裂翼片刚刚压入岩石的过程中，翼片的插入深度并不随着液压劈裂器的液压的增加而线性增长。相反，只有当达到某个关键值时，岩石才会突然发生破碎，此时劈裂器的液压暂时下降，接近紧密核心区的岩石会发生崩裂。这个过程不断重复，促使岩石产生裂纹和发生破碎。

3）岩石破碎阶段

岩石起裂后，劈裂并未结束。此时，劈裂器在液压的作用下，中间楔块持续向前推进，而两侧的分裂翼片继续侵入岩石内部。在劈裂力的作用下，岩石的主裂缝进一步扩展，形成一系列次级翼裂缝，最终导致岩石破碎。这个过程中，随着分裂翼片侵入深度的增加，劈裂器的液压也再次上升。分裂翼片的侵入深度与劈裂器的液压之间会呈现某种特定的比例关系。

液压劈裂器的破碎阶段是一个循环的过程。每当液压劈裂器的液压达到一定水平，分裂翼片的侵入深度就会增加，从而导致岩石产生新的裂缝。这个过程会一直持续，直到岩石最终破碎。

在液压劈裂破岩的过程中，岩石的脆性强度对分裂翼片阶跃侵入的特点有很大影响。通常情况下，岩石的脆性越强，就越容易发生阶跃侵入现象。此外，劈裂压力与分裂翼片侵入深度之间的关系曲线表现出波浪形的变化，而不同上升段的斜率基本相同，即分裂翼片的侵入深度随着单位劈裂液压的增加近似为一常数。

2. 劈裂器的动力输出分析

钻孔劈裂破岩装置是通过机械配件（如楔块）将孔口的动力传入孔内并对孔壁施加压力。不同结构的劈裂破岩原理是不一样的。本节以径向劈裂器为例，为了提高坚硬岩石的破碎效率，需要分析劈裂器作用下的应力场分布以及劈裂器本身的动力特性，以便深入了解液压劈裂器的破岩机理[68]。

液压劈裂器利用楔块原理来破碎岩石。在劈裂器中，中间楔块与驱动油缸的活塞相连，但它并不直接作用于岩石。相反，它的两侧布置有两个相同的分裂翼片，形成一个圆柱体结构。这个圆柱体作用在钻好的孔中，楔块组合的结构如图 9-29 所示。

在工作时，液压劈裂器的驱动油缸活塞施加轴向推力 P 到中间楔块上，迫使两侧的分裂翼片向外径向扩张，产生横向劈裂力，这个力作用在孔壁上。这样，岩石在与劈裂器接触的区域发生剪切破裂，而在边缘区域产生径向拉应力，导致岩石出现纵向开裂。液压劈裂器的楔块与翼片受力情况如图 9-30 所示。

如图 9-30 所示，中间楔块各力在 Y 轴上的平衡条件为：

$$\sum Y = 0 \tag{9-38}$$

$$P = N_y + f_y \tag{9-39}$$

式中：P 为驱动油缸轴向推力，kN；N_y 为斜面处正压力 N 在竖直方向的分力，kN；f_y 为斜面处摩擦力 f 在竖直方向的分力，kN。

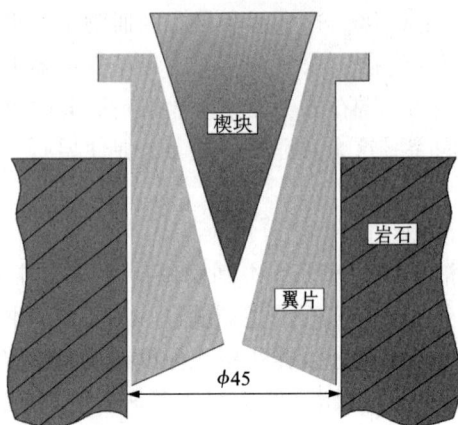

图 9-29 劈裂破岩原理

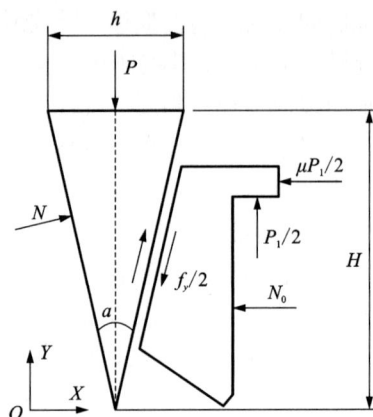

图 9-30 楔块与翼片受力图

$$\begin{cases} N_y = 2N\sin\dfrac{\alpha}{2} \\[3mm] f_y = 2N\mu\cos\dfrac{\alpha}{2} \end{cases} \tag{9-40}$$

通常 $\alpha = 3° \sim 7°$，所以 $\dfrac{\alpha}{2}$ 很小，故 $\cos\dfrac{\alpha}{2} \approx 1$。又根据 $\tan\dfrac{\alpha}{2} = \dfrac{h}{2H}$，当 α 角很小时，可认为 $\tan\dfrac{\alpha}{2} \approx \sin\dfrac{\alpha}{2}$，所以可认为 $\sin\dfrac{\alpha}{2} \approx \dfrac{h}{2H}$，则轴向推力 P 可以表示为：

$$P = \frac{\pi d^2}{4}p = 2N\sin\frac{\alpha}{2} + 2N\mu\cos\frac{\alpha}{2} \approx 2N\left(\frac{h}{2H} + \mu\right) \tag{9-41}$$

式中：μ 为中间楔块与分裂翼片之间的摩擦系数；p 为液压油压力，MPa；d 为驱动油缸直径，mm。

式（9-41）列出了 d、h、H、μ 这些几何参数之间的关系，也列出了 p、N 与 μ 这些变量之间的关系。当已知斜面处的摩擦系数 μ，并且确定好油压 p 后，斜面处的正压力 N 就可以求出。但是，实际劈裂力应是分裂翼片作用于孔壁的横向劈裂力 N_0，如图 9-30 所示。所以，分裂翼片各力在 Y 轴和 X 轴上的平衡条件分别为：

$$N\sin\frac{\alpha}{2} + N\mu\cos\frac{\alpha}{2} = \frac{P_1}{2} \tag{9-42}$$

$$\frac{P_1}{2}\mu + N_0 + N\mu\sin\frac{\alpha}{2} = N\cos\frac{\alpha}{2} \tag{9-43}$$

式中：P_1 为缸体对分裂翼片的压力，kN；$\dfrac{P_1}{2}\mu$ 为分裂翼片横向移动时的摩擦阻力，kN；N_0 为岩石对分裂翼片的反作用力，kN。

由于 $\dfrac{\alpha}{2}$ 很小，所以可取 $\sin\dfrac{\alpha}{2} \approx 0$，$\cos\dfrac{\alpha}{2} \approx 1$，联立式（9-42）与式（9-43）解得：

$$N_0 = N(1 - \mu^2) \tag{9-44}$$

一般 $\mu=0.03$，所以 $\mu^2\approx0$，故取 $N\approx N_0$，即劈裂器的实际劈裂力近似为中间楔块与分裂翼片斜面之间的正压力。

在实际劈裂破岩过程中，岩石受到的应力并不是单一的拉应力、压应力或剪切应力，而是复杂的混合应力[82]。然而，在劈裂破岩过程中，其主要以拉应力的形式作用在岩石上，导致岩石产生拉裂。

9.4.3 液压劈裂技术的施工工艺

液压劈裂技术的实现依赖于专用的液压劈裂机。这种机器的主要构成如图9-31所示。它包括以下主要组件[4]：

①液压缸：液压劈裂机的核心部分，负责产生巨大的液压力，驱动劈块的运动。

②活塞杆：与液压缸相连，依靠液压移动，进而驱动劈块的运动。

③控制阀：用于调节液压系统的压力和流量，以控制劈裂机的操作。

④输油管：将液压油从液压动力站输送到液压缸。

⑤楔块：这些楔块通常位于劈块的两侧。当液压通过活塞杆施加在这些楔块上时，它们将被推出，扩张并施加巨大的力量在岩石上。

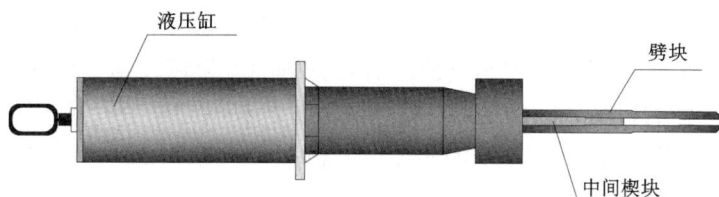

图9-31 液压劈裂机

目前，钻孔劈裂法已在坚硬原岩开挖、窄矿脉开采和隧道掘进等工作中使用，尤其是在岩巷掘进中，钻孔劈裂技术已经达到实用化程度。但在岩巷掘进施工中掌子面上只有一个自由面，而采用钻孔劈裂法破碎岩石，至少需要创造一个新的自由面，此外，钻孔劈裂破岩只是将掌子面上的岩体分裂开来，形成裂隙网，其底部往往还与母岩连在一起，不可能像钻爆法那样将岩块抛掷出去，因此需要进行二次破碎。综上所述，岩巷钻孔劈裂法施工工艺流程主要包括形成新自由面、钻孔、劈裂、二次破碎等[66]。具体施工工艺如图9-32所示。

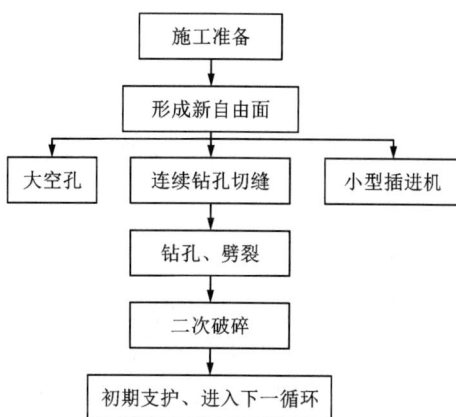

图9-32 劈裂法施工工艺流程图

液压劈裂技术在隧道内的实施步骤是为了有效地破碎和清除坚硬的岩石，以便进行隧道的掘进，以下是对这些步骤的详细描述：

①新临空面的形成：隧道内通常只有一个工作面(临空面)，而液压劈裂机需要一定的操

作空间。在隧道内，可能需要在掌子面中部或周边额外掘进部分以创造新的临空面。这个步骤可以使用其他开挖方法来完成，比如爆破。

②钻孔施工：在新临空面上完成钻孔的施工。钻孔的深度、大小和间距应根据隧道内的具体情况、岩石的特性，以及使用的液压劈裂机型号来确定。这些钻孔将为液压劈裂机的操作提供条件。

③加载劈裂岩石：液压劈裂机被置于钻好的孔内，然后加载胀裂压力以破碎岩石。这个过程需要按照特定的顺序进行，通常从新创造的临空面附近开始，然后逐渐往内部移动，逐层进行加载破碎。这确保了岩石会逐渐分解而不会造成过多的坍塌。

④二次破碎，出渣：一旦液压劈裂机的操作完成，掌子面上的岩石将形成裂隙网，为了更容易将碎石清除出隧道，通常会使用破碎锤进行二次破碎，这将岩石破碎成适当的大小，以便于运输和清理。

这些步骤是液压劈裂技术在隧道掘进中的一般实施步骤。确切的操作可能会因隧道尺寸、岩石类型和施工要求而有所不同，需要由专业的工程师和施工队按照实际情况制定和执行。

9.4.4 液压劈裂技术的布孔方式

布孔布局是静态岩石破碎的重要设计参数，它包括了决定钻孔的直径、深度以及彼此间距的任务。布孔形式的质量将直接影响静态岩石分解的效果以及施工效率，所以在策划时，需综合岩石属性、劈裂机型号以及工程环境等多重因素来确定。

钻孔的孔径和深度，主要由劈裂机的楔块组件的尺寸决定。通常，机器参数会明确指示特定型号劈裂机所需的孔径和深度要求。

在布孔间距方面，孔距如果过大，通常无法达到预期的破碎效果，可能需要额外进行二次破碎，从而增加了工作量。孔距也不宜过小，因为在静态岩石分解过程中，钻孔需要花费大量的时间，从而对施工进度产生不利影响。为了确定孔距，可以考虑裂隙形成的半径，然后根据式(9-45)对孔距进行基本估算，以确保它满足式(9-46)的要求。

$$R_t = \left(\frac{\sqrt{3}q}{\sigma_t}\right)^{\frac{1}{2}} r_0 \tag{9-45}$$

$$\sigma_{\theta\theta} = 3\sigma_\theta + \sigma_r \tag{9-46}$$

$$L \leqslant 2R = 2\left(\frac{\sqrt{3}q}{\sigma_t}\right)^{\frac{1}{2}} a \tag{9-47}$$

式中：R_t 为裂隙区半径；q 为劈裂区楔块向下挤压，在孔壁上形成的扩张压力；σ_t 为岩石的单轴抗拉强度；r_0 为炮孔半径；$\sigma_{\theta\theta}$ 为空孔效应下孔眼周围的最大拉应力；σ_θ 为空孔的环向应力；σ_r 为空孔的径向应力；L 为孔眼间距；a 为裂纹长度。

根据式(9-47)，可以看出孔距的决定与几个关键因素密切相关。首先，孔距受劈裂机产生的扩张压力影响，如果扩张压力较大，通常允许孔距更大。其次，孔距受岩石的力学性质影响，特别是受岩石的单轴抗拉强度的影响。如果岩石的抗拉强度增加，孔距相应会减小。最后，孔距还受到钻孔孔径的影响，如果孔径较大，孔距也可适当增加。

在实际施工中，制订布孔方案时需考虑具体的工程条件，例如地形地质、环境和施工设备等，并应遵循以下原则和方法：

①采用上下台阶法：为了提高劈裂效果和施工速度，可以使用上下台阶法进行开挖。这种方法增大了工作面，上台阶时垂直打设钻孔，下台阶提供了竖向操作面，使得下台阶的孔眼能够垂直钻设。

②调整孔距：根据断面尺寸、地质条件和劈裂设备性能，需要调整孔距。首先，布置周边轮廓线的劈裂孔，然后逐渐向内布置劈裂孔，以确保形成的轮廓线符合设计要求，减少修边工作。

③平行布置：为确保劈裂效果，应尽量使各孔眼相互平行，间距均匀，并使孔底位于同一平面上。这样可以保证孔眼均匀分布在断面上。

参考文献

[1] 周盛涛，罗学东，蒋楠，等.二氧化碳相变致裂技术研究进展与展望[J].工程科学学报，2021，43(7)：883-893.

[2] 李夕兵.凿岩爆破工程[M].长沙：中南大学出版社，2011.

[3] 谢晓锋，李夕兵，李启月，等.液态 CO_2 相变破岩桩井开挖技术[J].中南大学学报(自然科学版)，2018，49(8)：2031-2038.

[4] 何方.液压劈裂技术在隧道静态破碎开挖中的应用[J].矿产与地质，2021，35(6)：1198-1204.

[5] 李志强.高压泡沫涨裂破岩装置设计及性能研究[D].徐州：中国矿业大学，2021.

[6] 张超，王海亮.金属膨胀剂在地铁开挖中的破岩研究[J].公路，2016，61(7)：302-307.

[7] 侯敬峰.冻结立井爆破振动能量特征及对井壁影响规律研究[D].北京：中国矿业大学(北京)，2016.

[8] 杨小林，王树仁.岩石爆破损伤断裂的细观机理[J].爆炸与冲击，2000，20(3)：247-252.

[9] 冷振东，卢文波，陈明，等.岩石钻孔爆破粉碎区计算模型的改进[J].爆炸与冲击，2015，35(1)：101-107.

[10] 范宇.水平层状岩隧道爆破施工成形控制技术[D].成都：西南交通大学，2017.

[11] 吴立，闫俊，周传波.凿岩爆破工程[M].武汉：中国地质大学出版社，2005.

[12] 李志容.循环爆破荷载下隧道围岩及锚喷支护结构的稳定性研究[D].济南：山东建筑大学，2019.

[13] 杨小林.岩石爆破损伤机理及对围岩损伤作用[M].北京：科学出版社，2015.

[14] 钮强.岩石爆破机理[M].中国建筑工业出版社，1992.

[15] PAINE A S, PLEASE C P. An improved model offracre propagation by gas during rockblasting—some analytical results[J]. International Journal of Rock Mechanics & Mining Sciences, 1994, 31(6)：699-706.

[16] 杨小林，王梦恕.爆生气体作用下岩石裂纹扩展机理[J].爆炸与冲击，2001，21(2)：111-116.

[17] SCHOOLER D R. The use of carbon dioxide for dislodging coal in mines[J]. 1944.

[18] KANG J, ZHOU F, QIANG Z, et al. Evaluation of gas drainage and coal permeability improvement with liquid CO_2 gasification blasting[J]. Advances in Mechanical Engineering, 2018, 10(4)：1687814018768578.

[19] 孙可明，辛利伟，吴迪，等.初应力条件下超临界 CO_2 气爆致裂规律研究[J].固体力学学报，2017，38(5)：473-482.

[20] CALDWELL T. A comparison of non-explosive rock breaking techniques[C]. In Processing of the 12th Australian Tunnelling Conference, Sofitel, Australia, 17-20 April 2005.

[21] 袁海梁，刘孝义，陈少波，等.基于 SPH 算法的 CO_2 相变破岩数值模拟[J].工程爆破，2023，29(1)：62-68.

[22] 黄飞，卢义玉，汤积仁，等.超临界二氧化碳射流冲蚀页岩试验研究[J].岩石力学与工程学报，2015，

34(4)：787-794.

[23] 夏军，李必红，陈丁丁. CO_2 液-气相变膨胀破岩技术[J]. 采矿技术，2016，16(6)：119-121.

[24] 王兆丰，孙小明，陆庭侃，等. 液态 CO_2 相变致裂强化瓦斯预抽试验研究[J]. 河南理工大学学报(自然科学版)，2015，34(1)：1-5.

[25] 王莉，陈杰，李必红. 复杂环境下 CO_2 膨胀爆破工程应用[J]. 工程爆破，2021，27(1)：95-99.

[26] LU T K, WANG Z F, YANG H M, et al. Improvement of coal seam gas drainage by under-panel cross-strata stimulation using highly pressurized gas[J]. Int J Rock Mech Min Sci, 2015, 77：300.

[27] CAMPBELL S R L. A review of methods for concrete removal[J]. Technical Rep. No. SL-82-3 Vicksburg, MS：U. S. Army Engineer Waterways Experiment station.

[28] 周西华，门金龙，宋东平，等. 煤层液态 CO_2 爆破增透促抽瓦斯技术研究. 中国安全科学学报，2015，25(2)：60.

[29] 孙可明，辛利伟，张树翠，等. 超临界 CO_2 气爆致裂规律实验研究. 中国安全生产科学技术，2016，12(7)：27.

[30] 田泽础. 液态二氧化碳相变致裂裂缝形态及影响因素研究[D]. 徐州：中国矿业大学，2018.

[31] 王明宇. 液态二氧化碳相变爆破裂纹扩展规律研究及应用[D]. 徐州：中国矿业大学，2018.

[32] 王兆丰，李豪君，陈喜恩，等. 液态 CO_2 相变致裂煤层增透技术布孔方式研究. 中国安全生产科学技术，2015，11(9)：11.

[33] 李豪君，王兆丰，陈喜恩，等. 液态 CO_2 相变致裂技术在布孔参数优化中的应用. 煤田地质与勘探，2017，45(4)：31.

[34] 周西华，门金龙，宋东平，等. 煤层液态 CO_2 爆破增透促抽瓦斯技术研究[J]. 中国安全科学学报，2015，25(2)：60.

[35] KANG J H, ZHOU F B, QIANG Z Y, et al. Evaluation of gas drainage and coal permeability improvement with liquid CO_2 gasification blasting[J]. Adv Mech Eng, 2018, 10(4)：1.

[36] 题正义，陈波. 亭南煤矿液态 CO_2 致裂巷道卸压技术的应用研究[J]. 金属矿山，2019(4)：48.

[37] 孙可明，辛利伟，王婷婷，等. 超临界 CO_2 气爆煤体致裂规律模拟研究[J]. 中国矿业大学学报，2017，46(3)：501-506.

[38] 孙可明，王金或，辛利伟. 不同应力差条件下超临界 CO_2 气爆煤岩体气楔作用次生裂纹扩展规律研究[J]. 应用力学学报，2019，36(2)：466-472，516.

[39] 尹从富，杨译，申荣光，等. 非爆破破岩方法综述[J]. 中国科技信息，2015(21)：93-94.

[40] 董力哲. 新型静态破碎剂的实验研究及理论分析[D]. 昆明：昆明理工大学，2022.

[41] 刘文. 掺料破碎剂的快速静态爆破理论与技术研究[D]. 绵阳：西南科技大学，2020.

[42] 何思锋. 坚硬岩石静态爆破致裂技术实验研究[D]. 徐州：中国矿业大学，2022.

[43] 游宝坤. 静态爆破技术-无声破碎剂及其应用[M]. 北京：中国建材工业出版社，2008：1-4.

[44] 徐国庆. 静态破碎剂制备及力学性能研究[D]. 哈尔滨：哈尔滨工程大学，2020.

[45] 黄辉. 静态破碎法在高瓦斯矿井巷道端头顶板控制垮落中的应用研究[D]. 太原：太原理工大学，2014.

[46] 武尚俭. 静态破碎剂弱化致裂煤层坚硬顶板实验研究[D]. 徐州：中国矿业大学，2019.

[47] 李瑞超. 静态压裂增透低渗煤层基础实验研究[D]. 太原：太原理工大学，2017.

[48] 孙立新. 静态破碎剂的研制及应用[D]. 西安：西安建筑科技大学，2005.

[49] 倪红娟. 影响静态破碎剂性能的因素模型试验研究[D]. 淮南：安徽理工大学，2013.

[50] 马芹永. 混凝土结构基本原理[M]. 北京：机械工业出版社.

[51] 杨源，李立权，姚明芳. 新编混凝土强度设计与配合比速查手册[M]. 长沙：湖南科学技术出版社，1999.

[52] 游宝坤. 静态爆破技术：无声破碎剂及其应用[M]. 北京：中国建材工业出版社，2008.

[53] 陈振宇.环形切槽对静态破碎剂致裂坚硬顶板效果的影响规律研究[D].徐州：中国矿业大学，2021.

[54] 程晓强.综采工作面坚硬顶板静态膨胀致裂研究[D].西安：西安科技大学，2020.

[55] 张智宇，丁飞，李洪超，等.最小抵抗线对台阶模型爆破效果影响研究[J].北京理工大学学报，2020，40(2)：129-134.

[56] 郭瑞平，杨永琦.静态破碎剂膨胀机理及可控性的研究[J].煤炭学报，1994(5)：478.

[57] 桂良玉.静态破碎技术在综采过断层中的应用[J].中国矿业，2010，19(1)：85-87.

[58] 葛进进，徐颖，郑志涛.水剂比对静态破碎效果影响的试验研究[J].煤炭技术，2017，36(2)：175-176.

[59] 马冬冬，马芹永，袁璞.气温和水温对静态破碎剂膨胀性能影响的试验分析[J].爆破，2014，31(4)：124-128.

[60] 王为之.高温作用下的静态破碎剂材料及其性能研究[D].绵阳：西南科技大学，2019.

[61] 李阳阳.水温与水剂比对静态破碎剂膨胀性能影响的试验研究[J].建井技术，2019，40(1)：32-35，22.

[62] 汪庆桃，胡其高，陈志阳，等.复杂敏感环境下大孔径静态爆破施工技术[J].采矿技术，2018，18(5)：196-199.

[63] 李瑞森，郑文忠，徐笠博，等.静态破碎剂对钢管径向膨胀压应力试验[J].哈尔滨工业大学学报，2020，52(10)：19-27.

[64] 徐香新.静态破碎剂膨胀力学行为的研究及应用[D].沈阳：东北大学，2014.

[65] 祈世亮.液压劈裂机在隧道孤石处理中的应用研究[J].吉林水利，2010(2)：27-30.

[66] 黄举.定向涨裂破岩机理研究[D].徐州：中国矿业大学，2020.

[67] 白瑛.钻孔劈裂器作用下围岩应力场分析[D].武汉：武汉理工大学，2009.

[68] 刘海卫.钻孔劈裂器破岩机理的数值模拟研究[D].武汉：武汉理工大学，2007.

[69] 陈宝心，刘海卫，刘伟，等.钻孔劈裂器破岩技术及其应用[J].采矿技术，2006(4)：85-87.

[70] 程刚.成孔液压涨裂破岩机理研究[D].徐州：中国矿业大学，2018.

[71] 陈宝心，白瑛.钻孔劈裂器在隧道掘进中的应用[J].施工技术，2009，38(S1)：87-90.

[72] LEE S H. No-vibration and no-noise rock splitter of oil hydraulic pistontype：US，US09636577[P].2003-01-07.

[73] 汤建刚.分裂机液压锤在联合采矿掘进中的应用[J].建筑机械，2007(15)：71-73，76.

[74] 闻德生，潘景升，吕世君，等.多头液力劈裂机性能及应用[J].石材，2003(7)：22-24.

[75] 陈寿如，周志国，张继业.一种新型聚能劈裂器的试验研究[J].西部探矿工程，1996(2)：46-48.

[76] 孙忠池，张杰庆.岩石成形劈裂的力学分析与实验研究[J].非金属矿，1989(5)：50-54.

[77] 范恩荣.新型静液力破岩方法初探[J].矿山机械，2000(11)：22.

[78] 马光磊.大型单头液压劈裂机的研究[D].秦皇岛：燕山大学，2018.

[79] 吴梓键.岩巷断面涨裂布孔方法及试验研究[D].徐州：中国矿业大学，2023.

[80] 李金龙.矿岩二次破碎的新方法[J].北京矿冶研究总院学报，1993(4)：14-17.

[81] 王海斌.液压劈裂技术在硬岩开拓巷道中的应用[J].机械管理开发，2021，36(11)：167-168，219.

[82] 任建喜，张向东，杨双锁，等.岩石力学[M].徐州：中国矿业大学出版社，2013.

第 10 章　水力破岩

10.1　水射流

10.1.1　破岩机制

水射流破岩是一种利用高速流束冲击、切割岩石的技术，其原理主要是将液态水通过加压装置增压后从喷嘴中射流出来，形成能量高度集中的流束作用于岩石，继而达到破岩的效果。高压水射流具有高效、无尘、低热和无振动等优势，研究表明它能够有效地破坏岩石的结构，提高机械钻进速率[1]。20 世纪 60 年代末，美国国家科学基金会（NSF）资助的一项破岩方法研究对高压水射流、电脉冲、等离子体、激光、微波、火焰等 25 种新破岩方法进行了试验，结果显示，高压水射流是各种破岩方法中最高效的一种[2]。随着该项技术的不断发展，水射流已经从最初的定压水射流发展到脉冲射流、磨料射流和空化射流等形式，破岩效果随之提升。

水射流技术的破岩机制较复杂，影响破岩效果的因素也较多。目前，讨论较多的破岩机制主要包括：水滴、水块、喷粉的冲击作用，脉冲荷载的疲劳破坏作用，水楔作用，气蚀作用，动压作用等。基于此，不同的学者提出了下述相关理论：冲击应力波破碎理论、准静态弹性破碎理论、裂纹扩展破碎理论、空化效应破碎理论和渗流-损伤耦合破碎理论等[3]。这些理论从不同角度揭示了水射流技术的破岩机制，但是未能完整概括水射流破岩的所有现象。其原因一是岩石在水射流的冲击荷载下应变率大、裂纹的出现和传播模式本身就极其复杂；二是缺乏有效的研究手段，高压水射流破碎岩石的时间极短，以往的测试设备和监测手段难以精确地捕捉到该过程。因此，目前对水射流技术的岩石破裂机制仍在讨论中。本节将对部分发展较成熟的水射流岩石破碎理论进行介绍。

1. 冲击应力波破碎理论

冲击应力波破碎理论在水射流破岩技术中占据着核心地位，该理论主张水射流在冲击岩石时产生的荷载会在岩石内部形成应力波，进而引发岩石的破坏。目前，这一理论在业内得到了广泛的认可，为深入探究这一机理，Zhou 等[4]通过非线性波动模型及数值算法，成功用应力波解释了高速液固碰撞的关键问题；黄飞[5]的研究也进一步验证了应力波破碎理论在解释高压水射流作用下岩石宏观破裂现象的有效性。

剑桥大学的卡文迪许实验室进行过多项水射流冲击固体试验，根据试验研究的结果，初步建立起了水射流冲击固体的瞬态动力学模型——该数学模型以具有圆弧形前端的水射流为研究对象，以刚性和线弹性固体介质为靶板材料，综合考虑了冲击波在水介质中的反向传播与在固体材料中以应力波的形式扩散，最终认识到水射流冲击固体表面的过程分为两个典型的阶段：水锤压力阶段与滞止压力阶段。有学者对水锤压力的作用进行了进一步的研究。Kennedy[6]等的研究表明，水锤压力作用于岩石，以应力波的形式在岩石内部传播、散开，冲击波会在岩石表面以瑞利表面波的形式传播，同时以体积波的形式在岩石内部相互交涉、叠加，最终对岩石造成破坏，如图 10-1 所示。Heymann[7]则考虑了冲击波速度对破岩的影响，建立了不同状态下的水锤压力计算式。丹尼尔博士[8]通过实验分析了水射流冲击引起岩石破坏的应力场：高速水束冲击岩石后，岩石首先在剪切应力波的作用下形成破碎坑；随着破碎坑的出现和扩大，膨胀波迅速减弱；破碎坑内的定常压力增加，接着引起岩石断裂和压力释放。该研究还发现破碎坑的大小和形状与射流比长（射流长度与喷嘴直径的比值）和比压（射流的冲击压力与岩石抗压强度的比值）有关。

然而，尽管冲击应力波破碎理论为我们提供了宝贵的见解，但它依然有存在一些无法解释的现象，例如，水射流产生的应力波与爆炸产生的应力波存在显著差异；同时，关于低速射流或淹没射流作用下岩石中是否存在应力波的问题，仍需进一步的研究来解答。

2. 准静态弹性破碎理论

准静态弹性破碎理论认为，在射流冲击作用下，岩石在冲击区的正下方会产生最大的剪应力，而在接触边界的周围则会产生拉应力。当这些剪应力、拉应力超过了岩石自身的抗剪、抗拉强度时，岩石就会发生破坏。徐小荷等[9]提出的密实核-劈拉破岩理论与准静态弹性破碎理论的内容基本一致。他们认为，当高速水流撞击岩石表面时，其作用类似于一个带有速度的刚体。在这种冲击下，冲击区正下方会产生最大的剪应力，而在冲击区接触面的中心则会形成最大的拉应力。一旦这些应力值超过了岩石的极限强度，就会在该区域首先出现剪切和拉伸裂纹。随着射流冲击压力的不断增强，这些裂纹会逐渐扩展到冲击接触面，进而形成一个由细岩粉组成的球形密实核，如图 10-2 所示。这个密实核在高速水流和未破坏的岩石

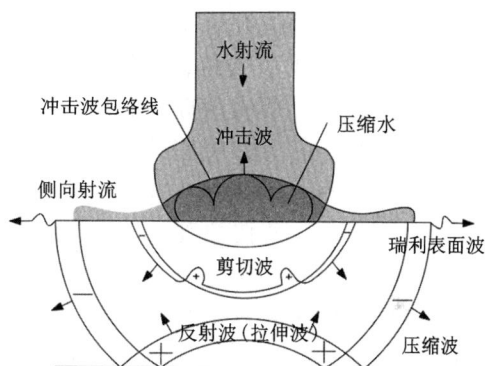

图 10-1　冲击应力波破碎理论作用模型[3]

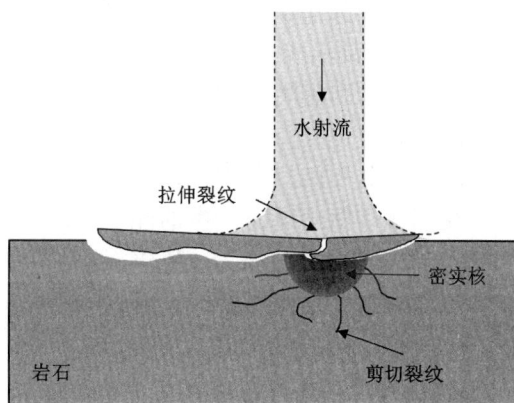

图 10-2　密实核-劈拉破岩理论作用模型[3]

之间起到了"水垫"的作用。在持续不断的冲击下，密实核会通过缩小体积和增大密度来储存能量。当能量积累到一定程度时，密实核会开始膨胀，并最终劈开岩石。

Kondo 等[10]则将水射流的冲击力视为一种准静态荷载，并以此为基础，借助弹性力学理论，建立了岩石破碎的强度判据。然而，这一理论对于水射流的速度、射流长度以及脉冲射流的间隔时间都有一定的要求。当射流参数不符合这些要求时，理论上岩石不会发生破碎，这也揭示了该理论的某些局限性。

3. 裂纹扩展破碎理论

裂纹扩展破碎理论认为，在水射流作用下，岩石中的裂纹会发生延伸和扩展，从而造成岩石破裂。Forman 等[11]研究发现在水射流作用下，冲击区正下方的某一处会产生最大剪应力，接触区周围边界处会产生拉应力。通常，由于岩石的抗拉强度比抗压强度小，抗剪强度也比抗压强度小，因此，水射流过程中拉应力与剪应力会先超过岩石的抗拉和抗剪强度，并在岩石中形成裂隙。随着裂隙形成和交汇，在冲击压力的作用下，水浸入裂隙中。此时岩石的受力情况与楔入一个刚体楔子类似，在裂隙尖端产生拉应力集中，使裂隙迅速扩展，致使岩石破裂，因此裂纹扩展破碎理论又称为拉伸-水楔理论，如图 10-3 所示。

裂纹扩展破碎理论相对于其他理论有更多的试验现象支持，但裂隙扩展的原因不明，造成该理论存在较多分歧。对于有天然裂隙的岩石，水楔作用明显；但是对于本身没有裂隙的岩石来说，若按照弹性半空间作用集中力理论，拉应力与剪应力的极值都不发生在冲击接触面上，水浸入的位置将与裂纹产生的位置发生矛盾，此时水楔入裂隙就没有理论依据。

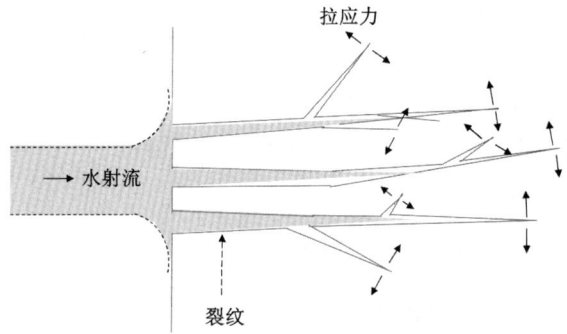

图 10-3　拉伸-水楔作用理论模型

4. 空化效应破碎理论

空化现象是指水射流撞击到液体表面的瞬间，诱发的冲击波在射流内部反向传播形成释放波，并在射流内部形成空泡，空泡迅速破灭导致冲击压力急剧升高。根据 Crow[12] 的观点，岩石破坏的主要原因是岩石颗粒前后的压差引起的空化效应。空化效应破碎理论认为高压流束中含有大量空穴或气泡，负压空穴在固体表面破裂所产生的能量集中于一点，形成较大的压力，使岩石破碎。图 10-4 表示一段收缩扩张管内发生的空化现象[13]：液流的上游绝对压强为 p_1，下游绝对压强为 p_2；下游的速度为 v_2；收缩管内的绝对压强为 p_c，速

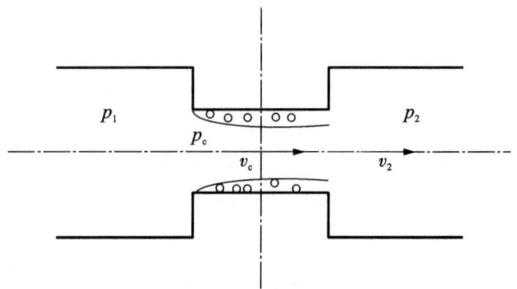

图 10-4　收缩扩张管内的空化现象[13]

度为 v_c。当 $p_c<p_v$（p_v 为液体在当前温度下的绝对饱和蒸气压）时，会产生空化现象。

在探讨空化效应破碎理论时，不同学者对空化射流为何能显著提升岩石破碎效果提出了不同看法。有研究者认为，空穴湮灭时产生的"内爆"现象，即空泡在压强升高区凝结成液体并湮灭，导致液体内部形成空洞，进而引发毗邻液体微团向空洞中心冲击的现象，是空化射流冲蚀能力强于普通射流的关键因素[14, 15]。进一步的研究揭示，在流速较低的条件下，空穴"内爆"确实可能是冲蚀能力增强的主要原因。但在流速较高的场景中，情况则有所不同。此时，液体与空泡的交替冲击成为主导因素。由于气泡与液体的密度存在显著差异，这种交替冲击造成了冲击物质质量的波动，进而在靶体表面产生压强波动。在这种瞬时拉应力和交变应力的双重作用下，靶体容易产生疲劳破坏[13]。

尽管空化效应展现出了强大的破坏能力，但由于其破坏强度极大，普通实验手段往往难以准确测量，且对微观破坏的定性分析也颇具挑战。因此，尽管该理论在实践中具有显著的应用价值，但目前尚未建立起完善的理论模型来全面解释其内在机制。

5.渗流–损伤耦合破碎理论

渗流–损伤耦合破碎理论认为水射流破岩是由水流冲击应力波损伤和渗流致裂耦合作用造成的。倪红坚等[16]运用损伤力学理论建立了水射流破岩的损伤模型和耦合模式。同时，王瑞和等[17]发现高压水射流破岩过程分为两个阶段：第一，水流冲击岩石表面产生应力波，导致岩体发生拉伸破坏；第二，以水射流在岩石表面产生的准静态压力为主，准静态压力使裂纹以及孔隙的直径扩大，进一步破碎岩体。

10.1.2　发生器的工作原理及作用方式

水射流发生装置的主要组成部分包括高压泵（增压器）、电动机、储能器和喷嘴等，基本构成如图 10-5 所示。当前常用的水射流发生装置主要分为连续式和脉冲式两种：连续式发生装置在增压过程中能够产生连续的能量释放；脉冲式发生装置在增压过程中，能量有积聚的过程，射流是断续的。

在水射流破岩的过程中，为达到最佳破岩效果，高压水射流的压力要达到岩石抗压强度的10 倍。根据这样的指标制造高压连续水射流发生装置存在许多困难，不仅在工艺和材质上有许多难以解决的问题，还需要大功率的设备。而脉冲射流发生装置与此不同，由于其射流是间断的，因此不需要连续水射流装置那样

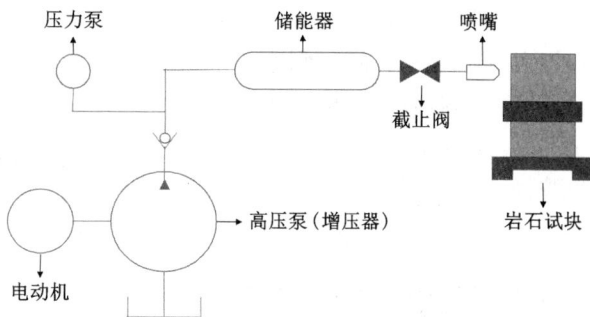

图 10-5　高压水射流发生装置系统图

大功率的设备，同时由于其以储能和瞬间释放能量的形式射流，因此有更强的压力。此外，脉冲射流可以间歇性产生多个"水锤压力"，应力波在岩石内部叠加、反射等作用，加剧岩石破碎和疲劳破坏。因此，脉冲射流远强于连续水射流冲击破碎岩石的能力。在研究过程中，研究人员大多针对脉冲式发生装置进行改进，提出了多种改进脉冲射流发生装置的方案，常

见的发生装置包括挤压式、激励式和截断式三种类型，激励式又分为自激振荡式和超声波激励式[18]。

1. 挤压式(增压器式)脉冲水射流发生装置

挤压式(增压器式)脉冲射流是利用炸药、飞轮、落锤等作为动力源，将能量传递给挤压活塞，使其快速挤压腔体内的水体。在挤压过程中，腔体内的水体随着活塞的挤压而快速增压，最终形成喷射出口的射流，如图10-6所示。在一次喷射过程中，射流压力会经历两次抛物线状的先增后减趋势，如图10-7所示。为了获得更强的喷射压力，有些装置会采用两级增压器。

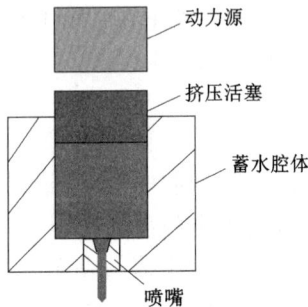

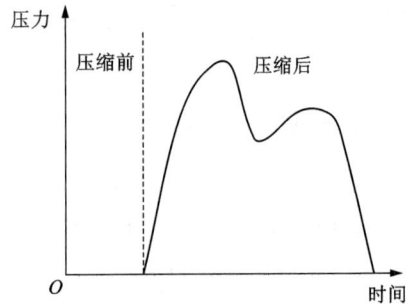

图10-6 挤压式(增压器式)脉冲水射流生成原理[18]   图10-7 挤压式(增压器式)脉冲水射流压力曲线[18]

2. 冲击-挤压式脉冲射流发生装置

如图10-8所示，冲击-挤压式脉冲射流发生装置是将具有初始压力的压力水从进口压入压力腔，推动活塞右移，推移过程中，活塞右侧的气体受压而储存能量。待活塞右移到极限位置后，关闭进水口，打开出水口，此时活塞左侧压力腔与大气压连通，使右侧的储能气体迅速膨胀，推动活塞左移。小活塞进入高压腔后，冲击高压腔内的水并使之通过喷嘴释放，从而形成一股高压的脉冲水射流。

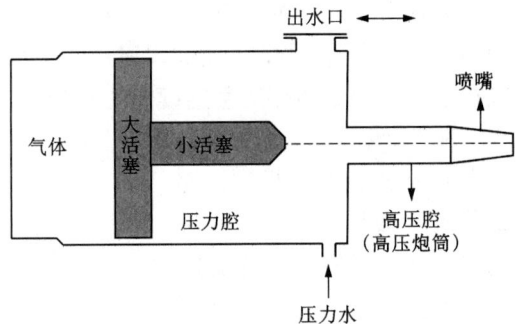

图10-8 冲击-挤压式脉冲射流生成原理

3. 自激振荡式脉冲射流发生装置

自激振荡式脉冲水射流的形成通过特殊的喷嘴结构设计实现。喷嘴通常由上、下游结构和谐振腔室组成，使流体在腔室内部产生无源自振，如图10-9所示。这种装置的射流频率特性由喷嘴结构和流体本身的特性共同决定。当流体的激励频率与喷嘴的固有频率匹配时，会在腔室内引发强烈的共振效应。同时，在射流的自由剪切层中会产生大量的涡环，这些涡环的产生、发展、运动和消散会周期性地作用于射流，从而形成明显的脉冲效果。自激振荡式脉冲水射流的射流压力曲线近似于低频正弦曲线，如图 10-10 所示。

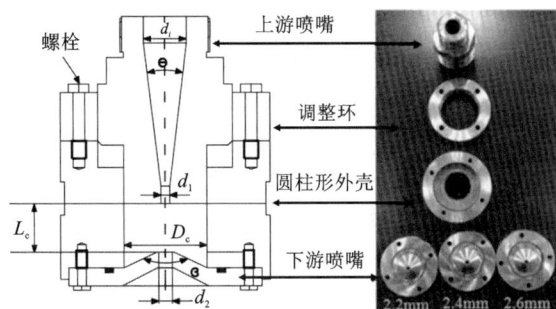

图 10-9　自激振荡式脉冲水射流装备图[18]

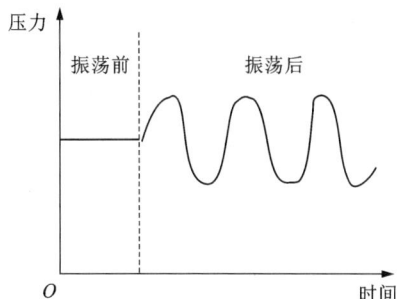

图 10-10　自激振荡式脉冲水射流压力曲线[18]

4. 超声波激励式脉冲射流发生装置

超声波激励式脉冲水射流属于外激励式振荡射流，以超声波为激励源，在喷嘴内部产生大密度的声场并作用于流体，使其在喷出之前产生压力的周期性变化，从而使射流的出口速度也产生周期性的变化，如图 10-11 所示。在超声波激励的作用下，流体在喷嘴出口形成稳定的脉冲射流，射流压力曲线近似高频正弦曲线，如图 10-12 所示。

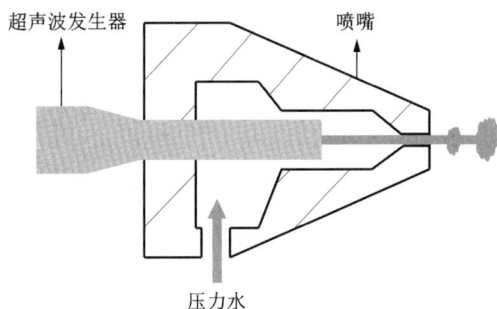

图 10-11　超声波激励式脉冲射流装备图[18]

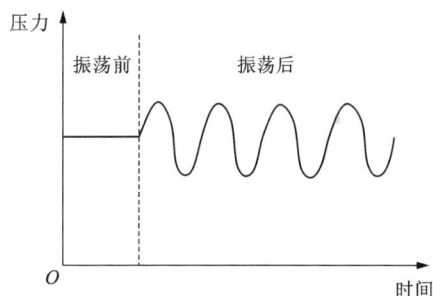

图 10-12　超声波激励式脉冲射流压力曲线[18]

5. 截断式脉冲射流发生装置

截断式脉冲水射流的生成是用转轴带动一个周边带 U 形槽的圆盘周期性地切割射流，将连续射流隔断成一连串不连续的射流段，如图 10-13 所示。截断后射流压力等于输入压力，如图 10-14 所示。截断式脉冲水射流生成方式简单，能够实现单个脉冲完全间断，有利于消除"水垫效应"的影响，可充分利用"水锤效应"增强对岩石的初始打击力。此外，其射流参数方便控制，可以通过改变圆盘转速和 U 形槽数量来改变脉冲频率，通过改变 U 形槽宽度来改变脉冲持续时间。

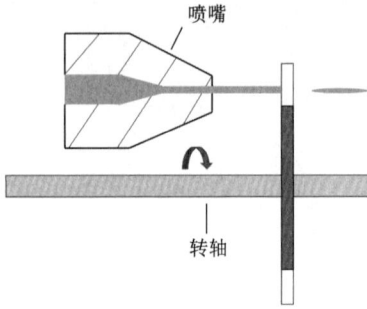

图 10-13　截断式脉冲射流装备图[18]

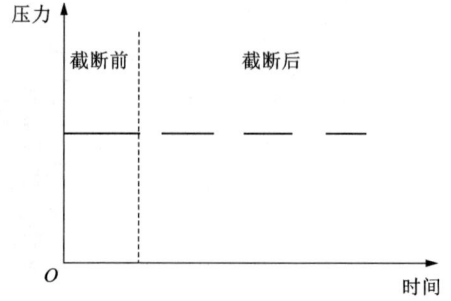

图 10-14　截断式脉冲射流压力曲线[18]

10.1.3　水射流破岩基本参数的计算

水射流破岩参数的计算包括喷射压力、破碎深度、质点位移和速度等。由于水射流技术的破岩机制尚未完全研究清楚，因此许多参数是按照经验公式进行计算。

1.低压水射流参数的计算

低压水射流是将水看作不可压缩流体，按照水力学理论进行参数计算。

1）射流速度

流速是射流的基本要素，射流的动压和冲击力都是在速度的基础上产生。在喷射水束中，轴心线上的速度在起始段内等于喷嘴出口的初始速度，过了起始段后，轴心速度随着与喷嘴的距离增大而减小。苏联水力采煤科学研究院总结了轴心速度大小的经验公式为：

$$V_{\mathrm{m}} = \varphi \cdot V_0 \sqrt{\frac{d_0}{L}} \tag{10-1}$$

式中：V_{m} 为距喷嘴出口为 L 处的射流轴心速度，m/s；V_0 为喷嘴出口处的速度，m/s；d_0 为喷嘴直径，mm；φ 为试验常数，取值为 7~10。

喷射水束断面上的速度由轴心线向边界逐渐减小直至为零，这是因为外部的水流逐渐分散为不连续水滴，且在空气阻力的影响下，速度就逐渐减小。射流任意断面上的速度变化呈正态分布，可按照式(10-2)确定断面上任意点的速度为：

$$V_y = V_{\mathrm{m}} \cdot \mathrm{e}^{-K^2 \left(\frac{y}{y_0}\right)^2} \tag{10-2}$$

式中：V_y 为断面内距离射流轴心线为 y 处的速度，m/s；V_{m} 为断面内轴心速度，m/s；y_0 为射流断面的半径，m；y 为所求点与轴心线的距离，m；K 为系数，与射流扩散角度有关。

2）喷射压力

喷射压力主要取决于射流速度，因此中心轴线和射流断面上的喷射压力分布与速度分布相似。射流的喷射压力可表示为：

$$P = \frac{\gamma V^2}{2g} = \frac{\rho V^2}{2} \tag{10-3}$$

式中：P 为射流的喷射压力；γ 为射流流体的容重，kg/m³；g 为重力加速度，9.81 m/s²；ρ 为射流流体密度；V 为射流速度。

3）射流冲击力

射流冲击力指射流冲击面内的总作用力，是水射流破岩的重要参数之一。假设射流断面恒定不变，断面内的速度均匀分布，当离喷嘴的距离增大时，射流性质不变，则可以根据动量定律计算射流的冲击力为：

$$R = \frac{\gamma Q}{g}(V_1 - V_2) \tag{10-4}$$

式中：R 为射流的作用力，kg；γ 为射流流体的容重，kg/m³；Q 为流体的流量，m³/s；V_1、V_2 为动量改变前后的流速，m/s；g 为重力加速度，9.81 m/s²。

式（10-4）计算出的是理论冲击力，而在实际情况中，有研究表明射流对岩石的冲击力最大值并非直接出现在出口断面处，而是随着喷射距离的延伸而逐渐增大。这一增长趋势并非无限制，而是在达到某一特定断面时达到极大值，随后便开始逐渐减小，且减小的速度越来越快。对这一现象，有学者认为对于非密实的射流而言，水流在沿着岩石面流动时，其漫流性质呈现出多样性。这不仅包括平稳的薄水层流动，还伴有一连串因冲击力而离开岩石表面的溅沫。正是这些不同的漫流性质，使得非密实射流在作用于岩石时，其冲击力呈现出先增大后减小的趋势。

2. 高压水射流参数的计算

高压水射流需要考虑水的可压缩性，按照冲击波理论进行参数计算。高压射流的破岩性质极为复杂，取决于岩石的结构特点、裂隙性、波阻率、弹性和强度特性等。破岩效果受到喷射压力、喷射距离和喷射角度等因素的影响。因此，在计算过程中，可以把岩石方面的因素简化成动载强度和波阻率，把射流方面的因素归结为喷射压力、喷射速度和射流波阻。

在动荷载和冲击加载下，岩石强度增大，许多岩石的动载抗压强度 $R_{动} = (1.2 \sim 1.4)R_{压}$（$R_{压}$ 为单轴抗压强度）。

在马赫数（射流速度与音速比值）较大时，可按照式（10-5）计算射流冲击固体产生的冲击波速度为：

$$C = a_0 + k_0 v \tag{10-5}$$

式中：C 为冲击波速度；a_0 为水的波速；v 为冲击波前的质点速度；k_0 为冲击常数，水射流时 $k \approx 2$（适用于 $\frac{v}{a_0} \approx 1.2$ 时）。

岩石和水都是可压缩的，因此冲击时质点速度跃变可用下式表示为：

$$u_2 = V_冲 - u_1 \tag{10-6}$$

式中：u_1 为射流中的质点速度跃变；u_2 为岩石内的质点速度跃变；$V_冲$ 为射流对固体的冲击速度。

考虑式（10-5）、式（10-6），岩石内质点速度与冲击压力的关系如下：

$$P = \rho_2 u_2 a_2 \left(1 + k_2 \frac{u_2}{a_2}\right) = \rho_2 (V_冲 - u_1) a_2 \left(1 + k_2 \frac{V_冲 - u_1}{a_2}\right) \tag{10-7}$$

式中：P 为射流冲击岩石的最大压力；ρ_2 为岩石的密度；a_2 为岩石中的声波速度；k_2 为岩石的冲击常数，由实验确定取值。

射流的喷射压力由式(10-8)计算:

$$P_j = \rho_0 u_1 a_0 \left(1 + k_0 \frac{u_1}{a_0} \right) \tag{10-8}$$

式中: k_0 为水射流系数, 取值约为 2; a_0 为大气压力下静止水中的波速, 1500 m/s; ρ_0 为水的密度, 1000 kg/m³。

从流体和固体边界层的平衡条件得出:

$$\rho_2 (V_冲 - u_1) a_2 \left(1 + k_2 \frac{V_冲 - u_1}{a_2} \right) = \rho_0 u_1 a_0 \left(1 + k_0 \frac{u_1}{a_0} \right) \tag{10-9}$$

为形成破碎坑, 必须使射流的动压≥岩石的动载抗压强度, 即

$$R_动 \leqslant \frac{\rho_0 u_1^2}{2} \tag{10-10}$$

同时解式(10-9)、式(10-10), 计算出产生破碎坑所需的射流速度 $V_冲$ 为:

$$V_冲 \geqslant \frac{-\left(\rho_2 a_2 - 2\rho_2 k_2 \sqrt{\dfrac{2R_动}{\rho_0}} \right)}{2\rho_2 k_2} +$$

$$\frac{\sqrt{\dfrac{\left(\rho_2 a_2 - 2\rho_2 k_2 \sqrt{\dfrac{2R_动}{\rho_0}} \right)^2}{\rho_0} + 4\rho_2 k_2 \left[\sqrt{\dfrac{2R_动}{\rho_0}} (\rho_2 a_2 - \rho_0 a_0) - \sqrt{\dfrac{2R_动}{\rho_0}} (\rho_2 k_2 - \rho_0 k_0) \right]}}{2\rho_2 k_2}$$

$$\tag{10-11}$$

式(10-11)可以简化为:

$$V_冲 \geqslant \sqrt{\frac{2R_动}{\rho_0} \left(1 + \frac{\rho_0 a_0}{\rho_2 a_2} + \frac{2R_动 k_0}{\rho_2 a_2} \right)} \tag{10-12}$$

10.1.4　水射流基本参数的影响分析

水射流基本参数的影响分析主要是分析水射流参数对岩石破碎量(侵深 h 和破岩体积 V)的影响。水射流破岩的基本参数包括喷射压力 P、喷射速度 v、喷射距离 L、喷嘴移动速度 v_n、比能 E_s 等[9]。

1. 喷射压力对侵深的影响

根据多数研究的结果, 当射流的喷射压力低于某一特定值($P < R_压$)时, 其能量仅足以引发岩石的弹性变形, 而无法造成岩石的破碎。然而, 一旦射流的喷射压力超过这一临界阈值——为 1~1.2 倍的 $R_压$ 时, 岩石的完整性便开始受到影响, 出现破碎现象。值得注意的是, 这一临界值并非固定不变, 它随着岩石强度的增强而相应变大。当喷射压力超过上述临界值并继续增加时, 可以观察到岩石的侵深也随之增加, 这意味着射流在岩石中产生了更深的影响。同时, 切割速率 R 也呈现出加速的趋势, 表明射流破碎岩石的效率在提升。更重要的是, 此时破碎比能 E_s 逐渐减小, 表明能量利用效率在增强。

然而，射流压力并非可以无限制地增加。在压力超过某一极限后，虽然切割速率 R 仍会继续上升，但破碎比能 E_s 却会达到一个最低点后转而上升。这意味着过大的压力虽然能提升切割速度，但同时也会导致能量利用效率的降低。因此，为了在保证破岩效果的同时，实现能量的高效利用，需要在实际应用中仔细调整射流的喷射压力，在最优的范围内寻求平衡。

2. 喷射速度和破碎体积的关系

有学者在对石灰岩、大理岩和花岗岩的水射流破岩实验中发现，岩石发生破碎的门限速度(水射流破岩时的最低速度)与岩石的坚固性和塑性系数有关。一般来讲，岩石越坚固，塑性系数越大，门限速度越高。该学者根据实验结果，得到破碎体积与射流速度的关系式为：

$$V = V_0(V^*)^n \tag{10-13}$$

$$V^* = -\frac{V}{V_t} \tag{10-14}$$

式中：V 为破碎体积；V^* 为射流速度；V_t 为射流门限速度；V_0 为常数，0.001 cm³；n 为常数，5.84。

3. 射流移动(横移)速度对侵深的影响

射流移动(横移)速度对侵深的影响实际上是冲击力作用时间与侵深的关系。具体来说，在射流速度超过某一门限速度后，其冲击作用的时间长短直接决定了侵深的深浅。为了更直观地理解这一关系，可以参考英国里兹大学的实验研究结果。根据里兹大学的实验，射流在最初的 1~2 ms 内能够迅速使岩石发生初始破坏，这一阶段显示了射流冲击力的强大作用。随后，在 4~5 ms 内，射流开始在岩石上切出一定深度的截槽，这是冲击力持续作用的结果。然而，随着作用时间的进一步增加，虽然截槽的深度仍有所增长，但其增长率却逐渐降低。当这一增长率接近于零时，我们可以观察到，即使切割时间再延长，侵深也几乎不再增加，这表明切割作用时间对侵深的影响已变得微乎其微。

缩短射流对岩石某一点的冲击作用时间，虽然会使侵深减小，但是能够充分发挥射流冲击初始阶段的破碎作用，使切割面积(总切割量)增加。此外，有美国学者的研究表明，移动速度的增加能引起切割面积的增加，使射流破碎所需的比能显著下降，提升了破岩效果。

4. 重复切割次数对侵深的影响

冲击次数(切割次数)对侵深的影响与作用时间对侵深的影响相似。根据苏联采矿研究所对侵深和切割次数的实验分析，在水射流切割岩石的过程中，前 3~5 次切割起到主导作用，切割次数的增加对侵深的影响尤为显著。然而，随着切割次数的进一步增加，侵深的增量逐渐减小，直至达到一个饱和点。此时，即便切割次数继续上升，侵深也几乎不再发生显著变化。因此，对于脉冲射流而言，由于其在同一点进行多次重复冲击，可能导致效率降低，因此不宜进行过多的重复操作。而对于连续射流，在增加移动速度的前提下，多次切割的效果明显优于单次切割。

5. 喷射距离对侵深的影响

另一个影响侵深的关键因素是喷射距离 L，即喷嘴出口到岩石表面的距离。当射流从喷嘴流出后，随着与喷嘴距离的增加，其扩散程度加剧，导致射流速度与压力下降，进而减小了对岩石表面的冲击压力，从而影响了破岩效果。

值得注意的是，岩石的坚固程度对喷射距离与侵深的关系有着显著影响。通常情况下，岩石越坚固，侵深随喷射距离的增加而下降的速率越快。特别是在已有截槽内切割岩石时，这种影响尤为显著，喷射距离对侵深的影响要大于在自由面上切割时的情况。因此，破岩过程中喷射距离越小，破岩效果越好，但是这给射流技术的应用带来了困难。为了克服这一难题，随着技术的不断发展，研究人员通过在射流液中添加聚合剂或改进喷嘴结构，成功地实现了在相同破岩效果下，将喷射距离从几十厘米增加到数百厘米，极大地拓宽了射流技术的应用范围。

6. 喷嘴横断面积对侵深的影响

当喷射压力保持恒定时，喷嘴的横断面积越大，喷射出的流量也相应增大。这种增大的流量意味着岩石受冲击的面积更广，因此岩石更易于被破坏，从而导致侵深的增大。实际上，侵深随喷嘴断面积增加的速率存在一个关键的临界值。也就是说，当喷嘴的断面积达到某一特定值时，进一步增加其面积将不再对侵深产生显著影响。这一发现为后续研究提供了优化喷嘴设计的依据。进一步地，当喷射压力一定时，岩石的坚固程度也会对侵深与喷嘴断面积之间的关系产生影响。具体而言，对于更坚固的岩石，喷嘴断面积的增加对侵深的影响相对较小。

10.1.5　水射流破岩的研究与应用进展

1. 水射流形式的研究进展

在先前的研究中，研究人员主要从优化喷嘴设计等途径寻求高效的破岩效果，但近年来更多通过改善射流形式来提升破岩效果。当前研究较为充分、应用较广泛的射流形式包括磨料射流、气蚀射流(空化射流)、脉冲射流等[1, 19]。

1) 磨料射流

磨料射流技术，以高压水射流为媒介，巧妙地结合了球形钢材、陶瓷等材料，通过加压装置驱动，从小直径喷嘴中喷涌而出，形成一股强劲的高速射流束。这种射流束的独特之处在于，它分为前混磨料射流和后混磨料射流两种类型。在这股射流中，高速运动的磨粒如同锋利的刀刃，能够对岩石进行高效而精准的割缝破碎。值得一提的是，磨料射流因其强大的冲击能力，使得切割效果几乎不受射距的影响，确保了工作的稳定与高效。然而，在磨料射流技术的研究领域，我国的起步相较于国外稍晚。早在 1963 年，美国就已成功获得了两相磨料射流钻进油井的专利，标志着这一技术的初步成熟。我国则在 1984 年开始对这一领域进行深入的研究，并成功研制出了 AJC-1 型磨料水射流切割装置，为我国在磨料射流技术上的发展奠定了坚实的基础。

随着磨料射流技术的不断进步，越来越多的学者开始关注并研究影响磨料射流破岩效果的关键因素。Oh 等[20]针对磨料射流动能与岩石切割深度之间的关系进行了细致的研究，揭示了切削深度与最大动能之间的幂函数关系，为我们深入理解磨料射流的作用机制提供了有力的支持。此外，Aydin 等[21]则发现，花岗岩颗粒作为磨料，对于密度和硬度相近的大理岩等岩石，其切割效果尤为显著，进一步拓宽了磨料射流技术的应用范围。在这一研究热潮中，Zhao 和 Li 等[22, 23]学者采用了模拟结合试验的方法，对磨料水射流的破岩性能进行了深入的探讨。他们的研究结果表明，磨料的回弹效应是影响破碎坑直径的重要因素，而射流冲击动载和应力波引起的岩石软化则是导致岩石破碎的主要原因。这些发现不仅为我们提供了优化磨料射流技术的方向，也为未来在岩石切割领域的应用提供了重要的参考。

2）气蚀射流（空化射流）

气蚀射流，亦称为空化射流，是一种独特的两相紊流射流，它结合了气态与液态的特质，流束内充盈着无数气泡或空穴。这种射流正是利用了流束中空泡在岩石表面溃灭时产生的微波冲击效应，实现了低能耗下的高效破岩，其产生原理如图 10-15 所示。值得注意的是，空化射流所需的压力远低于连续射流和脉冲射流，且破碎效果也较好。

在空化射流的研究领域，李子丰[13]深入探讨了其产生机制，不仅提出了空化射流形成判据的问题，还进行了相应的改进。他们指出，脉冲压强是提高空化射流冲蚀能力的关键因素，而压强波动则是提高冲蚀效率的主要推动力。这一发现为我们进一步理解空化射流的性能提供了重要的理论基础。此外，管金发等[24]对空化水射流的不同形式进行了细致的分析。他们指出，空化水射流主要包括普通空化水射流、自振空化水射流以及自激脉冲空化水射流（如图 10-15 所示，图中 α 为碰撞壁截面锥角；d_1 为上喷嘴出口直径；d_2 为下喷嘴出口直径；D_c 为振荡腔直径；L_c 为振荡腔加工长度）。这些不同形式的空化水射流在应用中各有特点，为实际工程提供了多样化的选择。值得一提的是，Tang 等[25]在空化射流的研究上取得了新的突破。他们设计了一种仿生虾的等离子体空化射流机械装置，该装置能够产生与仿生虾的空化数和雷诺数相匹配的高速空化水射流。这一创新不仅拓展了空化射流的应用范围，也为相关领域的研究提供了新的思路和方法。

3）脉冲射流

最初，研究者提出以不同方式作为脉冲射流的动力源，从而实现高效破岩。1958 年，Bowden 和 Brunton[26]最早设计出了以炸药为动力源的挤压式射流发生装置，以不锈钢和有机玻璃为冲蚀对象，验证了脉冲射流的强冲蚀效力。随后，O'Keefe 等[27]开发了一种撞击驱动方法来产生超音速射流，射流速度最大可达到 4.58 km/s。Matthujak

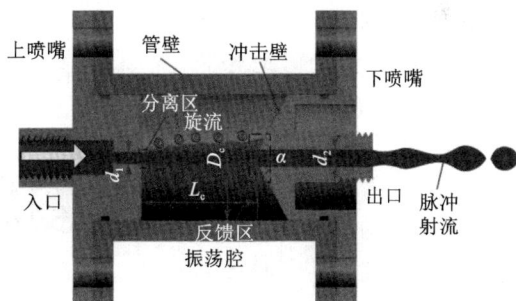

图 10-15　自激脉冲空化射流喷嘴[24]

等[28]将压缩气体作为能量来源，实现了马赫数为 3.21 的超音速射流。为提升挤压式射流的性能，Sripanagul 等[29]采用电磁驱动活塞的方式产生高速射流，并进行了冲蚀砂岩的初步试验。以挤压方式产生的高速射流除了应用于冲蚀破碎，还扩展到燃油喷嘴雾化[30-33]、无针注射等研究领域[34-37]。部分挤压式脉冲水射流装备如图 10-16 所示[38, 39]。

随后，出现了超声波激励式脉冲水射流技术，其装备如图 10-17 所示[40]。这种方法最早由 Vijay[41, 42]提出，它没有动力源，而是通过超声波发生器使高压射流产生脉动。其具体原理是在喷嘴出口处放置谐振变压器来产生密集的超声场，然后作用于喷嘴出口处的射流，使其产生脉动。研究发现射流的性能受谐振变压器位置的影响。Foldyna[43, 44]对该方法进行了

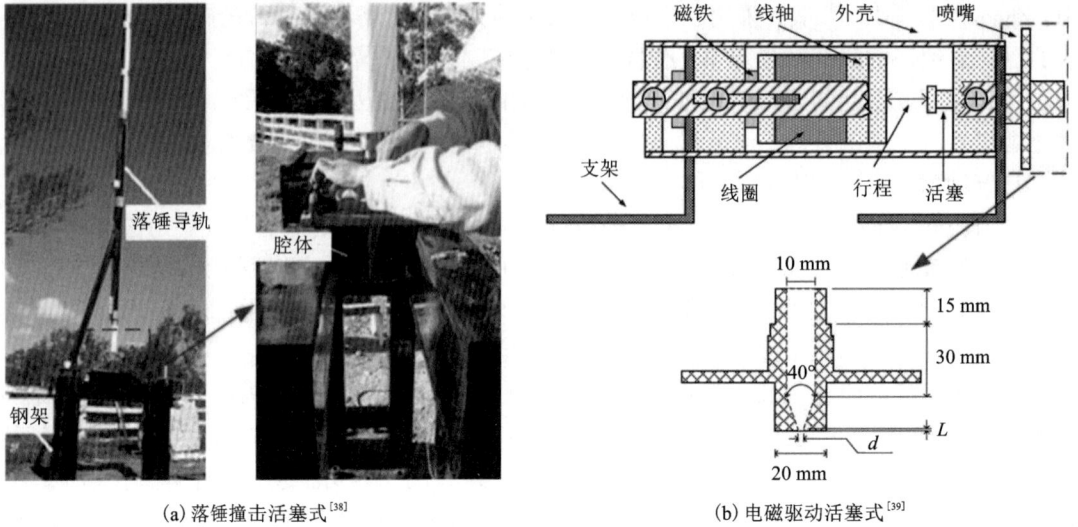

(a) 落锤撞击活塞式[38]

(b) 电磁驱动活塞式[39]

图 10-16 部分挤压式脉冲水射流装备图

改进，将超声波发生器放置在喷嘴内部，声波将直接作用于压力液体并传输到喷嘴，能够产生频率为 20 kHz 的压力脉动。为验证射流的切割能力，分别采用脉冲射流、连续射流切割三种不同类型的岩石，结果表明，超声波激励式射流明显大于连续射流的切割深度，而且形成的缝槽更为规则[45]。

Brook 等[46] 率先在喷嘴出口处配置了可旋转的开槽圆盘，旨在探索脉冲射流的生产方法。在恒定的压力和固定的靶距条件下，他们对砂岩进行了冲蚀实验。结果显示，与连续射流相比，开槽圆盘干扰下的射流产生的冲蚀深度和冲蚀速率均显著提高。这一发现为后续研究奠定了重要基础，并使得通过旋转开槽圆盘截断连续射流成为生成脉冲射流常用且高效的技术手段。

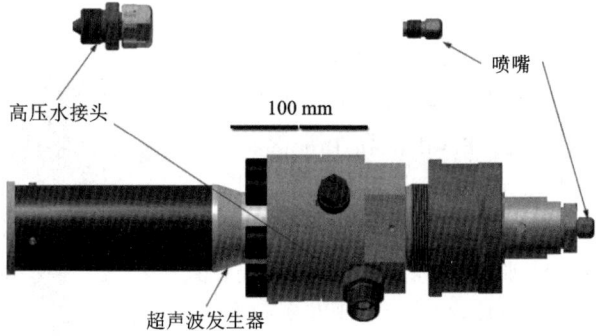

图 10-17 超声波激励式脉冲水射流装备图[40]

随后，Lichtarowicz 等[47] 进一步扩展了这项技术的应用范围。他们使用了一个带有 120 个槽的转盘来中断连续的射流，并测试了这种脉冲射流对金属样品的冲蚀效果。实验结果表明，脉冲射流在金属材料冲蚀方面展现出了独特的优势，这为脉冲射流在更多领域的应用提供了有力的依据。Vijay 等[48] 则进一步系统论证了截断式脉冲水射流对硬岩的冲蚀潜力。他们通过实验和理论相结合的方式，深入分析了比动能和脉冲频率之间的关系，揭示了截断式脉冲水射流在硬岩冲蚀中的作用机制。截断式脉冲水射流装备的实际应用情况如图 10-18 所示，这为脉冲射流技术的实际应用提供了直观的参考[49]。

2. 水射流破岩的应用进展

水射流技术作为一种高效破岩方式，在工程实践中取得了广泛的应用。在更多情况下，水射流技术作为一种辅助技术，集成于机械装备中，结合机械刀具或其他破岩方式进行联合破岩作业。其原理如图 10-19 所示，在高压水射流辅助破岩过程中，机械刀具的作用使岩石内部产生诸多宏观孔隙及微观裂纹，利用高压水射流的优势进行辅助破岩。这种联合破岩方式被证实具有降低刀具温度、提高刀具破岩能力、延长刀具使用寿命等优势[50, 51]。水射流辅助的联合破岩技术已经在隧道工程、石油钻探、矿山开采等领域得到广泛应用[52, 53]。

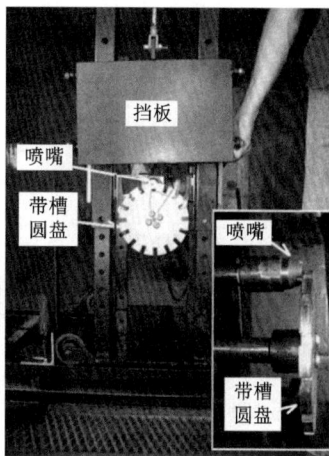

图 10-18 截断式脉冲水射流装备图[49]

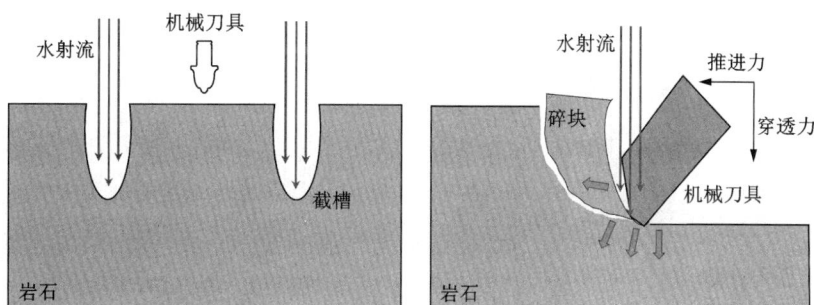

图 10-19 高压水射流辅助破岩作用方式[3]

1）水射流辅助截齿破岩

针对半煤岩截割过程中的困难，刘送永等[54-56]提出了水射流前置式、中置式和后置式辅助破岩方法，如图 10-20 所示。他们借助高压水射流破岩系统和截齿破岩实验台，深入探讨了不同喷嘴结构参数及工作参数下，脉冲射流预制裂缝对截齿截割荷载和刀具温度的影响特性[57]。基于这些研究成果，他们又进一步探索了在围压条件下，磨料水射流与截齿联合破岩的性能，并详细分析了射流辅助破岩条件下截齿截割阻力的变化规律[58]。实验结果显示，在同等围压条件下，随着磨料射流压力的升高，截齿受力状况得到了显著改善。

进一步地，为了应对掘进工作面的水患问题，刘送永等[54, 59]进一步研制了自控水力截齿［图 10-21(a)］，并建立了水射流-截齿自控模型。这项研究不仅探索了自控水力截齿的结构形式，还成功实现了低压灭尘和高压辅助截割的双重目标。紧接着，针对纵轴式掘进机在破碎硬岩过程中截割机构磨损加剧的问题，他们提出了高压水射流辅助掘进机截割机构破岩方法[60]［图 10-21(b)］。通过深入分析水射流布置形式对截割头破岩效果的影响[61]，他们创新发明了自控式水射流截割机构与多点高压旋转密封技术[62]［图 10-21(c)］。最终，其团队成功研发了高压水射流辅助半煤岩掘进机［图 10-21(d)］，这一创新成果有效解决了受限空间下半煤岩掘进机的适应性问题。

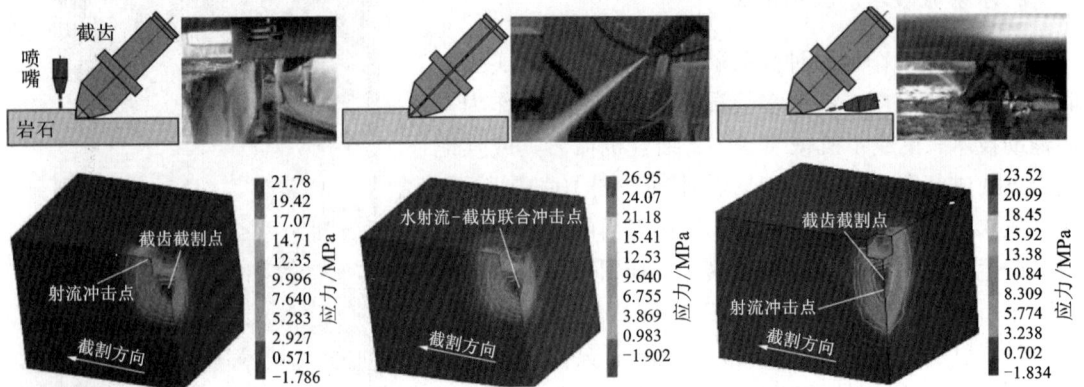

图 10-20　不同水射流辅助机械道具截齿配置形式及岩石应力[54-56]

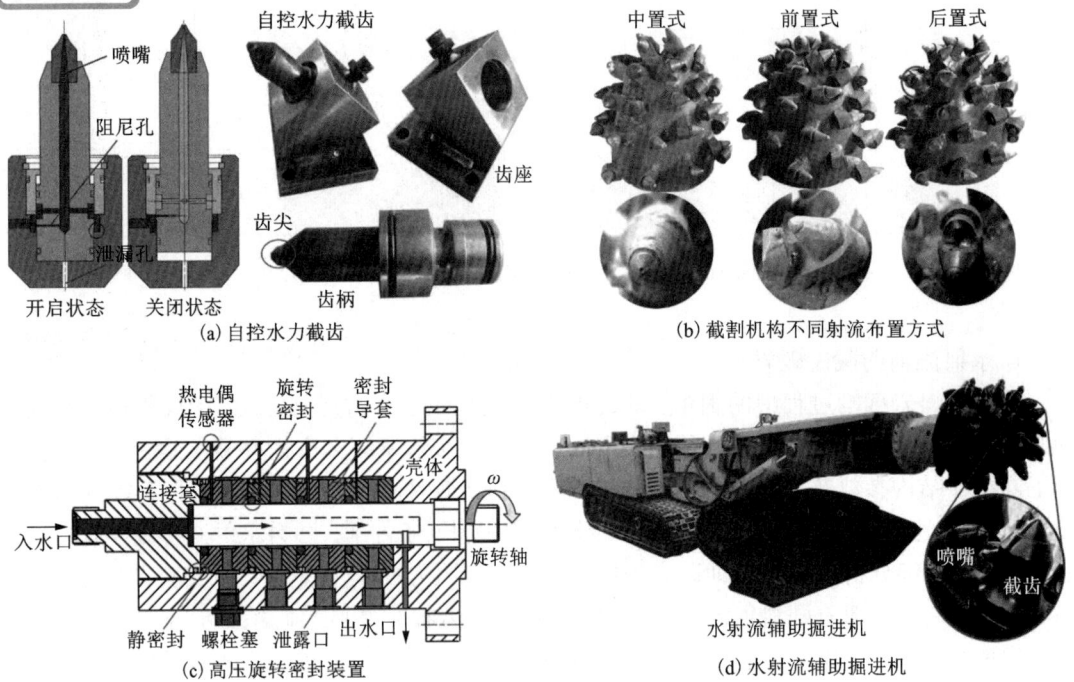

(a) 自控水力截齿

(b) 截割机构不同射流布置方式

(c) 高压旋转密封装置

(d) 水射流辅助掘进机

图 10-21　水射流辅助截齿破岩装备图[59-62]

2）水射流辅助钻孔破岩

Jiang 等[63]通过显式有限元法深入探究了高压脉冲水射流辅助机械冲击破岩的特性，详细分析了不同高压射流与球形齿中心距、双侧射流辅助球形齿以及倾斜射流辅助球齿冲击破岩的性能。这一研究为机械破岩领域提供了新的视角和方法。卢义玉等[52]设计了结构简洁、体积小巧的新型水射流自旋钻头，并对其水射流破岩面积和破岩体积进行了细致分析，为水射流技术的实际应用提供了重要参考。Stoxreiter 等[64]研究了高压水射流辅助 PDC 钻头旋转冲击破岩过程中的钻进速度与比能耗随旋转速度、射流压力等参数的变化规律。他们的研究成果表明,水射流辅助 PDC 钻头能够显著提高岩石破碎效率,为实际工程应用提供了有力支持。为了解决冲击钻进系统在轴向和旋转运动下高压旋转密封的难题,并探究高压水射流与冲击钻孔耦合作用下的岩石破碎性能,刘送永等[65]研发了冲击旋转高压密封装置,并开展了高压水射流辅助钻孔实验。他们详细分析了不同喷嘴布置方式对高压水射流辅助凿岩机振动性能和破岩性能的影响规律,为水射流技术的进一步优化提供了理论依据。

3)水射流辅助滚刀破岩

在 TBM(全断面 TBM 掘进机)面临滚刀磨损严重、掘进效率低等问题的背景下,国内外学者将高压水射流技术引入 TBM 中,以提高硬岩巷掘进效率。Ciccu 等[66]通过高压水射流辅助滚刀破岩实验发现,射流侧置于滚刀能有效增强岩石破碎能力。周辉等[67]进一步分析了高压水射流预制裂隙对滚刀破岩荷载的影响,并指出高压水射流预置切槽可使滚刀法向荷载显著降低。刘送永[2]团队则提出了磨料浆体射流辅助滚刀的破岩方式,并设计了基于液力与机械耦合的水射流-刀盘破岩系统,为 TBM 破岩技术提供了新的发展方向[图 10-21(a)]。Zheng 等[68]从破岩机理、现场应用及未来发展趋势等多个角度,详细阐述了高压水射流辅助TBM 破岩技术[图 10-22(b)],并指出其破岩能耗是机械破岩能耗的 10 倍以上。

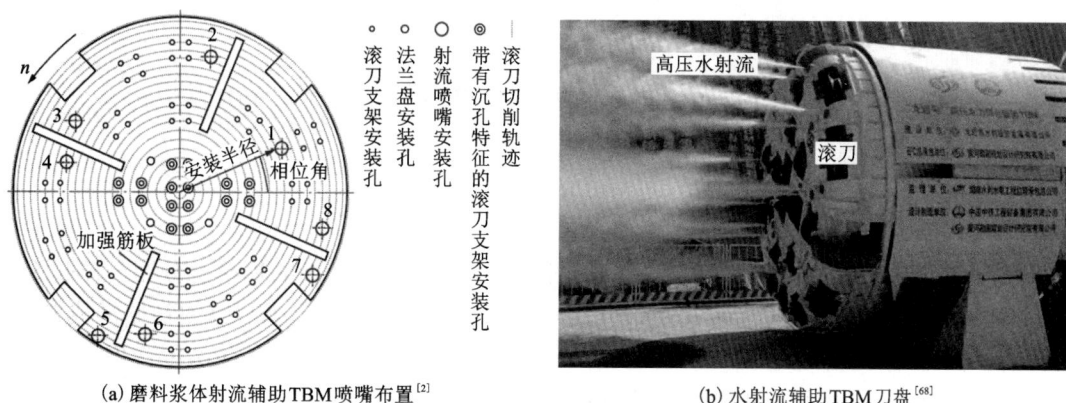

(a)磨料浆体射流辅助TBM喷嘴布置[2]　　　　(b)水射流辅助TBM刀盘[68]

图 10-22　水射流辅助滚刀破岩装备图

4)水射流辅助压裂破岩

水射流辅助压裂破岩技术,作为一种集成水力射孔、压裂和隔离功能于一体的水力破岩方法,其实现过程涵盖水力喷砂射孔、水力压裂和环空挤压三个关键步骤。该技术首先依赖水射流的冲蚀能力来形成钻孔,或结合水射流辅助机械破岩技术以完成钻孔作业。随后,通过水射流对储层进行冲蚀,精准地形成有导向的缝槽,为后续的水力压裂奠定基础。相较于传统水力压裂法在处理裸眼水平井时面临的挑战,如储层天然裂缝发育导致的流体大量损失和压裂效果受限,水射流辅助压裂破岩技术无须依赖密封元件,即可维持较低的井筒压力,迅速且准确地压开多条裂缝,从而有效解决了裸眼完井水力压裂的难题。这一技术的优势在于其不受水平井完井方式的限制,能够广泛应用于裸眼及各种完井结构的水平井中,但需要注意的是,其效果可能会受到压裂井深和加砂规模的限制。

在油气藏开采领域,水力喷射压裂技术凭借其独特的工艺优势,如水力喷射辅助压裂、水力喷射环空压裂和水力喷射酸化压裂等，展现出了广泛的应用前景[69]。该技术能够定向、大范围地碎裂储层岩体，显著提高储层的透气性，进而促进煤层气/页岩气的解吸与渗流。正因如此，水力喷射压裂技术已在全球范围内得到了广泛的应用[70, 71]，尤其是在美国、加拿大等地均已展现出显著的技术和经济效益。2005 年，水力喷射压裂技术第一次使用在美国Barnett 页岩中，作业者通过水力喷射环空压裂工艺对 53 口井进行了压裂作业，其中有 26 口井在技术和经济上取得了显著成功。压裂后页岩气井的产量明显增加，且随着持续生产，效果愈发显著。其中有 21 口井更是被认定为技术成功的典范[72]。在借鉴国外先进技术的基础上，我国学者卢义玉等[73]提出了一种创新性的深部煤层气开采方法，即地面定向井与水力割缝卸压技术的结合。该方法基于切割卸压能够提升储层渗透率的原理，综合了矿井下瓦斯抽采的实践经验及地面开发非常规天然气的技术方式，如图 10-23 所示。该技术能够在大范围、大程度上完成煤层卸压，为我国的煤层气开采提供了新的思路和方法。

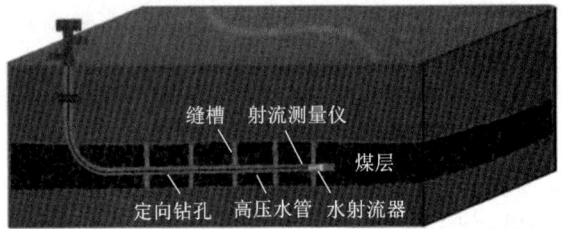

图 10-23　定向水平井与水力割缝卸压结合方法[73]

10.2　水力压裂

10.2.1　破岩机制

在水力压裂技术中，影响破碎效果的因素较多，包括井底附近的地应力分布、岩石固有的力学特性、压裂液的渗滤性能及注入方式等。这些因素不仅决定了裂缝的初始形成条件，还影响着裂缝的后续形态和方位。因此，为了深入理解并优化水力压裂技术的应用，首先须探讨其基本原理，并详细分析地应力分布和压裂液性质对压裂过程的影响。

1. 水力压裂基本原理

在运用水力压裂实现破岩的过程中，了解造缝的形成条件、裂缝的扩展形态等，对利用该技术实现高效破岩，达到增产、增注的目的非常重要。高压水力胀裂破岩工作原理如图 10-24 所示，主要是利用高压水力产生的静压诱导岩石或岩层内部预先形成裂隙带，损伤岩石的力学性质，进而发生破碎。水力压裂破岩的基本过程如下。

（1）向目标岩层泵入压裂液：在地面建设高压泵或其他高压水源，将高黏液体供给到水力压裂设备中；液体经过加压装置增压后形成高压液，将其以超过地层吸收能力的排量注入到岩石或岩层中的预先钻孔或管道中；注液的位置和压力根据岩石的特性和预期裂缝位置来确定。

（2）岩层裂缝扩张：高压液的注入导致孔隙压力升高，克服了井壁附近的地应力，达到岩石抗张强度，使岩石或岩层中的裂缝逐渐扩张。

（3）支撑剂随压裂液进入裂缝：继续将带有支撑剂的携砂液注入压裂液，裂缝继续扩张，并在裂缝中注入支撑剂。这些裂缝包括天然存在的裂缝和由注液压力引起的新裂缝。

（4）压裂液滤失：当裂缝扩张到一定程度时，岩石或岩层会发生破碎。水力压裂装置通常会安装排出管道，破碎的岩石碎块通常会伴随着高压液一起排出。

（5）形成填砂裂缝：停泵后，在支撑剂对裂缝的支撑作用下，地层中形成了具有一定几何尺寸和导流能力的填砂裂缝。

经过上述过程，地层中形成了一条具有高导流能力的填砂裂缝，从井底延伸至地层深处，所以流体会从原来的径向流入井底，转变为先单向流入裂缝中，然后单向流入井底，节省了大量能量。在实际操作中，需要根据地质情况和目标岩石的特性，合理设计和控制水力压裂参数，以确保破碎效果和操作安全。

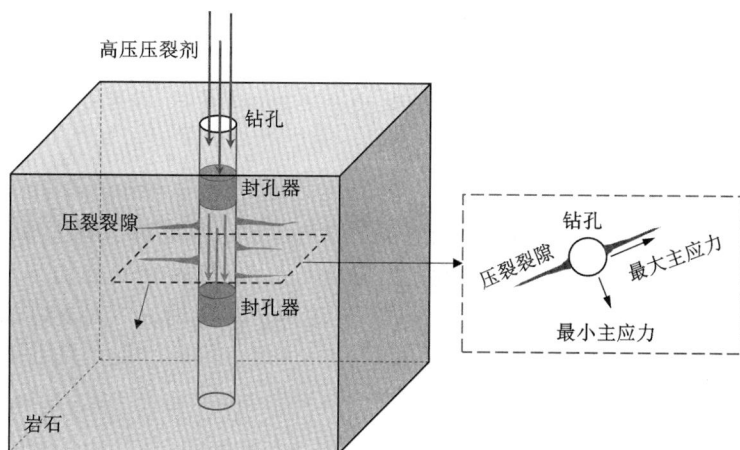

图 10-24　水力压裂技术示意图[3]

2. 水力压裂的压裂液与支撑剂

1）压裂液

压裂液作为水力压裂过程中的核心介质，不仅承担着造缝和携砂的双重任务，还对压裂效果有重要作用。一方面，它通过高压作用压开储集层，形成人工裂缝，为油气的运移提供通道；另一方面，压裂液携带支撑剂进入裂缝，确保裂缝的稳定扩展和有效支撑。因此，压裂液的性能优劣直接决定了压裂作业的成功与否。根据水力压裂过程的具体需求，压裂液可分为前置液、携砂液和顶替液三种类型。前置液的首要任务是压开地层、形成裂缝，并为地层提供必要的冷却降温效果，通常选择未交联的溶胶作为其主要成分；携砂液则专注于携带支撑剂进入裂缝，以扩展并充填裂缝，同时兼具冷却地层的作用；而顶替液则确保井筒中的携砂液能够准确到达裂缝内的预定位置，有效防止砂卡井下工具和井筒沉砂。

在压裂液的选择上，其配置材料和液体形状的差异决定了其适用地层的不同。压裂液可分为水基压裂液、油基压裂液、泡沫压裂液和乳化压裂液等几大类。水基压裂液以水为溶剂，通过添加多种添加剂配制而成，适用于多种地层环境。其中，水基冻胶压裂液、线性胶压裂液和活性水压裂液因稠化方式和稠化程度的不同而各有特点，但要注意其在水敏性地层中的应用限制。油基压裂液则以其就地原油或柴油为溶剂，通过添加各种配制剂得到。其高黏度、耐温性能好、携砂能力强等特点，使其对储集层的伤害较小，但高昂的价格、施工困难以及易燃性限制了其应用范围。泡沫压裂液则以其独特的分散相——空气，以及水、线性胶、水基冻胶、酸液、醇或油等溶剂为基础，与各种添加剂配制而成。其高黏度、优异的携砂和悬砂性能，以及易于压后反排、对油层污染小的特点，使其在低压、水敏和含气储集层的压裂改造中表现出色，但其不足之处是温度稳定性差和适用范围受限。乳化压裂液以油水乳化液为溶剂，通过添加各种添加剂配制而成。其良好的耐温和耐剪切能力、低滤失量、对储集层伤害小等特点，使其在压裂作业中具有一定的应用潜力。在实际应用中，应当根据地层性质与工程需求选择合适的压裂液。一般情况下压裂液应当满足以下性能要求：

①滤失少——取决于其黏度与造壁性。

②悬砂能力强——取决于其黏度。

③摩阻低——摩阻越低，用于造缝的有效功率越大。

④稳定性好——热稳定性和抗机械剪切稳定性。

⑤低残渣——以免降低油气层和填砂裂缝的渗透率。

⑥易返排——减少压裂液的损害。

2）支撑剂

支撑剂按照力学性质可以分为脆性支撑剂（如石英砂、玻璃球、陶粒等）和韧性支撑剂（如核桃壳、铝球等）。脆性支撑剂的硬度大，变形小，但是在高闭合压力下易破碎；韧性支撑剂的变形大，承压面积大，在高闭合压力下不易破碎。一般情况下对支撑剂的性能要求包括以下五点：

①粒径均匀，密度小。

②强度大，破碎率小。

③圆度和球度高。

④杂质含量少。

⑤与压裂液及储层流体不发生化学作用。

3. 水力压裂过程中的地应力分析

水力压裂的造缝条件及裂缝形态、方位等与井底地层的地应力分布有密切关系。地应力的来源复杂，通常认为由上覆岩层的重力、孔隙压力、构造活动等多方面构成。图 10-25 为水力压裂过程中井底的压力变化曲线，在不同的施工阶段，井底的压力具有明显的阶段特征，对应地层裂缝不同的发展状态。因此，分析不同阶段井底地层的地应力分布能够更好地了解水力压裂的造缝机制，对施工规模和施工工艺的确定有更好的指导意义。

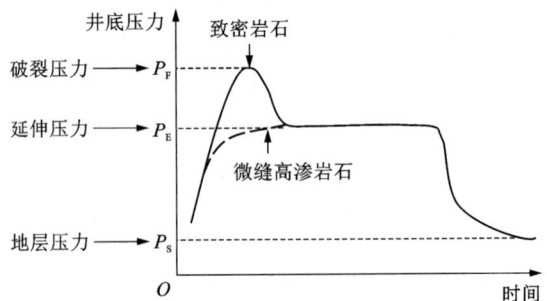

图 10-25　井底压力变化曲线

1）地层破裂压力

地层破裂压力是使地层开始产生水力裂缝时的井底流动压力。根据地层的破裂压力可以确定井下管柱和工具、井口装置与泵注设备的压力极限。同时，根据破裂压力梯度可以大致推断水力裂缝的形态。一般认为，在压力系数为 1.0 的正常油井中，若破裂压力梯度 < 0.015~0.08 MPa/m 时，多为水平裂缝；> 0.023 MPa/m 时，多为垂直裂缝。目前，有许多学者提出了地层破裂压力的计算公式。

Hubbert 等[74]发现当钻孔井壁的切向应力达到岩石的抗拉强度时，岩石就会产生拉伸裂缝，并基于不透水岩石的线弹性断裂力学理论，得到钻孔的破裂压力计算公式，如式 (10-15) 所示：

$$P_1 = 3\sigma_{\min} - \sigma_{\max} + T_1 - P_0 \qquad (10-15)$$

式中：P_1 为破裂压力；T_1 为不渗透岩石的抗拉强度；P_0 为初始岩体孔隙压力；$\sigma_{\min}$、$\sigma_{\max}$ 为最小、最大水平主应力。

对于可透水岩石，需要考虑孔隙效应，Haimson 等[75]利用孔隙弹性理论推导出渗透性岩石的水力压裂判据，如式 (10-16)、式 (10-17) 所示：

$$P_1 - P_0 = \frac{3\sigma_{\min} - \sigma_{\max} + T_2 - 2P_0}{2 - 2\eta} \qquad (10-16)$$

$$\eta = \frac{\alpha(1 - 2\nu)}{2(1 - \nu)}, \ 0 \le \eta \le 0.5 \qquad (10-17)$$

式中：$\sigma_{\min}$、$\sigma_{\max}$ 分别为最小、最大水平主应力；T_2 为钻孔在水压作用下的抗拉强度；P_0 为初始岩体孔隙压力；α 为孔隙流体压力系数；ν 为泊松比；η 为孔隙弹性参数。

Detournay 等[76]基于以上判据，提出了一种考虑井筒增压速率的水力压裂模型，如式 (10-18)~式 (10-20) 所示：

$$P_1 - P_0 = \frac{3\sigma_{\min} - \sigma_{\max} + T_2 - 2P_0}{1 + (1 - 2\eta)h(\gamma)} \qquad (10-18)$$

$$\gamma = \frac{v\lambda^2}{4cS}, \ 0 \le \gamma \le \infty, \ 0 \le h(\gamma) \le 1 \qquad (10-19)$$

$$S = 3\sigma_{\min} - \sigma_{\max} - 2P_0 \qquad (10-20)$$

式中：$\sigma_{\min}$、$\sigma_{\max}$ 分别为最小、最大水平主应力；T_2 为钻孔在水压作用下的抗拉强度；P_0 为初始岩体孔隙压力；η 为孔隙弹性参数；v 为钻孔加压速率；λ 为微裂纹长度范围；c 为扩散系数。

2）裂缝延伸压力

裂缝延伸压力是使水力裂缝在长、宽、高三个方向扩展所需要的缝内流体压力。一般情况下，裂缝延伸压力小于地层破裂压力而大于裂缝闭合压力，其值的高低与岩层断裂韧性、压开的裂缝体积，即施工规模有关。当前工程中，进行现场阶梯式泵注试验是确认裂缝延伸压力最可靠的方法。如果井底未下压力计，应将地面上测定的裂缝延伸压力换算到井底条件为：

$$P_{E(井底)} = P_{E(地面)} + P_H - P_F \qquad (10-21)$$

式中：$P_{E(井底)}$ 为井底裂缝延伸压力；$P_{E(地面)}$ 为地面测量的裂缝延伸压力；P_H 为井筒的静液柱压力；P_F 为井筒管柱的沿程摩阻。

试验中或试验结束后，如取得地面瞬时关井压力，则井底的裂缝延伸压力为：

$$P_{E(井底/关井)} = P_1 + P_H \qquad (10-22)$$

式中：$P_{E(井底/关井)}$为瞬时停泵延伸压力；P_I为地面瞬时关井压力。

3）裂缝闭合压力

裂缝的闭合压力是指使裂缝恰好保持不致于闭合所需的流体压力，它与地层中垂直于裂缝面的最小主应力大小相等，方向相反。裂缝闭合压力是所有压裂压力分析的参考，或作为基准压力。该压力相当于油藏渗流分析中的原始地层压力。因此，它是压裂设计与压裂效果评价的重要参数。裂缝闭合压力是选择支撑剂类型、粒径尺寸、铺置浓度和确定导流能力的主要依据。在现场，通常通过微压裂、注入-反排试验，或注入-关井试验求取裂缝闭合压力。

在微型压裂中：

$$\sigma_{Hmin} = P_I \tag{10-23}$$

最大水平主应力：

$$\sigma_{Hmax} = \sigma_{Hmin} - P_r - P_p \tag{10-24}$$

在小型测试压裂注入-反排试验中：

$$P_c = \overline{\sigma}_{Hmin} + P_p \tag{10-25}$$

由于

$$\overline{\sigma}_{Hmin} = \sigma_{Hmin} - P_p \tag{10-26}$$

所以

$$P_c = \sigma_{Hmin} - P_p + P_p = \sigma_{Hmin} \tag{10-27}$$

式中：P_I为微型压裂中第一次瞬时关井压力（井底）；σ_{min}、σ_{max}分别为最小、最大水平主应力；P_r为微型压裂中再次开泵后重新张开裂缝的压力；P_P为垂直裂缝面的地应力。

10.2.2　水力压裂破岩的研究与应用进展

传统上，水力压裂技术在油气开采行业中占据着举足轻重的地位，它作为一项具有广阔应用前景的油气增产措施，极大地推动了油气开采效率的提升。自 1947 年美国启动第一口井的压裂施工以来，这一技术便开启了其商业应用的历史篇章。不久后的 1949 年，哈里伯顿公司更是获得了唯一的"水力压裂"许可证，标志着水力压裂技术正式步入了商业化应用的轨道。在我国，对于水力压裂技术的研究始于 20 世纪 50 年代，历经数十年的不懈探索与努力，我们取得了令人瞩目的技术成就和显著的经济效益。其中，大庆油田作为我国石油工业的重要基地，自 1973 年起就开始积极采用水力压裂技术作为油田增产增注的重要手段。随着油田开发的不断深入，压裂工艺技术也得到了持续的改进和完善，为我国油气开采行业的快速发展提供了有力支撑。时至今日，水力压裂技术仍然是油气开采行业中不可或缺的重要技术之一，其对于提高油气产量和注入量具有重要意义。为了进一步挖掘水力压裂技术的潜力，我国科研工作者和工程师们仍在不断深入研究，以期在技术创新和应用方面取得更大的突破。

1. 水力压裂破岩机制研究

水力压裂过程实质上是通过打破岩体的原始平衡状态，使岩体内的应力重新分布，进而诱导岩体中原有的微裂缝和微孔隙启裂并持续扩展，形成新的裂缝网络。因此，对于裂缝形成机制的深入研究，关键在于揭示裂缝的启裂、扩展、合并等动态过程。

在国外，对水力压裂造缝机制的研究起步较早。早在 1957 年，Hubbert 和 Willis[74] 便提出了地质构造应力场如何影响水力压裂时井壁破裂压力及裂缝方向的理论框架。此后，不同学者纷纷在这一领域展开研究。例如，洪世铎[77] 在 1980 年摘译了日本《石油技术协会志》中关于水力压裂理论的深入分析，详尽地介绍了水力压裂作用下岩石材料的破裂机制、裂缝的延伸方向以及裂缝的面积和宽度。这一文献为国内学者了解水力压裂理论提供了宝贵的参考。国内学者也在水力压裂领域作出了重要贡献。黄荣搏[78] 在综合国外研究的基础上，提出了垂直裂缝和水平裂缝的起裂判据，并深入分析了影响裂缝延伸方向的多种因素。他强调，裂缝的形成主要受到井壁上应力状态的影响，而这一应力状态则受到地壳应力、地层孔隙压力、井内液体压力、压裂液向地层中的渗滤流动，以及被压裂地层的机械物理性质等多种因素的共同作用。

当前，为了更深入地理解水力压裂的破岩机制，研究学者主要从相似试验、数值模拟和理论模型三个方面展开探索。接下来，本节将对部分学者的研究成果进行详细的归纳总结，以期为该领域的研究提供有益的参考。

①理论模型。

研究水力压裂问题的一个重要工作是建立数学模型，用来反映岩体在水压作用下的力学反应及裂缝的形成和扩展问题。目前，建立岩体水力压裂理论模型的途径大致可以分为两类：一类是将岩体看作裂隙介质，认为水在岩体内部为裂隙流的形式存在和运动；另一类是将岩体视为等效连续介质，引入损伤的概念来描述随岩体应力状况的变化、岩体内裂隙的发展情况，将水压力视为体积力，建立损伤变量与渗透系数之间的关系[79]。

在第一类水力压裂理论模型中，Perkins 和 Kern[80] 于 1961 年提出的 PKN 模型是该领域的早期重要贡献。该模型的核心假设在于裂缝在水平和数值方向上均呈现椭圆形截面，且裂缝的高度与长度相互独立，高度显著小于长度。此外，PKN 模型还假定水力压裂能量仅通过流体流动消耗，而对断裂强度（断裂韧度）的影响进行了简化处理。这种以黏度为主导（压裂液黏度较大）的模型，特别适用于石油工程水力压裂的现场工程，为实际应用提供了坚实的理论基础。随着研究的深入，Nordgren[81] 在 1972 年进一步开发了 KGD 模型，这一模型为水力压裂研究注入了新的活力。KGD 模型在 PKN 模型的基础上，提出了一个椭圆的水平截面和一个矩形的垂直截面来描述裂缝的形态。更重要的是，它强调了裂缝宽度在垂直方向上保持恒定，这一特点使得 KGD 模型在描述清水压裂的干热岩场地时表现出色，成为韧性主导状态下水力压裂分析的有力工具。

目前，在油气开发水力压裂设计中，二维的 KGD、PKN 模型以及三维模型得到了广泛应用。这些模型不仅为工程师们提供了预测裂缝扩展和评估水力压裂效果的有效手段，也为理论研究的深入发展奠定了基础。国内学者在继承和发展这些模型的基础上，进行了大量的优化研究。例如，王理想等[82] 结合连续-非连续单元法（CDEM）和中心型有限体积法（FVM），提出了一个解决水力压裂流固耦合问题的二维混合数值计算模型。通过与 KGD 理论模型以及颗粒离散元数值模拟结果的对比验证，这一模型展现出了其正确性和有效性。进入 21 世纪，Hossain 等[83, 84] 的研究进一步拓展了水力压裂理论的应用范围。他们深入探讨了井眼轨迹、射孔和应力范围等因素在任意方位和井斜条件下对水力压裂裂缝启裂和扩展的影响。基于这些研究，他们构建了一套预测水力压裂裂缝沿任意方位井筒启裂的通用模型，并建立了射孔完井和裸眼完井条件下裂缝的封闭式解析解。通过组合成一个数值模型，Hossain 等不仅分析了启裂裂缝的扩展动态，还探讨了非最佳位置裂缝启裂的原因以及裂缝弯曲对扩展压力和容积的影响，为解释水力压裂过程中施工压力异常的原因提供了重要依据。

在第二类水力压裂理论模型中，陈守雨[85]针对传统二维模型无法解释异常高施工压力的不足，引入连续损伤力学(CDM)和线弹性断裂力学(LEFM)相关理论，建立 CDM-PKN 模型，能够有效解释异常高施工压力，既可以解释实际施工压力剖面，也可以预测裂缝长度、宽度和流体效率。李正军等[86]通过损伤理论和能量原理，分析了水力压裂过程中岩体的损伤特性和裂缝形成及扩展过程，建立了裂缝起裂的能量判据和裂缝扩展规律模型。刘洪等[87]则引入分形理论、岩石损伤断裂力学等相关领域最新成果，对油气藏水压裂缝的分形特征、水力压裂裂缝起裂延伸的损伤力学模型和裂缝几何形态模拟的损伤力学模型等方面进行分析研究。

此外，也有学者从能量理论方面提出水力压裂过程中裂缝的扩展机制。Karihaloo 等[88]认为，当含裂缝的岩石构件受载后，裂缝尖端会出现微裂区。一方面，随着荷载的进一步增加，外力功转化成能量，以各种形式消耗在水力压裂岩体上，一部分以应变能的方式储存在水力压裂岩体内部；另一方面，裂缝的表面积增加，而产生新表面需要能量消耗，因此这部分表面能最终也由外力功提供。

②物理模拟试验。

目前，绝大部分的水力压裂物理模拟试验是在真三轴受力环境下进行的，可以较好地反映真实储层中不同地应力水平、不同侧压力系数对压裂裂缝延伸特征的影响。同时，很多试验研究中引入了诸如声发射定位系统、CT 扫描系统等现代化的技术手段来对试样内部水力裂缝的空间分布进行监测定位和分析，提高了试验的准确性和可靠性。此外，很多的试验研究考虑到了储层中天然裂缝、弱面以及层理面等不连续面对压裂裂缝的影响，为此进行了专门的研究。虽然有些试验中预制裂缝不能完全反映真实试样的形态特征，但从一定程度上认识了天然裂缝对水力裂缝的影响机制。

我国早期的水力压裂试验研究较少考虑岩石本身的裂隙、孔隙等的影响。1981 年，吴景浓等[89]自主研制开发了一种室内水力压裂设备和方法，并用该设备开展了三轴受力条件下干燥岩样和饱和岩样的水力压裂试验。该设备只能模拟假三轴条件下的受力环境，但这是国内较早的关于室内水力压裂物理模拟的设备和试验方法。1983 年，刘翔鹗等[90]开展了真三轴受力条件下的水力压裂室内物理模拟试验，试验结果表明水力压裂除了能产生垂直于最小主应力方向的主裂缝，还可以产生其他方位的斜平缝和斜垂缝。陈勉等[91]同样进行了真三轴条件下的水力压裂室内试验研究，得到的裂缝形态均与最小地应力方向垂直。张旭等[92]结合大型真三轴加载系统和声发射定位系统，建立了一套页岩储层水力压裂大型物理模拟试验方法，通过对页岩试样的试验，利用声发射系统实时监测了页岩试样中水力裂缝的产生与扩展演化过程。此后，刘建中等[93]开展了水力压裂中剪切裂缝的试验研究，发现在一定围压条件下剪切裂缝先于张拉裂缝出现。随后，他们又研究了钻井轴与垂向主应力方向的夹角对水力压裂裂缝的形态和位置的影响规律[94]。以上是国内较早的针对水力压裂进行的室内物理模拟试验研究。

很多工程水力压裂的岩层往往是非均质或者不连续的，经常含有天然的节理或裂缝，这些天然的裂缝或不连续面对水力压裂裂缝的影响往往至关重要，因此需要对这方面的工况进行研究。周健等[95, 96]分别在模拟试样中加入一条和多条预制裂缝，采用大尺寸真三轴实验系统，探讨了天然裂缝与水力裂缝干扰后水力裂缝走向的宏观和微观影响因素。试验结果表明，水平主应力差和逼近角是决定水力裂缝走向的主要因素，天然裂缝带发育程度和天然裂缝面摩擦系数也是影响裂缝走向的主要因素，天然裂缝发育程度越深，水力裂缝越容易沿天然裂缝转向。Tan 等[97]则研究了水平井水力压裂中垂直裂缝的扩展机制，并将其分为四类：单裂缝、鱼骨形裂缝、带张开裂隙的鱼骨形裂缝、多形式的鱼骨形裂缝网。郭印同[98]、衡帅[99]、李芷[100]、侯振坤[101]等则在声发射定位技术的基础上引入工业 CT 扫描设备，对压裂试样实验前后进行扫描，与加载系统、声发射定位技术一起建立了一套页岩水力压裂物理模拟与压裂缝表征方法，重点研究分析了页岩层理面对页岩体积压裂裂缝扩展和延伸的影响规律。Guo[102]、张士诚[103]、张烨[104]等在进行页岩试样水平井水力压裂体积改造物理模拟试验中也采用了 CT 扫描技术，分析了体积压裂后页岩试样中裂缝网络的空间分布特征。

③数值模拟。

目前，用来描述水力压裂中裂缝几何形态和延伸规律的模型主要分为以下三类：二维模型(2D)，拟三维模型(P3D)，全三维模型(3D)。Papanastasiou[105]研究了水力压裂中岩石塑性行为的影响，采用有限差分和有限单元组合的模拟方法分析了流体、岩石变形和裂纹扩展三相耦合的非线性问题。刘建军等[106]根据渗流力学、岩石力学、传热学、断裂力学的相关理论，建立了油水井三维水力压裂模拟计算的数学模型，该模型考虑了压裂液的流变性、支撑剂在压裂缝中的运移、压裂液与储层岩石的热交换以及压裂过程中的流固耦合作用，给出了裂纹扩展和流固耦合计算的数值解法，通过算例验证了所提出数学模型的合理性。

此外，唐春安教授团队自主开发的基于有限元应力分析和统计损伤理论的岩石破裂过程分析系统(RFPA)也被应用于水力压裂数值模拟分析中，是国内比较早的进行有限元水力压裂数值模拟的尝试。杨天鸿、冷雪峰等[107-112]也在国内较早使用该系统进行了水力压裂数值模拟研究。他们采用嵌入有渗流-应力耦合分析模块的岩石破裂过程分析系统 (F-RFPA2D)，模拟分析了含单孔岩石试样的水压致裂过程，研究了岩石的非均质性、围压、孔压对水力压裂试样破坏机制的影响。

2. 水力压裂液与支撑剂的材料研究

水力压裂技术使用的压裂液最初是原油和清水，随后逐渐发展到适应低、中、高温的，具有延迟交联作用的胍胶有机硼"双变"压裂液体系和清洁压裂液体系，其具有优质、对环境伤害小的优点。支撑剂则从天然的石英砂，发展到人造的中、高强度陶粒，加砂方式也从人工演变为混砂车连续加砂。

1)压裂液

通常地质条件不同时，对应的压裂要求不同，压裂液中添加剂的使用也不同。以美国 Fayetteville 页岩水力压裂过程中使用的减阻水压裂液为例，减阻水压裂液是一种水基压裂液，添加剂包括凝胶、减阻剂、抗菌剂等，这种压裂液集成了凝胶压裂和清水压裂的优点。随着人们对致密和超致密非常规地层高黏土含量地层的兴趣日益浓厚，Ribeiro 和 Sharma[113]发现开发含有大量气体和少量气体的多相压裂液体系可以显著减少毛细管压力，以及相对渗透率不连续造成的损伤。这种流体的多相性质能够显著降低失液量，最终减少水力压裂的用水量，或者，用同样体积的压裂液扩展更多的裂缝。此外，还有低分子量压裂液(清洁压裂液)、通过憎水改变后的无伤害自然聚合物压裂液、无残渣聚合物压裂液、可多次重复使用的压裂液（返排率接近100%）、适用于高温的人造聚合物压裂液、交联甲醇或交联乳化压裂液等。表10-1为压裂液中常用的添加剂类型、主要化合物及其作用。

表10-1 水力压裂液添加剂类型、主要化合物及其作用[114]

添加剂类型	主要化合物	作用
酸	盐酸	有助于溶解矿物和造缝
抗菌剂	戊二醇	清除生成腐蚀性产物的细菌
破乳剂	过硫酸铵	使凝胶剂延迟破裂
缓蚀剂	甲酰胺	防止套管腐蚀
交联剂	硼酸盐	当温度升高时保持压裂液的黏度
减阻剂	原油馏出物	减小清水的摩擦因子
凝胶	瓜胶/羟乙基纤维素	增加清水的浓度以便携砂
铁离子控制剂	柠檬酸	防止金属氧化物沉淀
防塌剂	氯化钾	使携砂液卤化以防液体与地层黏土反应
pH调整剂	碳酸钠/碳酸钾	保持其他成分的有效性，如交联剂
防垢剂	乙二醇	防止管道内结垢
表面活性剂	异丙醇	减小压裂液的表面张力并提高其返回率
支撑剂	二氧化硅	使裂缝保持张开以便气体能够溢出

2）支撑剂

在我国传统的压裂技术中，65%以上的携砂液采用胍胶压裂液，但在应用过程中发现其会对地层渗透产生不可逆的损害，且所占成本达整个压裂成本的40%。如今，在石油天然气工业发展的同时，支撑剂表面材料的应用也日益剧增，主要包括以下几种新型支撑剂：水凝胶膜支撑剂、氟化支撑剂、磁性支撑剂和无机支撑剂。

①水凝胶膜支撑剂。

针对传统支撑剂在输送过程中易沉降的不足，有学者提出了水凝胶膜支撑剂，这种支撑剂的沉降速度远小于传统支撑剂，压裂效果得以提升。Mahoney[115, 116]的研究指出，聚二烯丙基二甲基氯化铵水凝胶膜支撑剂不仅分散性好，能够减少高聚物在压裂液中的应用，降低储层污染，还具备减缓摩擦、降低泵能的效果，使得压裂效果明显优于普通砂砾。

②氟化支撑剂。

Rohring[117]的研究揭示了氟化材料支撑剂的独特优势。这种支撑剂通过表层氟化处理，使其具有较大的碳氟键键能，极化率小，疏水性和疏油性均十分出色。更为难得的是，碳氟键的化学稳定性极好，即使在高温条件下，其疏水疏油性能也几乎不受影响。这种支撑剂形成的裂缝具有较高的渗透率，并且能够有效减少地层流体和杂质在支撑剂表面的吸附，从而确保人工裂缝长期保持高导流能力。

③磁性支撑剂。

有学者通过聚合黏结的方式，成功将磁性材料应用于支撑剂表面。这些磁性材料包括铁、低碳钢、铁-硅合金、镍-铁合金、铁-钴铝合金等。磁性材料在支撑剂表面结块后，不仅能够有效防止支撑剂返吐，还为支撑剂之间提供了较大的吸引力，使得裂缝中的支撑基层结合更加紧密，从而增加了裂缝的持续张开时间。Rediger 等[118]就通过将熔化的热塑性酚醛树脂与磁铁矿(Fe_2O_3)粉末混合，经过一系列处理后，制备出了具有优异性能的磁性支撑剂。试验结果显示，在 45°斜面下，普通的支撑剂会滑落，但磁性支撑剂却能保持稳定。

④无机支撑剂。

无机材料具有强抗压性和高稳定性，因此近年来也被用于支撑剂的改性研究中。Urbanek[119]利用 Al_2O_3 和 SiO_2 黏合形成支撑剂的涂层，在特定温度和催化剂的作用下，得到了含有 Si—O—Si 和 Si—O—Al 的支撑剂表面涂层。这种涂层在碱金属氧化物的作用下能够释放出铝酸盐和硅酸盐单体，形成低聚物的二聚体聚合网络，从而赋予支撑剂出色的抗压性和稳定性。

3. 水力压裂的现场应用研究

压裂作业是提升油气产量的重要手段，其技术方法多种多样，如氮气泡沫压裂和凝胶压裂等。然而，这些方法都存在各自的局限性，例如，氮气泡沫压裂技术多适用于深度较浅或地层压力较低的页岩，而凝胶压裂则面临着成本较高的挑战[120]。因此，随着技术的不断进步，这些传统的压裂方法已经逐渐被更为高效、经济的水力压裂技术取代。

水力压裂技术自 1947 年在美国堪萨斯州首次试验成功以来，便以其独特的优势在油气开采领域崭露头角。在 1985 年，当水力压裂技术开始应用于页岩储层的增产作业后，其效果得到了显著的提升。到了 1998 年，随着页岩气开采工程的大规模开展，水力压裂技术更是发挥了至关重要的作用，极大地提高了美国页岩气的开采效率。在国内，水力压裂技术的研究和开发始于 20 世纪 50 年代，经过多年的实践与创新，该技术已日趋成熟。值得一提的是，大庆油田于 1973 年开始大规模应用水力压裂技术。如今，水力压裂技术已成为石油开采和天然气开采行业中不可或缺的一部分，常用的压裂技术包括多级压裂、同步压裂、水力喷射压裂、重复压裂等，这些技术的应用为油气开采行业带来了革命性的变革。

1) 多级压裂

多级压裂技术，作为在水平井段中实施的一种先进方法，其核心在于通过封堵球或限流技术，将复杂的储层结构分割成多个独立层位，进而对每一个层位实施精准的分段压裂。这一技术特别适用于水平井段较长、层位结构复杂的页岩气田。通过针对性的施工，多级压裂技术能够确保压裂作业更加精确，效果更加显著。以 2006 年美国新田石油勘探(Newfield)公司在 Woodford 页岩中的开发井为例，该公司采用了 5~7 段式的多级压裂技术，与早期仅进行水平井压裂的井相比，取得了显著的增产效果[121]。如今，在美国页岩气生产井中，约有 85%的井采用了水平井与多级压裂技术相结合的方式进行开采，充分证明了这一技术的有效性和高效性。

多级压裂有两种方式：一是滑套封隔器分段压裂，二是可钻式桥塞分段压裂。多级滑套封隔器分段压裂技术，作为当前页岩水平井多段压裂的前沿技术，其在油气开发领域的应用日益广泛。该技术能够在水平井或直井的复杂环境中，无须依赖桥塞分隔，就实现多个层段的同时压裂。在实际操作中，该技术根据井筒压裂的具体需求，灵活调整滑套封隔器的开启与关闭状态，确保压裂液体精准地注入至特定层段。接下来，高压液体(压裂液体)通过专业压力泵注入井筒,并通过已打开的滑套封隔器,进入指定的压裂分段,进而产生有效的压裂作用。随着压裂过程的进行,逐渐增大的封隔球被投入压裂流体中,以隔离已完成压裂的层段,为后续层段的压裂作业创造条件。整个压裂过程持续进行,无须中断泵入压裂液,展现了其高度的连续性和效率。这种多级滑套封隔器分段压裂技术,不仅实现了对压裂作业的精确控制,而且在提高油气井开发效率方面发挥了重要作用。同时,该技术还有效地减少了作业时间和成本,提高了井筒的使用效率,为油气开发领域带来了显著的经济效益。

可钻式桥塞分段压裂是一种专注于增强油气井产能的压裂方法。该技术通过将油气井分为多个独立段,利用桥塞在井筒中的设置,实现各段之间的有效隔离。然后,在每个独立段上进行独立的压裂作业,通过高压液体的注入,使地层产生裂缝,从而增加油气井的产量。可钻式桥塞分段压裂技术在页岩气和致密油开发中得到了广泛应用,其优势在于能够有效地增加井筒与地层的接触面积,从而显著提升油气井的产能。

2)同步压裂

同步压裂指多井同时进行压裂操作的技术,其中几口井共享相同的水平井段。同步压裂采用使压裂液和支撑剂在高压下从一口井向另一口井运移距离最短的方法,来增加水力压裂裂缝网络的密度和表面积,利用井间连通的优势来增大工作区裂缝的程度和强度,最大限度地连通天然裂缝。同步压裂最初是两口互相接近且深度大致相同的水平井间的同时压裂,目前已发展成三口井同时压裂,甚至四口井同时压裂[122]。同步压裂技术能够提高油气井的开发效率和产能,通过同时进行多井的压裂,减少了压裂设备的闲置时间,最大限度地利用了作业设备和时间资源,短期内增产非常明显。此外,同步压裂技术还可以有效减少作业对环境和人力资源的影响,完井速度快,节省压裂成本,是页岩气开发中后期井眼比较密集时比较常用的压裂技术。

同步压裂技术在实际应用中取得了良好的增产效果。2006 年,同步压裂首先在美国 Ft. Worth 盆地的 Barnett 页岩中实施[123],这项工程是在相隔 152~305 m 的两口大致平行的水平配对井之间进行同步压裂。由于压裂井的位置很近,如果采用依次压裂的方法,可能导致只在第二口井中产生流体通道而切断第一口井的流体通道。同步压裂能够让被压裂的两口井的裂缝都达到最大化,提高生产效率。在 Barnett 页岩的同步压裂作业中,大约 158.76×10^4 kg 的支撑剂和 39750 m³ 的减阻水被注入井孔中,结果发现,这两口井均以相当高的速度生产,其中一口井以日产 25.5×10^4 m³ 的速度持续生产 30 d,是其他未压裂的井日产速度的 2~5 倍[124]。

3)重复压裂

重复压裂是指当页岩气井初始压裂处理已经无效或现有的支撑剂因时间关系损坏或质量下降,导致气体产量大幅下降时,采用对气井进行重新压裂增产的压裂工艺。此外,重复压裂同样也用于有些产量相对较高的井。事实上,生产状况良好的井经常具备实施重复压裂的条件,高潜力的井具备的条件是实施重复压裂增产成功的关键[125]。重复压裂增产措施对处理低渗、天然裂缝发育、层状和非均质地层很有效,特别是页岩气藏,重复压裂能重建储层到井眼的线性流,产生导流能力更强的支撑裂缝,恢复或增加产能。

裂缝重新取向是重复压裂的重要增产机制之一,裂缝重新取向能够绕开钻井和压裂造成的地层伤害区,避开压实作用和渗透率下降区,从而获得更好的生产条件。重复压裂能够有效地改善页岩气单井产量与生产动态特性,建立良好的生产井产能。在某些情况下,经过重复压裂的井能够达到生产的最高水平, 井产量与估计最终可采储量都能接近甚至超过初次压裂时期。据资料统计, 重复压裂能够以 3.53~7.06 美元/10^3 m^3 的储量成本增加页岩气产量, 可使页岩气井估计最终采收率提高 8%~10%, 可采储量增加 60%[126]。美国 Newark East 气田 Barnett 页岩在 1995 年前主要使用凝胶压裂技术, 不仅耗费了大量成本, 还对地层造成了较大伤害。1997 年开始, Barnett 页岩开始运用清水压裂技术, 对先前使用凝胶压裂增产产量下降的井使用清水压裂重新改造, 改进处理液回收工作流程, 结果气井产量明显提高, 部分井产量甚至超过了初次压裂时的产量。

4) 水力压裂辅助破岩

在实际应用中, 水力压裂同样以辅助破岩的形式出现, 常通过水力压裂技术降低岩石的截割难度, 进而提高掘进机破岩截割效率和降低截齿磨损程度。李洪盛等[127]提出了水力压裂辅助掘进机截割机构破岩方法, 并基于 I~II 复合型断裂准则建立了裂纹方位角和侧压系数与临界水压之间的数学模型, 掌握了水力压裂方式及空孔数量对截割荷载的影响规律。

近年来, 关于以水为介质的胀裂破岩方法在硬岩巷的实际应用效果的研究日益深入。然而, 这一方法在实践中仍然面临着诸多挑战。第一, 当在井下进行水力压裂时, 工作面往往会积聚大量积水, 这不仅增加了后续开采的难度, 还可能对工作环境和人员安全造成潜在威胁。第二, 由于水的不可压缩性, 水力压裂主要依赖于水的静压来实现岩石的破碎。这就要求胀裂系统能够提供极高的压力, 以满足破碎岩石的需求。然而, 这种高压要求对于设备和操作都提出了更高的标准, 增加了实施难度和成本。第三, 作业过程中水不易密封的问题也不容忽视。水的不易密封性使得随钻随涨成为一项难以实现的挑战, 这不仅影响了开采的连续性, 还可能对岩石的破碎效果产生负面影响。

综上所述, 尽管水力压裂技术在硬岩巷的开采中具有一定的潜力, 但其在实际应用中仍面临诸多待解决的问题。因此, 对于水力压裂技术的研究仍需深入, 通过不断地完善和优化, 以期提高其应用价值, 更好地满足实际开采的需求。

参考文献

[1] MOMBER A W. An SEM-study of high-speed hydrodynamic erosion of cementitious composites[J]. Composites Part B-Engineering, 2003, 34(2): 135-142.

[2] 刘送永, 李洪盛, 江红祥, 等. 矿山煤岩破碎方法的研究进展及展望[J]. 煤炭学报, 2023, 48(2): 1047-1069.

[3] 王少锋, 孙立成, 周子龙, 等. 非爆破岩理论和技术发展与展望[J]. 中国有色金属学报, 2022, 32(12): 3883-3912.

[4] ZHOU Q L, LI N, CHEN X, et al. Analysis of water drop erosion on turbine blades based on a nonlinear liquid-solid impact model[J]. International Journal of Impact Engineering, 2009, 36(9): 1156-1171.

[5] 黄飞. 水射流冲击瞬态动力特性及破岩机理研究[D]. 重庆: 重庆大学, 2015.

[6] KENNEDY C, FIELD J. Damage threshold velocities for liquid impact[J]. Journal of Materials Science, 2000, 35(21): 5331-5339.

[7] HEYMANN F. High-speed impact between a liquid drop and a solid surface[J]. Journal of Applied Physics, 1969, 40(13): 5113-5122.

[8] DANIEL I M. Experimental studies water jet impact on rock and rocklike materials. Proceedings of the third

international symposium on jet cutting technology. 1976. Chicago U. S. A. B3-27～B3-46.

［9］徐小荷，余静.岩石破碎学［M］.北京：煤炭工业出版社，1984.

［10］KONDO M, FUJII K, SYOJI H. On the destruction of mortar specimens by submerged water jets［C］//The Second International Symposium on Jet Cutting Technology. Cambridge, UK：［s. n.］，1974：69-88.

［11］FORMAN S, SECOR G. The mechanics of rock failure due to water jet impingement［J］. Society of Petroleum Engineers Journal, 1974, 14(1)：10-18.

［12］CROW S. A theory of hydraulic rock cutting［J］. International Journal of Rock Mechanics and Mining Sciences & Geomechanics Abstracts, 1973, 10(6)：567-584.

［13］李子丰.空化射流形成的判据和冲蚀机理［J］.工程力学，2007(3)：185-188.

［14］崔谟慎，孙家骏.高压水射流技术［M］.北京：煤炭工业出版社，1993.

［15］严世才.射流辅助机械破岩钻井［M］.哈尔滨：哈尔滨工业大学出版社，1989.

［16］倪红坚，王瑞和，张延庆.高压水射流作用下岩石的损伤模型［J］.工程力学，2003，20(5)：59-62.

［17］王瑞和，倪红坚.高压水射流破岩钻孔过程的理论研究［J］.石油大学学报(自然科学版)，2003，27(4)：44-47，148.

［18］凌远非.增压式脉冲水射流形成机理及破碎硬岩性能评价［D］.重庆：重庆大学，2022.

［19］屠厚泽，高森.岩石破碎学［M］.北京：地质出版社，1990.

［20］OH T M, CHO G C. Rock cutting depth model based on kinetic energy of abrasive waterjet［J］. Rock Mechanics and Rock Engineering, 2016, 49(3)：1059-1072.

［21］GOKHAN A, KAYA S, KARAKURT I. Utilization of solid-cutting waste of granite as an alternative abrasive in abrasive waterjet cutting of marble［J］. Journal of Cleaner Production, 2017, 159：241-247.

［22］ZHAO J, ZHANG G C, XU Y J, et al. Mechanism and effect of jet parameters on particle waterjet rock breaking［J］. Powder Technology, 2017, 313：231-244.

［23］LI L, WANG F X, LI T Y, et al. The effects of inclined particle water jet on rock failure mechanism：Experimental and numerical study［J］. Journal of Petroleum Science and Engineering, 2020, 185：106639.

［24］管金发，邓松圣，雷飞东，等.空化水射流理论和应用研究［J］.石油化工应用，2010，29(12)：15-19.

［25］TANG X, STAACK D. Bioinspired mechanical device generates plasma in water via cavitation［J］. Science Advances, 2019, 5(3)：7765.

［26］BOWDEN F P, BRUNTON J H. Damage to solids by liquid impact at supersonic speeds［J］. Nature, 1958, 181：873-875.

［27］O'KEEFE J D, WRINKLE W W, SCULLY C N. Supersonic liquid jets［J］. Nature, 1967, 213：23-25.

［28］MATTHUJAK A, HOSSEINI S H R, TAKAYAMA K, et al. High speed jet formation by impact acceleration method［J］. Shock Waves, 2007, 16：405-419.

［29］SRIPANAGUL G, MATTHUJAK A, SRIVEERAKUL T, et al. Experimental investigation of stone drilling using water jet generated by electromagnetic actuator method［J］. International Journal of Rock Mechanics and Mining Sciences, 2021, 142：104697.

［30］SHI H H, TAKAYAMA K, NAGAYASU N. The measurement of impact pressure and solid surface response in liquid-solid impact up to hypersonic range［J］. Wear, 1995, 186-187：352-359.

［31］SHI H H, TAKAYAMA K. Generation of hypersonic liquid fuel jets accompanying self-combustion［J］. Shock Waves, 1999, 9：327-332.

［32］PIANTLONG K, ZAKRZEWSKI S, BEHNIA M, et al. Supersonic liquid jets：Their generation and shock wave characteristics［J］. Shock Waves, 2002, 11：457-466.

［33］PIANTLONG K, ZAKRZEWSKI S, BEHNIA M, et al. Characteristics of impact driven supersonic liquid jets［J］. Experimental Thermal and Fluid Science, 2003, 27：589-598.

[34] CHANG J H, HOGAN N C, HUNTER I W. A needle-free technique for interstitial fluid sample acquisition using alorentz-force actuated jet injector[J]. Journal of Controlled Release, 2015, 211: 37-43.

[35] ZENG D P, KANG Y, XIE L, et al. A mathematical model and experimental verification of optimal nozzle diameter in needle-free injection[J]. Journal of Pharmaceutical Sciences, 2018, 107(4): 1086-1094.

[36] ZENG D P, WU N, XIE L, et al. An experimental study of a spring-loaded needle-free injector: Influence of the ejection volume and injector orifice diameter[J]. Journal of Mechanical Science and Technology, 2019, 33(11): 5581-5588.

[37] ZENG D P, WU N, QIAN L, et al. Experimental investigation on penetration performance of larger volume needle-free injection device[J]. Journal of Mechanical Science and Technology, 2020, 34(9): 3897-3909.

[38] DEHKHODA S, BOURNE N K. Production of a high-velocity water slug using an impact technique[J]. Review of Scientific instruments, 2014, 85(2): 1-5.

[39] PUCHALA P J, VIJAY M M. Study of an ultrasonically generated cavitating or interrupted jet: aspects of design[C]. Proceedings of 7th International Symposium on Jet Cutting Technology, 1984, 2: 69-82.

[40] Ř ÍHA Z, ZELEŇÁK M, KRUML T, et al. Comparison of the disintegration abilities of modulated and continuous water jets[J]. Wear, 2021, 478-479: 203891.

[41] VIJAY M M. Ultrasonically generated cavitating or interrupted jet[P]. 1992.

[42] VIJAY M M, FOLDYNA J. Ultrasonically modulated pulsed: basic study[C]. 12th International Conference on Jet Cutting Technology, 1994, 13: 15-35.

[43] FOLDYNA J. Ultrasonically modulation of high-speed water jets [D]. Czech Republic: University of Ostrava, 2008.

[44] FOLDYNA J, SVEHLA B. Method of generation of pressure pulsations and apparatus for implementation of this method[P]. 2008.

[45] FOLDYNA J, SITEK L, SVEHLA B, et al. Utilization of ultrasound to enhance high-speed water jet effects [J]. Ultrasonically Sonochemistry, 2004, 11: 131-137.

[46] BROOK N, SUMMERS D A. The penetration of rock by high-speed water jets[J]. International Journal of Rock Mechanics and Mining Sciences & Geomechanics Abstracts, 1969, 6(3): 249-258.

[47] LICHTAROWICZ A, NWACHUKWU G. Erosion by an interrupted jet[C]. Proceedings of 4th International Symposium on Jet Cutting Technology, 1978, 1: 13-18.

[48] VIJAY M M, REMISZ J, SHEN X. Potential of pulsed water jets for cutting and fracturing of hard rock formations[J]. International Journal of surface mining and reclamation, 1993, 7(3): 121-132.

[49] DEHKHODA S, HOOD M. The internal failure of rock samples subjected to pulsed water jet impacts[J]. International Journal of Rock Mechanics & Mining Sciences, 2014, 66: 91-96.

[50] LU Y Y, TANG J R, GE Z L, et al. Hard rock drilling technique with abrasive water jet assistance[J]. International Journal of Rock Mechanics and Mining Sciences, 2013, 60: 47-56.

[51] 卢义玉, 陆朝晖, 李晓红, 等. 水射流辅助 PDC 刀具切割岩石的力学分析[J]. 岩土力学, 2008, 29(11): 3037-3040.

[52] LU Y Y, XIAO S Q, GE Z L, et al. Experimental study on rock-breaking performance of water jets generated by self-rotatory bit and rock failure mechanism[J]. Powder Technology, 2019, 346: 203-216.

[53] CHENG J L, JIANG Z H, HAN W F, et al. Breakage mechanism of hard-rock penetration by TBM disc cutter after high pressure water jet precutting[J]. Engineering Fracture Mechanics, 2020, 240: 107320.

[54] LIU S Y, LIU X H, CAI W M, et al. Dynamic performance of self-controlling hydro-pick cutting rock[J]. International Journal of Rock Mechanics and Mining Sciences, 2016, 83: 14-23.

[55] LIU S Y, CUI Y M, CHEN Y Q, et al. Numerical research on rock breaking by abrasive water jet-pick under confining pressure [J]. International Journal of Rock Mechanics and Mining Sciences, 2019, 120: 41-49.

[56] LIU S Y, LIU Z H, CUI X X, et al. Rock breaking of conical cutter with assistance of front and rear water jet [J]. Tunnelling and Underground Space Technology, 2014, 42: 78-86.

[57] 李洪盛, 刘送永, 郭楚文. 自振脉冲射流预制裂隙对机械刀具破岩过程温度影响特性[J]. 煤炭学报, 2021, 46(7): 2136-2145.

[58] LIU S Y, ZHOU F Y, LI H S, et al. Experimental investigation of hard rock breaking using a conical pick assisted by abrasive water jet[J]. Rock Mechanics and Rock Engineering, 2020, 53(9): 4221-4230.

[59] 杜长龙, 蔡卫民, 刘送永, 等. 自控水力截齿破岩性能仿真及试验研究[J]. 中南大学学报(自然科学版), 2016, 47(9): 3162-3168.

[60] LIU S Y, JI H F, HAN D D, et al. Experimental investigation and application on the cutting performance of cutting head for rock cutting assisted with multi-water jets [J]. International Journal of Advanced Manufacturing Technology, 2018, 94: 2715-2728.

[61] LIU Z H, DU C L, ZHENG Y L, et al. Effects of nozzle position and waterjet pressure on rock-breaking performance of road header[J]. Tunnelling and Under-ground Space Technology, 2017, 69: 18-27.

[62] LIU Z H, DU C L, LIU S Y, et al. Failure analysis of the multi-level series rotary seal device under high-pressure water[J]. Strojniški vestnik-Journal of Mechanical Engineering, 2017, 63(4): 275-283.

[63] JIANG H X, ZHAO H H, GAO K D, et al. Numerical investigation of hard rock breakage by high-pressure water jet assisted indenter impact using the coupled SPH/FEM method[J]. Powder Technology, 2020, 376: 176-186.

[64] STOXREITER T, PORTWOOD G, GERBAUD L, et al. Full-scale experimental investigation of the performance of a jet-assisted rotary drilling system in crystalline rock [J]. International Journal of Rock Mechanics and Mining Sciences, 2019, 115: 87-98.

[65] 刘送永, 程刚, 沈刚, 等. 一种冲击旋转高压密封装置: ZL201610219588.9[P]. 中国, 2016-04-11.

[66] CICCU R, GROSSO B. Improvement of disc cutter performance by water jet assistance[J]. Rock Mechanics and Rock Engineering, 2014, 47(2): 733-744.

[67] 周辉, 徐福通, 卢景景, 等. 切槽对 TBM 刀具破岩机制的影响研究[J]. 岩土力学, 2022, 43(3): 625-634.

[68] ZHENG Y L, HE L. TBM tunneling in extremely hard and abrasive rocks: Problems, solutions and assisting methods[J]. Journal of Central South University, 2021, 28(2): 454-480.

[69] 田守嶒, 李根生, 黄中伟, 等. 水力喷射压裂机理与技术研究进展[J]. 石油钻采工艺, 2008, 30(1): 58-62.

[70] 夏富国, 郭建春, 曾凡辉, 等. 水力喷射压裂的机理分析与应用[J]. 国外油田工程, 2010(11): 16-19.

[71] 赵阳升, 杨栋. 低渗透煤储层煤层气开采有效技术途径的研究[J]. 煤炭学报, 2001, 26(5): 455-458.

[72] MCDANLEL B W, JIM B S, LARRY L, et al. Evolving new simulation process proves highly effective in level 1 Dual-Lateral Completion[C]//SPE Eastern Regional Meeting, Lexington. Kentucky: SPE, 2002.

[73] 卢义玉, 李瑞, 鲜学福, 等. 地面定向井+水力割缝卸压方法高效开发深部煤层气探讨[J]. 煤炭学报, 2021, 46(3): 876-884.

[74] HUBBERT M, WILLIS D. Mechanics of hydraulic fracturing[J]. Transactions of the AIME, 1957, 210(1): 153-168.

[75] HAIMSON B, FAIRHURST C. Initiation and extension of hydraulic fractures in rocks[J]. Society of Petroleum Engineers Journal, 1967, 7(3): 310-318.

[76] DETOURNAY E, CHENG A. Influence of pressurization rate on the magnitude of the breakdown pressure [M]. [S. l.]：American Rock Mechanics Association, 1992.

[77] 洪世铎. 水力压裂理论[J]. 石油钻采工艺, 1980, 2(1)：76-82.

[78] 黄荣樽. 水力压裂裂缝的起裂和扩展[J]. 石油勘探与开发, 1982(5)：65-77.

[79] 柳占立, 庄茁, 孟庆国, 等. 页岩气高效开采的力学问题与挑战[J]. 力学学报, 2017, 49(3)：507-516.

[80] PERKINS T K, KERN L R. Widths of Hydraulic Fractures[J]. Journal of Petroleum Technology, 1961, 13(9)：937-949.

[81] NORDGREN R P. Propagation of a Vertical Hydraulic Fracture[J]. Society of Petroleum Engineers Journal, 1970, 12(4)：306-314.

[82] 王理想, 唐德泓, 李世海, 等. 基于混合方法的二维水力压裂数值模拟[J]. 力学学报, 2015, 47(6)：973-983.

[83] HOSSAIN M M, RAHMAN M K, RAHMAN S S. A comprehensive monograph for hydraulic fracture initiation from deviated wellbores under arbitrary stress regimes[C]//SPE Asia Pacific oil and gas conferenle and exhibition. SPE, 1999：SPE-54360-MS.

[84] HOSSAIN M M, RAHMAN M K. Hydraulic fracture initiation and propagation：roles of wellbore trajectory, perforation and stress regimes[J]. J. P. S. E. , 2000(27)：129-149.

[85] 陈守雨. CDM-PKN 压裂模型研究[J]. 中外能源, 2016, 21(1)：39-44.

[86] 李正军. 基于最小耗能原理水力压裂裂缝启裂及扩展规律研究[D]. 东北石油大学, 2011.

[87] 刘洪, 符兆荣, 黄桢, 等. 水力压裂力学机理新探索[J]. 钻采工艺, 2006, 29(3)：36-39.

[88] KARIHALOO B L, NALLATHAMBI P, HEATON B S. Effect of specimen and crack size, water/cement ratio and coarse aggregate texture upon fracture toughness of concrete. [J]. Magazine of fracture research, 1984, 36(129)：227-236.

[89] 吴景浓, 李健康, 颜玉定, 等. 室内岩石水压致裂三轴试验研究[J]. 华南地震, 1985, 8(3)：61-69.

[90] 刘翔鹗, 张景和, 余建华, 等. 水力压裂裂缝形态和破裂压力的研究[J]. 石油勘探与开发, 1983(4)：40-48.

[91] 陈勉, 庞飞, 金衍. 大尺寸真三轴水力压裂模拟与分析[J]. 岩石力学与工程学报, 2000, 19(S1)：868-872.

[92] 张旭, 蒋廷学, 贾长贵, 等. 页岩气储层水力压裂物理模拟试验研究[J]. 石油钻探技术, 2013, 41(2)：70-74.

[93] 刘建中, 曹新玲, 刘自强. 水压致裂过程中的剪切破裂(英文)[J]. 地震研究, 1984(2)：144-153.

[94] 刘建中, 刘翔鹗. 水平井水力压裂真三维物理模拟实验[J]. 石油勘探与开发, 1993(6)：69-75.

[95] 周健, 陈勉, 金衍, 等. 裂缝性储层水力裂缝扩展机理试验研究[J]. 石油学报, 2007, 28(5)：109-113.

[96] 周健, 陈勉, 金衍, 等. 多裂缝储层水力裂缝扩展机理试验[J]. 中国石油大学学报：自然科学版, 2008, 32(4)：51-54.

[97] TAN P, JIN Y, HAN K, et al. Analysis of hydraulic fracture initiation and vertical propagation behavior in laminated shale formation[J]. Fuel, 2017, 206：482-493.

[98] 郭印同, 杨春和, 贾长贵, 等. 页岩水力压裂物理模拟与裂缝表征方法研究[J]. 岩石力学与工程学报, 2014, 33(1)：52-59.

[99] 衡帅, 杨春和, 曾义金, 等. 页岩水力压裂裂缝形态的试验研究[J]. 岩土工程学报, 2014, 36(7)：1243-1251.

[100] 李芷, 贾长贵, 杨春和, 等. 页岩水力压裂水力裂缝与层理面扩展规律研究[J]. 岩石力学与工程学报,

2015, 34(1): 12-20.

[101] 侯振坤, 杨春和, 王磊, 等. 大尺寸真三轴页岩水平井水力压裂物理模拟试验与裂缝延伸规律分析 [J]. 岩土力学, 2016, 37(2): 407-414.

[102] GUO T, ZHANG S, QU Z, et al. Experimental study of hydraulic fracturing for shale by stimulated reservoir volume[J]. Fuel, 2014, 128(14): 373-380.

[103] 张士诚, 郭天魁, 周彤, 等. 天然页岩压裂裂缝扩展机理试验[J]. 石油学报, 2014, 35(3): 496-503.

[104] 张烨, 潘林华, 周彤, 等. 页岩水力压裂裂缝扩展规律实验研究[J]. 科学技术与工程, 2015, 15(5): 11-16.

[105] PAPANASTASIOU P. The influence of plasticity in hydraulic fracturing[J]. International Journal of Fracture, 1997, 84(1): 61-79.

[106] 刘建军, 冯夏庭, 裴桂红. 水力压裂三维数学模型研究[J]. 岩石力学与工程学报, 2003, 22(12): 2042-2042.

[107] 杨天鸿, 唐春安, 刘红元, 等. 水压致裂过程分析的数值试验方法[J]. 力学与实践, 2001, 23(5): 51-54.

[108] 冷雪峰, 杨天鸿, 国怀专, 等. 单孔岩石水压致裂过程的数值模拟分析[J]. 世界有色金属, 2002(10): 32-34.

[109] 冷雪峰, 唐春安, 杨天鸿, 等. 岩石水压致裂过程的数值模拟分析[J]. 东北大学学报(自然科学版), 2002, 23(11): 1104-1107.

[110] 冷雪峰. 岩石水压致裂过程的数值试验研究[D]. 沈阳: 东北大学, 2003.

[111] 杨天鸿, 谭国焕, 唐春安, 等. 非均匀性对岩石水压致裂过程的影响[J]. 岩土工程学报, 2002, 24(6): 724-728.

[112] 杨天鸿, 唐春安, 芮勇勤, 等. 不同围压作用下非均匀岩石水压致裂过程的数值模拟[J]. 计算力学学报, 2004, 21(4): 419-424.

[113] RIBEIRO L H H, SHARMA M M M. Multiphase fluid-loss properties and return permeability of energized fracturing fluids[J]. SPE Production Operations, 2012, 27(3): 265-277.

[114] CHESAPEAKE ENERGY. Fact Sheet: Hydraulicfracturing[EB/OL]. March 2010[2010-03-11]. http://www.chk.com/Media/CorpMediaKits/Hydraulic_Fracturing_Fact_Sheet.pdf.

[115] MAHONEY R P, SOANE D S, HERRING M K, et al. Self-suspending proppants for hydraulic fracturing. US Patent Application No, 2013/0233545.

[116] MAHONEY R P, SOANE D S, HERRING M K, et al. Self-suspending proppants for hydraulic fracturing. US Patent Application No, 2014/0014348.

[117] ROHRING S. Porous proppants. WO Patent No, 2013059793.

[118] REDIGER R, ARON M J, WRIGHT J. A composite proppant having a proppant substrate such as a porous ceramic or silica sand having magnetite particles attached to the outer surface of the proppant using a hot melt thermoplastic polymeric adhesive coating on the proppant substrate [P]. US Patent No. 7754659, 2010.

[119] URBANEK T. Alkali-activated coatings for proppants. US Patent Application No, 2013/0274153.

[120] CHARLES BOYER, JOHN KIESCHNICK, RICHARD E LEWIS, et al. Producing gas from its source. Oilfield Review[EB/OL]. (2006-10)[2010-03-11]. http://www.slb.com/media/services/resources/oilfieldreview/ors06/aut06/producing_gas.pdf.

[121] WHITE J, READ R. The shale shaker: An investor's guide to shale gas[J]. Supplement to Oil and Gas Investor, 2007(2): 2-9.

[122] MUTALIK, BOB GIBSON TULSA. Case history of sequential and simultaneous fracturing of the Barnett Shale

in Parker County [C]//SPE Annual Technical Conference and Exhibition. Denver, Colorado: SPE, 2008.

[123] MARTINEAU D F. History of the Newark East Field and the Barnett Shale as a gasreservoir[J]. AAPG Bulletin, 2007, 91(4): 399-403.

[124] SCHEIN G W, WEISS S. Simultaneous fracturing takes off: Enormous multi well fracs maximize exposure to shale reservoirs, achieving more production sooner[J]. E&P, 2008, 81(3): 55-58.

[125] MONTGOMERY S L, JARVIE D M, BOWKER K A. Mississippian Barnett Shale, Fort Worth Basin, north-central Texas: Gas-shale play with multi-trillion cubic foot potential[J]. AAPG Bulletin, 2005, 89(2): 155-175.

[126] GEORGE DOZIER, JACK ELBEL, EUGENE FIELDER. Refracturing works. OilfieldReview [EB/OL]. (2003-10-08)[2010-11-01]. http://www. slb. com/~/media/Files/resources/oilfield_review/ors03/aut03/p38_53. ashx.

[127] LI H S, LIU S Y, ZHU Z C, et al. Experimental investigation on rock breaking performance of cutter assisted with hydraulic fracturing[J]. Engineering Fracture Mechanics, 2021, 248: 107710.

第11章 热力破岩

11.1 微波破岩

11.1.1 破岩机制

1. 微波破岩基本原理

微波是指波长为1 mm~1 m，频率为300 MHz~300 GHz的电磁波。微波破岩技术的核心原理在于，通过微波的照射，深入加热岩体内部，进而使岩石自身成为发热体，从而达到热破坏的效果。具体而言，当微波照射到岩石表面时，其作为一种电磁波，在交变电压的作用下，电场和磁场会随时间发生周期性的变化。在这种电磁场的作用下，电介质中的永久偶极子分子会随之发生交变极化，其摆动速度高达每秒数亿次。在这一过程中，带正电的一端会趋向负极，而带负电的一端则趋向正极。这种有序的摆动使得原本杂乱无章的偶极子分子呈现出规则的排列。然而，由于分子本身存在的热运动以及分子间的相互作用，偶极子在随外电场变化做摆动时会受到一定的干扰和阻碍。这种类似于摩擦的作用会产生大量的热量，从而实现对物料内外的同时加热，加热过程既迅速又均匀。这一过程，即高频感应加热作用。在加热的过程中，岩石内部产生了内应力，同时，岩石中的水分开始蒸发，物质发生分解和膨胀。这些因素的共同作用，最终导致了岩石的破坏，其过程如图11-1所示[1]。

微波加热具有突出的优势性。第一，微波具有较强穿透性，不存在由外向内的热传导过程，直接由物料内部产生热源，能量损

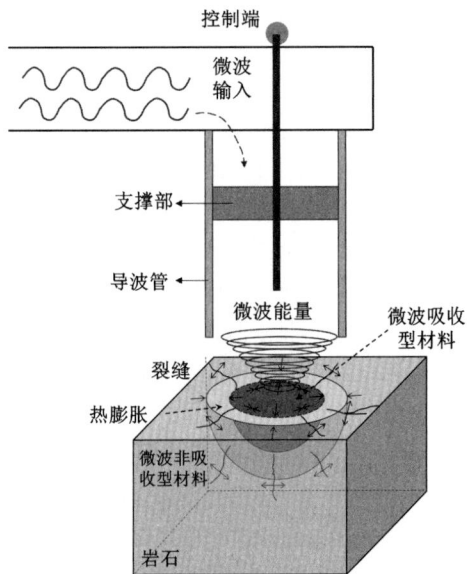

图 11-1 微波破岩过程

失小，能量利用率相对较高。有研究表明，微波照射破岩的过程中首先在岩石内部产生高温。陈登红等[2]利用 CY-MU1000C-L 型微波马弗炉对玄武岩和石灰岩进行微波辐射实验，发现两者在微波照射过程中均出现"闷响"现象，且岩石发出闷响的时间与温度下降的时间点重合。通过对该现象的分析，他们认为"闷响"是岩石破裂的声音，破裂时岩石内部的应力集中释放；通过温度监测，发现微波辐射岩石时表面温度呈区域性分布，因此每次"闷响"过后温度会有一定下降后重新升高。观察破裂后的岩石，可以发现岩石内部温度高于表面且存在区域熔融现象。第二，微波能够对不同材料进行选择性加热。微波能利用不同材料介电性能不同，导致不同材料温度升高不同，产生不同的应力状态，从而分离岩石。同时，微波照射岩石不产生二次废物，具有无污染的特性，对环境十分友好。

微波破岩的装置为微波发生器，它是把普通的电磁喇叭，通过高频振荡管（磁控管）变为大型电磁喇叭。一般微波设备由单模或多模微波腔体、微波电源、波导管、抑制器、冷却系统、控制系统和辅助监测系统组成。微波腔体是加热空间，供物料在进行加热或干燥等微波处理。微波电源包括磁控管、变压器等将电能转换微波能的元器件等。波导管是空心长方形的管，能够将微波电源发射的微波能从发生器传输到微波加热腔体内。抑制器是防止微波泄漏，控制微波泄漏达到安全使用标准的微波抑制系统。冷却系统是排除微波腔体因微波加热形成的水蒸气和热量的机构，一般分为风冷却和水冷却装置。控制系统包括操作人员控制微波设备运行、人员设备安全的报警保护和生产工艺参数设置等整个微波设备安全运行的系统。辅助监测系统用于反馈微波加热过程中的实时数据，如物料温度、微波功率和传输速度等与生产相关的一系列数据。

2. 裂纹扩展机制

微波照射后岩石内部微观裂纹的发展意味着岩石整体状态发生改变，从而导致岩石波速、强度等发生变化。岩石内部的裂纹扩展可以有效预测岩石强度折减规律，因此，研究微波照射下岩石裂纹的扩展规律对工程实践具有重要意义。

在当前的研究中，多种先进的检测分析仪器如扫描电镜（SEM）、X 射线衍射（XRD）、薄片分析、CT 扫描等，被广泛应用于微波照射实验，旨在深入探究岩石在微波作用下的微观结构变化。李元辉等[3]通过超景深显微镜对岩石的微观裂纹进行了细致观察，发现微波照射后，试样内部的裂纹以沿晶、穿晶断裂为主，为理解微波对岩石的破坏机制提供了重要线索。同样，戴俊等[4-7]则采用扫描电镜的方法，对比了花岗岩、大理岩和砂岩在微波照射后的微观裂纹类型。他们的研究揭示了不同岩石内部晶体断裂形式的差异性，进一步丰富了微波作用下岩石微观结构变化的认识。

除了实验研究，数值模拟和理论计算也为揭示微波辐射破坏岩石的机理提供了重要途径。唐阳等[8]基于离散元模型对石英和斜长石两相物质组成的材料进行了研究。他们发现，微裂纹起源于高吸收相石英晶体的外边界，随后围绕石英晶体延伸扩展至斜长石晶体，最终形成了放射状的网络张拉裂纹。这一发现为理解微波作用下岩石的破坏过程提供了新的视角。Jones 等[9]则利用 FLAC2D 有限差分热力学模型，深入研究了黄铁矿-方解石二相模型在微波照射下的破坏机制。他们观察到，在方解石和黄铁矿的边界处发生了剪切破坏，而在方解石外部边缘则出现了拉伸破坏。随着时间的增长，部分拉伸破坏也在两种矿物边界产生。这一发现为理解微波对不同矿物组合的影响提供了重要参考。此外，朱要亮等[10]、秦立科等[11]、胡亮等[12]采用不同的数值模拟软件，以黄铁矿、方铅矿、方解石为研究对象，深入探究了微波条件下不同矿物模型温度与内部应力变化及分布规律。他们的研究结果表明，微波照射后，两种矿物之间由于热膨胀引起的拉伸裂纹占据主导地位。袁媛等[13]在理论方面取得了重要进展。他们推导了在微波辐照下均匀脆性岩石内部初始微裂纹的临界扩展条件，为微波作用下岩石破坏的理论研究奠定了基础。

上述研究结果表明，在微波照射下岩石主要发生沿晶断裂，有学者解释了这种现象的原因。这是由于在微波照射下，不同矿物的性质决定了在微波下的加热速率不同：一部分矿物首先加热且加热速率快；另一部分矿物加热慢且不易被加热，这样就在不同矿物间产生了温度梯度。由于各矿物的热膨胀率不同，在微波加热下的体积应变不同，则在易吸收和不易吸收矿物内部的应力状态不同，热应力的增加导致矿物边界形成放射状微裂纹，迫使晶体周边产生沿晶破坏。

11.1.2 影响因素分析

微波破岩效果，一方面受到岩石本身的性质(如电容量、电介质损耗角正切以及含水率等)的影响；另一方面受到微波照射条件的影响，如照射距离、照射时间、电磁波输出功率等。微波破岩技术中，需要充分考虑岩石性质变化、非均匀性和不连续性，探究微波侵入、温度剖面以及岩石损伤和裂缝产生机制，从而优化微波破岩参数。

1. 照射参数的影响

要研究微波与不同类型、不同尺寸的岩石之间的相互作用，首先要掌握不同微波设备关键参数和工作运行特征。表 11-1 为近年来，国内代表性的微波辐射岩石试验中所选择的低能微波设备及岩石参数。改变微波照射过程中的参数，如照射距离、照射时间、电磁波输出功率等，岩石的力学强度[14-18]、波速[19-21]、升温特性[22-25]等会受到明显影响。

表 11-1　国内微波破岩试验参数

年份	仪器设备	功率/kW	时间/min	岩石类型	岩石尺寸*
2021	RWLM6 型微波加热系统[18]	0.8、1、1.2	1、2、3	磁铁矿石	φ50×25
	多模式工业微波炉[24]	0.5	3	火成岩	50×50×30
2020	WLKJ-D9 型工业微波炉[22]	2	8、16、32	花岗岩	100×100×100
	2 450 MHz 频率微波装置[19]	0~2	0.5	页岩	高度 100
	工业大功率微波系统[20]	0.9、1.3、2	2、3	玄武岩	φ50×25
	WR430 连续波多模谐振腔[26]	1、3、5	0~5	玄武岩	φ50×50
2019	CM-06S 型工业微波炉[21]	0~6	0~5	砂岩	φ50×100
	CM-06S 型工业微波炉[25]	2	3	造岩矿物	φ50×100
2018	工业大功率微波系统[5]	0~10	2、4	花岗岩	φ50×25

*：岩石尺寸单位为 mm、mm×mm 或 mm×mm×mm。

日本的三泽清夫用微波破岩装置对流纹岩、花岗岩、玄武岩和泥岩进行了照射和破岩实验，结果发现照射后岩石的温度和破碎效率受到照射距离、电磁波发射功率等因素的影响。在不同微波功率与照射时间下，Hassani 等[27]得到当功率为 5 kW 时实验中的玄武岩试件照射 20 s 相比照射 10 s 岩石的抗拉强度从 12 MPa 下降到 8 MPa。Lu 等[14, 15]得出当功率为 3 kW，照射时间分别为 5 min、10 min、15 min 时，该实验中边长 20 cm 的立方岩石纵波波速，较照射前分别下降了 2.2%、6.0%、8.4%。Kingman 等[28-32]、Vorster 等[33]和 Jones 等[34-37]对微波照射下岩石和矿物的影响进行了实验和数值模拟的研究，发现在微波功率为 15 kW 的多模腔体微波设备照射下，矿石试样仅照射 1 s 点荷载强度就下降了 55%。他们的研究成果表明，矿石的点荷载强度随着微波功率的提高而降低，且作用时间越长，这种现象越明显。Whittles[38]等通过数值模拟的方法研究功率密度对微波辅助破碎的影响。Toifl 和 Hartlieb 等[39-44]研究了不同微波功率和加热时长下材料的温度场和应力场分布，分析材料破坏的状态和影响因素，通过数值模拟和试验研究相结合的手段讨论了在非均匀岩石中微波加热的热力学特性。

2. 岩石特性的影响

目前，用于衡量微波强度及可适用性的参数主要有微波照射岩石的穿透深度和单位体积介电材料损耗的微波功率。微波在岩石中的穿透能力对破岩效果有重要影响，由于不同矿物对于微波的吸收和反射能力不同，当对矿石进行照射时，不同的矿物表现出不同的升温特性。温度升高得越剧烈，不同矿物间温度梯度越大，在不同矿物界面上产生的热应力越大，对于被包裹的有用矿物形成的热冲击越强，从而影响整个矿石的强度。强度的降低可大大提高破碎效率，有效减轻设备的磨损。微波在岩石中的穿透能力用穿透深度来表示，穿透深度是指微波从岩石表面衰减到 $1/e$ 倍初始功率值的深度。Metaxas 等[45]认为穿透深度取决于电磁波的频率和材料的介电常数。Schön[46]基于此做了进一步研究，发现岩石的损耗因子远小于介电常数，并得到微波在岩石中的穿透深度计算公式，如式(11-1)所示：

$$H = \frac{\lambda_0 \sqrt{\varepsilon'}}{2\pi\varepsilon''} \tag{11-1}$$

式中：H 为微波穿透深度；λ_0 为微波波长；ε' 为岩石材料介电常数；ε'' 为材料的损耗因子。

微波加热岩石还受到岩石材料内各矿物吸收微波的电场强度、微波频率及其介电损耗的影响。其中介电特性是反映物料在微波场中吸波能力的物理量，物料的吸波能力与物料的升温行为密切相关[47]。因此，研究矿物介电特性可以更加了解矿物在微波场中的升温行为，进一步了解矿石中裂纹的产生和矿物间的相互作用。在加热过程中，每种矿物的介电常数不同，介电常数越大，升温越迅速，反之越慢[48]。有用矿物和脉石矿物具有不同的介电常数，置于微波场中时，有用矿物和脉石矿物表现出不同的升温行为。Saxena[49]提出了单位体积介电材料损耗的微波功率的计算公式，如式(11-2)所示：

$$P = 2\pi f\varepsilon_0\varepsilon'' E^2 \tag{11-2}$$

式中：P 为损耗的微波功率；f 为微波频率；ε_0 为真空介电常数；E 为电场强度。

此外，岩石所含矿物成分、含水量等也会影响微波照射的破岩效果。Qin 等[50]研究了不同形状矿石颗粒对微裂纹的生长分布的影响，研究结果表明，矿物形态对微裂纹生长规律无影响，只对数量有一定影响。有学者[51, 52]指出，由于水的介电常数比一般的介质大，因此在一般情况下，加工物料含水量越大，其介质损耗也越大。戴俊等[53, 54]的研究表明随着含水率的增加，玄武岩试样的受损破坏水平越高，其抗剪强度也越低。Akbarnezhad 等[55]的研究也表明，当砂浆内水含量增大时，砂浆吸收微波的能力随之增强。

11.1.3　微波破岩的研究与应用进展

国际上对电能用于破岩的研究历史较长。早在 1930 年，人们就开始探索利用工频电极接触加热混凝土的方法。随着技术的不断进步，到了 20 世纪 50 年代，非接触式的高频电流破碎岩石技术应运而生。随后，超高频(微波)技术在 1945 年被发现，并在第二次世界大战后引起了广泛的关注，很快被引入工业领域。然而，直到 20 世纪 60 年代，这一技术才逐步向民用领域延伸。而在矿物加工领域，微波的应用历史则可以追溯至 20 世纪 80 年代。与此同时，我国也在此领域取得了显著的进展。Chen 等[56]和 Walkiewicz 等[57, 58]的研究进一步证实，微波能够对大部分天然矿物的理化性质产生显著影响。在国际上，美国麻省理工学院(MIT)等离子体科学和聚变中心的专家于 2008 年率先启动了相关实验研究。经过数年的努力，他们在 2014 年利用 28 GHz/10 kW 实验平台成功开展了毫米波钻探实验，成功将玄武岩的孔从直径 12.7 mm 扩大至 50 mm，这一成果引起了广泛的关注[59]。在国内，中国科学院等离子物理研究所研制出了国内首套兆瓦级高功率毫米波稳态实验系统，在此基础上，他们还搭建了高功率长脉冲微波成孔测试平台，深入研究了高功率微波成孔机制[60, 61]。这些研究不仅为我国在微波破岩领域的发展奠定了坚实的基础，也为未来的应用提供了重要的理论支持。此外，Satish[62]等还探讨了在未来太空采矿中应用微波采矿的可行性，这一前瞻性的研究为我们展示了微波技术在未来可能的应用前景。

微波破岩技术在现实中有很多应用，有学者提出微波加热的体积性和快速加热特点使得产生的岩石裂缝密度高，岩石的可磨性显著改善，使岩石在磨矿作业中有较好的表现。付润泽等[63]研究分析了在微波场作用下铁矿表现出的升温行为，以及孔隙率对矿物磨细有一定程度的影响。李军等[64]通过对攀枝花铁矿的研究认为，微波加热使矿石内部产生更多的裂纹，并通过实验证实微波处理后的矿石可磨性表现得更佳。这些研究都表明，微波加热能够对矿石内部的孔隙或裂隙产生某些影响，从而改善矿石在磨矿作业中的表现。

近年来，微波破岩技术凭借其高效性、低污染性和低能耗性，在机械破碎领域中崭露头角。特别是在建造长大隧道和深井工程中，针对硬岩等传统方法难以处理的岩石，微波预处理后结合机械破碎已成为一项备受瞩目的技术。这种方法的核心在于，首先利用微波照射岩石或混凝土，使其内部结构受到损伤，力学特性随之降低，进而通过机械道具进行破碎分离。这不仅延长了盘型刀具的使用寿命，还显著提升了 TBM 的掘进速率。Hassani 等学者[65-67]深入探讨了微波穿透深度这一关键要素，并将其与 TBM 技术相结合，为微波和机械结合破碎岩石的应用前景绘制了蓝图。然而，目前针对微波辅助岩石破碎的技术研究多数还停留在实验室阶段，尚未实现广泛应用。这主要是由于不同工程环境的复杂性，以及不同材料在微波电磁场下吸收反射性能的差异性，导致微波加热与破碎设备的专用性较强，难以设计出一种通用型设备。为了解决这些问题，加拿大麦吉尔大学的 Hassani[68]团队已经迈出了实质性的步伐。他们成功研制了微波辅助钻孔设备，并设计了独特的钻头形式。这套设备将微波发生器集成于钻机之上，通过波导在钻头旋转和钻进时向岩石表面发射微波。这一创新设计使得微波辐射能够覆盖整个钻孔区域，快速加热岩石并基于各矿物成分不同的热膨胀率产生裂纹，从而显著提高钻头的性能和钻进效率。在秦岭深埋引水隧洞工程中，刘晓丽[69]团队也考虑了微波-机械联合破岩方法。他们设计了一套型号为 SAIREM GMPG460K-2450 MHz 的微波设备，该设备搭载于 TBM 刀盘之上(图 11-2)。通过精心设计的直型波导和中心转轴波导，实现了微波源与刀盘的有效连接。此外，他们还采用了一系列保护措施，如防尘密封、恒温干燥和隔震等，以确保微波电源和发生器的稳定运行。通过电脑终端控制微波源信号输出，该团队成功验证了微波联合破岩技术在降低岩石力学性质、减小 TBM 滚刀磨损方面的有效性，但该技术对岩性的选择性较强。Lindroth 使用 2.45 GHz 频率的标准工业微波加热花岗闪长岩及玄武岩，实验结果显示，加热后破岩速度提升了 2~3 倍，同时钻具损耗降低了50%[70]。这一发现为微波辅助钻进破岩技术的实际应用提供了强有力的支撑。

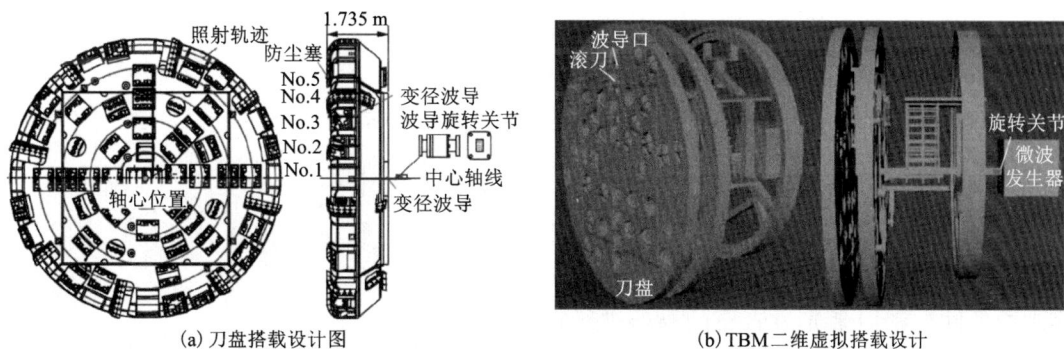

图 11-2 微波系统与装备搭载设计[69]

与传统破岩工艺相比，微波破岩的优点有很多：一方面，提高微波能量可在极短时间内致裂与熔融岩石，适用于高强度的坚硬岩石；另一方面，其设备在破岩过程中无须其他机械构件和器材，且工序简单，可节约破岩成本和节省破岩时间；同时，相比机械钻头在硬岩磨损后的更换频率，微波设备的使用寿命更长。上述研究对微波加热矿石，从而破碎岩石这一技术提出了许多有贡献的观点和新的思路，但是多数研究尚止步于微波对矿石的影响，以及对磨矿效率的提高作用，而对应用范围广阔的岩体开挖和钻进领域研究成果仍比较少见。目前，高能微波在现场测试还处于摸索探寻阶段。因此，如何形成微波破岩甚至高效成孔适用性的系统研究，是实现该技术在深部巷硐岩层成孔规模化应用的关键前提。随着研究的深入，该方法有望成为将来解决坚硬岩石条件下机械破岩/成孔施工难题的有效手段之一。

11.2 激光破岩

11.2.1 破岩机制

激光是一种独特的能量源，具有将能量在时间和空间上高度集中的能力。聚焦后的激光束强度呈现中央高、两侧低的分布，其能量密度之大，足以在几十微米的极小范围内产生数百万摄氏度的高温，使得大部分物质在这样的高温下都会经历熔化乃至气化的过程。激光破岩技术就是利用高能激光束对岩石表面进行快速加热，随后借助高速辅助气流将已经熔化或气化的岩石部分迅速吹出照射区，以避免其继续吸收激光能量并产生离子化现象。留在破坏区的熔化岩层成为一座桥梁，不仅将所吸收的激光能量有效地传递到岩石内部，形成显著的温度梯度，而且在这一过程中，由于矿物颗粒之间热膨胀系数、熔点等性质的差异，岩石内部会产生晶间断裂和晶内断裂，最终在熔化层和固体界面之间引发裂纹。这种裂纹的形成是激光破岩技术实现岩石破碎的关键。

激光破岩技术是一种非接触式的物理破岩方法，其装置设计精巧，由激光光源、光束反射、聚焦系统、喷扫熔渣和试件移动部分等多个组件组成。在实际应用中，激光破岩技术展现出了多种破坏形式，如图 11-3 所示，主要包括热裂解、热熔化和热气化等，这些形式共同构成了激光破岩技术的核心机制。

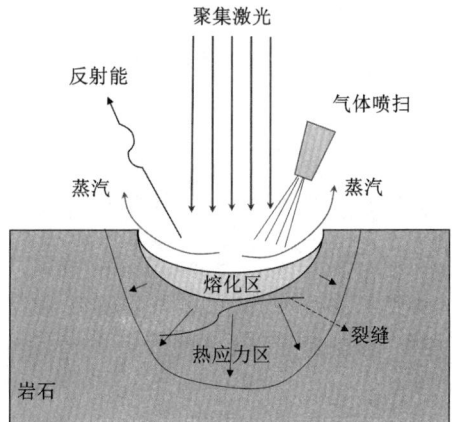

图 11-3　激光破岩时岩石破坏形式[71]

1. 热裂解

固态岩石的内部晶体结构较为稳定，其内部导热性较差，这就给激光破岩的实现提供了客观的条件。利用激光对岩石的局部进行加热，在岩石表面没有达到熔点的情况下，岩石受热部分的温度急剧升高，导致受热部分的岩石与其周围部分产生较大的温度差，从而在岩石之间产生较大的热应力。在热应力超过岩石的自身强度时，岩石就会发生热裂解。有学者通过计算的方法分析了激光功率密度照射下岩样转化的物态，认为在激光照射过程中效率最高的破坏形式是热裂解，即在岩石达到熔点前，内部温度梯度产生的热应力导致的岩石碎裂[72]。

2. 热熔化

激光照射的岩石部分温度会升高，如果岩石的延展性较好，则适当调整激光功率、离焦量、弛豫时间和照射次数等因素（如短时间内持续的照射或者多次照射），就会导致岩石在发生碎裂之前局部温度达到熔点，进而发生熔化现象。激光熔化岩石的速度与岩石密度、比热容、岩石熔点等属性密切相关。在实际工程中，相比于激光热碎裂破岩的方式，热熔化的方法存在以下三个缺点：

（1）激光作用到熔化状态下的岩石会发生较为复杂的化学变化。

（2）从钻孔处清除熔化的岩浆难度较高。

（3）没有被及时从孔径处清除的岩浆会吸收激光的能量，影响破岩效果。

由于以上三点，热熔化破岩的实际效率要低于热碎裂。

3. 热气化

热气化是激光器发出的能量足够大时，作用到固态或者液态的岩石上，让岩石从固态或者液态转化为气态排出的过程。相比于热裂解和热熔化，岩石受激光照射气化需要比较高的激光功率、较短的弛豫时间。激光气化岩石的优点是将岩石转化为气态，有效地避免了岩石碎屑或者岩浆在孔壁附近重凝的现象。其缺点也很明显，即将岩石气化会消耗更多的能量，产生的气体会对辅助气流的风速、气压等因素造成一定的影响，从而降低钻井效率。

11.2.2　影响因素分析

在激光照射岩石的过程中，破岩效果会同时受到激光参数、岩石性质、激光传递介质和工作环境的影响，如图 11-4 所示。要实现最佳破岩效果，必须在考虑激光、岩石、流体之间的配伍关系的基础上，对影响激光破岩的参数进行合理的优化设计。量化激光参数、岩石物理力学特征、激光传递介质等影响因素与破岩比能(E_S)、穿孔速率（ROP）等激光破岩效率评价指标之间的作用关系，都是激光破岩技术研究的关键。

激光破岩的目的是利用更小的能量破碎更大体积的岩石，通常将破岩比能和穿孔速率作为衡量岩石破碎效率的评判标准。其中，比能越小，穿孔速率越大，激光的破岩效率越高。Pooniwala[73] 得到了破岩比能（E_S）和穿孔速率（ROP）计算公式，如式（11-3）式（11-4）所示：

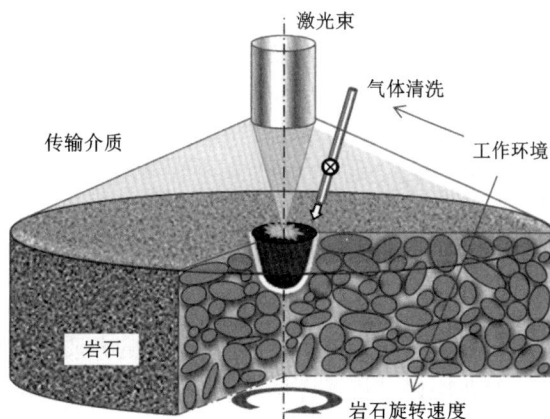

$$E_\mathrm{S} = \frac{P}{\mathrm{d}V/\mathrm{d}t} = \frac{P}{dws} \quad (11-3)$$

$$R = \frac{P}{E_\mathrm{S} A} \quad (11-4)$$

图 11-4　激光破岩过程可能涉及的影响因素示意图[74]

式中：E_S 为破岩比能；P 为激光输入功率；$\mathrm{d}V/\mathrm{d}t$ 为单位时间内破碎岩体的体积；d 为激光侵入岩石深度；w 为侵入孔洞宽度；s 为激光器的移动速度；R 为激光穿孔速率（ROP）；A 为激光侵入孔洞的截面积。

1. 激光参数

激光性能的主要表征参数涵盖了激光功率、辐射时间、激光类型以及光束直径等关键要素。随着激光功率和辐射时间增加，射孔深度先增加后趋缓，射孔直径逐渐增加，根据式（11-3）与式（11-4），E_S 先减小后增大，穿孔速率先增大后减小，则破岩效率先升高后降低。这是因为随着激光功率或辐射时间的增加，能量积聚到足以破坏岩石，在达到其熔点之前，岩石受激光照射产生的孔道深度、直径都开始逐渐增大[75]，破岩量、破岩效率增加，即 ROP 增大[76]，E_S 下降[77]。当入射能量使岩石内部温度临近矿物熔点时，标志着岩石热破碎阶段结束，此时 E_S 达到最小值，破岩效率最高，为岩石破坏提供了最有利的条件[78]。然而，若继续增加激光功率或辐射时间，岩石就会开始熔化甚至气化，有效的岩石去除体积越来越少，ROP 快速下降。更多的激光能量用于岩石反复熔化和气化，同时由于射孔深度的增加，孔道内杂物排出的效率降低，射孔深度的变化趋于平稳，大量的能量被孔内杂质吸收、反射和散射，造成一定的能量损失，岩石 E_S 显著增加[79]。

彭汉修等[80] 展开了大量激光照射石灰岩实验，研究了激光功率、照射时间和离焦量等因素对破岩效果的影响，结果发现增大激光功率会使孔深先增加后减小，孔径增大，破岩效率增大；照射时间的增加会使孔深先增加后稳定，孔径增大，破岩效率先增加后减小；增大离焦量会使孔径增大，孔深减小。同样，李士斌等[81]采用控制变量法展开了不同激光功率和照射时长对孔深和孔径的影响研究，其试验结果表明：随着激光功率的增大，钻孔深度先缓慢增大后迅速增大，钻孔直径也会增大；随着照射时长的增加，钻孔深度先增大后趋于平缓，钻孔直径增大，结论与彭汉修等人的试验结果一致。

此外，不同的传输方式、激光波长、以及脉冲宽度和脉冲重复频率等也会影响激光破岩的效率。对于传输方式，相比于连续波，脉冲波能够更好地破碎岩石。这是因为脉冲波的间隔时间给岩石吸收、消化能量的过程提供了缓冲作用，不仅能够及时去除岩屑，还可以避免连续辐射等离子体等的积聚阻碍。需要注意的是，激光脉冲时间过长或频率过高会增大岩石熔化概率，降低破岩效率。对于射孔直径，当激光功率一定时，激光入射直径越大，激光能量越分散，能够避免岩石局部能量过快积聚，从而延缓岩石熔化，获得更高的破岩效率[82]。谢慧等[83]对花岗岩和砂岩进行了激光照射试验，通过改变激光参数，记录相应的激光孔孔深、孔径，揭示了离焦量、激光功率、激光照射时间、钻头转速等激光参数对破岩效果的影响规律。

2. 岩石性质

在 2000 年，日本钻井公司为推进实用激光钻井技术的发展，利用二氧化碳脉冲激光器（最大输出功率达到 5 kW），在两种不同的介质环境中——净水与含有 4%膨润土溶液的淹没条件下，对花岗岩进行了详尽的破岩试验[84]。试验结果表明：E_s 不仅受到激光参数的影响，还受到岩石自身的多种特性影响，包括石英含量、表面粗糙程度、颜色、颗粒胶结程度以及岩性等。这些岩石性质共同决定了激光破岩的效率和效果。影响激光破岩的岩石性质可以归纳为岩石热导率、岩石矿物组成、岩石饱和状态等。第一，岩石热导率的高低直接影响其表面吸收能量的耗散速度。热导率越高的岩石，其表面能量耗散越快，因此熔融现象发生的概率相对较小，这有助于降低 E_s。第二，岩石的矿物组成也是影响激光破岩机制的关键因素。不同的矿物成分在激光辐射下展现出不同的破坏机制。例如，砂岩和页岩在高温下，其中的黏土矿物会发生含水汽化，导致岩体膨胀并产生裂缝。随着温度的升高，裂缝逐渐扩展，最终导致岩石发生热破碎甚至熔化[85]。这两种岩石的去除主要依赖于激光能量引起的热破碎和热熔化过程[86]。而石灰岩的主要成分为碳酸盐岩，其去除机制则侧重于利用碳酸钙的热分解过程[87]。第三，岩石的饱和状态同样对激光破岩效果具有重要影响。不同类型的饱和流体在受到激光激发后，其产生的破坏效率有所不同。有研究表明，这是不同液体在高温下的汽化点和热容差异，导致其所需能量和时间存在显著差异，从而影响了饱和流体的 E_s 和 ROP。这一发现为我们进一步理解和优化激光钻井技术提供了重要线索。

3. 激光传递介质

激光可以通过空气、氮气、水和油井产出液等介质作用到岩石表面。在实际钻井过程中，岩石处于地层流体和钻井液等介质的浸泡之下，为了使激光钻井技术更好地适应实际工况，研究介质环境对激光破岩的影响极其重要。当作用介质为液体时，在高温作用下液体会发生汽化，消耗额外的激光能量，使激光照射的 E_s 增加。在液体介质中，污水或油井的 E_s

比清水要大很多，这是因为其中的大量杂质会吸收大量的激光能量，使到达岩石表面的能量减少。Ahmadi 等[88]选取砂岩、页岩和花岗岩等三种典型的岩石，对比研究了三种岩石孔隙中含水、重油和未浸泡处理三种情况下的破岩效率。研究结果表明，与未浸泡处理的岩石相比，对孔隙中含水和重油的岩石进行破岩试验时需要消耗更多的能量。

4. 工作环境

在井下工作环境中，压力、温度等同样会对破岩效率产生影响。Gahan 等[89]通过不同围压、轴压与孔隙压力的组合配置，测试了 5.34 kW 掺铒光纤激光器照射岩石后的移除体积和所消耗的 E_s。研究结果表明，施加应力和压力可以使矿物颗粒间的接触更紧密，提高受激岩石热扩散率，降低矿物熔化概率，从而减少 E_s，即应力和压力对激光穿透砂岩和石灰岩的能力有积极影响。Erfan 等[90]利用 500 W 连续光纤激光器研究了不同温度、围压和孔隙压力条件下的石灰岩破坏过程，发现随着岩石温度、液压压力和围压的增加，热应力减小，岩石强度增大，从而使射孔深度减小，E_s 增加，ROP 降低，其结论为 T-H-M 耦合环境会降低激光破岩效率。由于实验过程中的激光功率和施加的围压不同，试验条件存在较大差别，上述研究中压力和温度对破岩效率的影响出现相反的结论，但是其对破岩效率存在影响这一结论是必然的。

11.2.3　激光破岩的研究与应用进展

激光破岩技术自 20 世纪 60 年代起开始发展。在这一时期，Maman 发明了首台针对岩石破碎的激光器，然而受限于功率低、能量损耗大等技术瓶颈，该技术未能立即在工程实践中获得广泛应用。随着科技的不断进步，激光破岩技术的研究迎来了新的突破。从 1998 年开始，国内有研究者深入探索了激光钻孔技术，并在室内条件下进行了大量实验。这些实验结果表明，以砂岩和页岩为样本时，激光钻孔的钻井速度可达到 105~115 m/h，这一速度远超传统钻井技术的 10 倍。这一发现无疑为激光破岩技术的进一步发展奠定了坚实的基础。与此同时，国际上对激光破岩技术的研究也在同步进行。美国和俄罗斯在 2000 年成功完成了室内激光钻井破岩的可行性实验，实验数据再次证实了激光破岩技术的巨大潜力。结果显示，针对不同地层，激光破岩的速度是传统机械钻井速度的 10~100 倍[91]。这一发现进一步证明了激光破岩技术的高效性和实用性。进入 21 世纪，激光破岩技术的研究和应用继续取得新进展。杨阳等[92]的研究进一步证实了激光技术在不同深度的水中和油井采出液中传递并破碎岩石的可行性。他们指出，激光烧蚀岩石不仅效率高，还有助于避免油井出砂的问题。这一发现对于提高油井开采的效率和安全性具有重要意义。

在激光破岩技术的实际应用方面，美国的菲利普斯(Phillipse 66)公司选择了光纤作为传输氧碘化学激光器的能量介质，并在现场进行了激光钻孔的试验。他们成功地打出了直径为 25.4 mm 的孔，并发现激光钻井 10 h 的工作量需要传统钻井技术 10 d 才能完成[93]。这一成果充分展示了激光破岩技术的高效性和优越性。同时，中石化胜利石油工程有限公司也积极与国内激光技术研发单位合作，共同搭建了激光试验系统。他们开展了硅质砂岩岩样激光直线扫描及定点打孔试验，验证了激光破岩技术的实际效果。在此过程中，他们还重点分析了激光光源优选、高能激光远距离传输及井下适应性等关键技术问题，为激光破岩技术的进一步发展提供了有力支持[94]。

综上所述，激光破岩技术的研究和应用已硕果累累，这些成果不仅凸显了激光破岩技术的实用价值，更为其未来的深入发展和广泛应用奠定了坚实的基石。在激光器技术方面，目前国外已普遍采用千瓦级激光器进行岩石破碎，我国也紧随其后，成功研制出千瓦级的二氧化碳激光器。然而，随着研究的深入，我们意识到大功率激光器在远距离传输能力上存在局限，加之岩石基体材料重熔和井下矿物分解等因素，导致激光能量损失严重，影响了超大功率激光器能量输出的稳定性。为了克服这一难题，近年来小功率激光器辅助机械破岩的研究成为学术界的热点。激光辅助破岩技术应运而生，它将激光技术与机械破岩技术完美结合，通过激光能量转换的热能使岩石表面产生温度梯度，进而在热应力作用下使岩石强度性质弱化，为机械钻进提供了极大的便利。这一方法所需能量远低于激光直接破岩，不仅有效减少了激光能量的传输损失，还显著提升了井下作业的安全性。在此基础上，Graves 等[95]学者在激光辅助岩样钻取及石油开采等领域开展了前瞻性的应用研究，其成果表明激光技术在储层岩石破碎中展现出了巨大的潜力。Ezzedine 等[96]则通过一系列激光加热/冲击室内试验和数值模拟，深入探讨了热熔化和热裂解对钻头破岩效率和岩石破碎机制的影响，进一步证实了激光强化钻（LED）硬质岩石在钻完井作业中提高破岩效率和改善地层环境的有效性和可行性。此外，Pooniwala[73]提出了新型激光机械三牙轮钻头的设计方案和使用方法，并详细介绍了激光的选择、光束传输配置以及相关的附加附件，为激光辅助破岩技术的发展提供了重要的技术支持。而美国 Foro Energy 公司则通过现场试验，成功实现了激光与机械 PDC 钻头的联合破岩，利用光纤传输激光光束，在激光功率为 20 kW 的情况下，钻头切除软化岩石的功率仅需 7.5 kW，且破岩速度提高了 10 倍以上，这一成果再次证明了激光辅助钻井相比传统钻井技术的显著优势[97]。在解决钻井领域的难题方面，Clarke. J. A 等[98]针对钻小孔这一挑战，提出了普通钻头辅助激光钻头的方案，成功实现了钻小孔的目标，为激光辅助破岩技术的应用开辟了新的领域。

针对激光射孔和辅助机械破岩方面的研究，国内目前还集中于理论研究和室内试验研究阶段。韩彬、李美艳等[99-102]针对激光辅助破岩和射孔开展了一系列实验研究，从微观角度研究了不同岩石受激后的矿物成分变化和破坏形貌特征，并利用微 PDC 钻头进行可钻性实验，评价了激光辅助破岩的有效性。他们的研究结果表明，激光与砂岩和花岗岩作用后，砂岩中石英含量有所增加，花岗岩表面形成不同程度的起裂区；两种岩性的岩石强度均被削弱，且随着激光分布密度的增加，岩石可钻性级数下降明显，为后续的机械旋转钻进提供了有利条件，提高了钻进速率。此外，也有学者提出了激光辅助其他技术的联合破岩方法。Xu 等[103]等进行了激光钻孔和破碎岩石的试验，试验表明：高功率光纤激光器钻孔具有一定的优势，孔壁周围岩石的渗透率明显变高，水力压裂操作在强度变低的岩石中更容易操作。

激光破岩技术，作为一种新兴的破岩方法，凭借其精准、高效和清洁的特性，在岩石破碎的工程实践中展现出巨大的潜力。其应用不仅能显著提高钻井速度、降低钻井成本，还能显著改善钻孔的性能。然而，尽管前景广阔，但激光破岩技术在实际应用中仍面临诸多挑战和困难。第一，要实现激光井下高效作业，我们必须对光源的稳定性、安全性以及长距离能量损耗问题进行全面而深入的考虑。这些问题的解决是确保激光破岩技术在实际应用中能够稳定、安全、高效运行的关键。第二，制造出能够满足破碎要求的大功率激光破岩设备，同样是当前亟待解决的问题。这不仅需要技术的突破，还需要对设备在恶劣环境下的稳定性和耐久性进行充分的考虑。第三，设备对于水蒸气和粉尘的敏感性也要得到妥善解决，以确保设备在各类工作条件下都能正常运作。综上所述，这些挑战和困难既是激光破岩技术在当前的研究难点，也是今后发展激光破岩技术需要重点关注的问题。只有克服这些难题，才能充分发挥激光破岩技术的潜力，为岩石破碎工程带来更多的便利和效益。

11.3 液氮射流破岩

11.3.1 破岩机制

液氮是一种在常压下保持液态的超低温流体，其沸点在大气压下低至-196 ℃。液氮射流在破岩技术中的应用展现出了其独特的机制，这主要源于射流冲击与低温致裂的协同作用，从而使其破岩特性与传统的水射流技术有着显著的区别。在具体操作中，液氮被用作钻井流体，通过专门的增压设备调制成高压流体状态。当这种高压液氮射流作用于岩石时，会在岩石内部形成多个射孔眼。此时，液氮的冷冲击效会迅速降低岩石表面的温度，产生显著的变温热应力。这种热应力促使岩体表面形成新的微裂隙，并进一步推动原有裂隙的扩展。接下来，通过注入高压液氮进行压裂操作，能够在岩石内部形成复杂的裂隙网格，从而实现岩石的有效破裂。这一过程中，液氮射流产生的热应力主要由两种机制构成。第一，液氮与岩石接触时，会发生剧烈的传质传热作用，导致岩石内部形成极高的温度梯度。这种温度梯度使得岩石的不同部分发生收缩变形的差异，从而在宏观上形成热应力。第二，岩石是一种由多种矿物颗粒组成的混合物，其各矿物颗粒间的热物性和力学性质存在显著差异。因此，在液氮的冷却过程中，相邻矿物颗粒之间会出现变形不匹配的现象。这种变形失配会在矿物颗粒之间形成局部的热应力作用。一旦这种热应力超过了颗粒间的胶结强度，矿物颗粒之间的胶结就会被破坏，从而引发晶间开裂现象。这些机制共同作用，使得液氮射流在破岩技术中展现出独特的优势。

液氮对岩石的致裂特性，可以显著改变岩石的孔渗结构及物理力学特性，是液氮进行高效破岩和储层改造的基础。国内外学者针对液氮冷冲击损伤机制、液氮射流破岩机理以及液氮磨料射流的宏观和微观机理展开了深入研究，指出液氮射流破岩时会产生大量的热裂缝，在射流压力下，液氮极易渗入裂隙，形成水楔效应，如图11-5所示。裂隙中的流体使岩石的拉应力集中，促进裂纹的扩展、贯通，扩大了液氮的冷却面积，进一步增大岩石的热应力区域，有利于降低其起裂应力，降低破岩难度。

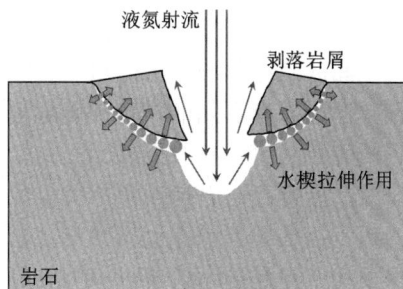

图11-5 液氮射流水楔效应[104]

与水射流相比，液氮射流是射流冲击及低温冷却的耦合作用，因此大部分学者在研究液氮射流的破岩机制时更关注液氮冲击过程中的热-流-固耦合作用机制及特征。任韶然等[105]建立了液氮对煤岩冷冲击后的收缩计算模型，试验结果表明，液氮冷冲击能够使煤岩基质收缩，产生热应力裂纹，提高煤岩的渗透率，并改变煤岩内部结构和力学强度。Qin等[106]利用真三轴设备研究了液氮在地层中的传热及岩体裂隙扩展情况，结果表明，液氮循环注入能够扩大低温影响区域，可更加高效地产生裂隙网格，是一种有效的煤层气开发技术手段。蔡承政等[107]研究了液氮对页岩的致裂效应，发现岩石经液氮冷却后，波速降低、渗透率增大，破岩效果更好。Zhang 等[108]开展了液氮射流冲击岩石的数值模拟研究，重点分析了液氮射流冲击下岩石内热应力的分布特征，发现液氮射流形成的热应力以拉应力为主要形式，拉应力尺度最大可达数十兆帕，远远高于岩石的抗拉强度。黄中伟等[104, 109-110]对比分析了页岩、砂岩、花岗岩等高温岩石液氮冷却后的力学特性，研究了液氮射流破岩的宏观特征、微观机理、液氮-岩石的传热特征及损伤规律，发现液氮冷冲击能够极大程度地改变岩石性质；冷却前岩石温度越高，冷却过程中产生的热应力越大，冷却损伤程度越大，并定义了岩石冷冲击劣化因子，如式(11-5)所示：

$$D_1 = 1 - \frac{I_{LN_2}}{I_{air}} \tag{11-5}$$

式中：D_1 为岩石力学参数劣化因子；I_{LN_2}、I_{air} 分别为液氮冷却、自然冷却后的力学参数。

此外，也有学者对液氮射流和水射流以及水力压裂的破岩效果进行比较研究。Li 等[111]对比了液氮压裂技术与水力压裂技术，认为液氮的低温特性及膨胀增压过程能够更好地改造储层，且不会污染储层。Wu 等[112]对比了液氮射流破岩和水射流破岩相关试验结果，发现液氮射流破碎岩石的体积更大，能耗更低，证明了液氮射流破岩的应用价值。Cai 等[113]对围压条件下液氮射流和传统水射流进行数值模拟，分析其两种射流产生的流场和压力场，结果发现液氮射流比传统水射流的初始速度高，等速核更长，能量衰减更少，聚集性更强，且在流动过程中黏滞力较小，克服黏滞力做功所消耗的动能较小，因此其轴线上的动压和总压高于水射流。

11.3.2 影响因素分析

1. 岩石性质

液氮射流的破岩机制之一是液氮冷却过程中会使岩石内部产生热应力，从而导致不同矿物颗粒之间的沿晶断裂。由此可见，岩石的性质会对液氮射流的破岩效果产生重要影响。不同类型的岩石具有不同的物理和化学性质，这将直接影响液氮射流的穿透力和破坏能力。

1) 岩石硬度

岩石的硬度是岩石性质中最关键的参数之一。一般来说，硬度较低的岩石更容易被液氮射流破坏。因为液氮射流会迅速冷却岩石表面，并在冷却过程中产生高压气体，硬度低的岩石更容易在高压气体的作用下发生变形、产生裂纹，从而引起岩石表面的破裂和剥落。因此，较软的岩石在这种冷却和剥落作用下更容易破碎。

2) 岩石含水饱和度

岩石的含水饱和度也是影响液氮低温致裂效果的重要因素之一。岩芯饱水可加剧液氮冷却下岩石的损伤，经过液氮冷却处理，饱水岩石的孔隙尺度和数量增幅均显著高于干燥岩石。其主要原因是，液氮冷却可造成岩石内孔隙水发生水-冰相变膨胀，冰冻前缘向岩芯内部逐渐推进，对内部孔隙水形成挤压，从而增加孔隙压力，引起岩石破裂。蔡承政等[114, 115]利用核磁共振技术研究了液氮冻结对岩石孔隙结构的影响，发现岩石的含水饱和度对孔隙结构变化影响明显：岩石含水饱和度越高，冻结致裂效果越明显，在饱水状态下，砂岩表面可产生宏观裂缝；而对于干燥砂岩，液氮冷却后表面无裂缝产生，测试结果显示其孔隙体积下降 4.78%~8.63%。

　　3）岩石的成分和结构

　　此外，岩石的成分和结构也会对液氮射流的作用产生重要影响。不同的矿物成分具有不同的物理和化学性质，例如，高硅的岩石（如石英岩）具有较高的熔点和强度，可能对液氮射流具有较好的抵抗能力；而含有较多含水矿物的岩石（如黏土石和页岩）可能在液氮射流作用下发生爆炸性蒸发，加剧破碎效果。

2. 液氮射流参数

　　流量和压力是液氮射流破岩的关键参数，较大的流量和较高的压力可以产生更强大的喷射力，从而更好地破坏岩石。流量和压力的选择需要根据具体的岩石性质和工程需求来决定，过小的流量和压力可能无法有效破坏岩石，而过大的流量和压力则可能导致能量浪费和不必要的破坏。同时，射流角度和距离也会对破岩效果产生影响，合适的射流角度和距离可以使液氮射流与岩石表面产生最大的冲击力和切割力，从而提升破坏效果。在工程应用中，一个常用的策略就是调整射流角度和距离，使射流在岩石表面形成均匀而集中的作用力，以达到较好的破岩效果。此外，喷射时间和频率也是影响液氮射流破岩的重要因素之一，适当的喷射时间和频率可以使岩石表面受到持续的冲击和切割力，提升破坏效果。喷射时间过短或频率过低可能无法达到足够的破坏效果，而喷射时间过长或频率过高则可能导致能量浪费和过度破坏。

3. 环境条件

　　环境温度和湿度对液氮射流破岩也有一定影响。液氮是在极低温下使用的，较低的环境温度能够降低岩石的初始温度，从而增强液氮冷却和收缩效果，进一步提高破岩能力。李和万等[116]研究了岩石温度对煤岩液氮冷却损伤的影响，通过激光显微镜、声波测试仪对煤岩裂缝扩展进行了监测和观察，通过单轴压缩试验测试了液氮处理前后的煤岩强度变化。实验结果表明，煤岩破裂宽度随着岩石初始温度升高而增加，随着循环周期数增加而增加。Li等[117]研究了高温砂岩液氮冷却下的岩石力学特性变化，与水冷作用结果进行了对比。研究发现，液氮冷却后岩石力学特性显著弱化，岩石损伤程度显著高于水冷，且随着岩石温度增加，液氮低温致裂效果逐渐增强。此外，环境湿度也会对液氮的喷射状态和冷却效果产生影响，因为过高的湿度可能导致喷射不稳定或液氮结冰，影响破岩效果。

11.3.3　液氮射流破岩的研究与应用进展

　　1995 年，Wilson 等[118]首次提出液氮射流技术，指出可以用液氮对煤层气储层进行改造。1997 年，Mcdaniel 等[119]开展了低温液氮喷射压裂的首次现场应用，实现了 5 口井压裂增产，压裂后产气量大幅提升。随后，该方法被应用于 Devonian 页岩气开采。随后，Cai 等[120]对液氮喷射压裂技术的破岩优势进行了分析，认为该技术不仅可以避免水力压裂产生的资源浪费和污染问题，还可以提高岩层的渗透率，对于页岩等低渗储层的开发具有广阔的应用空间。近年来，为了进一步提升液氮射流的破岩效果与应用价值，液氮磨料射流和液氮射流辅助机械破岩的技术进一步发展，本节将重点介绍其研究与应用进展。

1. 液氮磨料射流

液氮磨料射流是在传统磨料水射流的基础上发展的，该方法耦合了射流冲击、水楔作用、低温致裂和磨料切削等多种作用机制，能够进一步提高液氮射流的冲蚀能力。液氮磨料射流破岩技术是一种利用高速喷射的液氮和磨料颗粒混合来破碎岩石的先进技术，磨料颗粒可以选择硬度较高的材料（如刚玉、金刚石等），其硬度远远超过一般岩石，从而具有较强的切割和破碎能力。相比单纯的液氮射流破岩技术，液氮磨料射流破岩技术具有更强的穿透力和破坏能力，适用于一些较硬的岩层或需要更高破岩效率的情况。

众多学者对液氮磨料射流提升破岩效果的有效性进行了研究。在实验方面，黄中伟[121]团队研制并加工了液氮射流磨料添加装置，实现了液氮射流磨料前混合磨料后混两种混砂模式。基于该套装置，配合高压液氮射流实验系统，开展了液氮磨料射流破岩实验研究。研究结果表明，与磨料水射流相比，液氮磨料射流形成的射孔尺寸更大，但孔眼规则度相对较差，在射流冲击、热应力和高速颗粒的共同作用下，岩石试样更容易破碎成大块。相对于后混磨料射流方法，前混液氮磨料的射流破岩效果更加显著。在数值模拟方面，Zhang 等[108]利用离散随机轨道模型对粒子的分布进行表征，模拟对比了液氮射流、超临界二氧化碳射流和水射流携带磨料颗粒的能力。研究结果表明，相比于超临界二氧化碳和水射流，液氮射流可将磨料粒子加速到更快的速度，有望实现更好的破岩效果。因此，液氮磨料射流具有破岩效率高、适应性强、环保节能等优点。

2. 液氮射流辅助机械破岩

液氮辅助破岩是利用低温液氮作为钻井流体，通过井底增压设备形成高压液氮射流，对井底岩石进行冷却压裂，然后通过机械刀具旋转切割岩石。该方法有效结合了液氮损伤岩石方式与机械刀具切割岩石方式，可显著提高深井硬岩钻进速度。有学者将液氮射流技术应用于钻井工程，发现其热提取效率要高于传统的钻井方法。Dai 等[122]研究发现，热冲击和射流冲击的共同作用有利于扩展裂纹和提高岩石截割效率，液氮在提高岩石截割效率方面具有很好的效果。

虽然液氮射流辅助机械破岩能够实现高效破岩和储层增透助产，但在实际工程应用中仍存在诸多难点和挑战。如液氮的低温特性使得管材的韧性大幅度降低，承受冲击动载能力明显下降，管柱脆断风险大幅提高。还有，由于液氮黏度低，在钻井排砂过程中容易出现脱砂和砂堵等一系列问题。此外，在液氮压裂过程中，虽然能够通过"油套同注"的方法实现现场应用，但施工成本太高，大规模应用仍具有难度。黄中伟等[121]为解决上述问题，对液氮射流辅助机械破岩的方法进行了改进。图 11-6 为其团队提出的液氮辅助破岩设备概念图：液氮通过双重隔热钻柱被运输到井底，增压后对岩石进行喷射；钻柱内外管间环空区域注入空气，空气由钻孔外侧流出，对井壁及返流的液氮进行回温，防止钻口周围岩体温度骤变引起井壁坍塌；液氮冷却压裂岩石后，岩石可切割性提高，有利于机械刀具破碎岩石。该方法不仅有效提高了管柱的隔热能力，同时实现了对井壁的有效保护，维持井壁稳定。

目前，室内试验已经充分验证了液氮射流和液氮压裂技术在储层压裂、岩石破碎等方面的显著优势，这些技术同样在煤层气、页岩气等低渗能源物质的开发中显示出了巨大的潜力。尽管液氮在运输与储存过程中存在损耗量大、成本增加等挑战，但随着工业技术的不断进步和完善，这些难题将逐渐得到解决。此外，随着全球对清洁、可再生能源的需求日益增长，高温干热岩等清洁地热能源的开发成为新的研究热点。在这一背景下，液氮破岩技术因其独特的优势而备受关注。由于液氮与干热储层之间存在巨大的温度差，液氮压裂相较于常规水力压裂能够产生更为丰富的裂隙网络。值得一提的是，液氮在裂隙中流动时会发生升温汽化并伴随膨胀增压，这一过程能够

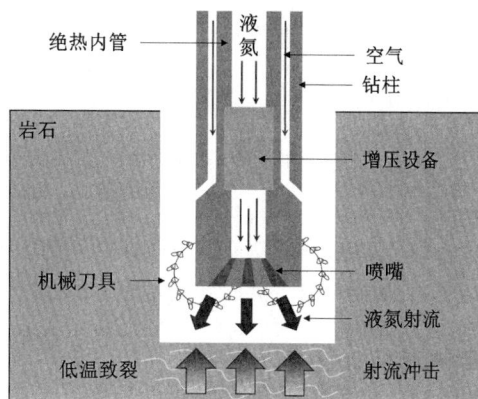

图 11-6　液氮辅助破岩过程[121]

进一步促进裂隙的扩展，从而显著提升储层压裂效果。因此，液氮破岩技术在干热岩层的地热能开采可能会成为未来的研究热点之一。

11.4　高温火焰射流破岩

11.4.1　破岩机制

高温火焰射流是一种利用高温火焰来破坏和破碎岩石的方法，这种装置能够产生高速喷射的火焰，以强大的能量破坏岩石。高温火焰射流的喷射燃烧器类似于液体喷射发动机，如图 11-7 所示，其作用原理如下：将燃料（通常为汽油或燃油）和氧气分别从燃料入口和氧化剂入口压入燃烧室；在动力冲击作用下燃油发生混合雾化并燃烧，再由喷嘴喷射出去；一方面，喷射出的气体流速与温度极高，与岩石接触后产生热应力；另一方面，在高温高速的火焰喷射之下，岩层被逐层剥落；随后，清水从入口进入燃烧器壁的外层并对其进行冷却，以降低喷嘴和岩石表面的温度，同时清理岩石碎屑。

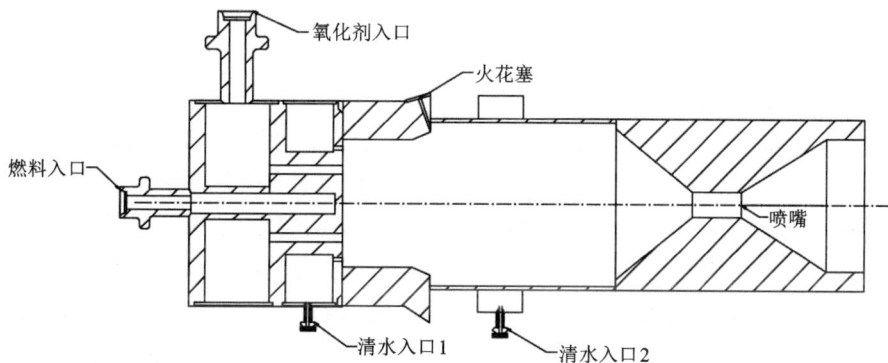

图 11-7　反应室结构示意图[123]

高温火焰射流的破岩机制主要涉及热应力作用、热传导作用、化学作用和冷却效应等多个方面，本节将对其进行具体介绍。

1. 热应力作用

高温火焰射流在喷射过程中产生剧烈的热应力作用，当火焰射流接触到岩石表面的瞬间，高温的火焰会导致岩石表面迅速升温，并且膨胀起来。而岩石内部温度较低，由此产生的温度梯度会导致岩石表面和内部产生剪切应力。当剪切应力超过岩石的抗剪强度时，岩石表面发生开裂和剥落，进而实现破碎的目标。

2. 热传导作用

高温火焰射流能够通过热传导将热能传递到岩石内部，当火焰接触到岩石表面时，热能会逐渐传导到岩石内部，使岩石内部发生热膨胀。由于岩石的热膨胀系数较小，而火焰热膨胀系数较大，因此火焰射流在岩石内部产生的热膨胀会导致岩石内部产生裂缝，从而使岩石破碎。

3. 化学作用

高温火焰射流中的燃烧物质通常包含氧化剂和燃料，在火焰燃烧的过程中，氧化剂和燃料会发生化学反应，释放出大量的热能。这种热能的释放不仅加剧了火焰射流的高温和高速特性，还有可能与岩石中的物质发生化学反应，并产生高温和高压的气体或化合物。这些气体或化合物的释放也可能会促使岩石发生爆炸或产生破碎效果。

4. 冷却效应

高温火焰射流喷射到岩石表面后，岩石表面会迅速升温。随后，冷却水接触到高温的岩石表面，会吸取岩石表面的热量，降低岩石表面温度，使岩石迅速冷却。岩石的快速冷却会导致岩石内外产生温度梯度，产生热应力，从而使岩石表面产生破裂和剥落。

11.4.2 影响因素分析

1. 岩石性质

岩石的性质对火焰射流的破岩效果有重要影响。岩石的硬度、密度、裂隙结构等因素决定了岩石的抗破坏能力。一般来说，较硬、较致密的岩石对火焰射流的抵抗能力较强，需要更高温度、更高速度的火焰射流才能对其产生有效破坏，而含有许多裂隙的岩石更容易受到火焰射流的破坏。对于剥落性良好的岩石(如花岗岩、石英岩等)，由于其所含部分矿物晶型转变的温度较低，晶型转变后会发生体积膨胀，因此，岩层剥落需要的火焰温度较低，能够用该方法获得较好的破岩效果。对于这种剥落性好的岩石，可以用压缩空气-燃油燃烧器代替喷射燃烧器。压缩空气-燃油燃烧器的结构与喷射燃烧器类似，不同的是用 7 个大气压以上的压缩空气代替了氧气，因此降低了破岩成本。此外，热破碎的难易与岩石的导热性能密切相关。导热性能好的岩石，不容易产生梯度大的热应力，即很难产生片落形式的破坏。

2. 高温火焰射流参数

高温火焰射流破碎岩石时对火焰的温度和速度都有要求。火焰温度是影响火焰射流能量和破岩效果的关键因素，较高的火焰温度能够提供更高的能量，使火焰射流具有更强的破坏力。通常火焰温度必须大于岩石的破碎温度，同时小于岩石的熔解温度。火焰速度是指火焰射流喷射出口的速度，较高的火焰速度能够产生更强的冲击力，有助于岩石的破碎和剥离。焰流速度过小，难以实现连续破碎岩石，只有达到一定的流速，才能吹出炮孔中破碎的岩石。火焰射流的持续时间也会对破岩效果产生影响，适当地增加持续时间可以提供更多的能量和冲击力，有助于更深入地破坏岩石；然而，过长的持续时间会增加能源消耗，并可能导致火焰射流的稳定性下降。

有学者对如何提高火焰射流的性能进行了深入研究。陈安明等[123]发现可以通过不同的氧化剂和燃料组合来调节火焰射流的温度和化学反应，找到适当的氧化剂和燃料比例可以使火焰射流产生充足的燃烧和能量释放，从而增加破碎力。他们的高温冲击试验结果表明：当燃料与氧气的比值——R 为 0.22～0.28 时（图 11-8），随着燃料流速增加，喷射长度变得越来越长，并且喷射状态发生改变，此时火焰射流的性能达到最佳。此外，有学者分析了喷射距离对喷射压力、喷射温度和喷射速度的影响，发现喷射压力和喷射速度随着喷射距离的增大而逐渐减小，而喷射温度则随着喷射距离的增大先增大后减小，存在一个极大值。这是因为在靠近岩石表面处，火焰射流的能量传递更直接，因此具有更高的破坏力；然而，过于接近岩石表面可能会造成射流束缩窄、不稳定等问题，影响破岩效果。因此，从热破碎效果来看，喷射距离选在 3～8 cm 可以得到较好的破碎效果。

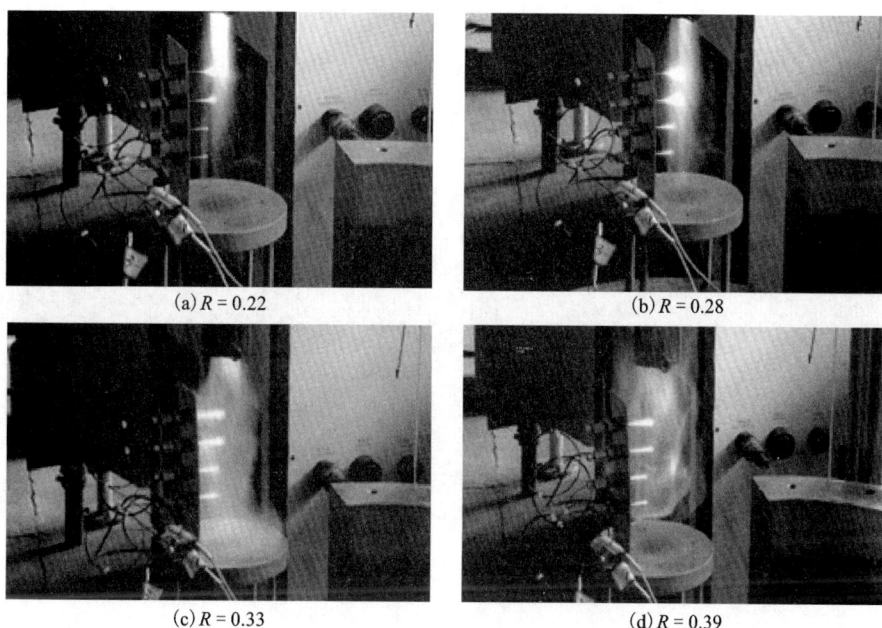

(a) $R = 0.22$

(b) $R = 0.28$

(c) $R = 0.33$

(d) $R = 0.39$

图 11-8　试验装置产生的火焰（R 表示燃料和氧化剂的流量比）[123]

11.4.3　高温火焰射流破岩的研究与应用进展

目前高温火焰射流在隧道施工中发挥着比较重要的作用，因为传统隧道施工需要使用机械设备进行岩石爆破和拆除，工程耗时长、噪音大，而火焰射流技术可以实现无振动、无噪声的岩石破碎，提高了隧道施工的效率和安全性。但是，由于高温火焰射流的破岩效果受岩石性质的影响很大，对于岩石有较强的选择性，因此，高温火焰射流在工程实践中并没有得到很广泛的应用，已有的实践大部分集中在含石英等成分较多的岩石中。

瑞士地球物理研究所建立了火焰热处理实验装置，如图 11-9 所示。燃烧器火焰温度可达到 1200~1500 ℃，其与岩样之间距离可调。红外摄像机聚焦在岩样表面的固定点上，与岩样相同的速度移动，用来测量岩石表面温度，可测量高达 650 ℃ 的岩石表面温度。

来自美国加利福尼亚的 Petra 公司在 2021 年底公布了一款 "Swifty" 钻机（图 11-10）。该钻机使用了超过 982 ℃ 的超高温气体，通过热散裂技术，在非接触状态下利用热能破碎岩石，以实现硬岩隧道的高速掘进。通过热量和气体来完成岩体开挖，可以保持全程非接触开挖。钻挖出的岩石会碎裂成小块，无需二次破碎。

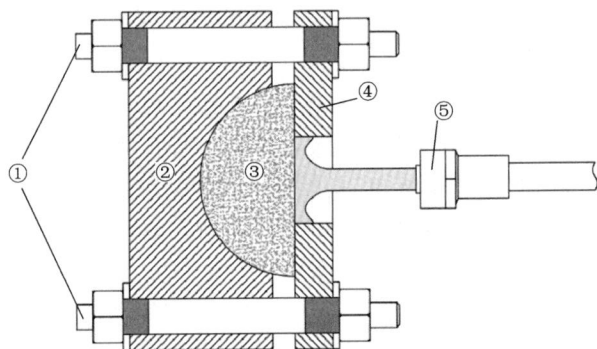

图 11-9　火焰热处理试验装置

如图 11-11 所示，"Swifty" 钻机通过非接触式高温气体热裂解破岩技术，以 25 mm/min 的速度在 Sioux 石英岩层中开挖了长约 12.5 m 的导洞，并在之后再次在石英岩中成功掘进了一条 212.5 m 的隧道。未来该技术计划用于内华达山脉、落基山脉和沿海地区的管线埋设。

图 11-10　热散裂技术破碎硬岩过程

图 11-11　热散裂破岩技术现场应用

为了进一步提升火焰射流的破岩效果，提升高温火焰射流在工程实践中的适用性，研究人员将火焰射流与其他破岩技术进行了结合。刘晓丽等[69]提出高温火焰喷射与 TBM 破岩相结合的技术，他们认为高温火焰射流能够有效诱导岩石性质劣化，提高 TBM 破岩效率。此外，也有学者提出将高温火焰射流与高压水射流结合，形成水雾火焰射流，通过相互作用增强火焰射流的破碎能力。还有学者提出将火焰射流与激光技术结合，形成激光火焰射流，通过激光能量的加入提升火焰射流的工作效果。这种多技术结合的方法有望使火焰射流在各个领域的应用更加灵活和多样化。

11.5　等离子体破岩

11.5.1　破岩机制

等离子破岩技术又称电脉冲破岩，由英国斯特拉思克莱德大学(国际上公认的脉冲能量技术研究中心)的 Timoshkin 等[124]学者提出。其原理基础是高压脉冲微放电作用，即通过脉冲放电形成的等离子体做功来破碎岩石。根据产生等离子体的不同介质可以划分三种等离子体破岩方法，如下所示：在气体中产生等离子体电弧的等离子体电弧破岩；在液体中产生等离子体电弧的液电冲击破岩；以及在岩石内部产生等离子体电弧的等离子体通道破岩。不同介质中产生等离子体的特性不同，图 11-12 为四种不同介质击穿电场强度与脉冲上升时间的关系曲线。

1)等离子体电弧破岩

等离子体电弧破岩的工具为等离子体喷枪，如图 11-13 所示，其工作原理为当气体介质在阴阳极之间流动时，会发生电离现象，从而在两电极的间隙间形成电弧柱，即等离子体。其形成原理是，气体分子在高温条件下进行剧烈运动，通过加热和碰撞，分子的价电子会脱离轨道，成为自由电子，而原来的中性原子则分裂成正离子和带负电的电子。由于正负电荷总数相等，这种电离气体被称为等离子体，其电荷总量为零。等离子体通过冷却水冷却的喷嘴以后，以等于或大于声速的速度喷出，形成等离子射流。喷出后复合为气体，并

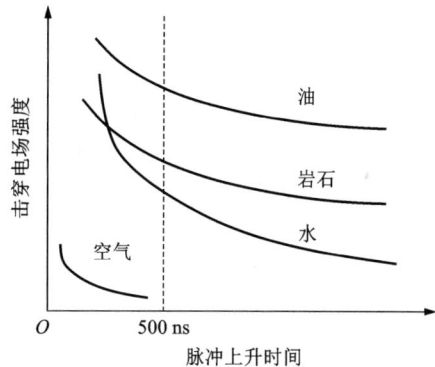

图 11-12　各种介质击穿电场强度与脉冲上升时间的关系曲线[125]

迅速释放能量放出大量的热，使温度可达数千至数万摄氏度。等离子射流在喷出过程中会发生收缩，收缩现象主要源于三个方面的作用：第一，经过水冷却后，电弧的中心断面会自然发生收缩；第二，喷嘴的内孔设计使得电弧在喷出时发生机械性的收缩；第三，电弧柱中的放电电流与其自身产生的磁场相互作用，产生磁收缩效应。这些综合因素使得电弧的电流密度增大，温度进一步升高，喷速也随之增大，并且变得更加稳定。

2)液电冲击破岩

液电冲击破岩是指将岩石浸没于绝缘液体中，等离子体在绝缘液体介质中形成等离子体通道，利用液电效应在液体中产生冲击波，然后作用于岩石上使岩石破碎。如图 11-14 所示，电极对在液体中进行脉冲高压放电时，会形成等离子体放电通道，电能瞬时注入通道中，

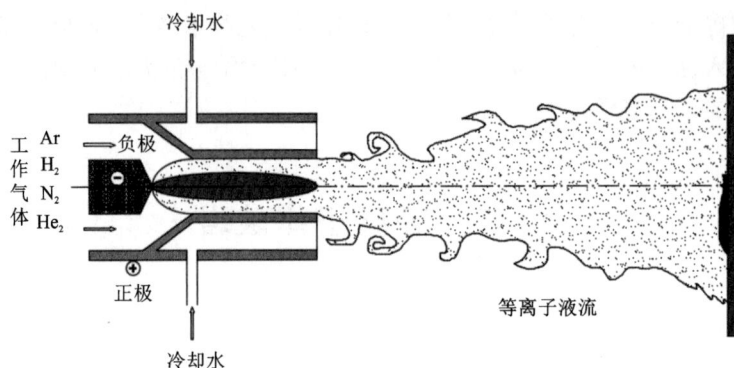

图 11-13 等离子体喷枪

使通道中温度骤然升高，达到数万摄氏度。该过程会导致放电通道内的压力急剧升高，在液体中产生压力高达 $10^3 \sim 10^4$ MPa 的冲击波和气泡溃灭等力学效应，即液电效应[126]。

3) 等离子体通道破岩

等离子体通道破岩就是通过电极对和岩石紧密接触，电极在岩石内部进行脉冲高压放电并击穿岩石形成等离子体通道，储存在高压电容上的能量瞬间释放到岩石内部的等离子体通道中并对通道进行加热，当等离子体通道膨胀的应力超过岩石的应力强度时，岩石就会破碎。由于等离子体通道直接产生在岩石内部，其能量利用率会更高，该方式更适用于油气钻井工程及采矿领域的矿物解离。但是相较于液电冲击破岩而言，固相放电击穿岩石的条件更为苛刻，放电击穿成功率更难掌控。

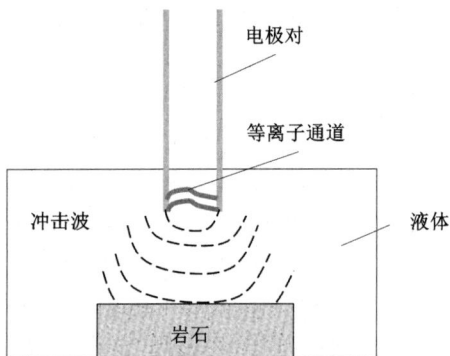

图 11-14 液电效应破岩示意图

11.5.2 影响因素分析

21 世纪初期，许多学者开始对电脉冲破岩技术的影响因素进行研究。2001 年，白峰等[127]在利用脉冲功率技术对岩石进行钻孔时发现，极间距离、输出电压以及试验装置发生器所存储的能量都对钻孔效率有重要影响。2003 年，Timoshkin 等[124]开展了等离子钻井室内实验，旨在验证其破岩效果，研究结果证实脉冲参数、钻头尺寸和介电液体性质对钻进性能有较大的影响。2006 年，陈世和等[130]应用等离子体技术自主开发了一套具备脉冲陡化功能的高压脉冲放电破岩实验装置，开展了系统的电击穿破岩实验，研究结果表明，放电电压、电极间距、岩石孔隙度是影响电击穿的主要因素。2008 年，章志成等[128]以去离子水为工作介质，将不同种类和不同厚度的岩石放置于尖板电极间，通过加载不同大小的电压于岩石上，考察了岩石的电击穿概率与平均电场强度的关系。近年来，相关研究仍在继续。Igor Kocis 等[129]利用等离子体对不同种类的套管与岩石进行了钻铣试验，研究结果表明，等离子通道的产生受电极、电解质或地层岩石的介电性、温度、压力、电压幅值和脉冲波形等因素的影响。王广旭等[125]研究了脉冲能量、电极尺寸、钻井液以及岩石硬度等工艺参数对破岩性能的影响。

上述研究表明无论是发生装置的参数，还是岩石的性质等，都会对破岩效果产生影响，因此，本节将对这些影响因素进行分析。

1. 电源参数

电源参数对破岩效果影响很大，电源的工作电流、击穿电压、脉冲宽度和间隔等会影响电弧的温度和速度，进而影响凿岩效率，如温度太高(电流调节太大)时，岩石会熔化；而温度太低，岩石无法破碎，凿岩速度很慢[125]。

1) 工作电流

电源参数中的工作电流增大时，过切量、电极损耗以及钻进速度均会增加，加工孔的锥度也会越来越大。这是因为，工作电流的增加使得单次脉冲放电能量增大，分布在岩石和电极上的能量密度与放电爆炸力都显著增大，等离子放电去除的材料增多，从而使得钻进速度升高，电极损耗增大。同时，由于电极周围的热影响区增大，过切量也随之增大。但由于钻进速度的增大，单次破碎的材料较多，孔径较深时，在相同的冲液和放电爆炸力的作用下增加碎屑排出的难度；而且随着孔深度的增加，其碎屑排出的难度递增，也会导致加工出的孔径不均匀且粗糙。

2) 击穿电压

击穿电压主要用来击穿内外电极之间的气泡，形成放电通路，击穿电压越高，其击穿能力就越强。当峰值电压较低时，击穿距离较小，放电间隙未能达到两极之间的距离，故不能击穿；随着电压的继续增大，极间间隙击穿，钻进速度和电极损耗相应有所增加，但增加较小，过切量基本稳定。

3) 脉冲宽度

脉冲宽度是指电流维持的时间。当脉冲宽度很小时，即使电压能达到击穿电压，也无法引发电弧；随着脉冲宽度继续增大，成功引弧后，过切量、电极损耗以及钻进速度均会增加。这是因为当工作电流维持一定值时，脉冲宽度的增大使得每次放电能量增大，其所破碎的岩石与电极材料体积随着分布在岩石和电极上的能量密度增大而增加，所以钻进速度与电极损耗会增大。同时，脉冲宽度增加能够使传递到加工区域的放电能量增加，增大电极周围的热影响区，从而增大过切量。

4) 脉冲间隔

脉冲间隔是指关断电流的时间，还用来及时关断放电通道，避免短路加工，同时还起到冷却电极的作用。当脉冲间隔太大时，即使两极之间能够被击穿也无法维持电弧；随着脉冲间隔的减小，成功引弧后，过切量、电极损耗以及钻进速度均会增加。这是因为脉冲间隔的减小使得每次放电能量增大，分布在岩石和电极上的能量密度都增大，电极周围的热影响区也增大，同时放电频率增加，从而使得钻进速度升高，电极损耗增大的同时过切量也增大。当脉冲间隔过小时，会形成一种接近短路的状态，反而不利于加工的进行。

2. 岩石性质

1）岩石孔隙度

在等离子体破岩技术中，对破岩效果影响最大的岩石性质是孔隙度的大小。白丽丽[131]建立了一种强电场作用下多孔岩石电场分布的数学模型及模拟方法，分析了高压电场激励下岩石的电场分布规律及孔隙对电场的畸变作用规律。研究发现，岩石孔隙是电场强度的主控因素，岩石孔隙缺陷会引发电场畸变，孔隙内部场强是岩石基质的 1.4 倍，放电击穿应该首先发生在岩石孔隙部位，即较高的岩石孔隙度有利于电击穿的发生。

2）岩石硬度

2006 年，陈世和等[132]对等离子焰流破碎大块矿石进行了研究，发现在矿山中应用等离子技术对硬度大于 6 以上的岩石的破碎效果远远高于机械破岩。因此，等离子炬在破碎硬岩时比传统钻井更具有优势。但是在等离子体破岩过程中，岩石的硬度对钻进速度、电极损耗与过切量影响不大[125]，这是因为岩石硬度的改变并不会改变岩石与电极能量的分配，即等离子通道的形成与岩石硬度无关。脉冲能量所产生的高温高压，已经超过了岩石的熔点和岩石的压缩与拉伸强度，从而引起岩石材料的熔化与围岩的破裂。

3. 等离子炬与岩石的距离

等离子炬与岩石的距离是影响破岩效果的重要因素之一。当等离子炬离岩石较近时，会产生热传导效应和等离子体束的聚焦效果。热量传导效应是指等离子炬释放出的热能能够传导到岩石表面，并引起岩石的局部热膨胀。这种热膨胀会导致岩石结构内部产生应力，从而增加岩石破裂和断裂的可能性。等离子体束的聚焦效果是指等离子体炬离岩石较近时，束流的扩散效应较小，能量更集中。这使得等离子体束能够更有效地作用于岩石表面，从而提升破岩效果。然而，当等离子炬离岩石较远时，可能会导致能量散失与等离子体束的散焦效果。能量损失是指等离子体束与空气相互作用时会发生能量损失。因此，当等离子炬离岩石较远时，束流的能量会逐渐减弱，从而降低破岩效果。等离子体束的散焦效果是指等离子体束与空气相互作用时会发生束扩散现象。当等离子炬离岩石较远时，束流的扩散效应较大，导致能量在空气中的散失增加。这些现象会降低等离子体的破岩效果。综上所述，等离子炬与岩石的距离是等离子体破岩技术中一个重要的因素，合理控制距离可以提升破岩效果。而具体应该选择什么距离，则需要根据具体的破岩设备、岩石性质和操作要求来进行优化和调整。

11.5.3 等离子体破岩的研究与应用进展

尽管等离子体破岩的确切作用机理尚待深入研究，但因其卓越的破岩效率，该方法已经引起了广泛的学术关注。早在 20 世纪 60 年代，苏联地质部就着手开展了电脉冲等离子体钻井和脉冲等离子体爆破的研究。这一开创性的工作，尽管在 20 世纪 90 年代才逐渐为外界所知，但其成果已经显现出了巨大的潜力。他们研发的电脉冲等离子体钻机，能够在短时间内完成直径为 30~50 mm 的钻孔，并达到了 15 cm/min 的钻速，这无疑为后来的研究奠定了坚实的基础[133]。美国的研究者紧随其后，将等离子体电弧破岩技术应用于硬岩隧道掘进工程中。他们采用了一种创新的方法，即先在岩石上切割出深而窄的切槽，随后在这些窄槽内运用等离子体进行破岩。通过内部加热，岩石被有效地破碎，进而提高了隧道掘进的速度和效率。这一技术的成功应用，不仅展示了等离子体破岩技术的强大潜力，也为后续的研究和应用提供了宝贵的经验。进入 21 世纪，对等离子体钻井破岩理论的研究不断深入，相关技术也取得了显著的进步。英国思克莱德(Strathclyde)大学电气工程学院在这一领域取得了重要的突破，他们成功地利用高电压脉冲微放电技术，实现了局部岩石的开裂和破碎。随后，Strathclyde 大学研发的等离子体钻机在室内试验中取得了显著的钻进效果，其能量利用效率也高于传统的旋转钻井装置。这一成果引起了业界的广泛关注，为等离子体破岩技术的商业化应用提供了可能。不久后，挪威 Badger Explore 公司从 Strathclyde 大学购得了等离子体钻机的专利和商业化权利，并对该设备进行了深入的研究和改进。他们研发的破岩设备不仅适用于商业化应用，而且在性能上也有了显著的提升[134]。这一成果不仅推动了等离子体破岩技术的商业化进程，也为相关领域的发展注入了新的活力。

在等离子体电弧破岩技术的改进与优化方面，学者们也取得了显著的进展。例如，Timoshkin 等[135]开发了钻井直径为 35~50 mm 的径向对称电极等离子体钻机系统，并在砂岩中进行了测试，取得了令人满意的钻进速度和能量消耗数据。而 Kusaiynov 等[136]则开发了电脉冲等离子体钻进系统，通过优化放电电极的形状和结构，实现了高低压电极的点-面接触，从而提高了能量利用效率。这些研究成果不仅丰富了等离子体破岩技术的理论体系，也为实际应用提供了更多的选择和可能性。在实际应用方面，国内的等离子体破岩研究主要集中在矿业开采、煤层气致裂增产和油层解堵等领域中。在矿业开采领域，陈世和等[132]率先在我国南方某铀矿中运用了等离子体破岩技术，对大块岩石进行了有效的破碎处理。经过长达一年的实际运行，该技术不仅证明了其卓越的破岩效果，还显示出其安全可靠的特点。而在石油钻井领域，王广旭[125]对影响岩石破碎效果的多个关键因素进行了深入研究，包括工作电流、击穿电压、脉冲宽度以及脉冲间隔等。这些细致的研究为等离子体破岩技术在石油钻井领域的应用提供了坚实的理论基础和实践指导。

近年来，等离子体焰炬的效率和性能逐渐增强，并开始在石油钻探领域得以应用(图 11-15)。然而，在硬岩隧道掘进方面，等离子焰炬破岩技术仍处于理论和试验研究阶段。较为领先的是美国 Earthgrid 公司于 2024 年 6 月 27 日成功完成了双联等离子焰炬破岩技术的第一次实地测试(图 11-16)。该测试历经 30 h 在硬砂岩中挖掘了长 3 m、宽 3.6 m 的隧道。同时，该技术在测试中还成功穿越了花岗岩、石英岩和玄武岩等不同地质。目前 Earthgrid 公司正在准备制造并测试六联装的等离子焰炬掘进设备。

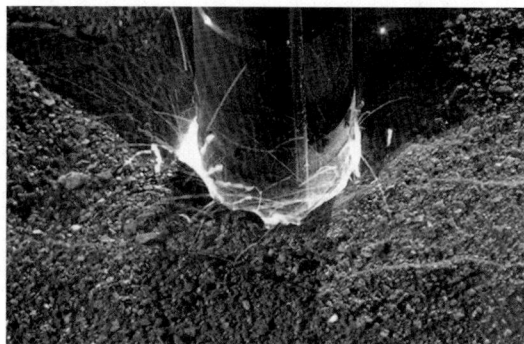

图 11-15　石油行业中使用等离子焰炬垂直钻孔

图 11-16　等离子焰炬破岩试验画面

等离子体破岩技术以其独特的优势在诸多领域展现出巨大的潜力，然而，在实际应用中，该技术也面临着一些难以忽视的挑战。第一，高压电的使用不仅存在一定的安全隐患，而且由于其庞大的电源体积，极大地限制了其应用范围。特别是在地面到井底电能的传输过程中，如何高效、稳定地供电成为一个亟待解决的问题。第二，等离子炬破岩所需的高功率要求，使得供电系统必须承载巨大的电流，这进一步加剧了供电的复杂性。在探索供电方式的过程中同样面临诸多难题。若将供电系统置于地面，通过连续油管输送动力电缆，虽为一种可行方案，但受限于钻井深度和水平段钻进距离，其可靠性难以保证。为解决这一问题，有学者考虑将传输电缆集成在特制的钻杆内，然而，这一研发过程不仅成本高昂，而且技术难度极大。另一种思路是将电源直接设置在井下，但这又要求供电系统必须集成在井下钻铤中，通过大功率井下发电机供电。然而，深井内的高温高压环境对控制元件的性能提出了极高的要求，这无疑增加了研发的难度。第三，除了供电问题，放电过程中产生的电极烧蚀和冲击也对放电机构的性能提出了严峻的挑战。同时，随着钻井深度的增加，井底压力不断上升，这要求气体工质的供给和传输必须具备更高的压力承受能力。第四，等离子炬工作时产生的热量也需要通过循环水进行冷却，这无疑增加了钻井过程中的复杂性。针对上述挑战，德累斯顿工业大学的 Anders 等[137, 138]学者提出了一种创新的解决方案。他们开发了一种由井下提供电源的电脉冲钻井集成系统，该系统将电源系统、功率变换系统、脉冲放电系统及电极钻头巧妙地集成在一起，形成了一个可置于井下的装备体。这一装备体利用钻井液作为动力源，实现了电能变换并产生了脉冲高压以激发电极放电破岩。这一创新设计不仅避免了长距离输电电缆带来的高阻抗能耗问题，还大大提高了能量利用效率，为电脉冲联合机械钻井破岩方法提供了新的思路。通过模拟测试，该系统展现出了非凡的性能和潜力，为等离子体破岩技术的进一步发展奠定了坚实的基础。

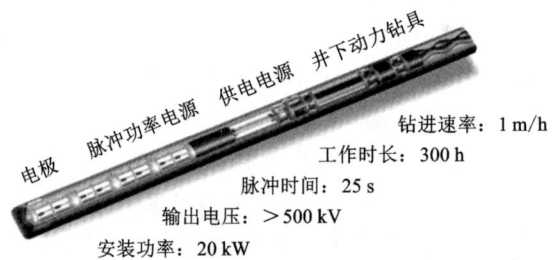

钻进速率：1 m/h
工作时长：300 h
脉冲时间：25 s
输出电压：>500 kV
安装功率：20 kW

图 11-17　井下电源供电的电脉冲钻井集成系统[131]

参考文献

[1] WEI W, SHAO Z, CHEN W, et al. Heating process and damage evolution of microwave absorption and transparency materials under microwave irradiation[J]. Geomechanics and Geophysics for Geo-Energy and Geo-Resources, 2021, 7(3): 86.

[2] 陈登红, 袁永强, 汤允迎. 微波技术辐射岩石实验探讨与成孔应用研究进展[J]. 科学技术与工程, 2022, 22(22): 9447-9455.

[3] 李元辉, 卢高明, 冯夏庭, 等. 微波加热路径对硬岩破碎效果影响试验研究[J]. 岩石力学与工程学报, 2017, 36(6): 1460-1468.

[4] 戴俊, 杜文平, 吴涛, 等. 微波照射和冲击荷载作用后岩石裂纹试验研究[J]. 河南理工大学学报(自然科学版), 2016, 35(3): 420-423.

[5] 戴俊, 王羽亮, 李涛. 微波照射后花岗岩裂纹扩展规律试验研究[J]. 煤炭工程, 2020, 52(6): 130-133.

[6] 戴俊, 徐水林, 宋四达, 等. 基于 XRD 和 SEM 分析微波照射前后玄武岩的变化[J]. 中国科技论文,

2018, 13(24)：2780-2783.

[7] 戴俊, 师百垒, 杨凡, 等. 微波照射下岩石损伤 CT 试验研究[J]. 西安科技大学学报, 2016, 36(5)：616-620.

[8] 唐阳, 徐国宾, 孙丽莹, 等. 不同间断比尺下微波诱发岩石损伤的离散元模拟研究[J]. 水力发电学报, 2016, 35(7)：15-22.

[9] JONES D A, KINGMAN S W, WHITTLES D N, et al. Understanding microwave assisted breakage[J]. Minerals Engineering, 2005, 18(7)：659-669.

[10] 朱要亮, 俞缙, 刘士雨, 等. 热力学参数对微波照射下不同矿物温度与应力分布影响的数值研究[J]. 山东农业大学学报(自然科学版), 2019, 50(5)：790-795.

[11] 秦立科, 徐国强, 甄刚. 基于颗粒流模型微波辅助破岩过程数值模拟[J]. 西安科技大学学报, 2019, 39(1)：112-118.

[12] 胡亮, 马兰荣, 谷磊, 等. 高温高压对微波破岩效果的影响模拟研究[J]. 石油钻探技术, 2019, 47(2)：50-55.

[13] 袁媛, 邵珠山. 微波照射下脆性岩石裂纹扩展临界条件及断裂过程研究[J]. 应用力学学报, 2020, 37(5)：2112-2119, 2327-2328.

[14] LU G M, FENG X T, LI Y H, et al. Experimental investigation on the effects of microwave treatment on basalt heating mechanical strength and fragmentation[J]. Rock Mechanics and Rock Engineering, 2019, 52：2535-2549.

[15] LU G M, FENG X T, LI Y H, et al. The microwave-Induced fracturing of hard rock[J]. Rock Mechanics and Rock Engineering, 2019, 52：3017-3032.

[16] KINGMAN S W, JACKSON K, BRADSHAW S M, et al. An investigation into the influence of microwave treatment on mineral ore comminution[J]. Powder Technology, 2004, 146(3)：176-184.

[17] 乔兰, 郝家旺, 李庆文, 等. 基于微波加热技术的硬岩破裂方法探究[J]. 煤炭学报, 2021, 46(S1)：241-252.

[18] 刘志义, 甘德清, 甘泽. 微波照射后磁铁矿石动力学性能及破碎特征研究[J]. 岩石力学与工程学报, 2021, 40(1)：126-136.

[19] 胡国忠, 朱杰琦, 朱健, 等. 微波辐射下页岩微结构的损伤特性与致裂效应[J]. 煤炭学报, 2020, 45(10)：3471-3479.

[20] 戴俊, 负菲菲, 徐水林, 等. 微波照射后玄武岩损伤机理试验研究[J]. 科学技术与工程, 2020, 20(7)：2614-2618.

[21] 卢高明, 李辉, 刘粲, 等. 微波作用下水分对岩石波速和强度的影响[J]. 中国科技论文, 2019, 14(9)：1015-1021.

[22] 高峰, 邵焱, 熊信, 等. 不同微波照射方式下岩石试样的内外升温特征试验[J]. 岩土工程学报, 2020, 42(4)：650-657.

[23] 朱要亮, 俞缙, 蔡燕燕, 等. 不同环境与加热路径下的微波加热岩石的数值研究[J]. 微波学报, 2018, 34(5)：84-89.

[24] 赵沁华, 赵晓豹, 赵建新, 等. 微波照射下火成岩升温特性和升温预测模型研究[J]. 高校地质学报, 2021, 27(1)：94-101.

[25] 田军, 卢高明, 冯夏庭, 等. 主要造岩矿物微波敏感性试验研究[J]. 岩土力学, 2019, 40(6)：2066-2074.

[26] 卢高明, 冯夏庭, 李元辉, 等. 多模谐振腔对赤峰玄武岩微波致裂效果研究[J]. 岩土工程学报, 2020, 42(6)：1115-1124.

[27] HASSANI F, NEKOOVAGHT P, RADZISZEWSKI P, et al. Microwave assisted mechanical rock breaking

[C]//Proceedings of the 12th IS-RM International Congress on Rock Mechanics. Beijing: ISRM, 2011: 2075-2080.

[28] KINGMAN S W, JACKSON K, BRADSHAW S M, et al. An investigation into the influence of microwave treatment on mineral ore comminution[J]. Powder Technology, 2004, 146(3): 176-184.

[29] KINGMAN S W, ROWSON N A. Microwave treatment of minerals: a review[J]. Minerals Engineering, 1998, 11(11): 1081-1087.

[30] KINGMAN S W, VORSTER W, ROWSON N A. The influence of mineralogy on microwave assisted grinding [J]. Minerals Engineering, 2000, 13(3): 313-327.

[31] KINGMAN S W, JACKSON K, CUMBANE A, et al. Recent developments in microwave-assisted comminution [J]. International Journal of Mineral Processing, 2004, 74(1): 71-83.

[32] KINGMAN S W, CORFIELF G M, ROWSON N A. Effects of microwave radiation upon the mineralogy and magnetic processing of a massive Norwegian ilmenite ore[J]. Magnetic and Electrical Separation, 1998, 9: 131-148.

[33] VORSTER W, ROWSON N A, KINGMAN S W. The effect of microwave radiation upon the processing of Neves Corvo copper ore[J]. International Journal of Mineral Processing, 2001, 63(1): 29-44.

[34] JONES D A, LELYVELD T P, MAVROFIDIS S D, et al. Microwave heating applications in environmental engineering—A review[J]. Resources Conservation & Recycling, 2002, 34(2): 75-90.

[35] JONES D A, KINGMAN S W, WHITTLES D N, et al. The influence of microwave energy delivery method on strength reduction in ore samples[J]. Chemical Engineering and Processing, 2007, 46(4): 291-299.

[36] JONES D A. Microwave processing of cement and concrete materials—Towards an industrial reality[J]. Cement and Concrete Research, 2015, 68: 112-123.

[37] JONES D A, KINGMAN S W, WHITTLES D N, et al. Understanding microwave assisted breakage[J]. Minerals Engineering, 2005, 18(7): 659-669.

[38] WHITTLES D N, KINGMAN S W, REDDISH D J. Application of numerical modelling for prediction of the influence of power density on microwave-assisted breakage[J]. International journal ofmineral processing, 2003, 68(1-4): 71-91.

[39] TOIFL M, HARTLIEB P, MEISELS R, et al. Numerical study of the influence of irradiation parameters on the microwave-induced stresses in granite[J]. Minerals Engineering, 2017, 103: 78-92.

[40] MEISELS R, TOIFL M, HARTLIEB P, et al. Microwave propagation and absorption and its thermo-mechanical consequences in heterogeneous rocks[J]. International Journal of Mineral Processing, 2015, 135: 40-51.

[41] TOIFL M, MEISELS R, HARTLIEB P, et al. 3D numerical study on microwave induced stresses in inhomogeneous hard rocks[J]. Minerals Engineering, 2016, 90(Suppl 1): 29-42.

[42] HARTLIEB P, TOIFL M, KUCHAR F, et al. Thermo-physical properties of selected hard rocks and their relation to microwave-assisted comminution[J]. Minerals Engineering, 2016, 91: 34-41.

[43] HARTLIEB P, LEINDL M, KUCHAR F, et al. Damage of basalt induced by microwave irradiation[J]. Minerals Engineering, 2012, 31: 82-89.

[44] PEINSITT T, KUCHAR F, HARTLIEB P, et al. Microwave heating of dry and water saturated basalt, granite and sandstone[J]. International Journal of Mining and Mineral Engineering, 2010, 2(1): 18-29.

[45] METAXAS A, MEREDITH R. Industrial microwave heating[M]. Stevenage: IET, 1988.

[46] SCHÖN J. Physical properties of rocks: fundamentals and principles of petrophysics [M]. [S. l.]: Elsevier, 1996.

[47] SALEMA A A, YEOW Y K, ISHAQUE K, et al. Dielectric properties and microwave heating of oil palm

biomass and biochar[J]. Industrial crops and products, 2013(50): 366-374.

[48] 陈鹏飞, 王海川, 廖直友, 等.微波处理助磨铁矿石实验研究[J].现代冶金, 2014, 42(2): 9-12.

[49] SAXENA A. Electromagnetic theory and applications [M]. 2nd ed. Oxford, UK: Alpha Science International Ltd, 2013.

[50] QIN L K, DAI J. Analysis on the growth of different shapes of mineral microcracks in microwave field[J]. Frattura edIntegrità Strutturale, 2016, 10(37): 342-351.

[51] 胡国忠, 杨南, 朱健, 等.微波辐射下含水分煤体孔渗特性及表面裂隙演化特征实验研究[J].煤炭学报, 2020, 45(S2): 813-822.

[52] 胡亮.岩石含水率对微波穿透深度的影响[J].大庆石油地质与开发, 2019, 38(4): 70-75.

[53] 戴俊, 王羽亮, 黄斌斌, 等.水对微波辐射下硬岩劣化效果的影响试验研究[J].地下空间与工程学报, 2020, 16(3): 691-696, 713.

[54] 戴俊, 李传净, 杨凡, 等.微波照射下含水率对岩石强度弱化的影响[J].水力发电, 2018, 40(1): 31-34.

[55] AKBARNEZHAD A, ONG K C G, ZHANG M H, et al. Microwave-assisted beneficiation of recycled concrete aggregates[J]. Construction and Building Materials, 2011, 25(8): 3469-3479.

[56] CHEN T T, DUTRIZAC J E, HAQUE K E, et al. Relative transparency of minerals to microwave radiation [J]. Canadian Metallurgical Quarterly, 1984, 23(3): 349-351.

[57] WALKIEWICZ J W, KAZONICH G, MCGILL S L. Microwave heating characteristics of selected minerals and compounds[J]. Minerals and Metallurgical Processing, 1988, 39(1): 39-42.

[58] WALKIEWICZ J W, LINDROTH D P, MCGILL S L. Microwave assisted grinding[J]. IEEETransactions on Industrial Applications, 1991, 27(2): 239-242

[59] OGLESBY, K, WOSKOV P, EINSTEIN H, et al. Deep geothermal drilling using millimeter wave technology: DE-EE0005504[R]. Cambridge: MIT, 2014.

[60] 王修昌, 王晓洁, 吴大俊, 等.140 GH 毫米波岩石钻探技术研究[J].微波学报, 2021, 37(3): 85-91.

[61] 王修昌, 赵连敏, 吴大俊, 等.4.6 GHz 高功率微波岩石钻探技术[J].科学技术与工程, 2021, 21(22): 9404-9410.

[62] SATISH H, OUELLET J, RAGHAVAN V, et al. Investigating microwave assisted rock breakage for possible space mining applications[J]. Mining technology, 2006, 115(1): 34-40.

[63] 付润泽, 朱洪波, 彭金辉, 等.采用微波助磨技术处理惠民铁矿的研究[J].矿产综合利用, 2012, 4(2): 24-27.

[64] 李军, 彭金辉, 郭胜惠, 等.钛铁矿的微波辅助磨细实验研究[J].轻金属, 2009(11): 50-53.

[65] HASSANI F, NEKOOVAGHT P. The development of microwave assisted machineries to break hard rocks [C]//The 28th International Symposium on Automation and Robotics in Construction (ISARC), 2011: 678-684.

[66] HASSANI F, NEKOOVAGHT P M, GHARIB N. The influence of microwave irradiation on rocks for microwave-assisted underground excavation[J]. Journal of Rock Mechanics and Geotechnical Engineering, 2016, 8(1): 1-15.

[67] NEJATI H, HASSANI F, RADZISZEWSKI P. Experimental investigation of fracture toughness reduction and fracture development in basalt specimens under microwave illumination [C]//Earth and Space 2012: Engineering, Science, Construction, and Operations in Challenging Environments, 2012, 325-334.

[68] HASSANI F, OUELLET J, RADZISZEWSKI P, et al. Exploring microwave assisted drilling[C]//Planetary and Terrestrial Mining Sciences Symposium (PTMSS). Montreal, 2007.

[69] 刘晓丽, 孙欢, 董勤喜, 等.深埋引水隧洞极硬岩 TBM 掘进及辅助破岩技术[J].清华大学学报(自然科

学版), 2022, 62(8): 1292-1301.

[70] 张辉, 蔡志翔, 姜敞, 等. 深部岩石高效破碎方法研究[J]. 西部探矿工程, 2018, 30(9): 75-79.

[71] 张魁, 杨长, 陈春雷, 等. 激光辅助 TBM 盘形滚刀压头侵岩缩尺试验研究[J]. 岩土力学, 2022, 43(1): 87-96.

[72] 李俊昌. 激光的衍射及热作用计算[M]. 北京: 科学出版社, 2002: 355-385.

[73] POONIWALA S. Lasers: The next bit[C]//SPE Eastern Regional Meeting. Canton, OH: One Petro, 2006.

[74] 官兵, 李士斌, 张立刚, 等. 激光破岩技术的研究现状及进展[J]. 中国光学, 2020, 13(2): 229-248.

[75] YAN F, GU Y F, WANG Y J, et al. Study on the interaction mechanism between laser and rock during perforation[J]. Optics & Laser Technology, 2013, 54: 303-308.

[76] AGHA K R, BELHAJ H A, MUSTAFIZ S, et al. Numerical investigation of the prospects of high energy laser in drilling oil and gas wells[J]. Petroleum Science and Technology, 2004, 22(9-10): 1173-1186.

[77] ELAHIFAR B, ESMAEILI A, PROHASKA M, et al. An energy based comparison of alternative drilling methods[C]. Proceedings of SPE/IADC Middle East Drilling Technology Conference and Exhibition, Society of Petroleum Engineers, 2011.

[78] GAHAN B C, PARKER R A, BATARSEH S, et al. Laser drilling: determination of energy required to remove rock [C]. Proceedings of SPE Annual Technical Conference and Exhibition, Society of Petroleum Engineers, 2001.

[79] FIGUEROA H G, LAGRECA A, GAHAN B C, et al. Rock removal using high-power lasers for petroleum exploitation purposes[J]. Proceedings of SPIE, 2002, 4760: 678-691.

[80] 彭汉修, 谷亚飞, 王春明, 等. 岩石的激光射孔工艺研究[J]. 应用激光, 2013, 33(5): 525-529.

[81] 李士斌, 李可心, 张立刚. 激光功率和照射时长对激光破岩的影响[J]. 能源与环保, 2017(3): 121-123, 127.

[82] GRAVES R M, ARAYA A, GAHAN B C, et al. Comparison of specific energy between drilling with high power lasers and other drilling methods[C]. Proceedings of SPE Annual Technical Conference and Exhibition, Society of Petroleum Engineers, 2002.

[83] 谢慧, 周燕, 董怀荣, 等. 激光辅助破岩试验研究[J]. 石油天然气学报, 2013, 35(4): 152-154, 157.

[84] SINHA P, GOUR A. Laser drilling research and application: an update[C]. Proceedings of SPE/IADC Indian Drilling Technology Conference and Exhibition, Society of Petroleum Engineers, 2006.

[85] SOLEYMANIM, BAKHTBIDAR M, KAZEMZADEH E. Experimental analysis of laser drilling impacts on rock properties[J]. World Applied Sciences Journal, 2013, 1(2): 106-114.

[86] HU M X, BAI Y, CHEN H W, et al. Engineering characteristics of laser perforation with a high power fiber laser in oil and gas wells[J]. Infrared Physics & Technology, 2018, 92: 103-108.

[87] XU Z, REED C B, PARKER R A, et al. Laser rock drilling by a super-pulsed CO_2 laser beam[C]. Proceedings of the 21st International Congress on Application of Lasers and Electro-Optics, LIA, 2002: 160291.

[88] AHMADI M, ERFAN M R, TORKAMANY M J, et al. The effect of interaction time and saturation of rock on specific energy in ND: YAG laser perforating[J]. Optics & Laser Technology, 2011, 43: 226-231.

[89] GAHAN B C, BATARSEH S I, WATSON R C, et al. Effect of downhole pressure conditions on high-power laser perforation[C]. Proceedings of SPE Annual Technical Conference and Exhibition, Society of Petroleum Engineers, 2005.

[90] ERFAN M R, SHAHRIAR K, SHARIFZADEH M, et al. Coupled T-H-M processes' effect on specific energy in continuous wave fiber laser rock perforation[J]. Journal of Laser Applications, 2018, 30(3): 032005.

[91] 王秋语. 国外高含水砂岩油田提高水驱采收率技术进展[J]. 岩性油气藏, 2012, 24(3): 123-128.

[92] 杨阳,孙晓娜,程春杰,等.油井激光射孔可行性实验研究及防砂机理分析[J].科学技术与工程,2012,12(33):8855-8858.

[93] Petroleum Engineer International Editorial Board. Horizontal wells inject new life into mature field[J]. Petroleum Engineer International, 1992, 64(40):49-50.

[94] 张建阔.激光破岩试验及激光技术在石油工程中的应用[J].石油机械,2017,45(3):16-20,25.

[95] GRAVES R, O'BRIEN D. StarWars laser technology applied to drilling and completing gas wells[C]//SPE Annual Technical Conference and Exhibition. New Orleans, LA:SPE, 1998.

[96] EZZEDINE S, RUBENCHIK A, YAMAMOTO R, et al. Laser-enhanced drilling for subsurface EGS applications[J]. GRC Transactions, 2012, 36:287-290.

[97] ZEDIKER M S. High power fiber lasers in geothermal, oil and gas[J]. Proceedings of SPIE, 2014, 8961:52-58.

[98] CLARKE J A. Laser micro-drilling applications[C]. Proceedings of Global Powertrain Congress on Advanced Engine Design & Performance, USA, 2006:57-64.

[99] 李美艳,韩彬,张世一,等.激光辅助破岩实验研究[J].钻采工艺,2015,38(3):1-3.

[100] 李美艳,韩彬,张世一,等.岩石表面激光射孔实验研究[J].激光杂志,2015,36(7):44-47.

[101] 韩彬,李美艳,李璐,等.激光辅助破岩可钻性评价[J].石油天然气学报(江汉石油学院学报),2014,36(9):94-97.

[102] 李美艳,韩彬,张世一,等.激光辅助破岩规律及力学性能研究[J].应用激光,2015,35(3):363-368.

[103] XU Z, REED C B, GRAVES R, et al. Rock perforation by pulsed Nd:YAG laser[C]. Proceeding of the 23rd International Congress on Applications of Lasers and Electro-Optics, LIA, 2004:1406.

[104] 黄中伟,张世昆,李根生,等.液氮磨料射流破碎高温花岗岩机理[J].石油学报,2020,41(5):604-614.

[105] 任韶然,范志坤,张亮,等.液氮对煤岩的冷冲击作用机制及试验研究[J].岩石力学与工程学报,2013,32(S2):3790-3794.

[106] QIN L, ZHAI C, LIU S, et al. Mechanical behavior and fracture spatial propagation of coal injected with liquid nitrogen under triaxial stress applied for coalbed methane recovery[J]. Engineering Geology, 2018, 233:1-10.

[107] 蔡承政,李根生,黄中伟,等.液氮对页岩的致裂效应及在压裂中应用分析[J].中国石油大学学报(自然科学版),2016,40(1):79-85.

[108] ZHANG S K, HUANG Z W, LI G S, et al. Numerical analysis of transient conjugate heat transfer and thermal stress distribution in geothermal drilling with high-pressure liquid nitrogen jet. Applied thermal engineering, 2018, 129:1348-1357.

[109] 黄中伟,温海涛,武晓光,等.液氮冷却作用下高温花岗岩损伤实验[J].中国石油大学学报(自然科学版),2019,43(2):68-76.

[110] 黄中伟,武晓光,李冉,等.高压液氮射流提高深井钻速机理[J].石油勘探与开发,2019,46(4):768-775.

[111] LI Z, XU H, ZHANG C. Liquid nitrogen gasification fracturing technology for shale gas development[J]. Journal of Petroleum Science and Engineering, 2016, 138:253-256.

[112] WU X, HUANG Z, LI G, et al. Experiment on coal breaking with cryogenic nitrogen jet[J]. Journal of Petroleum Science and Engineering, 2018, 169:405-415.

[113] CAI C, LI G, HUANG Z, et al. Velocity distribution characteristics and parametric sensitivity analysis of liquid nitrogen jet. Engineering review, 2017, 37(1):1-10.

[114] 蔡承政, 李根生, 黄中伟, 等. 液氮冻结条件下岩石孔隙结构损伤试验研究[J]. 岩土力学, 2014, 35(4): 965-971.

[115] 蔡承政, 李根生, 黄中伟, 等. 液氮压裂中液氮对岩石破坏的影响试验[J]. 中国石油大学学报: 自然科学版, 2014, 38(4): 98-103.

[116] 李和万, 王来贵, 牛富民, 等. 液氮对不同温度煤裂隙冻融扩展作用研究[J]. 中国安全科学学报, 2015, 25(10): 121-126.

[117] LI Q, YIN T, LI X, et al. Effects of rapid cooling treatment on heated sandstone: a comparison between water and liquid nitrogen cooling[J]. Bulletin of Engineering Geology and the Environment, 2020, 79(1): 313-327.

[118] WILSON D R, SIEBERT R M, LIVELY P. Cryogenic coal bed gas well stimulation method: U.S. Patent 5, 464.06[P]. 1995-11-7.

[119] MCDANIEL B, GRUNDMANN S, KENDRICK W, et al. Field applications of cryogenic nitrogen as a hydraulic fracturing fluid[C]//SPE Annual Technical Conference and Exhibition. San Antonio, Texas: SPE, 1997.

[120] CAI C, HUANG Z, LI G, et al. Feasibility of reservoir fracturing stimulation with liquid nitrogen jet[J]. Journal of Petroleum Science and Engineering, 2016, 144: 59-65.

[121] 黄中伟, 武晓光, 谢紫霄, 等. 液氮射流破岩及压裂研究进展[J]. 中国科学基金, 2021, 35(6): 952-963.

[122] DAI X, HUANG Z, WU X, et al. Failure analysis of hightemperature granite under the joint action of cutting and liquid nitrogen jet impingement[J]. Rock Mechanics and Rock Engineering, 2021, 54(12): 6249-6264.

[123] 陈安明, 陶京峰, 史怀忠, 等. 高围压热裂解试验装置[J]. 石油机械, 2019, 47(8): 21-26, 32.

[124] TIMOSHKIN I V, MACKERSIE J W, MACGREGOR S J. Plasma channel microphone drilling technology[C]. Digest of Technical Papers-IEEE International Pulsed Power Conference, 2003: 1336-1339.

[125] 王广旭. 等离子放电破岩技术基础研究[D]. 青岛: 中国石油大学(华东), 2016.

[126] 邱自学, 王璐璐, 徐永和, 等. 页岩气钻井螺杆钻具的研究现状及发展趋势[J]. 钻采工艺, 2019, 42(2): 36-37.

[127] 白峰, 邱毓昌. 利用脉冲功率技术对岩石进行钻孔[J]. 高压电器, 2001(2): 26-28, 31.

[128] 章志成, 裴彦良, 刘振, 等. 高压短脉冲作用下岩石击穿特性的实验研究[J]. 高电压技术, 2012, 38(7): 1719-1724.

[129] KOCIS I, KRISTOFIC T, GAJDOS M, et al. Utilization of electrical plasma for hard rock drilling and casing milling[C]. London, United Kingdom: Society of Petroleum Engineers (SPE). Proceedings -SPE/IADC Drilling Conference and Exhibition, 2015: 17-19.

[130] 陈世和, 麻胜荣, 邹文洁. 等离子技术在矿山中的应用[J]. 铀矿冶, 2006(4): 173-176.

[131] 白丽丽. 等离子体钻井脉冲放电击穿破坏岩石机理研究[D]. 大庆: 东北石油大学, 2023.

[132] 陈世和, 麻胜荣, 邹文洁. 等离子技术在矿山中的应用[J]. 铀矿冶, 2006(4): 173-176.

[133] INOUE H, LISITSYN I, AKIYAMA H, et al. Pulsed Electric Breakdown and Destruction of Granite[J]. Japanese Journal of Applied Physics, 2014, 38(38): 6502-6505.

[134] HÕBEJÕGI T. Compact Pulse Modulator for Plasma Channel Drilling[J]. ETH-Zürich, 2014.

[135] TIMOSHKIN I V, MACKERSIE J W, MACGREGOR S J. Plasma Channel Miniature Hole Drilling Technology[J]. Plasma Science IEEE Transactions on, 2004, 32(5): 2055-2061.

[136] KUSAIYNOV K, NUSSUPBEKOV B R, SHUYUSHBAYEVA N N, et al. On electric-pulse well drilling and breaking of solids[J]. Technical Physics, 2017, 62(6): 867-870.

［137］ANDERS E, VOIGT M, LEHMANN F, et al. Electric Impulse Drilling: The Future of Drilling Technology Begins Now［C］// Asme International Conference on Ocean. International Conference on Offshde Mechanics and Arctic Engineering. American Sooiety of Mechanical Engineers, 2017, 57762: V008T11A024. 2017.

［138］LEHMANN F, ANDERS E, VOIGT M, et al. Electric Impulse Technology-Long Run Drilling in Hard Rocks ［J］. Oil Gas European Magazine, 2015, 41(1): 42-45.

第 12 章　岩石的二次破碎

　　大块，也称为大尺寸岩石，指的是爆破后几何尺寸不符合装载和破碎设备要求的那部分岩块。将大块再次破碎成符合要求尺寸的工序被称为大块二次破碎。大块破碎问题一直是岩石工程中备受研究的关键议题。它涉及矿山、水利、建筑、铁路和公路等众多领域的工程。随着国民经济的持续、稳定、快速增长，现代工业对原材料的需求量不断增加。特别是在矿业领域，对矿石的需求总量不断攀升，而矿石的品位却在不断下降。因此，迫切需要提高矿石开采量，这也导致了大块的数量不断增加。为了提高开采效率并减少生产成本，世界上主要的采矿大国都对矿山强化开采问题极为关注。虽然随着大量落矿采矿技术的发展和高效的采矿、装载、运输设备的出现，硬岩的强化开采有了长足的进展，但大块问题仍然是一个突出的挑战，它是实现硬岩强化开采的连续工艺的直接障碍，直接影响了矿山生产向连续化方向发展的进程[1]。

　　在地下矿山、露天矿山或采石场的开采过程中，无论采用浅孔爆破、深孔爆破还是硐室爆破，都会由于多种因素的影响，如炸药性能、爆破参数、起爆方式与工艺、矿岩的物理力学性质、岩体中的节理和裂隙、铲挖、装载、运输和破碎条件等，而产生不符合规格的大块。统计数据显示，在地下深孔爆破时，大块产出率在2%~30%[2]；浅孔爆破时，二次破碎费用与爆破费用的比例可高达20%~30%；深孔爆破时，这一比例通常高于50%[3]。实际生产实践表明，高的大块产出率和大块的较大尺寸会影响采矿技术经济指标，其主要体现在以下方面[4]：

　　（1）频繁的大块二次破碎将减少可用的出矿作业时间，导致出矿效率显著降低，降低劳动生产率，对矿山生产的稳定性产生不利影响。

　　（2）大块的二次破碎炸药消耗量较大，通常占崩矿炸药量消耗的30%~50%，这导致二次破碎成本较高，增加了出矿成本。

　　（3）在处理大块时，工人的劳动条件较差，安全性较低，这会降低工人的出矿条件。

　　（4）大块对后续的运输、破碎、磨矿等工序的效益发挥产生负面影响，同时也增加了作业成本。

　　由于在采矿过程中难以避免大块的产生，因此它限制了硬岩的连续强化开采进程，影响了采矿技术经济指标。因此，大块问题引起了矿山从业者的广泛关注。人们对此已经进行了大量的研究，一方面，他们通过改进炸药性能、爆破工艺和技术，提高矿石的破碎质量，控制大块的产出率；另一方面，他们致力于开发矿岩大块的二次破碎技术和设备，并进行了科学的大块管理研究。

12.1　岩石的二次破碎方法

近30年来，各国都在研究大块二次破碎工艺技术，试验了许多新的大块破碎方法，几乎每一种可能用于大块二次破碎的原理，都有人探索其在这一领域的可行性。因此，国内外出现了许多大块破碎方法，如爆破技术、高压脉冲水射流、炮弹射击、气体喷射技术、激光、高能电子束、等离子体火焰、电弧、微波，以及热核爆破等，总的来说，主要有爆破法、机械破碎法、劈石器破岩法、静态爆破法、热法和电法等。

12.1.1　爆破法

使用爆破法进行大块岩石破碎有多种方式，包括普通浅孔爆破法、水压浅孔爆破法、裸露药包爆破法等。

1. 普通浅孔爆破法

一般情况下，需要在大块矿石的核心区域钻制爆孔。如果矿石非常大，可以同时钻制多个孔。这些孔的深度通常应在大块的厚度的 1/2 ~ 2/3，必须确保孔的深度大于或等于最小抵抗线。然后，将少量炸药装入这些孔中，将它们堵塞，然后进行爆破。这会导致大块矿石破碎成多块较小尺寸的矿石块，如图 12-1 所示。由于大块矿石具有较多自由表面，而最小抵抗线很小，因此

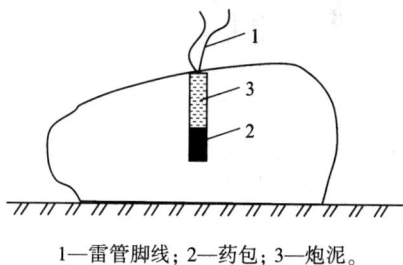

1—雷管脚线；2—药包；3—炮泥。

图 12-1　炮孔法二次爆破

所需的炸药量较少。表 12-1 提供了关于岩石爆破所需炸药装药量的经验数据。这种方法依赖于准确的爆破孔布置和合适的爆破参数，以确保最佳效果。

表 12-1　弧石爆破装药量

孤石体积/m³	孤石厚度/m	炮孔深度/m	炮孔数目/个	装药量（每个炮孔）/kg
0.5	0.8	0.44	1	0.05
1.0	1.0	0.55	1	0.10
2.0	1.0	0.55	2	0.10
3.0	1.5	0.87	2	1.15

这种方法的炸药用量相对较小，但它要求进行钻孔，需要提供风力和水力设备。此方法对施工现场要求高，劳动强度很大，准备工作和岩石凿削时间较长，而且仍然存在一些问题，如粉尘、飞石、炮烟和震动等。

2.水压浅孔爆破法

采用裸露药包爆破和普通浅孔爆破孤石，都会导致飞石和产生空气冲击波。在孤石爆破工程中，为减少飞石对工人的潜在威胁和爆破带来的不利影响，可以采用水压浅孔爆破技术来破碎孤石。在用水压浅孔爆破法破碎大块孤石时，如图 12-2 所示，会在孤石的中央钻一个较浅的孔，然后将装有雷管的药包放入孔底。如果所使用的炸药密度低于 1.0 kg/m^3，可以在药包底部添加少量密度较大的碎石或细沙，接着将孔注满水，直至水完全填满孔。最后，使用电雷管或导爆管进行引爆。

爆破效果主要取决于水压浅孔爆破的相关参数，包括以下四个方面：

（1）不耦合系数：这个值需要考虑岩石的物理特性和炸药性能。根据经验，通常选择 2.0~2.5 的不耦合系数以获得满意的效果。

（2）最小抵抗线 W：除了考虑岩石特性和炸药威力，还要考虑孤石的形状和尺寸。根据经验，最好不要让一个炮孔的最小抵抗线超过 0.8 m。如果孤石很大，可以考虑布置 2 个或 2 个以上的炮孔。

（3）炮孔深度：炮孔深度的确定应考虑最小抵抗线和孤石的高度。通常情况下，炮孔深度等于 $(0.6 \sim 0.8)H$，其中 H 是孤石的高度。

（4）装药量：装药量目前没有一个精确的公式可供使用，通常需要根据类似工程的类比来选取。根据中国矿山的经验，炸药单耗为 0.015 ~ 0.05 kg/m^3。

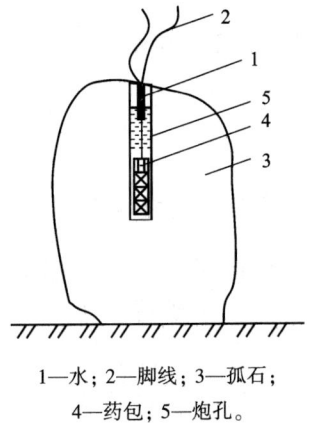

1—水；2—脚线；3—孤石；
4—药包；5—炮孔。

图 12-2　水压爆破孤石

实际操作表明，使用水压浅孔爆破来破碎孤石能够降低飞石的抛掷距离和振动的幅值，减少炸药的消耗量，这在实际效益上表现得非常明显。

3.裸露药包爆破法

裸露药包爆破法是一种将扁平形炸药包放在被爆破的物体表面进行爆破的方法，也被称为扒炮、贴炮或明炮。其本质是利用炸药的冲击力作用在被爆破物体的表面，造成局部区域的压缩、粉碎或穿透。这种方法属于传统的二次破碎方法，目前在绝大多数矿山中仍然广泛使用。通常情况下，这种方法所需的炸药用量是凿岩爆破法的 4 倍。表 12-2 列出了装药量的推荐值。

表 12-2　裸露药包爆破法用药量推荐值

大块厚度/mm	炸药量/kg	大块厚度/mm	炸药量/kg
0.30	0.125	1.00	1.000
0.50	0.250	1.25	0.500
0.75	0.500	1.50	2.000

炸药爆炸时的气体产物会散发到大气中，这导致了大部分冲击波能量的损失，因此，炸药的外力作用没有得到充分利用。裸露药包爆破作为一种爆破方法，在一定范围内有其应用价值。它不需要复杂的设备或设施，就可以展现其灵活性和高效施工速度。以下是其主要特点：

（1）爆破操作技术简单，工人容易学习和应用。

（2）无须开挖硐室，也不需要钻孔和准备工作，因此施工速度快，需要的劳动力较少。

（3）无须钻孔机械或其他辅助设备，具有较大的施工灵活性。

（4）爆破产生的碎块飞散较少，大部分留在原处。出于安全考虑，必须保持安全距离大于 400 m。

（5）裸露药包爆破法适用于需要破碎体积不大的块石、金属结构、桥墩、伐木等，通常不适用于体积大于 1 m³ 的块体，因为在裸露爆破中，炸药的能量损失较大，炸药消耗相对较大，一般在 2~2.5 kg/m³。所以对于大体积块石来说，从经济角度来看使用裸露药包爆破法是不划算的。

裸露药包的布置可以分为两种类型，如下所示。

1）聚能药包爆破

采用专用药包，具有较高的猛度和聚能穴结构，用于覆土爆破大块矿岩。具体操作方法如下：将药包垂直放置在大块孤石的顶部，确保聚能穴朝下，药包的位置选择在顶面的几何中心或相对平整的区域，然后覆盖泥沙，如图 12-3 所示。研究数据表明，采用聚能药包爆破能够减少炸药的消耗，控制岩尘和飞石，效果非常出色。

典型的用于大块二次破碎的聚能药包通常是这样制作的：使用 1.6 mm 的薄钢板制成一个外径为 20 mm 的圆锥，圆锥的高度通常在 20~40 mm，然后将这个圆锥塞入一个坚固的纸制圆筒中，并装入 20~40 g 的胶状炸药。经验表明，80 g/m³ 的炸药系数可以在页岩中获得令人满意的破碎效果。这种方法具有较高的炸药能量利用率，在一定程度上可以控制飞石，具有较好的安全性。但制作聚能药包的过程较为复杂，成本较高，且在运输过程中存在一定的风险，同时仍会产生较严重的炮烟和粉尘。聚能药包爆破是一种较为理想的大块二次爆破方法，具有广泛的应用前景。

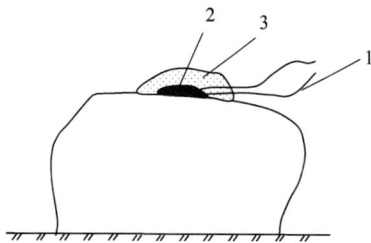

1—雷管脚线；2—聚能穴成型药包；
3—黏性泥土；4—大块孤石。

图 12-3 聚能药包爆破大块孤石

2）覆土药包爆破

这种方法是将药包直接放置在大块矿岩的凹陷部分，或者放在被爆体的中心位置，然后用土壤覆盖和密封，也可以使用草皮、土块或不易燃烧的材料进行覆盖，如图 12-4 所示。覆盖的土层厚度应大于药包自身的厚度的 2 倍。覆盖物内不应包含石块、砖头等杂物，最好使用塑料袋进行水密封覆盖。如果需要将孤石引导朝一侧飞散，那么药包应该放置在孤石飞散的方向的背后。这种方法简便易行，

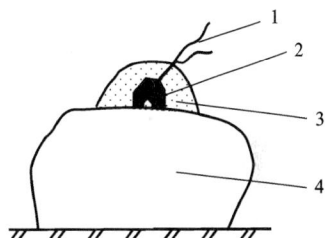

1—雷管脚线；2—药包；3—黏性泥土。

图 12-4 覆土法二次爆破

时间成本最低，但会消耗较多的炸药，可能导致个别飞石现象比炮孔法更严重。

裸露药包爆破时冲击波非常强烈，个别飞石可能会飞得很远，这容易导致周围的建筑物和设备受到损害。因此，除非出现特殊紧急情况，否则不建议使用这种方法。此外，在通风条件不佳的隧道中禁止使用该方法。

裸露药包可以单独使用或成组同时起爆，但如果选择成组同时起爆，必须确保各个药包之间不会相互影响。药包一般应采用筒装药，如果使用散装炸药，应将其包裹在防潮纸中以防止受潮。爆破时，警戒范围宜放置得更远一些以确保安全。爆破后，必须仔细检查工作现场，确保没有未爆炸的药包。如果发现有未爆炸的药包，必须将残留的炸药和雷管收集起来，然后再次进行爆破，禁止它们在工作现场散落。

12.1.2 机械破碎法

机械破碎法是一种直接利用液压或气压作为动力，将破碎设备的力量直接作用于大块物体以破碎它们的方法。这种方法在国外得到了较快的发展和广泛的应用，尤其是一些矿山采用机械设备(如碎石机)来进行大块二次破碎，取得了良好的技术经济效益。机械破碎设备通常包括液压碎石机和气动碎石机。与其他方法相比，机械破碎法的优点是不会产生炮烟和飞石，但它也有一些缺点，比如设备笨重，灵活性较差，价格昂贵，使用和维修相对复杂。

国内针对机械破碎大块的问题进行了多次长期的实验，虽然在过去的实验中遇到了一些困难，比如设备可靠性和岩石的特殊性质等问题，但这些实验积累了宝贵的经验，明确了攻关方向[5]。然而，由于设备的可靠性和其他技术问题，这些尝试的效果一直不如预期，最终不得不放弃。不过，在一些矿山中，风动碎石机一直被使用并为矿山提供服务。

经过研究，为了成功地破碎具有一定块度和机械性能的大块物体，冲击器的单次冲击功必须高于某一临界值，否则将增加能耗，甚至可能增加数十倍。要获得较高的单次冲击功，可以通过提高冲击器的速度和重量或间接重量来实现。冲击器的速度可以增加冲击负荷，从而导致岩石在冲击工具撞击的部位破碎。冲击工具的直接重量和间接重量，即压缩空气和高压液压传递的压力，可以转化为冲击器的冲击功，用于破碎大块物体。

12.1.3 劈石器破岩法

劈石器是一种破碎工具，其炮膛内的药包在爆炸时会产生冲击波和高压气体。这些效应在水填充的炮孔内发挥作用，由于水是不可压缩的，它使爆炸产生的压力均匀地作用于炮孔壁。这个压力通常超过了岩石的抗压和抗拉极限强度，从而导致岩石破裂。此外，高压水在岩石的裂缝中形成了一个高压水楔，这个水楔帮助将大块岩石劈开。由于压力在炮孔壁上均匀分布，破碎时不会产生明显的过粉碎区，因此不会产生飞石。通常情况下，飞石的产生与爆炸时高压气体的作用有关，但由于水的缓冲作用，其影响被显著减弱，从而降低了飞石的风险。此外，由于水的过滤作用，该方法不会产生炮烟和粉尘，改善了工作环境。

相比于传统的钻孔爆破和裸露药包爆破法，劈石器的主要特点在于其聚能效应。炸药爆炸产生的爆轰能量会高度集中地作用在装满水的炮孔内，这提高了能量的利用效率。因此，劈石器方法可以显著减少所需的炸药量，从而节省成本，并降低与飞石、炮烟和粉尘有关的风险[6]。

劈石器破岩的进程是能量聚集、冲击波和高压气体协同作用、等效药柱效应，高压水楔作用、缓冲、过滤作用等合成的结果，具体如下所示。

(1)爆轰集聚、冲击波和高压气体协同作用。爆破孔内产生的能量被聚集，冲击波和高压气体的巨大力量通过水作用在岩石孔壁上，从而导致岩石破裂。

(2)等效药柱效应。水压在各方向均匀，均匀施加在孔壁上，使爆轰能量得到合理分布，避免了过度破碎和飞石的发生。

(3)水楔和气楔作用。水和爆生气体同时快速渗透到岩石的裂缝中，形成水楔和气楔，促进爆破裂缝扩张和岩石破碎。由于水的出色传能作用，水楔的破碎效果明显优于气楔。

(4)水的缓冲和过滤作用。爆轰气体产物在水中的膨胀速度远慢于在空气中，还能吸收热量转化成水蒸气，降低爆轰气体的温度和压力，有效减小噪声并抑制飞石。同时，水的过滤作用明显减弱了炮烟和粉尘。

显然，劈石器在破岩过程中表现出以下特点：

(1)爆破能量传递效率高，应力峰值大。在 7.5~10 MPa 的压力下，水的体积变化仅为 1/320，当压力升至 100 MPa 时，水的密度仅增加了 5%左右。由于水在一般压力下几乎不可压缩，炸药在炮体内腔爆炸时，通过水本身几乎没有变形能量的消耗，因此爆炸后的冲击波在水中的衰减远远比在空气中慢，从而在大块中引发较高的应力值，有助于破碎大块，降低炸药消耗。

(2)应力作用时间长。针对坚硬的大块，为达到理想的破碎效果，需要产生高应力值，还需要较长的应力作用时间。当装药在炮体内腔爆炸时，水由于难于膨胀，其密度和流动黏度较大，因此流动速度较低，导致准静态压力场作用时间延长，有助于破碎坚硬大块。

(3)炸药有效能量利用率高。由于药柱外壳的强固程度以及其质量对爆轰传播产生重要影响，药柱爆炸时，内部高压状态的产物引发放射状膨胀波，这些波的影响导致反应区内的能量损失，从而降低了爆轰速度。此外，反应区内的能量损失会导致爆轰波的阵面弯曲，使波面内的产物流动变得复杂。当装药在炮体内腔爆炸时，坚固的钢外壳可约束爆炸能量扩散，有助于减少径向膨胀波向反应区的传播，使反应区内的爆炸反应更充分，大幅提高了爆炸效率，增强了炸药的有效能量利用率。

12.1.4 静态爆破法

静态爆破，即运用金属燃烧剂和静态剂破碎。金属燃烧剂是由金属氧化剂和金属还原剂按一定比例混合而成，它在炮孔内发生化学反应，释放气体产物和热量，在气体产物的膨胀压力和热应力共同作用下，导致大块岩石出现裂缝、孔附近的裂缝扩展，从而导致大块岩石的破裂分离。

类似的静爆剂以由特殊硅酸盐和氧化钙为主要成分，经过配以有机添加剂和无机添加剂制成的粉末混合物。当这种混合物与适量的水混合后，氧化钙会生成氢氧化钙，导致体积膨胀，单位质量的体积增加了 49.5%，同时释放大量热能。在膨胀压力和温度的综合作用下，大块岩石出现裂缝，从而使大块岩石分离。

12.1.5 热法和电法

除了之前提到的破碎方法，还存在另外两种用于破碎大块的方法，即热法和电法。

这类方法的原理是，通过火焰、电磁热能、红外线等能源，让大块物体局部积累热量，导致这些局部的温度急剧升高，伴随着快速的体积膨胀。为克服周围较冷部分的内部反作用力，大块内部会产生拉应力。当拉应力超过矿石的极限强度时，大块就会破裂成几块小块。

12.2　二次破碎方法的应用范围

根据不同的岩性和地点环境要求，选择适合的二次破碎方法至关重要。

（1）低要求环境：当周围环境要求相对较低，比如在采场，周围没有大型设备、建筑物、居民等，可以选择炮眼装药法、机械破碎法和聚能爆破法进行二次破碎。

（2）中等要求环境：如果周围环境要求较高，如距离作业车辆和设备不远的矿石堆、破碎机附近刚卸下的大块矿石等情况，可以考虑聚能爆破法、劈石器、严格控制下的炮眼装药法以及水封爆破。

（3）高要求环境：当周围环境要求非常高，如大块矿石卡在破碎机中，周围有建筑物、人流和车流较多的环境下，而且人员和钻孔设备可以进入时，首选的方法是静态爆破法；如果人员和钻孔设备难以介入，聚能爆破法将是最理想的选择。此外，根据具体环境要求，可以适当选择使用机械法、电法等非爆二次破碎方法。

12.3　岩石的二次破碎装备

二次破碎除了用常规的爆破法还有许多破碎手段，如机械法、水力法、电能法等。但常用的破碎方法是机械法，使用的设备有碎石锤、破碎冲击器、手持式破碎机和气镐等。这些设备也常被用来破碎路面、基础、构筑物的拆除等[7]。

12.3.1　液压破碎锤[8]

1.液压破碎锤简介

液压破碎锤开始用于施工工程，如捣碎混凝土等。20 世纪 70 年代开始进入采矿工业，主要用于矿石的二次破碎。碎石锤常装于挖掘机臂上端或配用专用工作臂装于推土机、装载机一端，属于改装设备，锤体可按需求自行加工。该设备效率高，省人工，机动性好。

Rammer 公司推出了城市型静音锤，其噪声比普通破碎锤降低 10 dB。此外，一些公司还开发出了超大型破碎锤、水下破碎锤、智能型破碎锤。中国对液压破碎锤的研究起步并不晚，早在 20 世纪 70 年代中期，国内一些科研院校就已经涉足该领域，如原北京钢铁学院、中南工学院、长沙矿山研究院、长沙矿冶研究院等。但由于当时国内液压技术整体较落后，制造水平较低，在产品研发方面一直未取得实质性突破。进入 20 世纪 80 年代，科研人员在自行研发的同时，结合引进技术，率先在矿冶领域中开发出具有自己特色的液压凿岩机、液压碎石机。国内一些风动工具厂、建筑机械厂也纷纷加入研制行列，但由于生产技术落后，产品质量不稳定，限制了液压破碎锤的发展。1988 年，德国克虏伯公司携带产品来中国举行"液压破碎锤产品演示会"，从此克虏伯产品开始登陆中国。以此为契机，天津工程机械研究所、哈尔滨工业大学对克虏伯产品进行测绘研究，长治液压件厂、上海建筑机械厂在仿制的基础上开始生产自己的产品。到 20 世纪 90 年代中期，中国液压破碎锤市场迎来了新的发展时期，液压破碎锤开始在城市建设、道路改造、采石场等领域中普及使用，而且发展迅速。

2. 液压破碎锤的特点

在岩石的二次破碎中，液压破碎锤相对于传统气动机具的主要优点有以下五点：

(1) 冲击功大。液压破碎锤根据主机提供的油压、流量以及支持力进行匹配设计，冲击功为 300~10000 J。目前世界上最大的液压破碎锤单次冲击功可达到 30000 J，而气动机具仅为 100~300 J。

(2) 效率高。液压破碎锤工作效率一般为 60%~65%，性能优良者高达 70%，而气动机具工作效率仅为 20%~30%。

(3) 节能降耗。液压破碎锤的工作介质为循环可用的高压油液，同时配有蓄能锤；而气动机具的工作介质为压缩空气，在压缩和排放过程中都要消耗大量的能量。

(4) 噪声较低。标准型液压破碎锤噪声为 95~98 dB，低噪声型为 85~87 dB；而气动机具由于压缩气体排出时的压力释放，其噪声均高于 102 dB。

(5) 施工性能好，维修费用低。液压破碎锤随主机配套工作，容易实现各种空间角度作业，破碎锤全封闭工作，零部件寿命长，维修简单方便，综合使用成本低。液压破碎锤可对岩石、混凝土、钢包、炉渣、冻土、冰块、水泥路面、桥墩、楼房等坚硬物进行开采破碎、拆除等作业。此外，还可以通过改变钎杆而用于铆接、除锈、夯实、打桩等作业中。

3. 液压破碎锤的发展趋势

目前国外生产的液压破碎锤发展主要有以下五个趋势：

(1) 冲击能增大。为了提高破碎效率，冲击锤应提供尽可能大的冲击能，这是衡量冲击锤性能的主要指标。

(2) 能量利用率提高。

(3) 易于维修和更换部件。

(4) 活塞行程可调，以改变冲击频率和冲击能，使冲击参数适于所要破碎的岩石硬度条件和冲击阻力。

(5) 引进了"智能破碎冲击锤技术"。可根据前次打击的阻力来决定输出，连续控制冲击能量，使冲击波、共振、发热和震动都相应降低，并使钎具的寿命延长，噪声下降。

12.3.2　颚式破碎机[9]

1. 颚式破碎锤简介

颚式破碎机是一种模拟动物两颚运动而完成对固体矿物中等粒度破碎的一种设备，由于其具有结构简单、制造成本低、适用范围广、工作性能可靠等优点，一直是矿物开采中最为常见的破碎设备[10-11]。虽然国内目前有上百家企业可以生产颚式破碎机，但是大多数厂家所生产的破碎机与国外先进水平相比仍然有较大差距。物料破碎是固体矿物加工过程中所必需的工艺过程，是生产工业原材料和日常生活用品的第一道工序[12]。因此，对破碎机结构进行改进，以提高其生产效率和性能，降低破碎机功耗，缩小与世界先进水平的差距是破碎机生产厂商迫切要解决的问题。

颚式破碎机按照运动形式分为两种基本形式：简摆颚式破碎机和复摆颚式破碎机，如图 12-5 所示。简摆颚式破碎机是因为动颚绕机架上的固定支座做简单的圆弧摆动而得名。复摆颚式破碎机是因为其动颚在其他机件带动下做复杂的一般平面运动而得名，因此，动颚上点的轨迹一般为封闭曲线。简摆颚式破碎机大都制成大型和中型的，其破碎比 $i=3\sim6$。复摆颚式破碎机一般制成中型和小型的，其破碎比可达 $i=4\sim10$[13-14]。

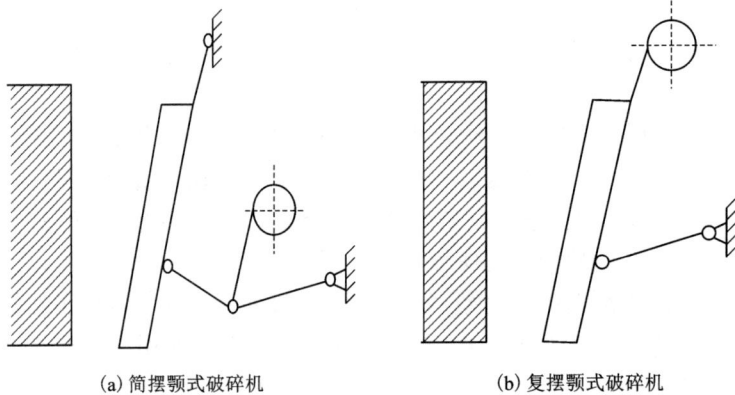

(a) 简摆颚式破碎机　　　　　　　　(b) 复摆颚式破碎机

图 12-5　颚式破碎机种类

与简摆颚式破碎机相比，复摆颚式破碎机上下水平行程分布较合理，且有较大的垂直行程，有利于破碎腔内的物料下移，因此其生产能力高于简摆颚式破碎机约 30%[15]。但是也因为其过大的垂直行程，定、动颚衬板磨损很快，大大降低了复摆颚式破碎机的使用寿命[16]。

2. 颚式破碎机的国内外发展现状

随着 19 世纪 40 年代北美采金热潮的兴起，在 1858 年，由美国人 E. W. Blake 研制了全球第一台用于矿石破碎的简摆颚式破碎机，至今已经有百余年的发展历史。颚式破碎机凭借其构造简单、工作可靠等其他破碎设备无法相比的出色优势，获得广泛使用[17-18]；但是截止到目前，还没有非常成熟的可用于指导破碎机研发的破碎理论，所以迫切需要减小生产制造成本，加深对破碎机运动学的研究，优化机构参数，不断提升其工作性能。

1）国外发展现状

国外对颚式破碎机的研究起步早且范围广，因此国外的颚式破碎机无论是型号还是性能都处于较为领先的地位。

美卓矿机：美卓矿机是一家实力雄厚矿山设备研发和生产企业，其拥有成熟的矿山设备技术和设计理论[19]。美卓在全球各地累积安装了近 10000 台破碎机，积累了大量有关矿山设备的技术和知识。2018 年，该公司的研发团队在原有破碎机的基础上，成功开发出一台智能化破碎机，其能够精准地对固体矿物进行破碎，不仅所破碎产品的粒度特性优良，而且破碎机的生产效率较普通破碎机大幅提升[20-21]。

日本神户制钢：神户制钢是日本位居前列的钢铁联合企业，其所生产的颚式破碎机远销全球多个国家[22-24]。ASTRO 系列颚式破碎机是该公司性能最为优良、销量最高的一个系列，该系列通过改进破碎腔的腔型和结构，提高了破碎机的生产能力，并且降低了破碎机功耗。

俄罗斯圣彼得堡工程学院：圣彼得堡工程学院的科研人员基于原有破碎机结构，研发出了拥有两个动颚的新型颚式破碎机，其在工作时，两个动颚同步运动对破碎腔内的固体矿物进行破碎[25-28]。相较于传统的颚式破碎机，该型颚式破碎机在破碎黏度较高的物料时，破碎腔发生堵塞的概率较小，有效地降低了由于破碎腔堵塞而导致的衬板磨损，延长了衬板的使用寿命。

Krupp 公司：Krupp 公司研发出一种振动颚式破碎机，其结构如图 12-6 所示。该型破碎机的动颚能够以较高的频率对物料进行冲击，对于一些硬度较高的固体矿物，由于动颚速度快、频率高，能够很好地对其进行破碎，相较于普通破碎机，该型号的破碎机的破碎能力大大提高[29-31]。并且振动颚式破碎机的排料口附近动颚和定颚衬板之间的夹角较小，使得破碎机排料更加顺畅，生产效率更高且堵塞发生率较低。相较于同规格的破碎机，其破碎效率提升了 50% 以上。

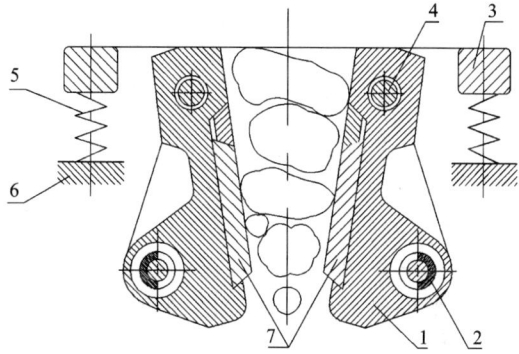

1—颚板；2—激振器；3—机架；4—扭力轴；
5—弹簧减震器；6—基础；7—衬板。

图 12-6　振动颚式破碎机结构图

此外，还有许多公司，例如，芬兰 Kone、美国 Tel-smith、德国 KHD、瑞典 Svedala 等在研发制造大中型复摆式颚式破碎机方面也获得了可观的研究成果，制造出的破碎机在工作性能、工作可靠性以及制造精度、控制技术方面都有突出优势。

2）国内发展现状

相较于国外，我国在破碎机领域的研究起步较晚，最早的国产颚式破碎机诞生于 20 世纪 50 年代。最初是以仿制为主，经过多年的发展和技术积累，我国在颚式破碎机的研发和制造方面取得了较大进步。目前，我国自主研发并生产出来的颚式破碎机性能优良，型号齐全，个别破碎机制造厂商的技术水平已经与世界先进水平相差无几。在相关工作人员的潜心研究和不断探索下，出现了很多效率更高、工作性能更为优良的新型颚式破碎机。从 20 世纪 70 年代末发展至今，国内厂家生产的破碎机年产量高达 10000 多台，出口东欧、东南亚、非洲、拉丁美洲等各大洲和地区。

上海建设路桥机械设备有限公司是目前我国实力最为雄厚的破碎机生产厂商之一，该公司旗下的"山宝"是专门用来研发和制造各种类型破碎机的厂房。经过 60 多年努力，该公司已经拥有 145 项有关破碎机的授权发明专利，每年破碎机出口额高达 2000 多万美元[32]。

北京矿冶研究总院开发出一款 PEWA9012 型外动颚低矮破碎机[33]。该破碎机动颚和定颚的布置方式与传统颚式破碎机相反，采用动颚在上、定颚在下的方式。这种布置方式不仅降低了破碎机的整机高度，而且促进了破碎腔内物料的排出。由于破碎机高度较低，对于一些空间狭小的工作场景，其能够轻松胜任物料的破碎工作，并且其生产能力较同规格的提高了 20% 以上。

河南红星矿山机械有限公司经过 40 多年的发展，已经成为一家大型矿山机械生产厂商。

该公司在引进美国、德国、日本等国的先进制造工艺后，对现有颚式破碎机的制造工艺进行了改进，大大延长了颚式破碎机的使用寿命。目前，该公司所生产的颚式破碎机已经远销50多个国家和地区[34]。

原上海建材工业学院设计出一款 PWX150×700A 型细碎颚式破碎机。该型号的破碎机在进行物料破碎时噪声较小，与同规格的颚式破碎机相比，其不仅生产能力高，而且运行成本较低。目前，该型号的破碎机已经成功应用于水泥、化工和冶金等行业的物料破碎中。

中南大学母福生[35]教授在传统颚式破碎机的基础上增加了一个破碎腔，研制出一种双腔颚式破碎机。如图12-7所示，该型号的破碎机的动颚在进行周期性转动时，两个破碎腔交替进行破碎工作和排料工作，使得破碎机在动颚整个转动周期中都在进行破碎工作，成功地改进了传统单腔颚式破碎机在动颚转动一周只有半周进行物料破碎的缺点，使颚式破碎机的工作效率得到了大幅提升。

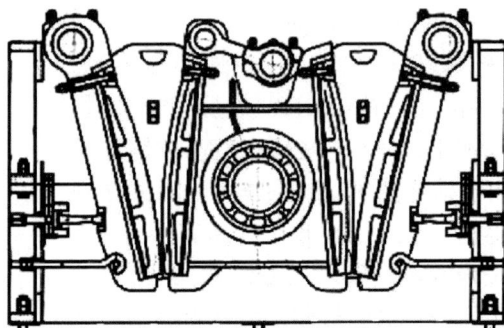

图 12-7　双腔颚式破碎机结构图

3. 颚式破碎机的机械结构及工作原理[36]

PE400×600 鄂式破碎机结构如图12-8所示。其工作原理是：电动机驱动皮带带动皮带轮1转动，通过偏心轴4使动颚2做上下运动，当动颚2上升时肘板7与动颚2间的夹角变大，从而推动动颚板8向固定颚板10接近，与此同时物料被压碎或劈碎达到破碎的目的；当动颚2下行时，肘板7与动颚2间的夹角变小，动颚板8在弹簧拉杆5的作用下，离开固定颚板10，此时已被破碎物料从破碎腔下口排出。随着电动机持续转动而破碎机动颚做周期运动压碎和排泄物料，实现连续生产。

4. 颚式破碎机的组成部分

颚式破碎机主要由固定体、转动体、调整装置等四部分组成。

（1）固定体：颚式破碎机固定体的主要部件是机架，机架的制造工艺有两种，即中碳钢铸造机架和中碳钢钢板焊接机架。焊接机架是在原铸造机架的基础上又增加了多条加强筋，并通过严格的质量控制和特定的工艺要求，达到与铸造机架相同的使用效果。为了防止机架侧壁的严重磨损，在破碎腔左右侧上装有护板，可随意更换。

（2）转动体：由动颚、偏心轴、轴

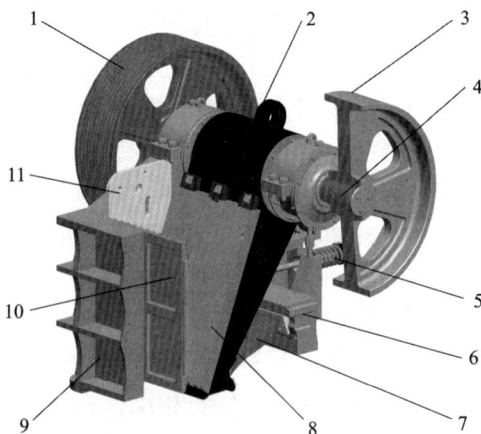

1—皮带轮；2—动颚；3—飞轮；4—偏心轴；5—弹簧拉杆；6—调整块；7—肘板；8—动颚板；9—机架；10—固定颚板；11—边护板。

图 12-8　颚式破碎机结构原理图

承、皮带轮等四部分组成,是颚式破碎机传动和承受力的主要部分。

(3)调整装置:该装置是用来调整排料口的大小尺寸,控制颚式破碎机出料粒度。颚式破碎机调整机构有两种形式,即提长楔块式和顶杆垫片式,其调整方便灵活,能实现无级调整。

5.颚式破碎机的特点

(1)噪声小,粉尘少,破碎比大,产品粒度均匀。

(2)独特颚头结构,密封保证,延长轴承寿命。

(3)结构简单,工作可靠,运营费用低。

(4)润滑系统可靠,部件更换方便,设备维护保养简单。

(5)破碎腔深而且无死区,提高了进料能力与产量,其破碎比大,产品粒度均匀。

(6)单机节能,系统节能1倍以上。

(7)颚式破碎机装有楔块排料口调整装置,该装置比老式的垫片调整更简单和快捷。

(8)采用有限元分析技术,破碎机具有更高的强度。

(9)颚式破碎机都装有较其他同样规格破碎机更大更耐用的偏心轴轴承,其更高的承载能力和有效的迷宫密封使轴承使用寿命大大地延长。

(10)独特飞轮设计,有效减少振动,让机器运转更平稳。

6.颚式破碎机的发展趋势

据有关统计,矿业开采、建筑材料和其他非金属矿物制品的加工所耗费的能源占全国总能耗的11.4%,占工业能耗的17.5%[37]。随着工业化的日益推进,各式各样的机械设备广泛应用于工业生产和日常生活中,但同时也造成了严重的环境污染。因此,工程机械产品向低碳、环保、可持续方向发展是未来机械产品发展的大趋势。结合国内外颚式破碎机的研究现状和时代背景,对颚式破碎机的发展趋势总结如下[38-40]:

(1)向轻量化、结构简单化方向发展。机架是颚式破碎机构件中重量最大的部件,现如今生产机架时常常采用组合、焊接式机架来代替整体、铸造式机架。轻量化的破碎机不仅可以节省破碎机的制造材料,还可以减少破碎机工作时的噪声,有助于破碎机向着节能、环保的方向发展。简化的破碎机结构也便于破碎机生产厂家对破碎机进行制造、便于用户对颚式破碎机进行操作和日常保养、便于维修人员对破碎机进行维修。

(2)向大型化方向发展。随着工业发展,对矿物的需求越来越大,大型颚式破碎机拥有更高的生产能力,能够有效提高物料破碎的效率。因此,进一步增加现有颚式破碎机的规格,开发更为大型的颚式破碎机是未来颚式破碎机的发展趋势。

(3)向智能化、自动化方向发展。将颚式破碎机与电子电工技术、传感器技术等相结合,可实现对颚式破碎机的智能化控制,使得破碎机的功能更加完善。通过智能化控制可以实现对破碎质量的实时监控,方便对破碎机的生产过程进行优化[37]。如美卓(Metso Minerals)公司研发的破碎机配有监控破碎工艺的智能系统和机械故障诊断系统,方便实时监控机械的生产工艺和机器的故障,便于人们对破碎机进行调节和维修。

(4)向高效、耐用方向发展。颚式破碎机的衬板等部件在工作的过程中直接与矿石物料相接触,导致衬板磨损严重需要经常更换,严重地影响了破碎机的工作效率。在设计衬板等部件时采用新材料(如高锰钢等耐磨材料)可以增加衬板的耐磨性和使用寿命,同样也提高了颚式破碎机的整备质量。

(5)采用现代设计方法。随着计算机技术的发展,破碎机的设计也从原本的经验设计逐步转变为应用计算机仿真软件进行设计和优化,既减少了设计成本又缩短了设计周期。可通过计算机对颚式破碎机进行反复的设计与校核,然后进行综合评价,使设计出的破碎机满足人们的设计要求,既省时又省力[38]。

(6)向集成化、标准化方向发展。颚式破碎机是大型机械设备,其生产和维护成本较高,因此集成化、标准化生产能够降低破碎机的制造成本,也能够在破碎机出现故障后便捷地对其进行维修。

12.3.3 圆锥破碎机

1.圆锥破碎机简介[41]

圆锥破碎机按照构造可分为弹簧圆锥破碎机、液压圆锥破碎机和惯性圆锥破碎机三种。弹簧圆锥破碎机是最早出现于工业生产领域中的圆锥破碎机,如图12-9(a)所示,该型破碎机的特点是在定锥周围采用了螺旋弹簧作为过铁释放时的保险调节装置。随着诸多学者对破碎机研究的不断深入,弹簧圆锥破碎机的结构和性能也得到了相应的提高。液压圆锥破碎机与弹簧式圆锥破碎机工作原理基本相同,主要区别是调节排矿口与过载保护系统更换为更安全高效、更容易实现控制的液压系统,如图12-9(b)所示。其由于结构简单,成本相对较低,且液压控制稳定,反应快等优点被广泛应用。惯性圆锥破碎机结构原理与传统圆锥破碎机不同,其传动系统与定锥之间采用非刚性连接,动锥旋转时还伴随自身强烈的脉冲振动,如图12-9(c)所示,因其破碎比大、运行平稳、功耗低等特点而占据一定市场份额[42]。

2.圆锥破碎机的国内外研究现状

圆锥破碎机是散体物料破碎工艺流程中不可或缺的重要设备之一。为提高圆锥破碎机散体物料破碎性能、提高圆锥破碎机破碎产品质量及延长破碎腔衬板使用寿命,国内外众多学者针对圆锥破碎机生产率模型、散体物料层压破碎操作模型、圆锥破碎机破碎腔衬板磨损模型及圆锥破碎机性能优化等方面开展了大量的相关研究,其主要目标是通过相关研究,客观描述圆锥破碎机生产性能、精确预测圆锥破碎机破碎产品粒度分布与粒形质量、真实反映圆锥破碎机破碎腔衬板磨损过程。

1)国外发展现状

世界上第一台圆锥破碎机诞生于19世纪初期,之后由美国西蒙斯兄弟研制出带有过载保护装置的弹簧圆锥破碎机,由此圆锥破碎机开始投入工业生产中并普及开来。19世纪50年代,随着液压技术的发展,圆锥破碎机的弹簧保险装置被逐渐替换为液压装置,这种破碎机被称为液压圆锥破碎机。美国Allis Chalmers(简称AC)公司首先生产出了液压圆锥破碎机和液压旋回破碎机。这种圆锥破碎机具有诸多优点:①主轴采用简支梁支撑形式;②底部单缸液压支撑,采用液压泵加压;③动锥为陡锥。后来经过不断完善和改进,很快在全世界范围内进行推广和应用。随后德国Hum Boldt Wedag公司独创了H型中心单缸液压圆锥破碎机;日本、英国和法国等也生产了各种型号的圆锥破碎机。与此同时,苏联人开创了全新的

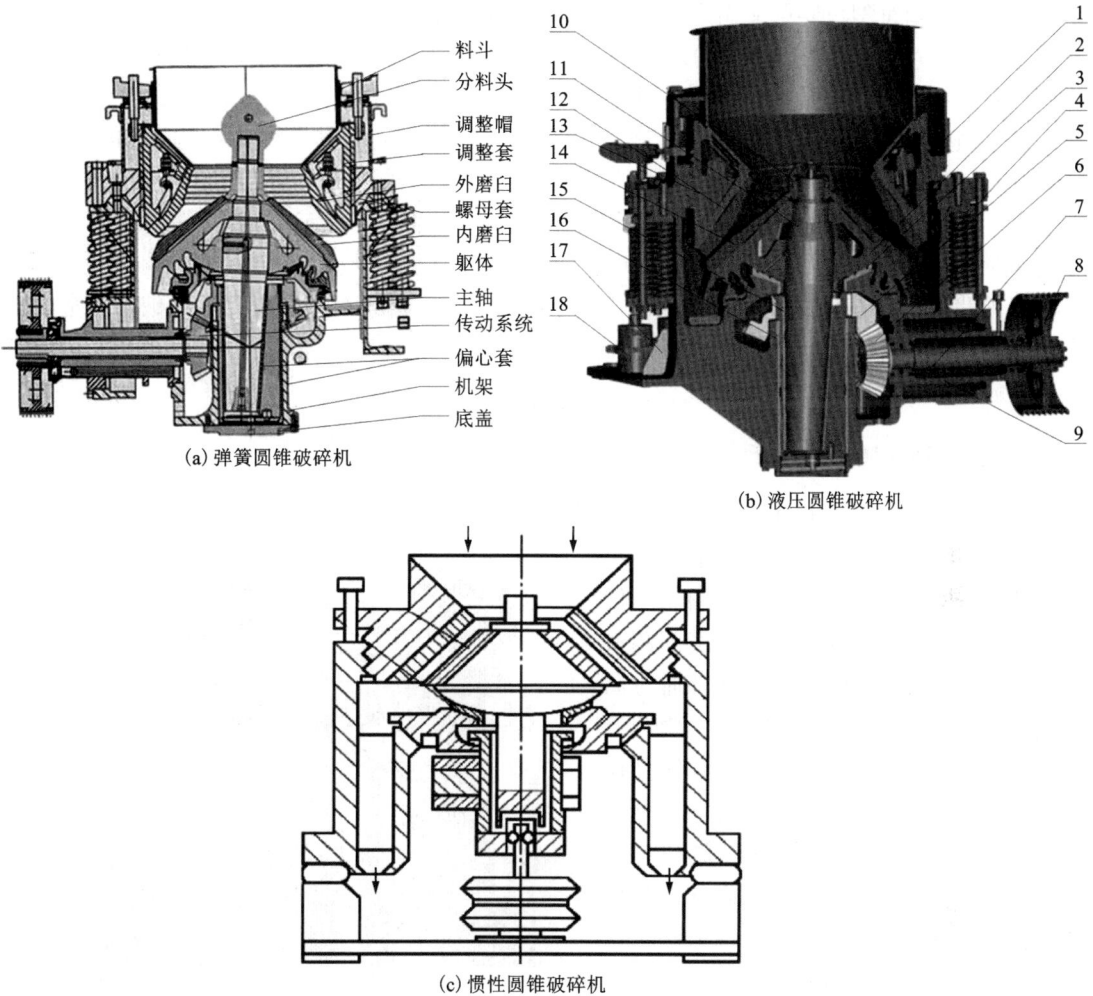

(a) 弹簧圆锥破碎机

料斗
分料头
调整帽
调整套
外磨臼
螺母套
内磨臼
躯体
主轴
传动系统
偏心套
机架
底盖

(b) 液压圆锥破碎机

(c) 惯性圆锥破碎机

（b）：1—帽架；2—锥体蕊；3—球面铜；4—释放弹簧；5—大锥齿轮；6—小锥齿轮；7—传动轴；8—主机带轮；9—传动轴架；10—螺母护盖；11—主轴；12—定齿板；13—上室；14—动齿板；15—内铜；16—外铜；17—机架；18—清腔油缸。

图 12-9 圆锥破碎机

设计思路与理论，通过振动原理研制的惯性圆锥破碎机成功问世[43-44]。

20 世纪 80 年代和 90 年代，随着社会破碎需求的增加，圆锥破碎机发展出具有高性能的层压圆锥破碎机，其中性能优越的底部单缸圆锥破碎机设备包括瑞典山维克公司推出的 CH 与 CS 系列和美卓公司的 GP 系列圆锥破碎机，而多缸液压圆锥破碎机的代表是美卓公司生产的 HP 系列。他们都采用了大功率电机驱动，破碎腔供料方式变化为挤满给料，提高了动锥摆动频率和冲程，物料在破碎腔内实现了料层粉碎和选择性破碎[45]。

2）国内发展概况

我国的破碎机研制起步较晚，20 世纪中期，我国通过研究苏联动锥直径 ϕ2100 mm 和 ϕ1650 mm 弹簧圆锥破碎机，自主设计研发出动锥直径 ϕ1200 mm 和 ϕ2200 mm 的弹簧圆锥破碎机。20 世纪 70 年代又研发出了动锥直径 ϕ1200 mm、ϕ1750 mm、ϕ2200 mm 等型号为代表的多缸圆锥破碎机和以动锥直径 ϕ1200 mm、ϕ1650 mm 为代表的底部单缸圆锥破碎机[46]。

此后，沈阳重型机器厂又引进了美国诺得伯格(Nordberg)公司的西蒙斯(Symons)与旋盘式圆锥破碎机(gyiradisc crushers)技术。20 世纪 90 年代国内又引进了 HP 系列圆锥破碎机替代原弹簧圆锥破碎机，基本上能够满足"多碎少磨"的工艺要求。

21 世纪初，鞍钢集团和太钢铁矿的各大选矿厂相继引进瑞典山特维克(Sandvik)公司的 H1000 和 H1800 系列破碎机，使得液压单缸圆锥破碎机得到了广泛推广。2010 年，在上海的宝马展，吸引了国内上百家企业展示了包括单缸液压圆锥破碎机、HP 系列圆锥破碎机等在内的多种圆锥破碎机，可见国内破碎机市场竞争的激烈程度[47]。

目前我国拥有多种型号的圆锥破碎机，能够完成破碎领域不同粒度要求的破碎任务。但在当前生产应用中液压圆锥破碎机仍在质量、可靠性与使用寿命等多方面存在问题，因此有必要对圆锥破碎机进行进一步研究。

3. 圆锥破碎机的工作原理[48]

圆锥破碎机结构如图 12-10 所示，根据圆锥破碎机散体物料破碎工作机理可将圆锥破碎机各结构分为：机架部分、传动部分、破碎部分、偏心部分及底部调整部分，其中，圆锥破碎机机架部分通过高强度螺栓被固定于工作基础面上，为圆锥破碎机其余结构部分提供载体，并保障设备平稳工作运行；圆锥破碎机传动部分通过多个传动轴与啮合齿轮将电机动力传递至破碎部分，为圆锥破碎机破碎部分提供能量，使设备高效工作；圆锥破碎机偏心部分采用多个直、偏心轴套的装配迫使圆锥破碎机主轴绕圆锥破碎机中心轴旋摆运动，为圆锥破碎机散体物料破碎提供结构基础；圆锥破碎机破碎部分直接与散体物料接触，通过对破碎腔内散体物料挤压从而使其产生破碎；圆锥破碎机底部调

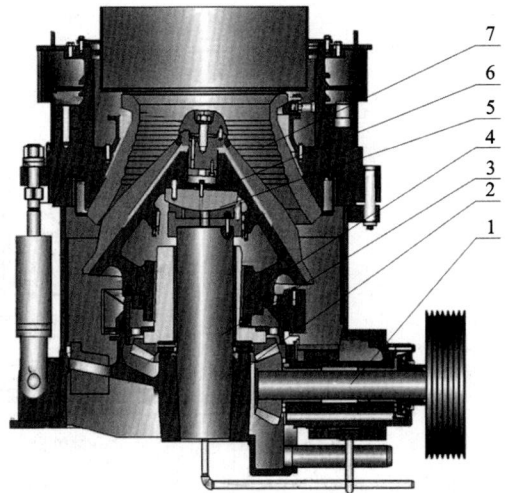

1—传动轴；2—锥齿轮；3—主轴；4—偏心套；
5—球轴承；6—动锥；7—定锥。

图 12-10　圆锥破碎机结构原理

整部分为圆锥破碎机主轴提供支撑，并根据破碎部分磨损程度进行调整从而补偿破碎腔衬板磨损量。

圆锥破碎机的运动与破碎原理如图 12-11 所示，此处以液压圆锥破碎机的工作原理为例，其在工作方式上与传统的弹簧圆锥破碎机并无较大差异，不同的地方是在于将弹簧调节排矿口，定锥的升降改成了更加高效、稳定、安全的液压缸调节[49]。其工作原理是：电机带动皮带传动经传动轴 1 带动锥齿轮副驱动偏心轴套旋转，主轴 3 起到支撑作用，使得动锥 6 作旋摆运动，圆锥破碎机的动锥、定锥 7 形成了圆锥破碎机的破碎腔。破碎腔是指圆锥破碎机的定锥衬板和动锥衬板之间的区域，散体物料由传送带通过给料口进入破碎腔内，定锥围绕悬挂点做旋摆运动，在破碎腔内的物料受到动锥衬板与定锥衬板的挤压，当挤压力超过

物料内力时，物料被挤压破碎成小颗粒，物料颗粒在重力作用下下落，动锥衬板再次靠近定锥衬板时，物料会再次破碎。由于破碎腔内物料一直处于充满状态，连续给料连续破碎，物料在动锥衬板远离时在重力作用下排出破碎腔，达到破碎物料的目的[50]。与此同时，圆锥破碎机的性能也依赖于破碎腔的几何形状、破碎机的工作参数以及岩石材料的特性。

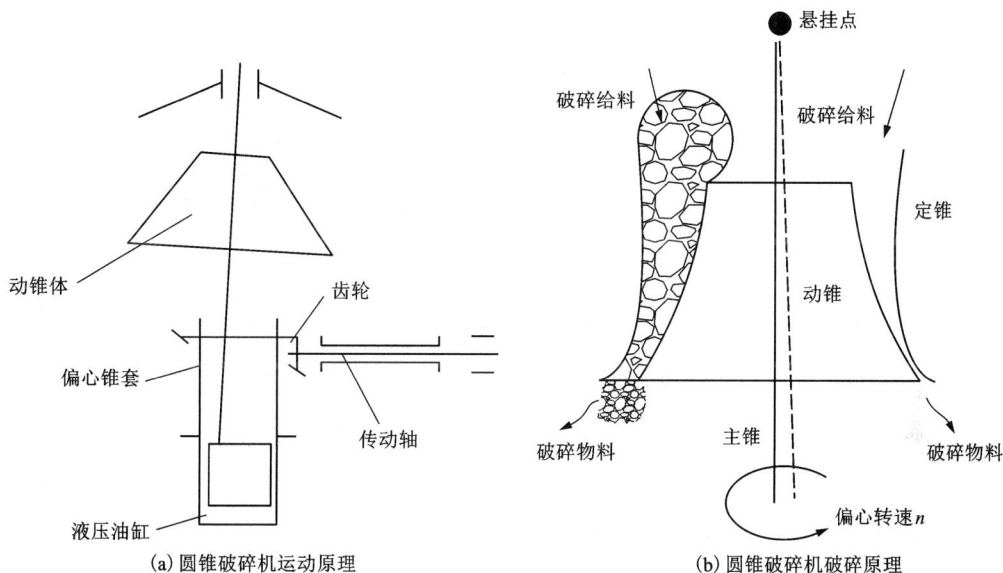

(a) 圆锥破碎机运动原理　　　　　　(b) 圆锥破碎机破碎原理

图 12-11　圆锥破碎机运动与破碎原理

12.3.4　立轴冲击式破碎机

1. 立轴冲击式破碎机简介[51]

立轴冲击式破碎机的原型最先是由新西兰人在 20 世纪 80 年代提出的，后经不断地设计改进，新西兰 TIDCO 公司于 20 世纪 80 年代末期研制出了第一台应用于实际生产的 BARMAC 立轴冲击式破碎机。我国于 20 世纪 90 年代开始引进生产，现今已经成为砂石制备行业的主力设备，应用于各类制砂场地[52]。

立轴冲击式破碎机在石料生产工艺中属于三级或四级工艺，一般可以安装在颚式破碎机和反击式破碎机的破碎工艺之后，入料粒度相对较小，通过"石打石""石打铁"两种破碎方式对已加工筛分出的满足粒度要求的毛产品进行再加工，得到满足要求的立方形产品[53]。立轴冲击式破碎机在石料加工中的工序如图 12-12 所示。

立轴冲击式破碎机主要由机械系统、电系统、液力系统以及传动系

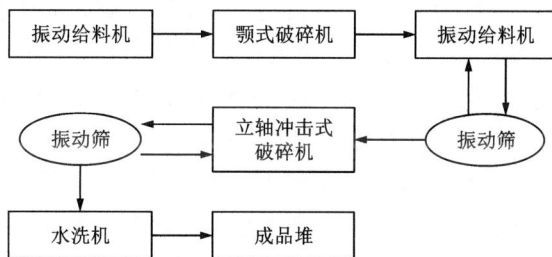

图 12-12　石料破碎加工工艺的工序

统组成[54]，如图 12-13 所示。其中转子和破碎腔构成了破碎机的破碎系统，也是立轴冲击式破碎机最为关键的部件。

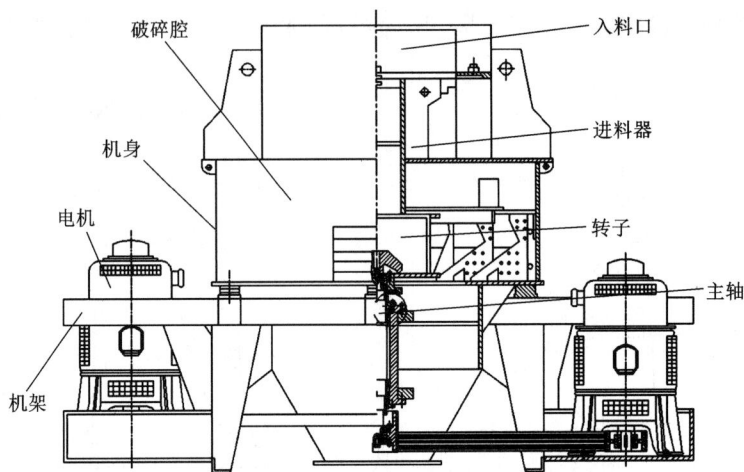

图 12-13　立轴冲击式破碎机结构

2. 立轴冲击式破碎机的国内外研究现状

立轴冲击式破碎机的破碎效率一直是企业关注的重点，转子作为物料破碎的动能来源直接影响着物料的破碎效果，为了提高破碎机的性能，国内外学者在破碎机理和转子结构优化设计等方面做了大量的研究。

1）转子的研究现状

转子作为物料的动力源，为源源不断落入转子内部的物料提供破碎所需的动能。自 20 世纪 80 年代立轴冲击式破碎机问世以来，国内外学者一直致力于转子结构形式的改进，以提高破碎机的磨损性能、产砂效率和质量，满足砂石市场的需求。

北京有色冶金设计研究总院齐国成在立轴冲击式破碎机的工作原理与物料破碎机理的研究中建立了物料破碎程度、物料所受的冲击力以及物料的冲击速度三者的关系。他指出：物料加速效果越好，其破碎的概率也就越大。因此建议在转子上增加冲击板结构以增大物料的冲击速度，或者采用双转子结构提升物料的入料量以及碰撞次数，从而得到更好的破碎效果[55]。

德国柏林大学 Brauer 教授提出了同步破碎的概念，即物料在一次冲击破碎后的速度立即用于第二次冲击破碎，使物料在获得更高冲击速度的同时也能节省最高达 50%的能量[56]，并于 20 世纪末制造完成第一台同步立轴冲击式破碎机。Kyran、Hans 等[57-58]通过实地考察物料在同步转子内部的加速过程，得出物料在转子内部的运动轨迹，与传统转子相比，同步立轴冲击式破碎机在产量、使用寿命以及节能等方面都展现出前所未有的优势。

Cemco 公司生产了 7 种顶端采用 Turbo175 的立轴冲击式破碎机，其特点在于"导向板与反击板"的组合较为灵活，可根据生产需要选择导料板的安装个数，只需要两个螺栓就能将重达 62 kg 的导料板固定在导料板台上来抵抗工作过程中的离心力和摩擦力，并且可以通过改变导向板与反击板的距离来改变物料碰撞时的冲击速度，达到更好的破碎效果[59]。

Kolbeng-Pioneer 公司生产的立轴冲击式破碎机采用标准型(导向板—冲击板)、半一体型(闭合式转子—反击板)以及全一体型(闭合式转子—混合岩石槽)结构，反击板背面可通过混合岩石槽收集到破速腔中的物料，将"石打石""石打铁"两种破碎方式相结合，提高物料的破碎效率[60]。

德国 BHS 桑索霍芬公司研制的离心两室转子，解决了物料由垂直下落到水平加速对物料流动的阻碍问题，避免入料量过大而造成转子内部堵塞，提高了物料破碎生产能力，同时在离心力的作用下，死料区形成的物料可以减少与转子本体的摩擦，提高其使用寿命[61]。

物料颗粒的加速效果越好，破碎的可能性也就越大[55]。以往研究[62-67]并未对物料颗粒在转子内部的加速情况作出较详细的描述，转子结构参数对物料加速效果的影响规律也不清楚；在对转子结构参数与物料加速效果之间关系的研究中，研究的对象局限于单一结构因素，而实际破碎过程中，物料的加速效果是多个结构因素共同作用的结果，单一因素变量法只能确定物料颗粒加速效果最好时的某个结构参数，并不能说明物料在多个转子结构参数组合下的加速效果。

2)破碎腔流场及物料颗粒破碎的研究现状

在冲击式破碎机中，物料颗粒在破碎腔内发生冲击、研磨破碎，在破碎机结构和流场的共同作用下物料颗粒的运动规律复杂，很难通过试验测量物料运动轨迹和碰撞。因此国内外学者利用离散元法对破碎腔内物料的流动进行建模，分析破碎腔内的物料运动特性，为提高破碎机性能提供理论基础[68-77]。

在冲击式破碎机中，物料颗粒在发生冲击、研磨破碎的同时伴随空气紊乱扰动，产生气固两相流运动，在破碎机结构和流场的共同作用下物料颗粒的运动规律复杂。但迄今为止，主要研究冲击破碎本身，对于气体参与的条件下物料颗粒流的流动规律了解还不全面，流场对破碎效果所起的作用如何尚不十分清楚。在对破碎机工作参数与破碎效果之间的关系研究中，虽然证明了 EDEM 中 Bonding 模型的可行性，可以通过黏结键断裂数直观地描述破碎机工作参数对物料破碎效果的影响规律，但实际破碎过程中，入料的粒度是随机的，形状也是不同的，这些因素必然会对物料的加速、碰撞、冲击能量产生影响，进而影响物料之间的破碎效果，而上述研究中，并没有考虑到入料级配对物料破碎效果的影响，这对于工程实际的指导意义不大。

3. 立轴冲击式破碎机的工作原理

立轴冲击式破碎机根据工作原理的不同可以分为"石打铁"和"石打石"两种类型，其主要区别在于破碎腔中是否存在金属砧板。由于"石打铁"式在破碎腔内有金属砧板，通过加速后的石料与砧板撞击而获得粉碎效果；而"石打石"式的破碎腔中没有安装砧板，或者说砧板由物料形成的石料衬层代替，故发生碰撞的其实是石料与石料。

"石打铁"型破碎机工作原理如图 12-14(a)所示[78]。全部物料从进料斗进入转子内，通过转子加速后，以高速抛出转子并与破碎腔内的耐磨金属砧板碰撞，碰撞过程中耗散大量能量使物料破碎。破碎后的碎片和没有破碎的物料发生反弹并与高速运动的物料再次碰撞，最终从出料口排出。

"石打石"型破碎机的工作原理如图 12-14(b)所示[79]。物料从进料斗进入破碎机，通过上部的分料盘将物料分为两部分。一部分直接进入转子，另一部分进入破碎腔，进入转子的物料通过转子加速后，以 50~80 m/s 的速度进入破碎腔中，与破碎腔内的物料流或物料垫相互碰撞，多次碰撞后破碎的砂砾从出口排出。"石打石"型破碎机打破了以往破碎机械的工作方式，利用物料与物料的直接碰撞，减少了物料与金属零部件的接触、大大减少了破碎机的磨损，还减少了破碎机能耗。但是，相比于"石打铁"式破碎方式，采用这种破碎方式的破碎率偏低，约为 30%[80]。

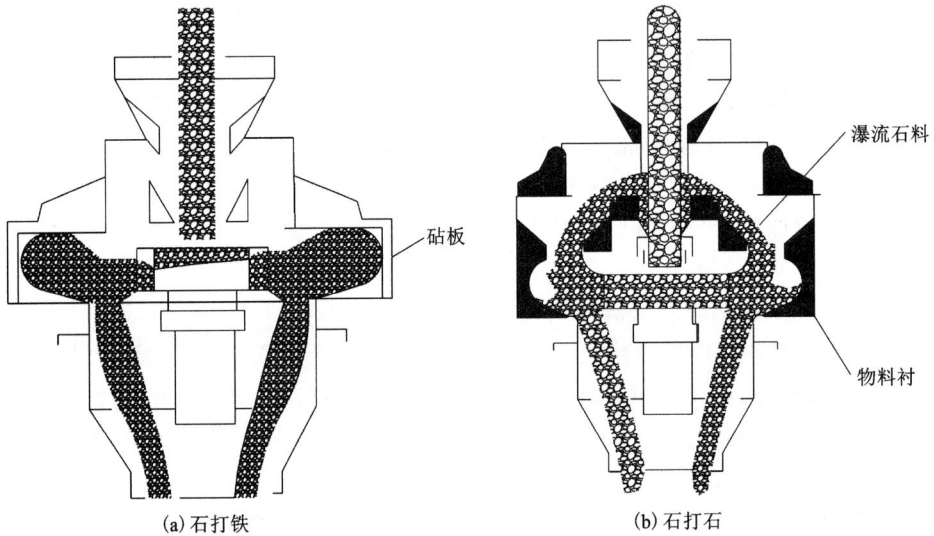

(a) 石打铁　　　　　　　　　　　　(b) 石打石

图 12-14　两种类型的立轴冲击式破碎机的工作原理

如图 12-15 所示，转子和破碎腔结构是整个立轴冲击式破碎机最关键的部件，而立轴冲击式破碎机的发展模式就是根据转子及加工方式的不同定义的。

1) 传统的立轴冲击式破碎机转子

转子作为物料的加速器，不仅决定着破碎机的生产质量和效率，而且直接影响着破碎机的可靠性、使用寿命和成本。传统的立轴冲击式破碎机转子主要包括转子体、分料锥、抛料头、导料板、耐磨板等，其结构如图 12-16 所示。其中，分料锥的作用是将垂直下落的物料均匀地分散到各个流道口上，然后在高速旋转的转子内部受到离心力的

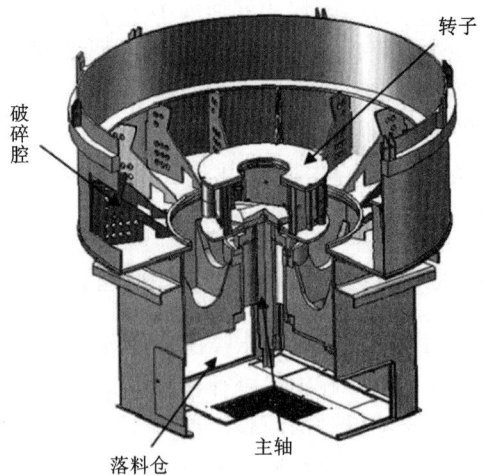

图 12-15　立轴冲击式破碎机结构图

作用沿着导料板向外缘移动，并在导料板末端抛料头处以 50~85 m/s 的线速度向外抛出与砧板碰撞破碎[81]，由此对抛料头造成的磨损最为严重，所以对于抛料头材料的耐磨性要求较高，拆卸应该简便；耐磨板由高耐磨材料经过特殊工艺制造而成，具有高耐磨特性，这样就可以减少物料大面积磨损转子本体，提高转子使用寿命。

2）立轴冲击式破碎机破碎腔

破碎腔作为物料破碎的空间，物料颗粒群在破碎腔中的运动状态和在冲击碰撞中所获得的动能直接影响物料的破碎效果。破碎腔主要由破碎壁和砧板组成，如图 12-17 所示，其中砧板作为物料碰撞的对象，在碰撞过程中产生的极大冲击力会对砧板造成严重的磨损，所以为了便于更换，砧板的拆卸应该简单方便。

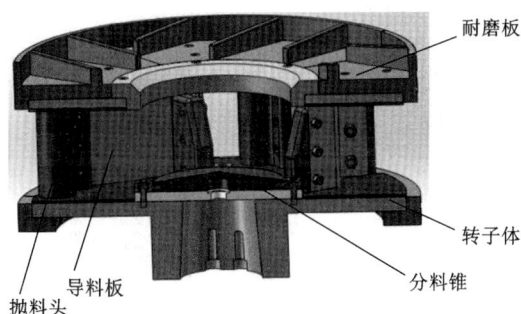

图 12-16　传统立轴冲击式破碎机转子结构

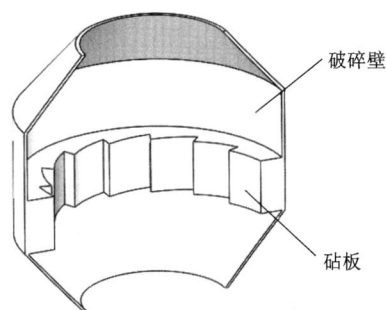

图 12-17　立轴冲击式破碎机的破碎腔

12.3.5　辊式破碎机

1. 辊式破碎机简介[82]

双齿辊破碎机是近些年新发展起来的新型破碎设备，广泛应用于煤炭、金属、非金属等矿山开采以及水泥、陶瓷、建材、冶金等行业中的中等硬度矿石的破碎作业中，与其他传统破碎机相比，具有使用范围广、结构简单紧凑、生产能力大、损耗低、能耗小、过粉碎率小、维修方便、适应性强等特点。因其同时具有较强的筛分能力，又称为筛分破碎机或分级破碎机[83-84]。

实际破碎作业中，破碎辊受滑动摩擦力和冲击应力的周期性作用，产生磨粒磨损和疲劳磨损，在辊面形成切削犁沟、微裂纹和剥落坑等形貌特征[85]。同时，物料的破碎过程，产生发声、发热、振动等现象，又加剧了辊面的磨损。磨损导致两辊间隙变大，出料粒度不均匀的后果，严重影响生产质量。因此，为提高破碎辊的使用寿命，众多学者的研究工作主要集中于以下五个方面[86-90]：

（1）遵循节能、高效的原则，研究新的破碎理论，力求突破现有的破碎三大理论。

（2）研究新的非机械力的高能或多力场联合作用的破碎设备，但目前尚未见工业化设备，仍处于研究阶段。

（3）结合用户需求，对现有设备进行改造，但未能在市场中形成规模。

（4）研究可提高破碎性能的新型材料。

（5）利用再制造技术，对已失效的破碎设备进行修复，使其能投入再生产。

2.辊式破碎机的国内外研究现状[91]

辊式破碎机破碎物料时，由于无法做到高精度控制辊缝间隙，破碎后的物料粒度无法满足生产要求。因此，致力于物料破碎的国内外企业及科研机构一直都在寻找精确调节辊缝间隙的方法。

在国外，MMD 公司生产的辊式破碎机较为出名，如图 12-18 所示。其特点是：（1）通过更换不同直径的破碎辊来控制辊缝间隙，有较好的粒度控制能力，产品粒度均匀。（2）采用液力耦合器和电控双重过载保护。当过载或遇到难碎物料时破碎机停止转动，破碎辊反转排出难碎物料，很好地保护了机器[92]。

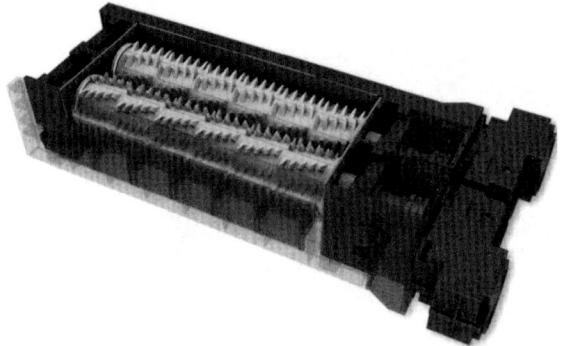

图 12-18　MMD625 型辊式破碎机

美国 FFE 公司和澳大利亚 ABOH 工程公司合资开发了 ABOH 系列分级破碎机，该破碎机的一个重要特性是可通过调节破碎机内的破碎装置和分级板实施粒度控制。在过载保护方面，采用液力耦合器，一旦过载，易熔塞熔化喷油，使电机空转，避免损坏。美国的破碎机生产厂家麦克拉那罕公司在粒度控制方面也是采用更换不同直径的破碎辊，有效改善了因频繁更换破碎辊造成的生产费用的增加。Moriya 等设计了专门的间隙调节器完成辊缝间隙的调节，该调节器可以检测间隙零点位置[93]。Hodenberg 和 Norrman P 设计了辊式破碎机手动间隙调整装置[94-95]。它的优点是使辊式破碎机易于调整，故障率低，延长了破碎机使用寿命，大大提高了工作效率。

在国内，从 20 世纪 90 年代开始，随着国家经济的快速发展，市场需求的急剧增大，人们对破碎机的要求越来越高，要求破碎机排出的物料更加均匀以及具有更有效的工作能力。由此，国内辊式破碎机的发展突飞猛进。

煤炭科学研究总院唐山分院开发了 2PL 系列强力破碎机，该破碎机在技术上的进步主要是取消了原双辊破碎机的退让弹簧保险装置，较严格控制了破碎后产品中的过大颗粒[96]。吕英林等[97]发明了一种新的辊式破碎机，活动辊通过其轴承座与保护弹簧和液压系统连接，保护弹簧实现过载保护，液压系统用于调整辊缝间隙。

山东莱芜煤机厂研制的 2PGLT 系列破碎机[98]。该系列破碎机采用的是双电动机驱动、双齿轮箱以及双液力耦合器，并在保护装置上加了电气过载保护装置。破碎辊之间的间距还可以通过手动控制系统调节，更加方便控制不同物料破碎所需的粒度大小。

兖州煤矿设计院在消化吸收美国雷克斯诺德公司生产的冈拉克 36DAM 型破碎机的基础上设计出了 4PGC 型辊式破碎机，该型破碎机在技术上采用"Nitroil"控制系统，并采用"液压-气动"方式，将调整两辊间距装置和保险装置做成了一个系统[99]。

河南的选煤设计院通过与长城冶金设备厂合作，研制出了 FP500 系列破碎机，该破碎机的两破碎辊固定，可保证破碎后的产品粒度均匀，并用液力耦合器实现过载保护[100]。

3. 辊式破碎机的工作原理与基本结构

双辊式破碎机的工作原理如下：双辊式破碎机工作时，两个辊子彼此相向转动，进入破碎辊之间的物料受到其与辊子之间摩擦力的作用，随着辊子不断转动，物料被带入两个辊子形成的破碎腔中，物料受到挤压而被压碎，之后从破碎辊下部排出。破碎机排料口的宽度由两个辊子之间的最小间隙决定，排料口的宽度决定破碎产品的最大粒度。一种双辊式（光面）破碎机基本结构如图 12-19 所示[101]。

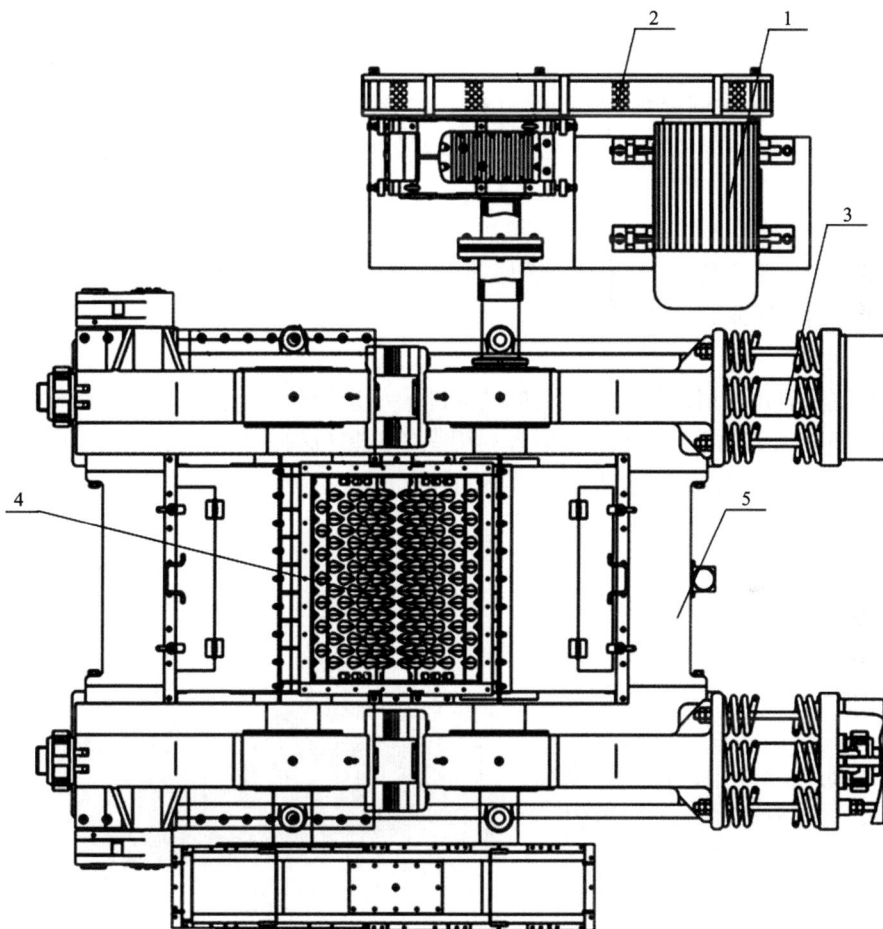

1—电机；2—皮带；3—弹簧；4—机辊；5—机架。

图 12-19　一种双辊式（光面）破碎机基本结构

现阶段全世界生产双齿辊破碎机的厂家很多，市面上使用的产品类型也多种多样，但原理上基本是利用矿石等被破碎物料的抗拉强度和抗剪强度较低的特点，通过辊轴相向交错转动，利用安装在辊轴上的具有特定形状的破碎齿对物料进行撕拉、剪切，从而实现物料破碎；结构上一般由电动机驱动，通过液力偶合器进行过载保护，经过减速器减速并传递扭矩和荷载，带动破碎辊转动，破碎辊上安装的破碎齿通过相向交错运动而咬入物料进行物料破碎。

双辊式破碎机包括一对破碎辊、传动装置、机架、调整装置和过载保护装置等主要部件[102]。

1）破碎辊

破碎辊作为破碎机的主要工作机构，被平行安装在水平轴上，做相向回转运动。破碎辊按轴承是否可动分为动辊和静辊。破碎辊主要包括辊皮、轮毂和轴，其结构如图 12-20 所示。辊皮采用三块锥形弧铁，并利用螺栓螺帽与轮毂固定在一起，辊子轴则采用键与表面成锥形的轮毂固定在一起。由于辊皮与物料直接接触，相互摩擦，辊皮时常磨损，因此辊皮经常需要更换。

2）传动装置

传动装置是一种中间设备，它能够将动力装置（电动机）的动力传递给动辊和静辊，使动辊和静辊做相向旋转运动。

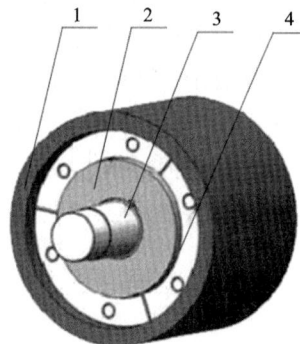

1—辊皮；2—轮毂；3—轴；4—锥形弧铁。

图 12-20　破碎辊基本结构

3）机架

辊式破碎机工作环境恶劣，因此机架必须牢固可靠。辊式破碎机的机架材料常采用铸铁或型钢，并选用铆接或焊接制造而成。

4）调整装置

调整装置主要用于对动辊和静辊之间的间隙大小进行调整。传统辊式破碎机调整辊缝间隙的方法为增减间隙调整垫板数量，或者利用涡轮调整机构进行调整，当需要调整辊缝间隙时，依靠人工在破碎辊的两端放入所需调整间隙量厚度的垫板，以此控制破碎产品粒度。涡轮调整装置安装示意图如图 12-21 中 2 所示。

5）过载保护装置

过载保护装置是辊式破碎机重要组成部分之一，目前过载保护装置使用较多的是弹簧，弹簧状态决定破碎机是否能正常运转。当有过硬物料进入动辊和静辊之间时，弹簧压力无法与两个辊子间所产生的作用力相互抵消，迫使弹簧压缩。动辊平行移动，排料口间隙增大，从而使得机器不过载。过载保护装置安装示意图如图 12-21 中 4 所示。

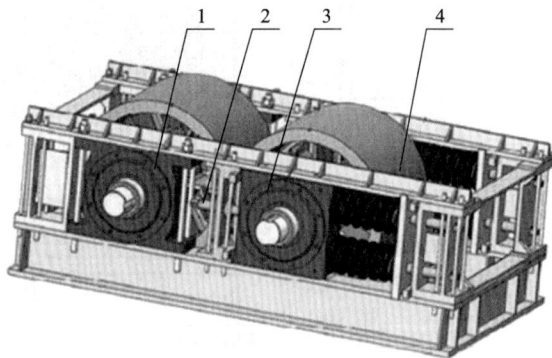

1—静轴承座；2—涡轮调整装置；3—动轴承座；4—过载保护装置。

图 12-21　调整装置和过载保护装置安装示意图

12.3.6　锤式破碎机

1. 锤式破碎机简介[103]

锤式破碎机是在反击式破碎机基础上形成的物料细化设备。破碎机的锤头通过销轴固定在辐板上，电机驱动主轴并带动辐板回转。在回转过程中锤头在电机的驱动力与自身惯性的作用下高速地冲击碰撞需要破碎的物料，使物料能够破碎细化达到所要求的粒度，并通过筛板排出。与反击式破碎机相比，锤式破碎结构简单，破碎效率更高，工作稳定性更好。锤式破碎机可实现干、湿物料的破碎，适用于煤炭、矿山、冶金、建材等部门对中等硬度及脆性物料进行细碎。锤式破碎机常见的分类有以下三种：

（1）按转子的数目，锤式破碎机可分为单转子和双转子两类。

（2）按锤子的排列方式，锤式破碎机可分为单排式和多排式两类。单排式破碎机的锤头安装在同一回转平面上，多排式锤式破碎机的锤头分布在好几个回转平面上。

（3）按转子的回转方向，锤式破碎机可分为不可逆式及可逆式两类。可逆式锤式破碎机的主轴总成可以实现双向回转，而不可逆式锤式破碎机的主轴总成仅能单向旋转。相比于不可逆式，可逆式锤式破碎机的能够破碎的物料粒度更大，同时对构件的利用也较充分。

2. 锤式破碎机的国内外研究现状[104]

相较于其他类型破碎机，锤式破碎机结构简单，破碎比大，能耗低[105-109]，适用于破碎石灰石、青石等抗压强度在 100 MPa 以下的各类中硬脆性物料。同时物料的含水量不能过高，否则会容易造成物料黏结，从而加剧锤头磨损，也容易在筛板处堵塞，降低破碎能力[110]。

锤式破碎机发明至今，已经有百余年的发展历程，由最初的结构、功能单一逐渐演变成现如今的型号多样化的系列产品。锤式破碎机工作过程中，由于零件与石块之间发生的碰撞、摩擦等作用，零部件需要经常更换。众多国内外学者和相关技术人员，对锤式破碎机的设计理论、结构、材料等进行研究，提高了破碎机的工作效率和使用寿命[111-115]。

1）锤式破碎机设计理论研究

锤式破碎机设计理论包括破碎强度理论研究、碰撞公式计算、破碎能耗分析等。进行设计理论研究时，需要对碰撞模型进行假设：碰撞过程为弹性碰撞；碰撞过程中不考虑摩擦、风阻等因素；锤头、转子转速相同。

银金光对破碎过程中单颗粒的破碎过程进行研究，得出了破碎单颗粒物能耗公式和破碎单颗粒物最大破碎力公式[114-115]。杜春宽[116]在锤头碰撞公式现有研究基础上，运用碰撞力学修正碰撞公式，并研究了转子半径与锤头碰撞中心之间的关系。有学者分析了破碎机工作过程中物料在转子和破碎腔内的状态及破碎后物料形貌，将破碎过程分为击碎、压碎、劈碎、研磨与互磨，在此基础上提出了两种破碎模型，即体积破碎模型（整块物料都受到破碎）与表面破碎模型（破碎仅发生在物料表面，细小颗粒从表面到内部逐渐剥落）。Hiromu Endoh[117]研究得出破碎机锤击物料时最大破碎力的经验公式，并通过试验验证该公式的正确性。

锤式破碎机设计理论研究是其整机结构设计的基础，也为零件设计计算提供了依据。

2）锤式破碎机零部件结构改进研究

锤式破碎机的主要零部件包括反击板、筛板、锤头等。零部件结构不同，其成本、破碎效率、使用寿命等均不同，在实际生产中，需根据工况对零部件结构进行合理设计。

锤头是锤式破碎机的主要零件，根据结构不同分为整体式和组合式两种。组合式锤头使用寿命长、成本低，适用于小型锤式破碎机；对于大型破碎机，组合式锤头不足以完成破碎工作，则需制成整体式锤头。卓荣明[118]设计了一种如图 12-22 所示的组合式球形锤头，其锤头是由球形锤端与锤柄通过连接杆组合而成，当锤端某个方向磨损后，可转动锤端继续使用。

通过碰撞平衡公式可计算得出锤头设计尺寸。李正峰等[119]改进的 PC600×400 锤式破碎

机锤头结构如图 12-23（a）所示，一端孔
与锤轴配合，另一端孔内安装配重块，并
用螺栓固定，锤头一端磨损后可掉头使用
另一端；黄淑琴等[120]提出的新型锤头如
图 12-23（b）所示，锤端与锤柄间隙配合，
在冲击作用下，锤端会周向转动，使整个
锤端均匀磨损；上述锤头的改进均是通过
碰撞平衡公式设计计算锤头尺寸，改进后
的锤头尺寸减小，质量降低，在满足破碎
物料前提下节约了生产成本。结构的改
进，提高了锤头的使用寿命。

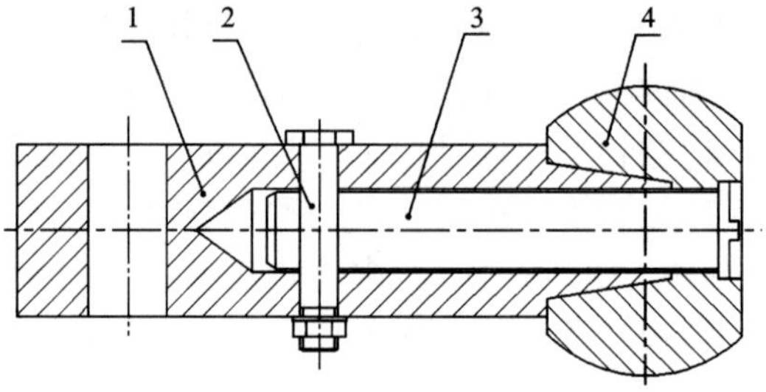

1—锤柄；2—螺栓；3—连接杆；4—球形锤端。

图 12-22　组合式球形锤头结构示意图

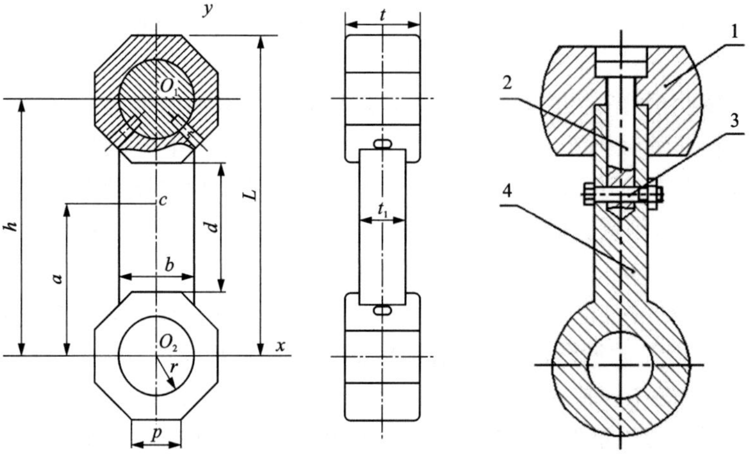

(a)　　　　　　　　　　　　　　　(b)

（b）：1—锤端；2—联接轴；3—螺栓；4—锤炳。

图 12-23　锤头结构示意图

　　张辉等[121]对破碎机作业过程中锤头受力进行分析，在此基础上提出锤头、锤盘的改进
措施，在锤头原有工作面上镶嵌硬质合金棒，由合金棒代替原有工作面对物料进行碰撞、摩
擦、挤压，锤盘同样在镶嵌合金棒，由合金棒代替锤盘受力。研究表明改进后的锤头、锤盘，
使用寿命提高，维修成本降低。郭红星[122]设计出适用于大型破碎机的复合锤头，提出了
3 种复合锤头的制造方法，分别是镶铸复合法、包覆铸造复合法和双液铸造复合法，设计并
研究了锤柄、锤端的成分和冶炼工艺，得到了使用寿命高于高锰钢锤头 5 倍以上的复合锤
头。
　　反击板也是锤式破碎机中主要工作零部件之一，其形状、结构对反击板寿命影响很
大[123]。王荣红、张海波等[124-125]针对反击板磨损快的问题，分析了反击板的受力和磨损情
况，建立了物料在破碎机中的运动轨迹方程，并对该轨迹方程进行仿真，得出影响物料运动
轨迹和反击板形状的参数，在此基础上对原有的反击板结构进行改进，如图 12-24 所示。改
进后的反击板，破碎率提高，磨损后更换方便，维修成本降低。
　　锤式破碎机其他零部件结构研究，主要是为了提高锤式破碎机的工作效率、使用寿命和

破碎率[126-130]。张吉伟等[128]针对
PCK1310锤式破碎机中出现的格板条
断裂、翻料板"突起"和下料漏斗堵塞
现象，对其进行结构上的改进，格板条
改为齿型格板架，翻料板磨损严重处焊
接合金板，下料漏斗的空间增加，与输
送带连接的角度由71°改为63°，同时
设计了翻锤机螺旋机构，改进后的破碎
机工作效率和使用寿命提高，工人劳动
强度降低。芬兰发明的锤式破碎机，底

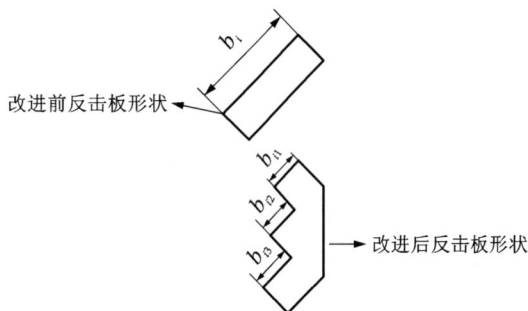

图 12-24 反击板结构改进图

部筛条由可转动的实心圆棒组成，且圆棒间的间隙可调节，圆棒边缘可与旋转的锤头末端相
接触，有效地避免底部堵塞现象，同时圆棒上黏性杂质可被锤头扫至右端出口排出[129]。日
本日立造船株式会发明的多转子锤式破碎机，其内部三个转子可同步逆时针旋转，对腔内物
料反复破碎，破碎比高[130]。

3）锤式破碎机零部件材料研究

锤式破碎机零部件材料的选用，是影响破碎机使用寿命的主要因素之一。高锰钢作为当
前制作锤头的常用材料，在受强烈冲击、挤压作用下，会产生加工硬化，具有较高的耐磨性。
但若破碎机在实际作业过程中，受到的冲击力或接触应力较小，高锰钢的加工硬化性能无法
充分发挥，会出现磨损快、使用寿命短的缺点[131-135]。崔卫杰等[133]分析了锤式破碎机中衬板
和锤头的工作条件，提出用高铬铸铁来替代高锰钢，研究了高铬铸铁的化学成分，介绍了高
铬铸铁衬板和锤头的生产工艺。在锤式破碎机工作一段时间后发现，更换材料后的衬板和锤
头的寿命为原有的 3 倍，大大降低了制作成本。同时，研究人员发现，在高铬铸铁中添加纳
米颗粒，可以起到细化晶粒、增强增韧的作用[134-135]。邢小红等[136]将纳米颗粒加入高铬铸铁
锤头中，分别对常规锤头、未加入纳米颗粒与加入纳米颗粒高铬铸铁锤头进行表面划痕实
验，通过观察划痕显微组织和表面形貌，发现常规锤头晶粒较大且端部划痕裂纹现象严重，
未加入纳米颗粒的高铬铸铁锤头晶粒有所细化且划痕末端产生塑性变形，有明显的推挤现
象，加入纳米颗粒的高铬铸铁锤头，晶粒分布更均匀且划痕表面几乎没有裂纹现象。Kaushal
Kishore 等[137]分析锤头的磨损为磨料磨损，指出该磨损形式下锤头失效是由于制作锤头的材
料所含碳化物比例较低，出现较高的磨损率，并介绍了四种不同合金材料的显微组织和耐磨
性，通过制作试样，进行实验，得出结论：四种材料中，碳化物可以提高合金耐磨性，硬质合
金硬面层的耐磨性最好。

3. 锤式破碎机的结构及工作原理

1）锤式破碎机的结构

锤式破碎机主要由架体、转子、调整装置、箅条或筛板、打击板等部件组成。其工作原
理是电机通过联轴器或皮带轮带动转子高速旋转，进入破碎机的矿石受到转子上锤头的冲击
而破碎，受到锤头打击的矿石破碎后获得动能，高速冲向架体内的打击板和筛板；同时，物
料在架体内会发生多次的相互碰撞，从而进一步破碎；最终，尺寸小于筛板格孔的物料，从
格孔中排出；不满足尺寸要求的矿块会继续在筛板处受到锤头冲击、挤压和研磨的综合作

用，直到矿块达到所需的产品粒度，才会被锤头从筛板格孔中挤出。

如图 12-25 所示是由枣庄鑫金山智能装备有限公司自主研发的 JSPCD2630 型单段锤式破碎机。该破碎机主要是由壳体、主轴总成、反击板、棚条、筛板等零部件组成，其参数如表 12-3 所示。

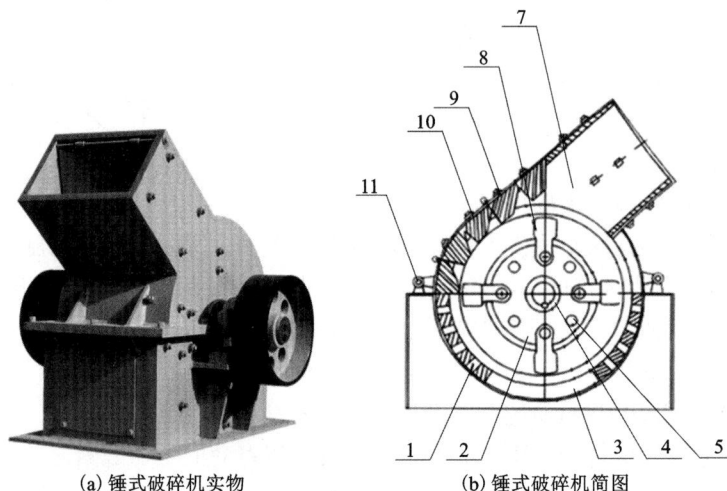

(a) 锤式破碎机实物　　　　(b) 锤式破碎机简图

(b) 1—筛板；2—转子盘；3—出料口；4—中心轴；5—支撑杆；6—支撑环；
7—进料口；8—锤头；9—反击板；10—弧形内衬板；11—连接机构。

图 12-25　JSPCD2630 型单段锤式破碎机

表 12-3　JSPCD2630 参数

型号	适用石材	产量 /(t·h⁻¹)	进料粒度 /mm	转速 /(r·min⁻¹)	功率 /kW	外形尺寸 (长×宽×高) /(mm×mm×mm)
JSPCD2630	≤150 MPa 各类矿石	2300~3500	≤1000	320	1600	5600×4775×6200

①主轴总成。

主轴总成是锤式破碎机的核心部件。主轴总成两端通过轴承与轴承座固定在壳体上，锤盘通过键连接等距安装在主轴上，锤头通过锤轴连接在锤盘上。电机通过带传动带动主轴旋转，主轴通过键连接带动锤盘、锤轴以及锤头旋转，实现锤头对物料的击打或抛起。主轴总成两侧对称布置的大惯性矩皮带轮保证了总成运转的稳定性。

②壳体。

壳体主要由上壳体一、上壳体二、中壳体和下壳体四部分通过螺栓连接在一起，各部分由钢板焊接而成，如图 12-26 所示。其中上壳体一与给料设备相连接的一侧为进料口，下壳体底部为出料口，壳体底部通过地脚螺栓固定在地面上，壳体外焊接有筋板结构，用于增加壳体强度。壳体主要用于支撑主轴总成并承受破碎石块的冲击力。

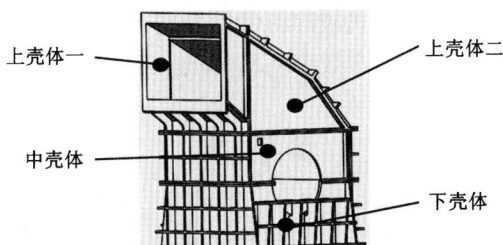

图 12-26　壳体

③反击板。

反击板通过螺栓连接固定在破碎机内部上方，如图 12-27 所示。JSPCD2630 型锤式破碎机反击板采用倒钉子型结构，利用点破碎原理将矿石破碎，增加矿石的破碎率。

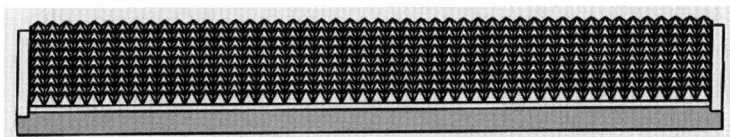

图 12-27　反击板

④棚条与筛板。

棚条布置于锤式破碎机内部，棚条与棚条之间的间隙，避免了在破碎过程中大块物料直接砸向锤盘，减少了锤盘的损耗，同时棚条将物料与主轴总成隔开，减小了总成的运行阻力。

棚条与筛板组成一个"破碎腔"，如图 12-28 所示。小于棚条间隙的物料落入破碎腔后，物料受到锤头与筛板研磨、碾压作用，待物料粒度小于筛板孔径后，从排料口排出。

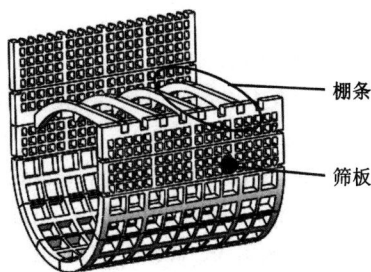

图 12-28　棚条与筛板

4. 锤式破碎机的特点

锤式破碎机最大的特点就是具有很大的破碎比（常规为 10~25），除此之外，排料粒度均匀、过粉碎现象少、能耗低、设备造价低、维护简单方便等都是锤式破碎机的优势所在。

当然，锤式破碎机的劣势也是有的，比如，破碎腔内部部件容易破损、检修时间较长、消耗金属多、使用时间短等。此外，锤式破碎机的筛板耐用性较差且易堵塞，尤其在处理含水量大、黏性较高的物料时，设备的生产效率明显降低。

参考文献

[1] 肖雄. 缓倾斜中厚矿体采矿方法的采场出矿系统优化研究[D]. 长沙：中南大学，2005.

[2] 崔岱. 我国黄金和有色金属地下矿山采矿工艺现状及其发展趋势[J]. 黄金，1998(4)：14-19.

[3] SMART P, TOVEY N K. Theoretical aspects of intensity gradient analysis[J]. Scanning, 1988, 10(3)：115-121.

[4] GUTIERREZ M, ISHIHARA K, TOWHATA I. Model for the deformation of sand during rotation of principal stress directions[J]. Soils and Foundations, 1993, 33(3)：105-117.

[5] 邢东升. 二次破碎方法在矿山中的应用[J]. 世界采矿快报，2000(Z2)：92-94.

[6] 王红心，顾洪枢，李军，等. 劈石器破岩技术应用研究[J]. 矿冶，1997(2)：22-25.

[7] 陈瑶. 颚式破碎机内物料破碎机理及破碎功耗研究[D]. 太原：太原理工大学，2016.

[8] 张定军. 国内液压破碎锤的现状及分类[J]. 江苏冶金，2008(3)：4-6.

[9] 牛晓建. 复摆颚式破碎机性能研究及其优化[D]. 上海：上海应用技术大学，2021.

[10] 韩莉莉，周干，王红卫. 颚式破碎机后推力板可靠性影响因素分析[J]. 煤矿机械，2015，36(1)：111-113.

[11] 杨永明，肖斌，赵军. 颚式破碎机偏心轴楔横轧成形可行性研究[J]. 热加工工艺，2013，42(15)：115-117，121.

[12] 母福生. 破碎及磨矿技术在国内外的技术发展和行业展望(一)[J]. 矿山机械，2011，39(11)：58-65.

[13] 廖汉元，孔建益，钮国辉. 腭式破碎机[M]. 北京：机械工业出版社，1998.

[14] 张峰. 新型外动颚式破碎机理论分析与试验研究[D]. 北京：北京科技大学，2006.

[15] 司振九. 含多运动副间隙破碎机工作机构动力学研究[D]. 包头：内蒙古科技大学，2015.

[16] 张少波. 基于有限元的复摆式颚式破碎机的结构设计[D]. 北京：华北电力大学，2015.

[17] TAVARES L M. Optimum routes for particle breakage by impact[J]. Powder Technology, 2004, 142(2-3)：81-91.

[18] 张玉松. 基于层压破碎理论的颚式破碎机性能参数优化及其功率计算[D]. 沈阳：沈阳理工大学，2020.

[19] 刘硕. 美卓 HP800 圆锥破碎机在鞍钢齐大山选矿厂稳定高效运转超 18 年[J]. 中国矿业，2020，29(6)：182.

[20] SHOKHIN A E. Self-Synchronization of a Vibrating Jaw Crusher with Allowance for Interaction with the Medium Processed[J]. Journal of Machinery Manufacture and Reliability, 2020, 49(6)：500-501.

[21] MOSES FRANK ODUORI, DAVID MASINDE MUNYASI, STEPHEN MWENJE MUTULI, et al. Analysis of the Single Toggle Jaw Crusher Force Transmission Characteristics[J]. Journal of Engineering, 2016(1)：1578342.

[22] Kabushiki Kaisha Kobe Seiko Sho (Kobe Steel Ltd.); Patent Application Titled "Bumper Reinforcement For Automobile" Published Online (USPTO20200282932)[J]. Journal of Transportation, 2020, 612.

[23] Metso Minerals, Inc.; Patent Application Titled "A Method and a System for Supporting a Frame of a Mineral Material Crusher and a Crushing Plant" Published Online (USPTO20160121338)[J]. Chemicals & Chemistry, 2016.

[24] ANONYMOUS. McLanahan Freedom Series Jaw Crusher Offers Higher Capacities[J]. Rock Products, 2016,

119(5)：44.

[25] SGOLIKOV N, TIMOFEEV I P. Determination of capacity of single-toggle jaw crusher, taking into account parameters of kinematics of its working mechanism[J]. Journal of Physics：Conference Series, 2018, 1015 (5)：052008.

[26] PAHILA, BATTACHARYA S. Effect of Crusher Type and Crusher Discharge Setting On Washability Characteristics of Coal ［C］//. International Conference on Advances in Metallargy, Matenals and Manufactuing, 2018.

[27] AZAGRIVNIY E, PODDUBNIY D A. A Vibrating Jaw Crusher with Auteresonant Electric Motor Drive of Swinging Movement[J]. IOP Conference Series：Earth and Environmental Science, 2018, 115(1)：012044.

[28] 王纪实. 基于层压破碎理论的颚式破碎机结构优化[D]. 沈阳：沈阳理工大学, 2019.

[29] RALPH W, ROBERT H V, PAUL S, etal. Incidence of Acute Kidney Injury After Computed Tomography Angiography±Computed Tomography Perfusion Followed by Thrombectomy in Patients With Stroke Using a Postprocedural Hydration Protocol[J]. Journal of the American Heart Association, 2020, 9(4).

[30] Engineering-Mechanical Engineering; Studies from Tampere University of Technology Reveal New Findings on Mechanical Engineering (Correlation of wear and work in dual pivoted jaw crushertests)[J]. Journal of Engineering, 2020, 234(3)：334-349.

[31] Sandvik Intellectual Property AB; Patent Issued for Jaw Crusher Retraction Assembly (USPTO10, 549, 283)[J]. Journal of Engineering, 2020.

[32] 刘妍. 珠联璧合 再创辉煌：访上海建设路桥机械设备有限公司首席执行官张勇先生[J]. 建筑机械, 2011(20)：62-64.

[33] GABRIEL KAMILO BARRIOS, NARCÉS JIMÉNEZ-HERRERA, SILVIA NATALIA FUENTES-TORRES, et al. DEM Simulation of Laboratory-Scale Jaw Crushing of a Gold-Bearing Ore Using a Particle Replacement Model[J]. Minerals, 2020, 10(8)：717.

[34] 王亚磊. 双动颚颚式破碎机的运动学和动力学研究与优化[D]. 焦作：河南理工大学, 2018.

[35] 母福生, 李铭, 罗陈鑫子, 等. 双腔颚式破碎机效率节能优化仿真[J]. 计算机仿真, 2017, 34(8)：255-259.

[36] 陈立春. 颚式破碎机偏心轴剩余寿命预测及其再役可靠性研究[D]. 呼和浩特：内蒙古工业大学, 2019.

[37] 周素琴. 基于运动学和有限元分析的颚式破碎机结构改进的研究[D]. 昆明：昆明理工大学, 2014.

[38] 刘峰. 大型复摆颚式破碎机仿真分析与优化[D]. 秦皇岛：燕山大学, 2017.

[39] Metso Minerals Inc.; Patent Issued for Spring Tightening Device, Jaw Crusher, Processing Plant of Mineral Material and Method For Compressing or Decompressing Spring Loading Tie Rod In Jaw Crusher (USPTO10, 710, 086)[J]. Chemicals & Chemistry, 2020.

[40] Artificial Neural Networks; Reports Outline Artificial Neural Networks Study Results from Indian School of Mines (Failure rate analysis of jaw crusher using Weibullmodel)[J]. Journal of Robotics & Machine Learning, 2017.

[41] 左天庚. 圆锥破碎机破碎效率的影响因素研究[D]. 鞍山：辽宁科技大学, 2021.

[42] 马立峰, 吴凤彪, 潘伟桥, 等. 圆锥破碎机研究现状及发展趋势[J]. 重型机械, 2020(5)：9-13.

[43] 伏雪峰, 张长久. 液压圆锥破碎机的结构和工艺性能研究[J]. 矿业工程, 2007(3)：5-8.

[44] 吴建明. 四种世界先进圆锥破碎机的技术进展[C]//中国冶金矿山企业协会. 2008 年全国金属矿山难选矿及低品位矿选矿新技术学术研讨与技术成果交流暨设备展示会论文集. 深圳：中国冶金矿业企业协会, 2008.

[45] 王旭, 夏晓鸥, 罗秀建, 等. 圆锥破碎机分类及研究现状综述[J]. 中国矿业, 2019, 28(S2)：460-464.

[46] 牛闯. 圆锥破碎机的技术发展及专利分析[J]. 南方农机, 2019, 50(3)：49.

［47］陈杰璋.圆锥破碎机单体物料破碎有限元分析及转子体的模态研究［D］.鞍山：辽宁科技大学，2013.

［48］潘伟桥.基于离散元法的圆锥破碎机破碎特性研究及腔型优化［D］.太原：太原科技大学，2020.

［49］LEE E, EVERTSSON C M. A comparative study between cone crushers and theoretically optimal crushing sequences. 2010, 24(3)：188-194.

［50］王伟.圆锥破碎机耐磨腔型优化设计［D］.鞍山：辽宁科技大学，2012.

［51］张成.立轴冲击式破碎机流场分析与优化设计研究［D］.贵阳：贵州大学，2019.

［52］郎宝贤，郎世平.国内外破碎机的差距与发展趋势［J］.矿山机械，2004(9)：71-74.

［53］张秀艰，韦有传，孟志刚，等.PXL 系列细碎冲击式破碎机的研究［J］.矿山机械，2000(1)：8-10.

［54］高澜庆，王文霞，马飞.破碎机的发展现状与趋势［J］.冶金设备，2001(4)：13-15.

［55］齐国成.立式冲击破碎机的破碎机理研究［J］.中国建材装备，1996(11)：16-21.

［56］吴建明.国际粉尘工程领域的新进展(续三)［J］.有色设备，2007(4)：14-17.

［57］KYRAN C. Synchro inside［J］. World Mining Equipment, 2000(1-2)：44-47.

［58］HANS VAN DER ZANDEN, et al. The Syncchro Crusher-Determinismersus Chaos［J］. Aufberitungs Technik, 2002, 43(10)：13-26.

［59］MCCOLL I R, DING J, LEEN S B. Finite element simulation and experimental validation of fretting wear ［J］. Wear, 2004, 256(11)：1114-1127.

［60］段德荣.立轴冲击式破碎机破碎腔的流场分析［D］.济南：济南大学，2012.

［61］M. M, CORLETT, ZHOU. Impact angle effects on the transition boundaries of the aqueus erosion-corrosion map ［J］. Wear, 1999, 225(4)：190-198.

［62］WANG S, ZHAO F, DUAN D R. Research of Vertical Shaft Impact Crusher Rotor Channels'Number Based on EDEM［C］. International Conference on Mechanical, Industrial, 2011.

［63］郎宝贤，郎世平.破碎机［M］.北京：冶金工业出版社，2008：256-268.

［64］刘道修，杨琴，朱贤云，等.立轴冲击式破碎机导料板数量与破碎性能关联研究［J］.中国钨业，2017(2)：65-70.

［65］DUAN D, WANG S, ZHAO F, et al. Analysis of particle motion in vertical shaft impact crusher rotor［J］. Advanced Materials Research, 2011, 1168(199-200)：54-57.

［66］鞠萍，朱东敏，刘劲松，等.立轴冲击式破碎机转子的改进设计［J］.现代机械，2013(4)：76-78.

［67］吕龙飞，侯志强，廖昊.基于离散元法的立轴破转子磨损机制研究［J］.中国矿业，2016, 25(S2)：312-316.

［68］DUAN D R, ZHAO F, WANG S, et al. Research of the installation angle of new rotor impact plate based on EDEM［J］. Applied Mechanics and Materials, 2011, 1376(80-81)：1133-1137.

［69］RONG D D, FANG Z, XIN X C, et al. The New Rotor Diameter Selection of Vertical Shaft Impact Crusher Based on EDEM［J］. Applied Mechanics and Materials, 2011, 148-149：1033-1036.

［70］张军明，赵方.基于 ADAMS 的立轴冲击式破碎机转子荷载［J］.煤炭学报，2009(6)：853-856.

［71］李世建.二次加速型立轴冲击破碎试验机研究［D］.济南：济南大学，2015.

［72］叶涛，刘付志标.基于 EDEM 的反击式破碎机仿真研究［J］.矿业研究与开发，2017(2)：62-65.

［73］JAYASUNDARA C T, YANG R Y, GUO B Y, et al. CFD-DEM modelling of particle flow in IsaMills - Comparison between simulations and PEPT measurements ［J］. Minerals Engineering, 2010, 24(3)：181-187.

［74］CLEARY P W, MORRISON R D. Comminution mechanisms, particle shape evolution and collision energy partitioning in tumbling mills［J］. Minerals Engineering, 2016, 86：75-95.

［75］TAKEUCHI H, NAKAMURA H, IWASAKI T, et al. Numerical modeling of fluid and particle behaviors in impact pulverizer［J］. Powder Technol. 2012(217)：148-156.

[76] 心男.基于EDEM-FLUENT耦合的气吹式排种器工作过程仿真分析[D].长春：吉林大学，2013.

[77] SINNOTT M，CLEARY P W. Simulation of particle flows and breakage in crushers using DEM：Part 2-impact crushers[J]. Miner. Eng，2015(74)：163-177.

[78] 路文典.立轴冲击式破碎机制砂规律与效果改进研究[J].云南水力发电，2007，23(6)：90-93.

[79] 李本仁,砂石场常见破碎机械的国内外差距探讨[J].工程机械与维修，2005(4)：70-72.

[80] 黎正辉，刘邵星，庞团结.论立式冲击破碎机制砂工艺[J].矿山机械，2007(7)：24-27.

[81] 陈现新.基于确定性冲击技术的立轴破碎机转子设计[D].济南：济南大学，2012.

[82] 李健瑶.辊式破碎机磨损辊面喷涂修复装置的数控系统设计[D].赣州：江西理工大学，2014.

[83] 陈方述，聂松辉，周卓林.烧结矿单辊破碎机抗磨损技术研究[J].机械设计与制造，2011(5)：110-112.

[84] 赵宇轩，王银东.选矿破碎理论及破碎设备概述[J].中国矿业，2012，21(11)：103-105，109.

[85] 李大磊，陈松涛，马胜钢，等.新型盘辊式破碎机的研发[J].矿山机械，2012，40(3)：70-72.

[86] 刘石发.硝酸铵狼牙对辊式破碎机的优化改进[J].能源与环境，2012(6)：104-105.

[87] 潘新庆，刘旭，刘智涛，等.高温耐磨破碎辊圈的研究[J].水泥技术，2011(5)：38-40.

[88] 刘新中.辊式破碎机辊皮的简易修复加工[J].砖瓦，2002(2)：16.

[89] 樊凯.辊式破碎机辊缝间隙电液控制系统关键技术研究[D].徐州：中国矿业大学，2019.

[90] 吴茹英，李俊斌.MMD破碎机在太西洗煤厂准备系统应用的可行性分析[J].内蒙古煤炭经济，2018，261(16)：39-40.

[91] 杨红燕，庄岩.齿式筛分破碎机研究概述[J].工程技术：全文版，2016(12)：026201.

[92] 李永志.分级破碎机破碎齿磨损机理及影响因素研究[J].选煤技术，2010(6)：21-23.

[93] MORIYA Y，YOSHIDA H，NAKAYAMA T，et al. Control Method of a Gap Adjuster of Impact Crusher and a Gap Adjuster：US，US7293725[P]. 2007.

[94] HODENBERG. The Invention of the Roll Crusher[J]. Popular Science & Technology，2015.

[95] NORRMAN P，ERIKSSON B A，BENNSTEDT N，et al. Bearing for a Shaft of a Gyratory Crusher and Method of Adjusting the Gap Width of the Crusher：WO，US7673821[P]. 2010.

[96] 周杰.新型强力分级破碎机的设计研究[J].煤炭加工与综合利用，2011(9)：128-129.

[97] 吕英林，霍建斌，周新刚，等.一种辊式破碎机[P].山东：CN201521062804.0，2016-05-11.

[98] 邓德玉.2PGL双齿辊破碎机应用与研制[J].煤炭技术，2010，38(5)：104-106.

[99] 费玉麟.4PGC-380/350型齿辊破碎机[J].煤矿自动化，1989(2)：3-6.

[100] 赵敏，卢亚平，潘英民.粉碎理论与粉碎设备发展评述[J].矿山冶金，2001(2)：7-12.

[101] 王宏迪.双齿辊破碎机工作参数与破碎机理数值模拟研究[D].长春：吉林大学，2017.

[102] 刘全军，姜美光.碎矿与磨矿技术发展及现状[J].云南冶金，2012，41(5)：21-28.

[103] 胡俊宇.锤式破碎机静动态性能分析及锤头改进设计[D].大连：大连理工大学，2017.

[104] 栗思伟.锤式破碎机关键技术研究与应用[D].济南：济南大学，2021.

[105] WANG Y，CHEN E，GAO J Q，et al. Joint Modeling and Simulation of the Spindle System of Hammer Crusher Based on Finite Element Analysis and Flexible Multi-Body Dynamics. Part1：Modeling[J]. Advanced Materials Research，2013，630：291-296.

[106] MOJTABA K，RASSOUL A. The effect of rock crusher and rock type on the aggregate shape[J]. Construction and Building Materials，2020，230：117016.

[107] 张德臣，樊勇，董超文，等.PCF1420高效反击锤式破碎机转子系统的模态分析[J].河南理工大学学报(自然科学版)，2014，33(3)：318-322.

[108] 廉方，张心峰，孙晓光.矿用大型双级无箅底锤式破碎机参数计算分析[J].煤炭科技，2019，40(4)：19-21.

[109] 王保强.分级破碎机发展现状及未来趋势[J].煤矿机械, 2015, 36(10): 1-3.

[110] 车雨嵩.基于 EDEM 的双级锤式破碎机的优化分析[J].煤矿机械, 2020, 41(7): 121-123.

[111] 谢地,于平.综采工作面破碎设备提高块煤率的探讨[J].煤矿机械, 2020, 41(4): 84-86.

[112] 张红梅,郭子超,李文杰.锤式破碎机破碎架结构的改进及加工方法[J].煤矿机械, 2021, 42(1): 118-119.

[113] RHEE S W. Estimation on separation efficiency of aluminum from base-cap of spent fluorescent lamp in hammer crusher unit[J]. Waste Management, 2017, 67: 259-264.

[114] 银金光.锤式破碎机中单颗粒物料破碎能耗的分析[J].矿山机械, 2002(1): 16-17, 2-4.

[115] 付林兴,银金光.锤式破碎机中单颗粒物料的最大破碎力研究[J].矿业快报, 2002(11): 4-6.

[116] 杜春宽.锤式破碎机锤头碰撞中心公式修正及碰撞仿真[J].煤矿机械, 2018, 39(11): 21-24.

[117] ENDOH H. Estimation of maximum crushing capacity of hammer mills[J]. Advanced Powder Technology, 1992, 3(4): 235-245.

[118] 卓荣明.组合式破碎机锤头的设计与制造工艺[J].煤矿机械, 2016, 37(4): 7-9.

[119] 李正峰,苏忆,蒋利湖.PC600×400 锤式破碎机锤头的改进设计[J].煤矿机械, 2014, 35(11): 201-202.

[120] 黄淑琴,李正峰.新型锤式破碎机锤头碰撞平衡计算及设计[J].煤炭技术, 2014, 33(5): 210-212.

[121] 张辉,宋家明.锤式破碎机在石灰石破碎中的改进[J].水泥, 2019(5): 34-36.

[122] 郭红星.大型破碎机复合锤头的研制与应用[J].铸造技术, 2017, 38(5): 1110-1113, 1118.

[123] 庄岩,李许.阶梯式渐开线型反击板的设计[J].水泥技术, 2017(2): 52-55.

[124] 王荣红,李豹,高玉芬.可逆式反击锤式破碎机反击板形状优化设计[J].煤矿机械, 2011, 32(10): 28-30.

[125] 张海波,赵志科,董光耀.矿用可逆锤式破碎机物料轨迹分析与反击板结构设计[J].煤矿机械, 2018, 39(8): 105-108.

[126] LUO Z H, LI S H. Optimization design for crushing mechanism of double toggle jaw crusher[J]. Applied Mechanics and Materials, 2012, 201: 312-316.

[127] MALUSHIN N N, VALUEV D V, IL'YASCHENKO D P, et al. Technological improvement of surfacing of parts of hammer crushers used in coke-chemical industry[C]//Materials Science Forum. Trans Tech Publications Ltd, 2018, 927: 168-175.

[128] 张吉伟,边洪波,邢汉明.PCK1310 型可逆锤式破碎机的结构改进[J].矿山机械, 2011, 39(3): 128-129.

[129] ZHANG S, MAO W. Optimal operation of coal conveying systems assembled with crushers using model predictive control methodology[J]. Applied Energy, 2017, 198: 65-76.

[130] 栗思伟,黄宇邦,乔阳,等.锤式破碎机的研究进展[J].工程机械, 2020, 51(11): 67-70, 9.

[131] FERNÁNDEZ I, BELZUNCE F J. Wear and oxidation behaviour of high-chromium white cast irons[J]. Materials Characterization, 2008, 59(6): 669-674.

[132] KALLEL M, ZOUCH F, ANTAR Z, et al. Hammer premature wear in mineral crushing process[J]. Tribology International, 2017, 115: 493-505.

[133] 崔卫杰,王召杰.高铬耐磨铸铁锤头和衬板在锤式破碎机上的应用[J].河北冶金, 2010(4): 47-48, 44.

[134] 王海军.纳米材料改性高铬铸铁的组织和耐磨性[D].马鞍山: 安徽工业大学, 2018.

[135] YUNCHENG H, YOU W, ZHAOYI P, et al. Influence of rare earth nanoparticles and inoculants on performance and microstructure of high chromium cast iron[J]. Journal of rare earths, 2012, 30(3): 283-288.

[136] 邢小红, 刘赛月, 王铀, 等. 纳米改性高铬铸铁的划痕行为研究[J]. 热处理技术与装备, 2015, 36(3): 37-44.

[137] KISHORE K, ADHIKARY M, MUKHOPADHYAY G, et al. Development of wear resistant hammer heads for coal crushing application through experimental studies and field trials [J]. International Journal of Refractory Metals and Hard Materials, 2019, 79: 185-196.